空调维修 完全自学一本通

韩雪涛 主编 吴 瑛 韩广兴 副主编

化学工业出版社
·北京·

本书采用全彩色图解的形式，全面系统地介绍了空调器维修的基础知识和实操技能。本书共分为四篇：基础篇、定频空调器维修篇、变频空调器维修篇、维修综合案例篇。具体内容包括：空调器的分类及结构特点、空调器电路基础、空调器电子元器件及电路、空调器电控原理、空调器电控元件、空调器检修工具及仪表、空调器的拆装与移机、空调器的检修方法及注意事项、空调器的基础检修技能、定频空调器的结构原理、定频空调器的拆卸、风扇组件的检测代换、启动和保护元器件的检测代换、压缩机的检测代换、定频空调器电源电路的故障检修、定频空调器控制电路的故障检修、定频空调器遥控电路的故障检修、变频空调器的结构原理、变频空调器的拆卸、闸阀和节流组件的检测代换、变频空调器控制电路的故障检修、变频空调器通信电路的故障检修、变频空调器变频电路的故障检修、空调器常见故障综合检修案例等。

本书内容由浅入深，全面实用，图文讲解相互对应，理论知识和实践操作紧密结合，力求让读者在短时间内掌握空调器维修的基本知识和技能。

为了方便读者的学习，本书还对重要的知识和技能配置了视频资源，读者只需要用手机扫描二维码就可以进行视频学习，帮助读者更好地理解本书内容。

本书可供空调维修人员学习使用，也可供职业学校、培训学校作为教材使用。

图书在版编目（CIP）数据

空调维修完全自学一本通 / 韩雪涛主编．—北京：化学工业出版社，2019.5（2024.10重印）

ISBN 978-7-122-33986-7

Ⅰ．①空…　Ⅱ．①韩…　Ⅲ．①空气调节器-维修　Ⅳ．①TM925.120.7

中国版本图书馆CIP数据核字（2019）第035218号

责任编辑：李军亮　万忻欣　　装帧设计：刘丽华
责任校对：宋　玮

出版发行：化学工业出版社（北京市东城区青年湖南街13号　邮政编码100011）
印　　装：北京缤索印刷有限公司
787mm×1092mm　1/16　印张 $24^{1}/_{4}$　字数601千字　2024年10月北京第1版第10次印刷

购书咨询：010-64518888　　售后服务：010-64518899
网　　址：http：//www.cip.com.cn
凡购买本书，如有缺损质量问题，本社销售中心负责调换。

定　　价：99.00元

前言
Foreword

随着空调的日益普及，空调器维修逐渐成为一项专业性很强的实用技能，其社会需求强烈，有很大的就业空间。掌握空调器维修的知识和技能是成为一名合格的空调维修人员的关键因素。为此我们从初学者的角度出发，根据实际岗位的需求，全面系统地介绍了空调器维修的基础知识和实操技能。

本书分为基础篇、定频空调器维修篇、变频空调器维修篇和维修综合案例篇四部分，初学者可以通过对本书的学习建立系统的知识架构。在表现形式上采用彩色印刷，突出重点。其内容由浅入深，语言通俗易懂，为了使读者能够在短时间内掌握空调器维修的知识技能，本书在知识技能的讲解中充分发挥图解的特色，将空调器的知识及维修技能以最直观的方式呈现给读者。本书内容以行业标准为依托，理论知识和实践操作相结合，帮助读者将所学内容真正运用到工作中。

本书由数码维修工程师鉴定指导中心组织编写，由全国电子行业专家韩广兴教授亲自指导，编写人员有行业工程师、高级技师和一线教师，使读者在学习过程中如同有一群专家在身边指导，将学习和实践中需要注意的重点、难点一一化解，大大提升学习效果。另外，本书充分结合多媒体教学的特点，图书不仅充分发挥图解的特色，还在重点难点处附印二维码，学习者可以用手机扫描书中的二维码，通过观看教学视频同步实时学习对应知识点。数字媒体教学资源与书中知识点相互补充，帮助读者轻松理解复杂难懂的专业知识，确保学习者在短时间内获得最佳的学习效果。另外，读者可登录数码维修工程师的官方网站（www.chinadse.org）获得超值技术服务。

本书由韩雪涛任主编，吴瑛、韩广兴任副主编，参加本书编写的还有张丽梅、宋明芳、朱勇、吴玮、吴惠英、张湘萍、高瑞征、韩雪冬、周文静、吴鹏飞、唐秀鸯、王新霞、马梦霞、张义伟、冯晓茸等。

编　者

CONTENTS

目录

基础篇

CONTENTS
目录

CONTENTS

目录

CONTENTS

目录

CONTENTS

目录

CONTENTS
目录

第 14 章 启动和保护元器件的检测代换
198

第 15 章 压缩机的检测代换
207

第 16 章 定频空调器电源电路的故障检修
221

第 17 章 定频空调器控制电路的故障检修
231

CONTENTS

目录

CONTENTS

目录

CONTENTS
目录

维修综合案例篇

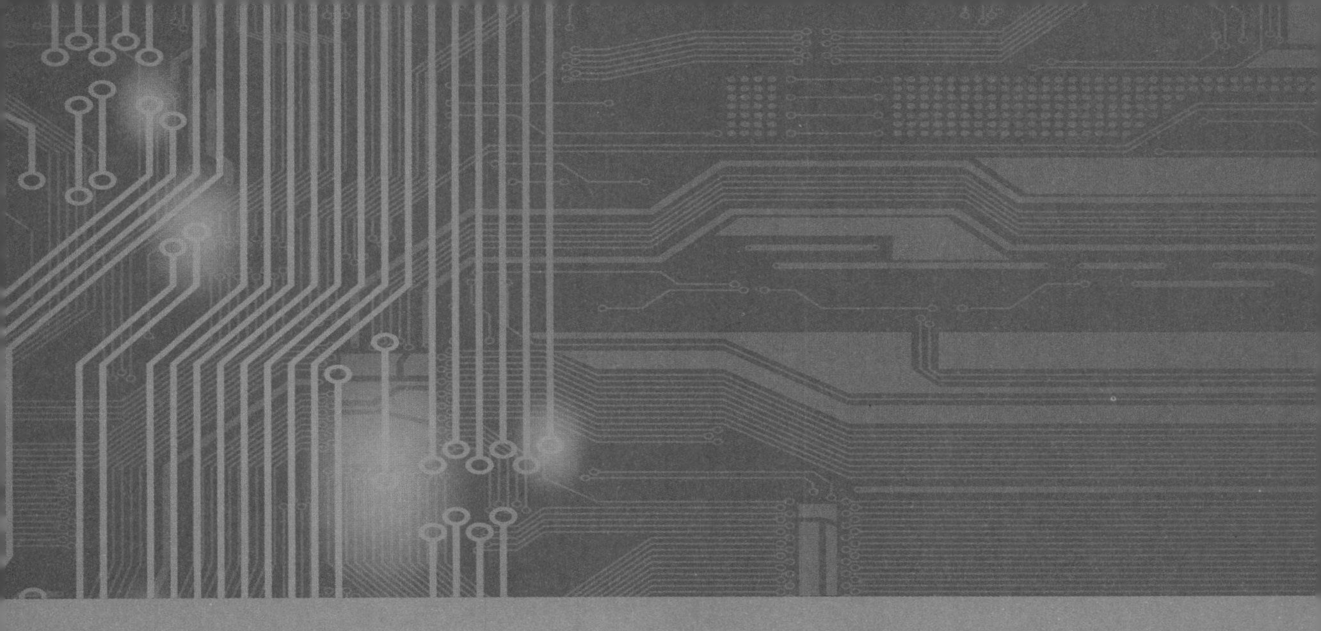

基础篇

第1章 空调器的分类及结构特点

1.1 空调器的分类

空调器是一种为家庭、办公室等空间区域提供空气调节和处理的设备，其主要功能是对空气中的温度、湿度、纯净度及空气流速等进行调节。在学习空调器的维修之前，我们需要对空调器的种类和性能参数有个明确的认识。

随着人们生活水平的提高，许多场合如商场、工厂等都已安装有空调器。目前，市场上的空调器种类多样，通常可以按照空调器的驱动方式、结构和功能等对其进行分类。

1.1.1 定频空调器与变频空调器

空调器按照其压缩机工作频率的不同，可以分为定频空调器和变频空调器两种类型。这两种空调器的外观也基本相同，通常，我们可以通过空调器的标识或室外机电路对其进行区分。图 1-1 所示为通过标识区分定频空调器和变频空调器。

1.1.2 整体式空调器与分体式空调器

空调器按照结构分类可分为整体式空调器和分体式空调器两大类。

（1）整体式空调器（窗式空调器）

整体式空调器是将室外机与室内机制成一体，形成一个独立个体的空调器，比如老式的窗式空调器，如图 1-2 所示。由于整体式空调器的工作噪声较大，制冷效率较低，目前已经很少使用了。

（2）分体式空调器

分体式空调器是指室外机与室内机单独放置的空调器，也是现在使用较多的一种。常见的分体式空调器又可以分为壁挂式、柜式和吊顶式三种，如图 1-3 所示。

其中分体壁挂式空调器不占使用空间，容易与室内装饰进行搭配，噪声小，制冷量相对较小；分体柜式空调器的功率大、风力强、适合面积较大的房间，但噪声较大，需占据一定的使用空间；分体吊顶式空调器安装于房间顶部，占用空间小，但维修与清洁比较麻烦。

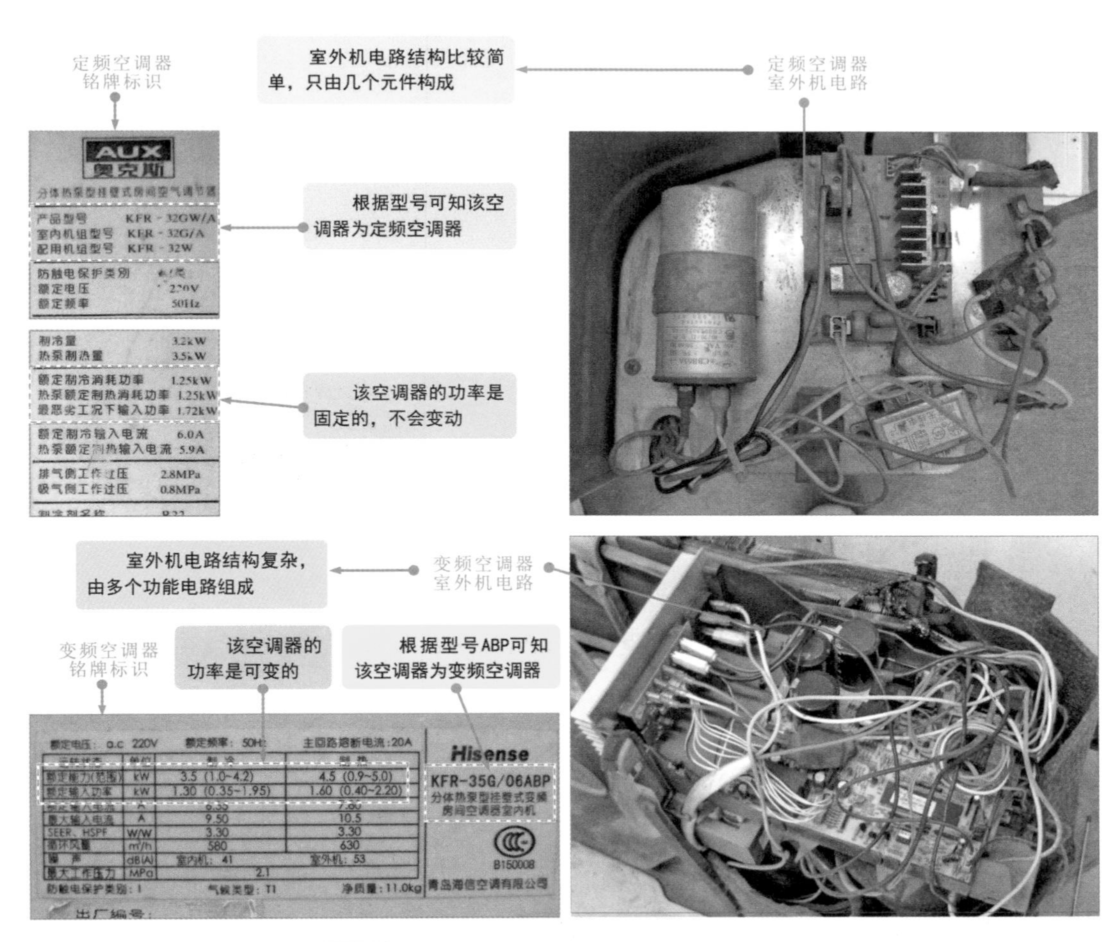

图1-1 通过标识区分定频空调器与变频空调器

图1-2 整体空调器

分体壁挂式空调器
室内机
室内机与室外机独立放置，之间通过管路和线缆连接
室外机
该空调器安装在墙壁上，不占用使用空间
分体柜式空调器
室内机
室外机
该空调器位于房间顶部，不便于维修
吊顶式空调器

图1-3 分体式空调器

1.1.3 单冷型空调器与冷暖型空调器

空调器按照功能进行分类，可以依据制冷、制热能力分为单冷型空调器和冷暖型空调器两类，两种空调器外观上没有明显的区别，只能通过铭牌标识或室外机部件进行区分。

（1）单冷型空调器

单冷型空调器适用于夏季，可以进行制冷和除湿，功能比较单一，其相关参数可以从其铭牌标识上识读。图 1-4 所示为单冷型空调器的产品标识。目前，单冷型的空调器已经逐渐在市场上消失。

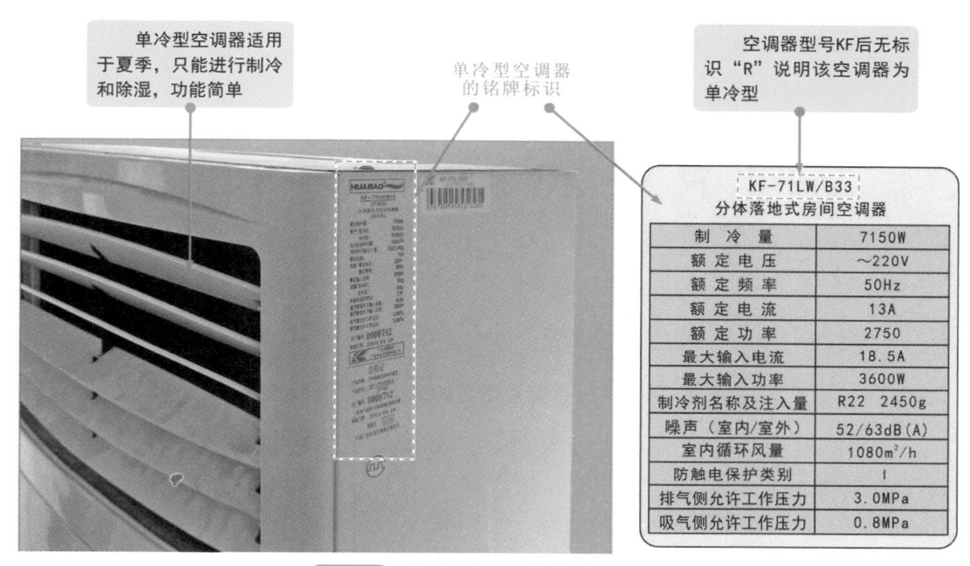

制冷量	7150W
额定电压	~220V
额定频率	50Hz
额定电流	13A
额定功率	2750
最大输入电流	18.5A
最大输入功率	3600W
制冷剂名称及注入量	R22 2450g
噪声（室内/室外）	52/63dB(A)
室内循环风量	1080m²/h
防触电保护类别	I
排气侧允许工作压力	3.0MPa
吸气侧允许工作压力	0.8MPa

图1-4 单冷型空调器的产品标识

（2）冷暖型空调器

冷暖型空调器不仅可以实现制冷和除湿功能，还能够在温度较低时进行制热，功能更为全面。图 1-5 所示为冷暖型空调器的产品标识。目前，冷暖型空调器已成为市场上的主流产品。

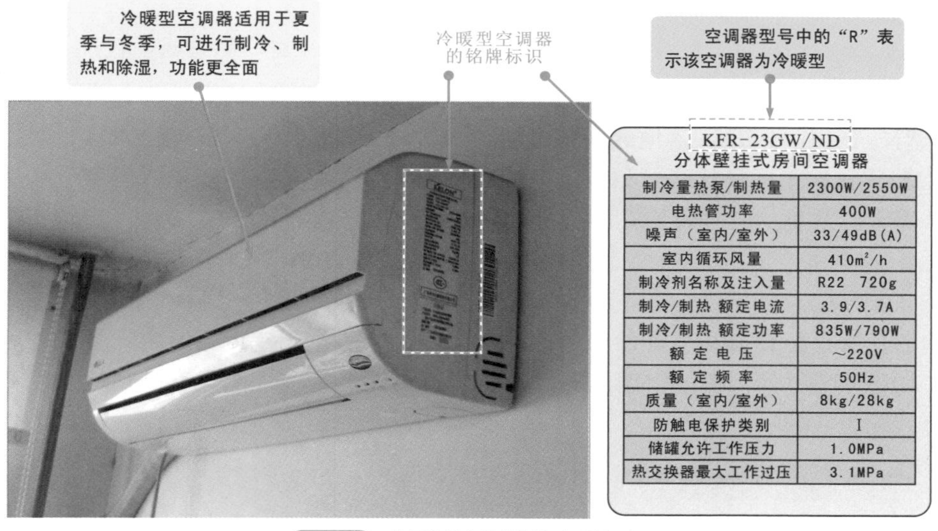

制冷量热泵/制热量	2300W/2550W
电热管功率	400W
噪声（室内/室外）	33/49dB(A)
室内循环风量	410m²/h
制冷剂名称及注入量	R22 720g
制冷/制热 额定电流	3.9/3.7A
制冷/制热 额定功率	835W/790W
额定电压	~220V
额定频率	50Hz
质量（室内/室外）	8kg/28kg
防触电保护类别	I
储罐允许工作压力	1.0MPa
热交换器最大工作过压	3.1MPa

图1-5 冷暖型空调器的产品标识

1.2 空调器的命名方法和相关参数

1.2.1 空调器的命名与铭牌标识

(1)空调器的命名

空调器型号标识的命名方法执行国家统一标准(GB/T 7725-2004),一般由产品代号、气候类型代号、结构形式代号、功能代号、额定制冷量、机组结构分类代号等部分构成。图1-6为我国空调器型号命名的统一格式和相关含义。

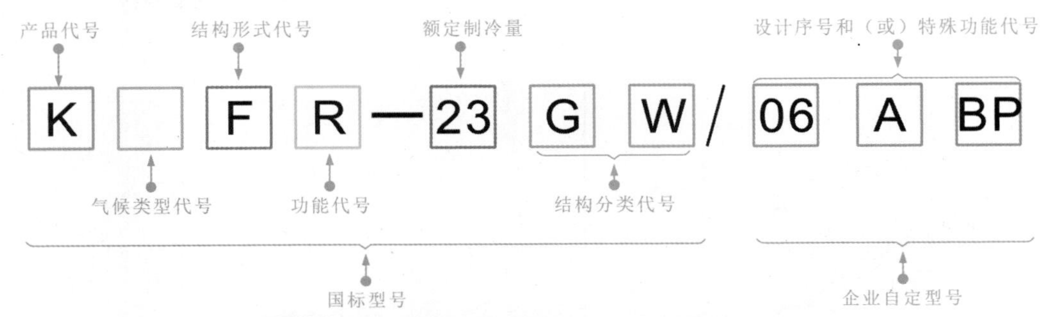

图1-6 我国空调器型号命名的统一格式和相关含义

① 产品代号:家用房间空调器代号用字母K标识。

② 气候类型代号:一般为T1型(温带气候)。T1型气候环境最高温度为43℃,T1型代号省略。

③ 结构形式代号:整体式和分体式。整体式代号为C;分体式代号为F。

④ 功能代号:空调器按功能主要分为冷风型、热泵型及电热型。其中,单冷型代号省略;热泵型(冷暖型)代号为R;电热型(电热装置制热,常见于早期的空调器中)代号为D;RD(或Rd)表示热泵辅助电加热型。

⑤ 额定制冷量:用阿拉伯数字表示,实际结果为数字“×100W”,如23表示2300W。

⑥ 结构分类代号包括整体式和分体式分类代号。

整体式结构分类代号:整体式分为窗式和移动式,窗式代号一般省略,移动式代号为Y。

分体式结构分类代号:分体式分室内机组和室外机组,室内机组结构分类为吊顶式(代号D)、壁挂式(代号G)、落地式(代号L)、嵌入式(代号Q)等,室外机组代号为W。

⑦“/”后面为工厂设计序号和(或)特殊功能代号等,允许用汉语拼音字母和(或)阿拉伯数字表示。常见的几种特殊功能代号:D(d),辅助电加热;BP,变频(定频省略代号);ZBP,直流变频;F,负离子;Y,遥控控制(仅限窗式机);J,离子除尘;X,双向换风。

(2)空调器的铭牌标识

空调器铭牌是标识其型号和参数等信息的图表,一般位于空调器室内、外机外壳的侧面或底部,如图1-7所示。识读空调器的标牌是了解空调器基本性能、产品功能及能耗等实用信息的有效途径。

1.2.2 空调器的相关参数

从空调器铭牌标识上可以看到,空调器的参数主要包括制冷量、制热量、额定工作参

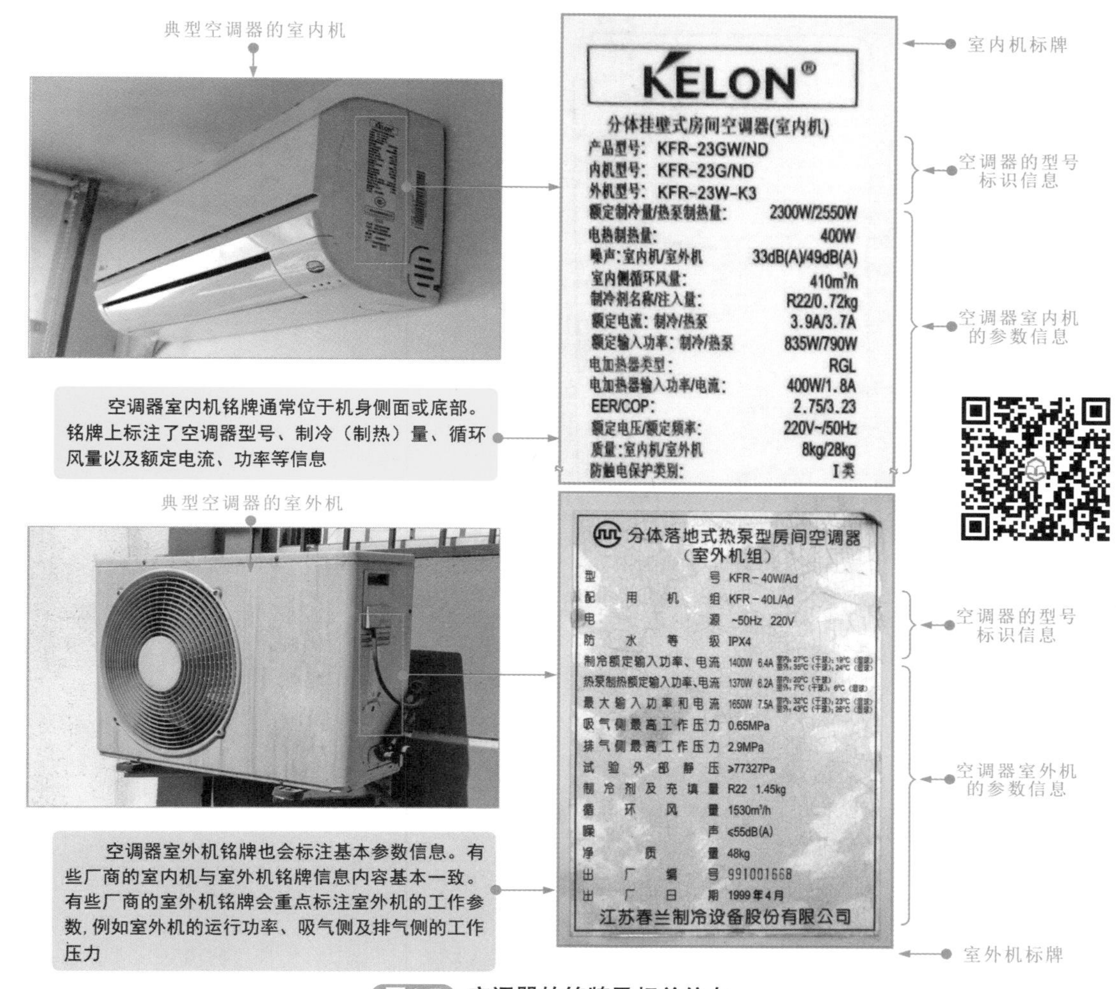

图1-7 空调器的铭牌及相关信息

数、循环风量、能效比等。

(1) 制冷量

制冷量是衡量空调器制冷能力的重要参数，是指空调器制冷时，在单位时间内从密封空间中散去的冷量，国家标准单位为“瓦”（W）。一般可从空调器型号中识读或直接在空调器室内机标牌参数部分识读。

图 1-8 所示为典型空调器铭牌上的制冷量参数值。

(2) 制热量

空调器的制热量是指空调器在单位时间内，向完全封闭的空间里送入的热量。制热量的单位通常也用瓦（W）表示。空调器的制热量一般都比制冷量多 10% ～ 15%。

图 1-9 为典型空调器铭牌上的制热量参数值。

(3) 额定工作参数

空调器正常工作时需要满足基本的工作条件，标牌上一般会标识出正常工作状态下的额定电压、电流及功率等参数，如图 1-10 所示。当超出或无法达到工作条件时，空调器将出现异常。

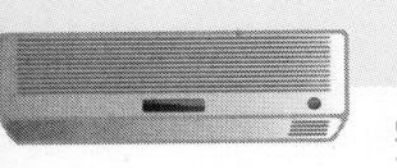

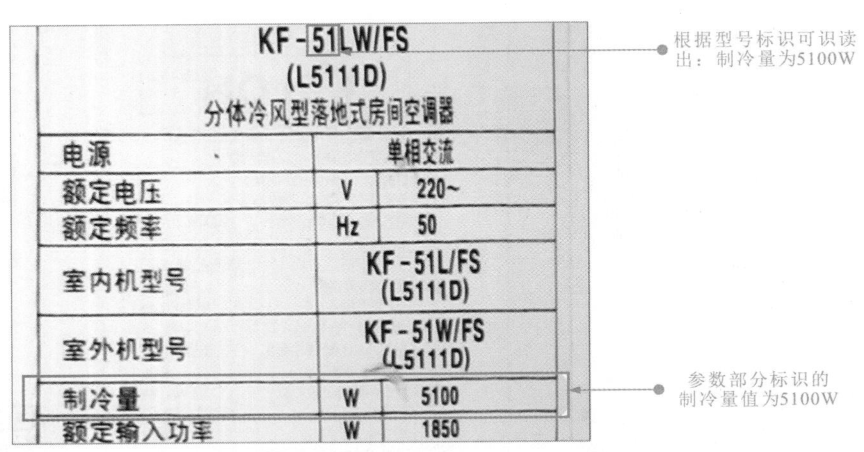

图1-8 典型空调器铭牌上的制冷量参数值

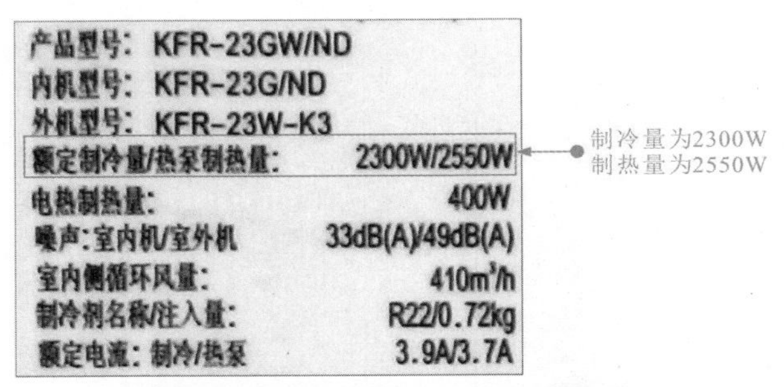

图1-9 典型空调器铭牌上的制热量参数值

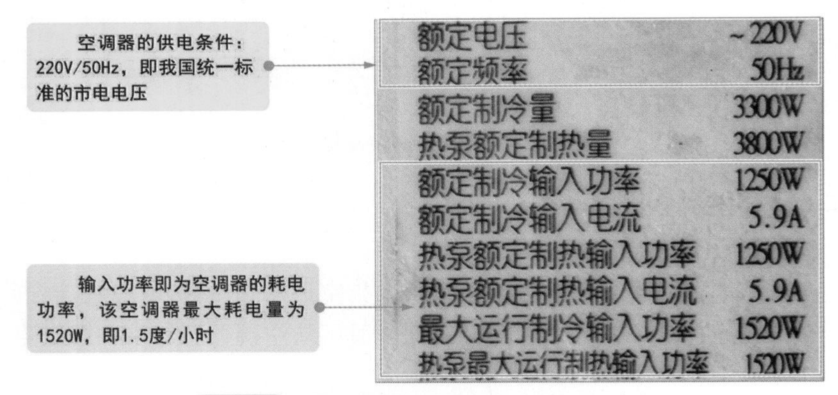

图1-10 典型空调器铭牌上的额定工作参数

（4）循环风量

循环风量是指空调器单位时间内向密闭空间或房间送入的风量，也就是每小时流过蒸发器的空气量。循环风量是空调器的重要参数，选用空调器时，在噪声允许的范围内，风量大的空调器更节能，常见的单位有 m^3/h、m^3/s，如图 1-11 所示。

（5）能效比

能效比是指在额定工况和规定条件下，空调器进行制冷运行时实际制冷量与实际输入功率之比（即能效比 = 制冷量 / 输入功率），反映了单位输入功率在空调器运行过程中转换成的制冷量。空调器能效比越大，在制冷量相等时节省的电能就越多。

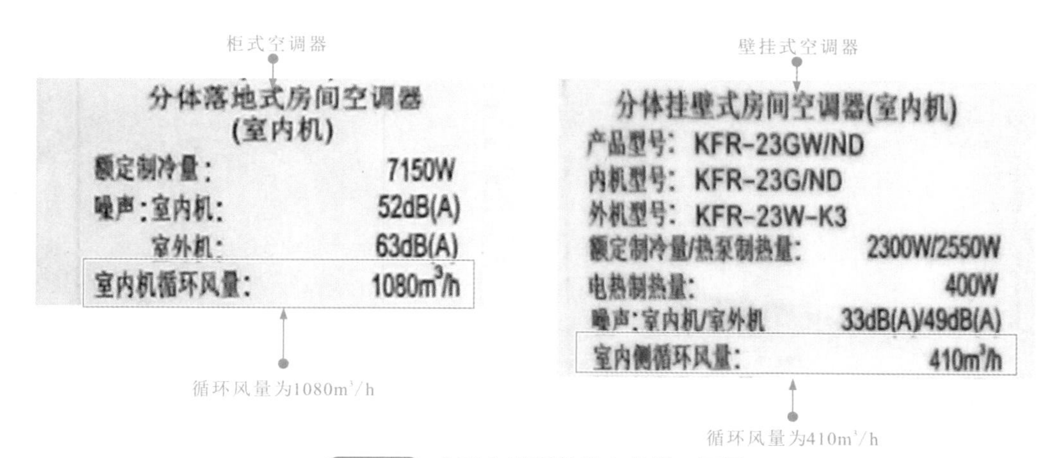

图1-11 典型空调器铭牌上的循环风量

如图 1-12 所示，在空调器各种参数信息中，能效比也是一项比较重要的参数，该参数一般统一标识在能效标识上，并粘贴在空调器室内机外壳上。

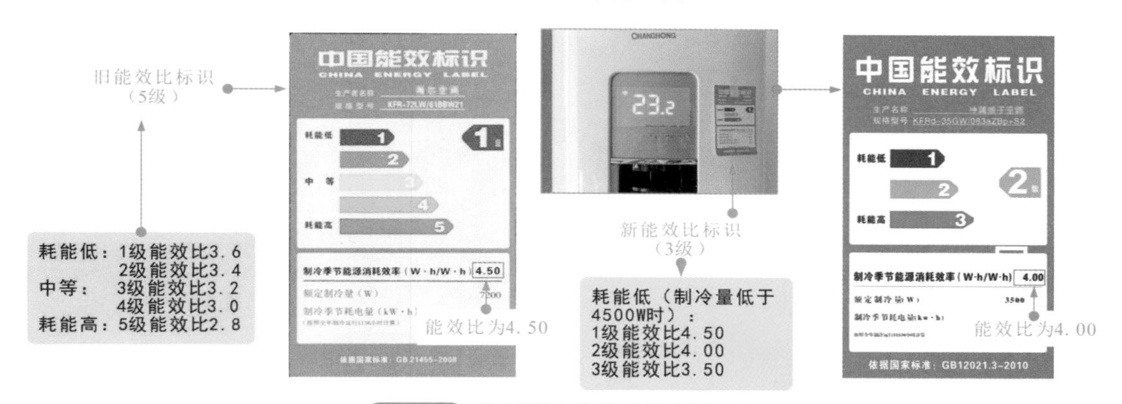

图1-12 空调器上的能效比标识信息

（6）其他参数

在空调器铭牌上一般还标识有制冷剂种类及充注量、噪声、防触电保护类型、排气侧最高工作压力、吸气侧最高工作压力参数，了解和熟悉这些参数对空调器的维修工作十分重要。

1.3 空调器的结构

1.3.1 空调器的整机结构

空调器的整机结构主要包括室内机、室外机、遥控器、连接管路及电源配线等配件部分，如图 1-13 所示。

1.3.2 空调器的电路结构

空调器的电路主要可以分为室内机电路和室外机电路两部分。图 1-14 为典型空调器室内机和室外机的电路关系。

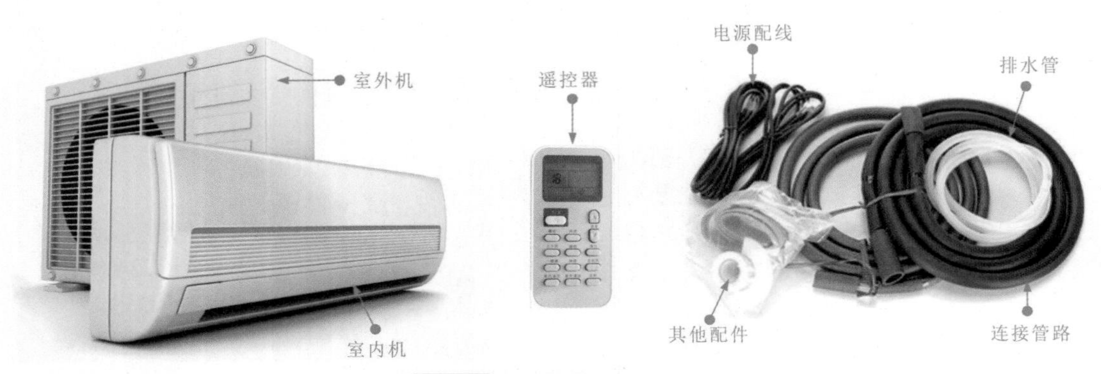

图1-13 空调器的整机结构

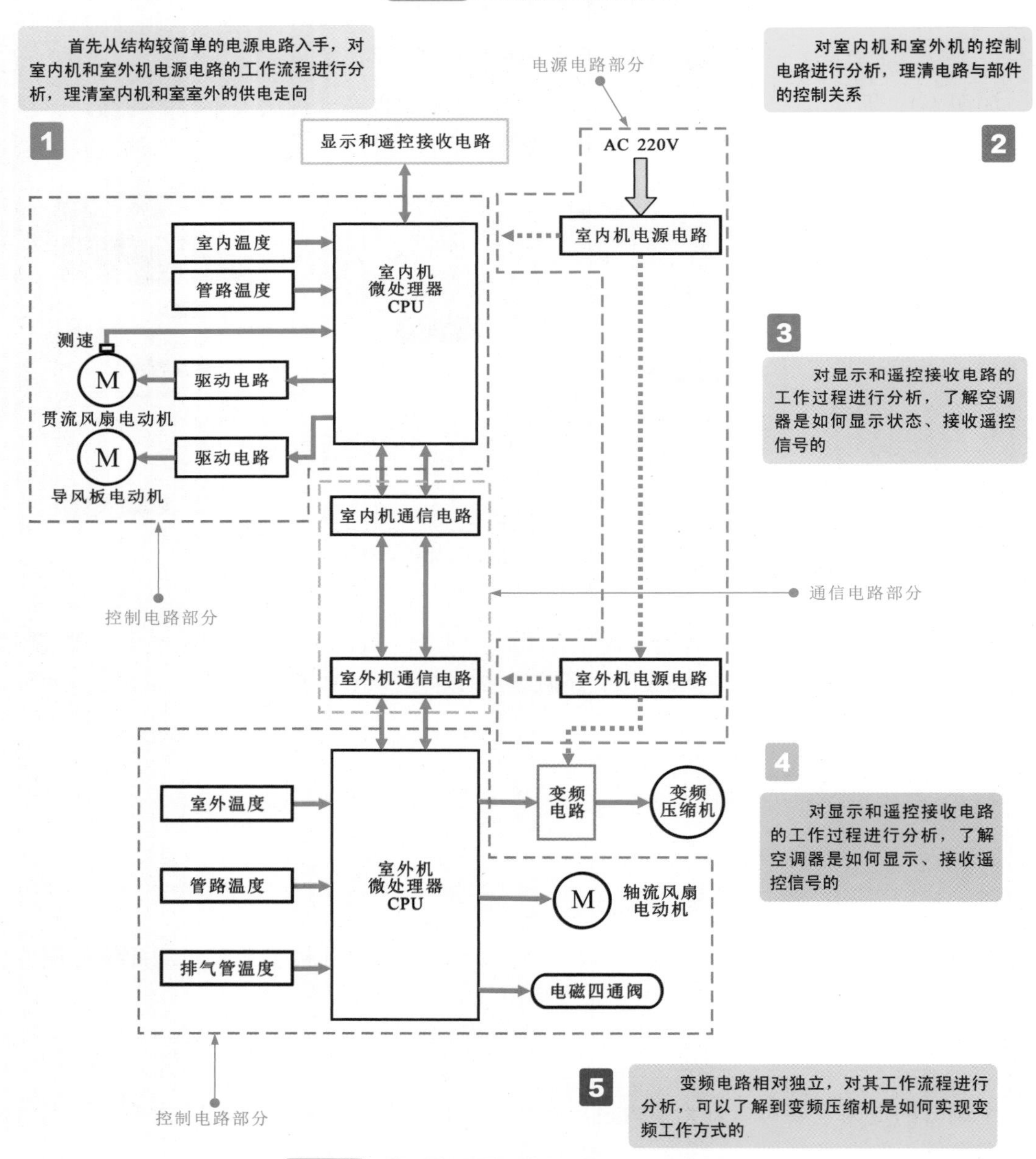

图1-14 典型空调器室内机和室外机的电路关系

第 2 章 空调器电路基础

2.1 直流电与交流电

2.1.1 直流电与直流供电方式

直流电（Direct Current，简称 DC）是指电流方向不随时间作周期性变化，由正极流向负极，但电流的大小可能会变化。

如图 2-1 所示，直流电可以分为脉动直流和恒定直流两种，脉动直流中直流电流大小是跳动的；而恒定直流中的电流大小是恒定不变的。

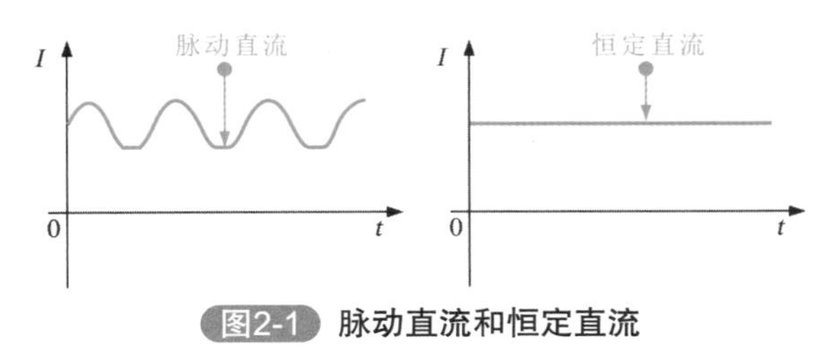

图2-1 脉动直流和恒定直流

一般将可提供直流电的装置称为直流电源，例如干电池、蓄电池、直流发电机等。直流电源有正、负两极。当直流电源为电路供电时，直流电源能够使电路两端之间保持恒定的电位差，从而在外电路中形成由电源正极到负极的电流。

图 2-2 为直流电的特点。

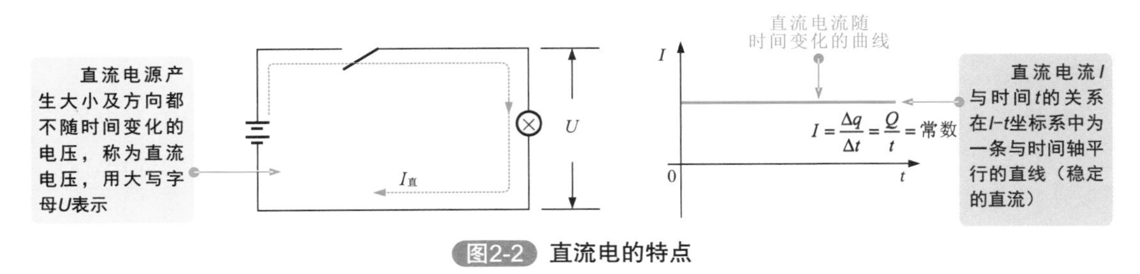

图2-2 直流电的特点

如图 2-3 所示，由直流电源作用的电路称为直流电路，它主要是由直流电源、负载构成的闭合电路。

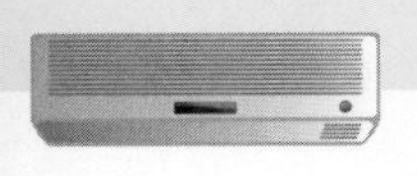

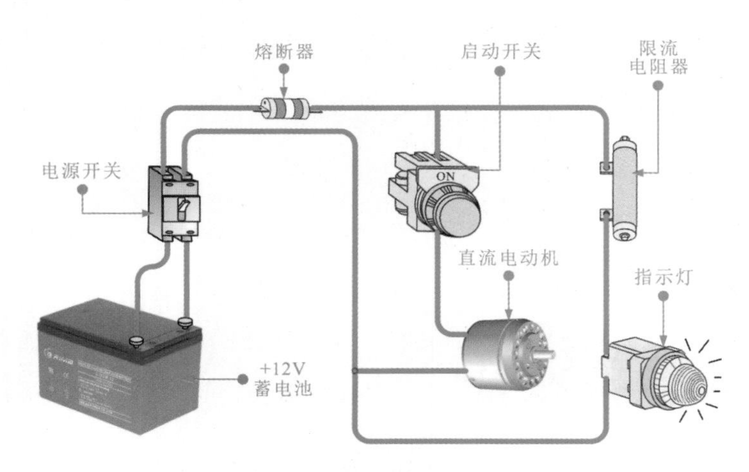

图2-3 直流电路的特点

在生活和生产中电池供电的电器，都属于直流供电方式，如低压小功率照明灯、直流电动机等。还有许多电器是利用交流—直流变换器，将交流变成直流再为电器产品供电。

家庭或企事业单位的供电都是采用交流220V、50Hz的电源，而电子产品内部各电路单元及其元件则往往需要多种直流电压，因而需要一些电路将交流220V电压变为直流电压，供电路各部分使用。

如图2-4所示，典型直流电源电路中，交流220V电压经变压器T，先变成交流低压(12V)。再经整流二极管VD整流后变成脉动直流，脉动直流经*LC*滤波后变成稳定的直流电压。

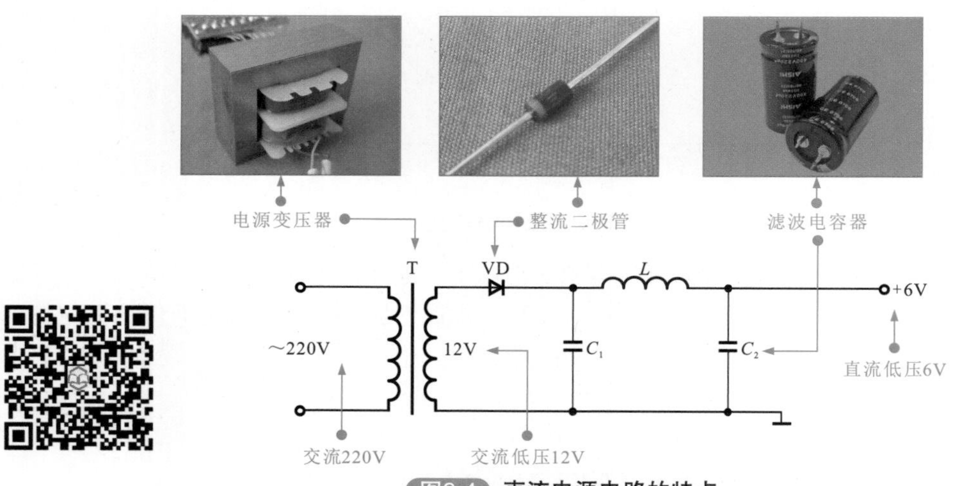

图2-4 直流电源电路的特点

如图2-5所示，一些实用电子产品如手机、收音机等，是借助充电器给电池充电后获取电能。值得一提的是，不论是电动车的大型充电器，还是手机、收音机等的小型充电器，都需要从市电交流220V的电源中获得能量。

2.1.2 交流电与交流供电方式

交流电(Alternating Current，简称AC)是指大小和方向会随时间作周期性变化的电压或电流。在日常生活中所有的电器产品都需要有供电电源才能正常工作，大多数的电器设备

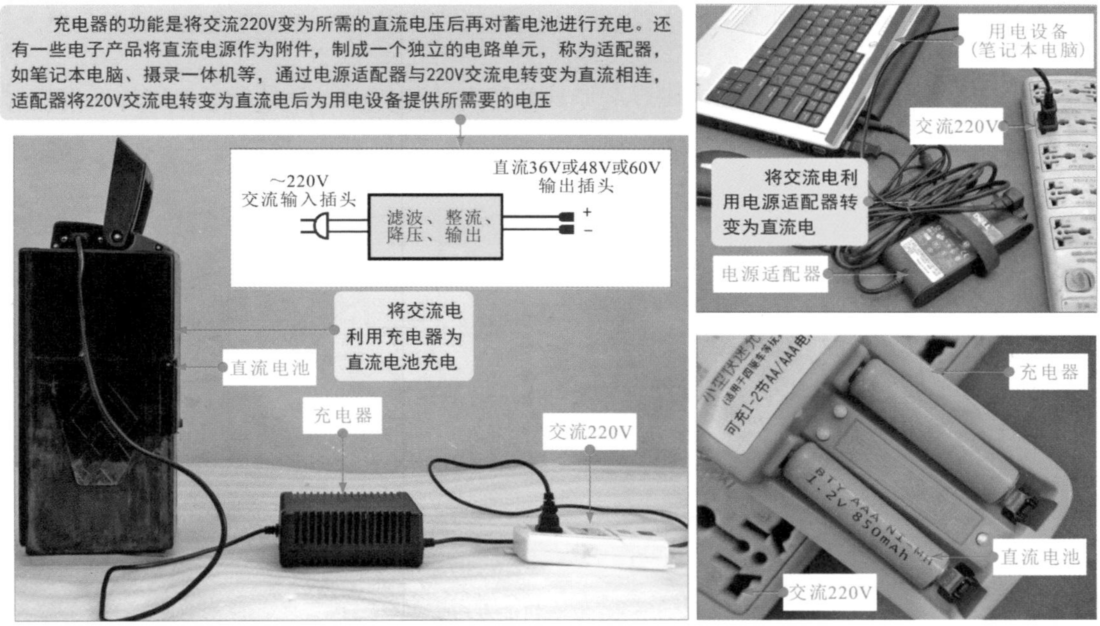

充电器的功能是将交流220V变为所需的直流电压后再对蓄电池进行充电。还有一些电子产品将直流电源作为附件，制成一个独立的电路单元，称为适配器，如笔记本电脑、摄录一体机等，通过电源适配器与220V交流电转变为直流相连，适配器将220V交流电转变为直流电后为用电设备提供所需要的电压
~220V
交流输入插头
滤波、整流、
降压、输出
直流36V或48V或60V
输出插头
+
-
将交流电
利用充电器为
直流电池充电
直流电池
充电器
交流220V
用电设备
(笔记本电脑)
交流220V
将交流电利
用电源适配器转
变为直流电
电源适配器
充电器
直流电池
交流220V

图2-5　典型实用电子产品中直流电源的获取方式

都是由市电交流 220V、50Hz 作为供电电源，这是我国公共用电的统一标准，交流 220V 电压是指相线即火线对零线的电压。

如图 2-6 所示，交流电是由交流发电机产生的，交流发电机通常有产生单相交流电的机型和产生三相交流电的机型。

交流
电源
e
负载
R
等效电路
N
S
负载R
交流发电机的构造
+
电
动
势
y=sinθ
0
90°
180°
270°
360°
θ
-
输出电动势的波形

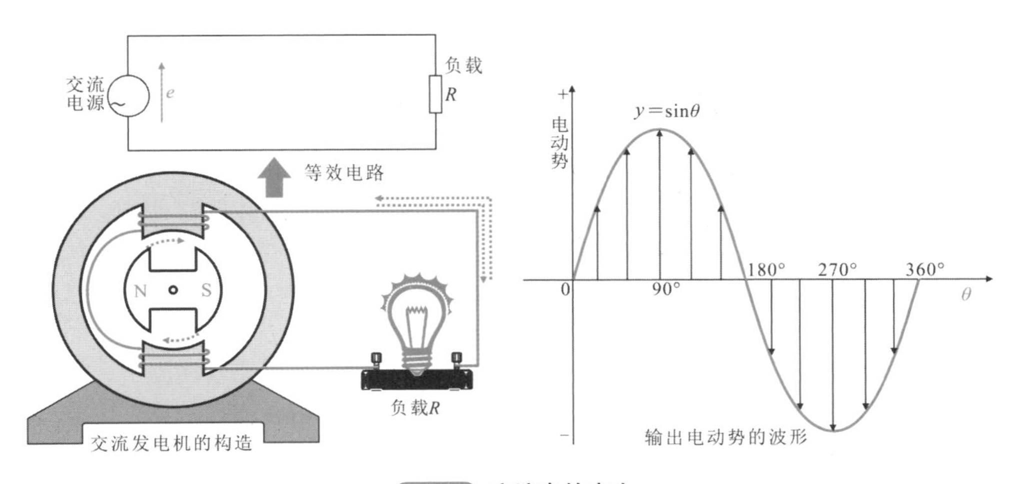

图2-6　交流电的产生

【提示说明】

交流发电机的转子是由永磁体构成的，当水轮机或汽轮机带动发电机转子旋转时，转子磁极旋转，会对定子线圈辐射磁场，磁力线切割定子线圈，定子线圈中便会产生感应电动势，转子磁极转动一周就会使定子线圈产生相应的电动势（电压）。由于感应电动势的强弱与感应磁场的强度成正比，感应电动势的极性也与感应磁场的极性相对应。定子线圈所受到

的感应磁场是正反向交替周期性变化的。转子磁极匀速转动时，感应磁场是按正弦规律变化的，发电机输出的电动势波形则为正弦波形。

如图 2-7 所示，发电机根据电磁感应原理产生电动势，当线圈受到变化磁场的作用时，即线圈切割磁力线便会产生感应磁场，感应磁场的方向与作用磁场方向相反。

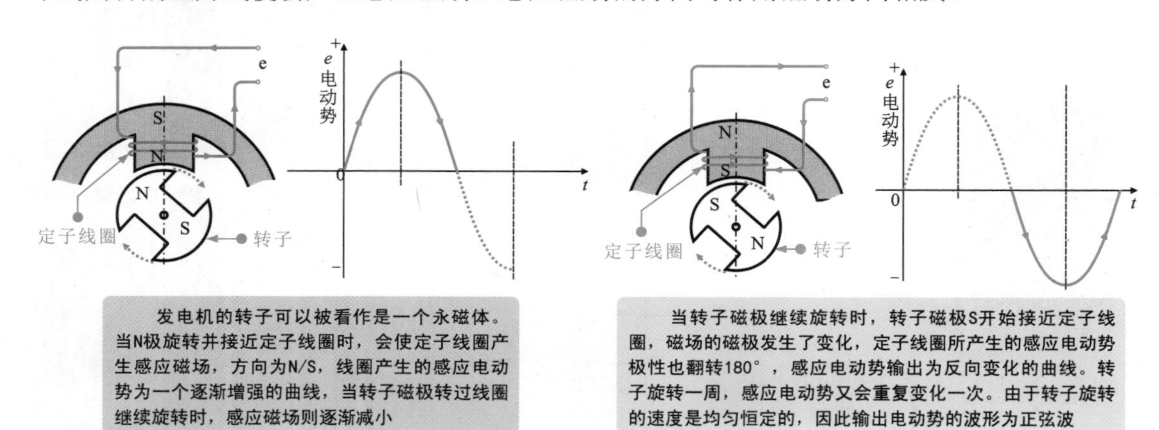

图2-7 发电机的发电原理

（1）单相交流电与单相交流供电方式

单相交流电在电路中具有单一交变的电压，该电压以一定的频率随时间变化，如图 2-8 所示。在单相交流发电机中，只有一个线圈绕制在铁芯上构成定子，转子是永磁体，当其内部的定子和线圈为一组时，它所产生的感应电动势（电压）也为一组（相），由两条线进行传输。

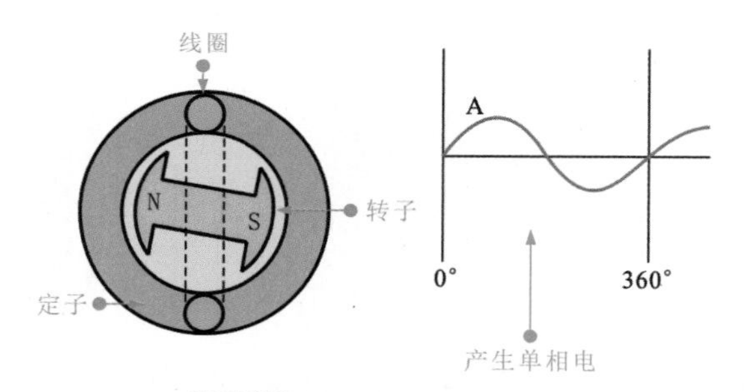

图2-8 单相交流电的特点

我们将单相交流电通过的电路称为单相交流电路。单相交流电路普遍用于人们的日常生活和生产中。单相交流电路的供电方式主要有单相两线式和单相三线式。

如图 2-9 所示，单相两线式是指仅由一根相线（L）和一根零线（N）构成的供电方式，通过这两根线获取 220V 单相电压，为用电设备供电。

一般在照明线路和两孔电源插座多采用单相两线式供电方式。

如图 2-10 所示，单相三线式是在单相两线式基础上添加一条地线，相线与零线之间的电压为 220V，零线在电源端接地，地线在本地用户端接地，两者因接地点不同可能存在一定的电位差，因而零线与地线之间可能存在一定的电压。

如图 2-11 所示，一般情况下，电气线路中所使用的单相电往往不是由发电机直接发电后输出，而是由三相电源分配过来的。

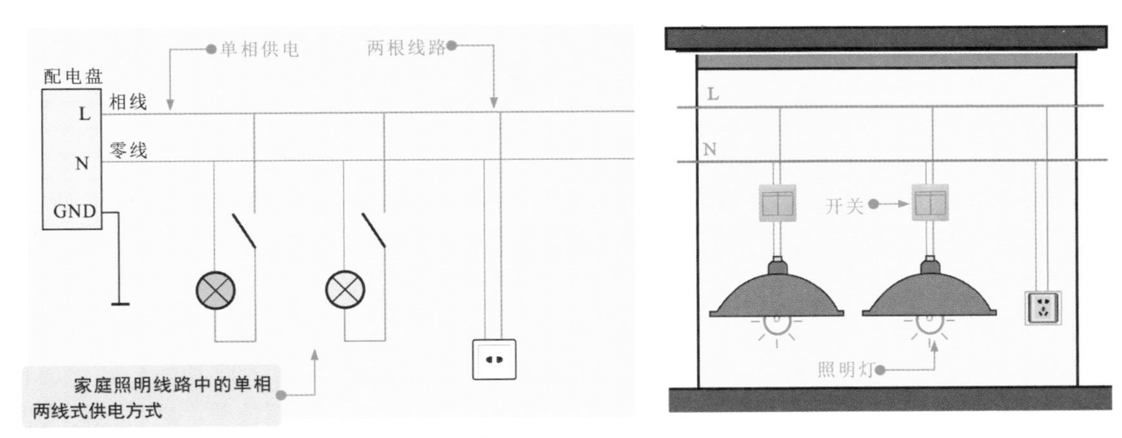

图2-9　单相两线式供电方式

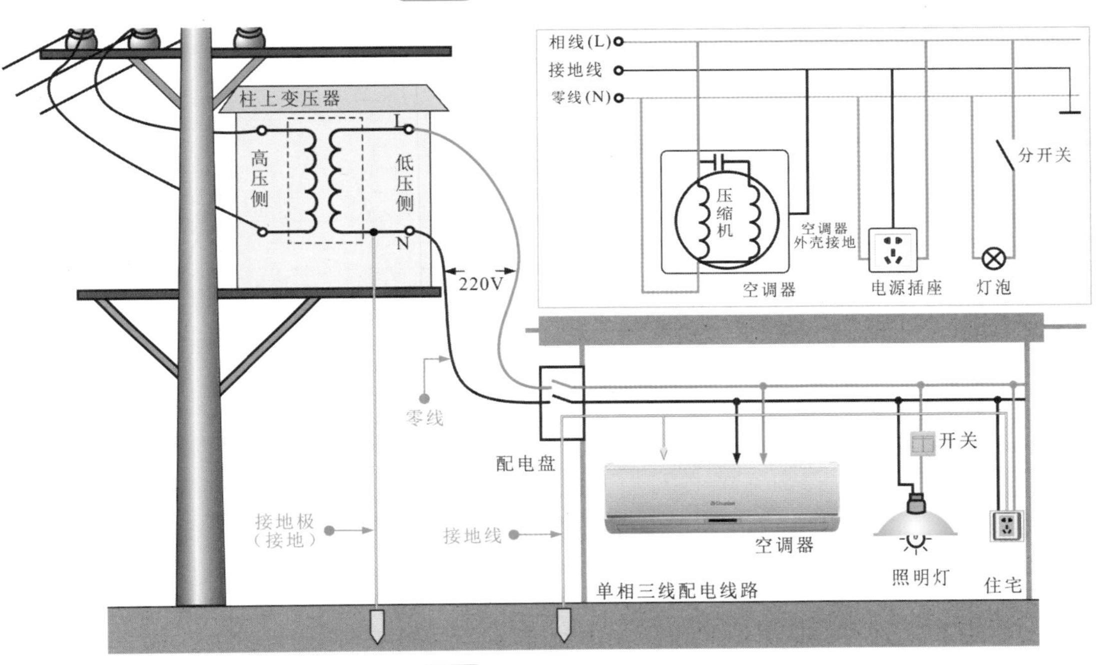

图2-10　单相三线式供电方式

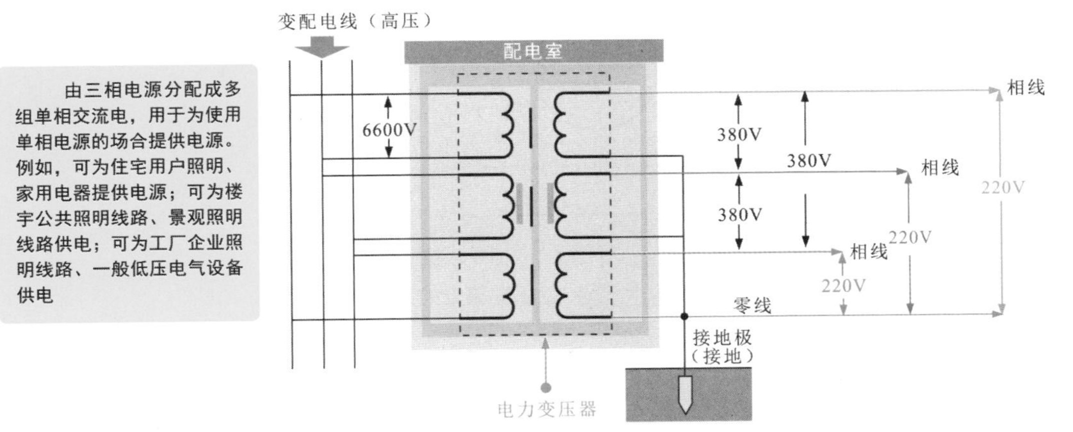

图2-11　实际应用中单相电的来源

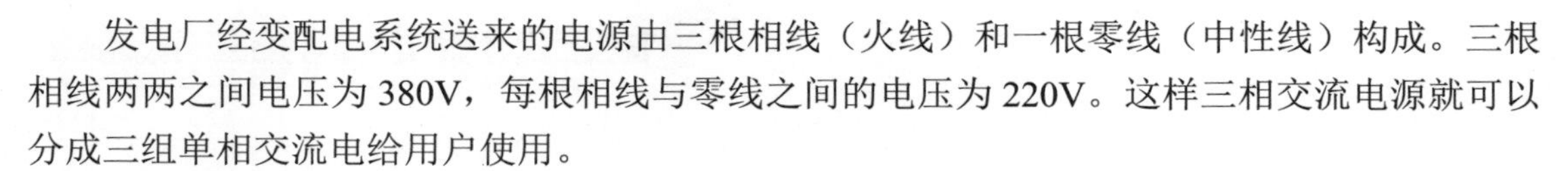

发电厂经变配电系统送来的电源由三根相线（火线）和一根零线（中性线）构成。三根相线两两之间电压为380V，每根相线与零线之间的电压为220V。这样三相交流电源就可以分成三组单相交流电给用户使用。

（2）三相交流电与三相交流供电方式

三相交流电是大部分电力传输即供电系统、工业和大功率电力设备所需要电源。通常，把三相电源线路中的电压和电流统称三相交流电，这种电源由三条线来传输，三线之间的电压大小相等（380V）、频率相同（50Hz）、相位差为120°。

① 三相交流电

在发电机内设有两组定子线圈互相垂直地分布在转子外围，如图2-12所示。转子旋转时两组定子线圈产生两组感应电动势，这两组电动势之间有90°的相位差，这种电源为两相电源，这种方式多在自动化设备中使用。

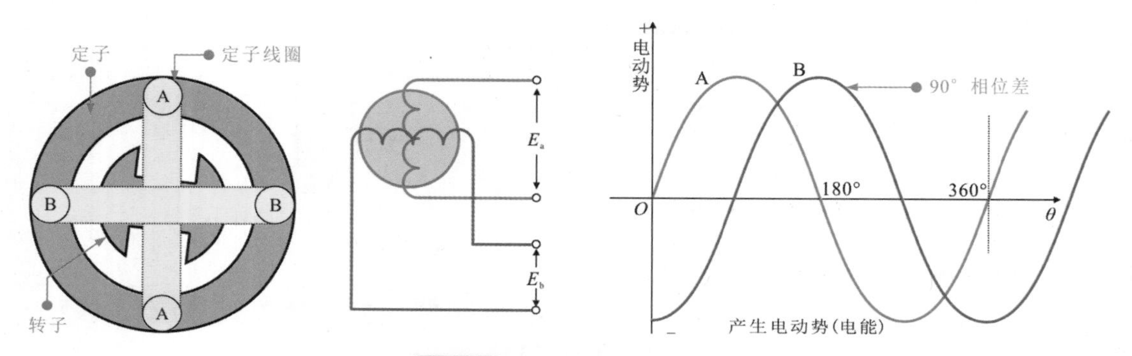

图2-12 两相交流电的产生

三相交流电是由三相交流发电机产生的。在定子槽内放置着三个结构相同的定子绕组A、B、C，这些绕组在空间互隔120°。转子旋转时，其磁场在空间按正弦规律变化，当转子由水轮机或汽轮机带动以角速度ω等速地顺时针方向旋转时，在三个定子绕组中就产生频率相同、幅值相等、相位上互差120°的三个正弦电动势，即对称的三相电动势，如图2-13所示。

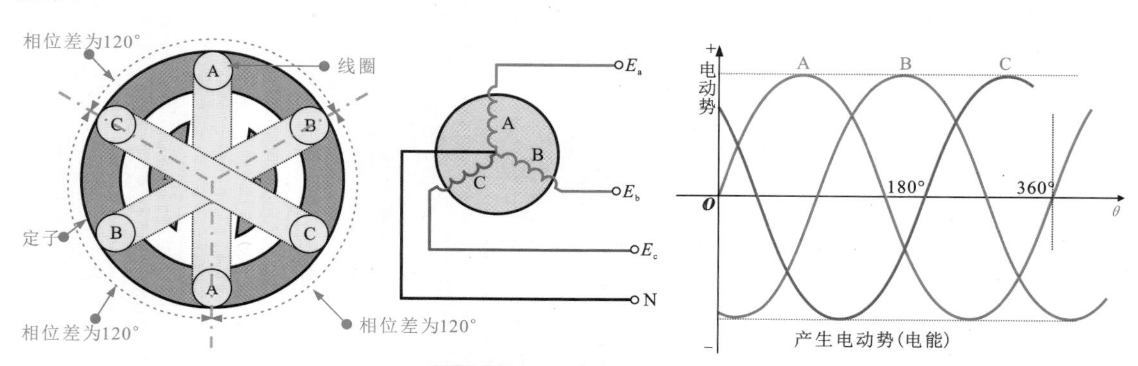

图2-13 三相交流电的产生

② 三相交流供电方式

三相交流电路的供电方式主要三相三线式、三相四线式和三相五线式三种供电方法，一般的工厂中的电器设备常采用三相交流电路。

a. 三相三线式　三相三线式是指供电线路由三根相线构成的，每根相线之间的电压为380V，额定电压为380V的电气设备可直接连接在相线上，如图2-14所示。这种供电方式多用在电能的传输系统中。

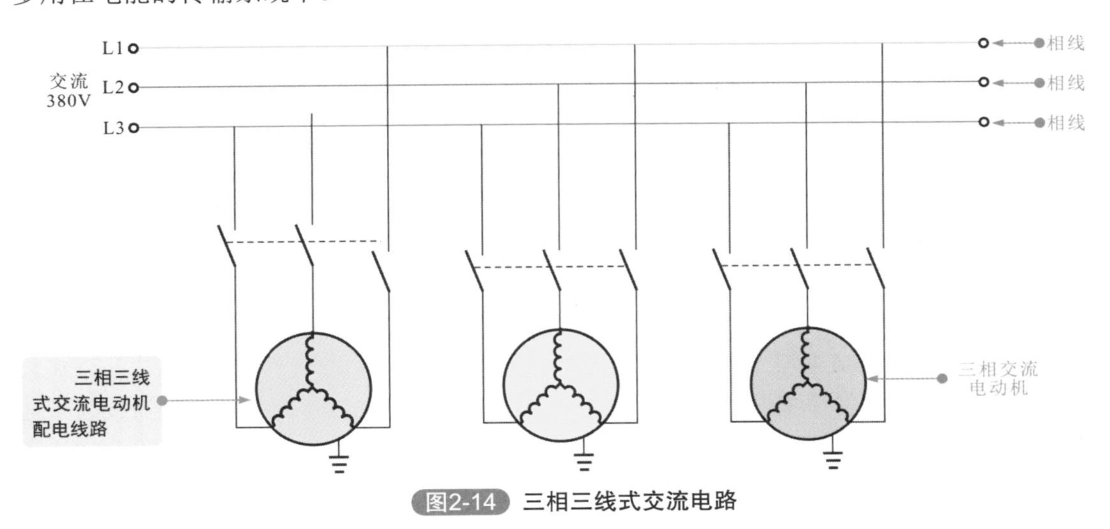

图2-14　三相三线式交流电路

b. 三相四线式　三相四线式交流电路是指由变压器引出四根线的供电方式。其中，三根为相线，另一根中性线为零线。零线接电动机三相绕组的中点，电气设备接零线工作时，电流经过电气设备做功，没有做功的电流可经零线回到电厂，对电气设备起到保护作用。这种供电方式常用于380/220V低压动力与照明混合配电，如图2-15所示。

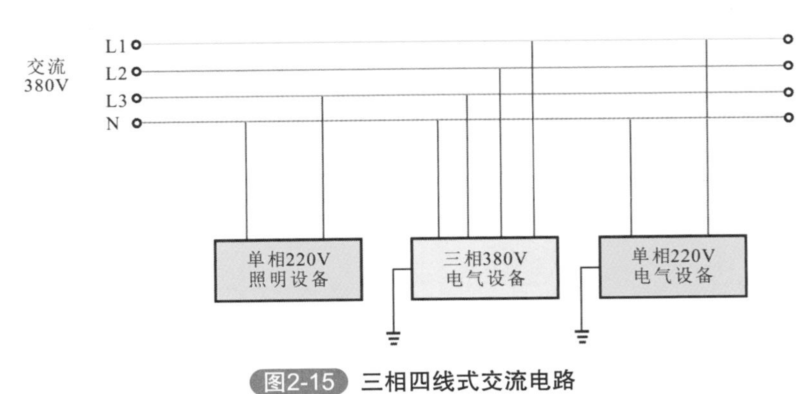

图2-15　三相四线式交流电路

【提示说明】

注意：在三相四式制供电方式中，在三相负载不平衡时和低压电网的零线过长且阻抗过大时，零线将有零序电流通过，过长的低压电网，由于环境恶化、导线老化、受潮等因素，导线的漏电电流通过零线形成闭合回路，致使零线也带一定的电位，这对安全运行十分不利。在零线断线的特殊情况下，断线以后的单相设备和所有保护接零的设备会产生危险的电压，这是不允许的。

c. 三相五线式　图2-16为典型三相五线供电方式的示意图。在前面所述的三相四线式交流电路中，把零线的两个作用分开，即一根线做工作零线（N），另一根线做保护零线（PN），这样的供电接线方式称为三相五线式的交流电路。

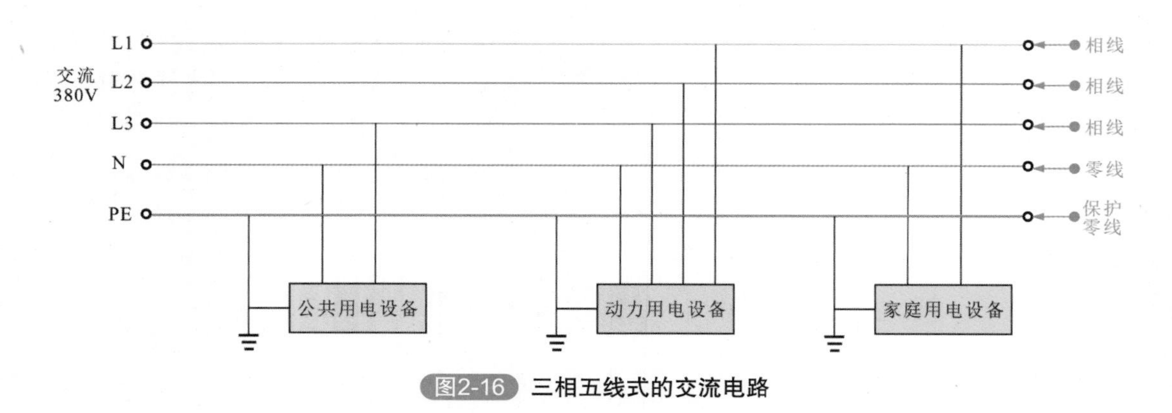

图2-16 三相五线式的交流电路

【提示说明】

采用三相五线式交流电路中，用电设备上所连接的工作零线N和保护零线PE是分别敷设的，工作零线上的电位不能传递到用电设备的外壳上，这样就能有效隔离三相四线制供电方式所造成的危险电压，用电设备外壳上电位始终处在“地”电位，从而消除了设备产生危险电压的隐患。

2.2 电流与电动势

2.2.1 电流

在导体的两端加上电压，导体内的电子就会在电场力的作用下做定向运动，形成电流。电流的方向规定为电子（负电荷）运动的反方向即电流的方向与电子运动的方向相反。

图2-17为由电池、开关、灯泡组成的电路模型，当开关闭合时，电路形成通路，电池的电动势形成了电压，继而产生了电场力，在电场力的作用下，处于电场内的电子便会定向移动，这就形成了电流。

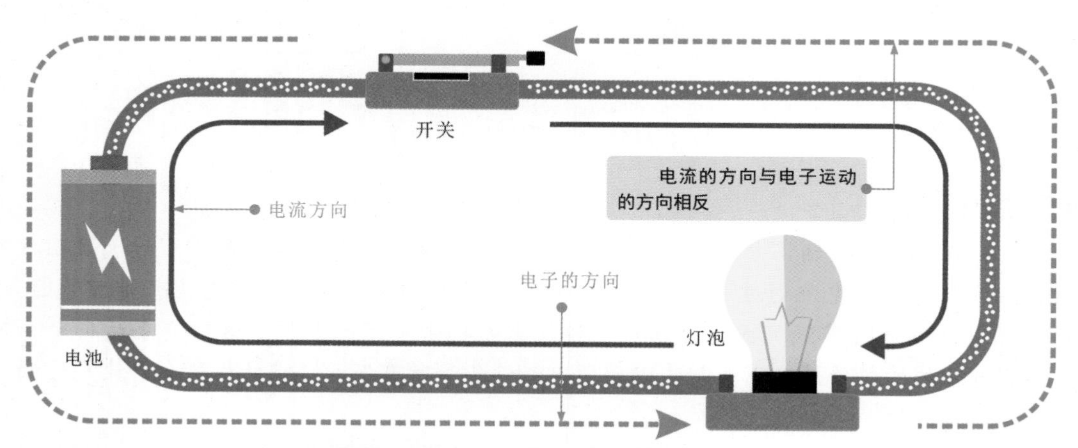

图2-17 由电池、开关、灯泡组成的电路模型

电流的大小称为电流强度，它是指在单位时间内通过导体横截面的电荷量。电流强度使用字母“I”（或i）来表示，电荷量使用“Q”（库伦）表示。若在t秒内通过导体横截面的

电荷量是 Q，则电流强度可用下式计算：

$$I=Q/t$$

电流强度的单位为安培，简称安，用字母“A”表示。根据不同的需要，还可以用千安（kA）、毫安（mA）和微安（μA）来表示。它们之间的关系为：

$$1\text{kA}=1000\text{A}$$

$$1\text{mA}=10^{-3}\text{A}$$

$$1\mu\text{A}=10^{-6}\text{A}$$

2.2.2　电动势

电动势是描述电源性质的重要物理量，用字母“E”表示，单位为“V”（伏特，简称伏），它是表示单位正电荷经电源内部，从负极移动到正极所做的功，它标志着电源将其他形式的能量转换成电路的动力即电源供应电路的能力。

电动势用公式表示，即

$$E=W/Q$$

式中，E 为电动势，单位为伏特（V）；W 为将正电荷经电源内部从负极引导正极所做的功，单位为焦耳（J）；Q 为移动的正电荷数量，单位为库伦（C）。

图 2-18 为由电源、开关、可变电阻器构成的电路模型。在闭合电路中，电动势是维持电流流动的电学量，电动势的方向规定为经电源内部，从电源的负极指向电源的正极。电动势等于路端电压与内电压之和，用公式表示即

$$E=U_{路}+U_{内}=IR+Ir$$

式中，$U_{路}$表示路端电压（即电源加在外电路端的电压）；$U_{内}$表示内电压（即电池因内阻自行消耗的电压）；I 表示闭合电路的电流；R 表示外电路总电阻（简称外阻）；r 表示电源的内阻。

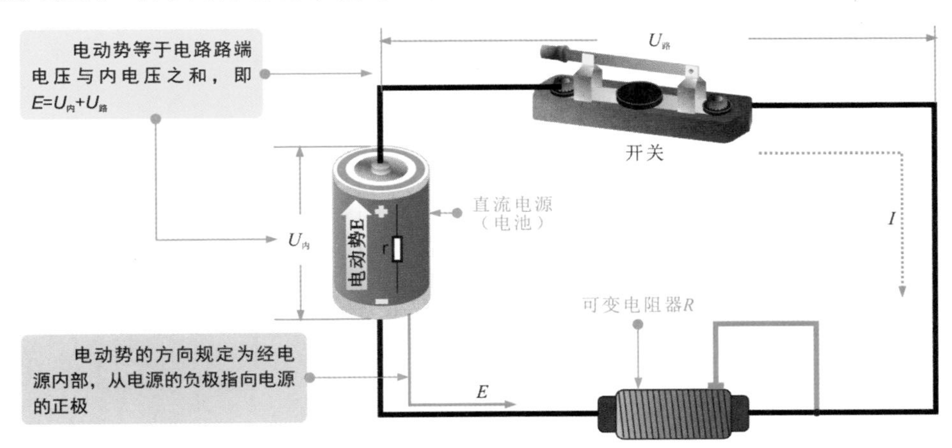

图2-18　由电池、开关、可调电阻器构成的电路模型

【提示说明】

对于确定的电源来说，电动势 E 和内阻 r 都是一定的。若闭合电路中外电阻 R 增大，电流 I 便会减小，内电压 $U_{内}$减小，故路端电压 $U_{路}$增大。若闭合电路中外电阻 R 减小，电流 I 便会增大，内电压 $U_{内}$增大，故路端电压 $U_{路}$减小，当外电路断开，外电阻 R 无限大，电流 I 便会为零，内电压 $U_{内}$也变为零，此时路端电压就等于电源的电动势。

2.3 电位与电压

电位是指该点与指定的零电位的大小差距，电压则是指电路中两点电位的大小差距。

2.3.1 电位

电位也称电势，单位是伏特（V），用符号“φ”表示，它的值是相对的，电路中某点电位的大小与参考点的选择有关。

图 2-19 为由电池、三个阻值相同的电阻和开关构成的电路模型（电位的原理）。电路以 A 点作为参考点，A 点的电位为 0V（即 φ_A=0V），则 B 点的电位为 0.5V（即 φ_B=0.5V），C 点的电位为 1V（即 φ_C=1V），D 点的电位为 1.5V（即 φ_D=1.5V）。

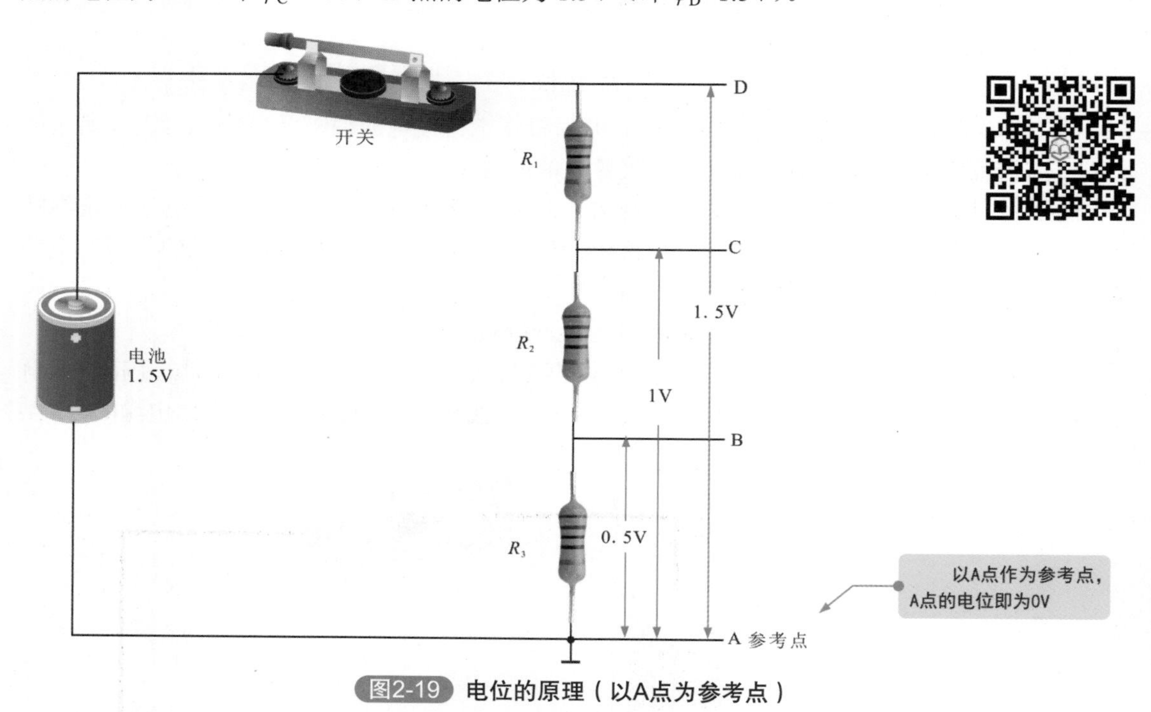

图2-19 电位的原理（以A点为参考点）

电路若以 B 点作为参考点，B 点的电位为 0V（即 φ_B=0V），则 A 点的电位为 −0.5V（即 φ_A=−0.5V），C 点的电位为 0.5V（即 φ_C=0.5V），D 点的电位为 1V（即 φ_D=1V）。图 2-20 为以 B 点为参考点电路中的电位。

2.3.2 电压

电压也称电位差（或电势差），单位是伏特（V）。电流之所以能够在电路中流动是因为电路中存在电压，即高电位与低电位之间的差值。

图 2-21 为由电池、两个阻值相等的电阻器和开关构成的电路模型。

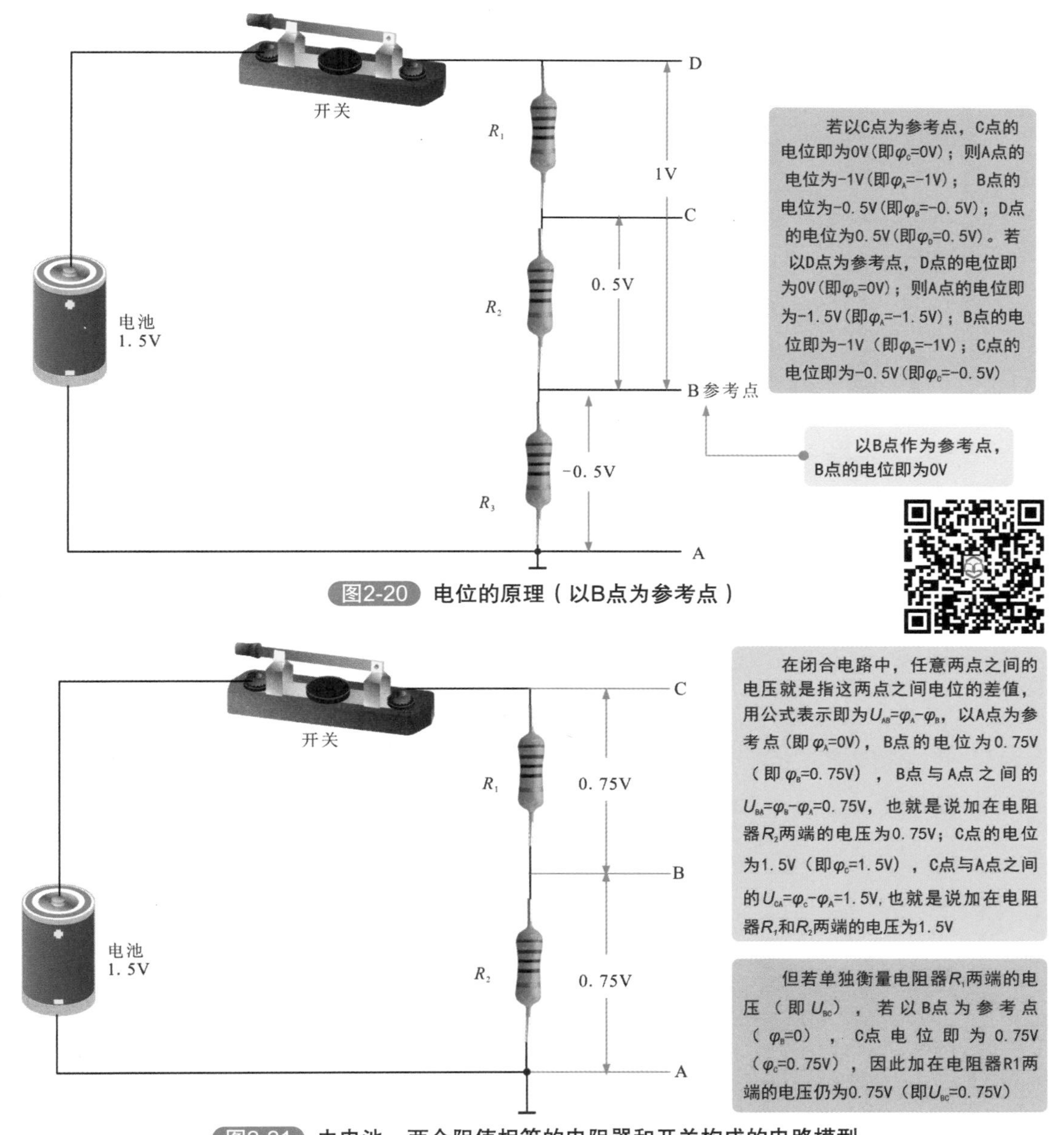

图2-20 电位的原理（以B点为参考点）

图2-21 由电池、两个阻值相等的电阻器和开关构成的电路模型

2.4 电路连接与欧姆定律

2.4.1 串联方式

如果电路中多个负载首尾相连，那么我们称它们的连接状态是串联的，该电路即称为串联电路。

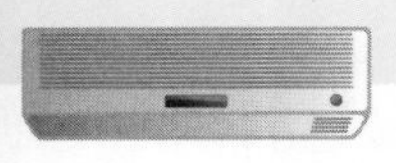

如图 2-22 所示，在串联电路中，通过每个负载的电流量是相同的，且串联电路中只有一个电流通路，当开关断开或电路的某一点出现问题时，整个电路将处于断路状态，因此当其中一盏灯损坏后，另一盏灯的电流通路也被切断，该灯不能点亮。

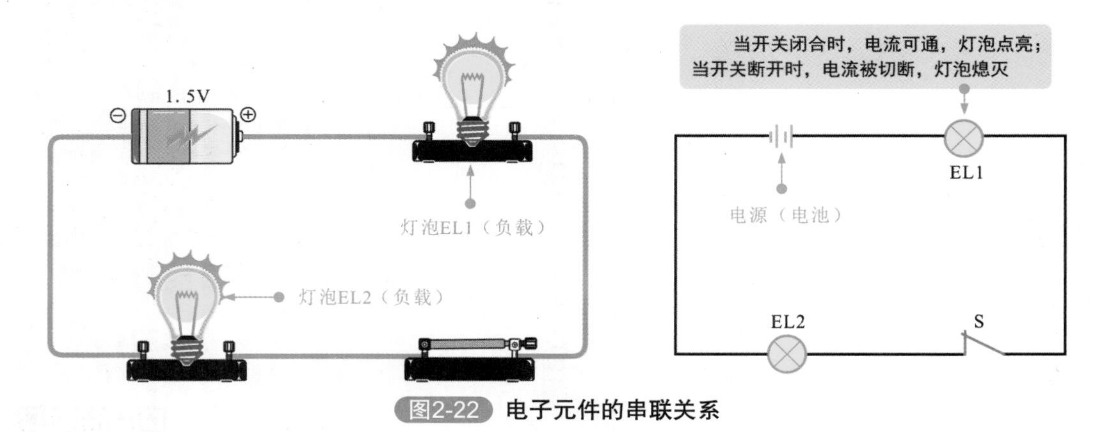

图2-22 电子元件的串联关系

【提示说明】

在串联电路中通过每个负载的电流量是相同的，且串联电路中只有一个电流通路，当开关断开或电路的某一点出现问题时，整个电路将变成断路状态。

在串联电路中，流过每个负载的电流相同，各个负载分享电源电压，如图 2-23 所示，电路中有三个相同的灯泡串联在一起，那么每个灯泡将得到 1/3 的电源电压量。每个串联的负载可分到的电压量与它自身的电阻有关，即自身电阻较大的负载会得到较大的电压值。

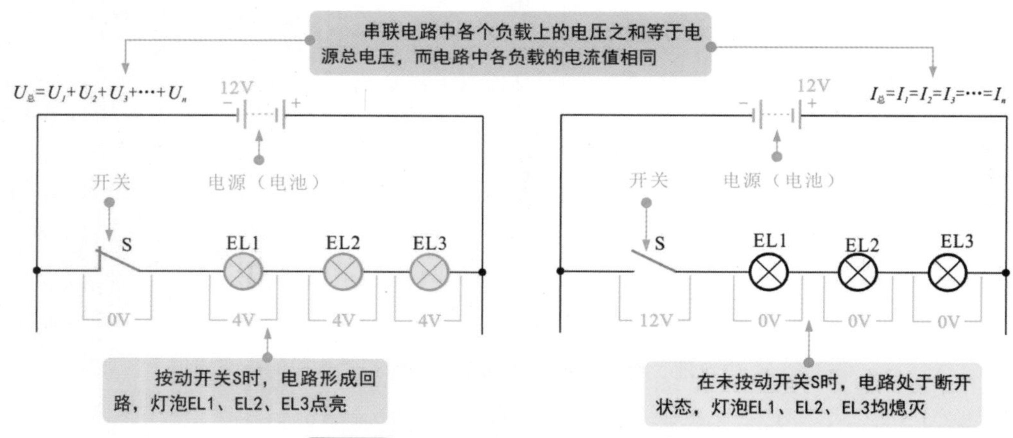

图2-23 灯泡（负载）串联的电压分配

2.4.2 并联方式

两个或两个以上负载的两端都与电源两极相连，我们称这种连接状态是并联的，该电路即为并联电路。

如图 2-24 所示，在并联状态下，每个负载的工作电压都等于电源电压。不同支路中会有不同的电流通路，当支路某一点出现问题时，该支路将处于断路状态，照明灯会熄灭，但其他支路依然正常工作，不受影响。

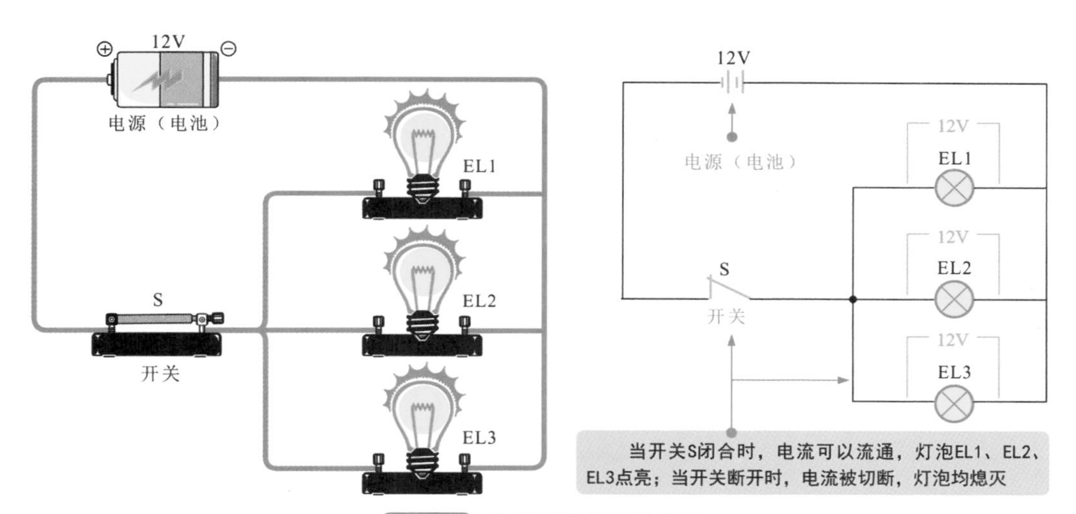

图2-24 电子元件的并联关系

图 2-25 为灯泡（负载）并联的电压分配。

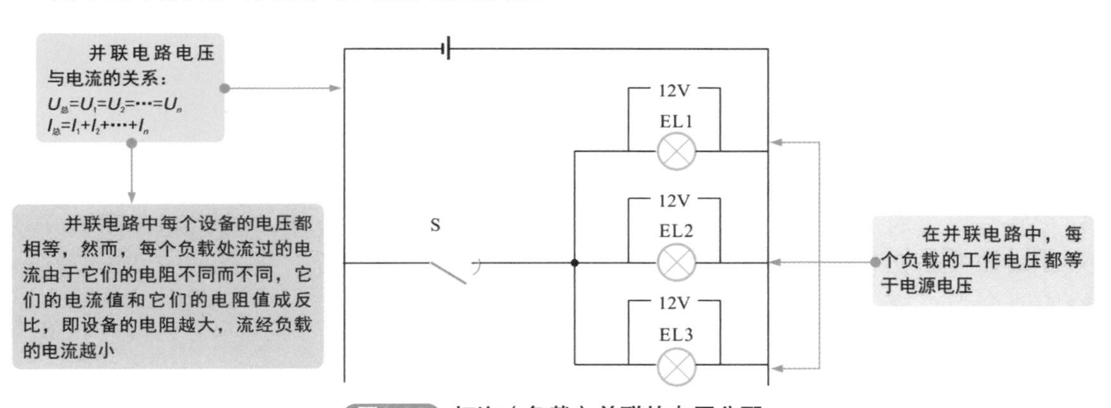

图2-25 灯泡（负载）并联的电压分配

2.4.3 混联方式

如图 2-26 所示，将电气元件串联和并联连接后构成的电路称为混联电路。

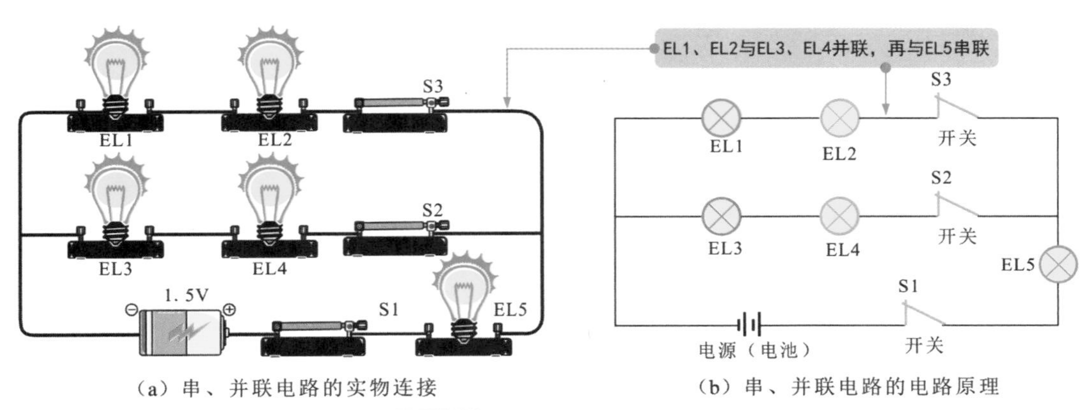

（a）串、并联电路的实物连接　（b）串、并联电路的电路原理

图2-26 电子元件的混联关系

2.4.4 电压与电流的关系

电压与电流的关系如图 2-27 所示。电阻阻值不变的情况下，电路中的电压升高，流经电阻的电流也成比例增加；电压降低，流经电阻的电流也成比例减少。例如，电压从 25V 升高到 30V 时，电流值也会从 2.5A 升高到 3A。

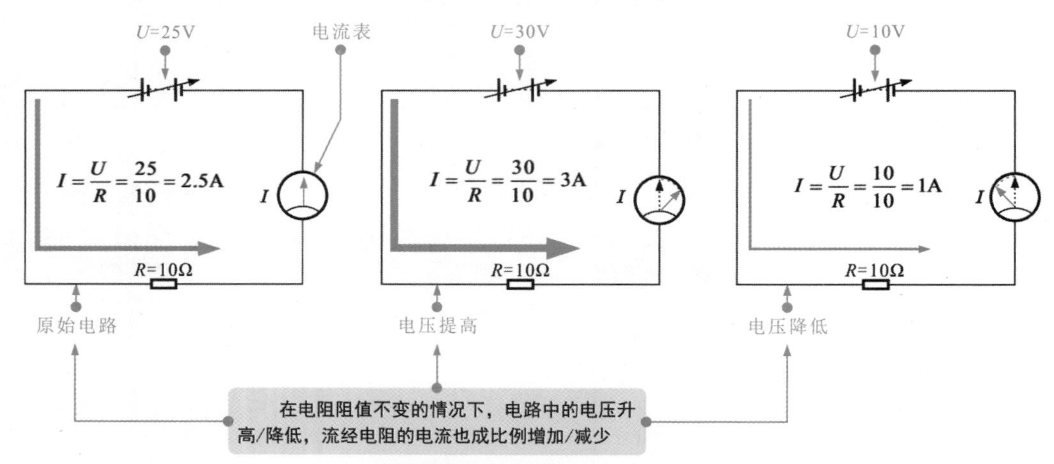

图2-27 电压与电流的关系

2.4.5 电阻与电流的关系

电阻与电流的关系如图 2-28 所示。当电压值不变的情况下，电路中的电阻阻值升高，流经电阻的电流成比例减少；电阻阻值降低，流经电阻的电流则成比例增加。例如，电阻从 10Ω 升高到 20Ω 时，电流值会从 2.5A 降低到 1.25A。

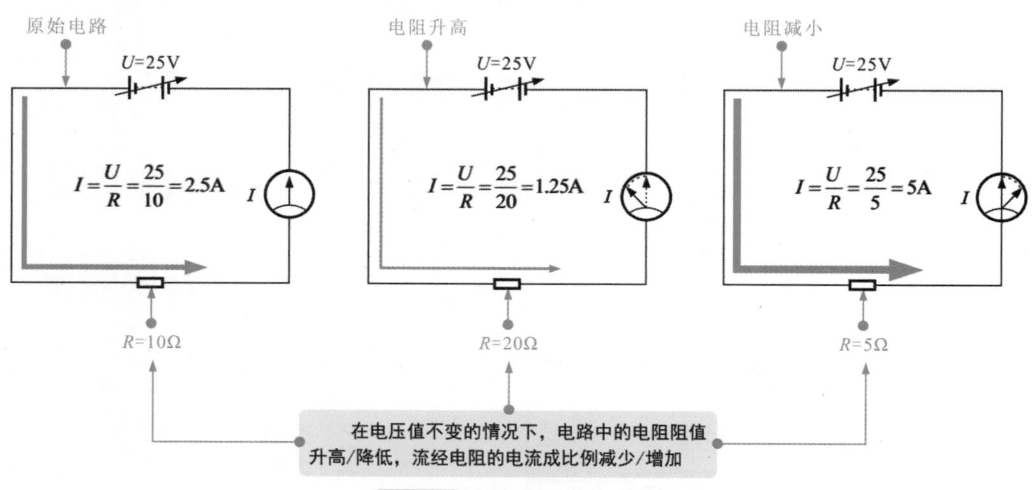

图2-28 电阻与电流的关系

第 3 章 空调器电子元器件及电路

3.1 基础电子元器件

在空调器的电路板上安装有多种基础电子元器件，如图 3-1 所示。常见的基础电子元器件有电阻器、电容器、电感器等。

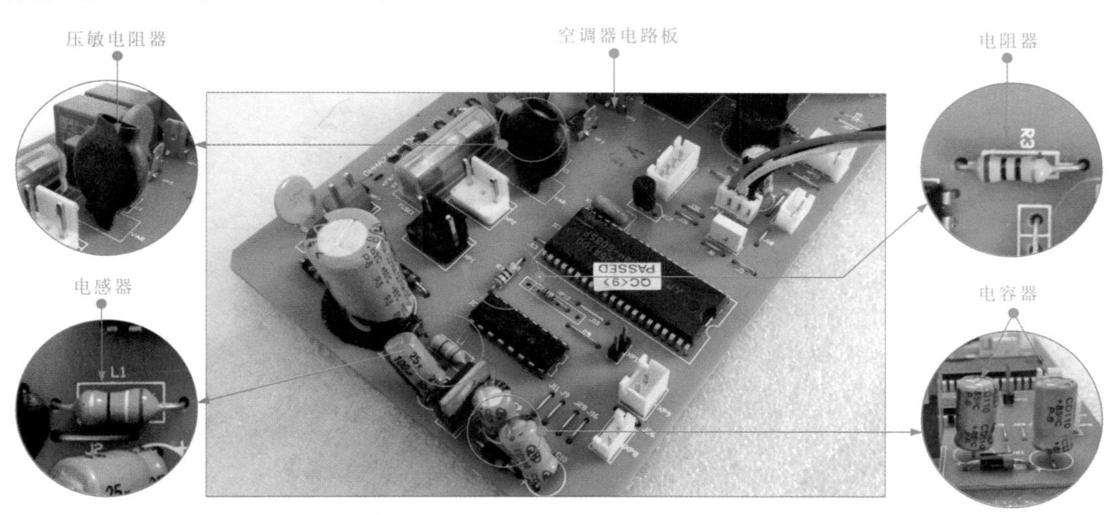

图3-1 空调器电路板上的基础电子元器件

3.1.1 电阻器

电阻器简称电阻，它是利用物体对所通过的电流产生阻碍作用，制成的电子元器件，是空调器电路板中最基本、最常用的电子元器件之一。

图 3-2 为空调器电路板中常见的几种电阻器实物外形。

电阻器在空调器电路中主要用来调节、稳定电流和电压，可作为分流器、分压器，也可作为电路的匹配负载，在电路中可用于放大电路的负反馈或正反馈电压 - 电流转换，输入过载时的电压或电流保护元器件又可组成 RC 电路作为振荡、滤波、微分、积分及时间常数元器件等。

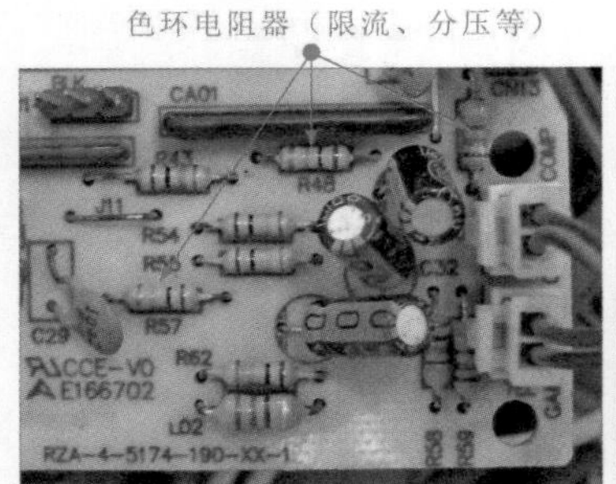

图3-2 空调器电路板中常见的几种电阻器实物外形

（1）电阻器的限流功能

电阻器阻碍电流的流动是其最基本的功能。根据欧姆定律，当电阻器两端的电压固定时，电阻值越大，流过它的电流越小，因而电阻器常用作限流器件。

（2）电阻器的降压功能

电阻器的降压功能是通过自身的阻值产生一定的压降，将送入的电压降低后再为其他部件供电，以满足电路中低压的供电需求，如图 3-3 所示。

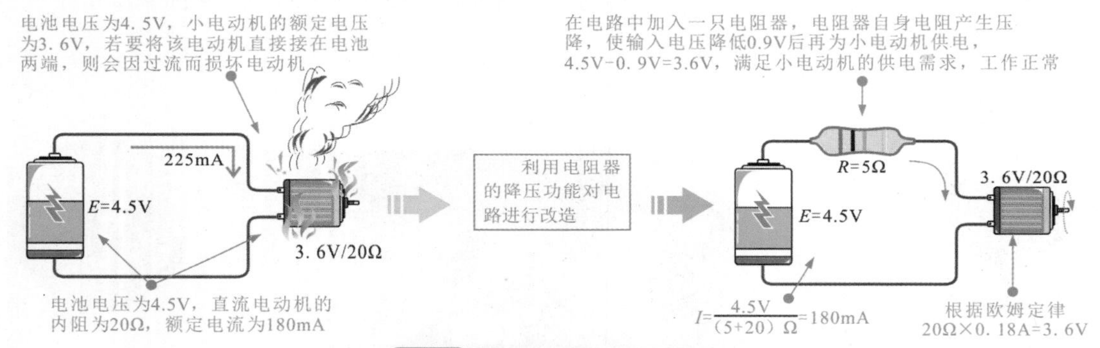

图3-3 电阻器降压功能的应用

（3）电阻器的分流功能

图 3-4 为电阻器分流功能的应用。电路中采用两个（或两个以上）的电阻器并联接在电路中，即可将送入的电流分流，电阻器之间分别为不同的分流点。

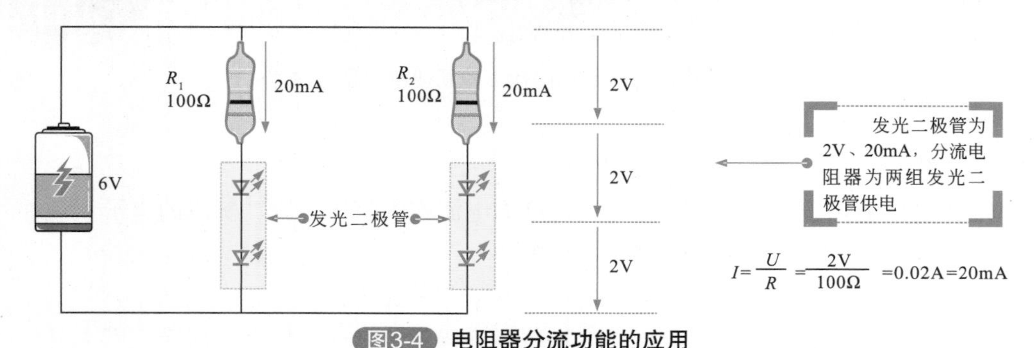

图3-4 电阻器分流功能的应用

（4）电阻器的分压功能

图 3-5 为电阻器分压功能的应用。电路中三极管最佳放大状态时基极电压为 2.8V，因此设置一个电阻器分压电路 R_1 和 R_2，将 9V 分压成 2.8V 为晶体三极管基极供电。

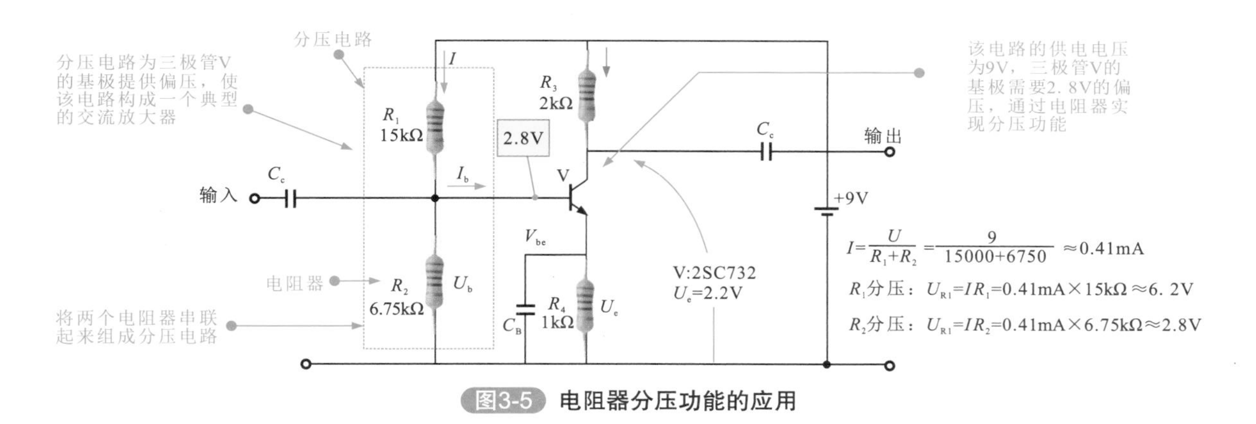

图3-5 电阻器分压功能的应用

3.1.2 电容器

电容器简称电容，它是一种可储存电能的元器件（储能元器件）。电容器在空调器中的应用十分广泛，常见有电解电容器、瓷介电容器和聚苯乙烯电容器等。

图3-6为空调器电路板上常见的几种电容器实物外形。

图3-6 空调器电路板上常见的几种电容器实物外形

（1）电容器的滤波功能

电容器的充电和放电需要一个过程，所以其电压不能突变，根据这个特性，电容器在电路中可以起到滤波或信号传输的作用，如图3-7所示。

（2）电容器的耦合功能

电容器对交流信号的阻抗较小，易于通过，而对直流信号阻抗很大，可视为断路。在放大器中，电容器常作为交流信号的输入和输出传输的耦合器件使用。

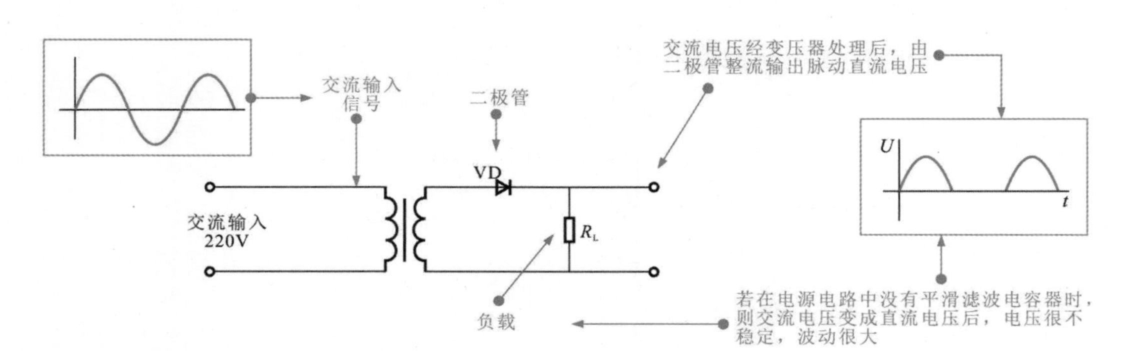

电容器的滤波功能是指能够消除脉冲和噪波功能，是电容器最基本、最突出的功能。

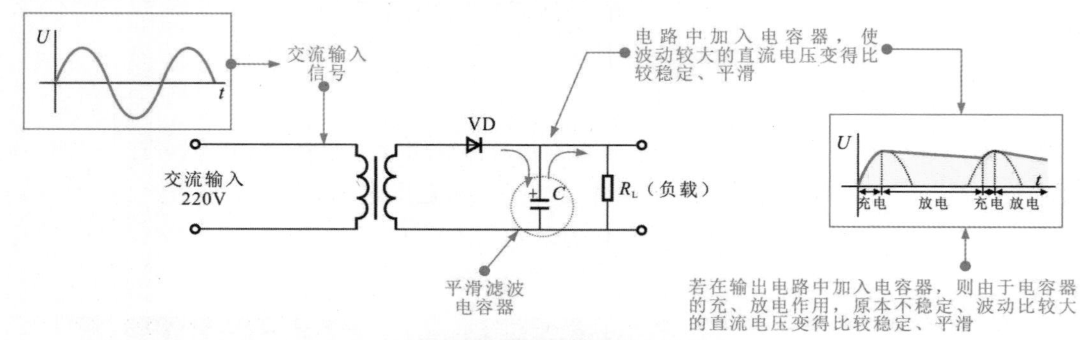

图3-7 电容器的滤波功能

如图 3-8 所示，从该电路中可以看到，由于电容器具有隔直流的作用，因此，放大器的交流输出信号可以经耦合电容器 C_2 送到负载 R_L 上，而直流电压不会加到负载 R_L 上。也就是说，从负载上得到的只是交流信号。

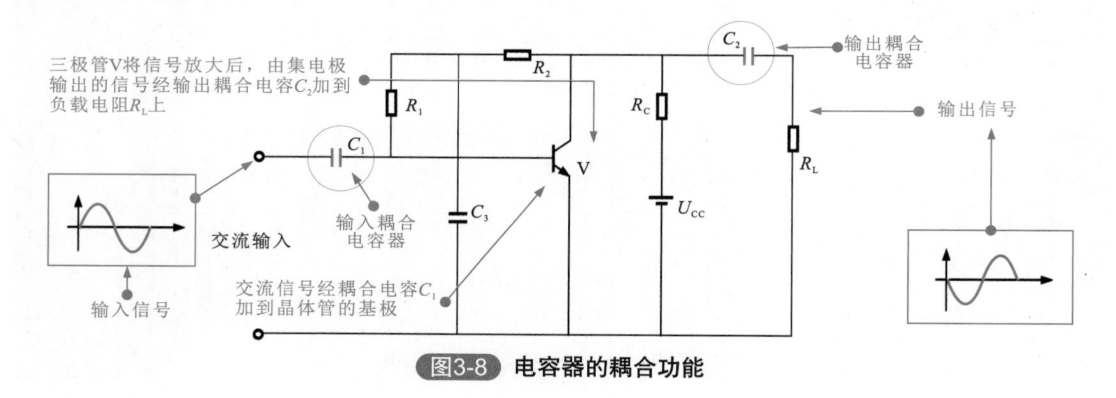

图3-8 电容器的耦合功能

3.1.3 电感器

电感器也称电感元件，它属于一种储能元器件，它可以把电能转换成磁能并储存起来。在空调器电路板中，常见的电感器主要有色环电感器、磁环电感器等，如图 3-9 所示。

电感器就是将导线绕制成线圈形状，当电流流过时，在线圈（电感）的两端就会形成较强的磁场。

由于电磁感应的作用，它会对电流的变化起阻碍作用。因此，电感器对直流呈现很小的电阻（近似于短路），对交流呈现的阻抗较高，其阻值的大小与所通过的交流信号的频率有关。也就是说，同一电感元件，通过交流电流的频率越高，呈现的阻值越大。

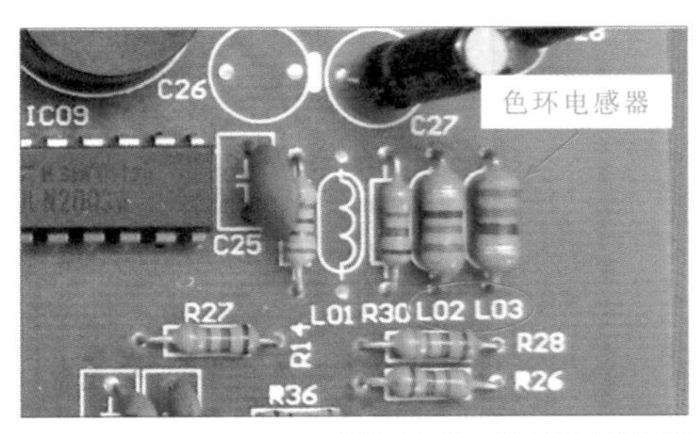

图3-9 空调器电路板中常见的电感器实物外形

此外，电感器具有阻止其中电流变化的特性，所以流过电感器的电流不会发生突变。如图 3-10 所示，电感器在电子产品中常作为滤波线圈等。

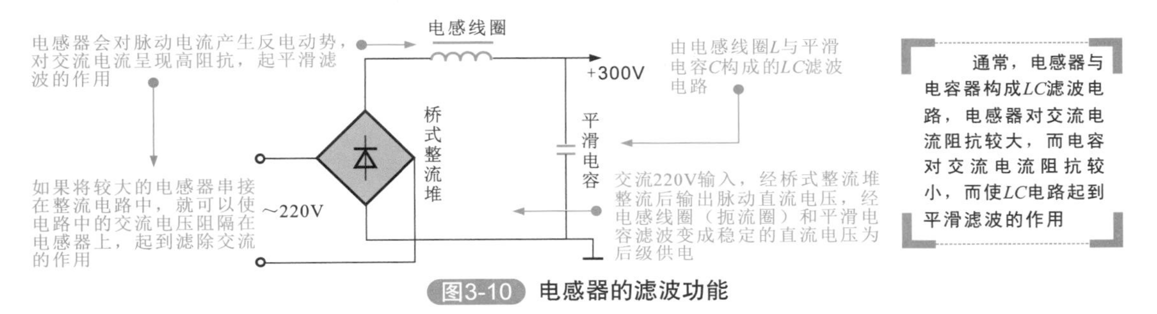

图3-10 电感器的滤波功能

3.2 基础半导体元器件

在空调器的电路板上除了基础电子元器件外，常见的电子元器件还有基础半导体元器件，如二极管、三极管、晶闸管、场效应晶体管等。

3.2.1 二极管

二极管是具有一个 PN 结的半导体元器件。其内部由一个 P 型半导体和 N 型半导体组成，在 PN 结两端引出相应的电极引线，再加上管壳密封便可制成二极管。

在空调器电路板中，常见的二极管主要由整流二极管、稳压二极管、发光二极管等，如图 3-11 所示。

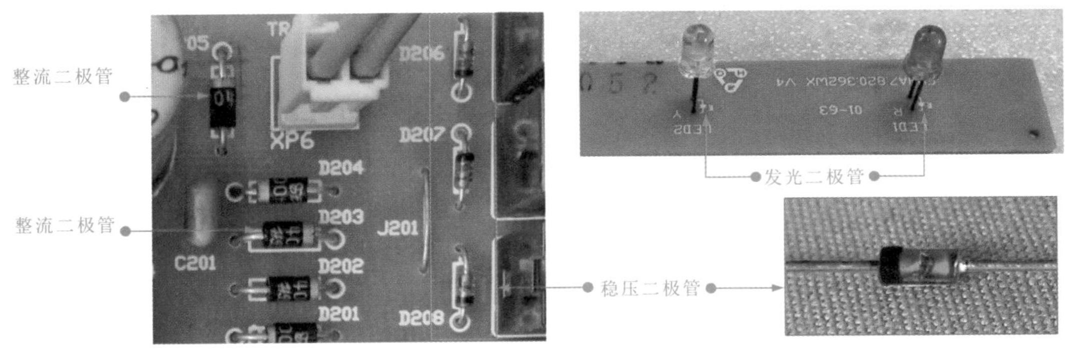

图3-11 空调器电路板中的二极管

二极管是一种应用广泛的半导体元器件。不同种类的二极管，根据其自身功能特性，具有不同的功能应用，例如整流二极管的整流功能、稳压二极管的稳压功能等。

（1）整流二极管的整流功能

整流二极管根据自身特性可构成整流电路，将原本交变的交流电压信号整流成同相脉动的直流电压信号，变换后的波形小于变换前的波形，如图 3-12 所示。

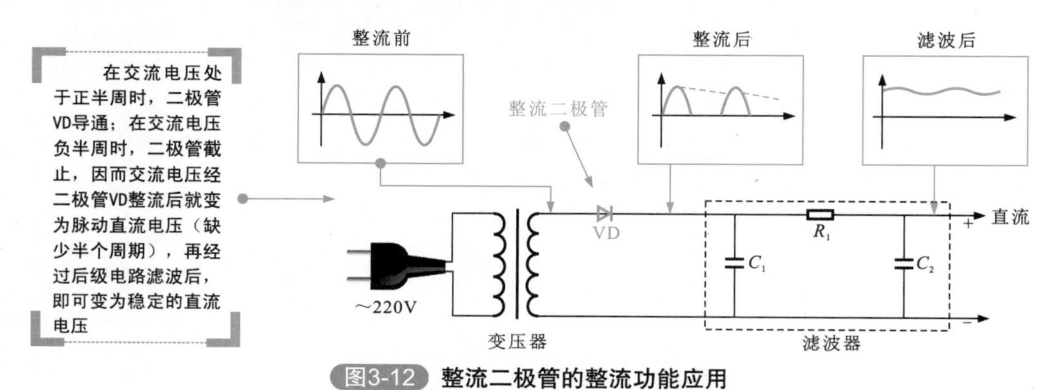

图3-12 整流二极管的整流功能应用

（2）稳压二极管的稳压功能

稳压二极管的稳压功能是指能够将电路中的某一点的电压稳定的维持在一个固定值的功能。图 3-13 为稳压二极管构成的稳压电路。

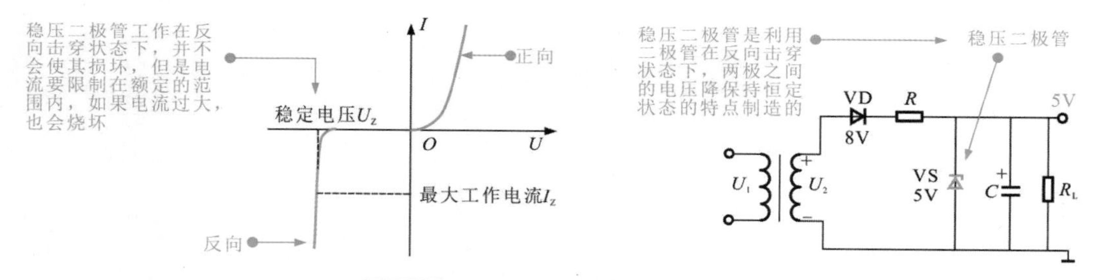

图3-13 稳压二极管构成的稳压电路

3.2.2 三极管

三极管是一种具有放大功能的半导体元器件，图 3-14 为空调器电路板上的三极管实物外形。在空调器电路中，三极管通常起到电流放大和电子开关作用。

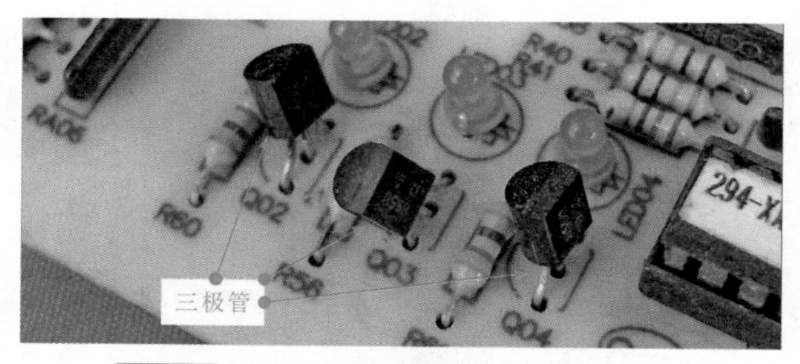

图3-14 空调器电路板上的三极管实物外形

（1）三极管的电流放大功能

三极管是一种电流放大元器件，可制成交流或直流信号放大器，由基极输入一个很小的电流从而控制集电极很大的电流输出，如图 3-15 所示。

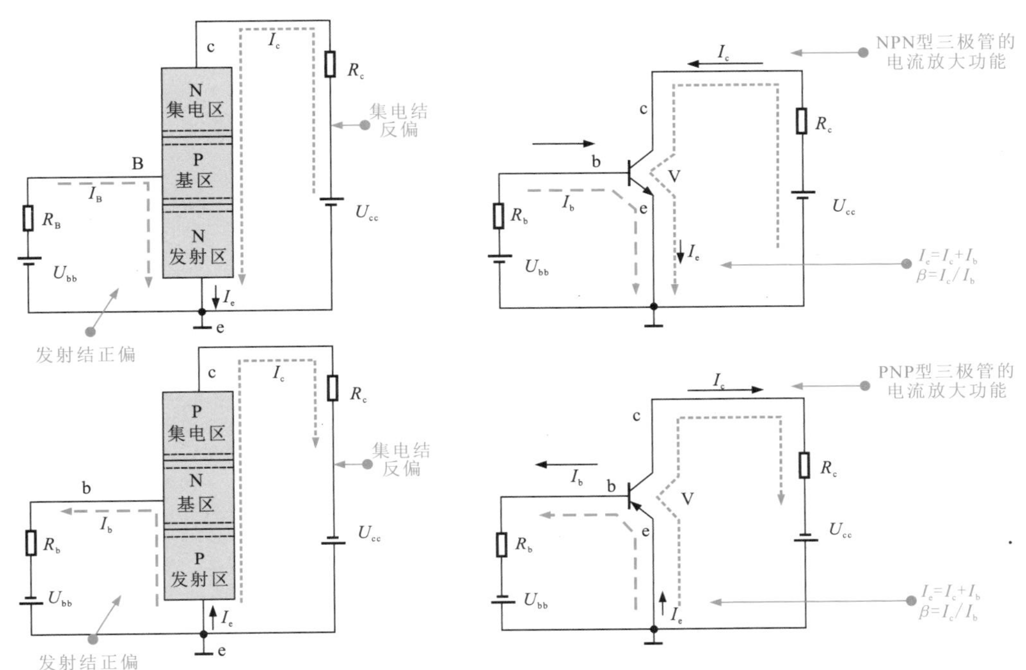

三极管基极（b）电流最小，且远小于另两个引脚的电流；发射极（e）电流最大（等于集电极电流和基极电流之和）；集电极（c）电流与基极（b）电流之比即为三极管的放大倍数。

图3-15 三极管的电流放大功能

（2）三极管的开关功能

三极管集电极电流在一定范围内随基极电流呈线性变化，这就是放大特性。但当基极电流高过此范围时，三极管集电极电流会达到饱和值，基极电流低于此范围，三极管会进入截止状态，利用导通或截止特性，还可起到开关作用，如图 3-16 所示。

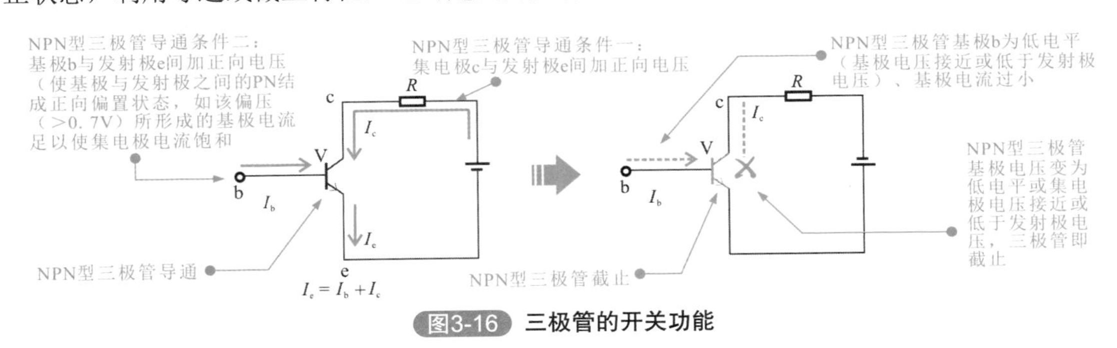

图3-16 三极管的开关功能

3.2.3 晶闸管

晶闸管是晶体闸流管的简称，是一种可控整流器件。晶闸管主要特点是通过小电流实现高电压、高电流的控制，在实际应用中主要作为可控整流器件。

如图 3-17 所示，晶闸管可与整流器件构成调压电路，使整流电路输出电压具有可调性。

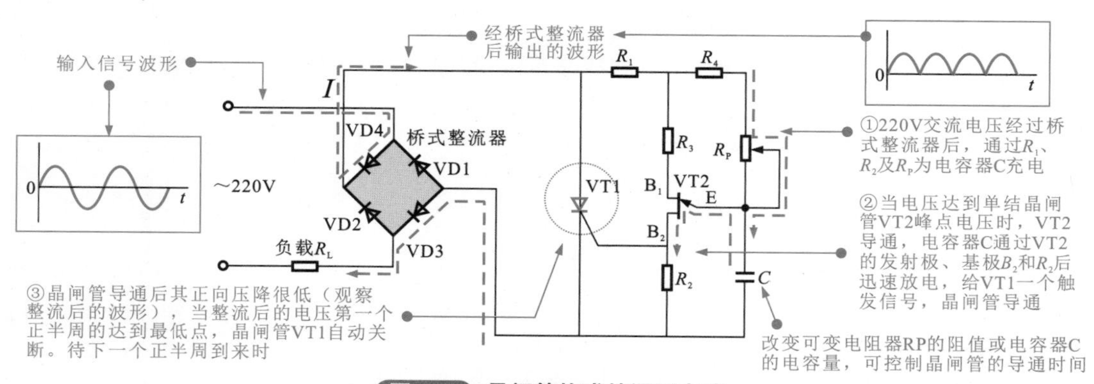

图3-17 晶闸管构成的调压电路

3.2.4 场效应管

场效应晶体管是一种电压控制器件，栅极不需要控制电流，只需要有一个控制电压就可以控制漏极和源极之间的电流，具有输入阻抗高、噪声小、热稳定性好、便于集成等特点，容易被静电击穿。在电路中常作为放大器件使用。根据结构的不同，场效应晶体管可分为两大类：结型场效应晶体管（JFET）和绝缘栅型场效应晶体管（MOSFET）。

（1）结型场效应晶体管的特点

结型场效应晶体管是利用沟道两边的耗尽层宽窄改变沟道导电特性来控制漏极电流实现放大功能的，如图 3-18 所示。

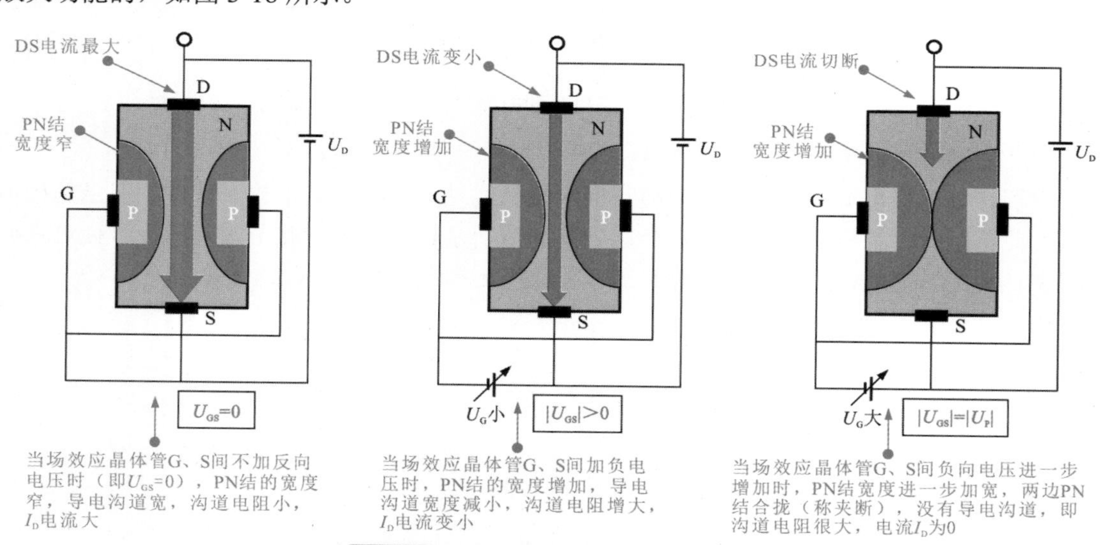

图3-18 结型场效应晶体管的功能特点

（2）绝缘栅型场效应晶体管的特点

绝缘栅型场效应晶体管是利用 PN 结之间感应电荷的多少，改变沟道导电特性来控制漏极电流实现放大功能的，如图 3-19 所示。

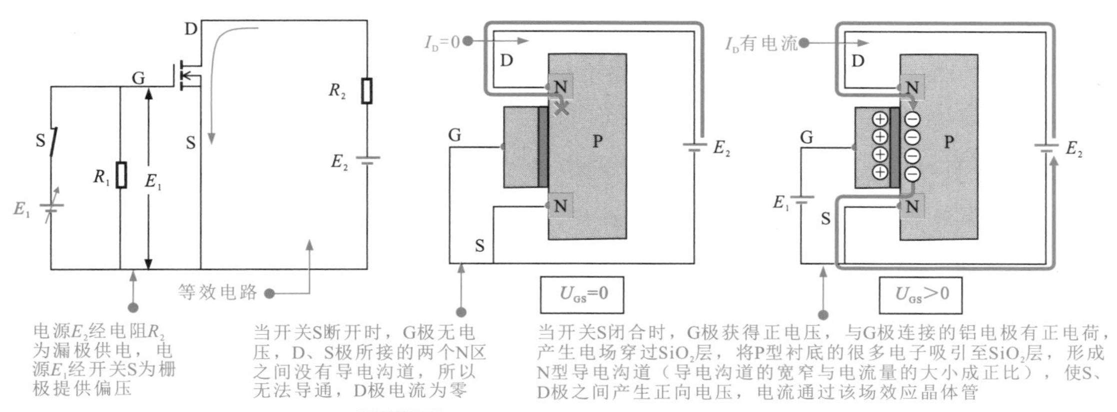

图3-19 绝缘栅型场效应晶体管的特点

3.3 实用单元电路

3.3.1 基本 RC 电路

RC 电路（电阻和电容联合“构建”的电路）是一种由电阻器和电容器按照一定的方式连接并与交流电源组合的一种简单功能电路。下面我们先来了解一下 *RC* 电路的结构形式，接下来再结合具体的电路单元弄清楚该电路的功能特点。

根据不同的应用场合和功能，*RC* 电路通常有两种结构形式：一种是 *RC* 串联电路，另一种是 *RC* 并联电路，如图 3-20 所示。

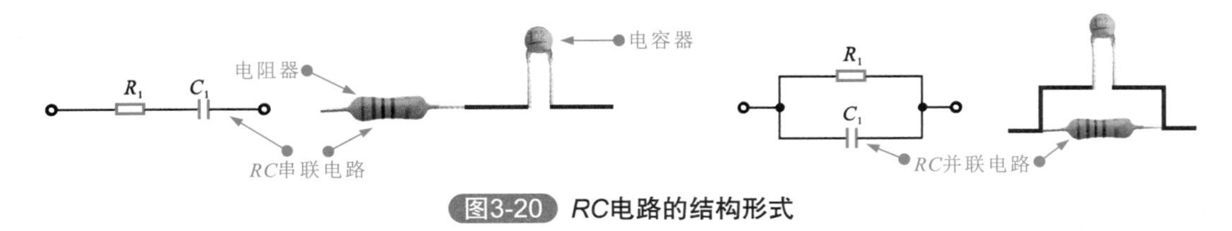

图3-20 *RC*电路的结构形式

（1）*RC* 串联电路的特征

电阻器和电容器串联连接后构建的电路称为 *RC* 串联电路，该电路多与交流电源连接，如图 3-21 所示。

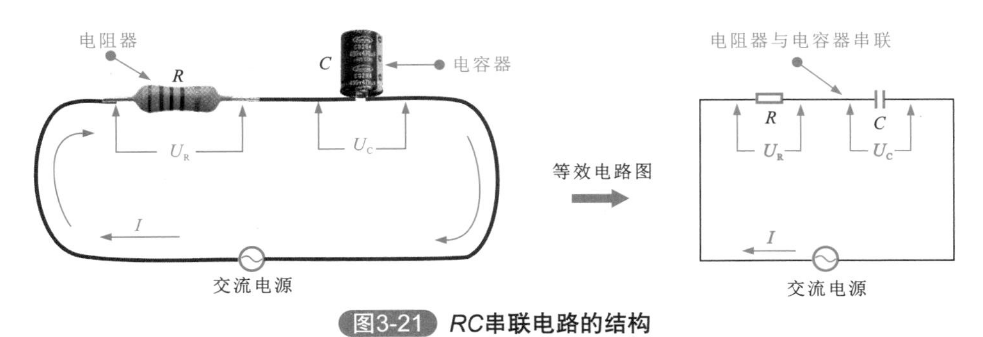

图3-21 *RC*串联电路的结构

在 RC 串联电路中的电流引起了电容器和电阻器上的电压降，这些电压降与电路中电流及各自的电阻值或容抗值成比例。电阻器电压 U_R 和电容器电压 U_C 用欧姆定律表示为（X_C 为容抗）：$U_R=IR$、$U_C=IX_C$

【提示说明】

在纯电容电路中，电压和电流相互之间的相位差为 90°。在纯电阻电路中，电压和电流的相位相同。在同时包含电阻和电容的电路中，电压和电流之间的相位差在 0° 和 90° 之间。

当 RC 串联电路连接于一个交流电源时，电压和电流的相位差在 0° ～ 90° 之间。相位差的大小取决于电阻和电容的比例，相位差均用角度表示。

（2）RC 并联电路的特征

电阻器和电容器并联连接于交流电源的组合称为 RC 并联电路，如图 3-22 所示。与所有并联电路相似，在 RC 并联电路中，电压 U 直接加在各个支路上，因此各支路的电压相等，都等于电源电压，即 $U=U_R=U_C$，并且三者之间的相位相同。

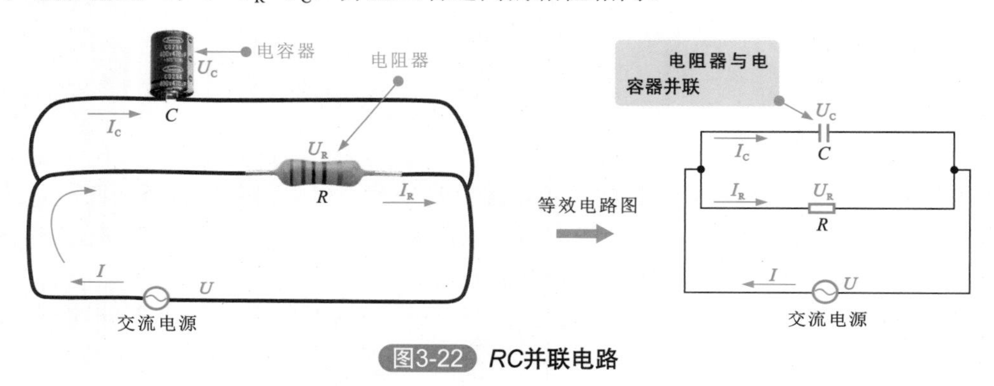

图3-22 RC并联电路

3.3.2 基本 LC 电路

LC 电路是由电感器和电容器按照一定的方式进行连接的一种功能电路。下面我们先来了解一下 LC 电路的结构形式，接下来再结合具体的电路单元弄清楚该电路的功能特点。

由电容器和电感器组成的串联或并联电路中，感抗和容抗相等时，电路成为谐振状态，该电路称为 LC 谐振电路。LC 谐振电路又可分为 LC 串联谐振电路和 LC 并联谐振电路两种，如图 3-23 所示。

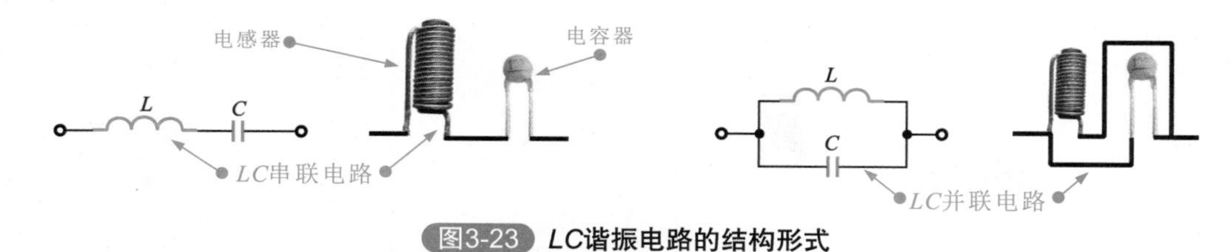

图3-23 LC谐振电路的结构形式

（1）LC 串联谐振电路的特点

在串联谐振电路中，当信号接近特定的频率时，电路中的电流达到最大，这个频率称为谐振频率。

图 3-24 为不同频率信号通过 LC 串联谐振电路的效果示意图。由图可知，当输入信号经过 LC 串联电路时，根据电感器和电容器的特性，信号频率越高电感的阻抗越大，而电容的阻抗

则越小，阻抗大则对信号的衰减大，频率较高的信号通过电感会衰减很大，而直流信号则无法通过电容器。当输入信号的频率等于 LC 谐振的频率时，LC 串联电路的阻抗最小，此频率的信号很容易通过电容器和电感器输出。由此可看出，LC 串联谐振电路可起到选频的作用。

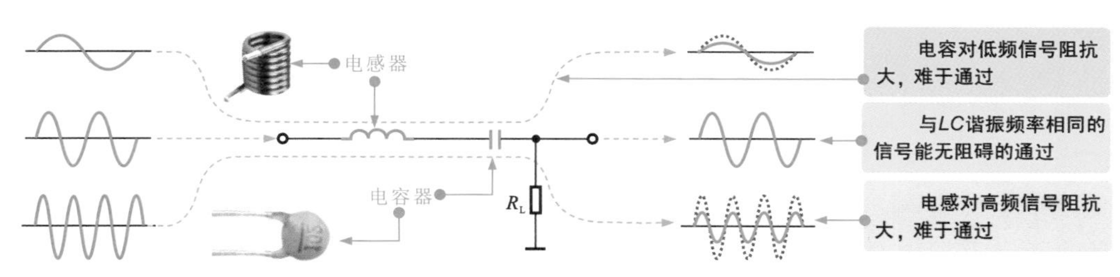

图3-24 不同频率信号通过LC串联谐振电路的效果示意图

（2）LC 并联谐振电路的特点

在 LC 并联谐振电路中，如果线圈中的电流与电容中的电流相等，则电路就达到了并联谐振状态。图 3-25 为不同频率的信号通过 LC 并联谐振电路时的效果示意图，当输入信号经过 LC 并联谐振电路时，同样根据电感器和电容器的阻抗特性，较高频率的信号则容易通过电容器到达输出端，较低频率的流信号则容易通过电感器到达输出端。由于 LC 回路在谐振频率 f_0 处的阻抗最大，谐振频率点的信号不能通过 LC 并联的振荡电路。

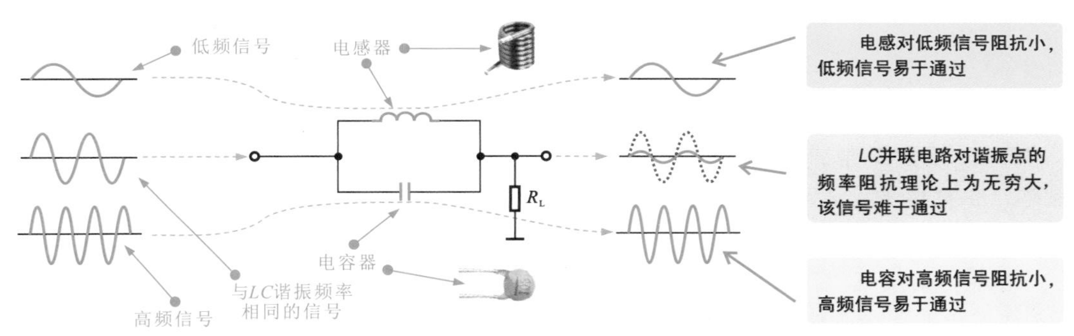

图3-25 不同频率信号通过LC并联谐振电路前后的效果示意图

（3）RLC 电路的特点

RLC 电路是由电阻器、电感器和电容器构成的电路单元。由前文可知，在 LC 电路中，电感器和电容器都有一定的电阻值，如果电阻值相对于电感的感抗或电容的容抗很小时，往往会被忽略，而在某些高频电路中，电感器和电容器的阻值相对较大，就不能忽略，原来的 LC 电路就变成了 RLC 电路，如图 3-26 所示。

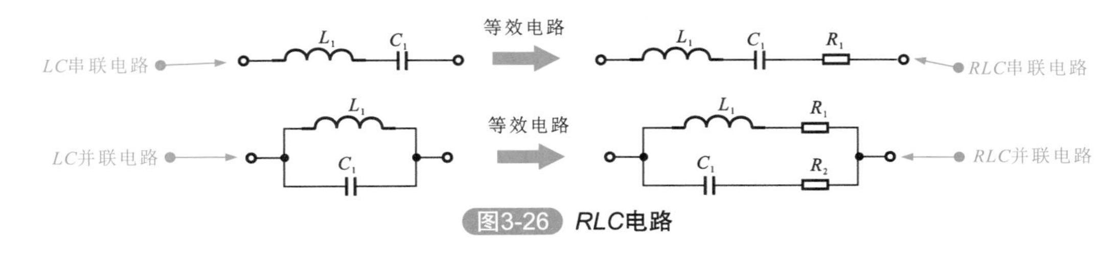

图3-26 RLC电路

3.3.3 基本放大电路

基本放大电路是电子电路中的基本单元电路，为了满足电路中不同元器件对信号幅度以及电流的要求，需要对电路中的信号、电流等进行放大，用来确保设备的正常工作。在这个过程中，完成对信号放大的电路被称为放大电路，而基本放大电路的核心元器件为三极管。

三极管主要有 NPN 型和 PNP 型两种。由这两种三极管构成的基本放大电路各有三种，即共射极（e）放大电路、共集电极（c）放大电路和共基极（b）放大电路。

（1）共射极放大电路

共射极放大电路是指将三极管的发射极（e）作为输入信号和输出信号的公共接地端的电路。它最大特点是具有较高的电压增益，但由于输出阻抗比较高，这种电路的带负载能力比较低，不能直接驱动扬声器等器件。

图 3-27 为共射极（e）放大电路的结构，该电路主要由三极管、电阻器和耦合电容器构成。

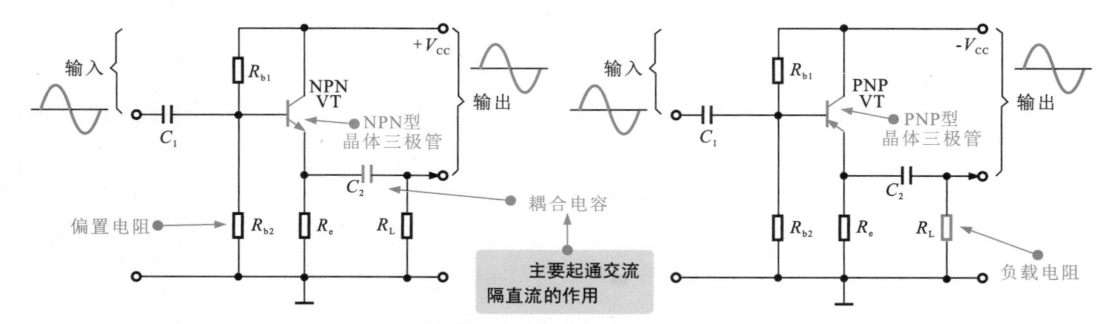

图3-27 共射极放大电路的结构

【提示说明】

NPN 型与 PNP 型三极管放大器的最大不同之处在于供电电源：采用 NPN 型三极管的放大电路，供电电源是正电源送入三极管的集电极（c）；采用 PNP 型三极管的放大电路，供电电源是负电源送入三极管的集电极（c）。

三极管 VT 是这一电路的核心部件，主要起到对信号放大的作用；电路中偏置电阻 R_{b1} 和 R_{b2} 通过电源给 VT 基极（b）供电；电阻 R_c 是通过电源给 VT 集电极（c）供电；两个电容 C_1、C_2 都是起到通交流隔直流的作用；电阻 R_L 则是承载输出信号的负载电阻。

输入信号加到三极管基极（b）和发射极（e）之间，而输出信号取自三极管的集电极（c）和发射极（e）之间，由此可见发射极（e）为输入信号和输出信号的公共端，因而称共射极（e）三极管放大电路。

（2）共集电极放大电路

共集电极放大电路是从发射极输出信号的，信号波形与相位基本与输入相同，因而又称射极输出器或射极跟随器，简称射随器，常作为缓冲放大器使用。

共集电极的功能和组成器件与共射极放大电路基本相同，不同之处有两点：其一是将集电极电阻 R_c 移到了发射极（用 R_e 表示），其二是输出信号不再取自集电极而是取自发射极。

图 3-28 为共集电极放大电路的结构。两个偏置电阻 R_{b1} 和 R_{b2} 是通过电源给三极管基极（b）供电；R_e 是三极管发射极（e）的负载电阻；两个电容都是起到通交流隔直流作用的耦合电容；电阻 R_L 则是负载电阻。

由于三极管放大电路的供电电源的内阻很小，对于交流信号来说正负极间相当于短路。交流地等效于电源，也就是说三极管集电极（c）相当于接地。输入信号相当于加载到三极管基极（b）和集电极（c）之间，输出信号取自三极管的发射极（e），也就相当于取自三极

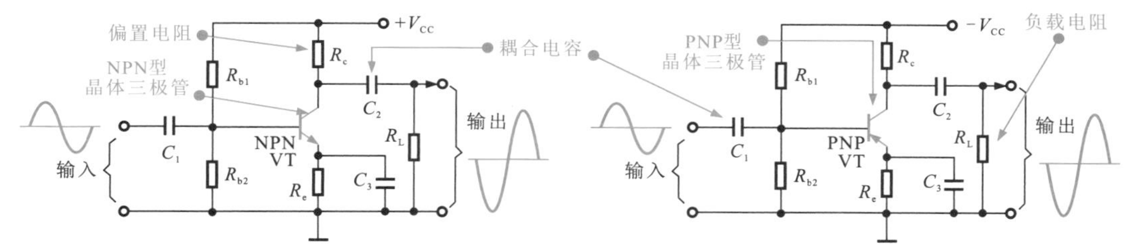

图3-28 共集电极放大电路的结构

管发射极（e）和集电极（c）之间，因此集电极（c）为输入信号和输出信号的公共端。

【提示说明】

共射极放大电路与共发射极放大电路一样，NPN 型与 PNP 型晶体管放大器的最大不同之处也是供电电源的极性不同。

（3）共基极放大电路

在共基极放大电路中，信号由发射极（e）输入，由晶体管放大后由集电极（c）输出，输出信号与输入信号相位相同。它的最大特点是频带宽，常用作晶体管宽频带电压放大器。

共基极放大电路的功能与共射极放大电路基本相同，其结构特点是将输入信号是加载到晶体管发射极（e）和基极（b）之间，而输出信号取自晶体管的集电极（c）和基极（b）之间，由此可见基极（b）为输入信号和输出信号的公共端，因而该电路称为共基极（b）放大电路。

图 3-29 为共基极放大电路的基本结构。从图中可以看出，该电路主要是由三极管 VT、电阻器 R_{B1}、R_{B2}、R_c、R_L 和耦合电容 C_1、C_2 组成的。

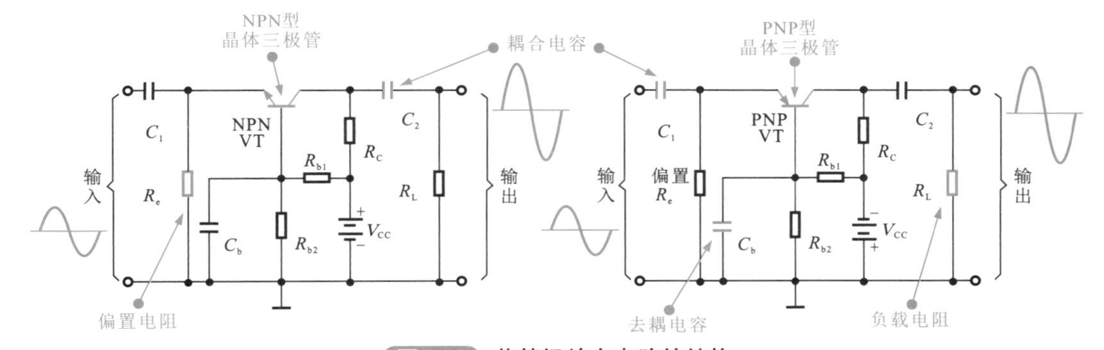

图3-29 共基极放大电路的结构

【提示说明】

共发射极、共集电极和共基极放大电路是单管放大器中三种最基本的单元电路，所有其他放大电路都可以看成是它们的变形或组合，所以掌握这三种基本单元电路的性质是非常必要的。

电路中的四个电阻都是为了建立静态工作点而设置的，其中 R_c 还兼具集电极（c）的负载电阻；电阻 R_L 是负载端的电阻；两个电容 C_1 和 C_2 都是起到通交流隔直流作用的耦合电容；去耦电容 C_b 是为了使基极（b）的交流直接接地，起到去耦合的作用，即起消除交流负反馈的作用。

3.3.4　遥控电路

遥控电路是一种远距离操作控制电路，在设置有遥控电路的电子产品就不必近距离操作控制面板，只要使用遥控设备（如遥控器、红外发射器等）就能对电子产品进行远距离控制，十分方便。

遥控电路采用无线、非接触控制技术，具有抗干扰能力强、信息传输可靠、功耗低、成本低、易实现等特点，在空调器电路有十分重要的应用，该电路根据功能划分可分为遥控发射电路和遥控接收电路两部分。

（1）遥控发射电路

遥控发射电路（红外发射电路）是采用红外发光二极管来发出经过调制的红外光波，其电路结构多种多样，电路工作频率也可根据具体的应用条件而定。遥控信号有两种制式，一种是非编码形式，适用于控制单一的遥控系统中；另一种是编码形式，常应用于多功能遥控系统中。

在电子产品中，常用红外发光二极管来发射红外光信号。常用的红外发光二极管的外形与 LED 发光二极管相似，但 LED 发光二极管发射的光是可见的，而红外发光二极管发射的光是不可见光。

图 3-30 为红外发光二极管基本工作电路，图中的三极管 VT1 作为开关管使用，当在三极管的基极加上驱动信号时，晶体三极管 VT1 也随之饱和导通，接在集电极回路上的红外发光二极管 VD1 也随之导通工作，向外发出红外光（近红外光，其波长约为 0.93μm）。红外发光二极管的压降约 1.4V，工作电流一般小于 20mA。为了适应不同的工作电压，红外发光二极管的回路中常串有限流电阻 R_2 控制其工作电流。

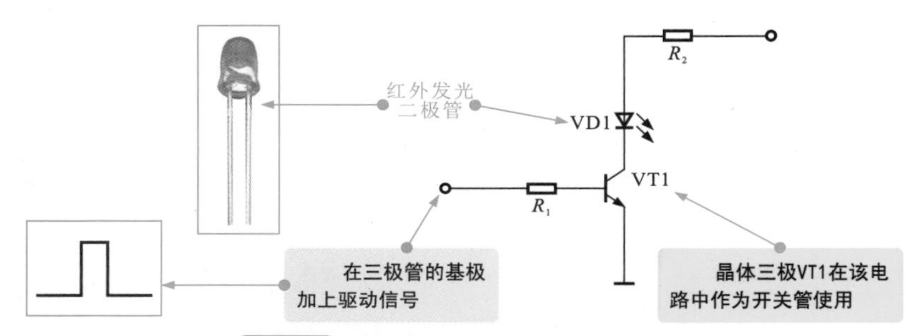

图3-30 红外发光二极管基本工作电路

图 3-31 为编码式遥控发射电路。该电路是由遥控键盘矩阵电路、M50110P 调制编码集成电路及放大驱动电路三部分组成。

该电路的核心是 IC01（M50110P）构成的调制编码集成电路，其④脚～⑭脚外接遥控键盘矩阵电路，即人工指令输入电路。K01 为蜂鸣器，Q03、Q04 为蜂鸣器驱动晶体管，发射信号时蜂鸣器发声，提示使用者信号已发射出去。

操作按键后，IC01 对输入的人工指令信号进行识别、编码，通过⑮脚输出遥控指令信号，经 Q01、Q02 放大后去驱动红外发光二极管 D01 ～ D03，发射出遥控（红外光）信号。

（2）遥控接收电路

遥控发射电路发射出的红外光信号，需要特定的电路接收，才能达到信号远距离传输、控制的目的，因此电子产品上必定会设置遥控接收电路，组成一个完整的遥控电路系统。遥控接收电路通常由红外接收二极管、放大、滤波和整形等电路组成，它们将遥控发射电路送来的红外光接收下来，并转换为相应的电信号，再经过放大，滤波、整形后，送到相关控制电路中。

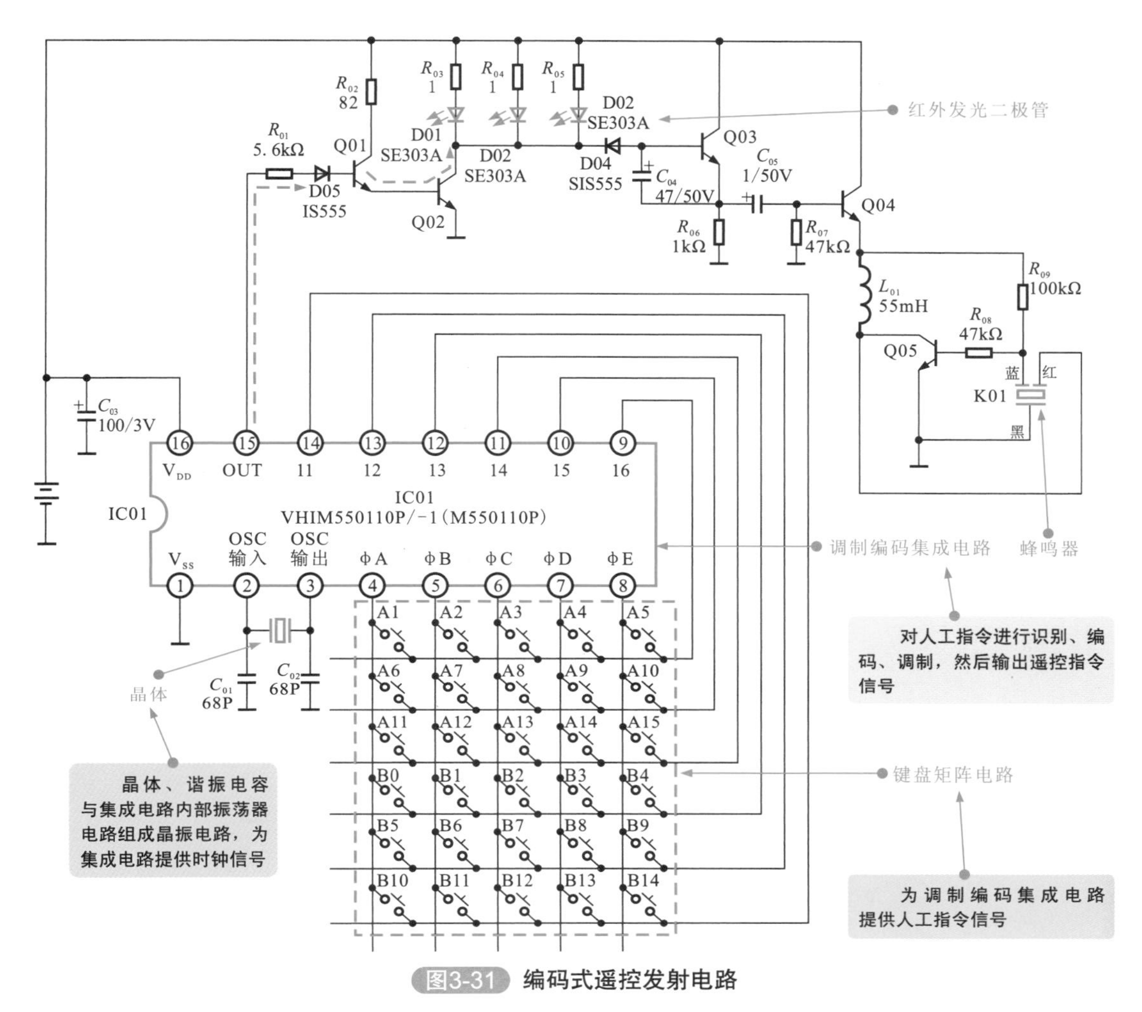

图3-31　编码式遥控发射电路

图 3-32 为典型遥控接收电路。该电路主要是由运算放大器 IC1 和锁相环集成电路 IC2 为主构成的。锁相环集成电路外接由 R_3 和 C_7 组成具有固定频率的振荡器，其频率与发射电路的频率相同，C_5 与 C_6 为滤波电容。

遥控发射电路发射出的红外光信号由红外接收二极管 D01 接收，并转变为电脉冲信号，该信号经 IC1 集成运算放大器进行放大，输入到锁相环电路 IC2。由于 IC1 输出信号的振荡频率与锁相环电路 IC2 的振荡频率相同，IC2 的⑧脚输出高电平，此时使三极管 Q01 导通，继电器 K1 吸合，其触点可作为开关去控制被控负载。平时没有红外光信号发射时，IC2 的第⑧脚为低电平，Q01 处于截止状态，继电器不会工作。这是一种具有单一功能的遥控电路。

3.3.5　整流电路

整流电路是指将交流电变换成直流电的功能电路。由于半导体二极管具有单向导电性，因此可以利用二极管组成整流电路，将交流电变成单向脉动电压，即将交流电变成直流电。二极管是整流电路中的关键元器件。

在常见电子电路中，常见的整流电路有半波整流电路、全波整流电路和桥式整流电路。

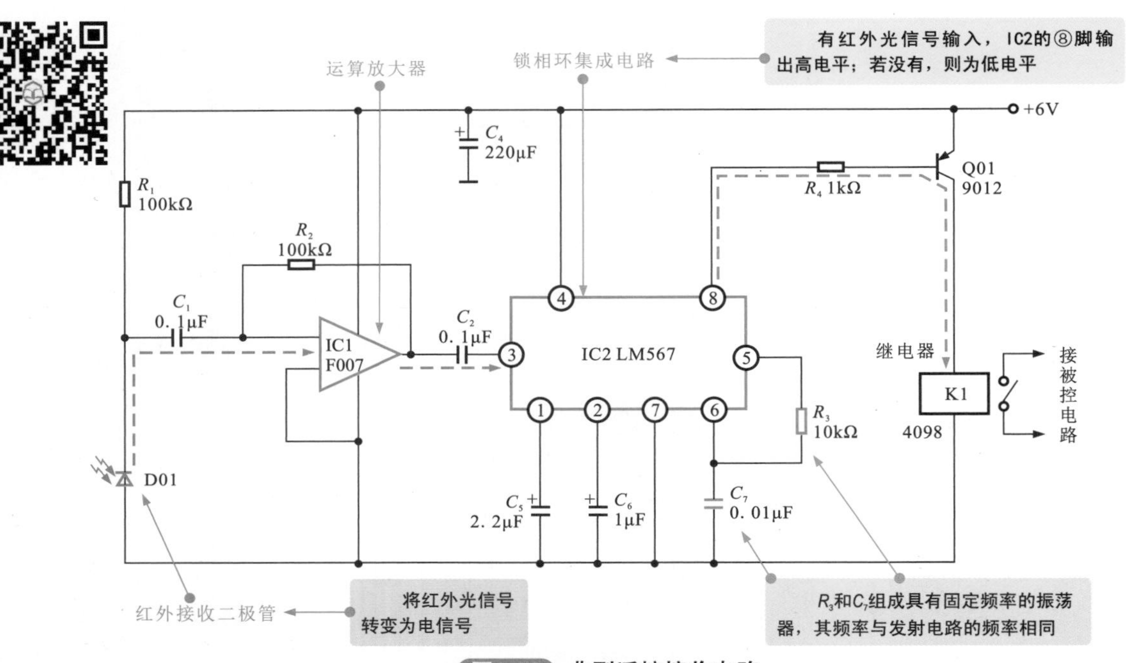

图3-32 典型遥控接收电路

（1）半波整流电路

纯电阻负载的半波整流电路如图3-33所示，图中T为电源变压器，VD为整流二极管，R_L代表所需直流电源的负载。

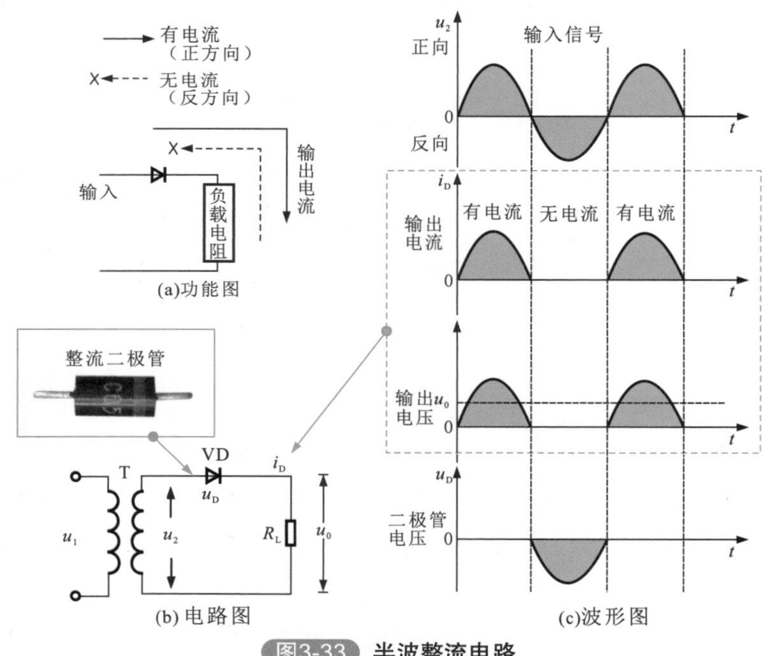

图3-33 半波整流电路

在变压器次级电压u_2为正（极性如图所示）的半个周期（称正半周）内，二极管正向偏置导通。电流经过二极管流向负载，在R_L上得到一个极性为上正下负的电压。而在u_2为负半周时，二极管处于反向偏置而截至（断路），电流基本上等于零。所以在负载电阻R_L两端得到的电压极性也是单方向的。

由图可见，由于二极管的单向导电作用，使变压器次级交流电压变换成负载两端的单向脉动电压，从而实现了整流。由于这种电路只在交流电压的半个周期内才有电流流过负载，故称半波整流。

(2) 全波整流电路的结构和工作原理

全波整流电路是在半波整流电路的基础上加以改进而得到的。它是利用具有中心抽头的变压器与两个二极管配合，使 VD1 和 VD2 在正半周和负半周内轮流导通，而且二者流过 R_L 的电流保持同一方向，从而使正、负半周在负载上均有输出电压。

图 3-34 所示是具有纯电阻负载的全波整流原理电路。图中变压器 T 的两次级电压大小相等，方向如图中所示。当 u_2 的极性为上正下负(即正半周)时，VD1 导通，VD2 截止，i_{D1} 流过 R_L，在负载上得到的输出电压极性为上正下负；为负半周时，u_2 的极性与图示相反。此时 VD1 截止，VD2 导通。由图可以看出，i_{D2} 流过 R_L 时产生的电压极性与正半周时相同，因此在负载 R_L 上便得到一个单方向的脉冲电压。

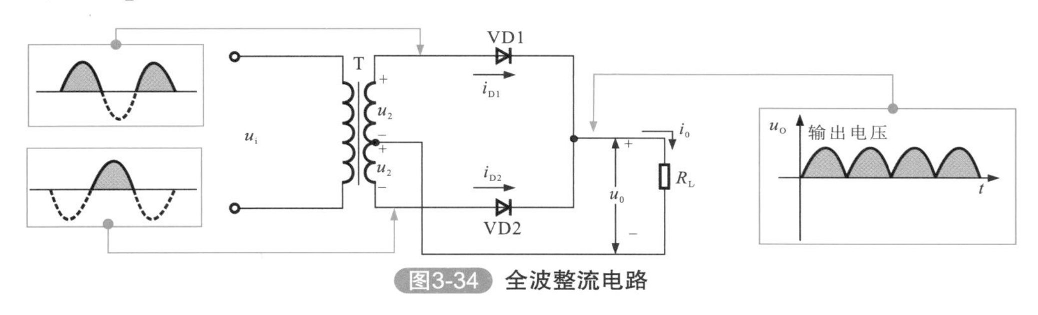

图3-34 全波整流电路

(3) 桥式整流电路的结构和工作原理

① 桥式整流电路的原理

桥式整流的原理如图 3-35 所示。电流如水流，当图 3-35（a）中送来水的方向为上入下出的情况时（上为高压方），图示的两个闸门打开，另两个闸门关闭，水流使水车正向旋转。而当送来水的方向变成下入（高压方）上出时，如图 3-35（b）所示，原来打开的闸门关闭了，原来关闭的闸门打开了，推动水车转动的水的流向不变。这就是一个桥式闸门控制的水系，送入的水流是变化的，但送出的水流方向是恒定不变的。利用上述原理构成的桥式整流电路原理图如图 3-35（c）所示，输入、输出波形如图 3-35（d）所示。

② 桥式整流电路的结构

图 3-36（a）是桥式整流电路原理图的常用画法。由图可见，变压器的次级只有一组线圈。但用四只二极管互相接成桥式形式，故称为桥式整流电路。图 3-36（b）所示是其简化画法。

整流过程中，四个二极管两两轮流导通，正负半周内都有电流流过 R_L。例如，当 u_2 为正半周时（如图中所示极性），二极管 VD1 和 VD3 因加正向电压而导通，VD2 和 VD4 因加反向电压而截止。电流 i_1（如图中实线所示）从变压器 + 端出发流经二极管 VD1、负载电阻 R_L 和二极管 VD3，最后流入变压器 − 端，并在负载 R_L 上产生电压降 u_o'；反之，当 u_2 为负半周时，二极管 VD2、VD4 因加正向电压导通，而二极管 VD1 和 VD3 因加反向电压而截止，电流 i_2（如图中虚线所示）流经 VD2、R_L 和 VD4，并同样在 R_L 上产生电压降 u_o''。由于 i_1 和 i_2 流过 R_L 的电流方向是一致的，所以 R_L 上的电压 u_o 为两者的和，即 $u_o=u_o'+u_o''$。

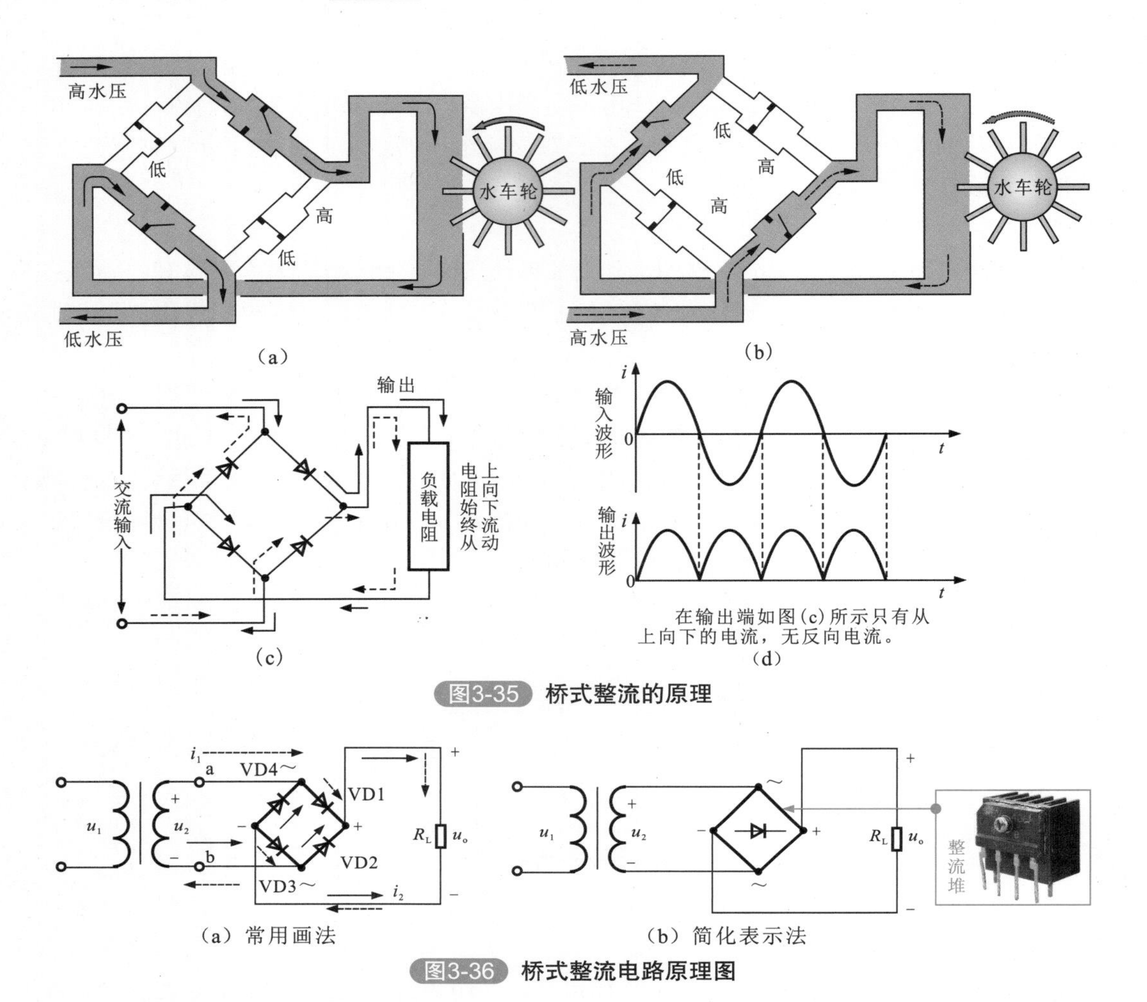

图3-35 桥式整流的原理

(a) 常用画法　(b) 简化表示法

图3-36 桥式整流电路原理图

桥式整流电路的输出直流电压为：

$$U_0=0.9U_2$$

而二极管反向峰值电压是全波整流电路的一半，即：

$$U_{RM}=\sqrt{2}U_2$$

3.3.6 滤波电路

无论哪种整流电路，它们的输出电压都含有较大的脉动成分。为了减少这种脉动成分，在整流后都要加上滤波电路。所谓滤波就是滤掉输出电压中的脉动成分，而尽量使输出趋近直流成分，使输出接近理想的直流电压。

常用的滤波元器件有电容器和电感器。下面分别简单介绍电容滤波电路和电感滤波电路。

（1）电容滤波电路

电容器（平滑滤波电容器）应用在直流电源电路中构成平滑滤波电路。图 3-37 所示为没有平滑电容器的电源电路。可以看到，交流电压变成直流后电压很不稳定，呈半个正弦波形，拨动很大。图 3-38 所示为加入平滑滤波电容器的电源电路。由于平滑滤波电容器的加入，特别是由电容的充放电特性，使电路中原本不稳定、波动比较大的直流电压变得比较稳定、平滑。

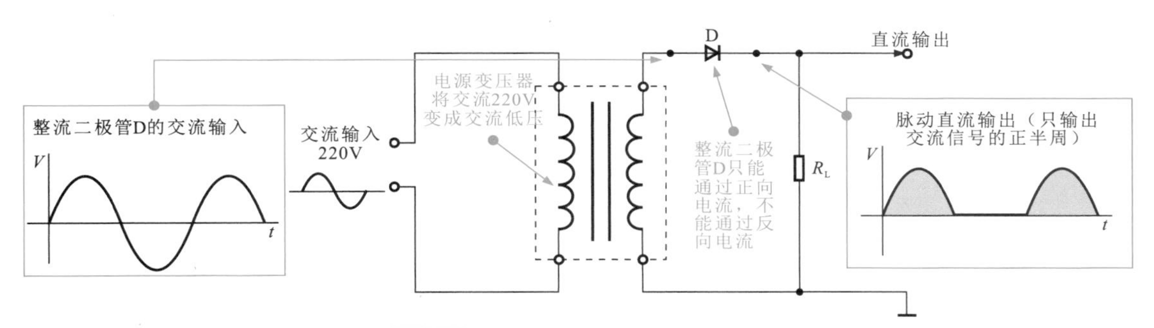

图3-37 没有平滑电容器的电源电路

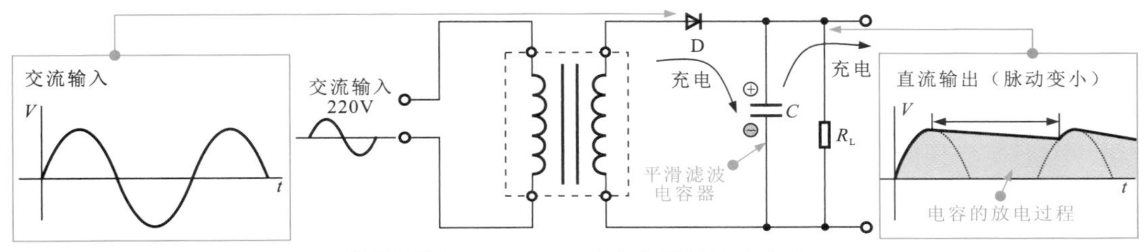

图3-38 加入平滑滤波电容器的滤波电路

（2）电感滤波电路

电感滤波电路如图3-39所示。由于电感的直流电阻很小，交流阻抗却很大，有阻碍电流变化的特性，因此直流分量经过电感后基本上没有损失，但对于交流分量，将在L上产生压降，从而降低输出电压中的脉动成分。显然，L越大，R_L越小，滤波效果越好，所以电感滤波适合于负载电流较大的场合。

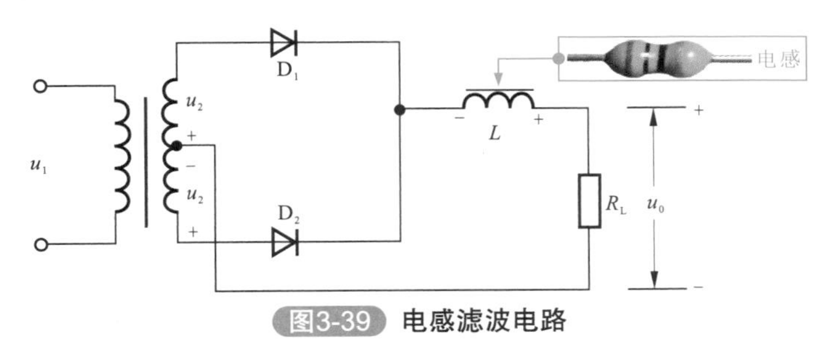

图3-39 电感滤波电路

（3）LC滤波电路

为了进一步改善滤波效果，可采用LC滤波电路，即在电感滤波的基础上，再在负载电阻R_L上并联一个电容器，LC滤波电路如图3-40所示。

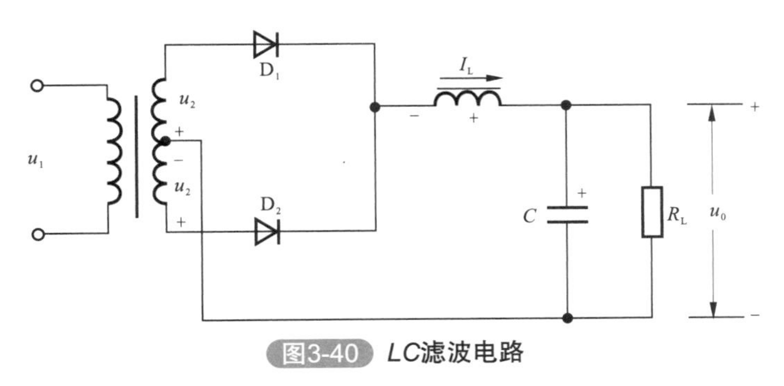

图3-40 LC滤波电路

在图 3-40 所示的滤波电路中，由于 R_L 上并联了一个电容器，增强了平滑滤波的作用，使 R_L 并联部分的交流阻抗进一步减少。电容值越大，输出电压中的脉动成分越小，但直流分量同没有加电容器时一样大。

当电感的直流阻抗很小时，电感滤波和 LC 滤波的输出直流电压可近似用下式计算：

$$u_o \approx 0.9u_2$$

3.3.7 稳压电路

稳压电路是指将直流电源变得更加稳定的电路。在采用变压器降压，然后再整流滤波形成低压直流的电源电路中，如图 3-41 所示，这种方式结构简单，成本低。整流滤波电路的输出电压不够稳定，波纹较大。主要存在两方面的问题：第一，由于变压器次级电压直接与电网电压有关，当电网电压波动时必然引起次级电压波动，进而使整流滤波电路的输出不稳定；第二，由于整流滤波电路总存在内阻，当负载电流发生变化时，在内阻上的电压也发生变化，因而使负载得到的电压（即输出电压）不稳定。为了提供更加稳定的直流电源，需要在整流滤波后面加上一个稳压电路。

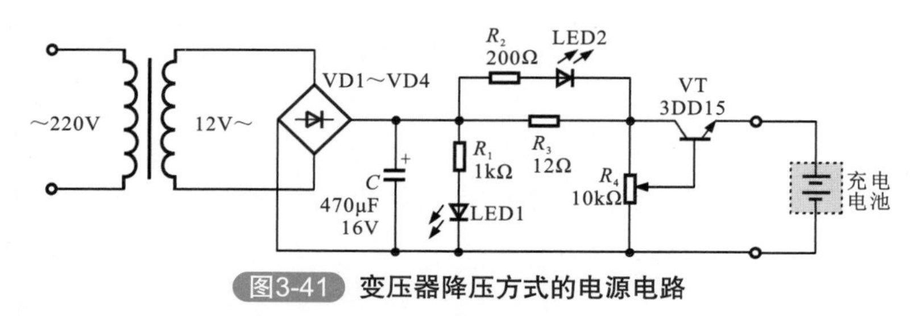

图3-41 变压器降压方式的电源电路

常用的稳压电路主要有稳压管稳压电路和串联型稳压电路。

（1）稳压管稳压电路

最简单的稳压电路是稳压管稳压电路，如图 3-42 所示。图中 U_i 为整流滤波后所得到的直流电压，稳压管 VD 与负载 R_L 并联。这种二极管当两端所加的反向电压达到一定的值时，二极管会出现反向击穿，且保持一个恒定的压降，稳压管正是利用这种特性进行工作的。值得说明的是，该二极管反向击穿时，并不会损坏。由于稳压二极管承担稳压工作时，应反向连接，因此稳压管的正极应接到输入电压的负端。

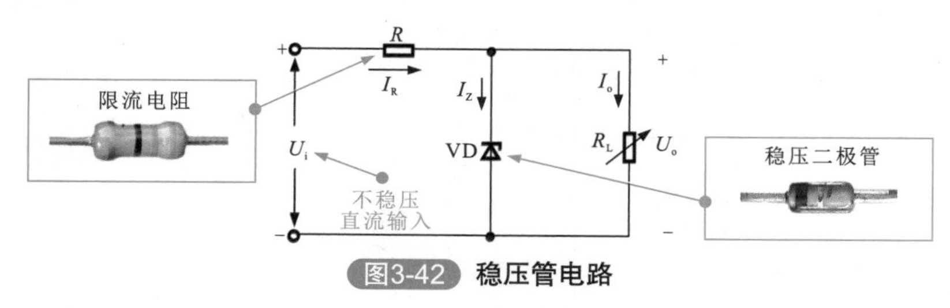

图3-42 稳压管电路

但是，这种稳压电路存在两个缺点：其一是当电网电压和负载电流的变化过大时，电路不能适应；其二是输出电压 U_o 不能调节。为了改进以上缺点，可以采用串联型稳压电路。

（2）串联型稳压电路

① 串联型稳压电路的基本形式

所谓串联型稳压电路，就是在输入直流电压和负载之间串入一个三极管。其作用就是当

U_i 或 R_L 发生变化引起输出电压 U_o 变化时，通过某种反馈形式使三极管的 U_{CE} 也随之变化。从而调整输出电压 U_o，以保持输出电压基本稳定。由于串入的三极管是起调整作用的，故称为调整管。

图 3-43（a）所示是基本的调整管稳压电路，图中的三极管 VT 为调整管。为了分析其稳压原理，将图 3-43（a）的电路改画成图 3-43（b）的形式，这时我们可清楚地看到，它实质上是在图 3-42 的基础上再加上射极跟随器而组成的。根据电路的特点可知，U_o 和 U_Z 是跟随关系，因此只要稳压管的电压 U_Z 保持稳定，则当 U_i 和 I_L 在一定的范围内变化时，U_o 也能基本稳定。与图 3-42 电路相比，加了跟随器后的突出特点是带负载的能力加强了。

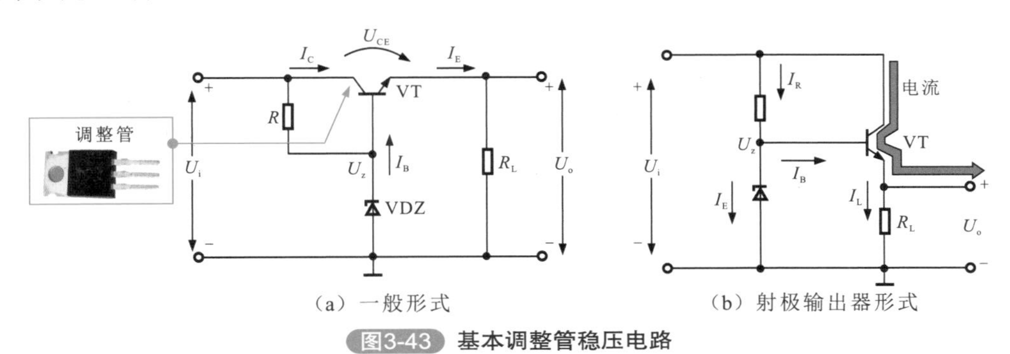

图3-43　基本调整管稳压电路

② 具有放大环节的串联型稳压电路

图 3-44 所示电路虽然扩大了负载电流的变化范围，但是我们从图中可以看出，由于 $U_o=U_Z-U_{BE}$，带来输出电压的稳定性比不加调整管还差一些。另一方面，输出电压仍然不能连续调节。改进的方法是在稳压电路中引入放大环节，如图 3-43 所示。图中 VT1 为调整管，VT2 为误差放大管，R_{C2} 是 VT2 的集电极负载电阻。放大管的作用是将稳压电路的输出电压的变化量先放大，然后再送到调整管的基极。这样只要输出电压有一点微小的变化，就能引起调整管的管压降产生比较大的变化，因此提高了输出电压的稳定性。放大管的放大倍数愈大，则输出电压的稳定性愈好。而 R_1、R_2 和 R_3 组成分压器，用于对输出电压进行取样，故称为取样电阻。其中 R_2 是可调电阻。稳压管 VDZ 提供基准电压。从 R_2 取出的取样电压加到 VT2 的基极，VT2 的发射极接到稳压管 VDZ 上，VDZ 为发射极提供一个稳定的基准电压。当基极电压变化时，其集电极的电流也会随之变化，从而使调整管 VT1 基极电压发生变化，自动稳定发射极的输出电压，起到稳压的作用。电阻 *R* 的作用是保证 VD2 有一个合适的工作电流，使 VDZ 处于稳压工作状态。

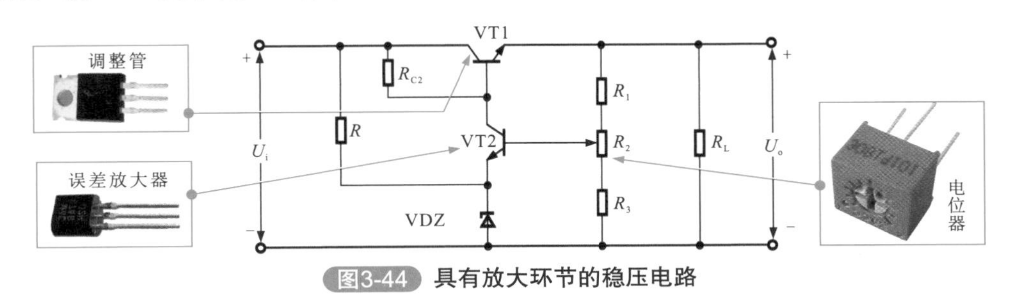

图3-44　具有放大环节的稳压电路

（3）集成稳压电路（三端稳压器）

所谓集成稳压器是指把调整管、比较放大器和基准电源等做在一块硅片内构成的稳压器件。集成稳压器型号种类很多，有多引出端可调式、三引出端式。常用的有 7800 系列（输出正电压）和 7900 系列（输出负电压），输出固定电压有 ±5V，±8V，±12V，±18V，±20V，±24V 等挡次。下面我们以 7800 系列为例，介绍集成稳压电路的结构和工作原理。

图 3-45 所示为 7800 系列集成稳压器的外形及管脚排列，输入端直接与整流滤波输出相连，输出端接负载。

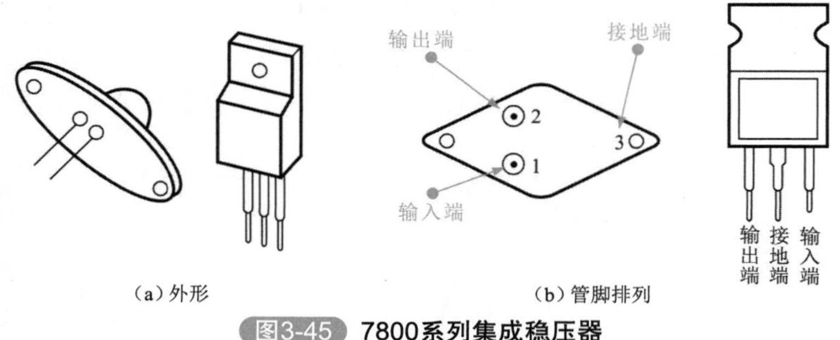

图3-45 7800系列集成稳压器

采用集成稳压器构成的稳压电路具有很多优点，如电路简单、稳定性度高、输出电流大、保护电路完整等，在实际电路中得到了非常广泛的应用，如图 3-46 所示为典型采用集成稳压器构成稳压电路的结构。

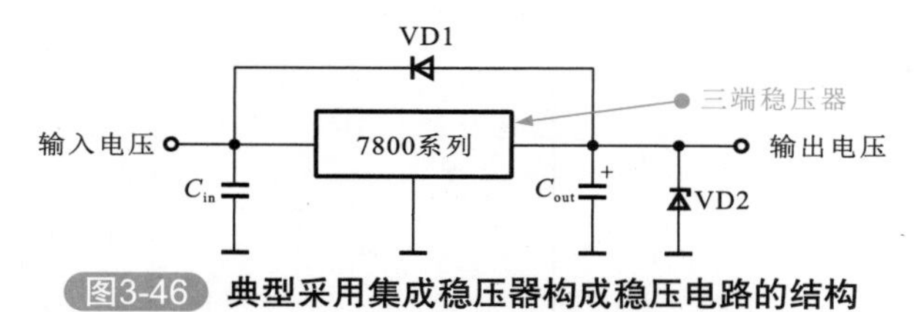

图3-46 典型采用集成稳压器构成稳压电路的结构

由图可知，电路中的集成稳压器为7800 系列，该系列的稳压器主要型号有 μPC7805AHF、μPC7808AHF、μPC7893AHF、μPC7812AHF 等。电容 C_{in} 为输入端滤波电容，C_{out} 为输出端滤波电容。

第 4 章 空调器电控原理

4.1 空调器电控系统

空调器的电控系统是指与电路有关的所有电子元器件，包括基础电子元器件、电气部件、各种接插线、连接引线等。

定频空调器和变频空调器的电控系统有所不同。图 4-1 为典型分体式定频空调器的电路方框图。

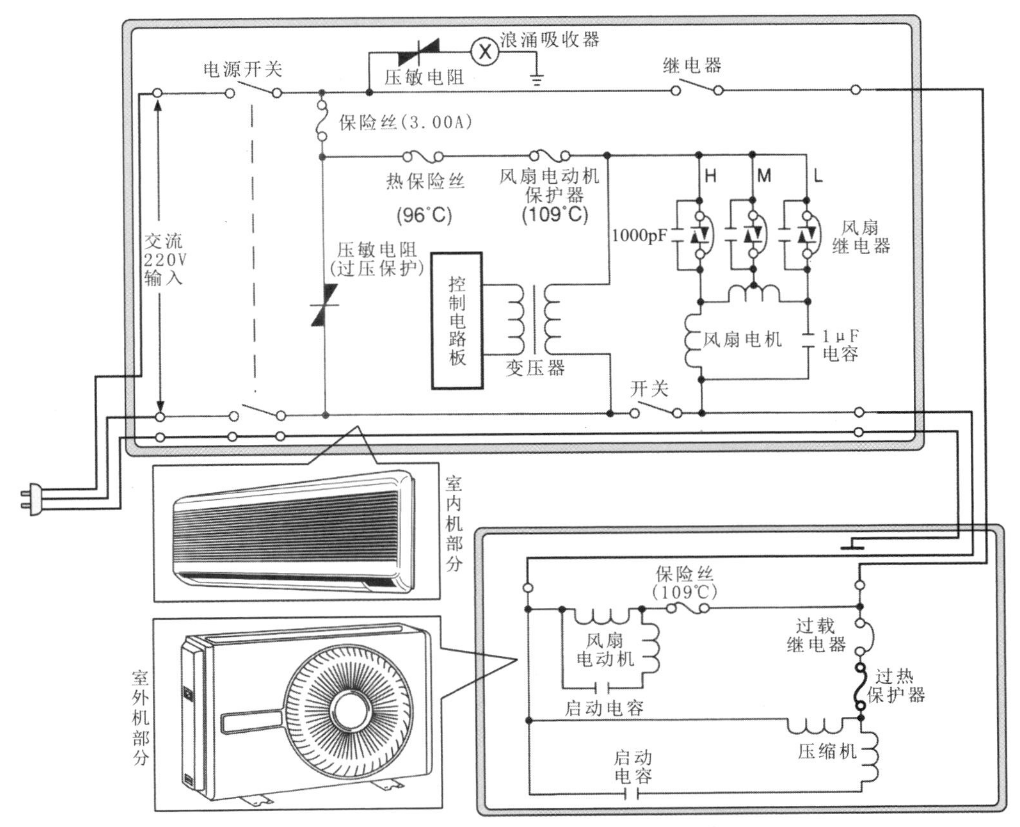

图4-1 典型分体式定频空调器的电路方框图

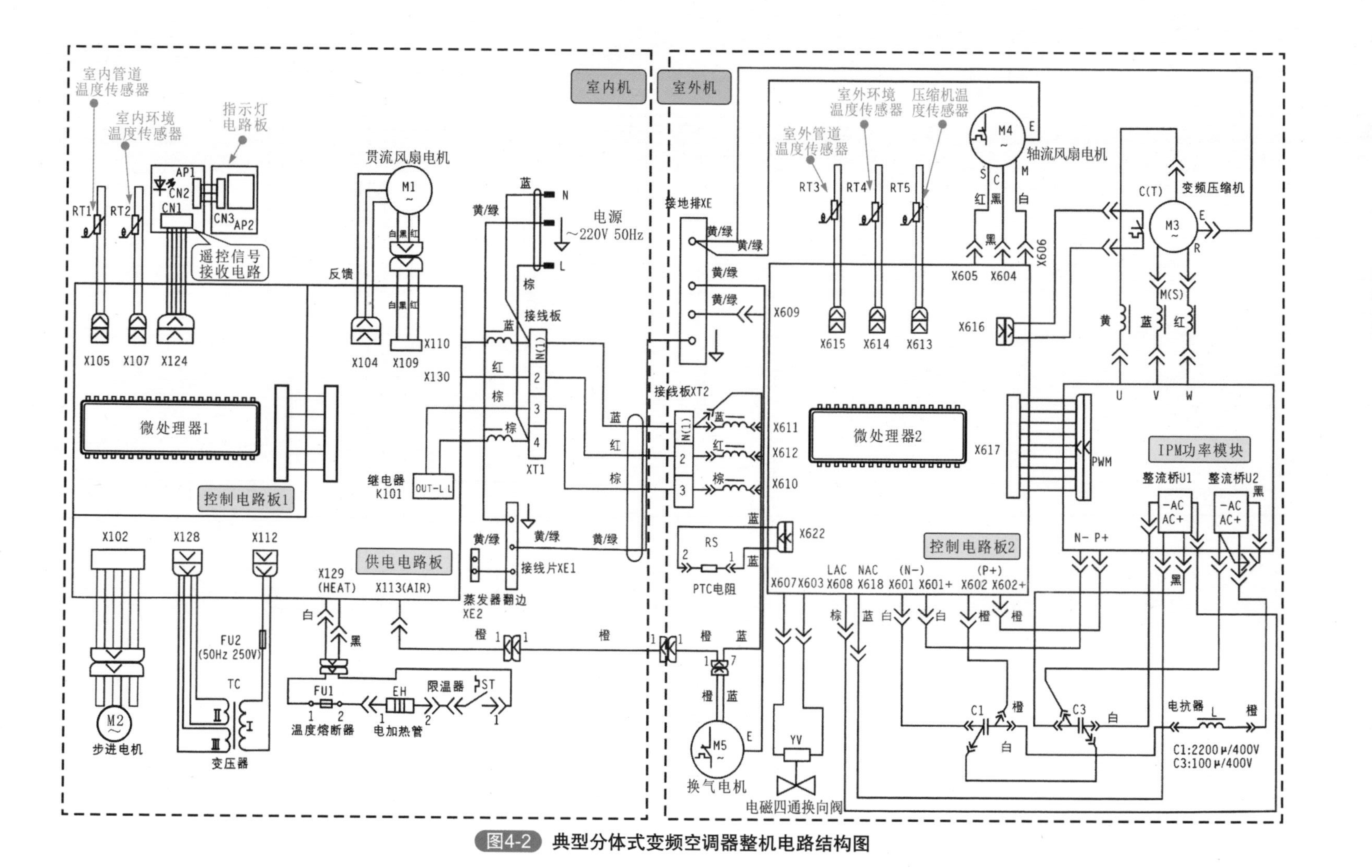

图4-2 典型分体式变频空调器整机电路结构图

可以看到，定频空调器的电控系统主要由室内机电控系统和室外机电控系统构成。其中，室内机电控系统包括控制电路板和外围的变压器、风扇电动机、继电器、保护器、压敏电阻等器件构成；室外机电控系统主要由压缩机、启动电容、风扇电动机、过热继电器等电气部件构成。

图 4-2 为典型分体式变频空调器的整机电路结构图。

可以看到，变频空调器的电控系统也由室内机电控系统和室外机电控系统构成。其中，室内机电控系统主要由控制电路板 1、供电电路板以及外接室内管道温度传感器、室内温度传感器、遥控信号接收电路、指示灯电路、贯流风扇电机、变压器和步进电机等部分构成。室外机电控系统主要是由控制电路板 2、IPM 功率模块以及外接的室外管道温度传感器、室外环境温度传感器、压缩机温度传感器、轴流风扇电机、变频压缩机、电磁四通换向阀和换气电机等部分构成。

4.1.1　空调器室内机电控系统

空调器室内机电控系统是实现室内机电路控制和与室外机电控系统完成电路通信的电路部分。

图 4-3 为定频空调器和变频空调器室内机电控系统的特点。定频空调器室内机电控系统是整个电控系统的控制核心，用于对整机进行控制，室外机不设置电路板，仅由压缩机、启动电容、风扇电动机等电气部件构成。变频空调器的室内机电控系统是整机电控系统中的一部分，用于控制室内机电气部件动作，并与室外机电控系统进行通信。

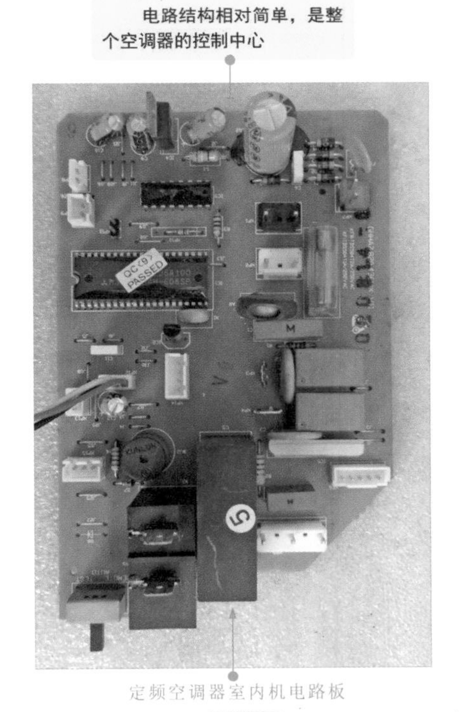

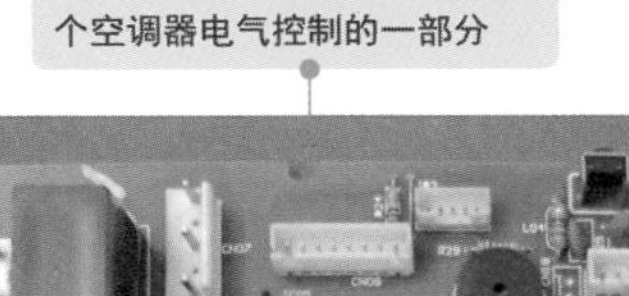

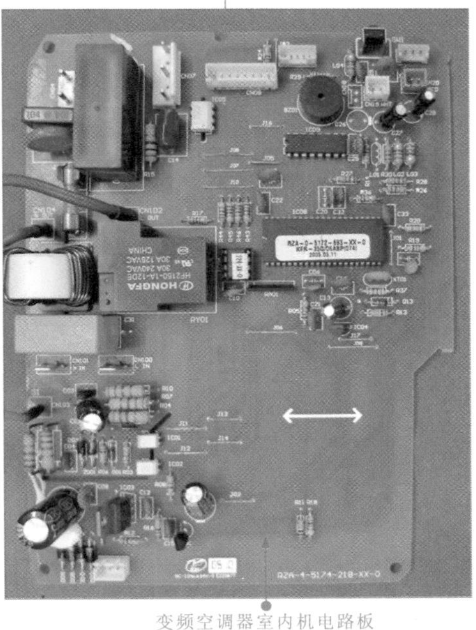

图4-3　定频空调器和变频空调器室内机电控系统的特点

为了便于理解，可以把电路板从空调器电路固定模块中取出来，然后将拔下的外接元器件连接好，图 4-4 为典型定频空调器室内机的电控系统。从图中可看出，与电源电路板相连的是一个交流 220V 降压变压器。220V 高压经变压器变成交流低压后送到电路板上。在电路板上经过桥式整流、滤波后形成 +12V 和 +5V 的直流电压，主要为控制电路板供电。遥控接收电路接收遥控器发射的控制信号，并将信号传送给控制电路板的微处理器，同时室内温度传感器及室内管道温度传感器将相应的温度信息发送给微处理器，微处理器根据接收的遥控信号及各温度信号进行分析、处理，然后输出各种控制信号，控制各电机及压缩机等部件进行工作。

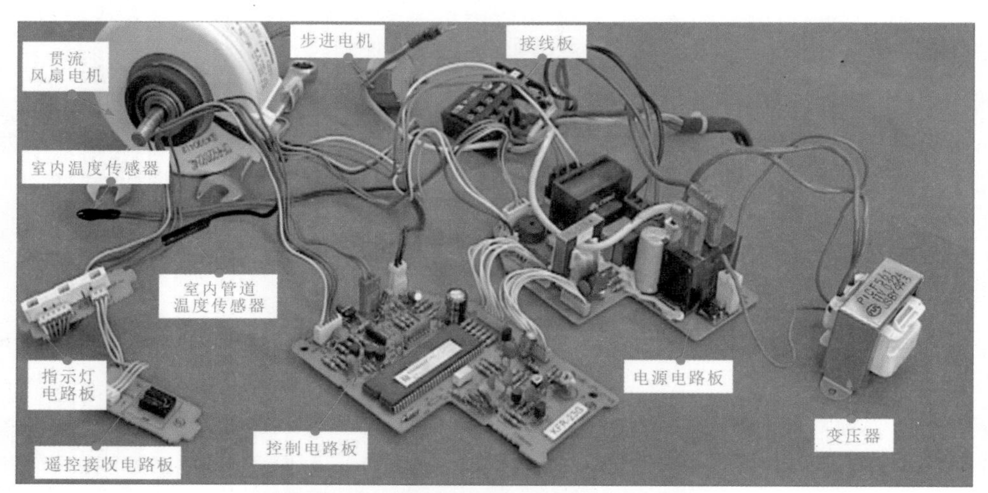

图4-4 典型定频空调器室内机的电控系统

4.1.2 空调器室外机电控系统

空调器室外机电控系统是指位于室外机中的所有与电路相关的元器件。定频空调器与变频空调器最大的不同也在于室外机电控系统。

图 4-5 为室外机电控系统的结构。

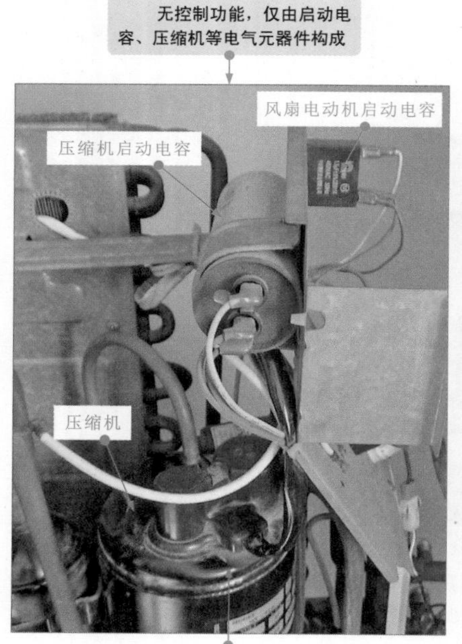

定频空调器室外机电气元器件

变频空调器室外机电控系统

图4-5 室外机电控系统的结构

4.2　空调器微处理器控制原理

如图 4-6 所示，空调器电路板上的微处理器是整个控制电路的核心部件，它可以接收从遥控器发出的人工指令，对空调器各部分进行控制。

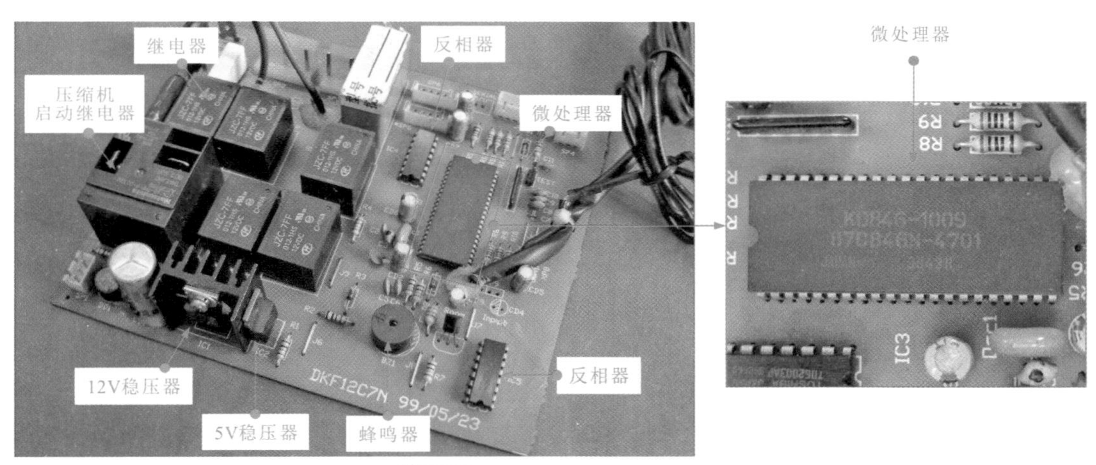

图4-6　空调器中的微处理器

图 4-7 为典型空调器微处理器的内部功能框图与外部电路连接关系。

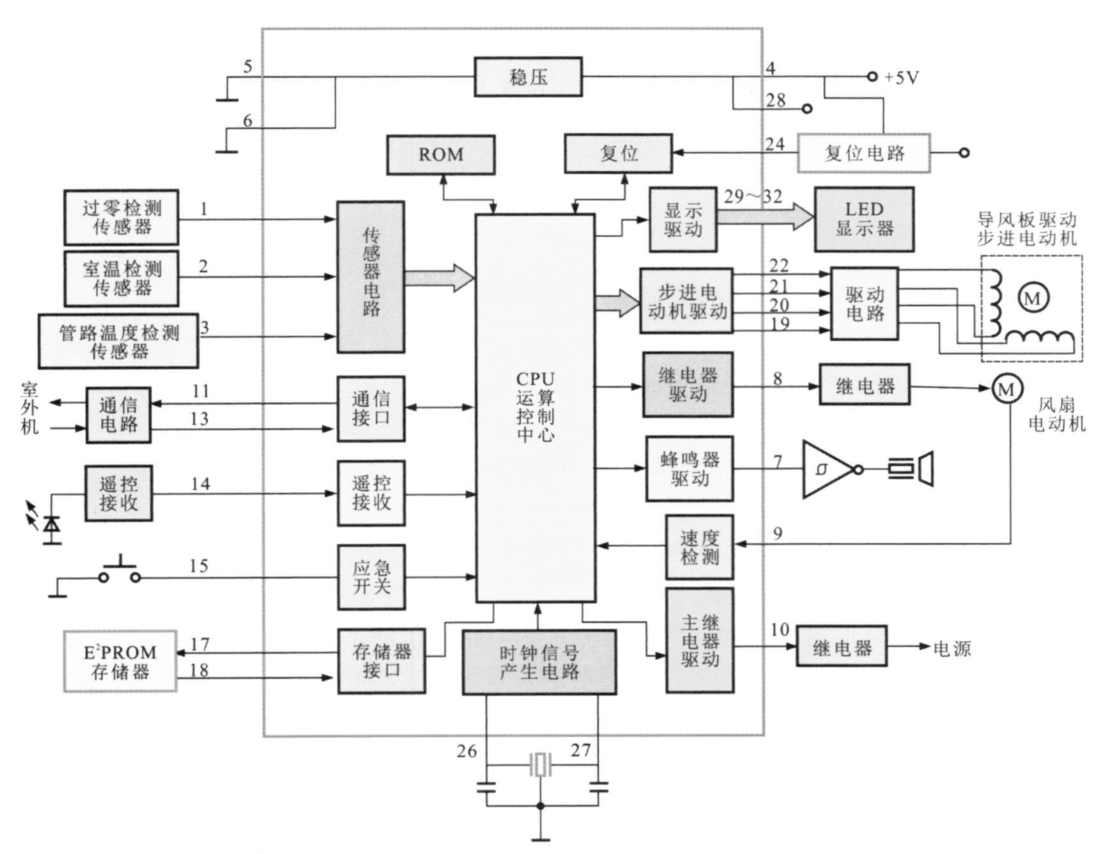

图4-7　典型空调器微处理器的内部功能框图与外部电路连接关系

微处理器的核心电路是运算器和控制器。电源供电是为微处理器内部的半导体期间提供工作电压；复位电路在加电时为微处理器提供复位信号，使微处理器被复位，从初始状态开始运行。时钟信号产生电路的谐振元器件安装在微处理器集成电路的内部，该电路产生微处理器需要的时钟信号。这几方面是微处理器正常工作的基本条件。

微处理器⑭脚外部的遥控信号接收电路，用于接收用户通过遥控器发出的控制信号。该信号作为微处理器工作的依据。此外⑮脚外接应急开关，也可以直接接收用户强行启动的开关信号。微处理器接收到这些信号后，根据内部程序输出各种控制指令。

㉙～㉜脚为微处理器的显示驱动接口，驱动发光二极管显示工作状态。

⑲～㉒脚为步进电动机驱动接口，输出导风板电动机（步进电动机）驱动脉冲。控制导风板电动机的转动方向和方式。

⑧脚为室内机风扇电动机的驱动接口，该接口输出的信号经继电器控制贯流式风扇电动机的旋转。

⑦脚为蜂鸣器驱动端，该信号经放大器后驱动蜂鸣器发声。

⑩脚为主继电器驱动接口。在开机时，输出驱动信号经继电器控制交流220V输入电源。

微处理器的①、②、③脚为传感器接口。外部传感器的信号由这些引脚送入微处理器，为微处理器工作时提供参考。①脚为过零检测，主要是通过过零检测电路得到与交流220V电源同步的脉冲信号。②脚为室温检测端，外接室内环境温度传感器，如果室内温度已达到制冷的要求，微处理器则需控制相关的部分停止制冷。③脚为管路温度检测输入端，使微处理器了解工作过程中管路的温度是否正常。

⑪、⑫脚为室内微处理器与室外微处理器进行通信的接口，室内机的微处理器可以向室外机发送控制信号。室外机微处理器也可以向室内机回传控制信号，即将室外机的工作状态回传，以便由室内机根据这些信息判别系统是否出现异常。

4.3 空调器温度控制原理

空调器室内机和室外机的热交换部件处都安装有温度传感器，用以对环境温度进行检测，并将检测到的温度变化情况转换成电信号送给微处理器。这样微处理器便可自动控制压缩机和风扇电动机的运行状态，从而达到温度控制的目的。

图4-8为空调器室内温度传感器与电路板的连接关系。其中室内蒸发器管道温度传感器的感温头安装在蒸发器管道处，直接与管路接触，主要用以检测制冷管路的温度，室内温度传感器的感温头安装在蒸发器的表面，用以检测室内环境温度。传感器的连接引线通过插件与主电路板相连，随时将检测的温度信息传送给微处理器。

图4-9为典型空调器室内机的温度检测控制电路。检测室内温度的传感器设在蒸发器的表面，检测盘管温度的传感器设在蒸发器的盘管上。传感器接在电路中，与固定电阻构成分压电路，将温度的变化变成直流电压的变化，并将电压值送入微处理器（CPU）的⑲、⑳脚。

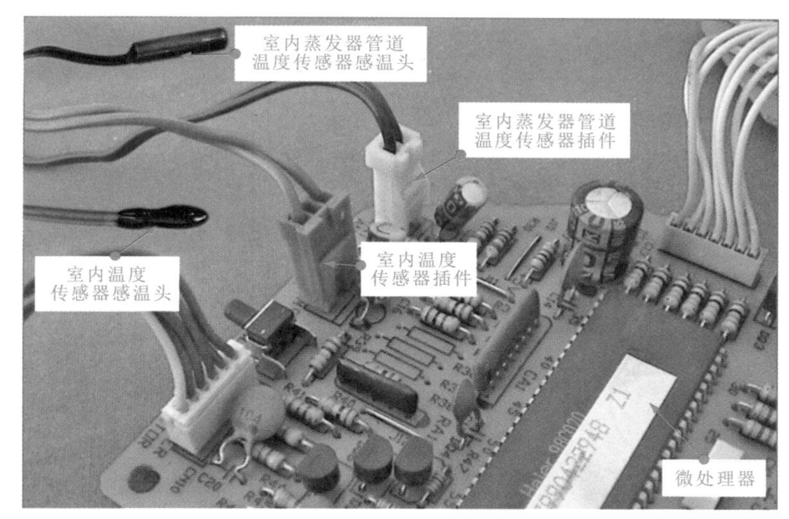

图4-8 空调器温度传感器与电路板的连接关系

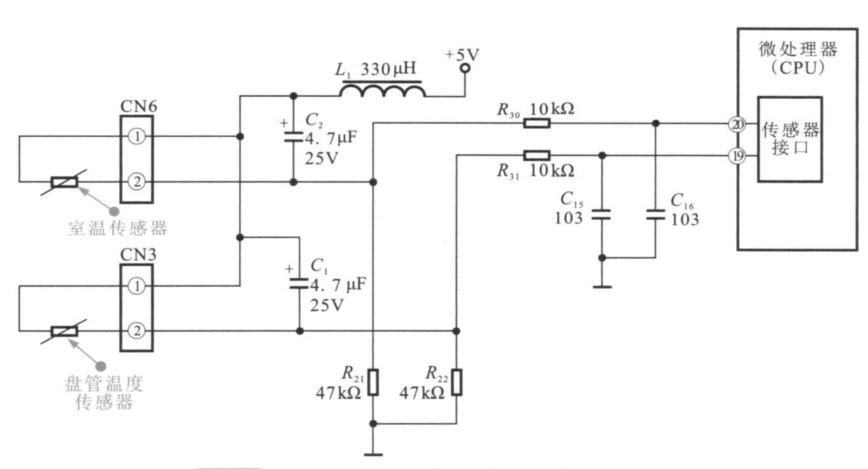

图4-9 典型空调器室内机的温度检测控制电路

4.4 空调器室内风机驱动控制原理

图 4-10 为典型空调器室内风扇电动机驱动电路。室内机风扇电机由交流 220V 供电。在交流输入电路的 L 端将 TLP361 接到电动机的公共端，交流 220V 输入的零线（N）加到电动机的运行绕组，再经启动电容 C 加到电动机启动绕组上。当 TLP361 中的晶闸管导通时才能有电压加到电动机绕组，TLP361 中的晶闸管受发光二极管的控制，当发光二极管发光时，晶闸管导通，有电流通过。

室内风扇电机驱动电路主要由微处理器控制，由微处理器⑧脚输出控制信号，经光耦 TLP361 中的晶闸管，为室内风扇电机提供电流。室内风扇电机由霍尔 IC 检测其风速，并将检测信号送入微处理器的⑨脚。

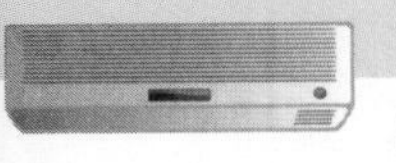

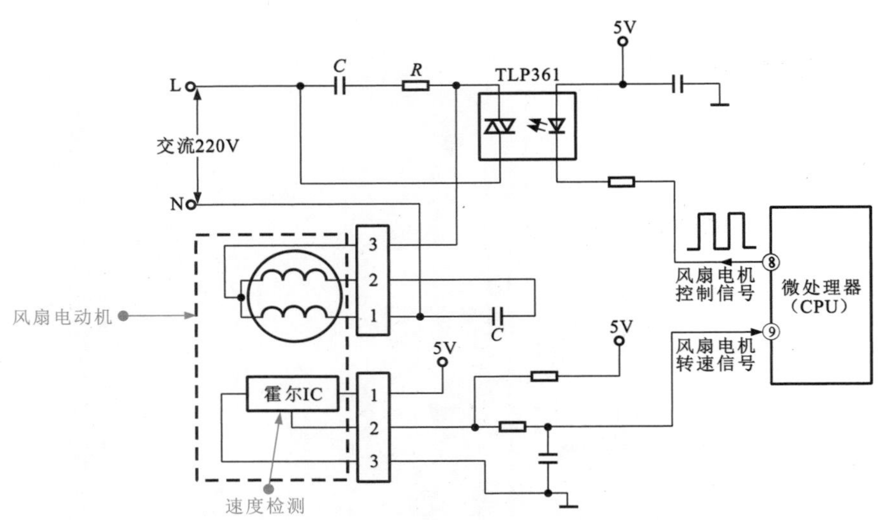

图4-10 典型空调器室内风扇电动机驱动电路

由于固态继电器中双向晶闸管上所加的是交流 220V 电源，电流方向是交替变化的，因而每半个周期要对晶闸管触发一次才能维持连续供电。改变触发脉冲的相位关系，可以控制供给电动机的能量，从而改变速度。图 4-11 为交流供电和触发脉冲的相位关系。

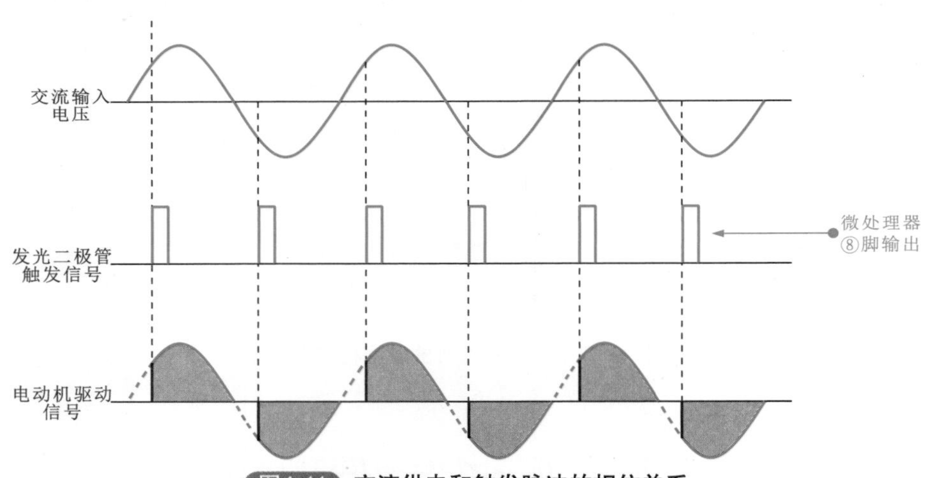

图4-11 交流供电和触发脉冲的相位关系

室内风扇电动机的转速是由设在电动机内部的霍尔元件进行检测的，霍尔元件是一种磁感应元件，受到磁场的作用会转换成电信号输出。在转子上会装有小磁体，当转子旋转时，磁体会随之转动，霍尔元件输出的信号与电动机的转速成正比，该信号被送到 CPU 的⑨脚，为 CPU 提供风扇电动机转速参考信号。

4.5 空调器通信控制原理

空调器通信电路主要用于室内机 / 室外机之间的信号传输。当室内机通电后，室内机和室外机就会自动进行通信。

图 4-12 为典型空调器室内机通信接口电路的结构。该电路主要由光电耦合器 PC1、PC2 及微处理器 IC4 构成。

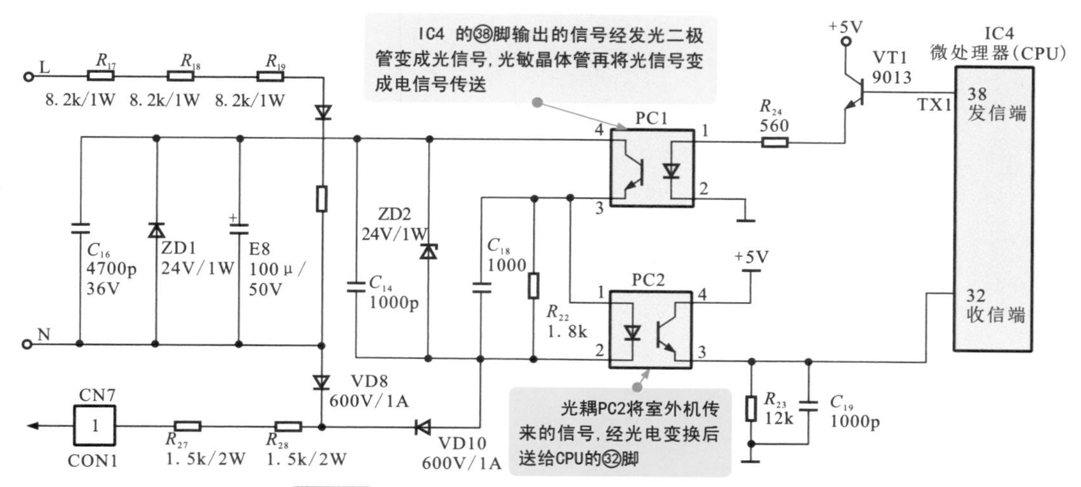

图4-12　典型空调器室内机通信接口电路的结构

其中，光电耦合器 PC1 为信息发送光耦，IC4 的 ㊳ 脚输出的信号经光电耦合器 PC1，将信号传送出去。光电耦合器 PC2 为信息接收光耦，室外机传来的信号，经光电耦合器 PC2 光电变换后送到微处理器 IC4 的 ㉜ 脚。

图 4-13 为通信光耦的实物外形。通信光耦内部实际上是由一个光敏晶体管和一个发光二极管构成的。它是一种以光电方式传递信号的器件。

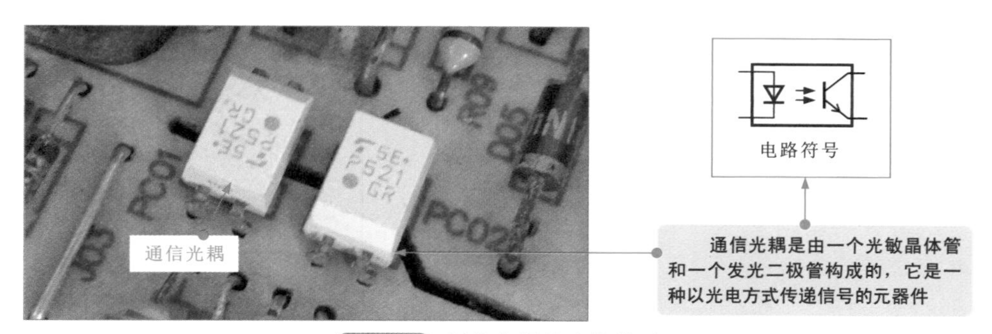

图4-13　通信光耦的实物外形

在变频空调器通信线路中，由于传输线路借助交流供电线路，因而需采用隔离措施，利用光传递信号就可以与交流线路进行良好的隔离。当室内机的开机指令加到通信光耦内的发光二极管，将数据信号转换成光信号，经光敏晶体管再将光信号转换成电信号后，经传输线路传到室外机中；来自室外机微处理器的工作状态信号（反馈信号）也经由通信光耦将电信号转换为光信号，再变成电信号送入室内机中。

第 5 章
空调器电控元件

5.1 电动机

5.1.1 导风板上下调节电动机

空调器中的导风板上下摆动需要电动机驱动才能实现动作。导风板上下调节电动机一般采用脉冲驱动的步进电动机。

脉冲驱动的步进电动机将电脉冲信号转换成直线位移或角位移，即外加一个脉冲信号于电动机时，电动机就运动一步。脉冲频率高，电动机转速高，反之则低；脉冲数多，电动机直线位移或角位移就大，反之则小。脉冲信号相序改变时，电动机逆转；脉冲停止时，电动机即停机。步进电动机须与专用驱动电源相配套，才能发挥其运行性能。脉冲驱动的步进电动机的工作电压有直流 5V 和 12V 等多种。

脉冲步进电动机控制系统的特点是：

① 系统控制惯性小，速度较高；

② 输出脉冲准确；

③ 实时性强；

④ 抗电磁特性好，抗干扰能力强。

图 5-1 为空调器中的步进电动机。一般壁挂式空调器导风板电动机和新型柜式空调器上下和左右导风板电动机为步进电动机

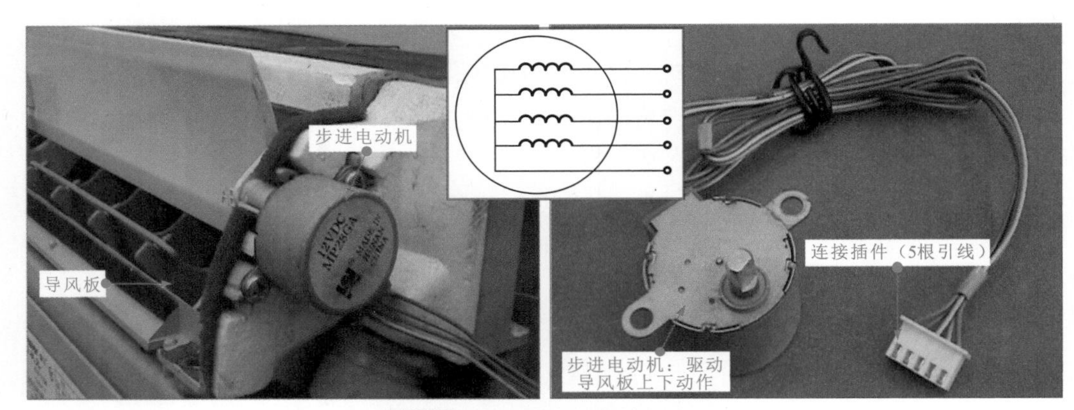

图5-1 空调器中的步进电动机

5.1.2 导风板左右调节电动机

导风板左右调节电动机是指控制导风板实现左右摆动的动力部件。一般情况下，在稍早期的柜式空调器中，导风板左右调节电动机多为单相交流同步电动机。

单相交流同步电动机具有与电源频同步的转速，即转速不随电压与负载的变化而变化。空调器一般采用小功率单相交流同步电动机，该类电动机主要由定子和转子两部分组成。当单相电流通入单相同步电动机绕组时，在定子中就会产生旋转磁场。同步电动机的转子采用磁钢制成，定子是一个线圈绕组，它和异步电动机线圈有所区别。其工作电压为交流 220V，电源直接由电脑板供给。当控制面板送出导风信号后，电脑板上的继电器吸合，直接提供给同步电动机电源电压，使其进入工作状态。

同步电动机的内部结构及实物外形如图 5-2 所示。

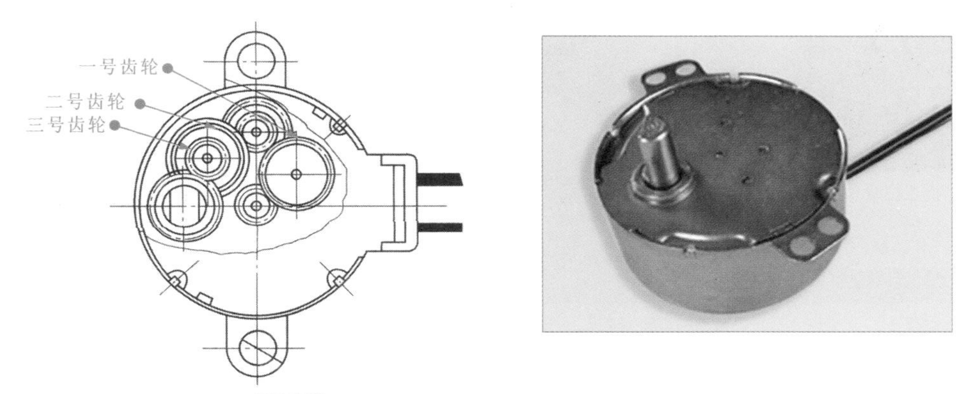

图5-2 同步电动机的内部结构及实物外形图

图 5-3 为柜式空调器中的导风板左右调节电动机。可以看到该电动机型号为 50TYZ-C，共有 2 根供电引线和 1 根地线。工作电压为 220V，频率为 50Hz，功率为 3.5W。

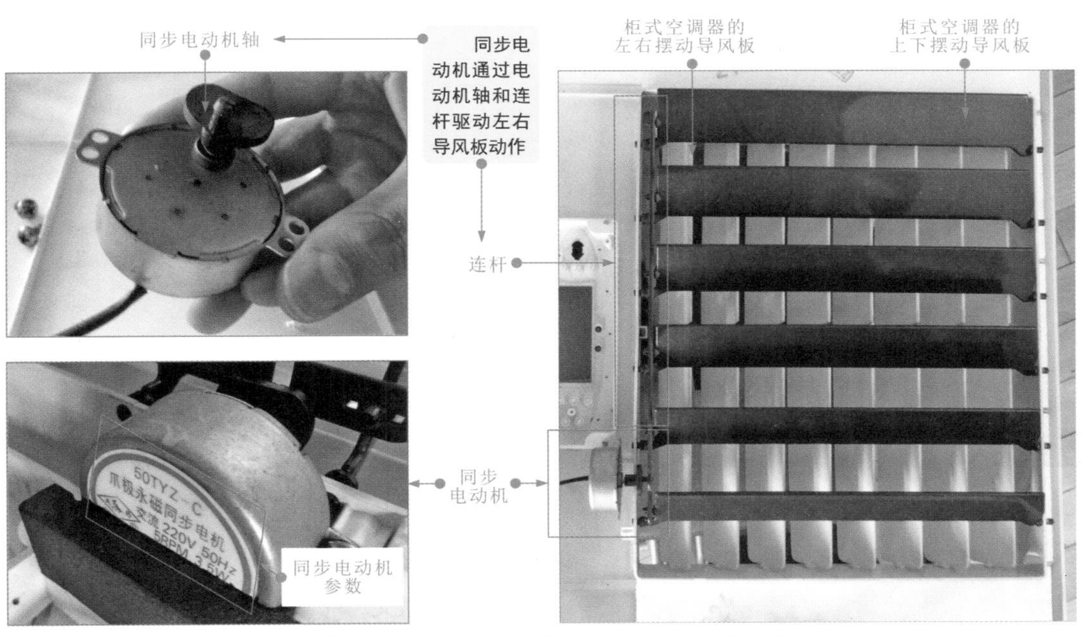

图5-3 柜式空调器中的导风板左右调节电动机

5.1.3 壁挂式空调器的室内贯流风扇电动机

壁挂式空调器的室内贯流风扇电动机安装在室内机右侧，其作用是带动风扇不断地将被调节房间内的空气吸入到室内机中，空气经过蒸发器降温后，以一定的风速和流量送出，通过室内机的出风口送入被调节房间内。

目前，大多壁挂式空调器中常用的贯流风扇电动机又称为 PG 电动机，如图 5-4 所示。PG 电动机使用交流 220V 供电。

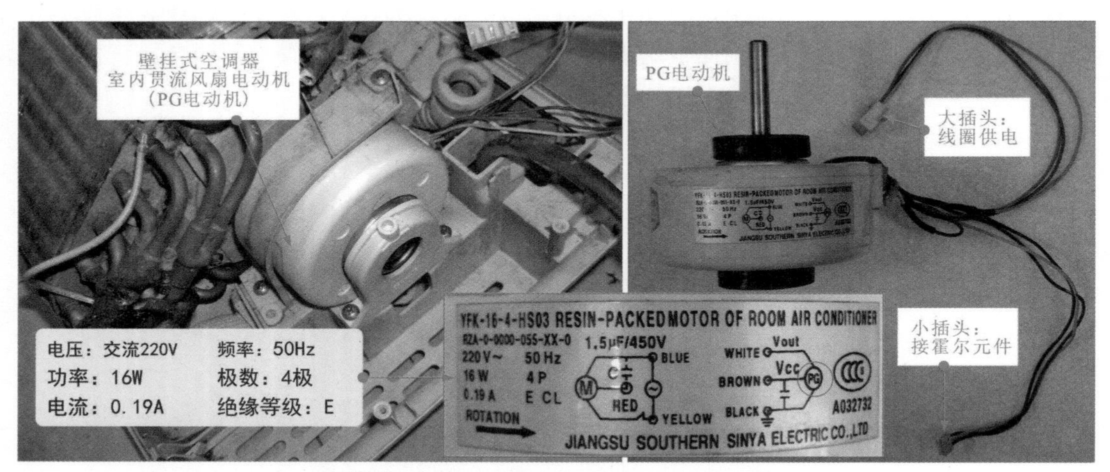

图5-4 壁挂式空调器的室内贯流风扇电动机

5.1.4 全直流变频空调器的贯流风扇电动机

在全直流变频空调器或高档定频空调器中，室内的贯流风扇电动机一般采用直流无刷电动机，即由电源电路输出的直流电压进行供电。

图 5-5 为直流无刷电动机的实物外形。

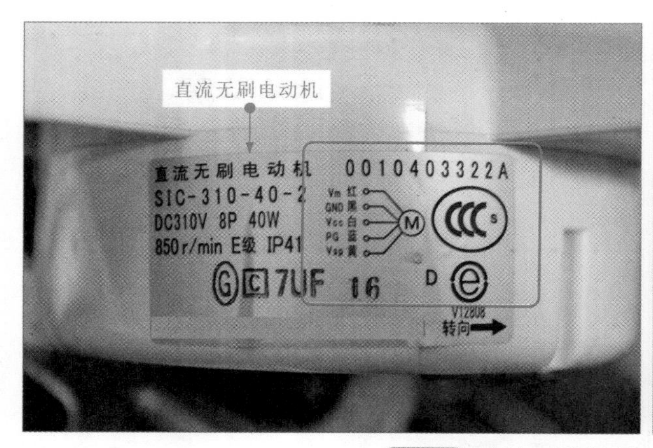

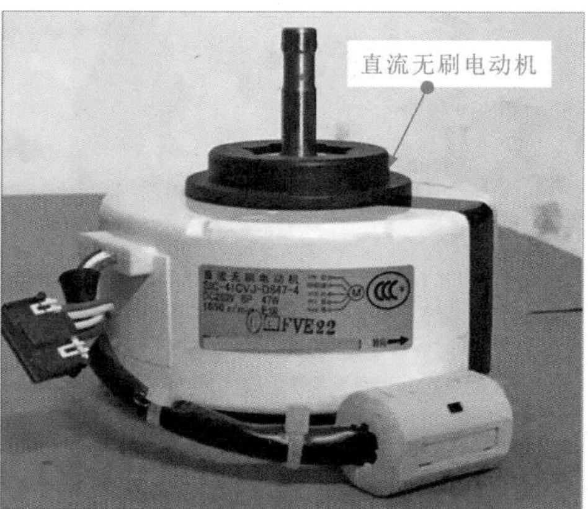

图5-5 直流无刷电动机的实物外形

5.1.5 柜式空调器的室内风扇电动机

柜式空调器的室内风扇电动机多采用离心电动机，安装在柜式空调器室内机的下部。离心电动机的叶片形状和贯流式相似，但叶轮直径大，长度很短，而且叶轮四周都有蜗壳包围。空气从叶轮中心进入，沿叶轮的半径方向流过叶片，在叶片的出口处沿蜗壳的方向汇集到排气口排出。由于气流主要呈离心流动，故称之为离心电动机。离心电动机的风量比轴流式小，但风压比轴流式大。

图 5-6 为柜式空调器室内风扇电动机的实物外形。

图5-6 柜式空调器室内风扇电动机的实物外形

5.1.6 普通空调器的室外轴流风扇电动机（单速交流电动机）

空调器的室外轴流风扇电动机安装在室外机左侧的固定支架上。轴流风扇电动机的形状像螺旋桨，气体沿轴线方向流动，所以称为轴流风扇电动机。轴流风扇电机的作用是带动风扇将冷凝器散发的热量吹向机外，使制冷剂由气态变为液态。轴流风扇结构简单，由数量很少的几个叶片和一个圆筒轴套组成。风叶多采用铝材或 ABS 工程塑料制成。其特点是噪声小、风量大、制造成本低。

目前，普通空调器中最常使用的轴流风扇电动机主要为单速交流电动机，如图 5-7 所示，该类电动机使用交流 220V 供电，运行速度固定。

5.1.7 部分空调器的室外轴流风扇电动机（多速抽头交流电动机）

在较早期的部分定频空调器中，室外轴流风扇电动机采用多速抽头交流电动机，如图 5-8 所示，该类电动机使用交流 220V 供电，可通过改变抽头供电改变转速。

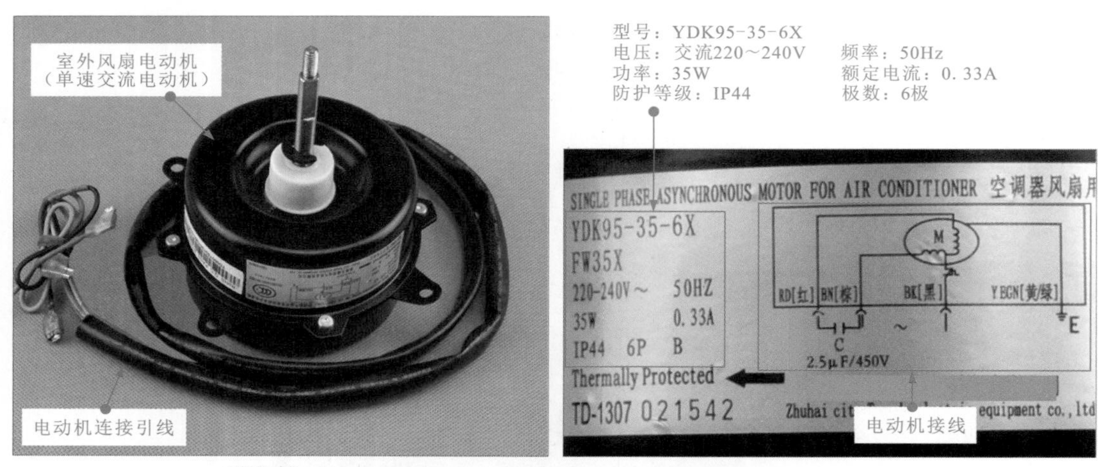

图5-7 普通空调器的室外轴流风扇电动机（单速交流电动机）

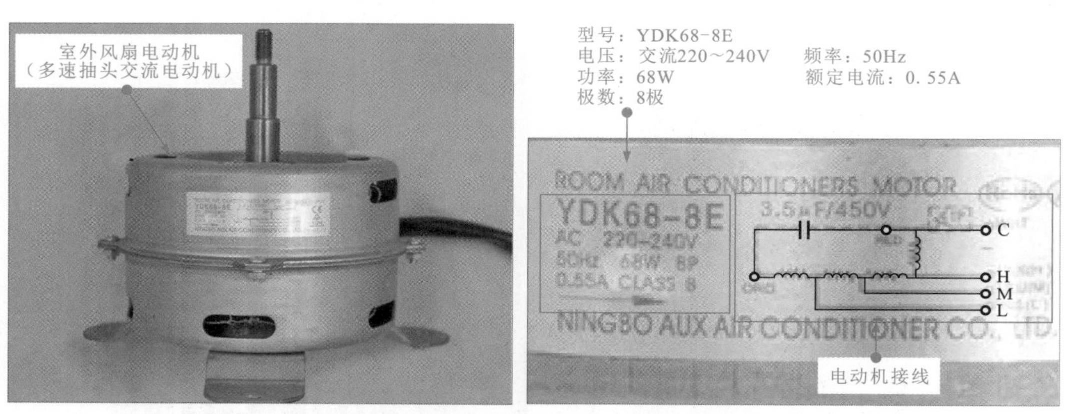

图5-8 部分空调器的室外轴流风扇电动机（多速抽头交流电动机）

5.1.8 全直流变频空调器的室外风扇电动机（直流无刷电动机）

在目前新型的全直流变频空调器中，室外风扇电动机多采用直流无刷电动机，如图5-9

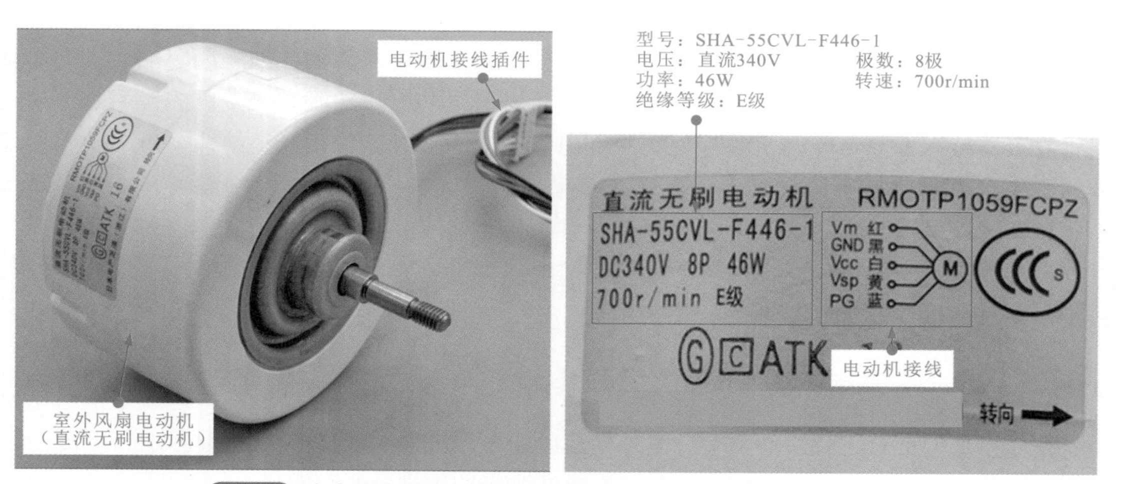

图5-9 全直流变频空调器的室外风扇电动机（直流无刷电动机）

所示，该类电动机使用直流供电（由空调器中的电源电路提供），由微处理器输出的控制信号控制转速。

5.2　变压器

变压器是利用电磁感应原理传递电能或传输交流信号的元器件。在空调器电路中采用的变压器主要有降压变压器和开关变压器两种。

5.2.1　降压变压器

降压变压器是空调器电源电路中体积较大的元器件之一。该元器件具有明显的外形特征。主要功能是将交流 220V 电压转变成交流低压后再送到电路板上。该交流低电压经桥式整流、滤波和稳压后，最终形成 +12V 或 +5V 的直流电压，为其他电路提供工作电压。

图 5-10 为常见壁挂式空调器和柜式空调器室内机中降压变压器的安装位置及实物外形。

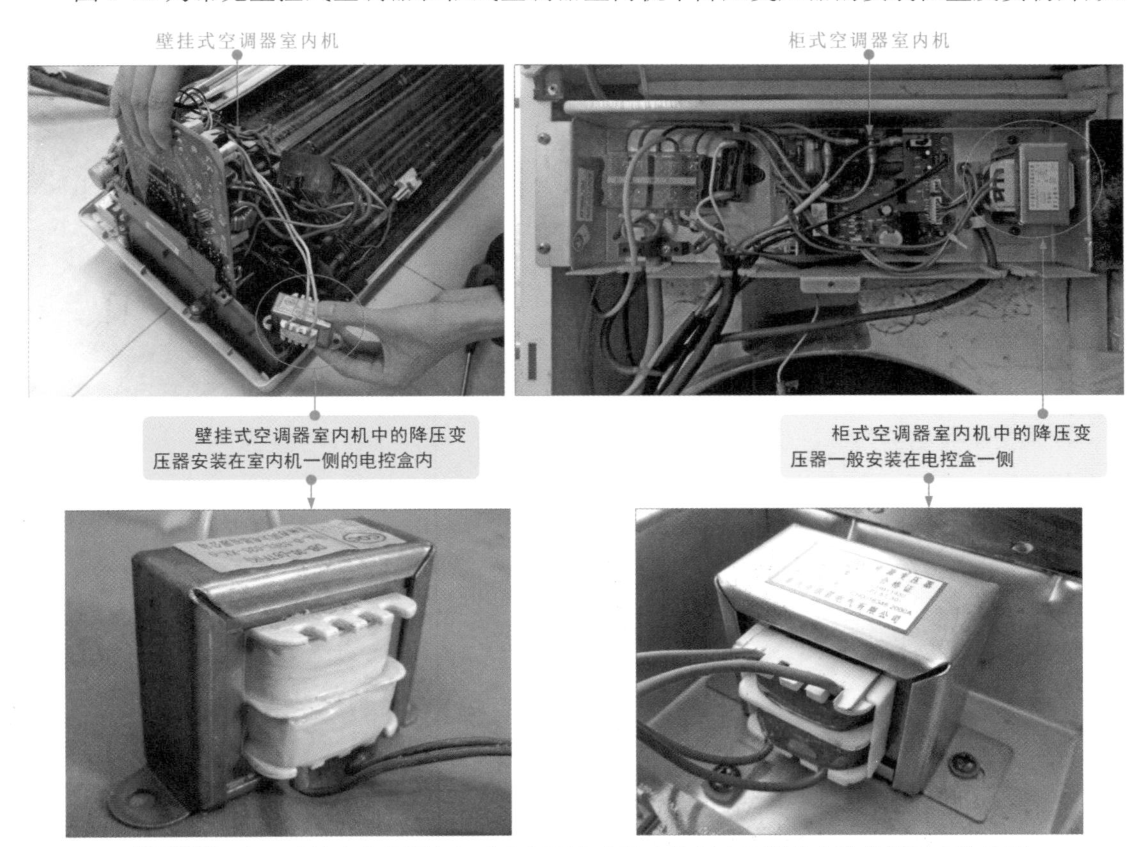

图5-10　常见壁挂式空调器和柜式空调器室内机中降压变压器的安装位置及实物外形

空调器电路中的降压变压器一般有三种，即 1 路输出、2 路输出和多路输出，如图 5-11 所示。

1 路输出的降压变压器只有一个一次绕组和一个二次绕组，将交流 220V 电压降压后输出交流低压［一般为 11V（460mA）］；2 路输出的降压变压器设有一个一次绕组和两个

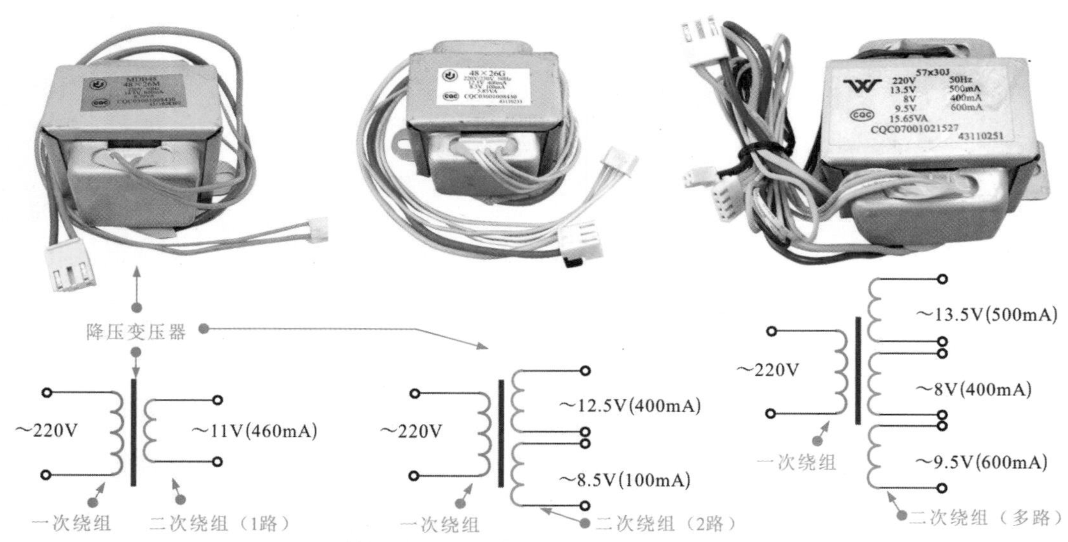

图5-11 空调器电路中降压变压器的特点

二次绕组，将交流 220V 电压降压后输出两路交流低压［一般为 12.5V（500mA）和 8.5V（100mA）］；多路输出降压变压器设有一个一次绕组和多个二次绕组，将交流 220V 电压降压后输出多路直流电压。

降压变压器输出侧具体参数根据空调器规格不同而不同，具体可根据降压变压器上的铭牌标识识读参数信息。

5.2.2 开关变压器

开关变压器是指工作在开关脉冲状态的变压器。一般在变频空调器室外机电源电路中多采用开关电源电路结构，该电路中的变压器即为开关变压器。

开关变压器也称为脉冲变压器，主要的功能是将高频高压脉冲变成多组高频低压脉冲，图 5-12 为空调器电路板上开关变压器的实物外形。

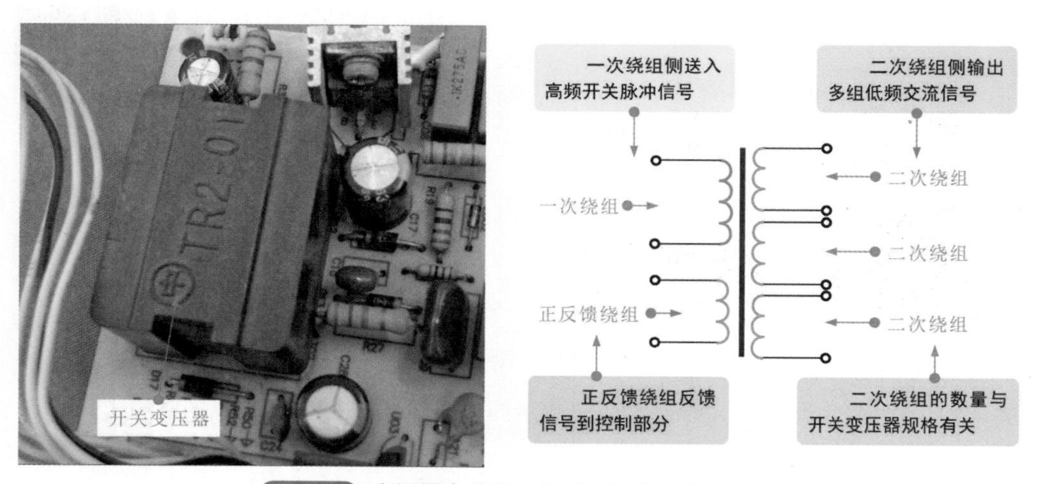

图5-12 空调器电路板上开关变压器的实物外形

5.3 集成电路

集成电路是利用半导体工艺将电阻器、电容器、晶体管及连线制作在很小的半导体材料或绝缘基板上，形成一个完整的电路，并封装在特制的外壳之中，具有体积小、重量轻、电路稳定、集成度高等特点，在电子产品中应用十分广泛。

在空调器电路中，采用不同型号的集成电路用于实现不同的功能，常见有反相器、运算放大器和微处理器等。

5.3.1 反相器

反相器是一个共发射极晶体管放大器，其输出信号的相位与输入信号相反，因此又称反相放大器。如这种电路用于放大脉冲信号，也是起反相放大的功能，这个电路从逻辑上来说是一个“非”电路，即“非门”。图 5-13 所示是一个由集成电路制成的非门电路，即反相器，输出信号的相位与输入相反，输入正极性脉冲，输出则为反极性脉冲。

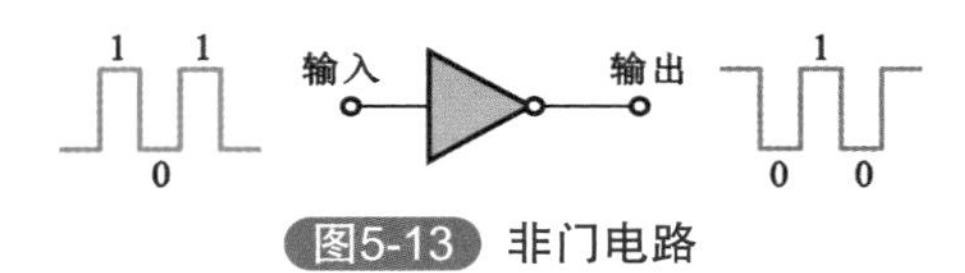

图5-13 非门电路

在空调器电路中，多采用型号为 ULN2003AN 的反相器，图 5-14 为空调器中常用反相器的实物外形及内部结构。该反相器内部由 7 个相同的反相放大单元构成，每一个输出端对应一个输入端；每一个反相放大单元可驱动一个继电器或其他部件。

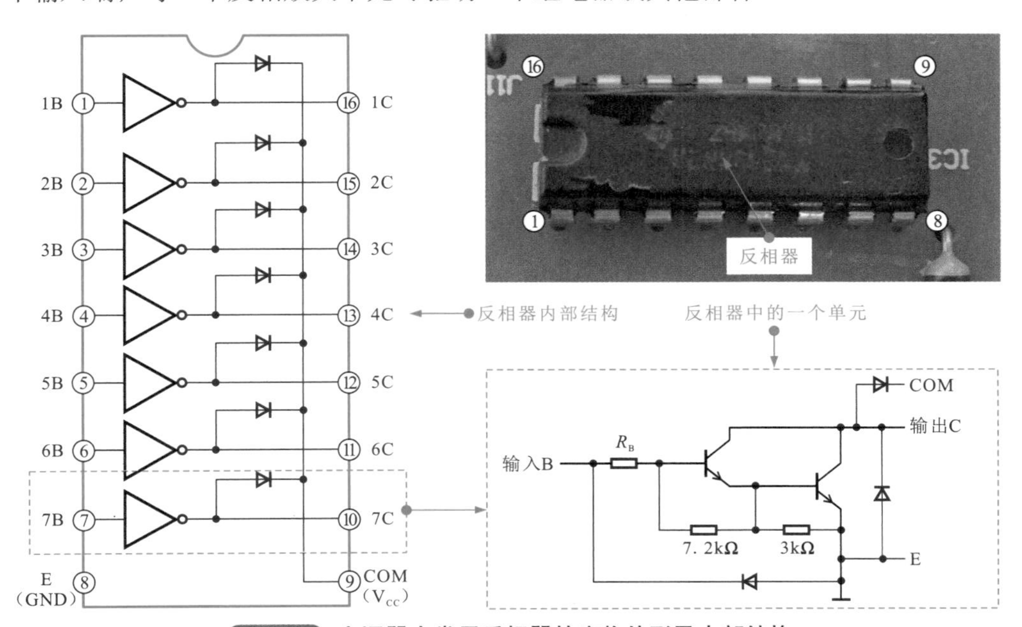

图5-14 空调器中常用反相器的实物外形及内部结构

5.3.2 三端稳压器

三端稳压器是一种具有三只引脚的直流稳压集成电路。在空调器电路中，常用的三端稳压器型号主要有 7805、7812，主要应用在电源电路中。

图 5-15 为典型三端稳压器的实物外形。

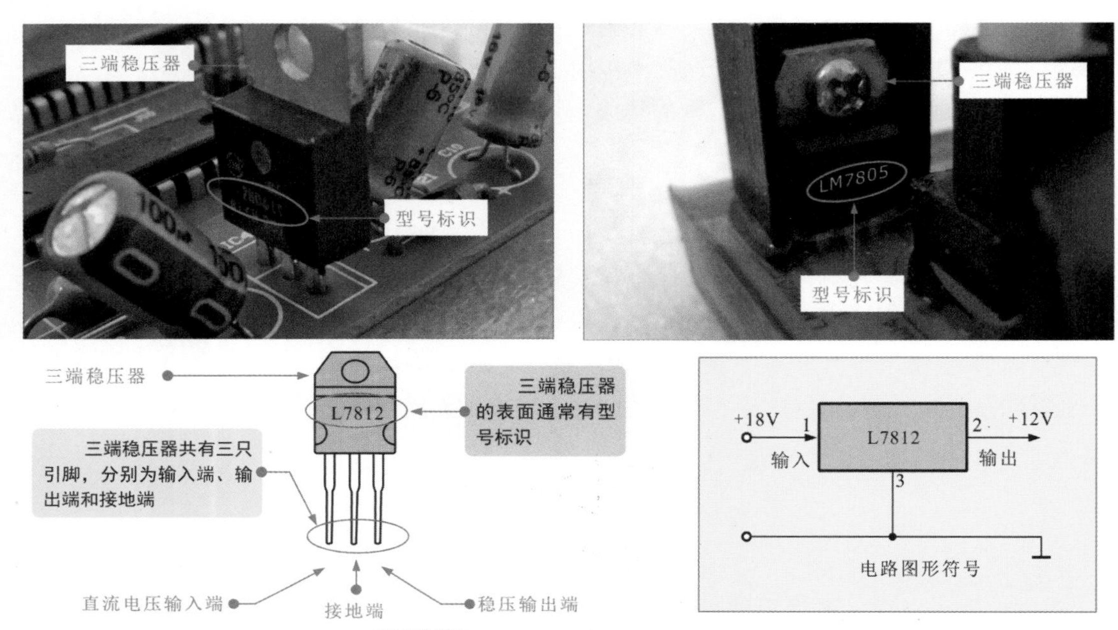

图5-15 典型三端稳压器的实物外形

三端稳压器的功能是将输入端的直流电压稳压后输出一定值的直流电压。不同型号三端稳压器输出端的稳压值不同。图 5-16 为三端稳压器的功能示意图。

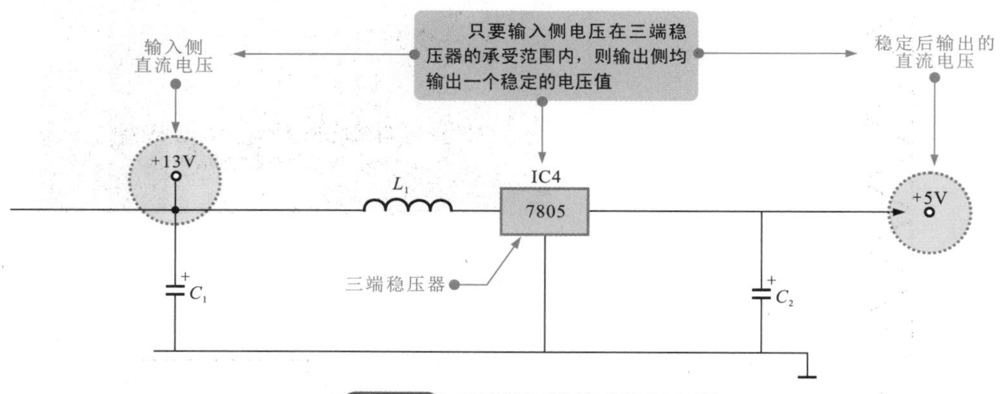

图5-16 三端稳压器的功能示意图

一般来说，三端稳压器输入端的电压可能会发生偏高或偏低的变化，但都不影响输出侧的电压值，例如上图中的 7805，只要输入侧电压在三端稳压器的承受范围内（9 ～ 14V），则输出侧均 5V，这也是三端稳压器最突出的功能特性。

通常，空调器中的控制电路器件需要直流电源，微处理器需要 +5V 电源，继电器、步进电动机则需要 +12V 直流电源。

5.3.3 微处理器

微处理器简称CPU，是将控制器、运算器、存储器、稳压电路、输入和输出通道、时钟信号产生电路等集成于一体的大规模集成电路，如图5-17所示。由于具有分析和判断功能，犹如人的大脑，因而又称为微电脑，广泛应用于各种电子产品中，为产品增添智能功能。

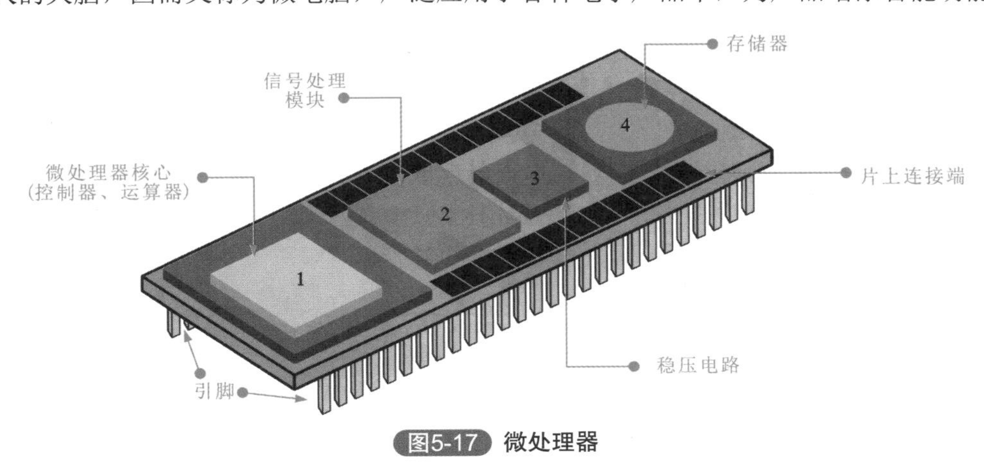

图5-17 微处理器

微处理器从外形上看就是一个具有多个引脚的大规模集成电路。从内部电路结构上说它具有运算器和控制器，而且还具有储存器、时钟振荡器和输入输出接口电路，图5-18为空调器中微处理器的功能简图。

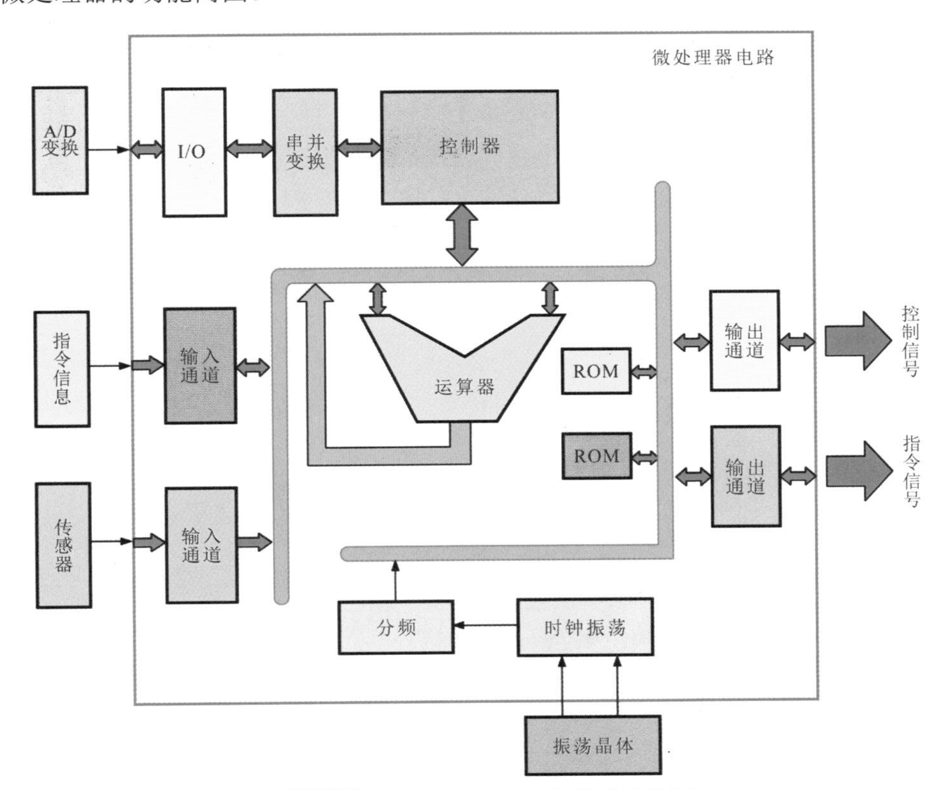

图5-18 空调器中微处理器的功能简图

在空调器电路中，微处理器是实现空调器自动制冷、制热功能的核心器件，内部集成运算器和控制器，主要用来对人工指令信号和传感器的检测信号进行识别，输出对控制器各电气部件的控制信号，实现空调器制冷、制热功能控制。

一般在普通定频空调器中，室内机电路板中设有微处理器，用于控制整机协同工作；在变频空调器中，室内机和室外机电路板中都安装有微处理器，室内机微处理器控制室内机工作，室外机微处理器控制室外机工作；同时，两个微处理器还要通信，协同工作，从而实现室内机与室外机的智能化自动控制。

5.4 温度传感器

温度传感器是指对温度进行感应，并将感应的温度变化情况转换为电信号的功能部件。

空调器中的温度传感器实质是一种热敏电阻器，它是利用热敏电阻器的电阻值随温度变化而变化的特性，来测量温度及与温度有关的参数，并将参数变化量转换为电信号，送入控制部分，实现自动控制。

图 5-19 为温度传感器的工作原理示意图。

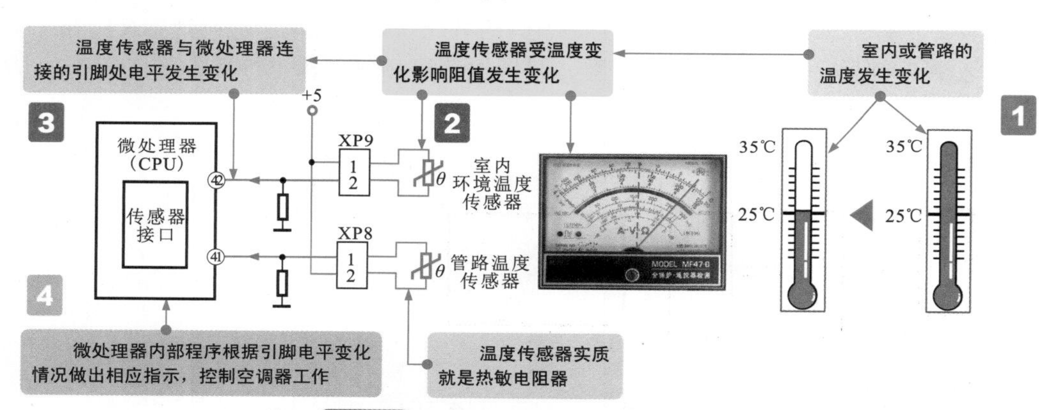

图5-19 温度传感器的工作原理示意图

温度传感器根据其感应特性不同可分为 PTC 传感器和 NTC 传感器两大类。其中，NTC 传感器为负温度系数传感器，即传感器阻值随温度的升高而减小；PTC 传感器为正温度系数传感器，即传感器阻值随温度的升高而增大。

在空调器电路中，根据测量对象不同，通常设有两种温度传感器，即管路温度传感器和环境温度传感器，如图 5-20 所示。

通常情况下，管路温度传感器为铜头传感器，环境温度传感器为胶头传感器。空调器中的传感器通常为 5kΩ、10kΩ、15kΩ、20kΩ、25kΩ、50kΩ 几种规格。其中，壁挂式空调器中一般为 5 ～ 10kΩ；柜式空调器中多为 15 ～ 50kΩ。

5.4.1 管路温度传感器

在空调器中，管路温度传感器是指用于测量空调器制冷管路温度的传感器。管路温度传感器的感温头通常贴装在蒸发器的管路上，由一个卡子固定在铜管中，主要用于检测蒸发器管路的温度，如图 5-21 所示。

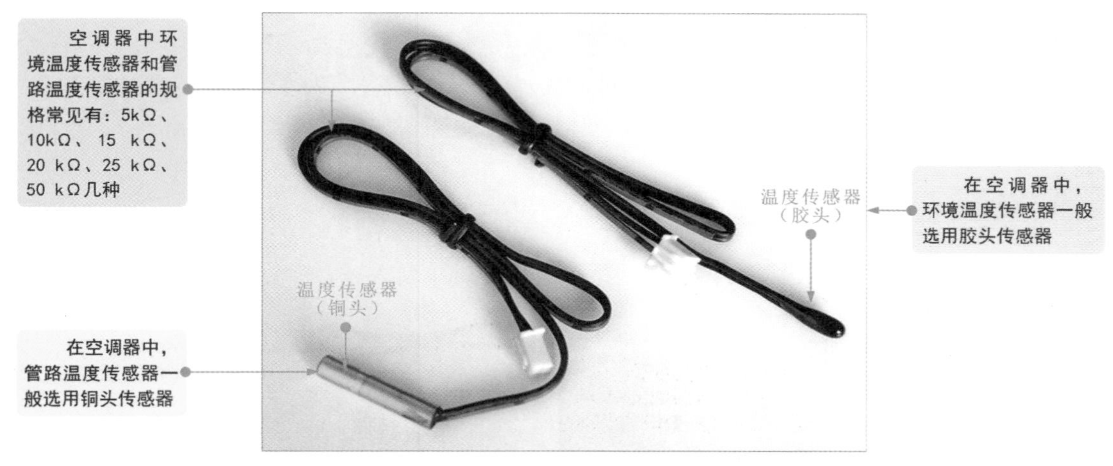

图5-20 管路温度传感器和环境温度传感器

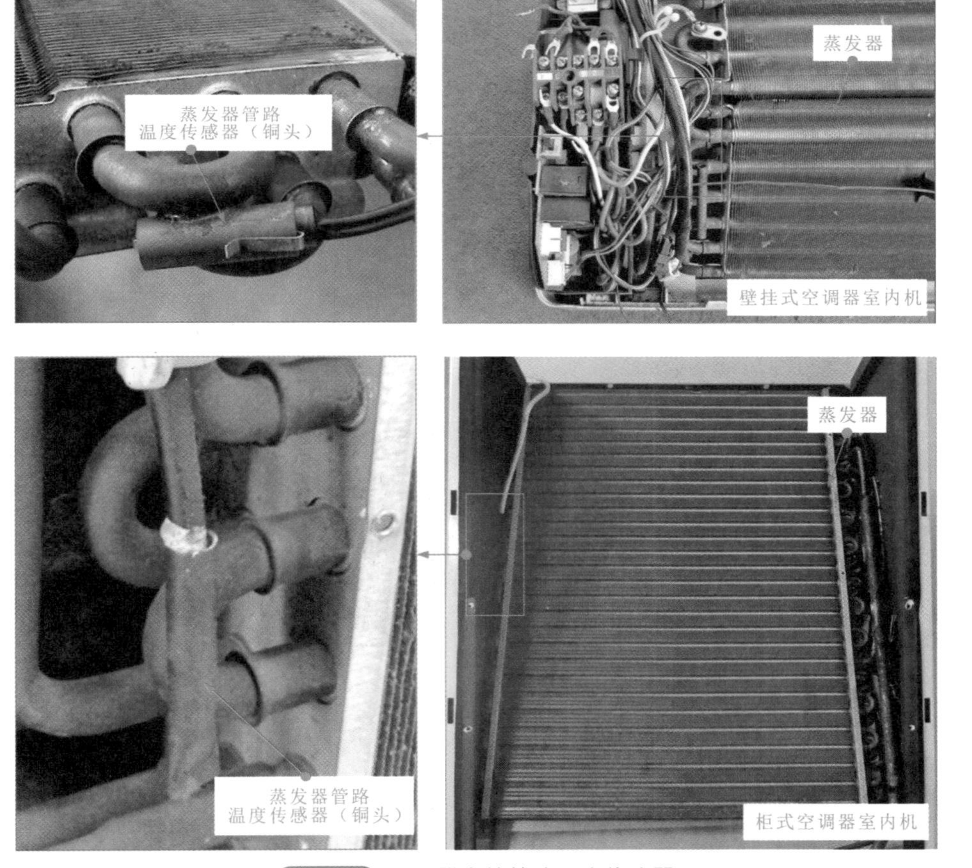

图5-21 空调器中的管路温度传感器

在壁挂式定频空调器中，大部分只有室内机蒸发器管路部分安装有管路温度传感器；在柜式定频空调器中，室内机蒸发器管路和室外机冷凝器管路上大都安装有管路温度传感器。

在变频空调器中，室内机蒸发器管路和室外机冷凝器管路上都安装有管路温度传感器。

5.4.2 环境温度传感器

环境温度传感器是指用于测量环境温度的传感器。一般在空调器室内机中安装在进风口位置，用于检测室内环境的温度。室外机中环境温度传感器安装在冷凝器表面，用于检测室外环境温度。

图 5-22 为空调器中的环境温度传感器。

图5-22 空调器中的环境温度传感器

5.5 继电器

在空调器电路中，控制电路通过继电器来控制主要电气部件的工作状态，如室内外风扇电动机、电磁四通阀等。

空调器中常见的继电器主要有电磁继电器和固态继电器两种。

5.5.1 电磁继电器

电磁继电器是一种电磁部件，内部由线圈、铁芯、软铁杠杆及动、静触点构成，图 5-23 为其实物外形及内部结构示意图。

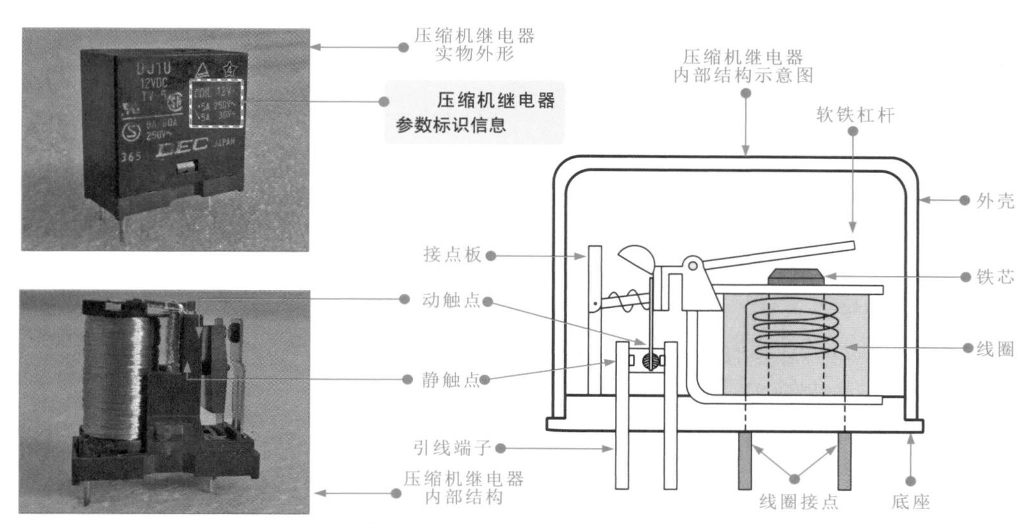

图5-23 继电器实物外形及内部结构示意图

在常态下，继电器内部线圈连接低压供电端，当其线圈中有电流通过时，线圈产生电磁效应，铁芯被磁化，软铁杠杆在吸力作用下向下动作，动触点与静触点接通；当线圈中电流消失时，铁芯磁力消失，软铁杠杆弹起，触点断开。继电器便是通过动触点与静触点通断状态来实现对控制对象通断电的。

图 5-24 为空调器电路板上电磁继电器的实物外形。

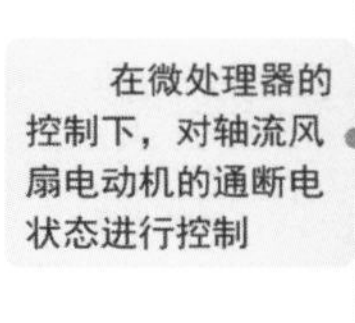

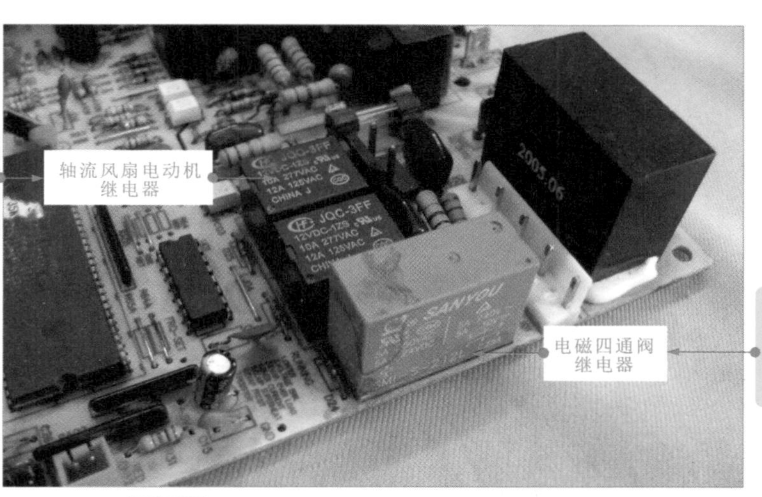

图5-24 空调器电路板上电磁继电器的实物外形

空调器电路板上一般安装有多个电磁继电器，分别用于控制不同的电气部件。例如，在普通定频空调器的控制电路板上，为空调器压缩机供电的引线直接连接到继电器（压缩机继电器）上，该继电器的线圈一端连接 +12V 供电，另一端与控制电路中的反相器连接，常开触点串联在交流供电（L 线）与压缩机公共绕组（C）之间，如图 5-25 所示。

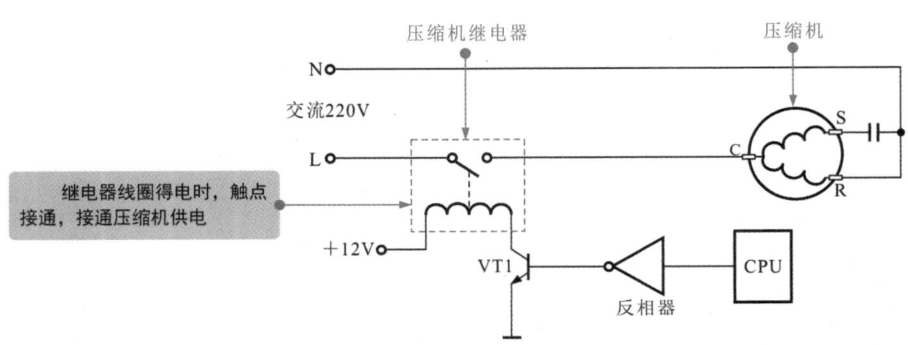

图5-25 典型空调器中压缩机继电器的连接关系（春兰KFR-33GW/T型）

当空调器工作时，控制电路中微处理器输出控制信号，控制信号经反相器加到晶体管基极，12V 电源经继电器线圈有电流流过，于是继电器常开触点接通，压缩机供电线路被接通。

不同品牌和型号的空调器中，虽然总体的控制功能基本相同，但具体的控制关系有所区别，继电器的数量和控制关系也有所区别。

例如，有些空调器控制电路中，除了通过继电器对压缩机供电进行控制外，还采用继电器控制压缩机的启动，如图 5-26 所示。

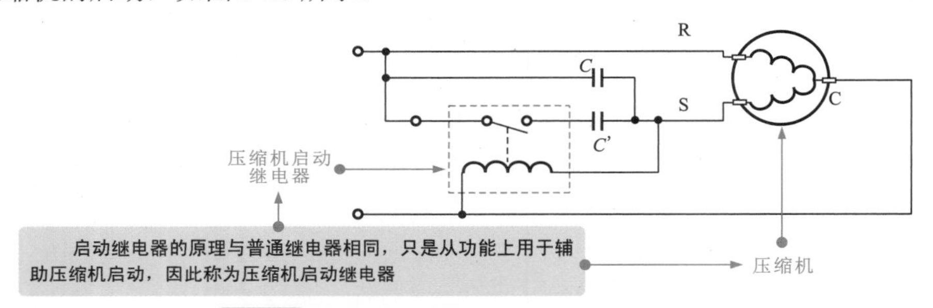

图5-26 不同空调器中继电器的其他控制功能

5.5.2 固态继电器

固态继电器是一种外观类似小规模集成电路的元器件，图 5-27 为典型空调器室内机控制电路中固态继电器（TLP3616）的实物外形及内部结构。

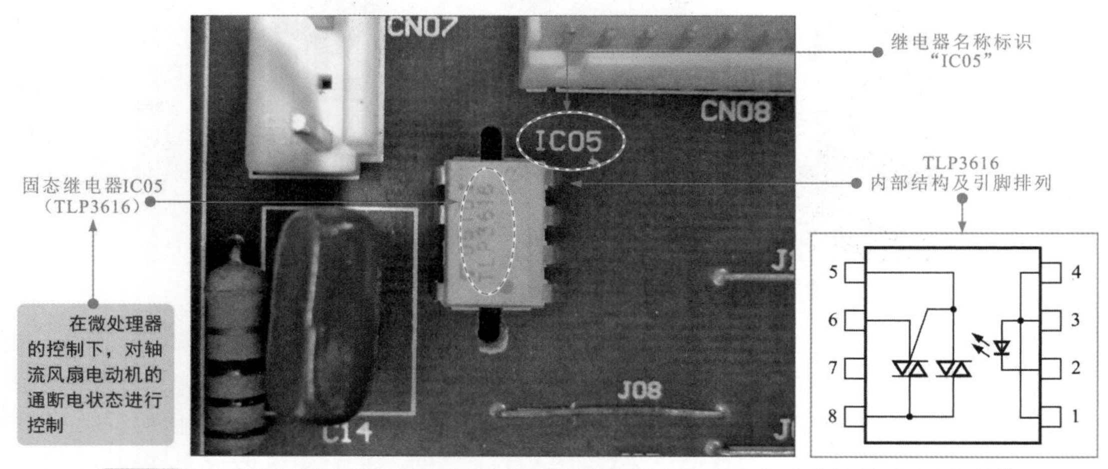

图5-27 典型空调器室内机控制电路中固态继电器（TLP3616）的实物外形及内部结构

固态继电器实际上是一种光控晶闸管，当发光二极管两端有电压而发光时，则双向晶闸管导通，即⑥脚和⑧脚之间导通。一般，在变频空调器室内机中的贯流风扇电动机由这类继电器控制。

5.6　辅助电加热器

辅助电加热器是指空调器在制热状态时用于辅助补充热量的元器件。当室外环境温度较低时，空调器制热效果会明显下降，增加辅助电加热电路可有效提高制热效果。

图 5-28 为某柜式空调器室内机中辅助电加热器的安装位置和实物外形。

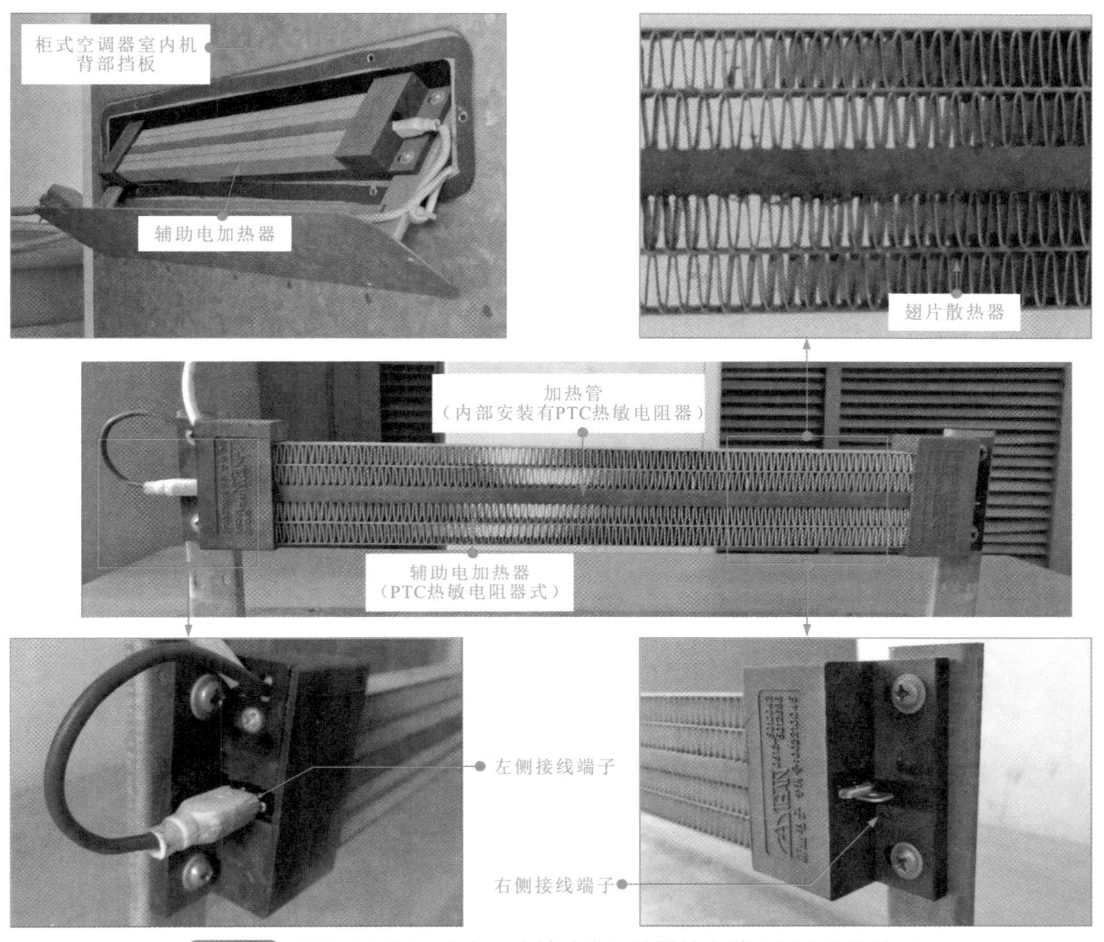

图5-28　某柜式空调器室内机中辅助电加热器的安装位置和实物外形

图 5-28 中，辅助电加热器采用 PTC 式，即其核心发热元为 PTC 热敏电阻器（阻值随温度升高而降低），该热敏电阻器安装在辅助电加热器的加热管内，并与加热管绝缘。加热管外部安装有翅片散热片，热敏电阻器通电后，迅速发热，通过加热管传导到外部有翅片散热片上，散发热量。

第 6 章 空调器电路图识读

6.1 空调器电路图的特点

6.1.1 结构框图

空调器结构框图主要是通过框图的形式，体现空调器电路的主要结构、功能和连接控制关系。

图 6-1 为典型空调器室内机的结构框图。可以看到，在结构框图中，只是将空调器重点的功能部件进行标注，电路之间通过连线或箭头表示信号流程和控制关系。

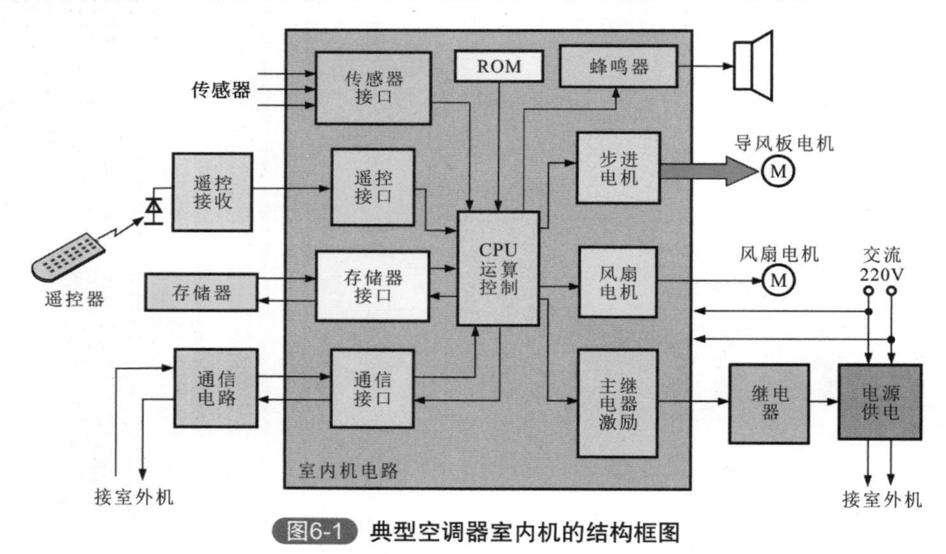

图6-1 典型空调器室内机的结构框图

图 6-2 为典型空调器室外机的结构框图。

图 6-3 为典型空调器控制电路的结构框图。在该电路中，可以看到，在该空调器整机结构框图中，微处理器是整个电路的核心控制部件，它接收来自遥控器的人工操作指令、温度传感器的检测信息以及各功能部件的运行状态信息，经过控制运算，再向各功能部件发送控制信号，从而实现对整机的功能控制。

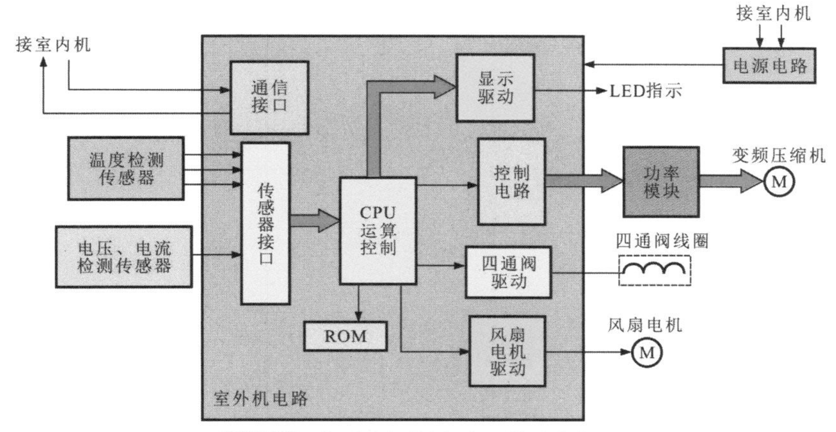

图6-2　典型空调器室外机的结构框图

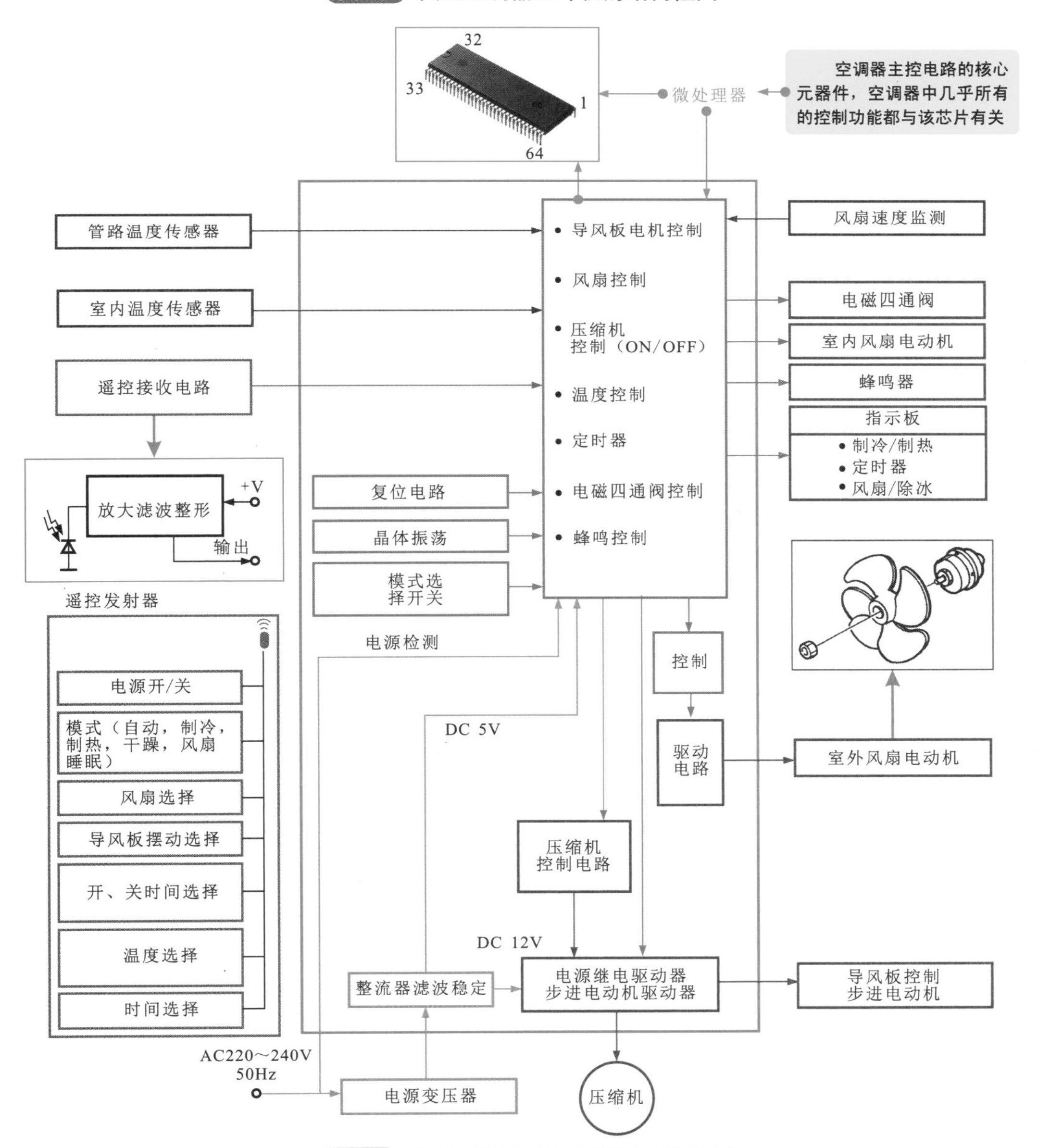

图6-3　典型空调器控制电路的结构框图

空调器结构框图简单、直观，清晰、准确地反映空调器各电路模块及功能部件之间的组成和控制关系。

图 6-4 为微处理器内部结构框图。微处理器内部结构框图可以很好地表现微处理器的工作原理及各引脚的功能特点。

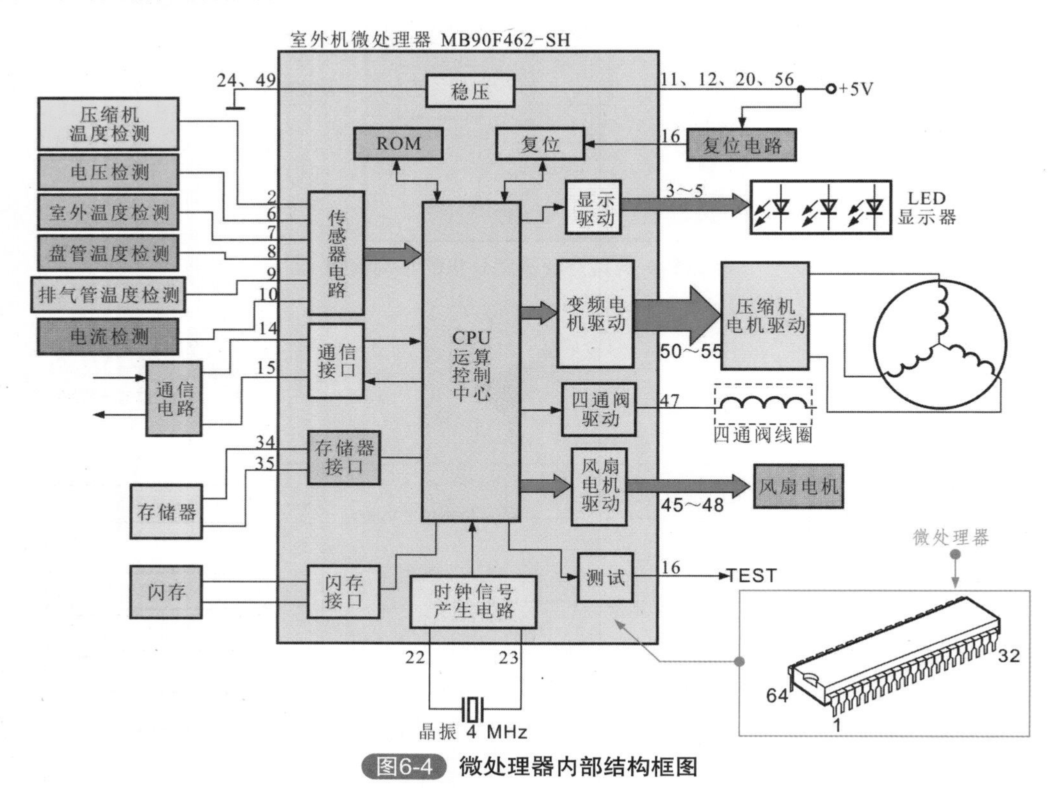

图6-4 微处理器内部结构框图

6.1.2 电原理图

空调器电原理图是最重要的一种电路图。电原理图详细、清晰、准确地记录了空调器电路中各电子元器件的连接和控制关系。空调器调试维修人员主要通过电原理图完成对电路工作原理的分析，并以此作为引导，根据信号流程查找分析故障线索。

图 6-5 为典型空调器控制电路电原理图。可以看到，在该电路中，各电子元器件都通过规范的电路符号和文字进行标识。各电子元器件之间通过连线表现连接关系。

图 6-6 为典型空调器遥控器发射电路电原理图。可以看到，在该电路中，各电子元器件都通过规范的电路符号和文字进行标识。各电子元器件之间通过连线表现连接关系。

6.1.3 电气接线图

空调器电气接线图主要反映空调器各主要功能部件之间的连接关系。图 6-7 和图 6-8 分别为典型分体式空调器室内机和室外机的电气接线图。

从图中可以看出，空调器室内机和室外机的电气接线图很好地反映了各电路及元器件之间的连接线序、接口位置和连接方式。

在室内机部分，清晰地标注了电路板各接口与各功能部件的连接方式和线序颜色。例

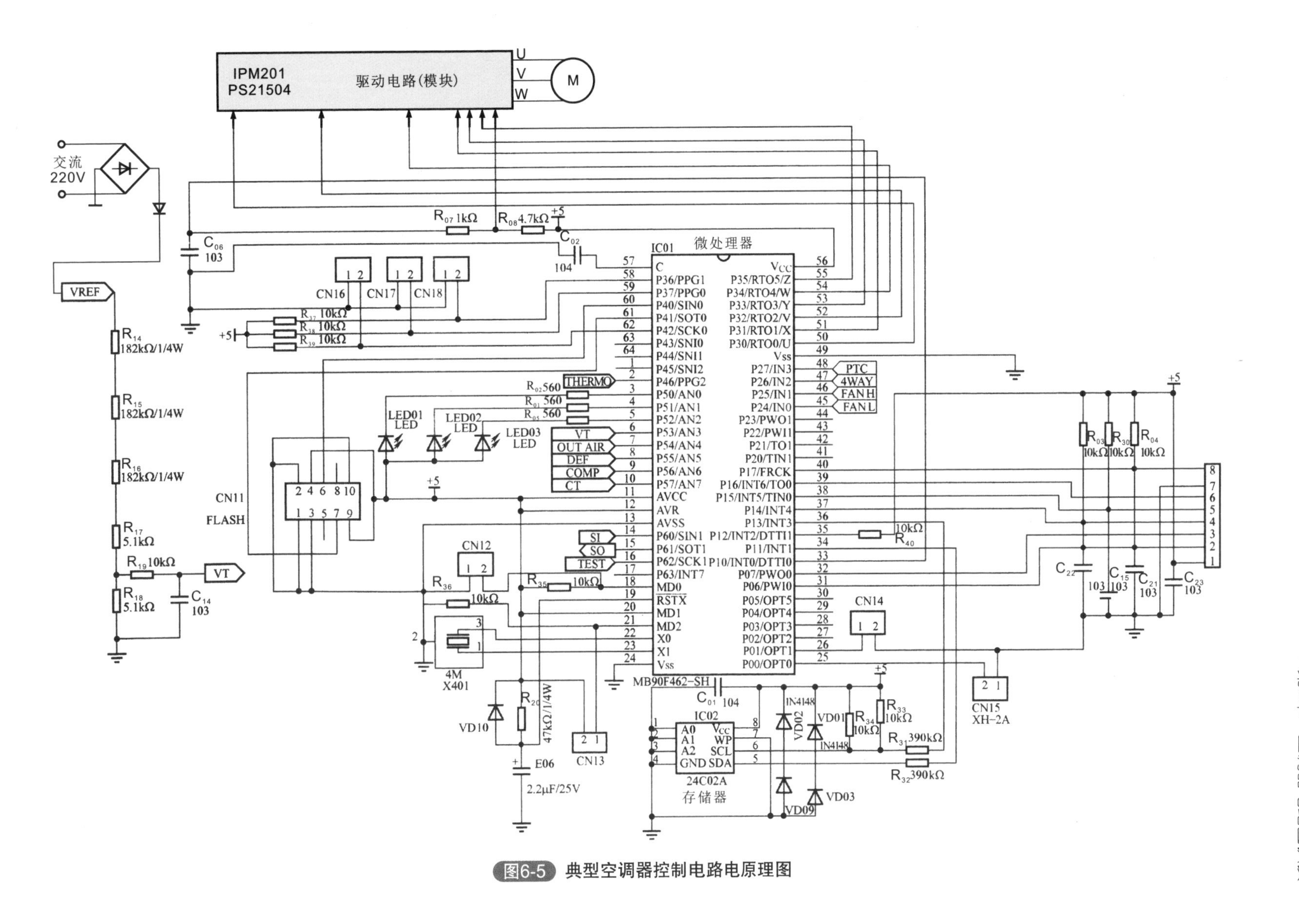

图6-5 典型空调器控制电路电原理图

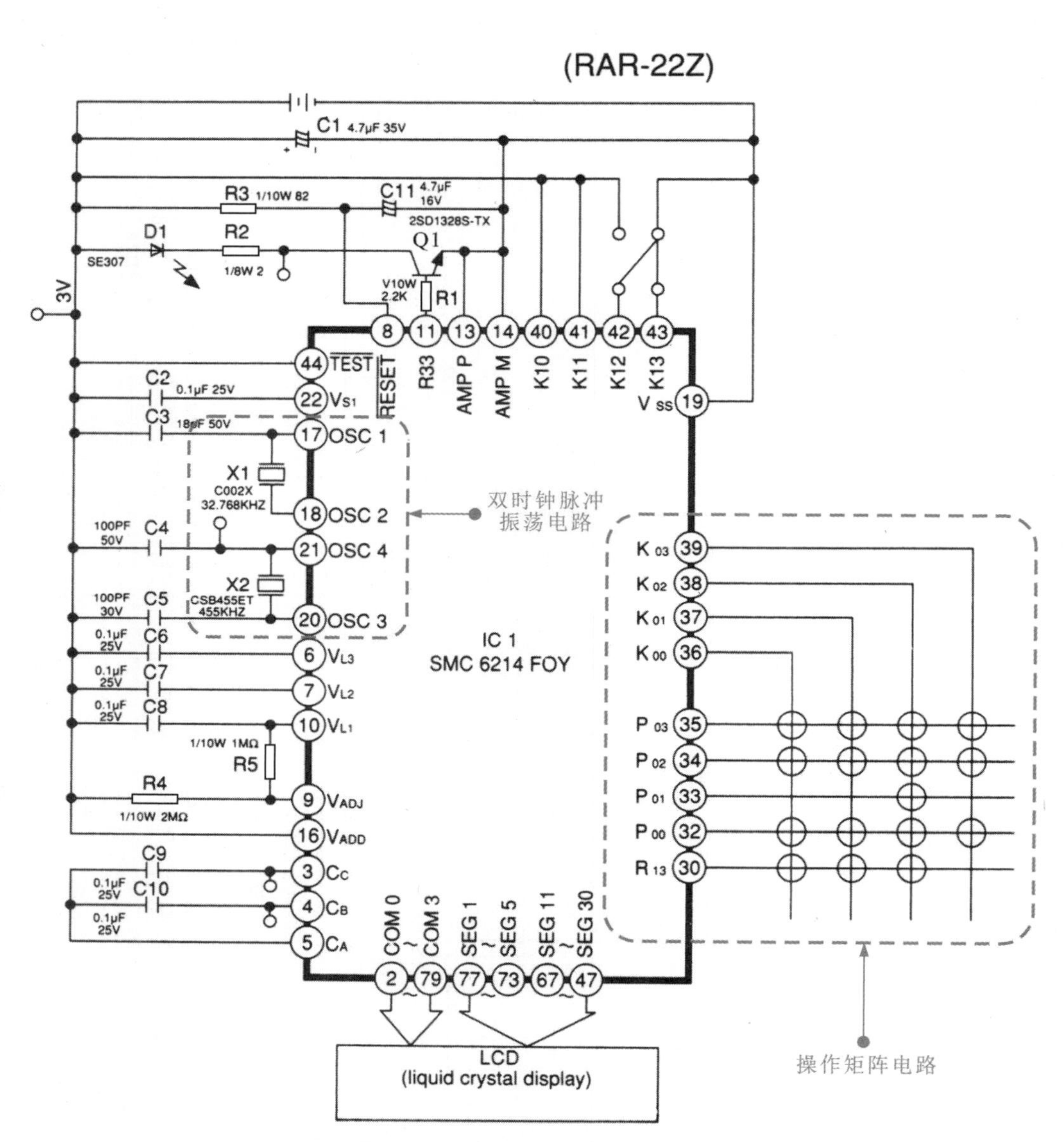

图6-6 典型空调器遥控器发射电路电原理图

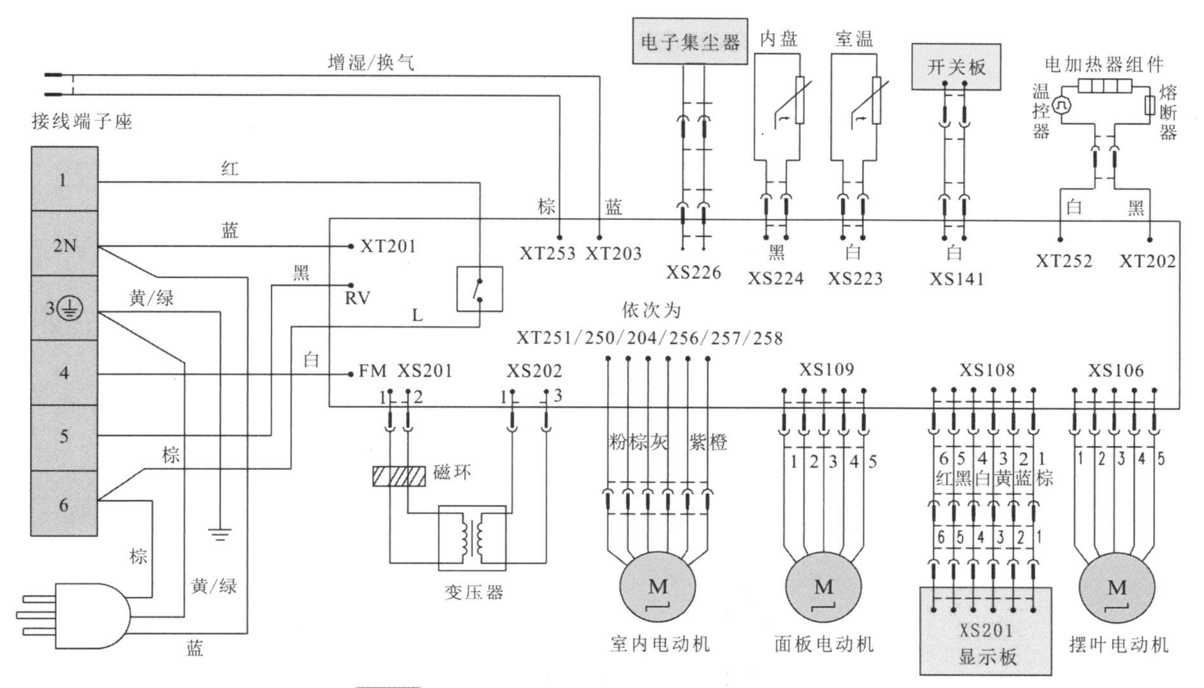

图6-7 典型分体式空调器室内机的电气接线图

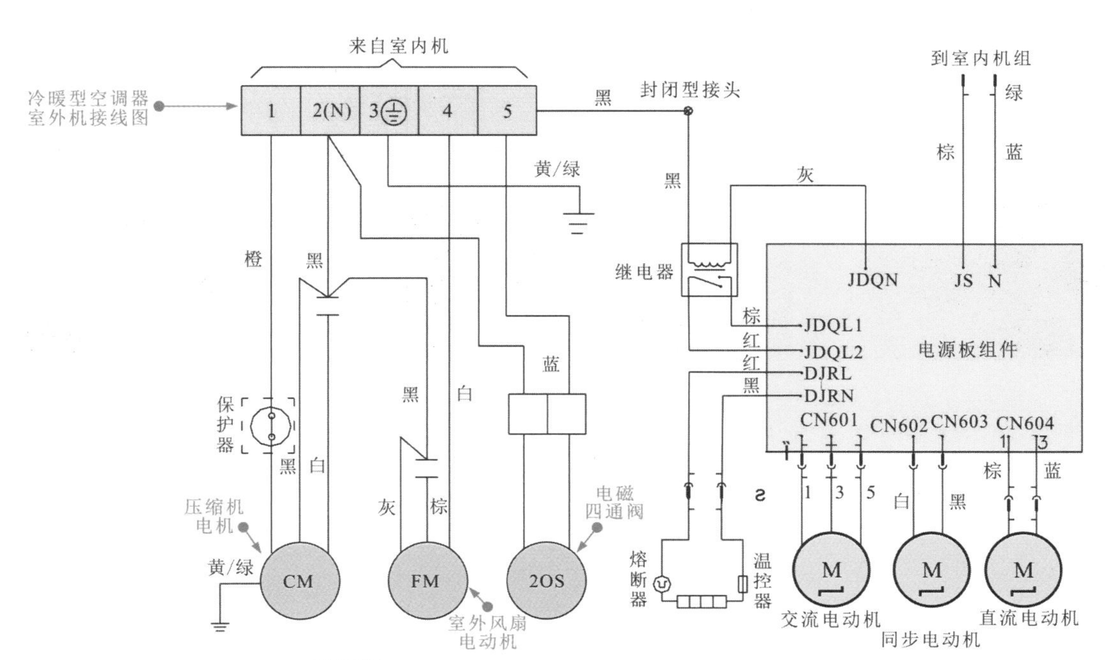

图6-8 典型分体式空调器室外机的电气接线图

如，XS224 为蒸发器盘管温度传感器的接口，XS223 为室内温度传感器的接口，XS109 连接面板电动机，XS106 连接摆叶电动机，XS108 则通过连线与 XS201 显示板连接。

在室外机中，接线端子座的引线颜色与所连接的压缩机电动机、室外风扇电动机、四通阀等功能部件都清晰标记了连接方式和连接关系。

6.2 空调器电路图识读技巧

6.2.1 空调器电源电路识读

空调器电源电路是为空调器整机供电的电路，对于空调器电源电路的识读应首先根据电原理图搞清电路的基本组成，建立电路与实物元件之间的对应关系。

图 6-9 为典型空调器电源电路。可以看到，电源电路主要是由互感滤波器、过压保护器、熔断器、降压变压器、桥式整流电路、三端稳压器等构成的。

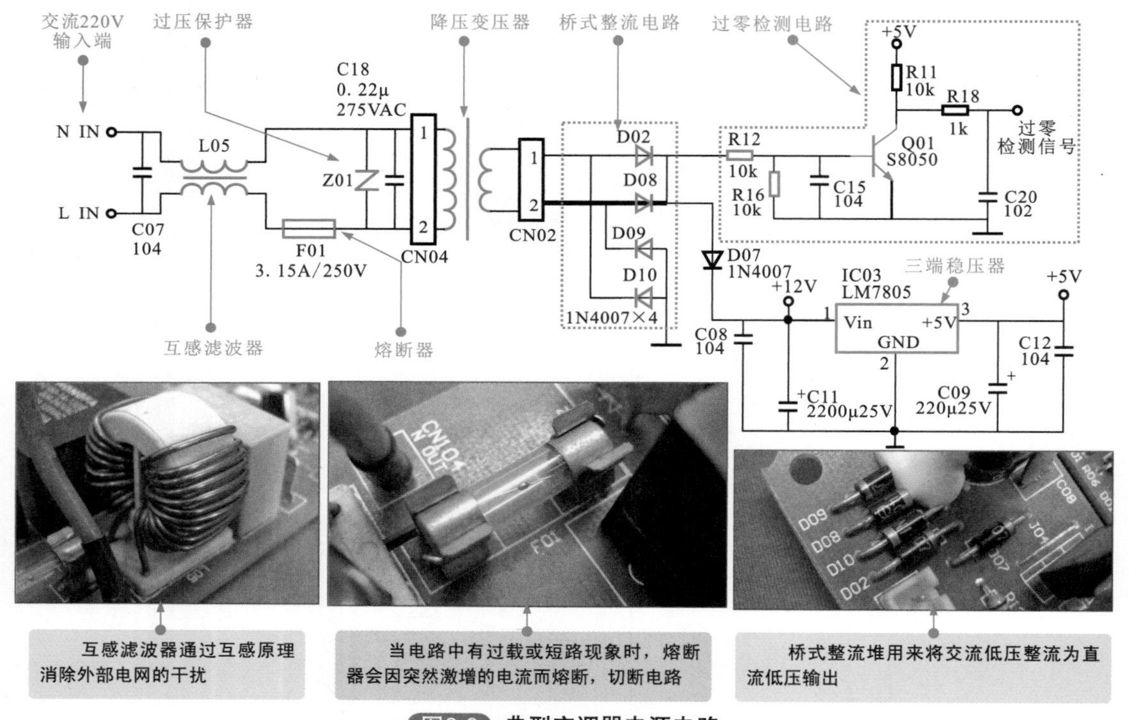

图6-9 典型空调器电源电路

了解了基本的电路构成，接下来，可顺信号流程完成对电源电路的识读。图 6-10 为电源电路的识读分析。

6.2.2　空调器控制电路识读

空调器控制电路主要是以微处理器为控制核心，在对控制电路进行识读时，可以根据微处理器各引脚的功能，完成对控制电路的识读。

图 6-11 为典型空调器控制电路的识读分析。

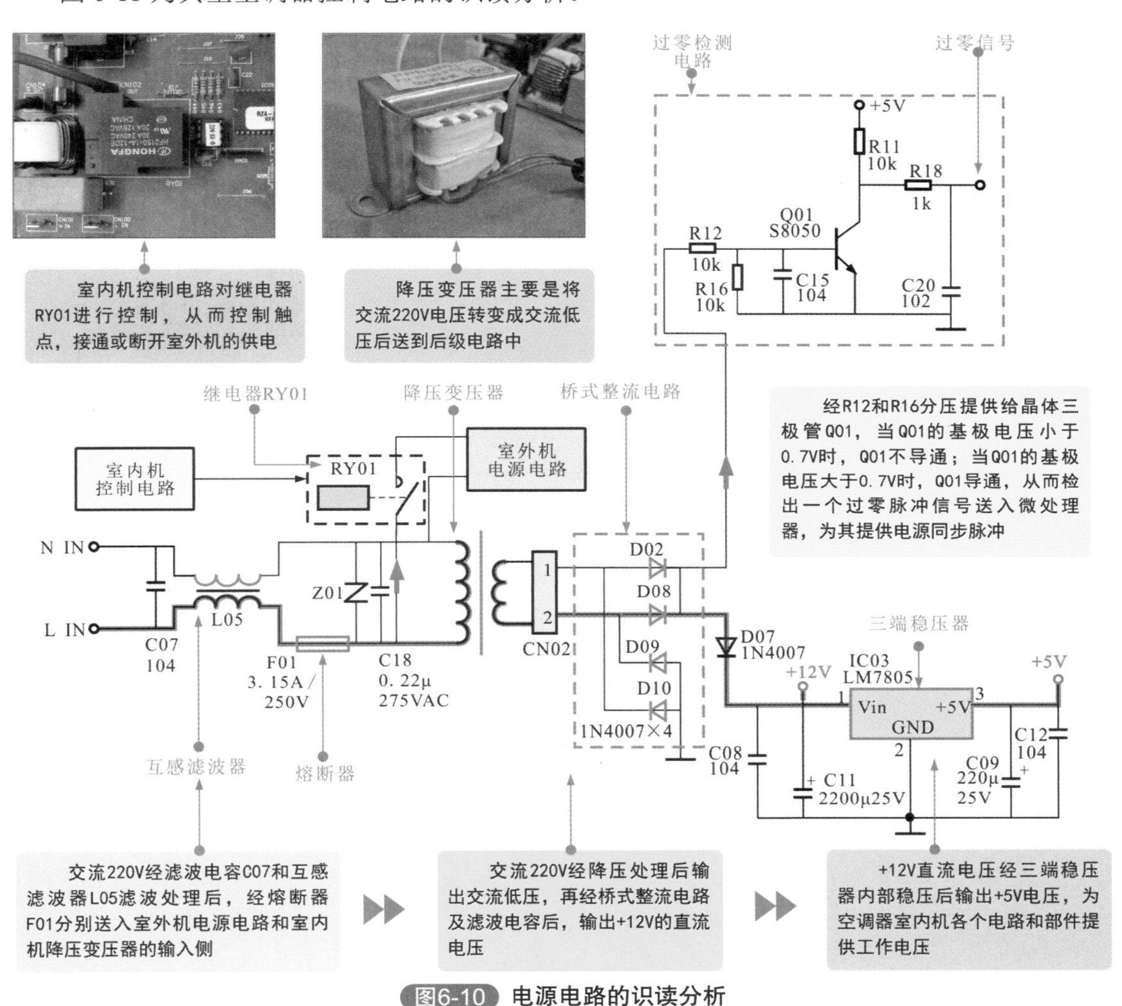

图6-10　电源电路的识读分析

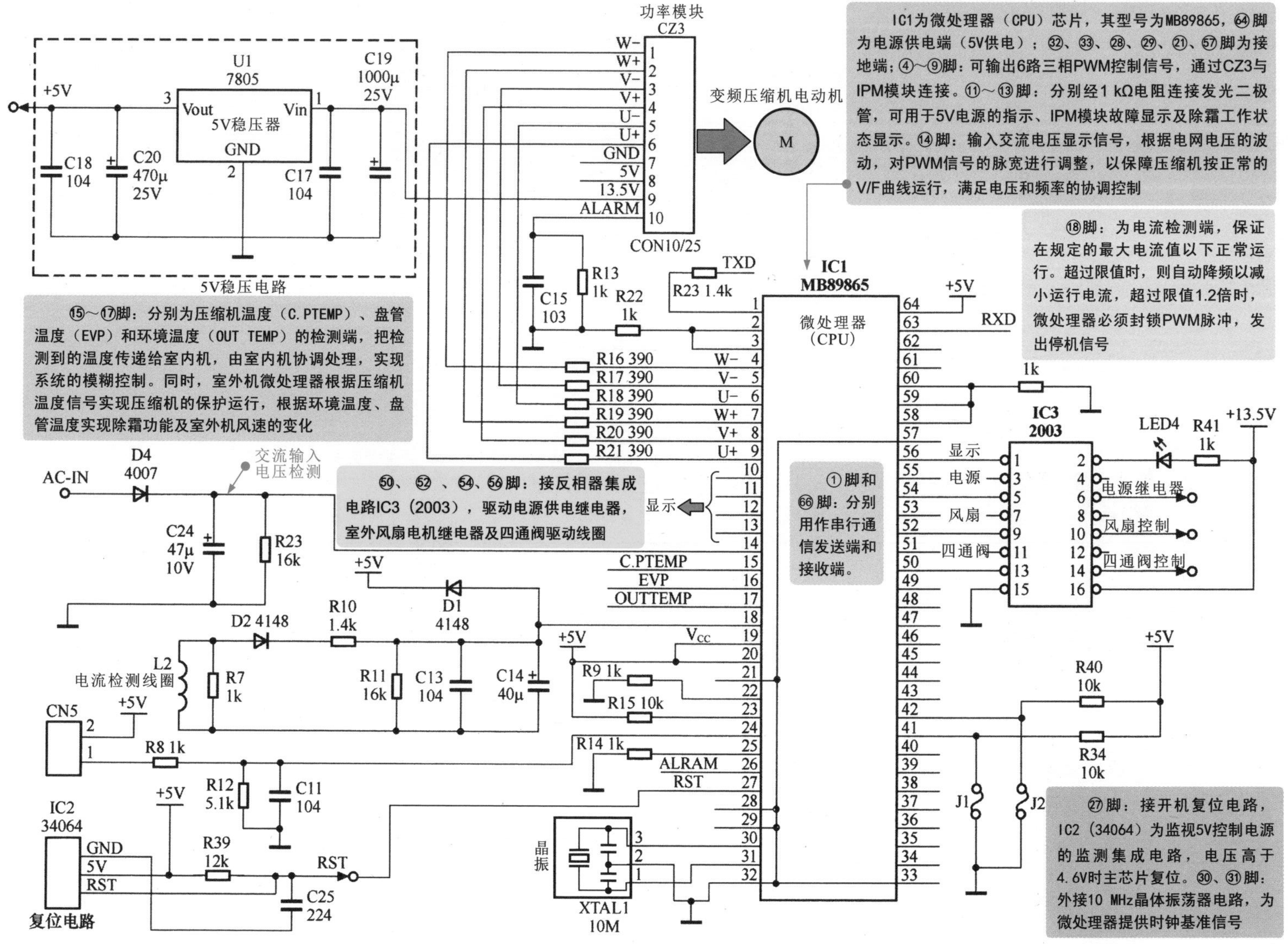
功率模块
CZ3
W− W+ V− V+ U− U+ GND 5V 13.5V ALARM
CON10/25
变频压缩机电动机
M
U1
7805
Vout
5V稳压器
Vin
GND
+5V
C18 104
C20 470μ 25V
C17 104
C19 1000μ 25V
5V稳压电路
IC1为微处理器（CPU）芯片，其型号为MB89865，64脚为电源供电端（5V供电）；㉜、㉝、㉘、㉙、㉑、57脚为接地端；④～⑨脚：可输出6路三相PWM控制信号，通过CZ3与IPM模块连接。⑪～⑬脚：分别经1 kΩ电阻连接发光二极管，可用于5V电源的指示、IPM模块故障显示及除霜工作状态显示。⑭脚：输入交流电压显示信号，根据电网电压的波动，对PWM信号的脉宽进行调整，以保障压缩机按正常的V/F曲线运行，满足电压和频率的协调控制
⑱脚：为电流检测端，保证在规定的最大电流值以下正常运行。超过限值时，则自动降频以减小运行电流，超过限值1.2倍时，微处理器必须封锁PWM脉冲，发出停机信号
⑮～⑰脚：分别为压缩机温度（C. PTEMP）、盘管温度（EVP）和环境温度（OUT TEMP）的检测端，把检测到的温度传递给室内机，由室内机协调处理，实现系统的模糊控制。同时，室外机微处理器根据压缩机温度信号实现压缩机的保护运行，根据环境温度、盘管温度实现除霜功能及室外机风速的变化
50、52、54、56脚：接反相器集成电路IC3（2003），驱动电源供电继电器，室外风扇电机继电器及四通阀驱动线圈
①脚和66脚：分别用作串行通信发送端和接收端。
㉗脚：接开机复位电路，IC2（34064）为监视5V控制电源的监测集成电路，电压高于4.6V时主芯片复位。㉚、㉛脚：外接10 MHz晶体振荡器电路，为微处理器提供时钟基准信号
IC1
MB89865
微处理器
（CPU）
TXD
R23 1.4k
RXD
C15 103
R13 1k
R22 1k
R16 390
R17 390
R18 390
R19 390
R20 390
R21 390
显示
AC-IN
D4 4007
交流输入
电压检测
C24 47μ 10V
R23 16k
C.PTEMP
EVP
OUTTEMP
D1 4148
D2 4148
R10 1.4k
L2
电流检测线圈
R7 1k
R11 16k
C13 104
C14 40μ
Vcc
R9 1k
R15 10k
R14 1k
ALRAM
RST
CN5
R8 1k
R12 5.1k
C11 104
IC2
34064
GND
5V
RST
复位电路
R39 12k
C25 224
晶振
XTAL1
10M
IC3
2003
LED4
R41 1k
+13.5V
电源继电器
风扇控制
四通阀控制
电源
风扇
四通阀
R40 10k
R34 10k
J1
J2

图6-11 典型空调器控制电路的识读分析

6.2.3 空调器通信电路识读

空调器通信电路很好地反映了空调器室内机和室外机之间的通信控制关系，识读是可从重点元器件入手，沿信号流程完成对通信电路的识读。

图 6-12 为典型空调器通信电路的识读分析。

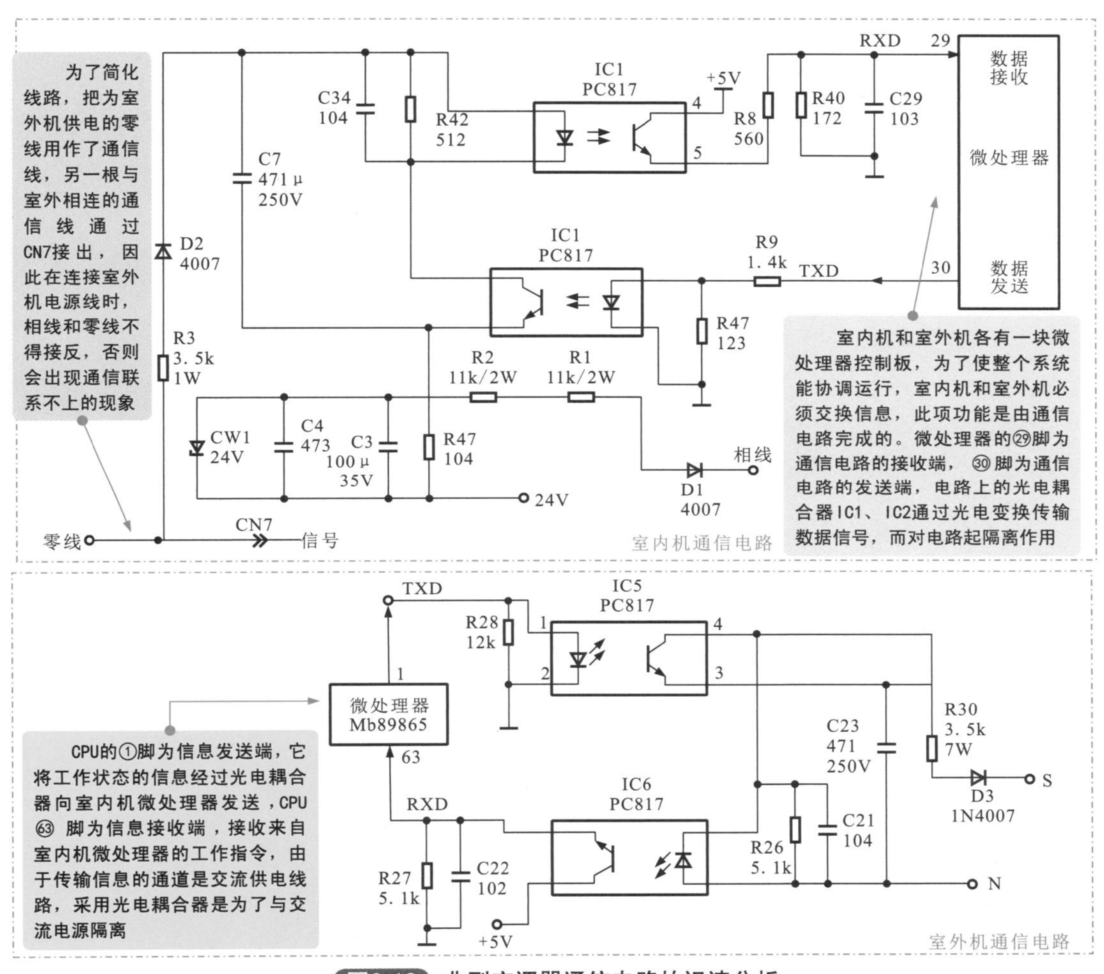

图6-12 典型空调器通信电路的识读分析

第 7 章 空调器检修工具及仪表

7.1 切管工具

在检修空调器中的管路部件时，经常需要使用切管工具对管路中各部件的连接部位、过长的管路或不平整的管口等进行切割，以便实现空调器管路部件的代换、检修或焊接。

7.1.1 切管工具的特点

切管工具主要用于空调器制冷管路的切割，也常称其为切管器、割刀。图 7-1 为两种常见切管工具的实物外形。可以看到，切管工具主要由刮管刀、滚轮、刀片及进刀旋钮组成。

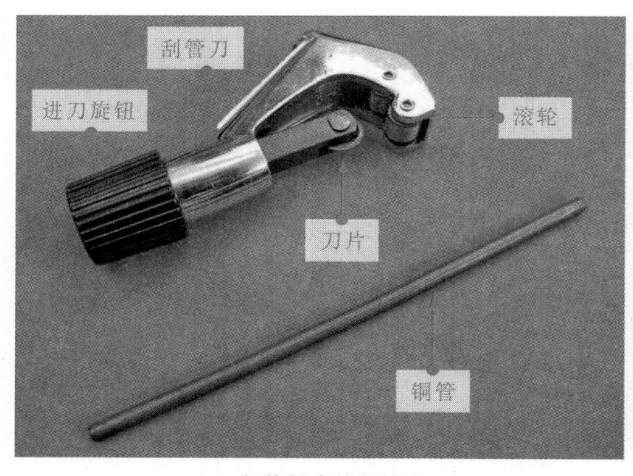

（a）规格较大的切管器

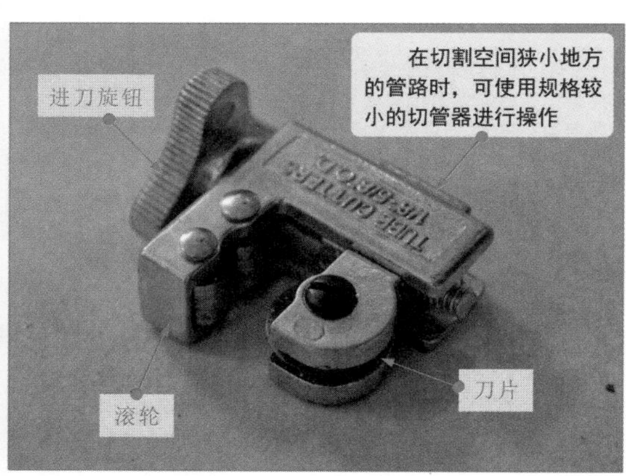

（b）规格较小的切管器

图7-1 两种常用切管工具实物外形

【提示说明】

由于空调器制冷循环对管路的要求很高，杂质、灰尘和金属碎屑都会造成制冷系统堵塞，因此，对制冷铜管的切割要使用专用的设备，这样才可以保证铜管的切割面平整、光滑，且不会产生金属碎屑掉入管中阻塞制冷循环系统。

空调器制冷剂管路管径不同，可选择不同规格的切管器切割。图 7-2 为不同规格的切管工具的特点。

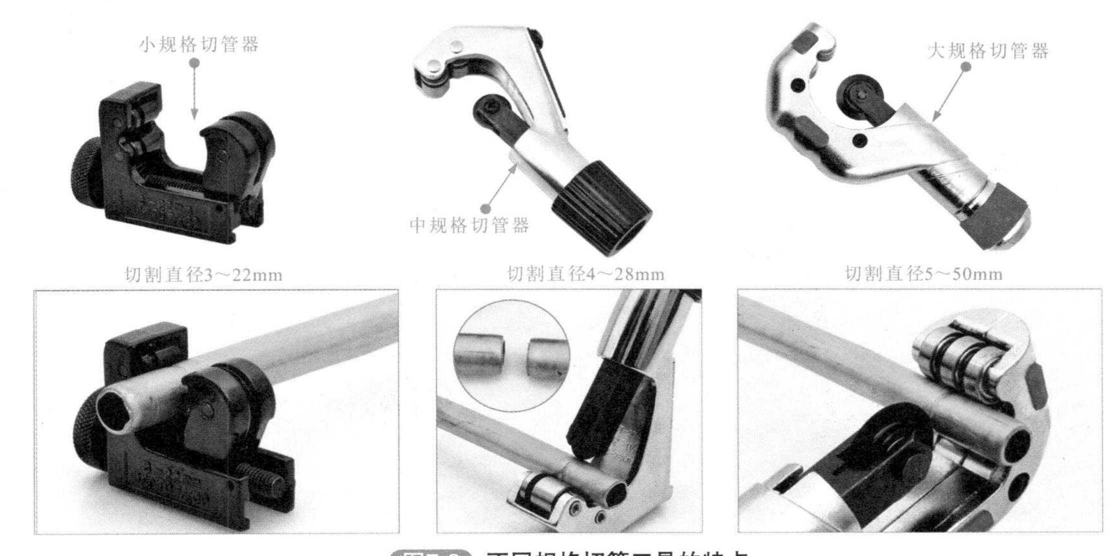

图7-2 不同规格切管工具的特点

7.1.2 切管工具的使用

在使用切管工具进行切割操作时，通常分为操作前的调整和准备、实际的切割操作两个步骤。

（1）操作前的调整和准备

在进行实际的管路切割操作前，首先应调整切管工具的初始状态，如调整放管的空间，完成初步的准备工作，如图 7-3 所示。

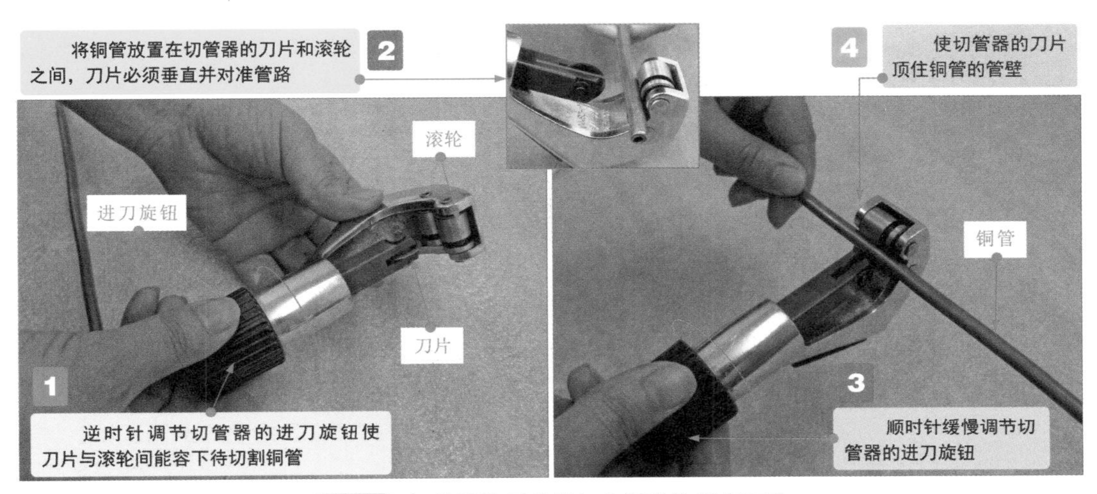

图7-3 切管器使用前的初步调整和准备工作

(2) 实际的管路切割操作

将被切割管路的位置调整完成后，则需要对其进行具体的切管操作，在切管过程中，应始终保持切管工具中滚轮与刀片垂直压向管路，一只手捏住管路，另一只手顺时针方向转动切管工具。

图 7-4 为切管器切割铜管的实际操作方法。

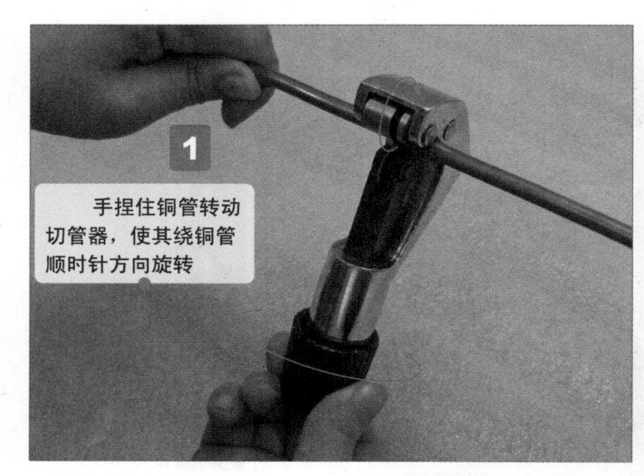

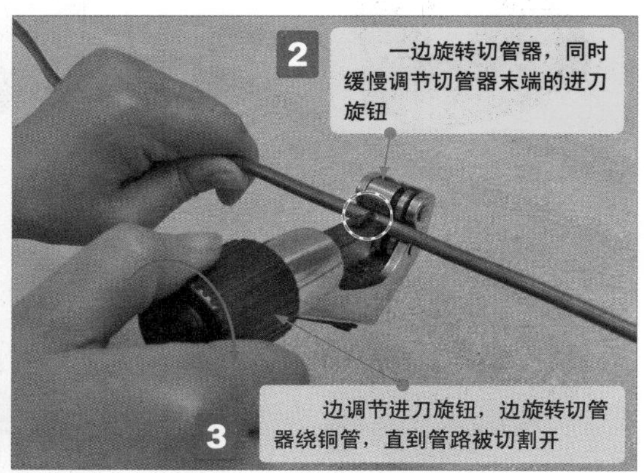

图7-4 切管器切割铜管的实际操作方法

在转动切管工具时，应通过进刀旋钮适当调节进刀的速度，不可以进刀过快、过深，以免崩裂刀刃或造成管路变形。

在切管过程中，直到管路被完全切割断开，即完成了切管的操作，正常切管完成后管路的切割面应平整无毛刺。

切管操作完成如图 7-5 所示。

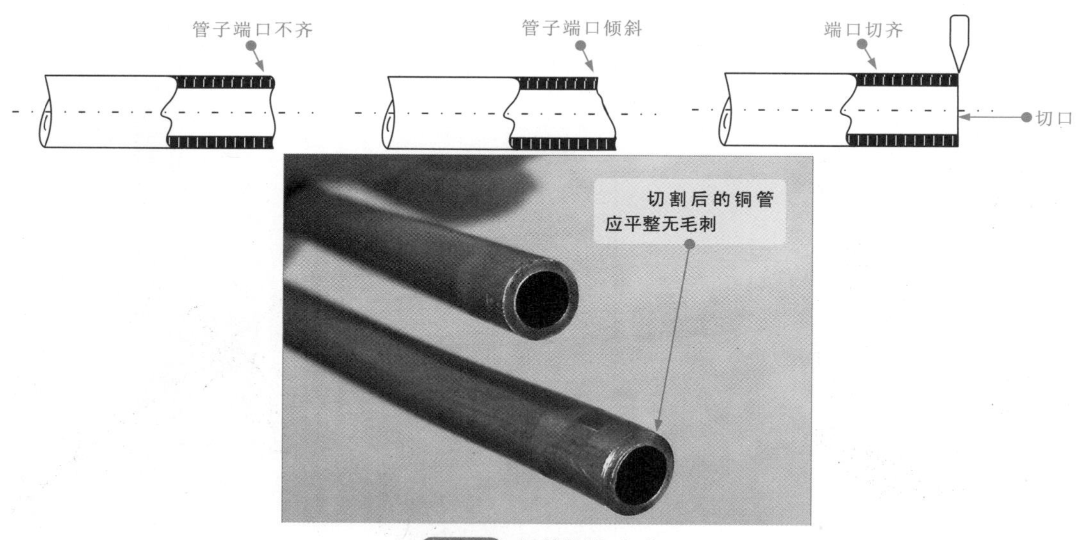

图7-5 切管操作完成

7.2　扩管工具

在连接空调器中的管路时，常会遇到同管径的两根管路进行连接的情况，为了确保连接的保密性，需要借助扩管工具将待连接的管路的管口进行扩口，以便两根管路能够实现紧密插接后，再进一步焊接或纳子连接。

7.2.1　扩管工具的特点

扩管工具主要用于对空调器各种管路的管口进行扩口操作。图 7-6 所示为扩管工具的实物外形，可以看到扩管工具主要包括顶压器、顶压支头和夹板。

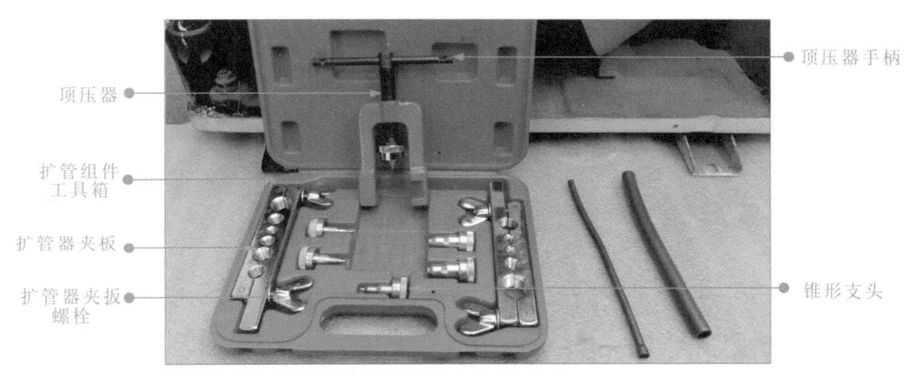

图7-6　扩管工具的实物外形

7.2.2　扩管工具的使用

扩管操作时，根据管路连接方式不同需求，有杯形口和喇叭口两种扩管方式，如图 7-7 所示。其中，采用焊接方式连接管路口，一般需扩杯形口，而采用纳子连接方式时，需扩为喇叭口。下面我们分别对这两种扩管的操作方法进行介绍。

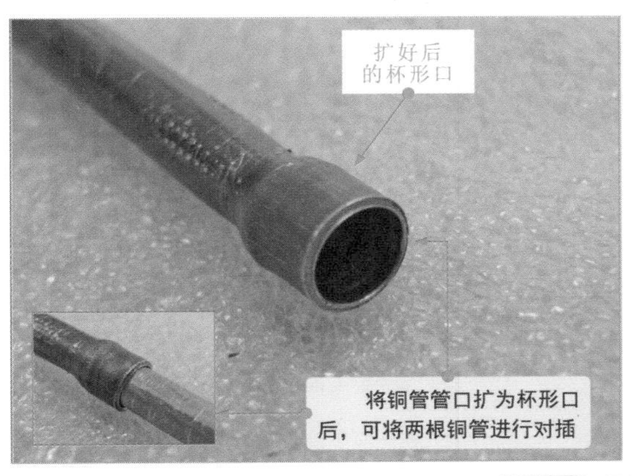

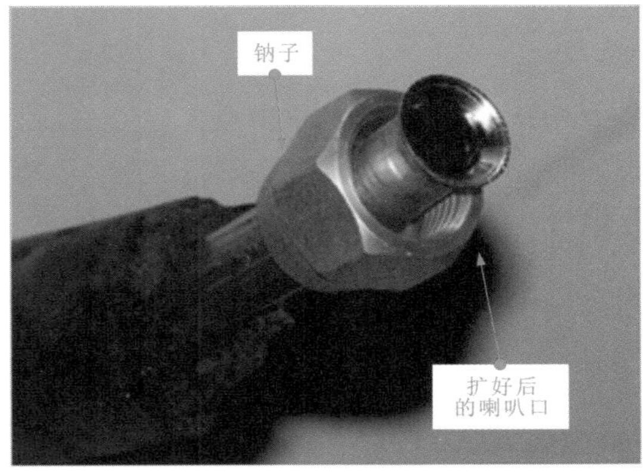

图7-7　两种扩管方式

(1)扩杯形口的操作方法

对管路进行扩杯形口操作时，可参照图 7-8 所示的示意图进行操作。

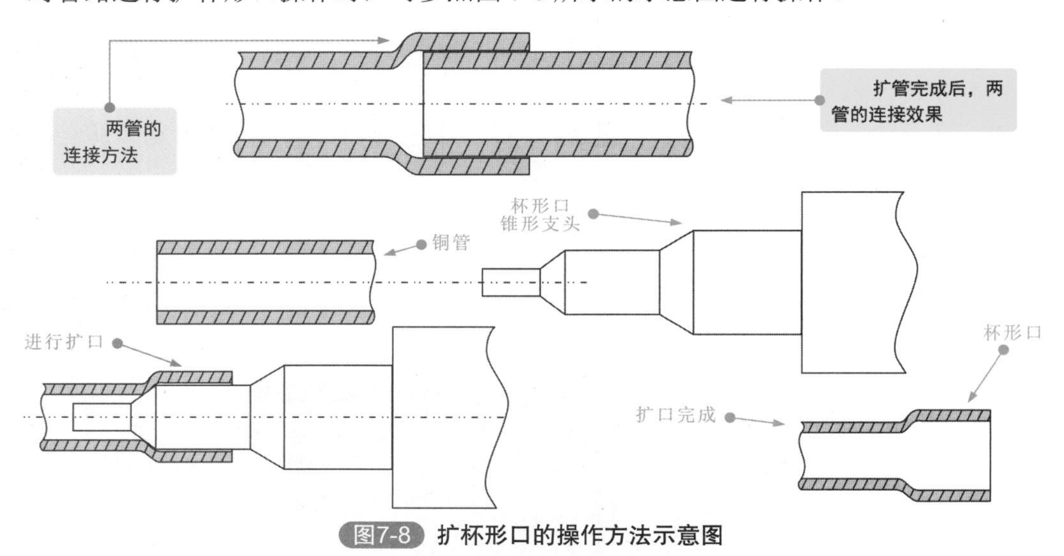

图7-8 扩杯形口的操作方法示意图

进行杯形口的扩管操作时，一般可按照选配组件、准备工作和实际操作三个步骤进行。

① 选配组件

图 7-9 为扩管组件的选配原则和方法。

② 扩杯形口前的准备工作

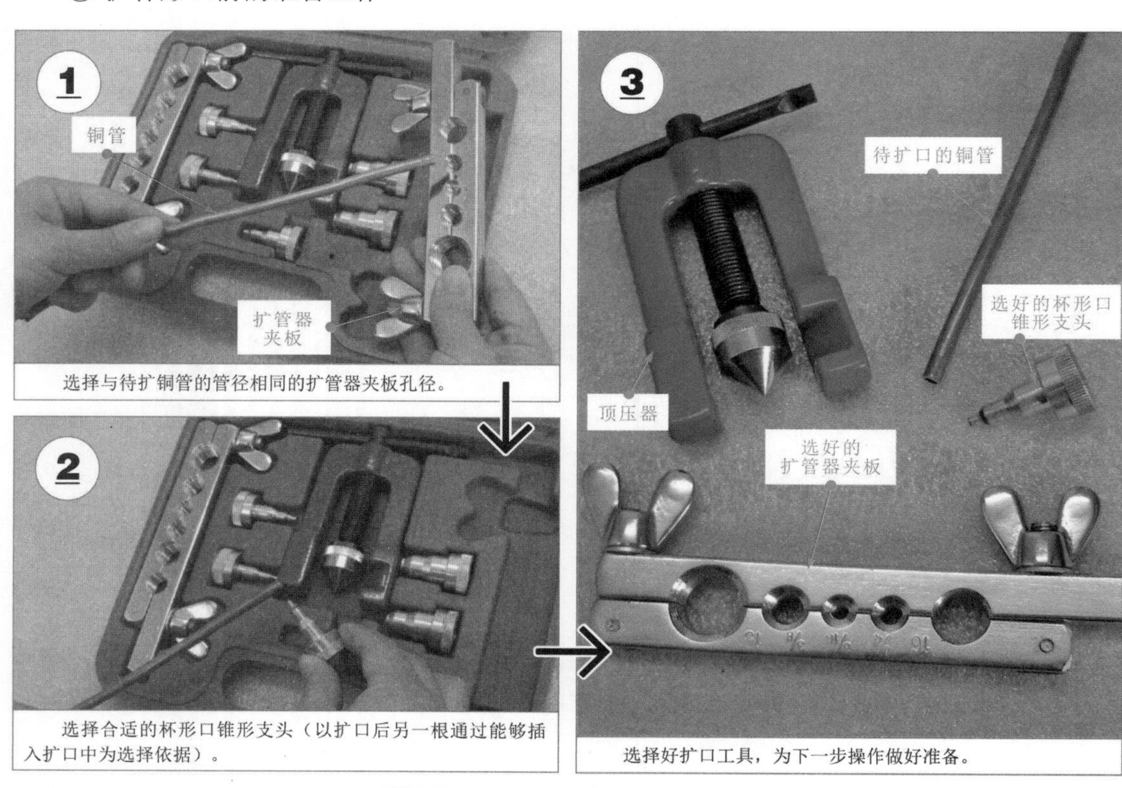

图7-9 扩管组件的选配原则和方法

图 7-10 所示为扩杯形口前的准备工作。

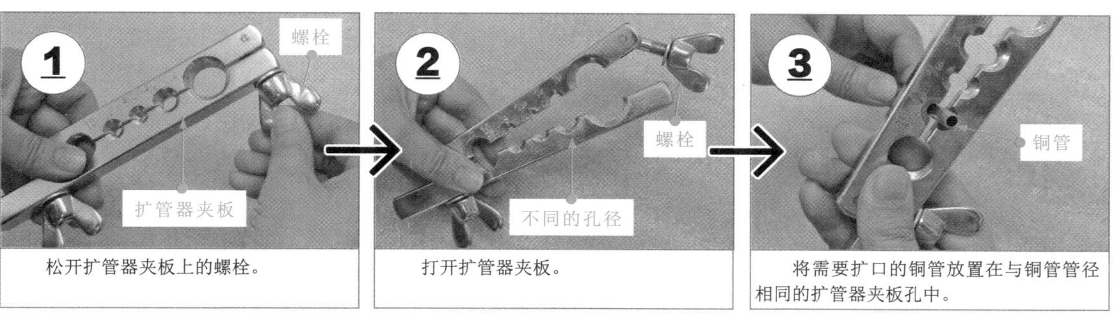

松开扩管器夹板上的螺栓。

打开扩管器夹板。

将需要扩口的铜管放置在与铜管管径相同的扩管器夹板孔中。

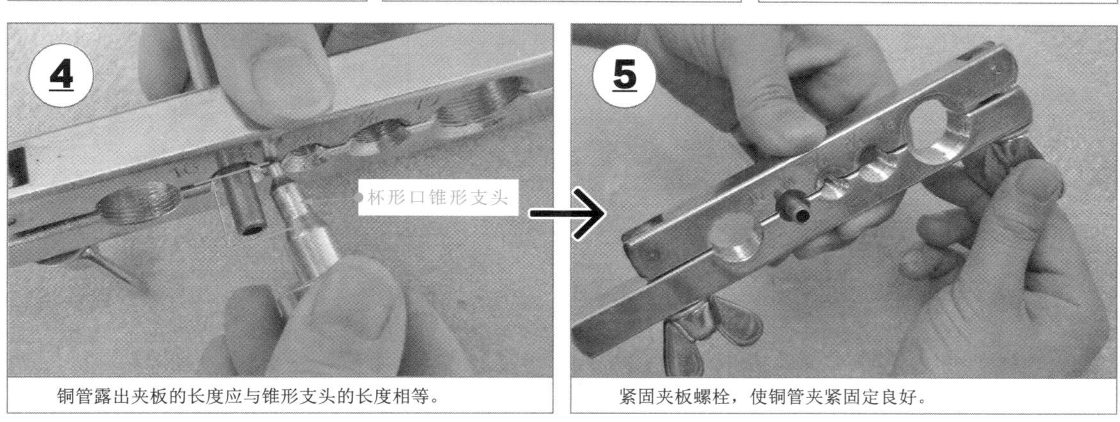

铜管露出夹板的长度应与锥形支头的长度相等。

紧固夹板螺栓，使铜管夹紧固定良好。

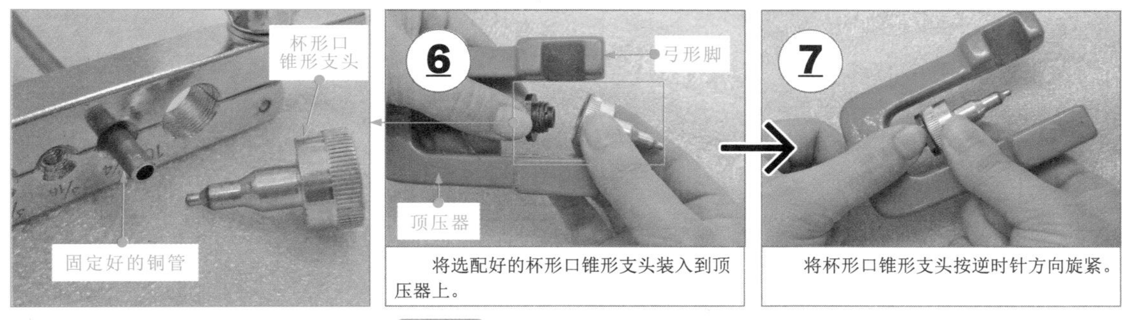

将选配好的杯形口锥形支头装入到顶压器上。

将杯形口锥形支头按逆时针方向旋紧。

图7-10　**扩杯形口前的准备工作**

③ 扩杯形口的实际操作方法

图 7-11 为实际的扩口操作步骤和方法。

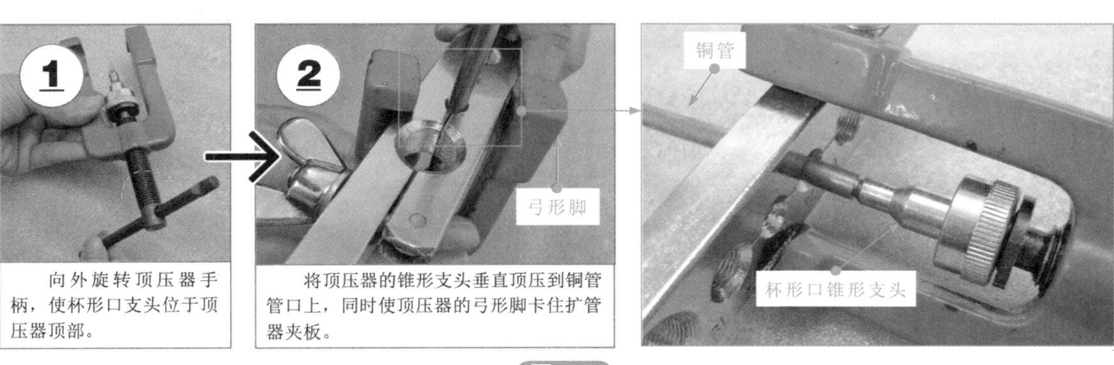

向外旋转顶压器手柄，使杯形口支头位于顶压器顶部。

将顶压器的锥形支头垂直顶压到铜管管口上，同时使顶压器的弓形脚卡住扩管器夹板。

图7-11

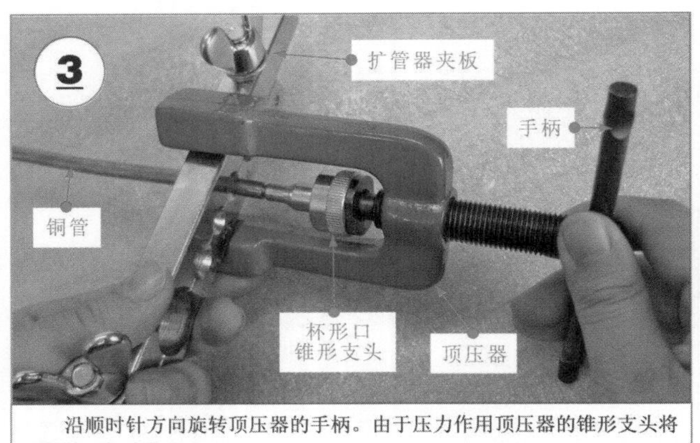

沿顺时针方向旋转顶压器的手柄。由于压力作用顶压器的锥形支头将铜管管口扩成杯形。

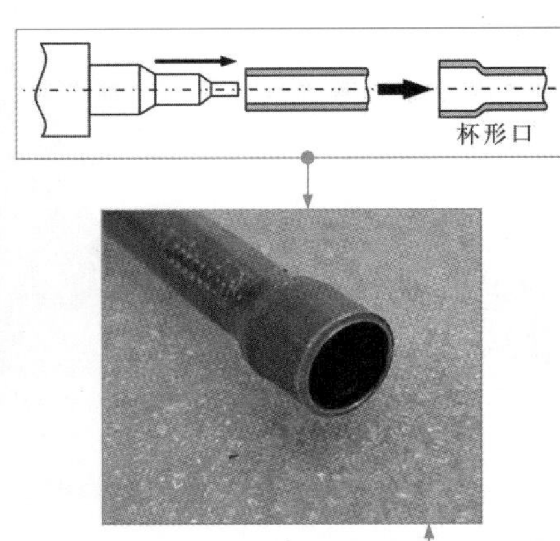

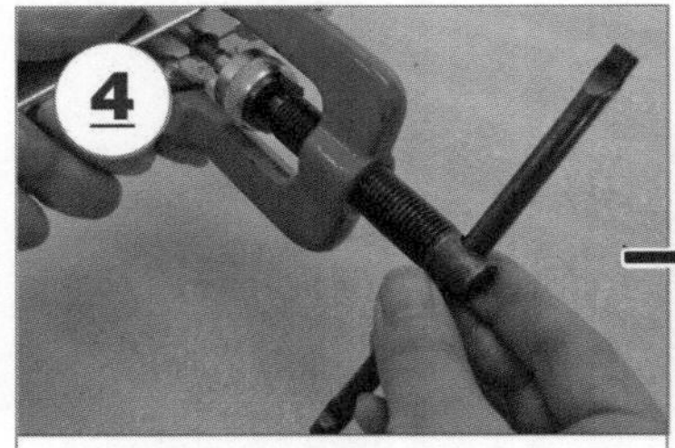

铜管扩口后，逆时针转动顶压器上的手柄，使顶压器的锥形支头与铜管分离。

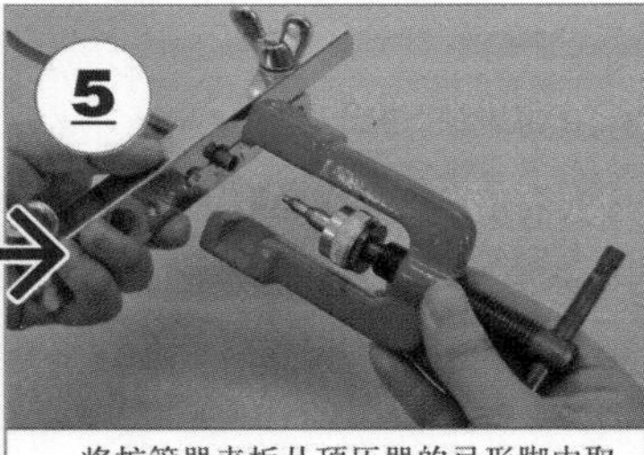

将扩管器夹板从顶压器的弓形脚中取出。

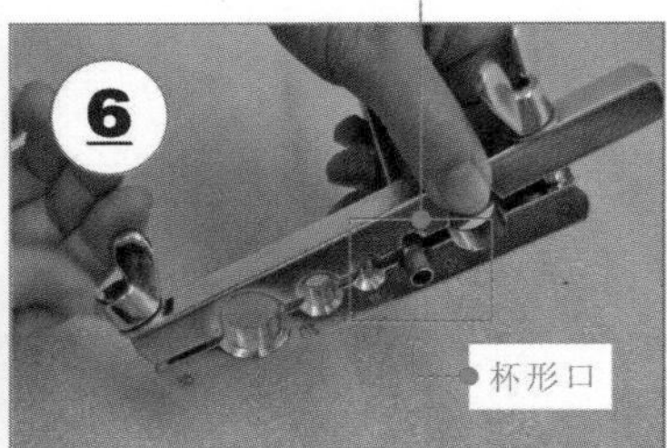

松动扩管器扳夹螺栓，取出铜管。

图7-11 铜管管口扩为杯形口的操作方法

（2）扩喇叭口的操作方法

在管路中采用纳子连接时，需要将管路扩成喇叭口。喇叭口的扩管操作与杯形口的扩管操作基本相同，只是在选配组件时，应选择扩充喇叭口的锥形头。

使用扩管器将铜管管口扩为喇叭口的方法如图 7-12 所示。

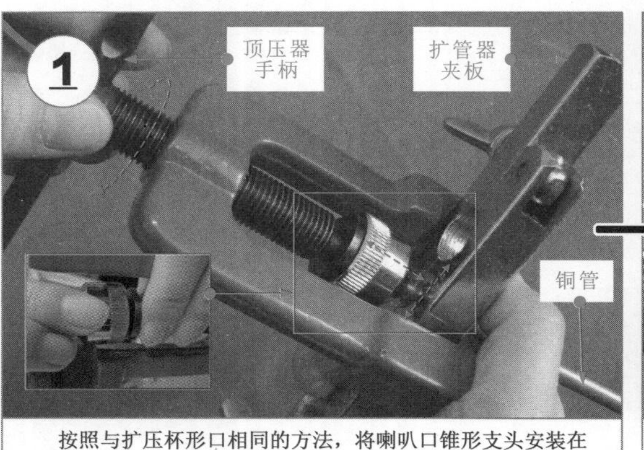

按照与扩压杯形口相同的方法，将喇叭口锥形支头安装在顶压器上，用锥形支头压住管口，进行扩压操作。

待管口被扩压成喇叭形后，将顶压器取下即可看到扩压好的管路。查看喇叭口大小是否符合要求，有无裂痕。

图7-12 使用扩管器将铜管管口扩为喇叭口的方法

使用 R410a 制冷管路专用扩管器的扩管作业如图 7-13 所示，扩口操作要求铜管管口平整、无毛刺、无翻边现象。

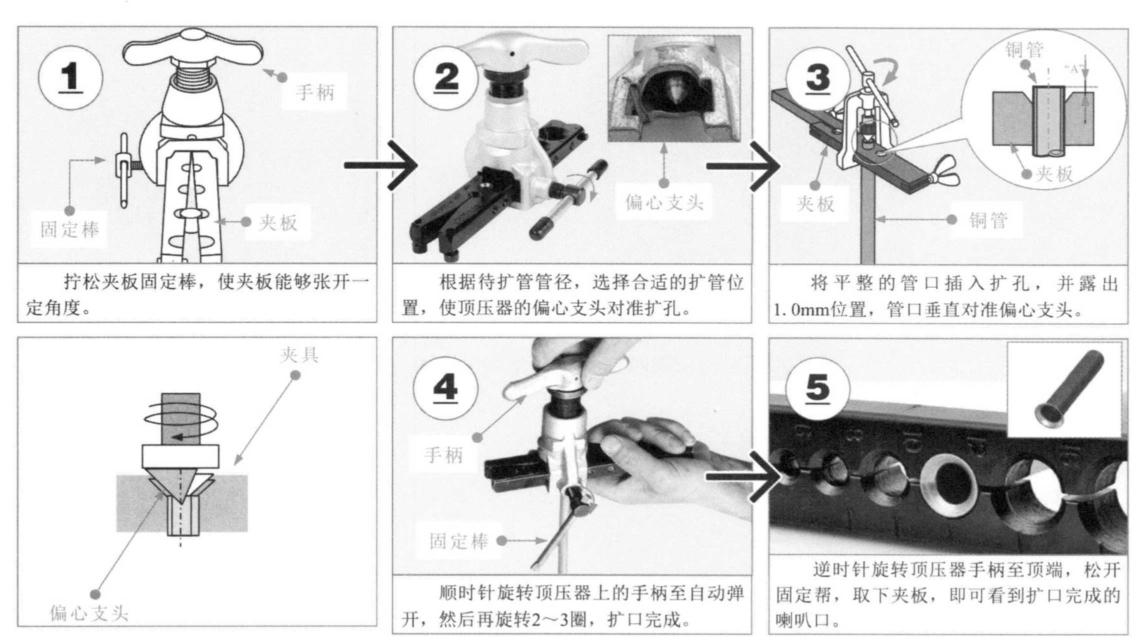

图7-13　使用R410a制冷管路专用扩管器的扩管作业

【提示说明】

值得注意的是，不同管径的制冷铜管，扩喇叭口的形状和尺寸不同，如图 7-14 所示。

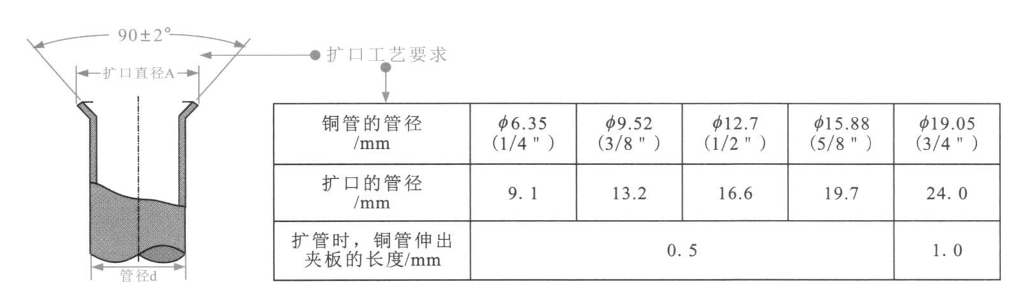

铜管的管径/mm	ϕ6.35（1/4"）	ϕ9.52（3/8"）	ϕ12.7（1/2"）	ϕ15.88（5/8"）	ϕ19.05（3/4"）
扩口的管径/mm	9.1	13.2	16.6	19.7	24.0
扩管时，铜管伸出夹板的长度/mm	0.5				1.0

图7-14　不同管径制冷铜管喇叭口的形状和尺寸要求

另外，使用扩管器扩喇叭口后，要求扩口与母管同径，不可出现偏心情况，不应产生纵向裂纹，否则需要割掉管口重新扩口，图 7-15 为其工艺要求和合格喇叭口与不合格喇叭口的对照比较。

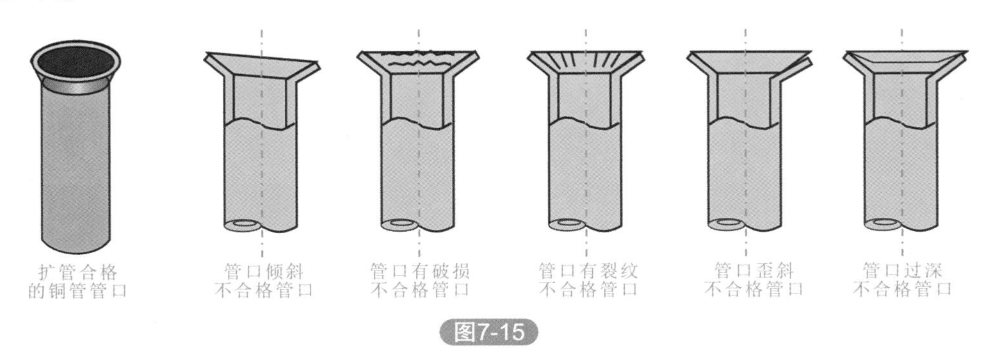

图7-15

不同规格合格的喇叭口

不合格的开裂的喇叭口

图7-15 合格喇叭口与不合格喇叭口的对照比较

7.3 气焊设备

7.3.1 气焊设备的特点

气焊设备是指对空调器的管路系统进行焊接操作的专用设备，它主要是由氧气瓶、燃气瓶、焊枪和连接软管组成的。

图 7-16 所示为氧气瓶和燃气瓶的实物外形，氧气瓶上安装有总阀门、输出控制阀和输出压力表；而燃气瓶上安装有控制阀门和输出压力表。

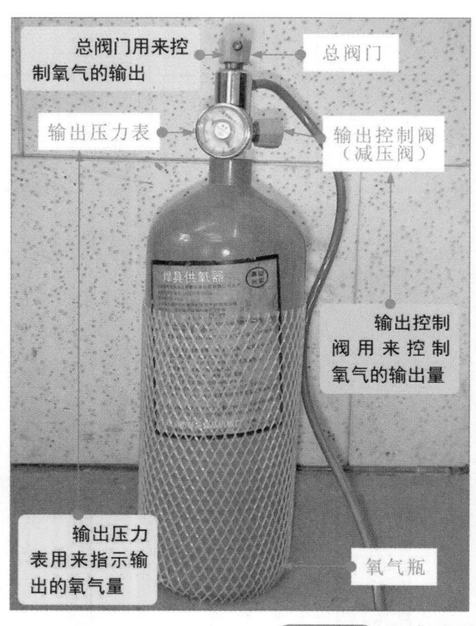

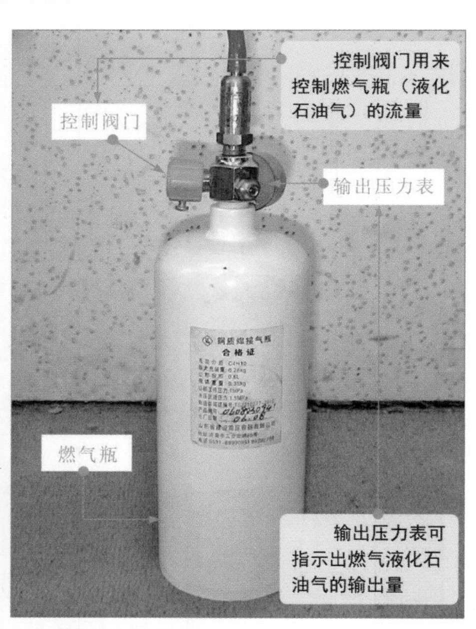

图7-16 氧气瓶和燃气瓶的实物外形

氧气瓶和燃气瓶输出的气体在焊枪中混合，通过点燃的方式在焊嘴处形成高温火焰，对铜管进行加热。图 7-17 所示为焊枪的外形结构。

气焊设备的使用方法有严格的规范和操作顺序要求，我们将在后面章节中涉及焊接操作时进行具体详细的介绍，作为一名维修人员必须按照要求进行规范操作。

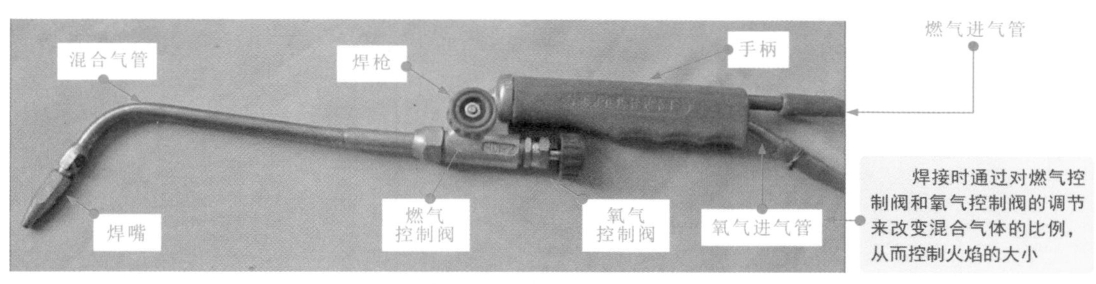

图7-17　焊枪的外形结构

在使用气焊设备在对空调器的管路和电路进行焊接时，焊料也是必不可少的辅助材料，主要有焊条、焊粉等，其实物外形及适用场合如图 7-18 所示。

图7-18　焊料的实物外形及适用场合

7.3.2　气焊设备的使用

使用气焊设备对变频空调器的制冷管路进行焊接，是空调器维修人员必须具备的一项操作技能。

管路焊接时，首先打开氧气瓶、燃气瓶的总阀门，并对输出的压力进行调整，如图 7-19 所示。

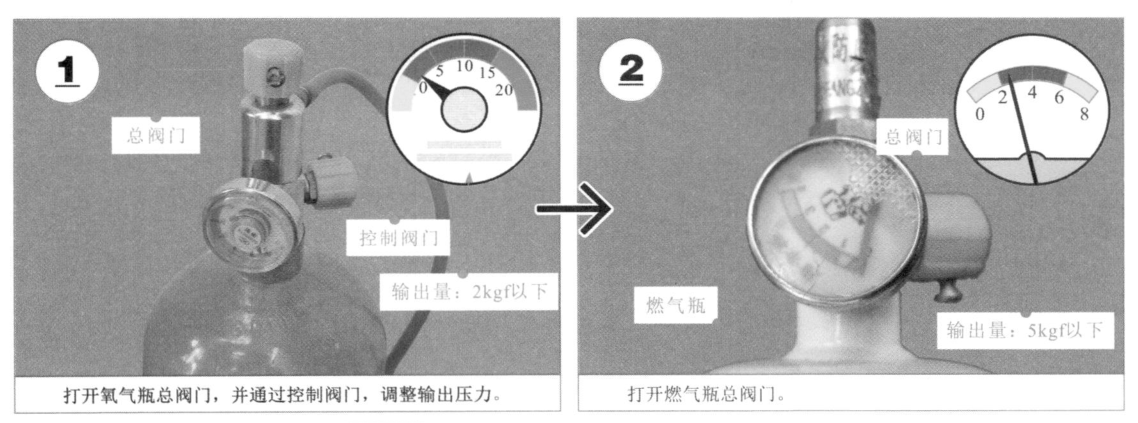

图7-19　打开并调整氧气瓶、燃气瓶的方法

调整好气焊的压力后，接下来应按要求进行气焊设备的点火操作，如图 7-20 所示，点火时应先开焊枪上的燃气控制阀门，再打开焊枪上的氧气控制阀门，调整火焰。

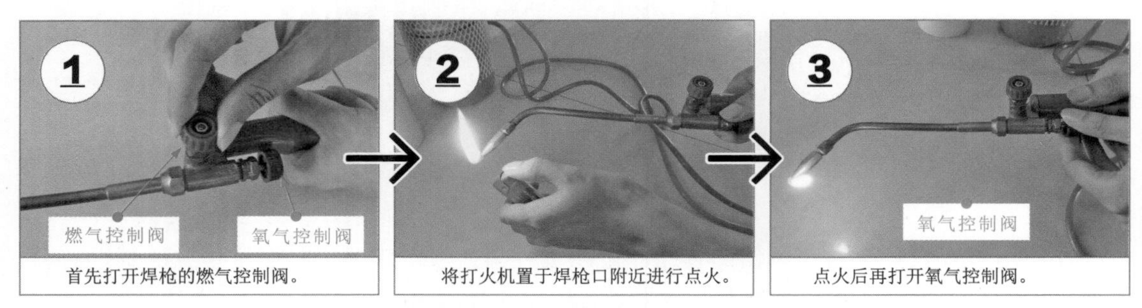

图7-20 气焊设备的点火操作方法

【提示说明】

在使用气焊设备的点火顺序为：先分别打开燃气瓶和氧气瓶阀门（无前后顺序，但应确保焊枪上的控制阀门处于关闭状态），然后打开焊枪上的燃气控制阀门，接着用打火机迅速点火，最后打开焊枪上的氧气控制阀门，调整火焰至中性焰。

另外，若气焊设备焊枪枪口有轻微氧化物堵塞，可首先打开焊枪上的氧气控制阀门，用氧气吹净焊枪枪口，然后将氧气控制阀门调至很小或关闭后，再打开燃气控制阀门，接着点火，最后再打开氧气控制阀门，调至中性焰。

管路焊接前，应将焊枪的火焰调整至最佳的状态，若调整不当，则会造成管路焊接时产生氧化物或无法焊接的现象。

调节焊枪火焰的方法如图 7-21 所示。

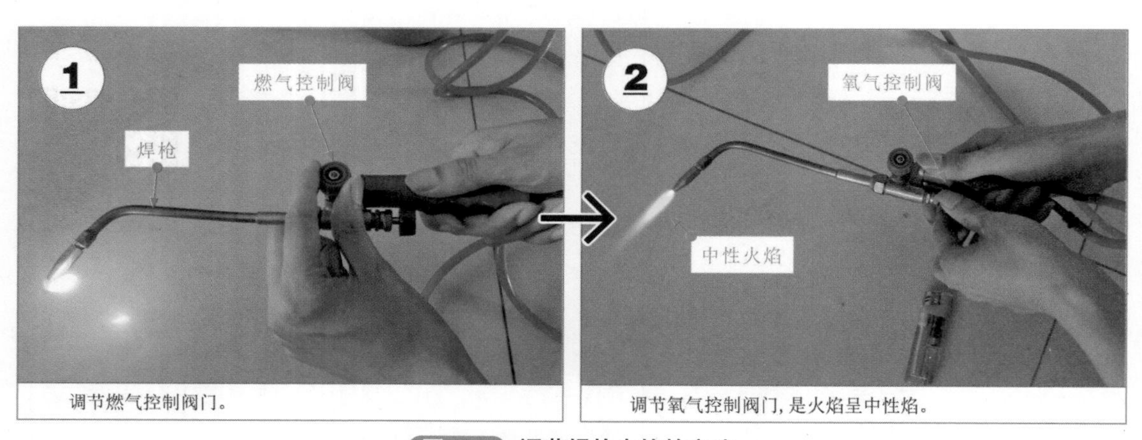

图7-21 调节焊枪火焰的方法

【提示说明】

在调节火焰时，如氧气或燃气开得过大，不易出现中性火焰，反而成为不适合焊接的过氧焰或碳化焰，其中过氧焰温度高，火焰逐渐变成蓝色，焊接时会产生氧化物；而碳化焰的温度较低，无法焊接管路。

图 7-22 为使用气焊时不同的火焰比较。

碳化焰表明燃气过多，氧气少，碳化焰外焰特别长而柔软，呈橘红色，不适合变频空调器管路焊接

过氧焰焰心短而尖，内焰呈淡蓝色，外焰呈蓝色，火焰挺直，燃烧时发出急剧的嘶嘶声，过氧焰表明氧气过多，燃气少

中性焰外焰呈天蓝色，中焰呈亮蓝色，而焰心呈明亮的蓝色

中性焰表明燃气氧气比例适中

图7-22　使用气焊时不同的火焰比较

调整好焊枪的火焰后，则需要使用气焊设备对管路进行焊接，在焊接操作时，要确保对焊口处均匀加热，绝对不允许使用焊枪的火焰对管路的某一部件进行长时间加热，否则会使管路烧坏。

使用气焊设备对管路进行焊接的方法如图 7-23 所示。

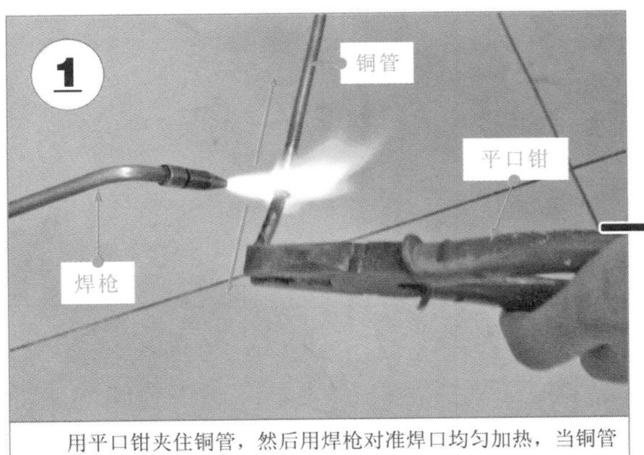

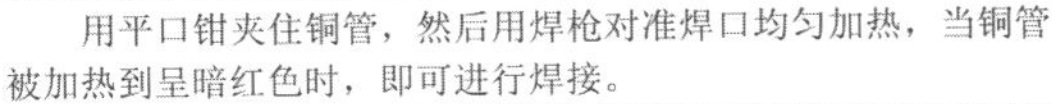
用平口钳夹住铜管，然后用焊枪对准焊口均匀加热，当铜管被加热到呈暗红色时，即可进行焊接。

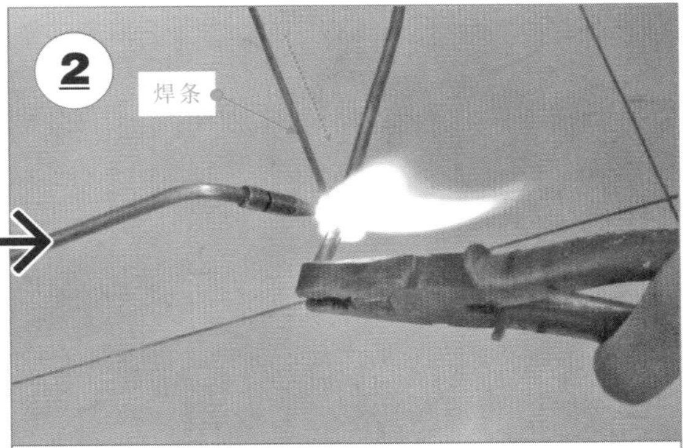

把焊条放到焊口处，利用中性焰的高温将其熔化，待熔化的焊条均匀地包围在两根铜管的焊接处时即可将焊条取下。

图7-23　使用气焊设备对管路进行焊接

焊接完成后，按先关氧气后关燃气的顺序关闭气焊设备，并待管路冷却后，确定焊接是否正常，如图 7-24 所示。

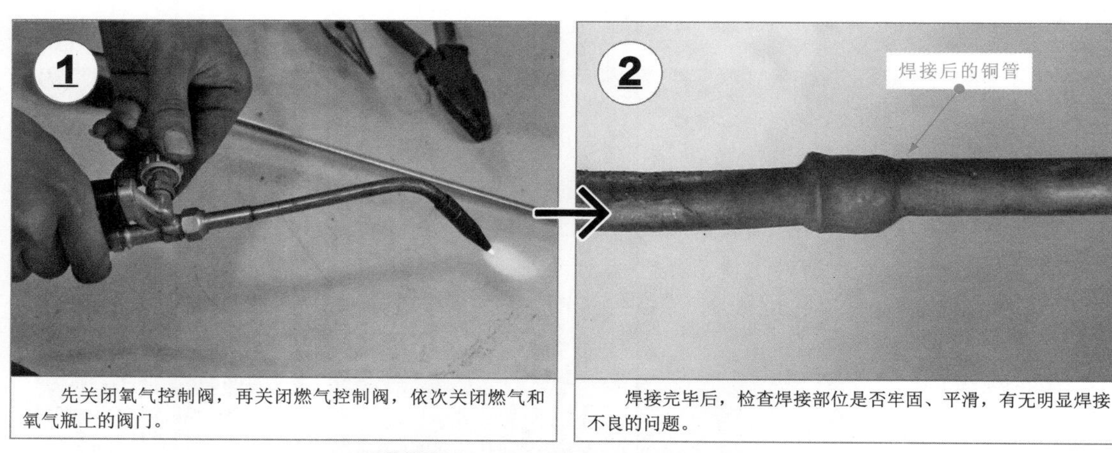

先关闭氧气控制阀，再关闭燃气控制阀，依次关闭燃气和氧气瓶上的阀门。

焊接完毕后，检查焊接部位是否牢固、平滑，有无明显焊接不良的问题。

图7-24 关闭气焊设备和检查焊接部位

7.4 弯管器和封口钳

7.4.1 弯管器

弯管器是指实现管路弯曲的工具。在对空调器管路进行操作时，为了适应制冷铜管的连接需要，一般使用弯管工具对铜管进行弯曲，可以保证制冷系统正常的循环效果。目前，常用弯管器的实物外形如图 7-25 所示。

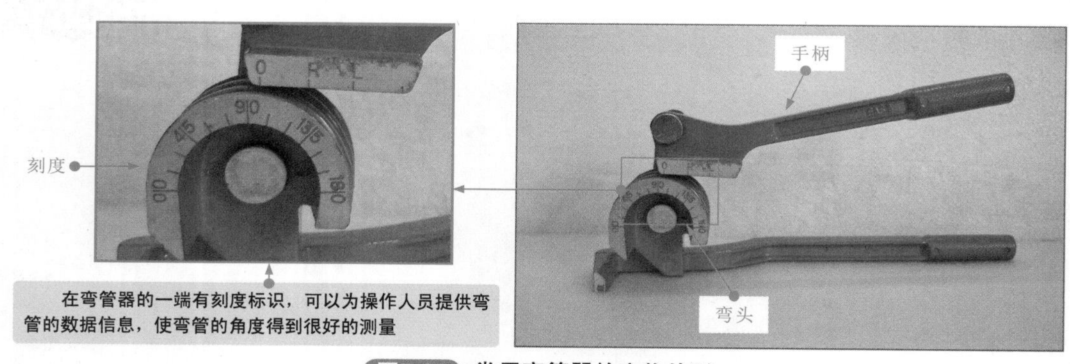

图7-25 常用弯管器的实物外形

空调器的管路经常需要弯成特定的形状，为了保证系统循环的效果，对于管路的弯曲有严格的要求，在操作过程中，需要保证管道内腔不能凹瘪或变形，具体操作如图 7-26 所示。

弯管操作时，除了手动弯管外，还可以进行机械弯管。手动弯管适合直径较细的铜管，通常直径在 ϕ6.35 ～ 12.7mm 之间；机械弯管适合较粗的铜管，通常直径在 ϕ6.35 ～ 44.45mm 之间。管道弯管的弯曲半径应大于 3.5 倍的直径，铜管弯曲变形后的短径与原直径之比应大于 2/3。弯管加工时，铜管内侧不能起皱或变形，如图 7-27 所示；管道的焊接接口不应放在弯曲部位，接口焊缝距管道或管件弯曲部位的距离应不小于 100mm。

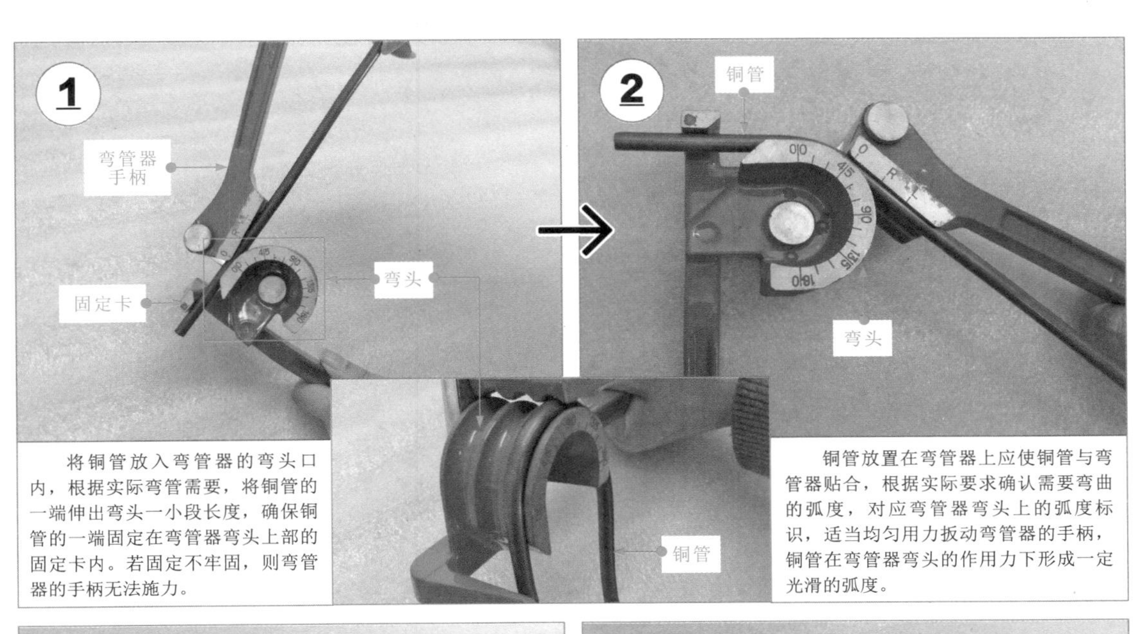

将铜管放入弯管器的弯头口内，根据实际弯管需要，将铜管的一端伸出弯头一小段长度，确保铜管的一端固定在弯管器弯头上部的固定卡内。若固定不牢固，则弯管器的手柄无法施力。

铜管放置在弯管器上应使铜管与弯管器贴合，根据实际要求确认需要弯曲的弧度，对应弯管器弯头上的弧度标识，适当均匀用力扳动弯管器的手柄，铜管在弯管器弯头的作用力下形成一定光滑的弧度。

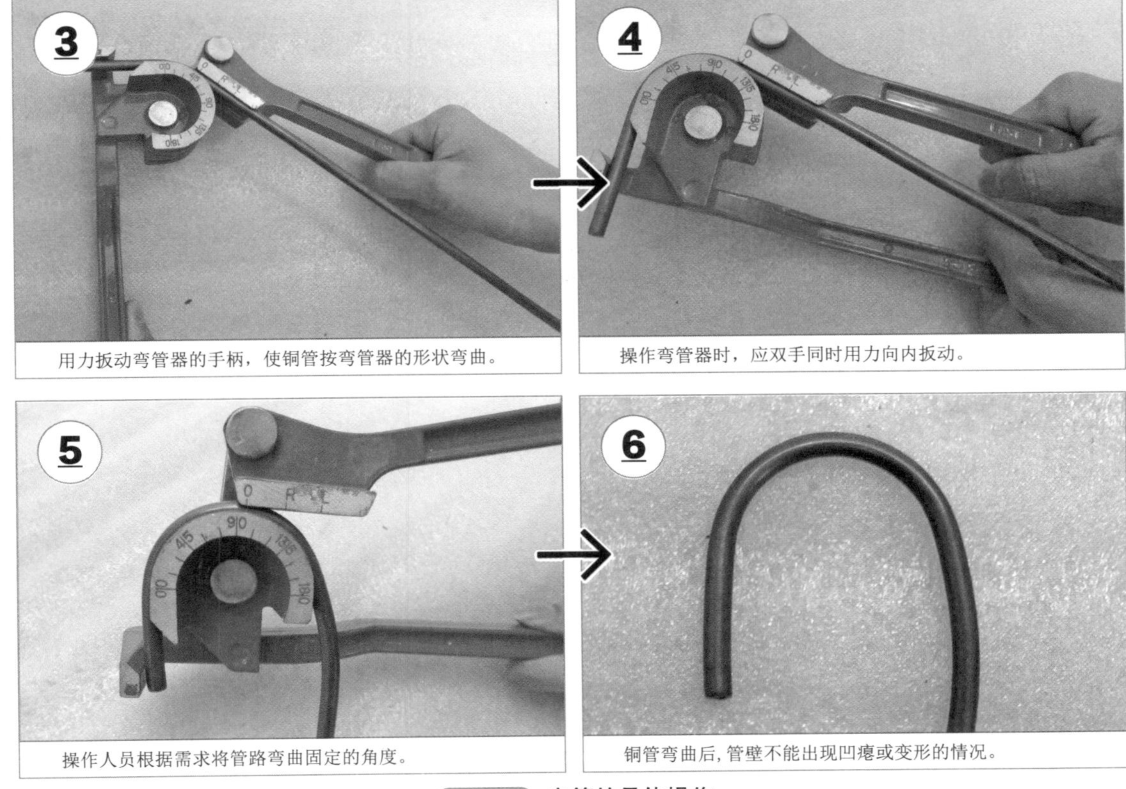

用力扳动弯管器的手柄，使铜管按弯管器的形状弯曲。

操作弯管器时，应双手同时用力向内扳动。

操作人员根据需求将管路弯曲固定的角度。

铜管弯曲后，管壁不能出现凹瘪或变形的情况。

图7-26　弯管的具体操作

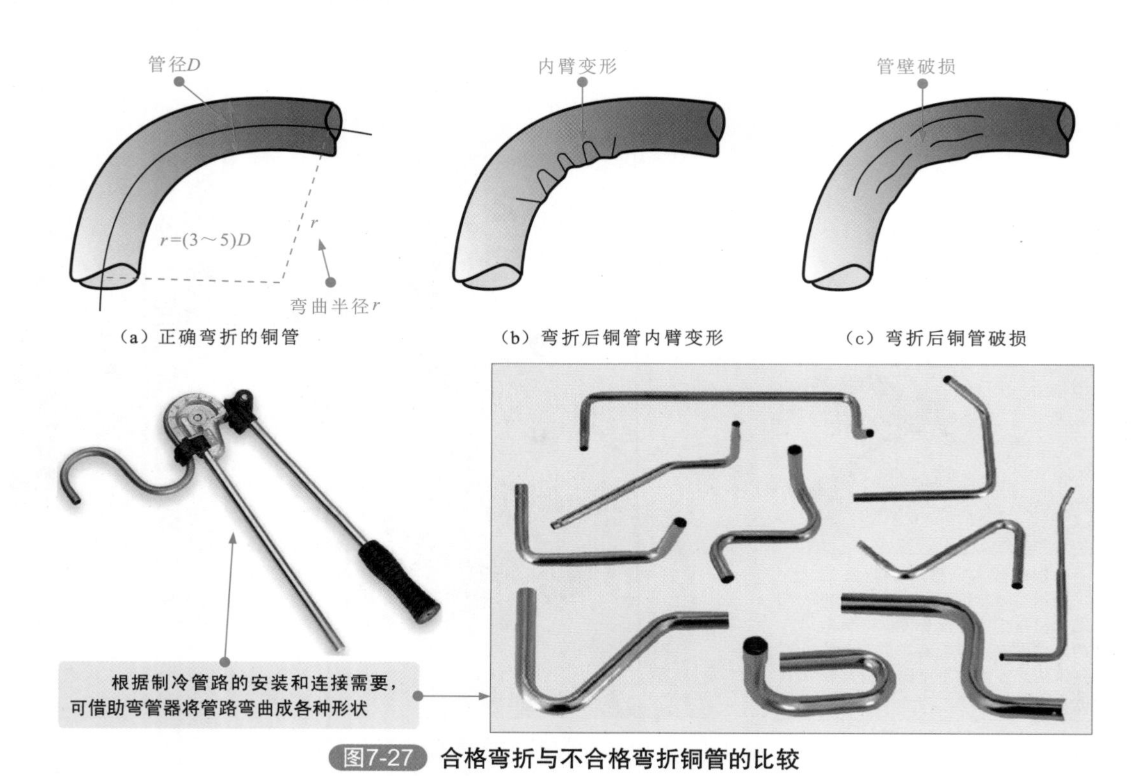

图7-27 合格弯折与不合格弯折铜管的比较

7.4.2 封口钳

封口钳也称大力钳，通常用于对电冰箱制冷管路的端口处进行封闭，常见封口钳的实物外形如图 7-28 所示。

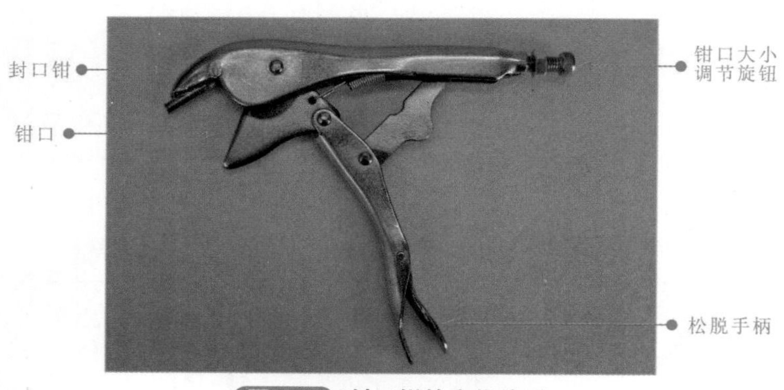

图7-28 封口钳的实物外形

使用封口钳进行封口操作的方法也比较简单，直接通过钳口进行挤压即可，如图 7-29 所示。

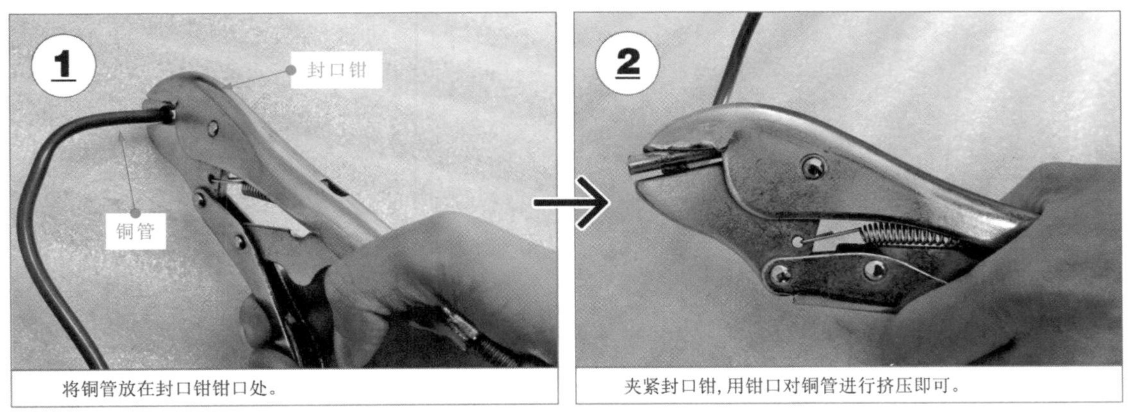

图7-29 封口钳的使用方法

7.5 专用检修工具和配件

7.5.1 三通压力表阀

三通压力表阀是三通阀和压力表的综合体，包含控制阀门、三个接口和一个显示压力值的压力表，如图 7-30 所示。

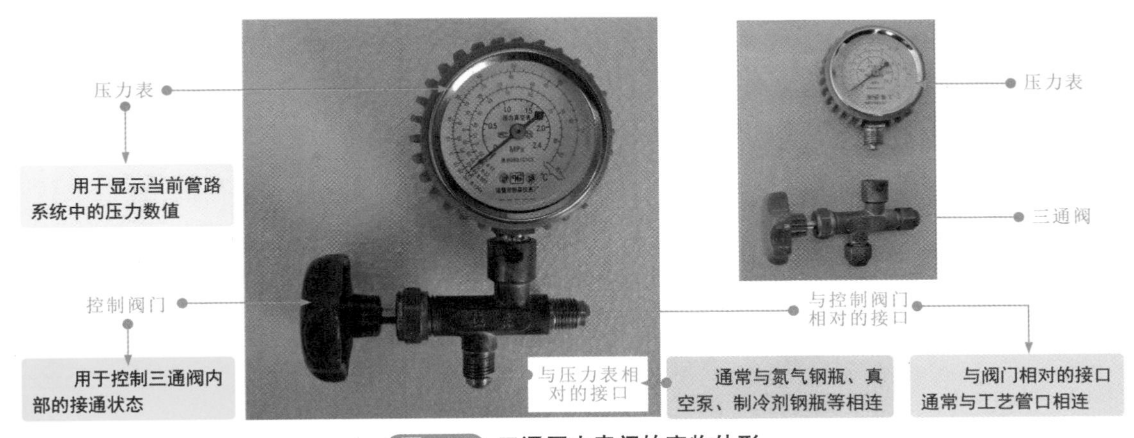

图7-30 三通压力表阀的实物外形

三通压力表阀有不同的规格。在空调器维修中，制冷剂类型不同，所选用的三通压力表阀也不同，通常 R410a 制冷剂管路系统需要专用的三通压力表阀，如图 7-31 所示。

7.5.2 真空泵

真空泵是对空调器的制冷系统进行抽真空时用到的专用设备。在空调器管理系统的维修操作中，只要出现将空调器的管路系统打开的情况，必须使用真空泵进行抽真空操作。

图 7-32 为常用真空泵的实物外形。使用真空泵时，需要将其与三通压力表阀进行连接。空调器检修中常用的真空泵的规格为 2 ～ 4L/s（排气能力）。为防止介质回流，真空泵需带有电子止回阀。

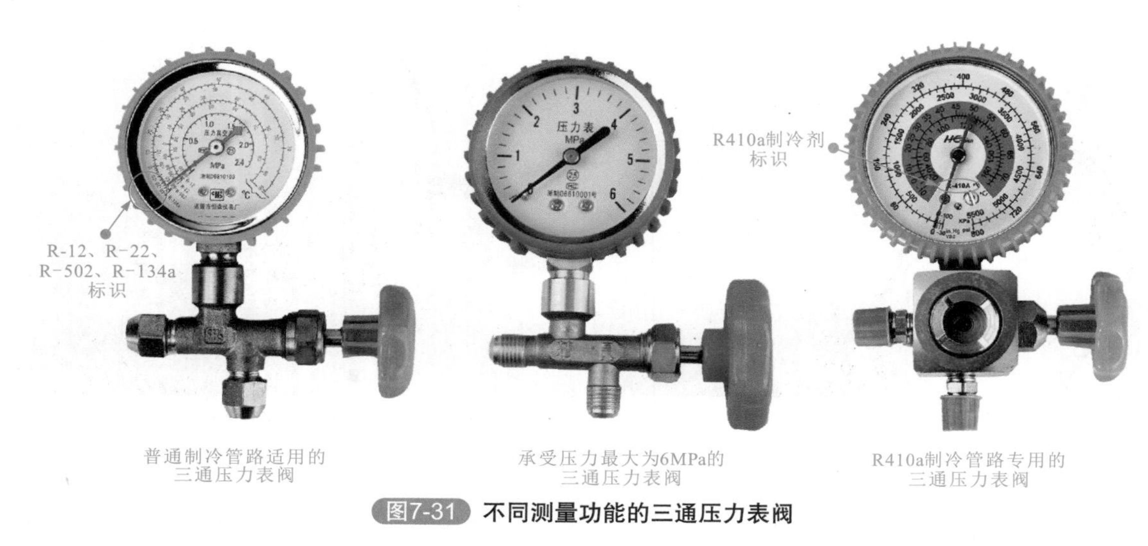

图7-31 不同测量功能的三通压力表阀

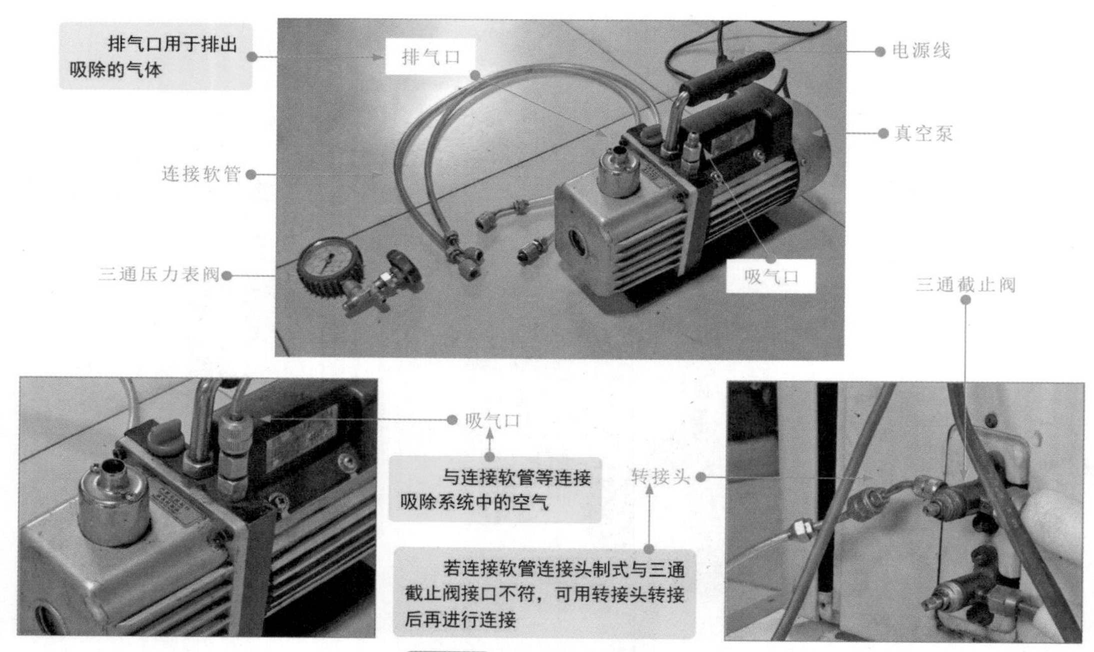

图7-32 真空泵的实物外形

7.5.3 管路连接配件

在空调器维修过程中，各种专用辅助设备使用时也需要专用的部件进行连接，常用到管路连接配件的主要包括连接软管、转接头和纳子等。

(1) 连接软管

连接软管俗称加氟管，在维修空调器过程中，当需要对管路系统进行充氮气、抽真空、充注制冷剂等操作时，各设备或部件之间的连接均需要用到连接软管。目前，根据连接软管的接口类型不同主要有公 - 公连接软管和公 - 英连接软管两种，如图 7-33 所示。

(2) 转接头

在实际应用中，还有一种常与连接软管配合使用的部件，称为转接头，主要有英制转接

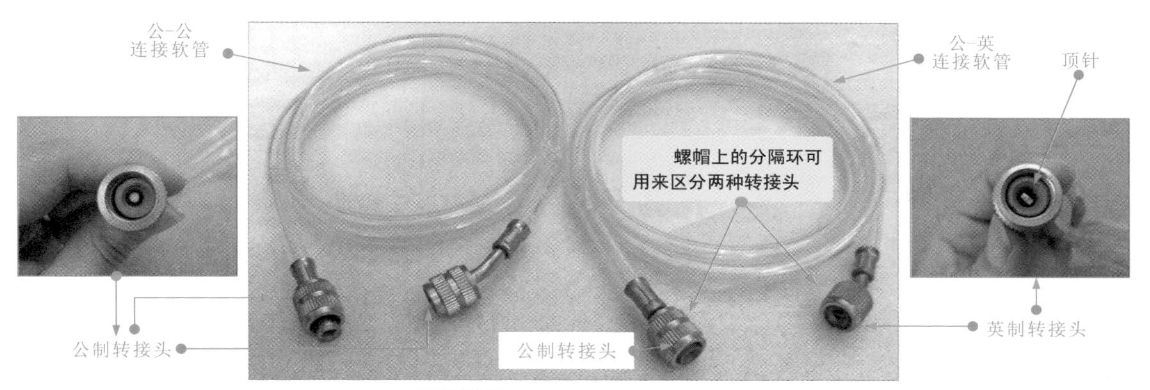

图7-33 连接软管的实物外形

头（公转英接头）和公制转接头（英转公接头）两种。

在公制转接头上，螺帽有明显的分隔环；在英制转接头上，螺帽无明显的分隔环，可以由此来分辨两种转接头，如图 7-34 所示。

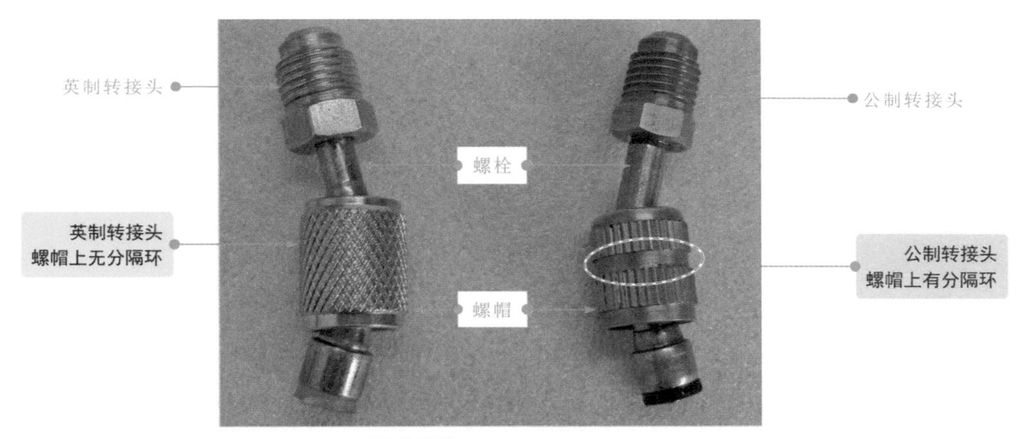

图7-34 转接头的实物外形

转接头在连接软管的连接头不能满足与设备直接连接的情况下使用。例如，当手头只有公制 - 公制连接软管时，无法与带英制连接头的设备连接，此时可用一只英制转接头进行转接，以符合连接，即将英制转接头的螺纹端与公制连接软管连接，再将公制转接头的另一端与英制连接头的设备连接，实现转接后的连接。

图 7-35 为转接头与连接软管的连接。

（3）纳子

纳子是一种螺纹连接部件，外形与螺母相似，如图 7-36 所示，主要用于不适合焊接的管路之间的连接，如连接管路与室内机液管、气管连接。

7.5.4　减压器

减压器是一种对经过的气体进行降压的设备。减压器通常安装在高压钢瓶（氧气瓶或氮气瓶）的出气端口处，主要用于将钢瓶内的气体压力降低后输出，确保输出后气体的压力和流量稳定。图 7-37 所示为减压器的实物外形及适用场合。

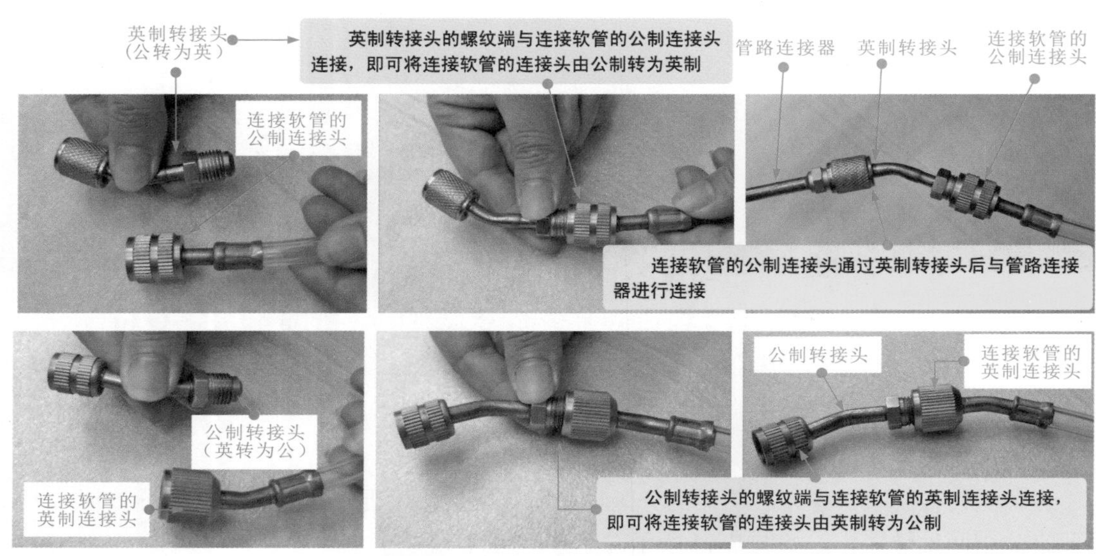

图7-35 转接头与连接软管的连接

纳子
纳子
铜质管路
主要用于不适合焊接的管路之间的连接

图7-36 纳子的实物外形

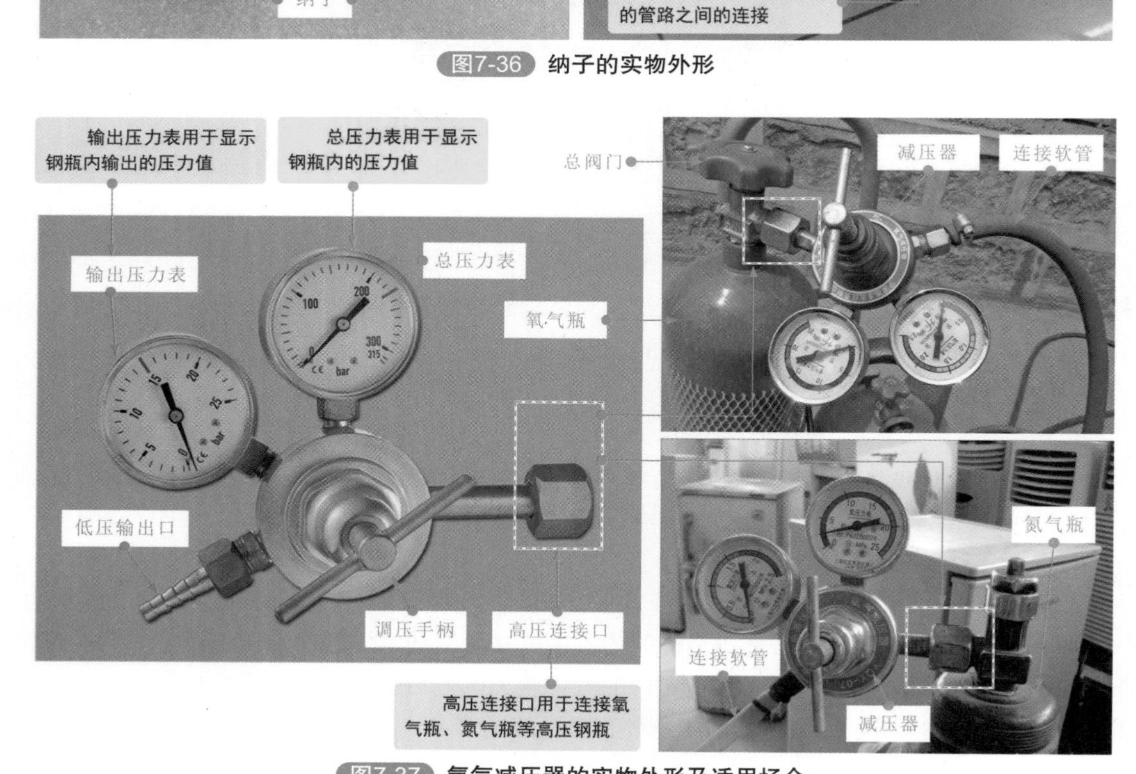

图7-37 氧气减压器的实物外形及适用场合

7.5.5　其他设备

（1）氮气及氮气钢瓶

氮气钢瓶是盛放氮气的高压钢瓶。在对空调器进行检修时，经常会使用氮气对管路进行清洁、试压、检漏等操作。

氮气通常压缩在氮气钢瓶中，如图 7-38 所示，由于氮气钢瓶中的压力较大，在使用氮气时，在氮气瓶阀门口通常会连接减压器，并根据需要调节氮气瓶的排气压力。

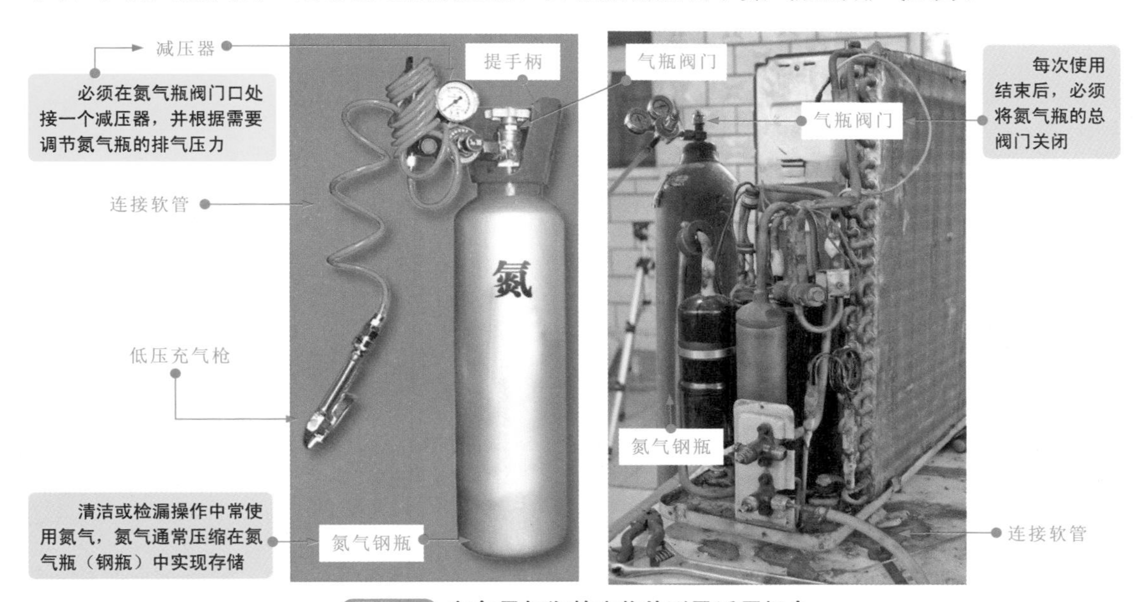

图7-38 氮气及钢瓶的实物外形及适用场合

（2）保温管和维尼龙胶带

保温管是用于包裹空调管路的泡沫管，具有耐腐蚀和防水能力，对空调器的连接管路进行维修或移机等操作后，需要使用保温管对裸露的连接管路进行包裹。维尼龙胶带也称空调包扎带，是空调维修中用于缠绕管路的 PVC 塑料胶带，具有不易燃烧，绝缘性能良好的特点。图 7-39 所示为保温管和维尼龙胶带的实物外形。

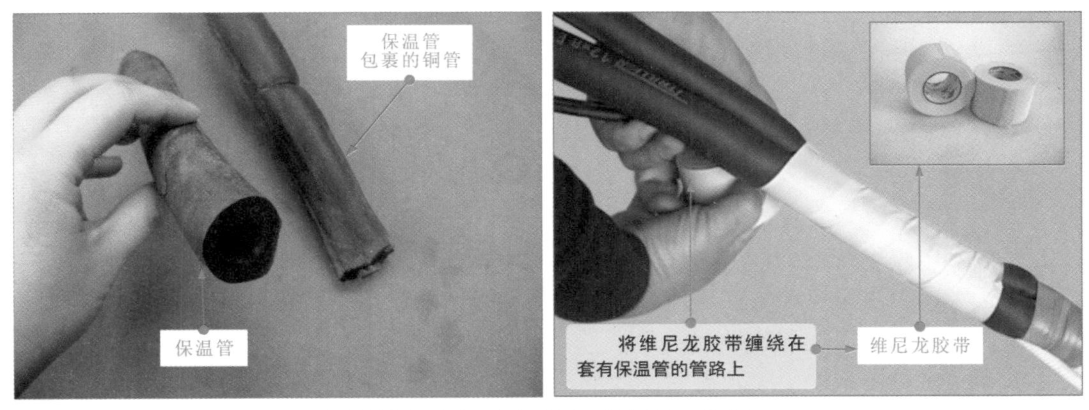

图7-39 保温管和维尼龙胶带的实物外形

7.6 空调器电路检修仪表

7.6.1 万用表

万用表是空调器电路系统的主要检测工具。电路是否存在短路或断路故障、电路中元器件性能是否良好、供电条件是否满足等都可使用万用表来检测。

在空调器维修中，常用的万用表主要有指针万用表和数字万用表两种，如图 7-40 所示。

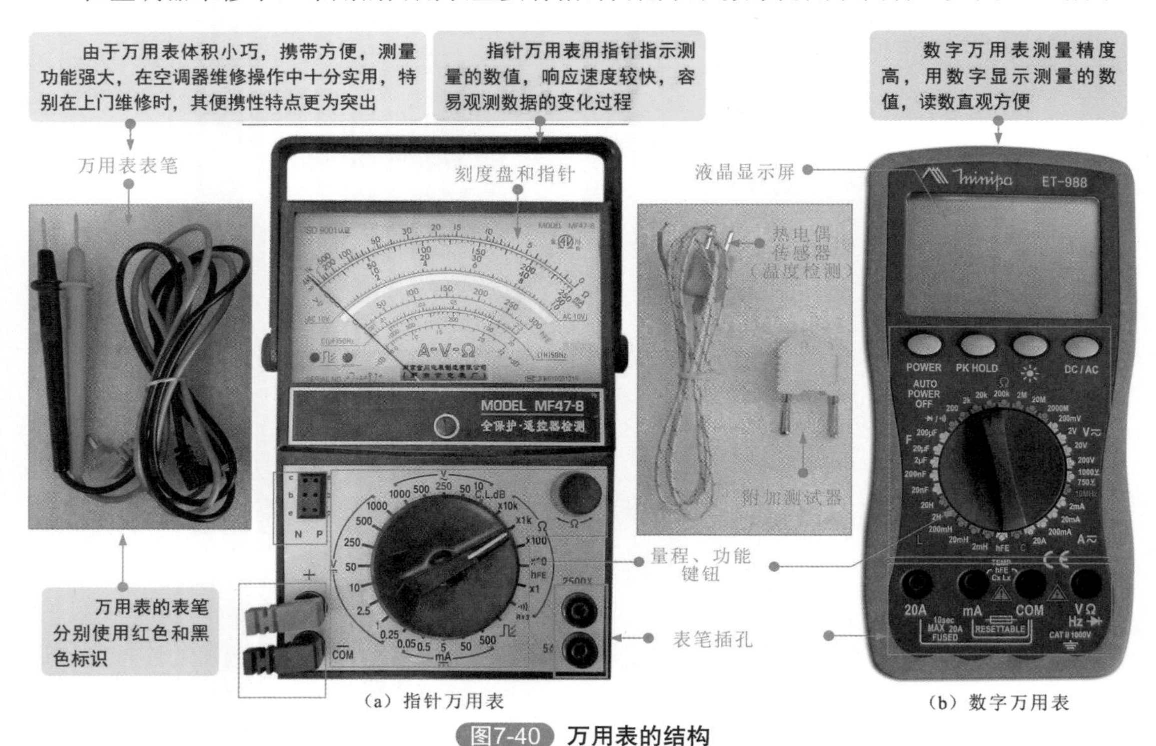

图7-40 万用表的结构

使用万用表进行检测操作时，首先需要根据测量对象选择相应的测量挡位和量程，然后再根据检测要求和步骤进行实际检测。

例如，测量某个部件的电阻值，应选择欧姆挡，然后根据万用表测电阻值的测量要求进行测量即可。

图 7-41 所示为使用万用表检测空调器风扇电动机阻值的基本方法和步骤。

7.6.2 示波器

在空调器电路系统的维修中，使用示波器对电路各部位信号波形进行检测，可以带来更多便捷。示波器可以将电路中的电压波形、电流波形在示波器上直接显示出来，能够使检修者提高维修效率，尽快找到故障点。

示波器是一种用来展示和观测信号波形及相关参数的电子仪器，它可以观测和直接测量信号波形的形状、幅度和周期。示波器主要由显示部分、键钮控制区域、测试线及探头等部分构成，如图 7-42 所示。

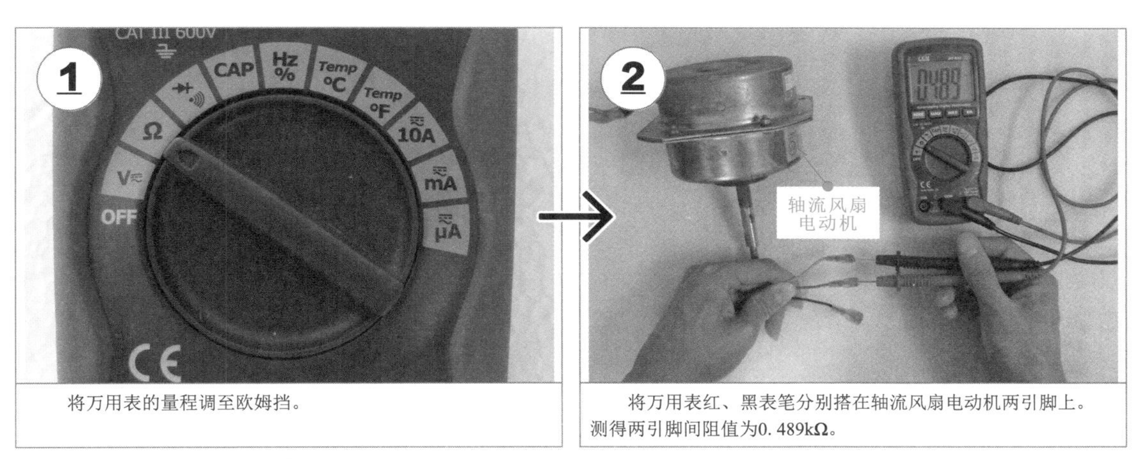

将万用表的量程调至欧姆挡。

将万用表红、黑表笔分别搭在轴流风扇电动机两引脚上。测得两引脚间阻值为0. 489kΩ。

图7-41　使用万用表检测空调器风扇电动机阻值的基本方法和步骤

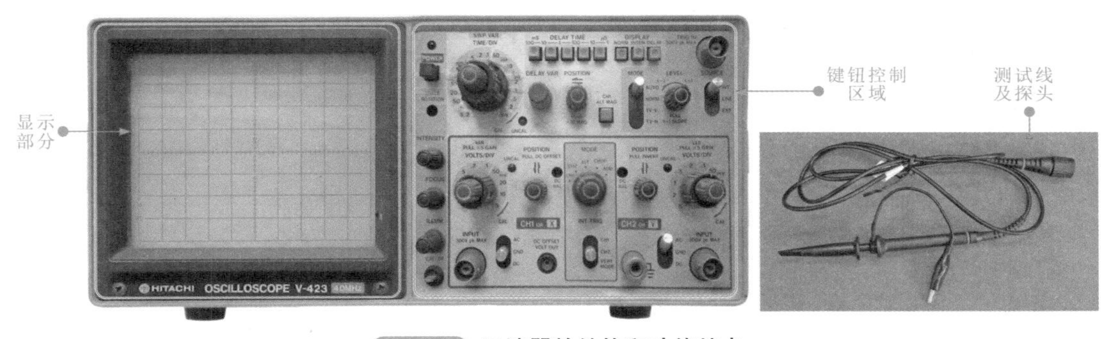

图7-42　示波器的结构和功能特点

如图 7-43 所示，使用示波器也需要先做好检测前的准备工作，即设定好示波器的初始

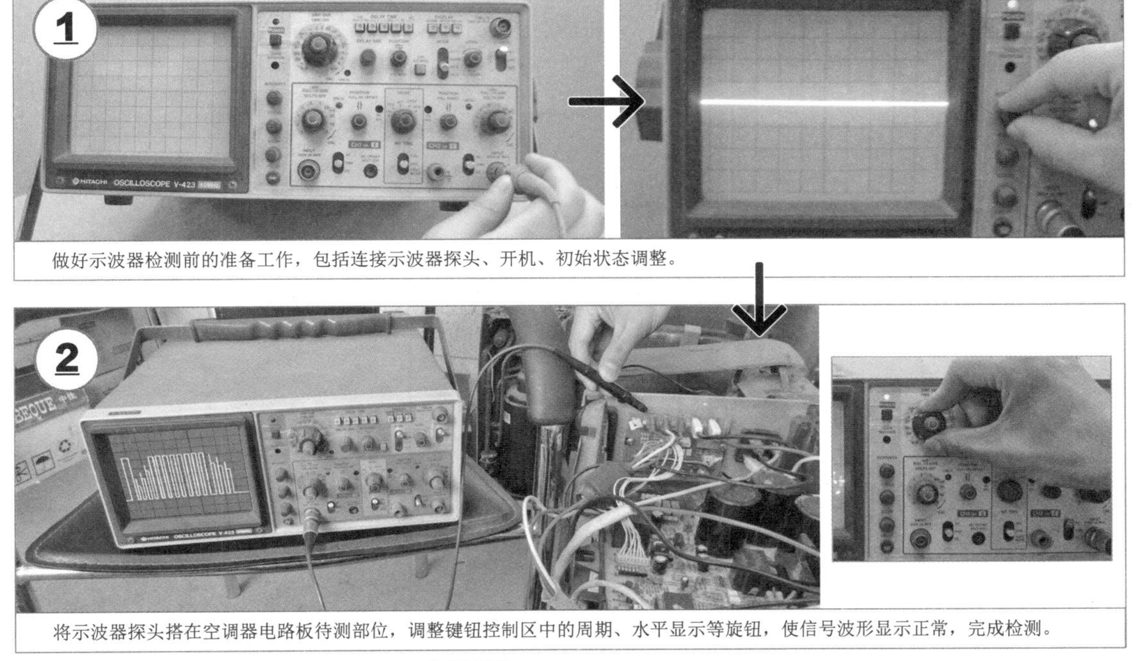

做好示波器检测前的准备工作，包括连接示波器探头、开机、初始状态调整。

将示波器探头搭在空调器电路板待测部位，调整键钮控制区中的周期、水平显示等旋钮，使信号波形显示正常，完成检测。

图7-43　示波器的使用方法

状态，然后进行检测操作，调整相关键钮使显示屏显示出完整、清晰的信号波形即可。

7.6.3 钳形表

钳形表也是检修空调器电气系统时的常用仪表，钳形表特殊的钳口的设计，可在不断开电路的情况下，方便地检测电路中的交流电流，如空调器整机的启动电流和运行电流，以及压缩机的启动电流和运行电流等。

钳形表通过电磁感应原理测量交流电流，无须断开电路，测量操作简单、安全，钳形表的结构如图 7-44 所示。

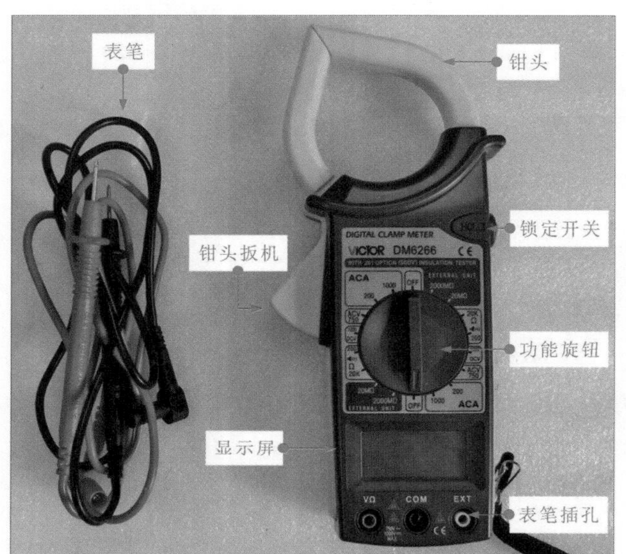

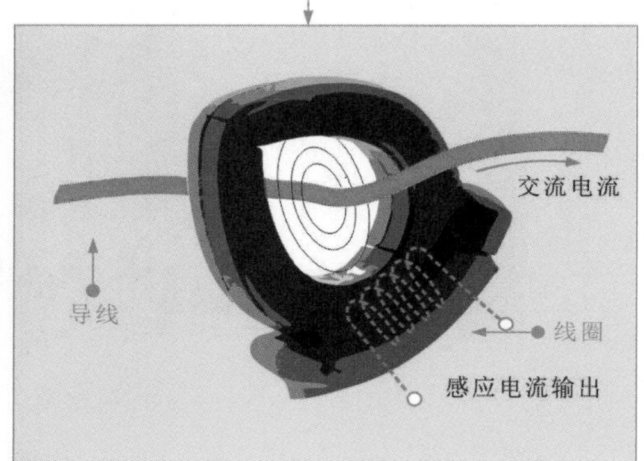

图7-44 钳形表的结构

如图 7-45 所示，使用钳形表进行检测的操作方法比较简单，通常根据测量对象选择好量程后，用钳口钳住单根电源线，识读显示屏数值并根据数据做出判断即可。

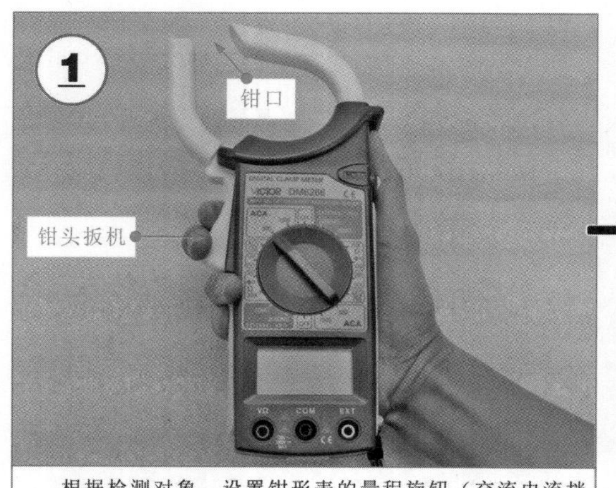

根据检测对象，设置钳形表的量程旋钮（交流电流挡位），按下钳头扳机，打开钳口。

从钳口处套入供电线中的一条，识读显示屏上的电流值即为所测位置的参数值，根据结果分析判断故障范围。

图7-45 钳形表的使用方法

第8章 空调器的拆装与移机

8.1 空调器的安装

8.1.1 空调器的安装规范

空调器的安装操作是空调器维修人员应具备的基本技能之一，正确安装空调器是保证空调器正常使用的重要环节。在具体安装前，应先了解基本的安装规范，严格按照规范要求进行。

空调器根据产品型号、规格以及功能的不同，对安装的要求也有所不同，因此，在安装空调之前，必须仔细阅读随机附带的安装使用说明书，说明书中都详细记载了空调器随机附带的零部件、安装操作规程。

图 8-1 为壁挂式空调器的整体安装规范示意图。

图 8-2 为分体柜式空调器的整体安装规范示意图。

（1）壁挂式空调器室内机的安装要求

壁挂式空调器室内机的安装位置应充分考虑室内位置和布局，确保空调器室内机吹出的气流能形成合理的空气对流，通畅、均匀地分布到房间的各个角落。图 8-3 为壁挂式空调器室内机的安装要求。

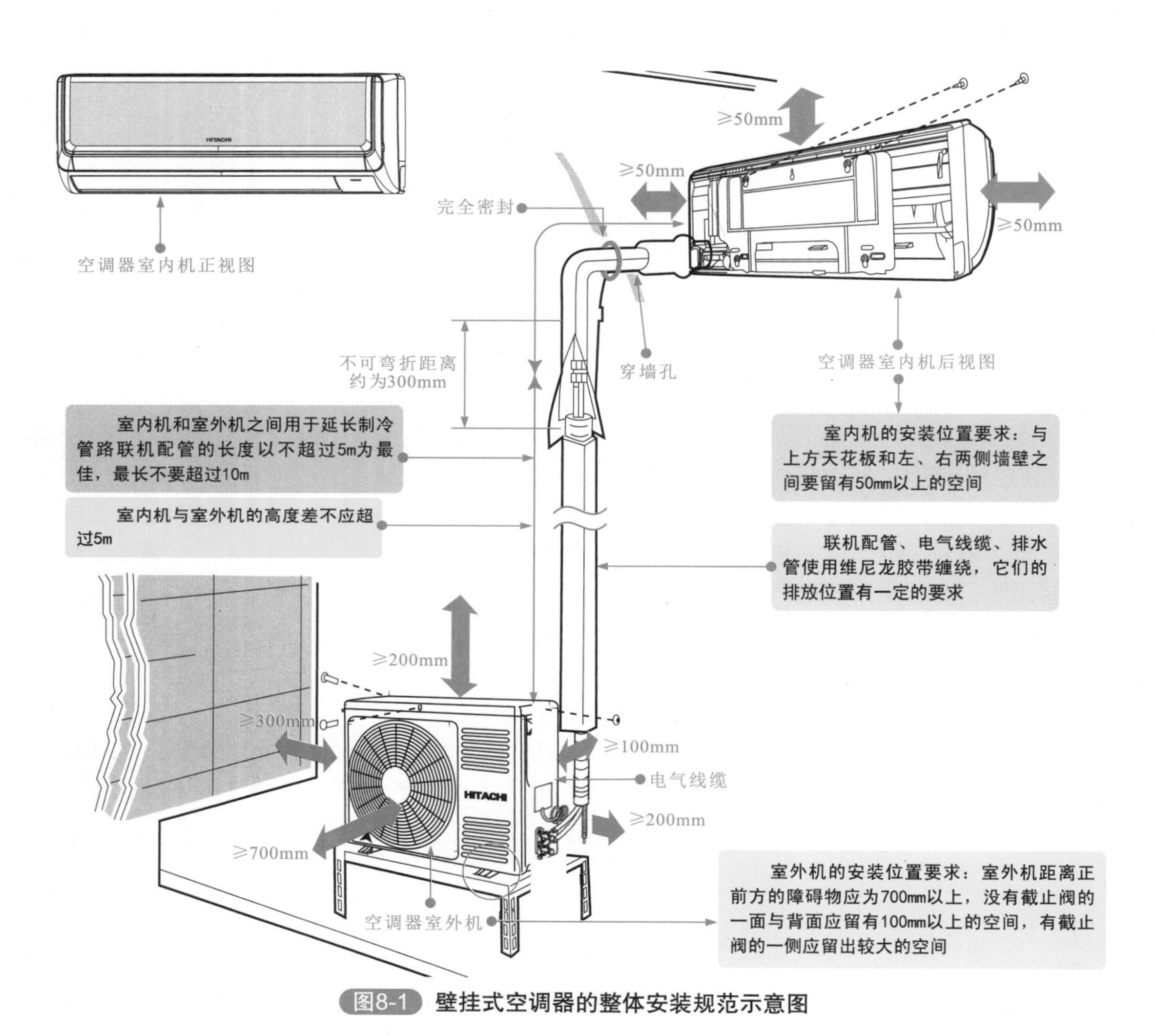

图8-1 壁挂式空调器的整体安装规范示意图

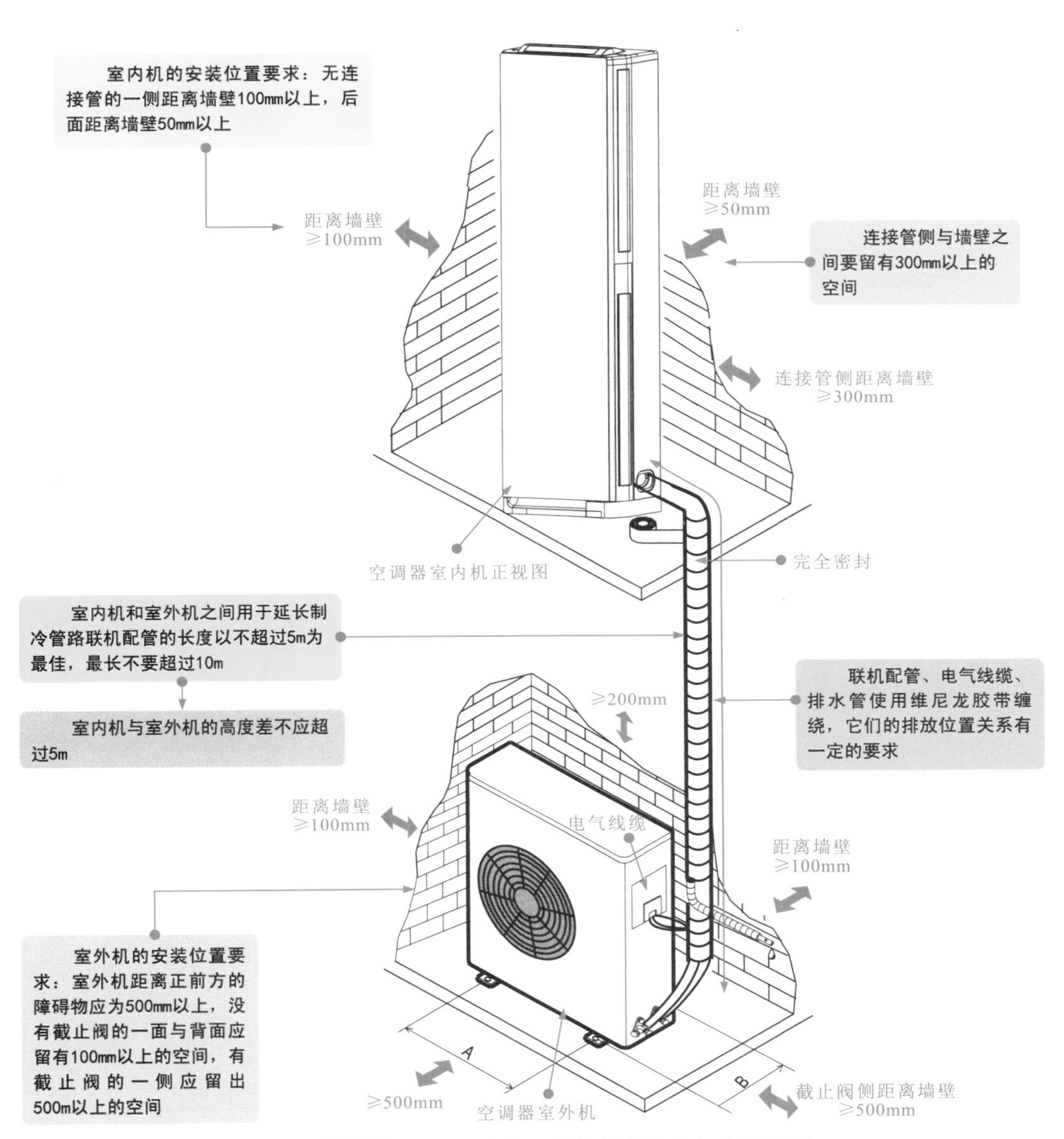

图8-2 分体柜式空调器的整体安装规范示意图

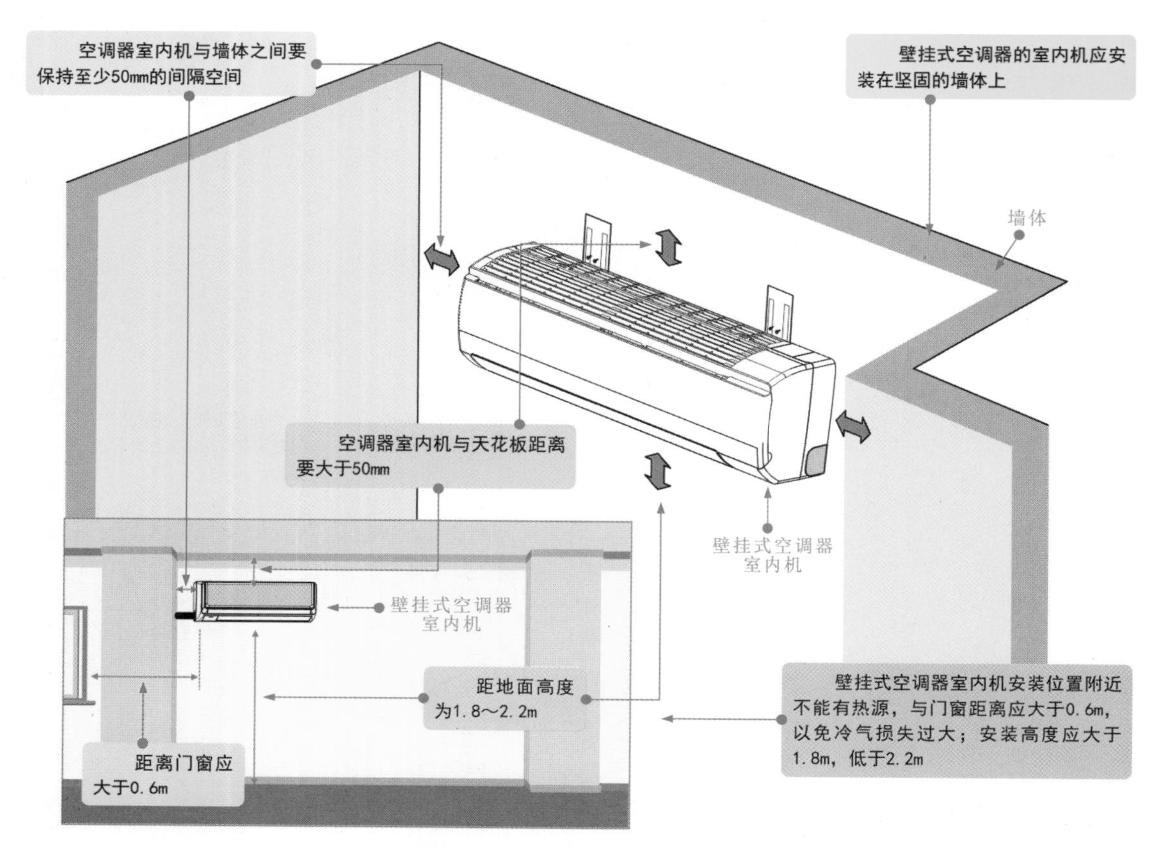

图8-3 壁挂式空调器室内机的安装要求

（2）壁挂式空调器室内机的悬挂要求

由于壁挂式空调器采用挂板悬挂安装方式（即挂板固定在墙壁上，室内机悬挂于挂板上），为了保证室内机的正常工作，挂板位置必须符合安装规范，如图8-4所示。

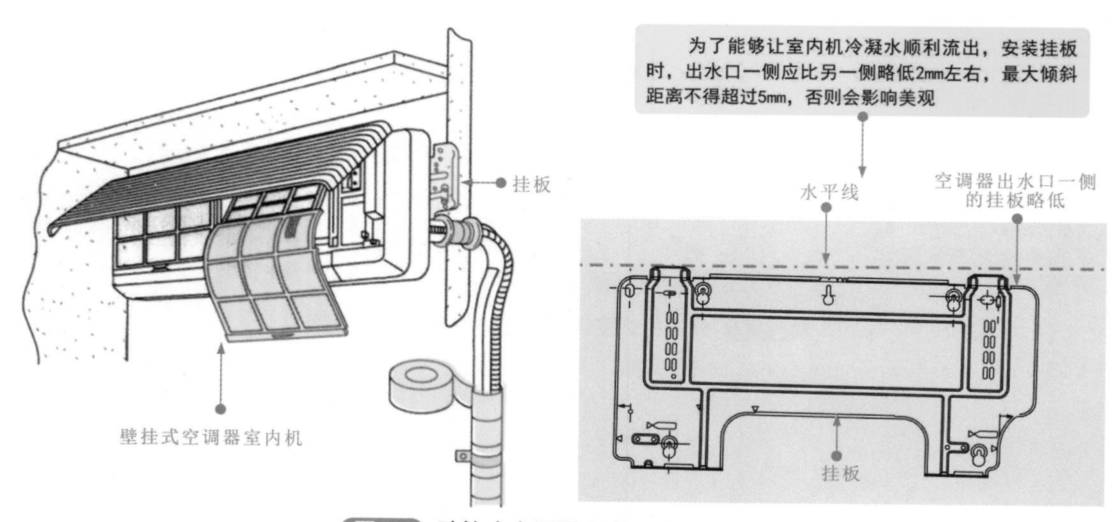

图8-4 壁挂式空调器室内机的悬挂要求

(3) 空调器室外机的安装要求

空调器室外机的安装主要有落地式安装和壁挂式安装两种方式。采用不同的安装方式时，应按照不同的安装规范要求进行，如图8-5所示。

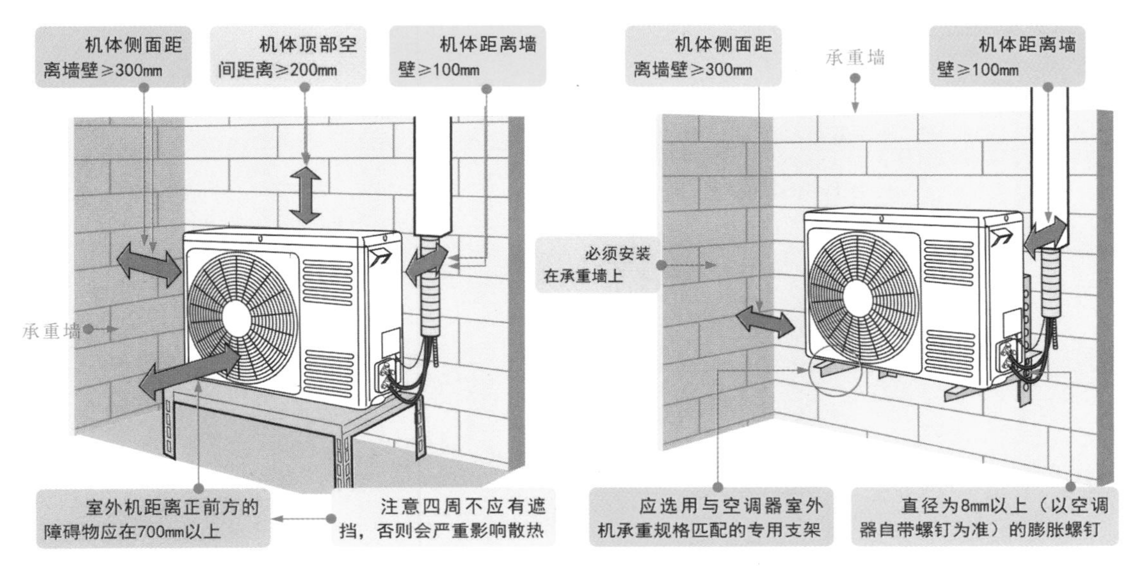

（a）落地式室外机的安装　　（b）壁挂式室外机的安装

图8-5 空调器室外机的安装要求

(4) 空调器室内机与室外机之间的管路连接规范

一般空调器自带的制冷管路长度为3m左右，若没有特殊需要不要续接管路，且应尽量减少管路弯折，以利于制冷剂流动通畅，冷凝水顺利排出，如图8-6所示。

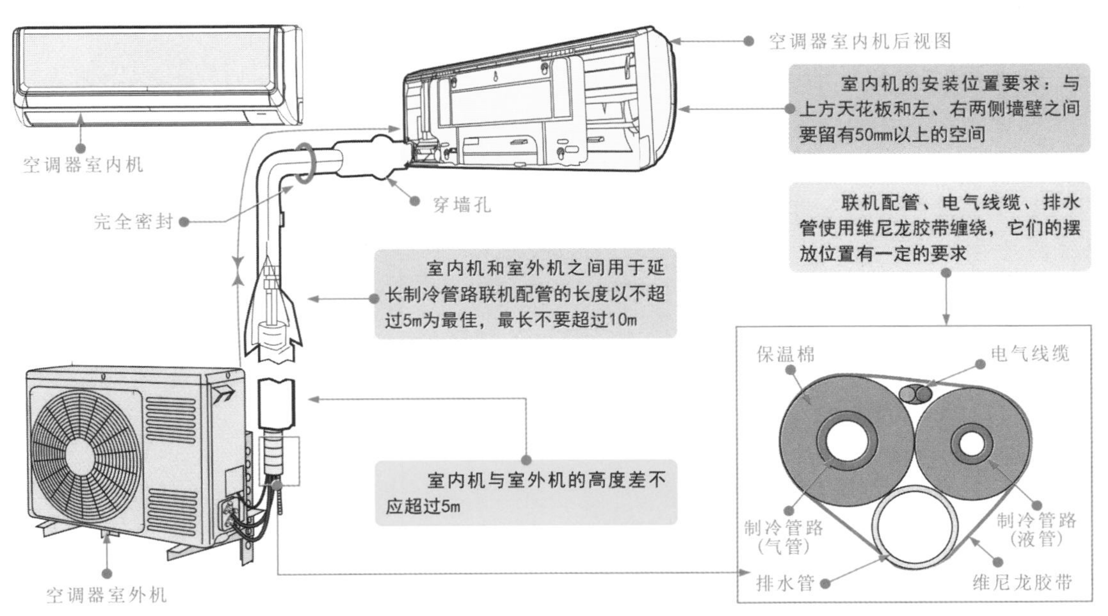

图8-6 空调器室内机与室外机之间的管路连接规范

（5）空调器室内机与室外机之间的穿墙孔的开凿规范

为了使排水管道通畅，穿墙孔的角度应由室内向室外倾斜，室内墙孔的高度应比室外墙孔高5～7mm，如图8-7所示。另外，在穿墙孔内插入套管，并将套管保护圈固定在套管上，可以防止空调器制冷管路和线缆在墙体中受到磨损，套管伸出墙外的长度为15mm，用石膏粉或者油灰将套管与墙面之间的缝隙密封住。

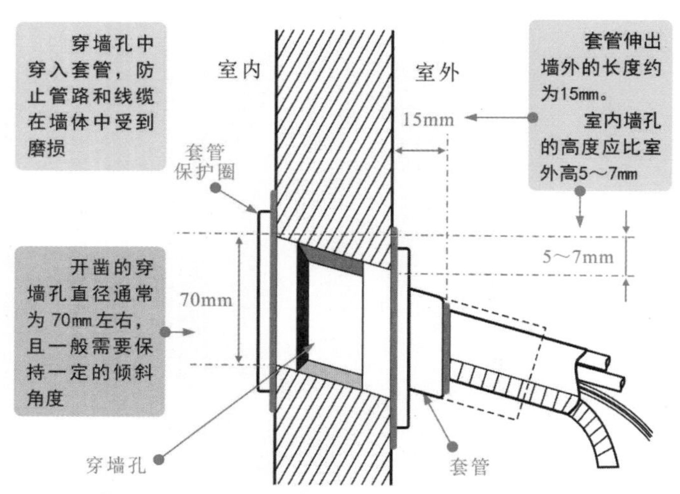

图8-7 空调器室内机与室外机之间的穿墙孔的开凿规范

8.1.2 空调器室内机的安装方法

以壁挂式空调器室内机为例，其具体的安装过程包括4个步骤：安装挂板、墙壁开孔、连接制冷管路和排水管、固定室内机。

【提示说明】

壁挂式空调器室内机在安装时应注意：

① 室内机的进风口和送风口处不能有障碍物，否则会影响空调器的制冷效果；

② 室内机安装的高度要高于目视距离，距地面障碍物0.6m以上；

③ 安装的位置要尽可能缩短与室外机之间的连接距离，减少管路弯折数量，确保排水系统的畅通；

④ 确保安装墙体的牢固性，避免运行时产生振动。

（1）选择室内机的安装位置并固定挂板

根据规范要求，在室内选定好室内机的安装位置后固定室内机的挂板。室内机安装位置的选定和挂板的固定方法如图8-8所示。

（2）开凿穿墙孔

固定好室内机挂板后，接下来的操作是打穿墙孔，即根据事先确定的安装方案，配合室内机的安装位置开凿穿墙孔。穿墙孔的开凿方法如图8-9所示。

（3）室内机与联机配管（制冷管路）的连接

壁挂式空调器室内机的固定挂板安装完成、开凿好穿墙孔后，在固定室内机之前，需要先连接室内机与联机配管（延长制冷管路）。

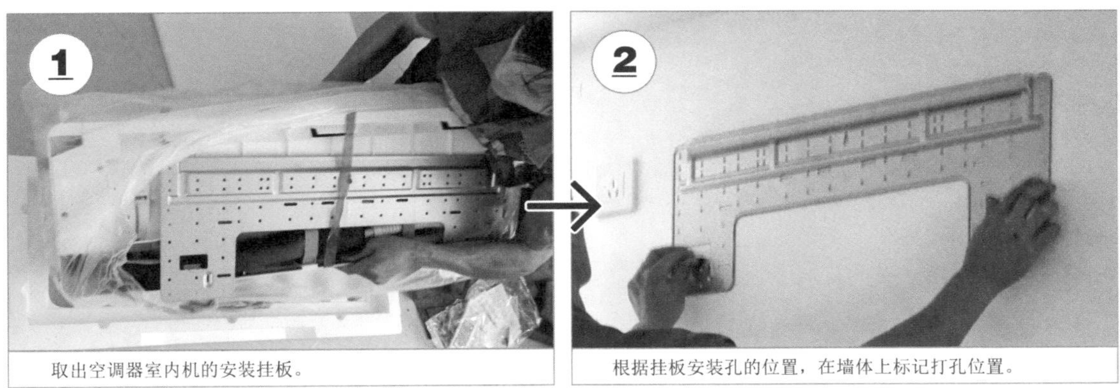

取出空调器室内机的安装挂板。

根据挂板安装孔的位置，在墙体上标记打孔位置。

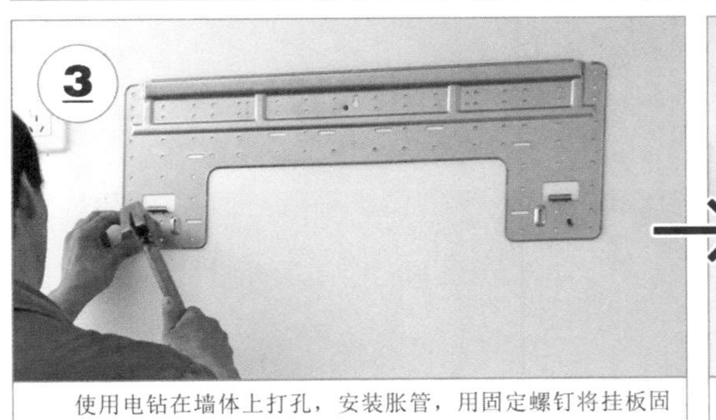

使用电钻在墙体上打孔，安装胀管，用固定螺钉将挂板固定在墙体上。

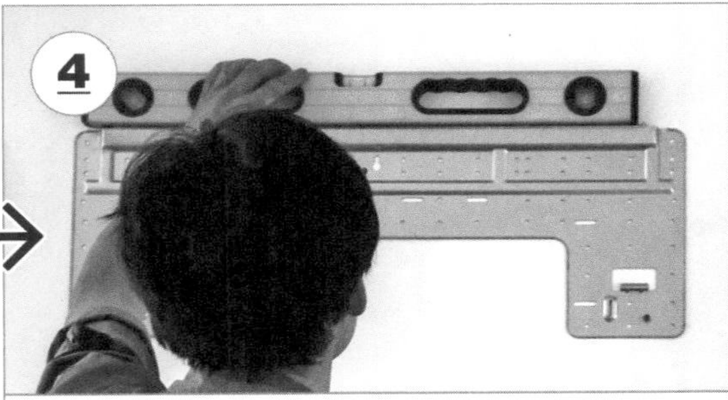

使用水平尺测量挂板的安装是否到位，在正常情况下，出水口一侧应略低2mm左右。

图8-8　室内机安装位置的选定和挂板的固定方法

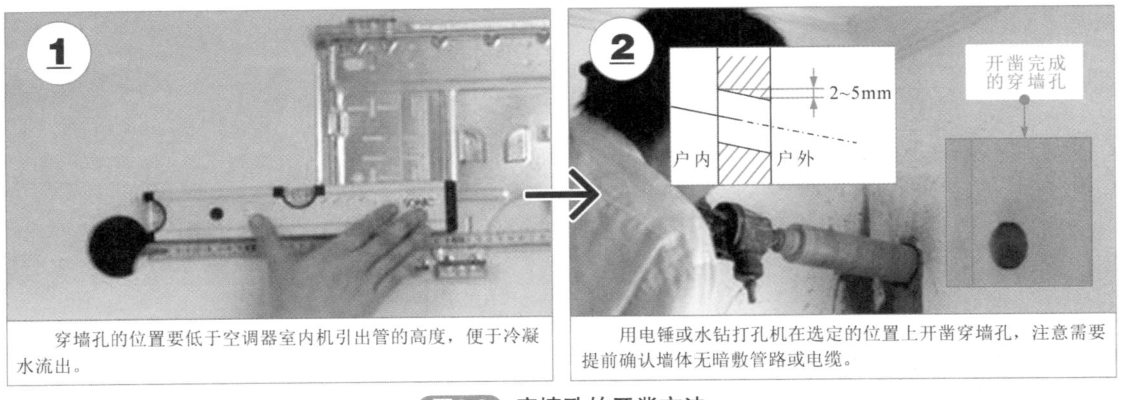

穿墙孔的位置要低于空调器室内机引出管的高度，便于冷凝水流出。

用电锤或水钻打孔机在选定的位置上开凿穿墙孔，注意需要提前确认墙体无暗敷管路或电缆。

图8-9　穿墙孔的开凿方法

将空调器翻转过来，如图 8-10 所示，可以看到，室内机的制冷管路从背部引出且很短，如果要与室外机连接，就必须通过联机配管延长制冷管路。

安装空调器室内机时，若原厂附带的制冷管路长度不足，则可以配置延长的制冷管路。但应注意，不同制冷剂循环的制冷管路压力不同，所使用的延长制冷管路的厚度及耐压力也不同，应根据所需管路的承载压力、制冷剂及铜管的尺寸进行选择。制冷剂及铜管的选择见表 8-1。

室内机的制冷管路与联机配管连接完成后，需要对连接接口部分进行防潮、防水处理。空调器排水管的长度通常也不足以连接到室外，因此，对制冷管路进行延长连接后，还要对排水管进行加长连接，如图 8-11 所示。

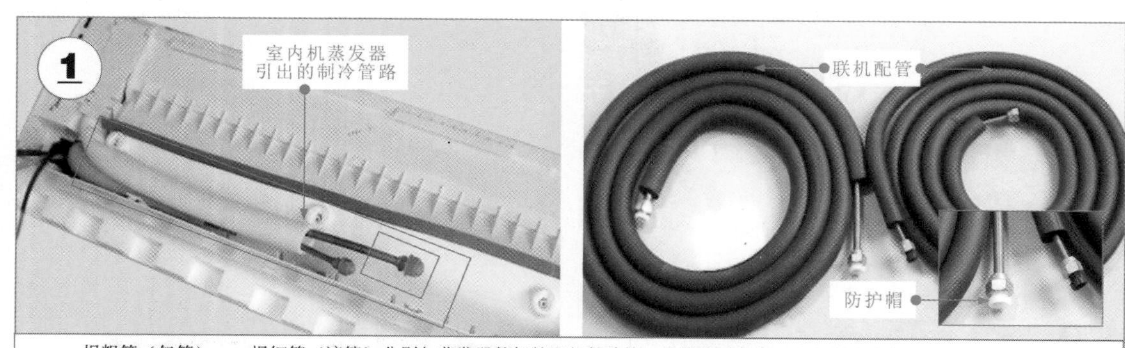

一根粗管（气管）、一根细管（液管）分别与蒸发器的粗管和细管连接。连接管路的管口应制作为喇叭口形状，用于与室内机上的制冷管路连接（在初始状态下安装有防护帽，未安装前不要取下）。

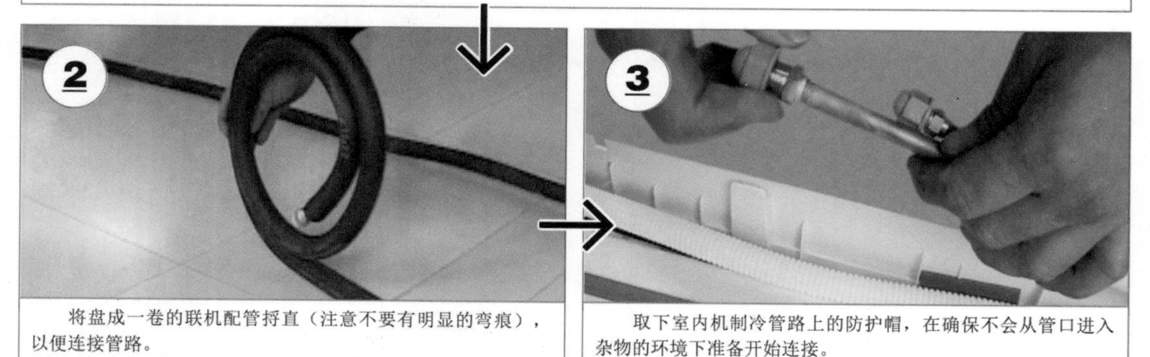

将盘成一卷的联机配管捋直（注意不要有明显的弯痕），以便连接管路。

取下室内机制冷管路上的防护帽，在确保不会从管口进入杂物的环境下准备开始连接。

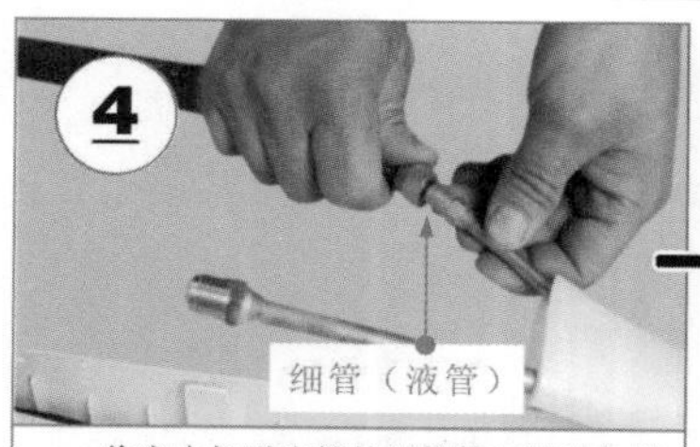

将室内机引出管的细管管口迅速与联机配管的细管（液管）管口连接。

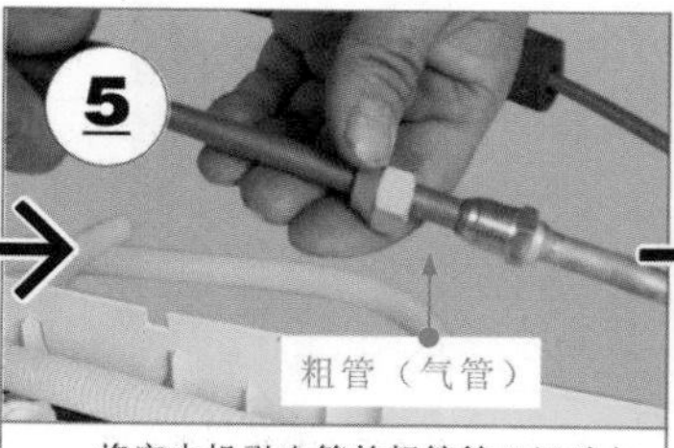

将室内机引出管的粗管管口迅速与联机配管的粗管（气管）管口连接。

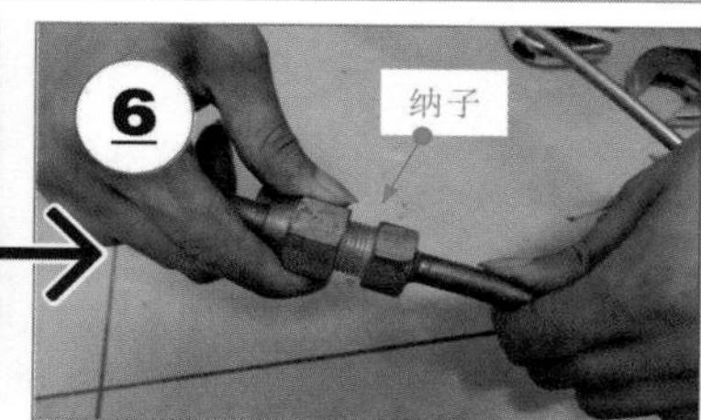

将联机配管上的纳子旋紧到室内机管路管口的螺纹上。

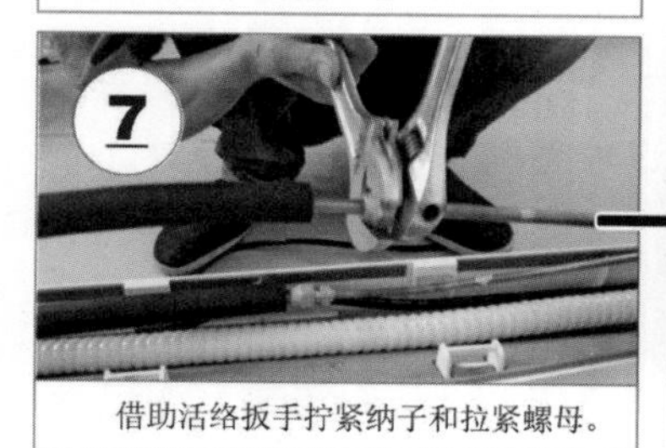

借助活络扳手拧紧纳子和拉紧螺母。

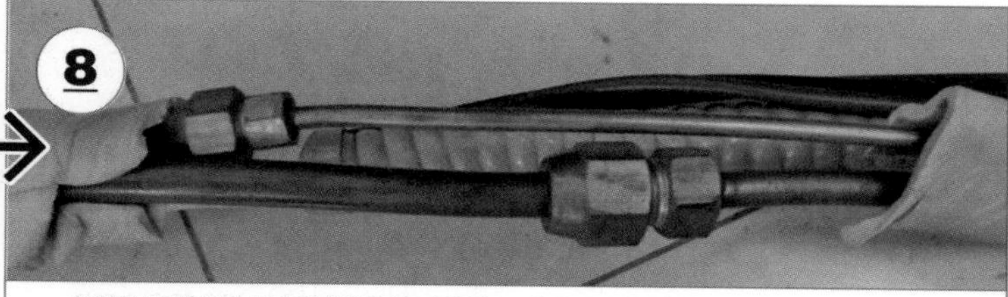

粗管和细管的纳子和拉紧螺母必须拧紧，使管路紧密连接后，完成连接。

图8-10 空调器室内机与联机管路的连接方法

表8-1 制冷剂及铜管的选择

制冷剂型号	管径/in	外径/mm	壁厚/mm	设计压力/MPa	耐压压力/MPa
R22	1/4	6.35（±0.04）	0.6（±0.05）	3.15	9.45
	3/8	9.52（±0.05）	0.7（±0.06）		
	1/2	12.70（±0.05）	0.8（±0.06）		
	5/8	15.88（±0.06）	10（±0.08）		
R410a	1/4	6.35（±0.04）	0.8（±0.05）	4.15	12.45
	3/8	9.52（±0.05）	0.8（±0.06）		
	1/2	12.70（±0.05）	0.8（±0.06）		
	5/8	15.88（±0.06）	10（±0.08）		

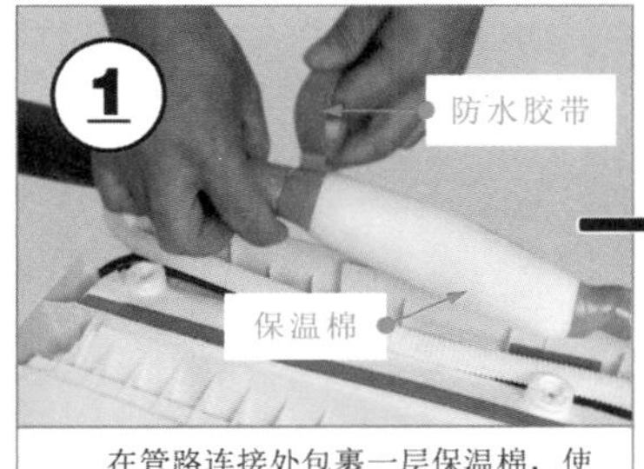

在管路连接处包裹一层保温棉，使用防水胶带将保温棉的两端紧固。

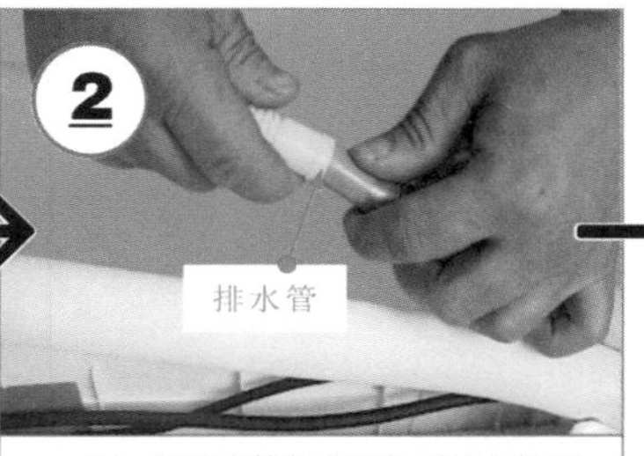

用一根排水管与室内机原排水管对接，增加排水管的长度。

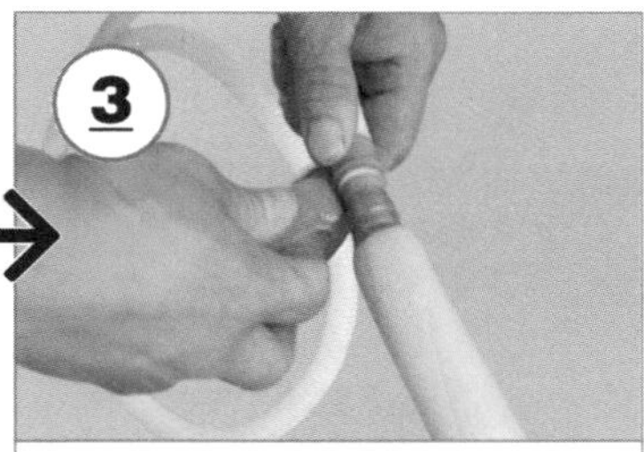

排水管对接后用防水胶带缠紧接头处，防止漏水。

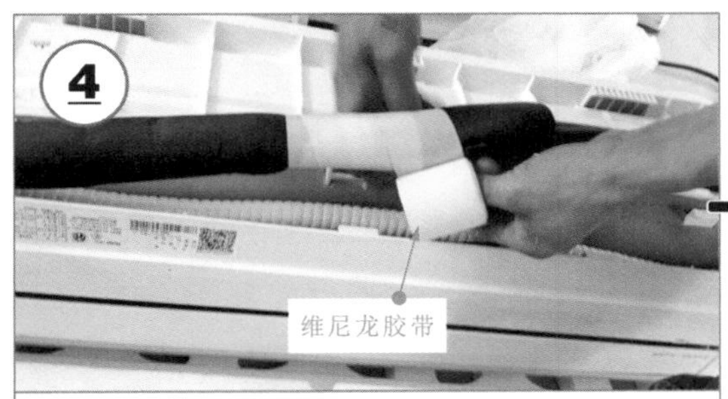

使用维尼龙胶带将套好保温棉的连接管路（气管和液管）缠绕包裹在一起。

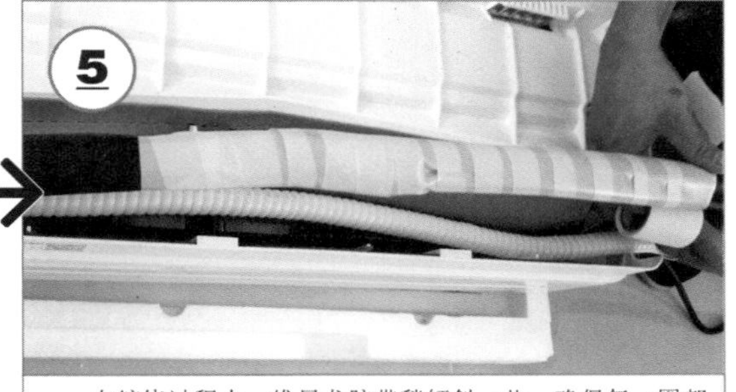

在缠绕过程中，维尼龙胶带稍倾斜一些，确保每一圈都要与上一圈有一定的交叠。

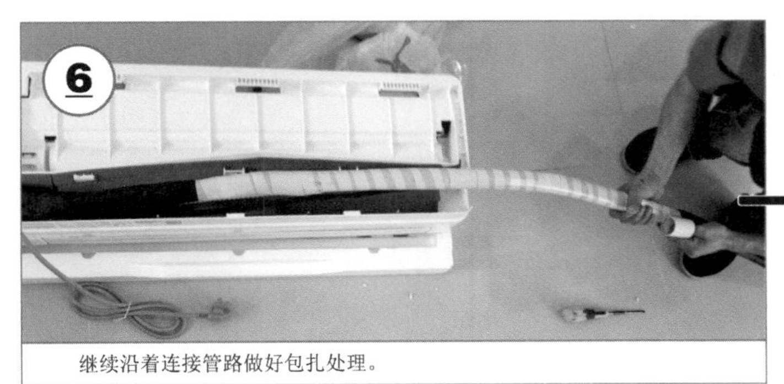

继续沿着连接管路做好包扎处理。

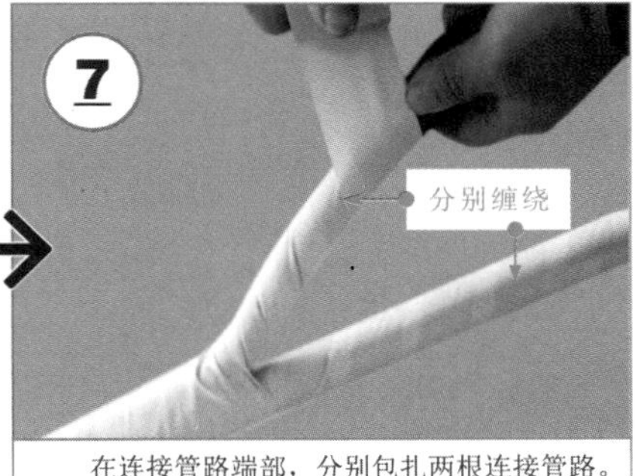

在连接管路端部，分别包扎两根连接管路。

图8-11

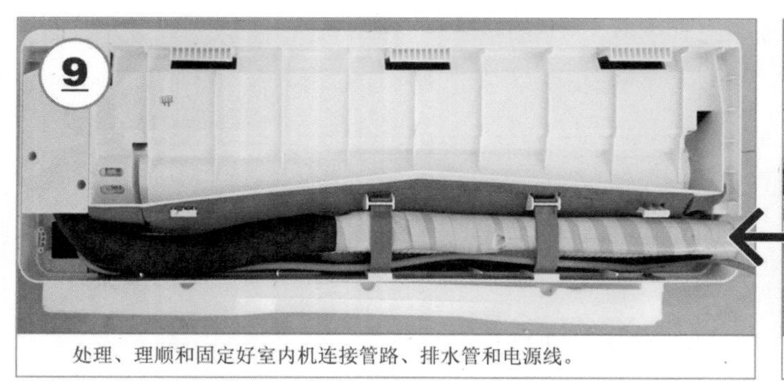

处理、理顺和固定好室内机连接管路、排水管和电源线。

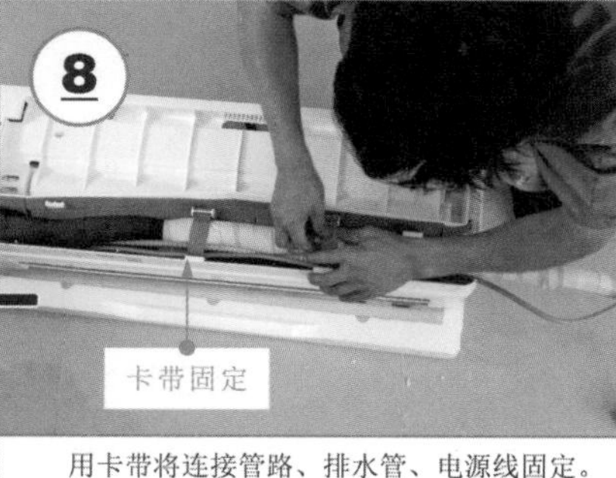

用卡带将连接管路、排水管、电源线固定。

图8-11 管路连接接口处的防潮、防水及排水管的处理

（4）固定室内机

连接管路、排水管和电源线处理完毕后，即可将包扎好的室内机管路及线路系统从室内机的配管口处引出，从穿墙孔穿过引到室外，然后把空调器室内机小心稳固地挂在挂板上，完成室内机的安装，如图 8-12 所示。

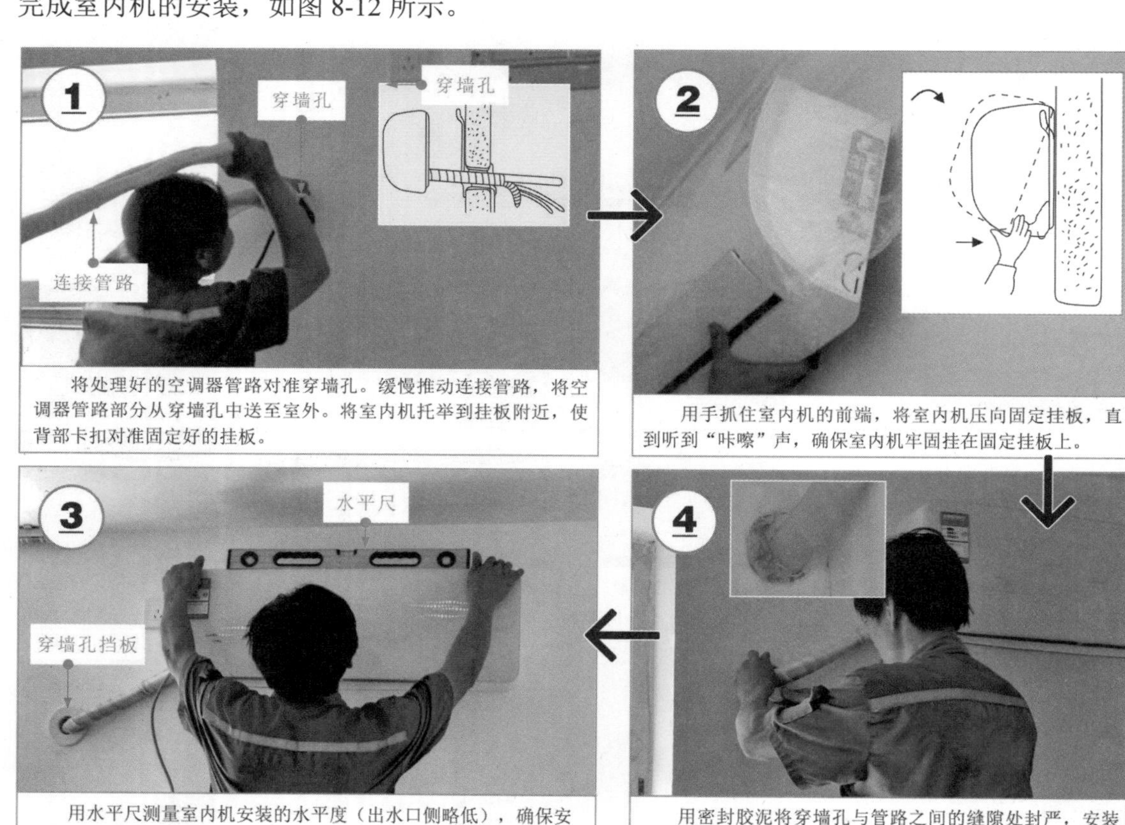

图8-12 壁挂式空调器室内机的安装固定

8.1.3 空调器室外机的安装方法

室外机的安装过程包括 6 个步骤：安装固定室外机机体、连接管路的连接、室内机和连接管路内空气的排空、检漏、电源线连接、通电试机。

【提示说明】

安装分体壁挂式空调器室外机时应注意：

① 室外机的周围要留有一定的空间，以利于排风、散热、安装和维修。如果有条件，则在确保与室内机保持最短距离的同时，尽可能避免阳光的照时和风吹雨淋（可选择背阴处并加盖遮挡物）；

② 安装的高度最好不要接近地面（与地面保持 1m 以上的距离为宜）。排出的风、冷凝水及发出的噪声不应影响邻居的生活起居；

③ 安装位置应不影响他人，如空调器排出的风和排水管排出的冷凝水不要给他人带来不便，接进地面安装时，需要增加必要的防护罩，确保设备及人身安全；

④ 若室外机安装在墙面上，则墙面必须是实心砖、混凝土或强度等效的墙面，承重能力大于 $300kg/mm^2$；

⑤ 在高层建筑物的墙面安装施工时，操作人员应注意人身安全，需要正确佩戴安全带和护带，并确保安全带的金属自锁钩一端固定在坚固可靠的固定端。

不同的安装环境、不同类型的空调器室外机（功率大小有区别），具体的安装要求不同，实际安装时，应结合实际环境，严格按照安装说明书并参考国家《家用和类似用途空调器安装规范》的要求进行操作。

（1）确定室外机的安装位置并固定

分体式空调器室外机的固定方式主要有平台固定和角钢支撑架固定两种，如图 8-13 所示。

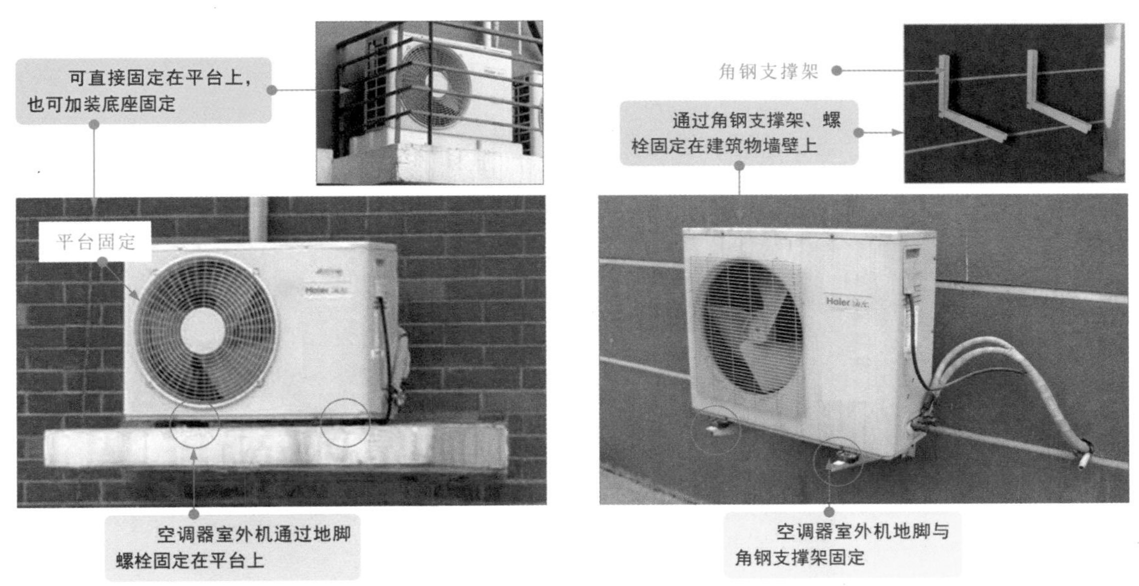

图8-13 空调器室外机的固定方式

【提示说明】

如图 8-14 所示，室外机采用平台固定方式时，应固定室外机地脚，固定件应根据要求选择，如用于在混凝土等安装面上安装固定的膨胀螺栓（一种特殊的螺纹连接件，由沉头螺栓、胀管、垫圈、螺母等组成），应根据安装面材质的坚硬程度确定安装孔的直径和深度，并选择适用的膨胀螺栓规格。

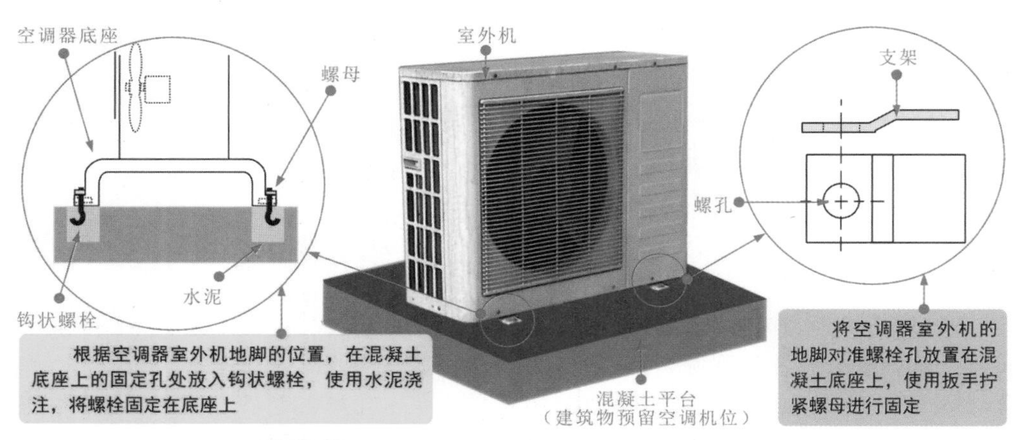

图8-14 空调器室外机在平台上的安装固定方法

（2）连接室内机与室外机之间的管路

空调器的室外机固定完成后，需要将室内机送出的连接管路与空调器室外机上的管路接口（三通截止阀和二通截止阀）连接。

连接时需要特别注意，室外机三通截止阀和二通截止阀的阀门必须确认是关闭状态，严禁松动阀门，避免室外机的制冷剂泄漏。

如图 8-15 所示，将从室内机引出的粗、细两根制冷连接管路分别与室外机侧面的三通截止阀和二通截止阀连接。

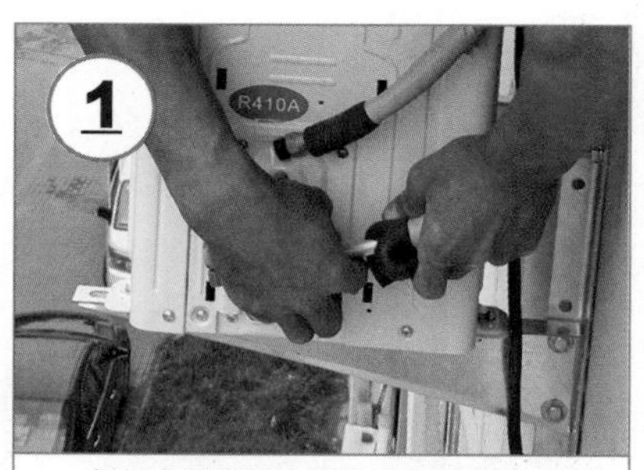

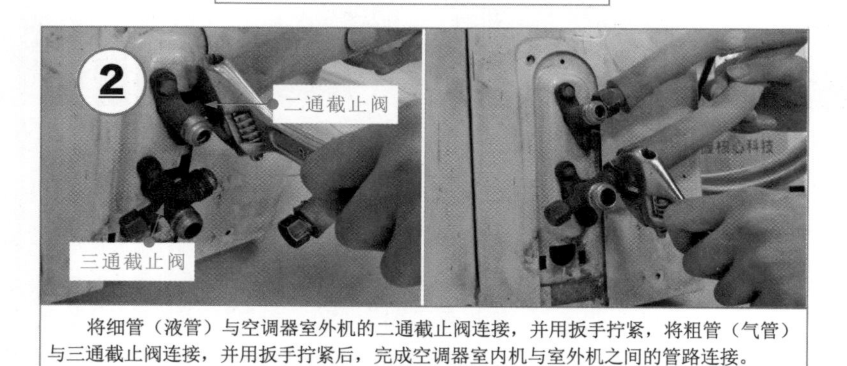

图8-15 空调器室内机引出的连接管路与室外机管路接口的连接

【提示说明】

如图 8-16 所示，室内机与室外机的管路连接完成后，整理联机配管，使弯曲部分平滑过渡。另外，室内机与室外机的高、低位置不同，联机配管的弯曲程度也不一致。

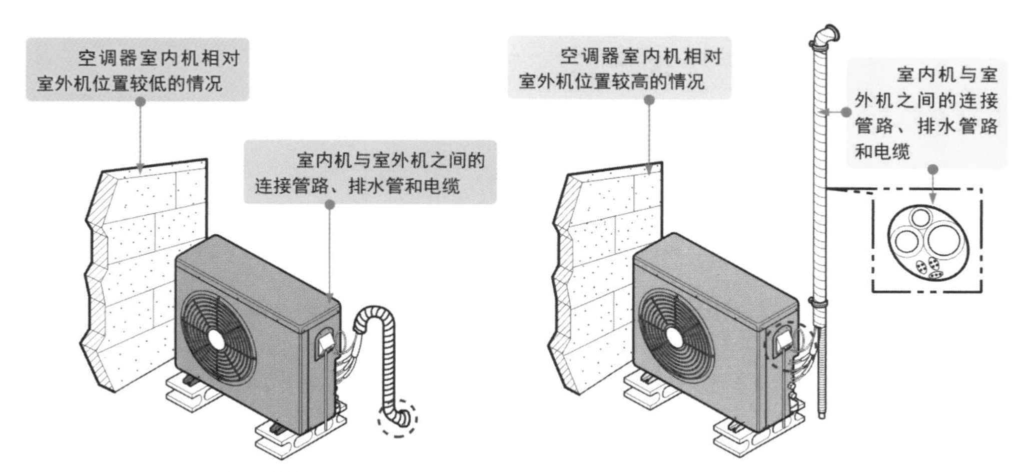

图8-16 空调器室内机与室外机之间连接管路的弯曲方式

（3）连接室内机与室外机之间的电气线缆

空调器室外机管路部分连接完成后，就需要对电气线缆进行连接了。空调器室外机与室内机之间的线缆连接是有极性和顺序的。

如图 8-17 所示，连接时，应参照空调器室外机外壳上电气接线图上的标注顺序，将室内机送出的线缆连接到指定的接线端子上。

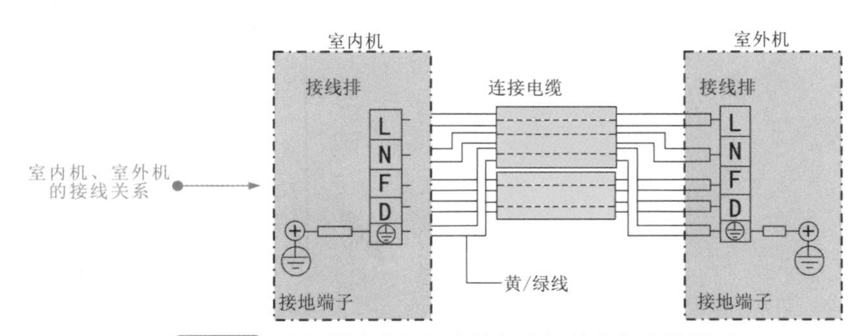

图8-17 空调器室内机与室外机之间的电气连接关系

如图 8-18 所示，在空调器说明书中，线路连接图都有详细标注，具体安装连接时以具体的说明书为准。

室内机与室外机之间的电气线缆连接方法如图 8-19 所示。

【提示说明】

室内机、室外机接线完成后，一定要再次仔细检查室内机、室外机接线板上的编号和颜色是否与导线对应，两个机组中编号与颜色相同的端子一定要用同一根导线连接。如果接线错误，将使空调器不能正常运行，甚至会损坏空调器。

另外，室内机和室外机的连接电缆要有一定的余量，且室内机和室外机的地线端子一定要可靠接地。

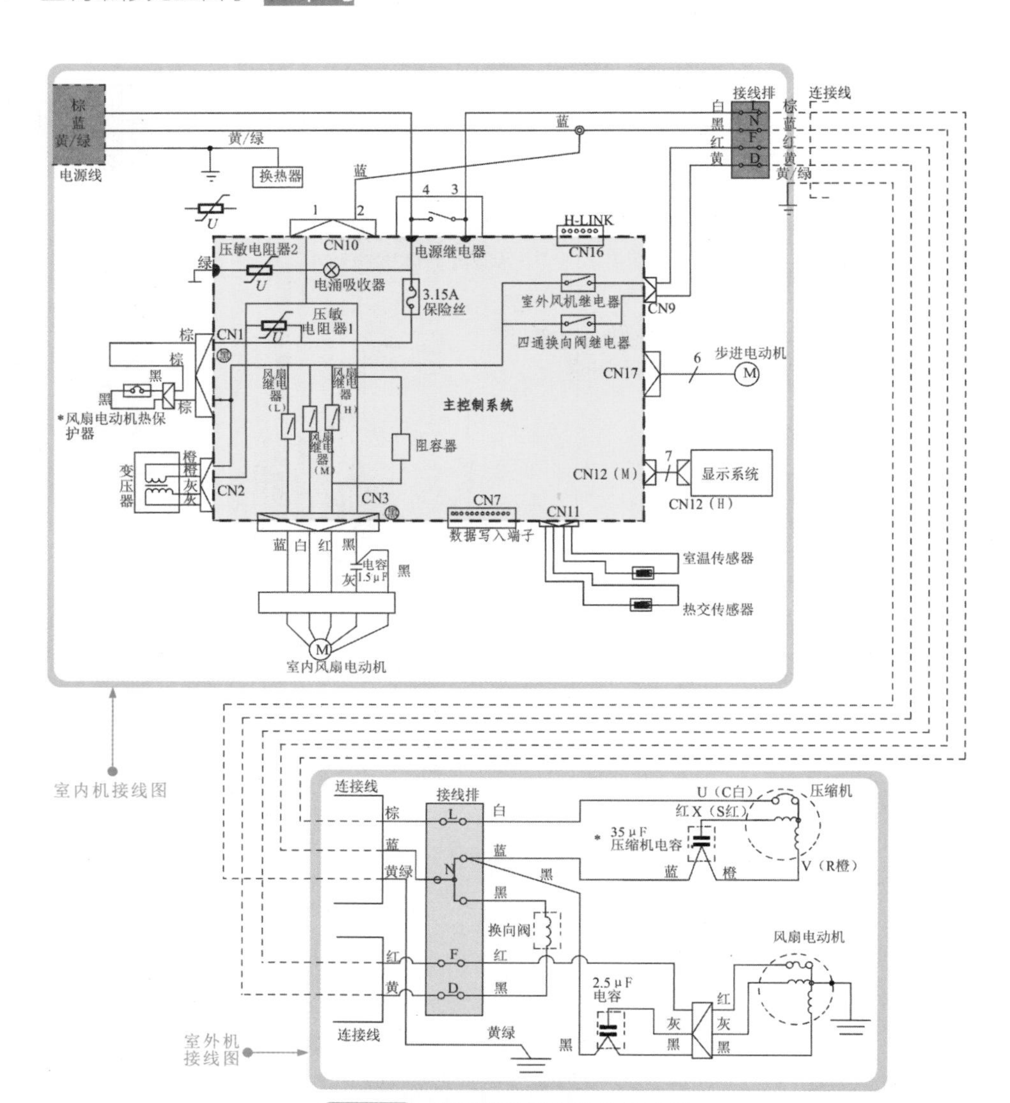

图8-18 空调器的线路连接示意图

（4）试机

室内机和室外机安装连接完成后，开始试机操作。一般试机操作包括室内机及管路的排气、排水试验、通电试机3个步骤。

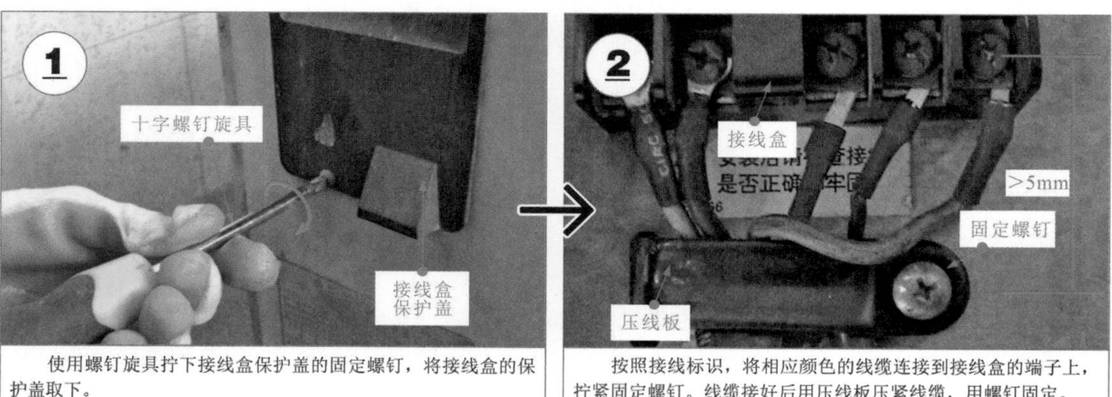

使用螺钉旋具拧下接线盒保护盖的固定螺钉，将接线盒的保护盖取下。

按照接线标识，将相应颜色的线缆连接到接线盒的端子上，拧紧固定螺钉。线缆接好后用压线板压紧线缆，用螺钉固定。

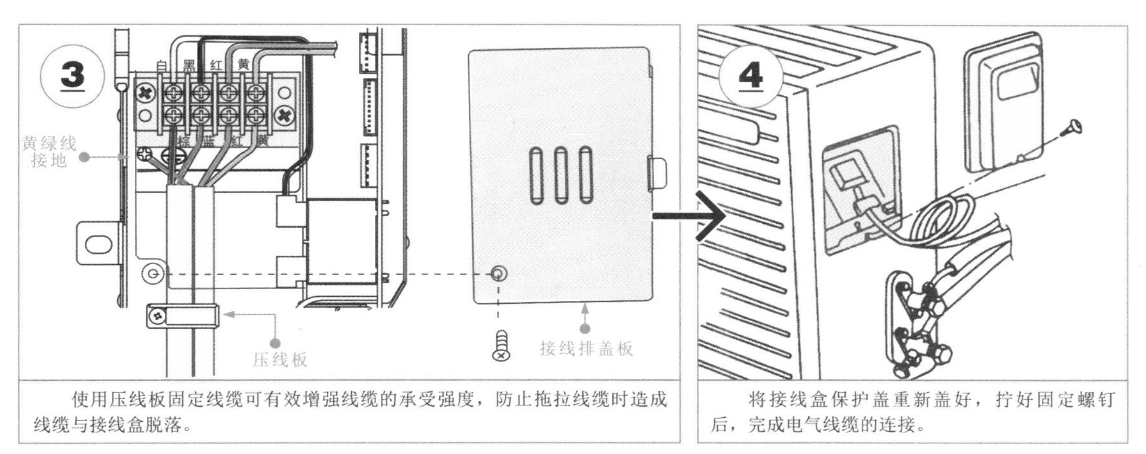

图8-19 室内机与室外机之间的电气线缆连接方法

① 排出室内机及管路中的空气

排出室内机中的空气是安装过程中非常重要的一个环节，因为连接管和蒸发器内留存大量的空气，空气中含有的水分和杂质在空调器系统内会造成压力增高、电流增大、噪声增大、耗电量增多等，使制冷（热）量下降，同时还可能造成冰堵和脏堵等故障。

目前，排出室内机和管路中的空气多采用由室外机制冷剂顶出的方法。其排气原理示意图如图 8-20 所示。

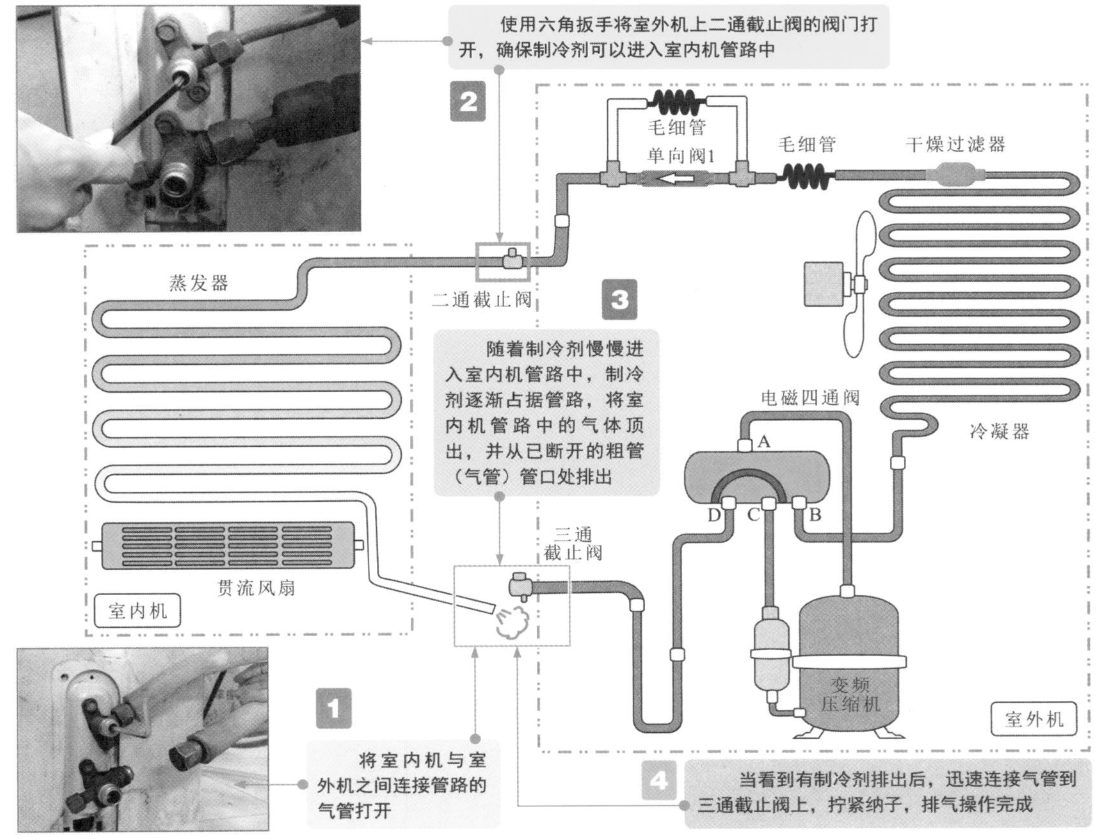

图8-20 排气原理示意图

如图 8-21 所示，根据操作步骤逐步操作，即可实现用制冷剂顶出空调器室内机管路和连接管路中的空气。

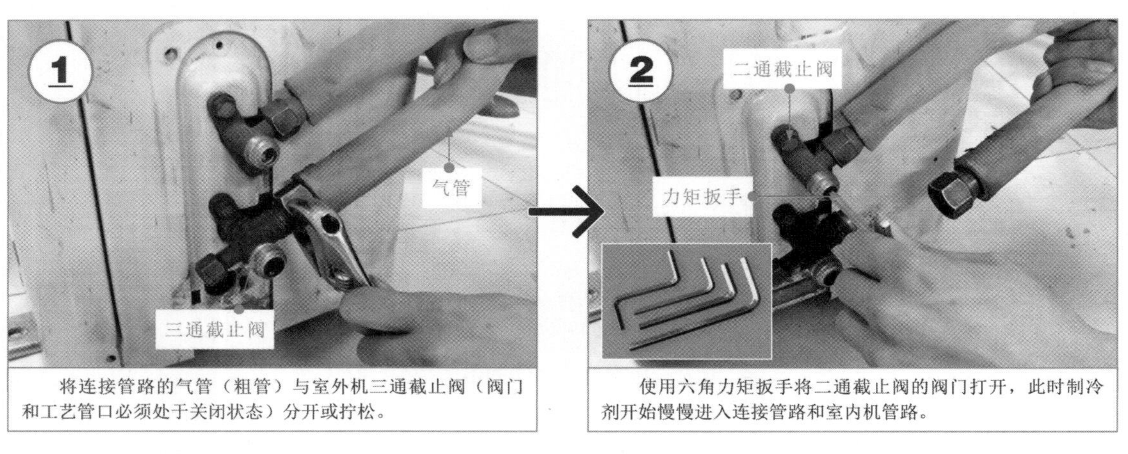

将连接管路的气管（粗管）与室外机三通截止阀（阀门和工艺管口必须处于关闭状态）分开或拧松。

使用六角力矩扳手将二通截止阀的阀门打开，此时制冷剂开始慢慢进入连接管路和室内机管路。

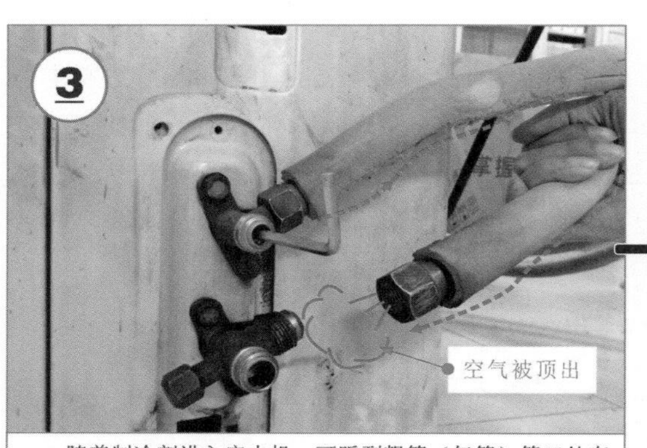

随着制冷剂进入室内机，可听到粗管（气管）管口处有“吱吱”声（保持排气30s左右，用手感觉有冷气排出）。

迅速将粗管（气管）管口上的纳子与三通截止阀拧紧，拧好三通截止阀和二通截止阀的阀帽，至此排气操作完成。

图8-21 制冷剂顶空的操作方法

【提示说明】

这里所说的排气时间 30s 只是一个参考值，在实际操作时，还要通过用手去感觉喷出的气体是否变凉来控制排气时间。掌握好排气时间对空调器的使用来说非常重要，因为排气时间过长，制冷系统内的制冷剂就会过量流失，从而影响空调器的制冷效果；排气时间过短，室内机和管路中的空气没有排净，也会影响空调器的制冷效果。

变频空调器必须采用抽真空的方法排空是因为这种空调器多采用 R410a 制冷剂。这种制冷剂是严格按照某种比例混合而成的，若采用顶空法排出部分气体，会导致制冷剂的比例变化影响制冷效果（使用一年左右后对制冷效果的影响明显），因此不能采用制冷剂顶空法。

如图 8-22 所示，确保三通截止阀和二通截止阀的阀门均处于关闭的状态下，将真空泵连接三通压力表阀后，再用连接软管连接到三通截止阀的工艺管口上。

步骤 1：将真空泵、三通压力表阀按上述关系与室外机上三通截止阀上的工艺管口连接。连接三通截止阀工艺管口的连接软管应带有阀针，能够顶开工艺管口内的阀芯。

步骤 2：先打开真空泵，再打开三通压力表阀，抽真空开始后，当压力显示至 −0.1MPa 后再抽 15 ～ 20min，以确保管路中的真空状态。

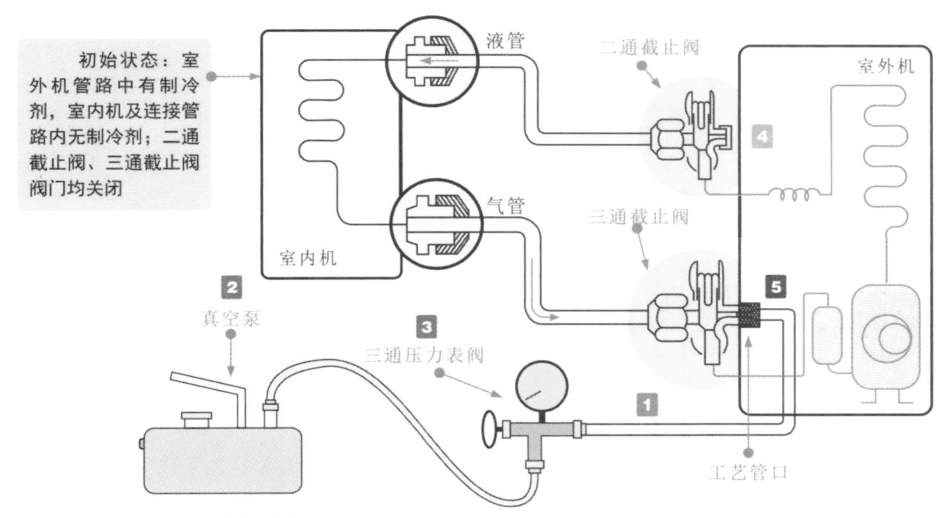

图8-22 抽真空排空的基本操作步骤和注意事项

步骤3：抽真空完毕，先关闭三通压力表阀，再关闭真空泵电源，防止真空泵里的润滑油在负压力下进入空调系统。保持连接，观察压力表显示压力的数值是否变化。

步骤4：打开二通截止阀阀门1/4圈，10s后再关闭，可以使室外机管路中的负压变为正压，正压状态下可检漏；确保最后一步在正压状态下，取下三通压力表阀，防止空气回流。

步骤5：用检漏枪或肥皂水检测管路的连接部分有无泄漏，取下真空泵和三通压力表阀，将阀门全部打开，抽真空操作完成。

按照抽真空的操作方法和规范要求连接空调器并完成抽真空的排空操作，如图8-23所示。

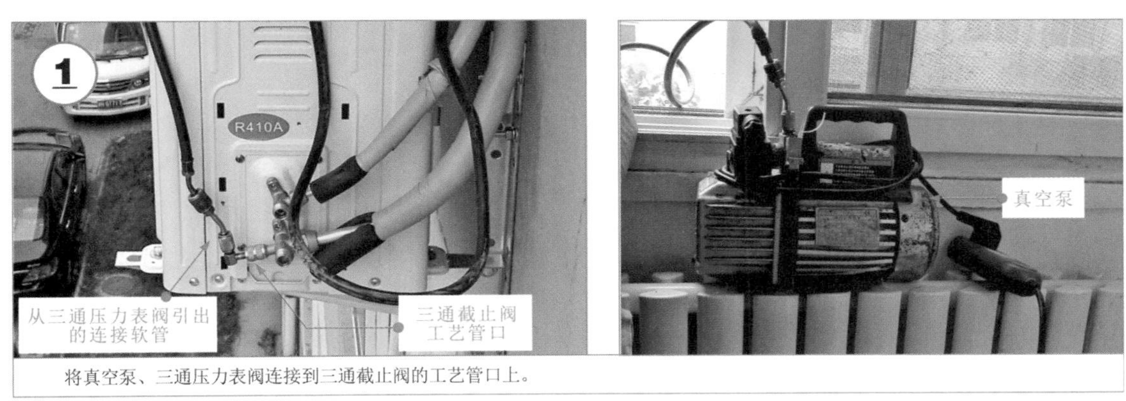

将真空泵、三通压力表阀连接到三通截止阀的工艺管口上。

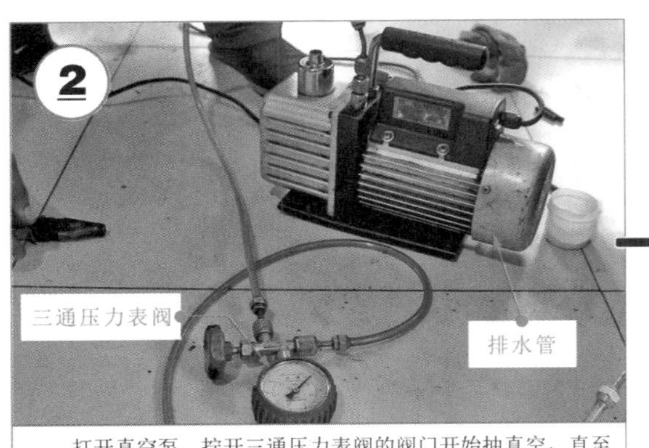

打开真空泵，拧开三通压力表阀的阀门开始抽真空，直至压力表盘显示压力值为-0.1MPa后，再抽15～20min。

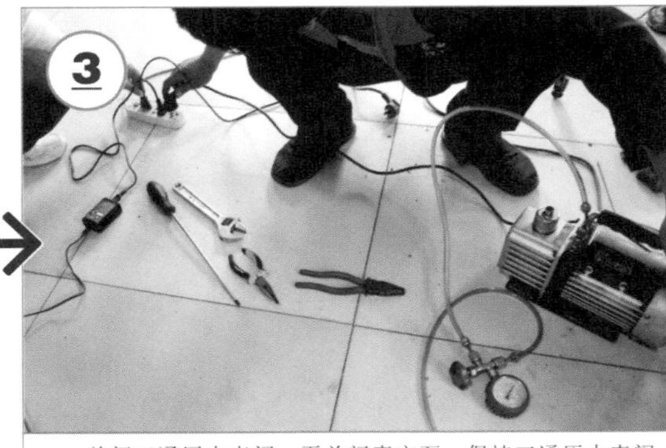

关闭三通压力表阀，再关闭真空泵，保持三通压力表阀与空调器管路的连接，检查压力有无回升。

图8-23

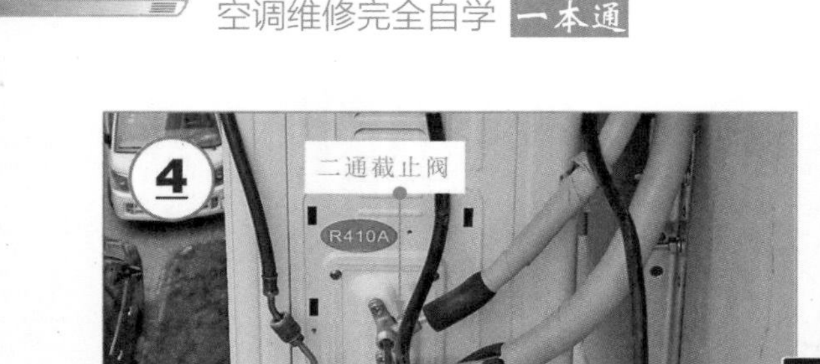

用力矩扳手打开二通截止阀约1/4圈，保持10s后关闭，有部分制冷剂进入室内机管路中，管路压力由负压力变为正压力。

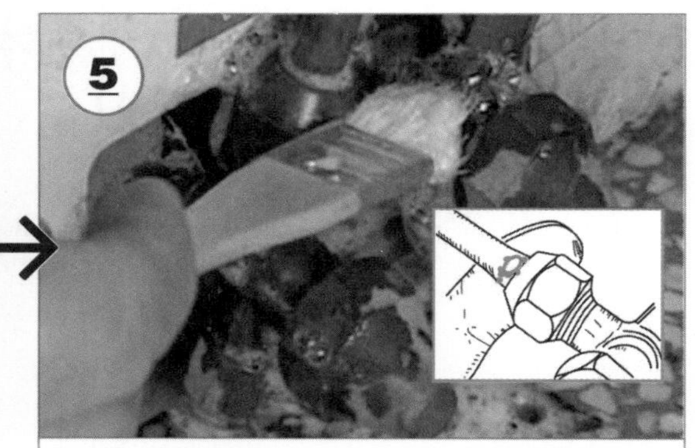

检漏测压无异常后，取下三通压力表阀，将二通截止阀和三通截止阀阀门全部打开，室内、外机管路形成闭合回路。

图8-23 抽真空排空的操作方法

【提示说明】

如图 8-24 所示，在抽真空操作中，当室内机管路和连接管路中的空气未排出前，室外机管路必须处于密封状态，即此时二通截止阀、三通截止阀阀门必须关闭；当通过三通截止阀的工艺管口连接三通压力表阀及真空泵后，由连接软管一端的阀针将三通截止阀工艺管口的阀芯顶开，此时工艺管口与连接管路、室内机制冷管路相通，可通过工艺管口将管路中的空气抽出。

需要注意的是，不论三通截止阀的阀门是否关闭，只要工艺管口的阀芯被顶开，则工艺管口即可与连接管路导通。

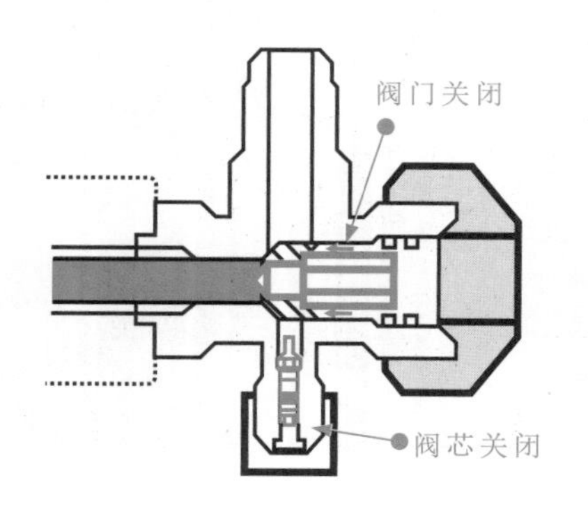

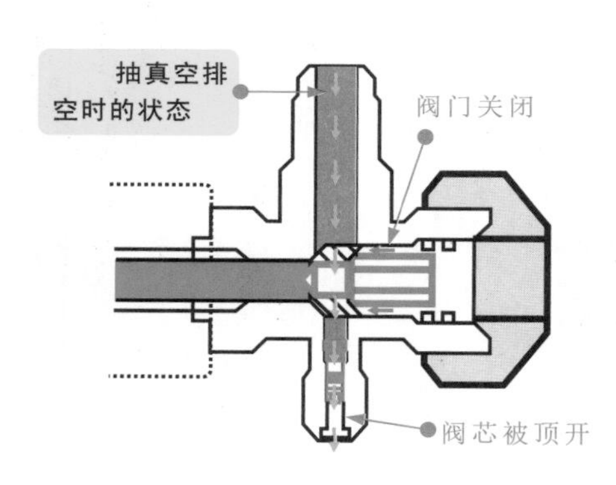

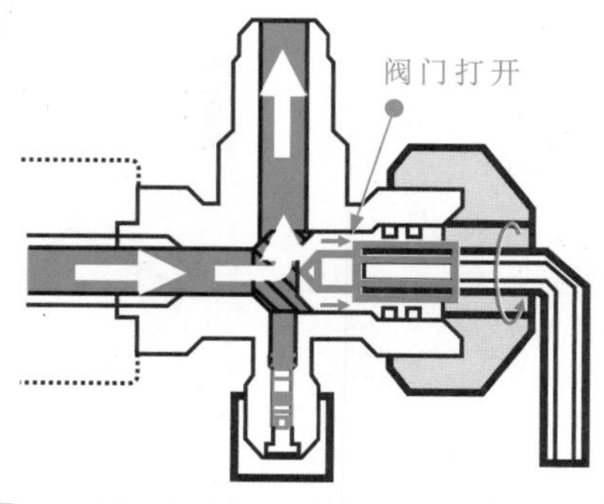

图8-24 抽真空操作中三通截止阀内的三通关系

② 空调器排水试验

空调器在正常工作时，冷凝器因气液变化会在管路上产生冷凝水。这些冷凝水需要排出。若排水不当，也将导致空调器工作异常。因此，排水检查是空调器安装完毕后的一个重要检查项目，即检查室内机能否将水排出室外。

图 8-25 为空调器安装后的排水试验。

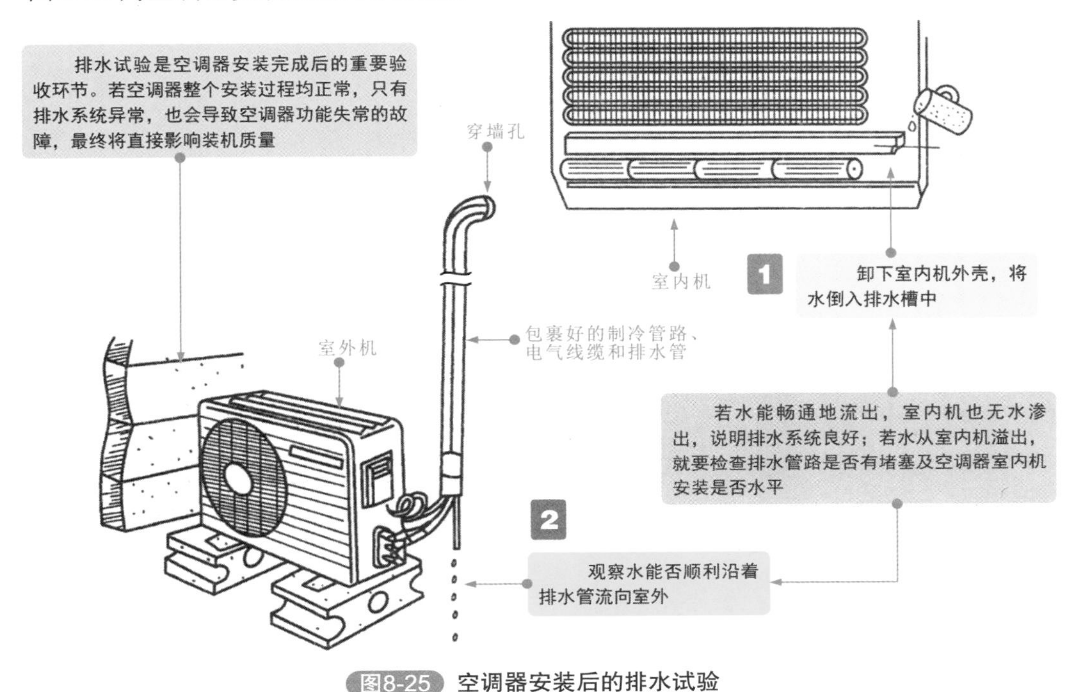

图8-25 空调器安装后的排水试验

【提示说明】

如图 8-26 所示，空调器冷凝水排出是否顺利，除了与安装中穿墙孔的位置、室内机的位置和高度等有关外，还与排水管的引出方法有直接关系，排水管弯曲、引入排水沟、水池等操作不当，均会引起排水异常情况，因此当排水不良时，需要检查排水管的引出情况。

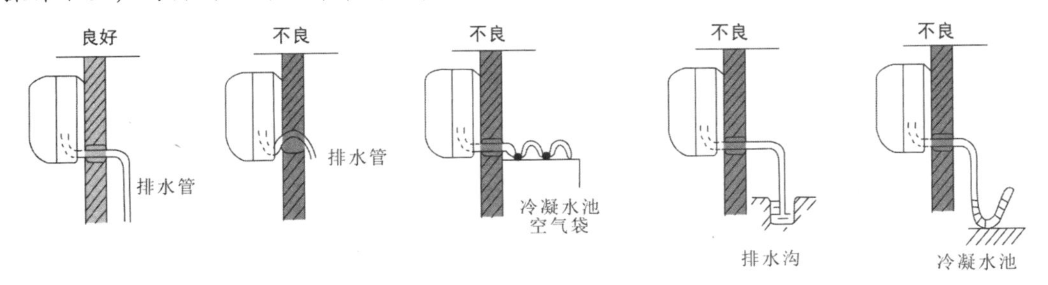

图8-26 排水管的几种引出方式

在确认管路无泄漏、排水系统良好后，就可以通电试机了。

③ 通电试机

通电试机是指接通空调器的电源，通过试操作运行检查空调器的安装成功与否。该操作是空调器安装操作中的最后步骤，也是正式投入使用前的重要步骤。空调器安装完成后的通电测试如图 8-27 所示。

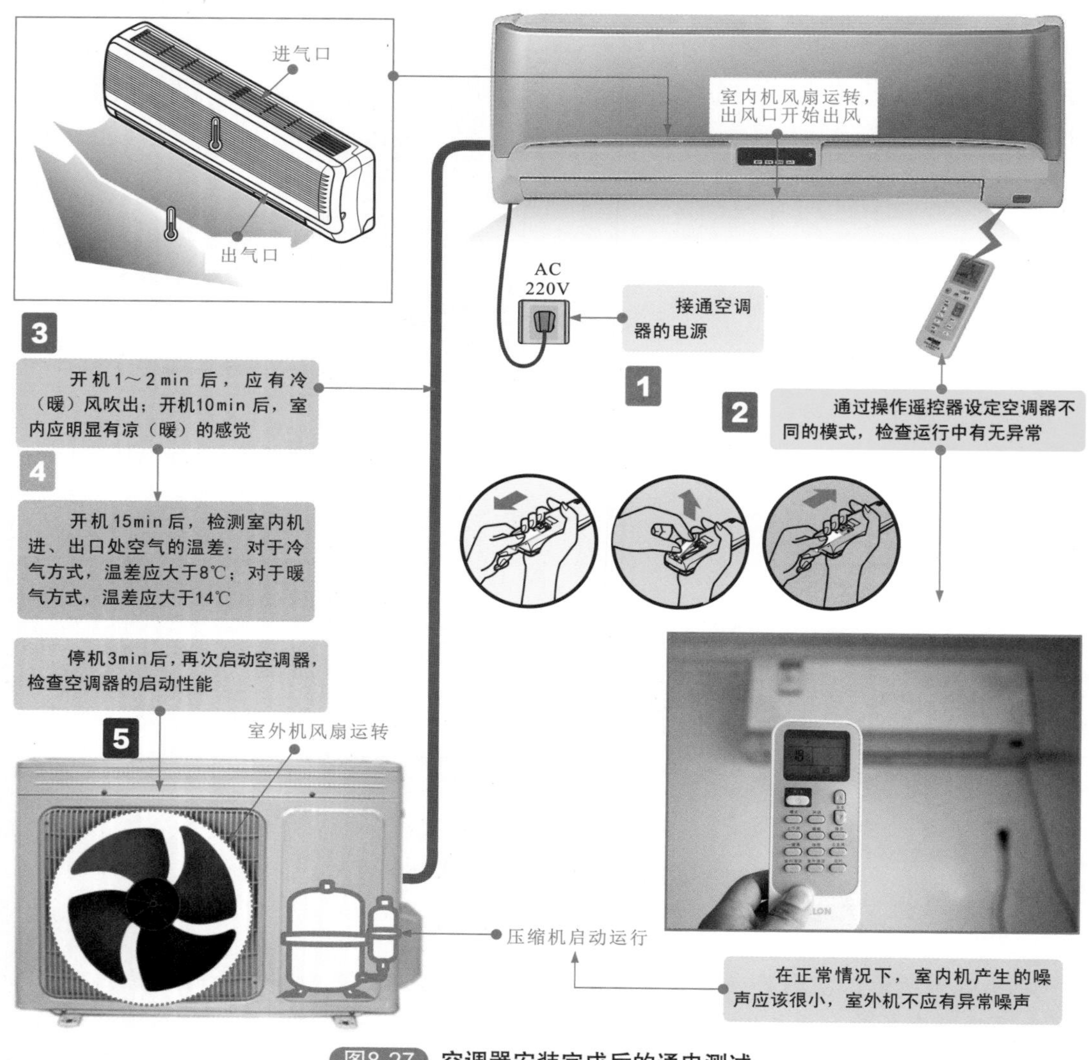

图8-27 空调器安装完成后的通电测试

8.2 空调器的移机

空调器在使用过程中常常会因位置不当或环境因素影响而进行位置的变化或移动。由于空调器室内机与室外机两个部分构成了封闭的制冷循环管路，因此移机时，不仅仅是将室内机与室外机的位置进行变化，还涉及封闭制冷循环管路的打开与连接、制冷剂的处理等操作，作为一名空调器的维修人员，掌握空调器移机前的准备及操作基本规程和操作方法是十分必要的。

不同品牌、类型和结构形式的空调器，移机的操作方法和要求基本相同，下面仍以典型分体壁挂式空调器为例（其他类型空调器的移机操作方法与其类似）介绍空调器的移机操作方法。

按照正常的操作顺序，空调器的移机技能分为 4 个步骤，即回收制冷剂、拆卸机组、移机、重新安装，如图 8-28 所示。

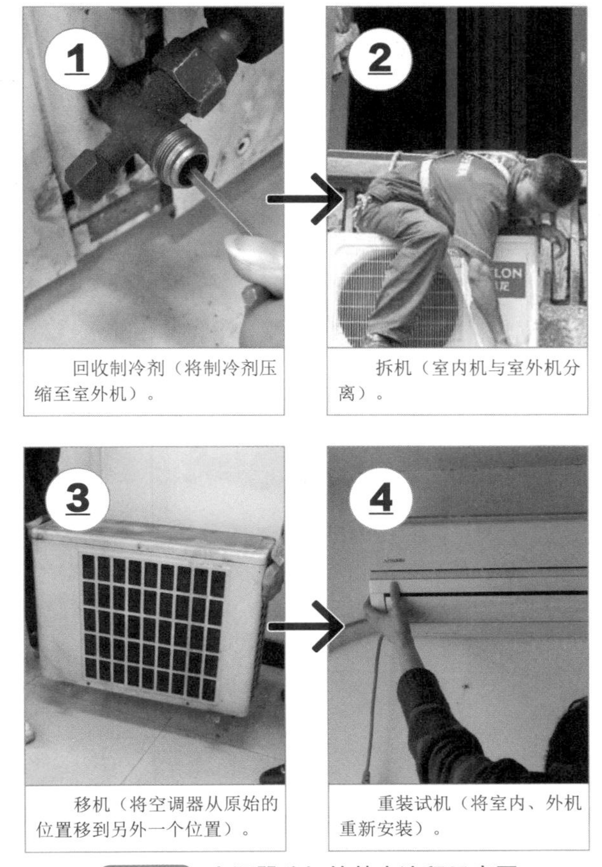

图8-28 空调器移机的基本流程示意图

【提示说明】

空调器的移机操作规程及注意事项主要包括：

① 空调器移机前，需要确保空调器工作正常，没有任何故障，避免移机后带来麻烦；

② 在移机过程中，不要损坏室内机和室外机，尤其是制冷管路和连接线缆；

③ 移机完成后，一定要进行检漏操作，避免重装的空调器发生故障；

④ 在回收制冷剂时，关闭低压气体阀的动作要迅速，阀门不可停留在半开半闭状态，否则会有空气进入制冷系统；

⑤ 应注意截止阀是否漏气，在回收制冷剂时，若看到低压液体管结露，则说明截止阀有漏气故障，此时应停止回收制冷剂，及时采取补漏措施；

⑥ 重新安装好后，需要开机试运行，检测空调器的运行压力、绝缘阻值、制冷温差和制热温差等数据，保证重新安装后的空调器能够正常使用。

8.2.1 空调器移机前的准备

空调器在移机前要做好移机前的准备。移机前的准备包括回收制冷剂和拆机两个步骤。

(1) 回收制冷剂

移机之前，需要将制冷管路中的制冷剂回收。目前，最常采用的方法是将制冷剂回收到室外机管路中。空调器内制冷管路中的制冷剂回收到室外机的操作方法如图 8-29 所示。

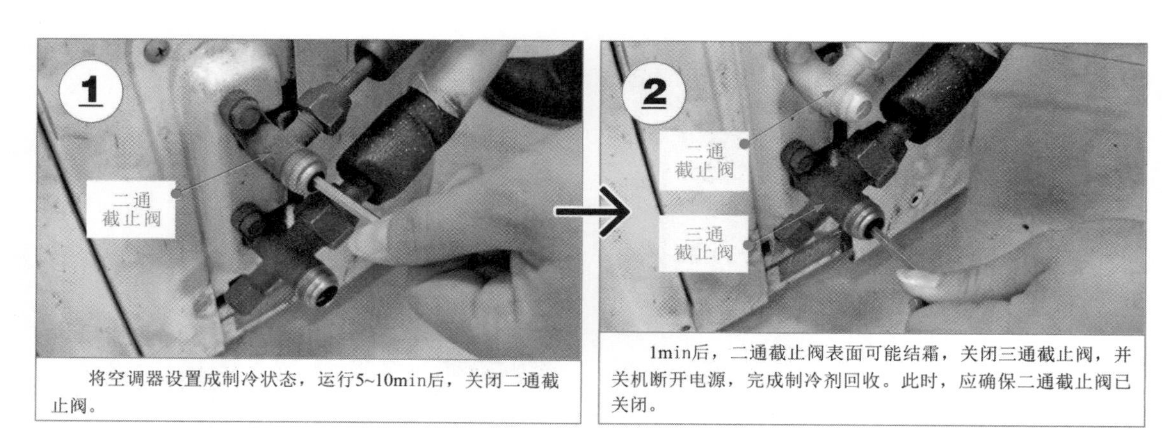

图8-29 制冷剂回收操作方法

【提示说明】

在上述制冷剂的回收过程中，制冷剂回收的时间是根据维修人员积累的经验而定的，也可借助复合修理阀准确判断制冷剂的回收情况，如图 8-30 所示。

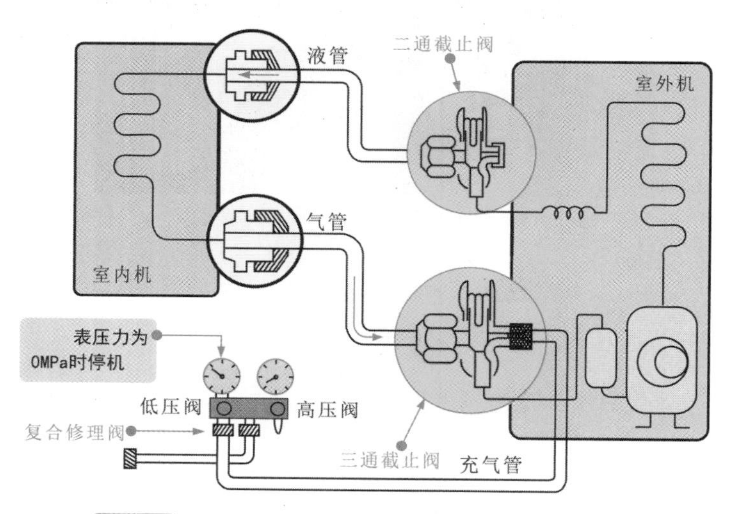

图8-30 借助复合修理阀准确判断制冷剂的回收情况

具体操作过程与前述操作过程相似。首先卸下三通截止阀和二通液体截止阀的阀帽，确认阀门处于开放位置，启动空调器 10 ~ 15min，使空调器停止运转并等待 3min，将复合修理阀接至三通截止阀的工艺管口，打开复合修理阀的低压阀，将充气管中的空气排出。

将二通截止阀调至关闭的位置（用六角扳手将阀杆沿顺时针方向旋转到底），使空调器在冷气循环方式下运转，当表压力为 0MPa 时，使空调器停止运转，迅速将三通截止阀调至关闭的位置（将阀杆沿顺时针方向旋转到底），安装好二通截止阀和三通截止阀的阀帽和工艺管口帽后，制冷剂回收完成。

（2）拆机

制冷剂回收完成，确认二通截止阀和三通截止阀关闭密封良好后，便可将空调器机组拆卸下来，即将室外机与室内机之间的连接管路和通信电缆拆开，如图 8-31 所示，使室内机与室外机分离。

打开室外机接线盒的保护盖，找到接线盒，用螺钉旋具将接线盒接线端子上的线缆一一取下。

使用扳手将二通截止阀与连接管路连接的接口分离（二通截止阀阀门必须已经关闭，阀门盖好）。

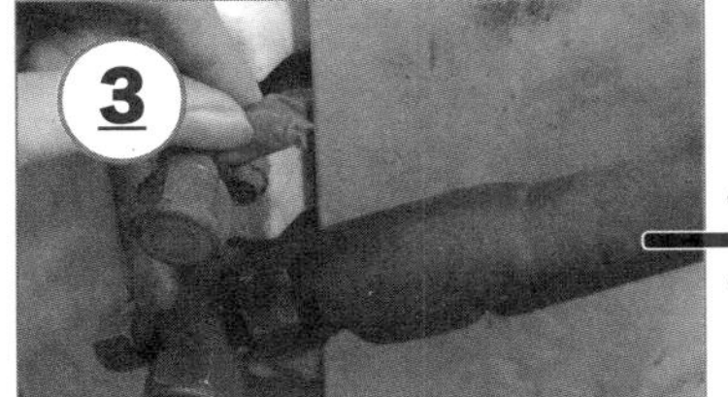

使用胶布将二通截止阀的管口封闭，防止灰尘、杂物进入。

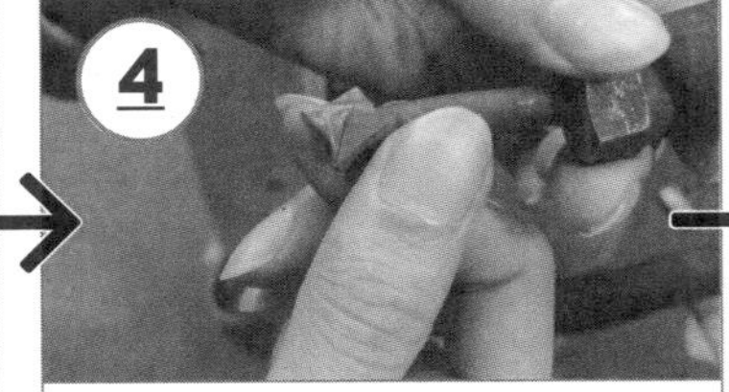

使用胶布将二通截止阀所连接的管路的接口封闭，防止灰尘、杂物进入。

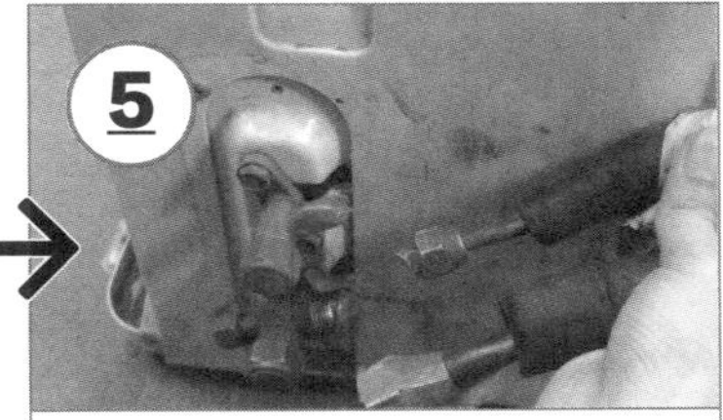

将三通截止阀与连接管路分开，并将阀口及所连接管路管口使用胶带封闭。

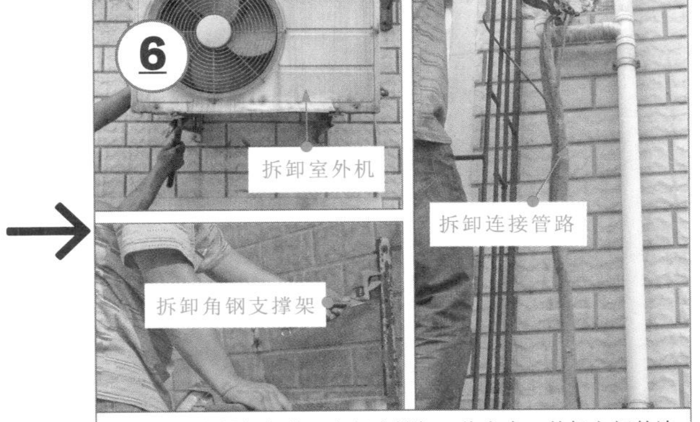

拆卸室外机机体、角钢支撑架，将室内、外机之间的连接管路分离并拆卸。

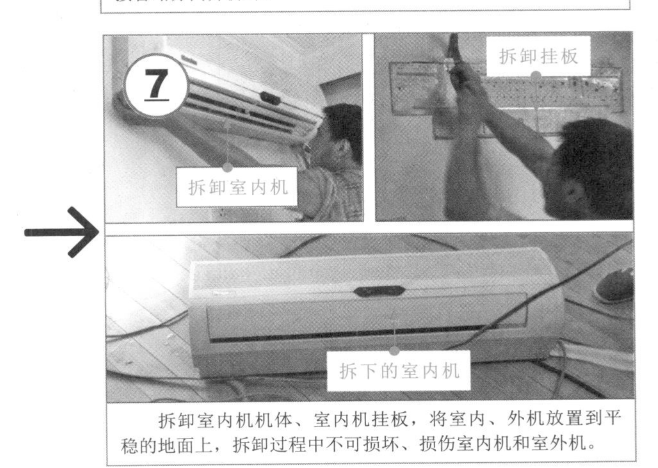

拆卸室内机机体、室内机挂板，将室内、外机放置到平稳的地面上，拆卸过程中不可损坏、损伤室内机和室外机。

图8-31　分离空调器室内机和室外机并拆下

8.2.2 空调器移机的操作方法

空调器的移机要严格按照操作规程，否则可能由于操作失误而导致空调器故障或缩短使用寿命。空调器的移机包括重装前的检查和重新安装两个步骤。

（1）重装前的检查

如图 8-32 所示，将分离后的室内机和室外机妥善移至新的安装环境，尤其注意管路不能弯折，若制冷管路外保护层破损严重，则需要重新包扎，否则影响使用效果。若空调器脏污严重，则在安装前要进行必要的清洁处理。

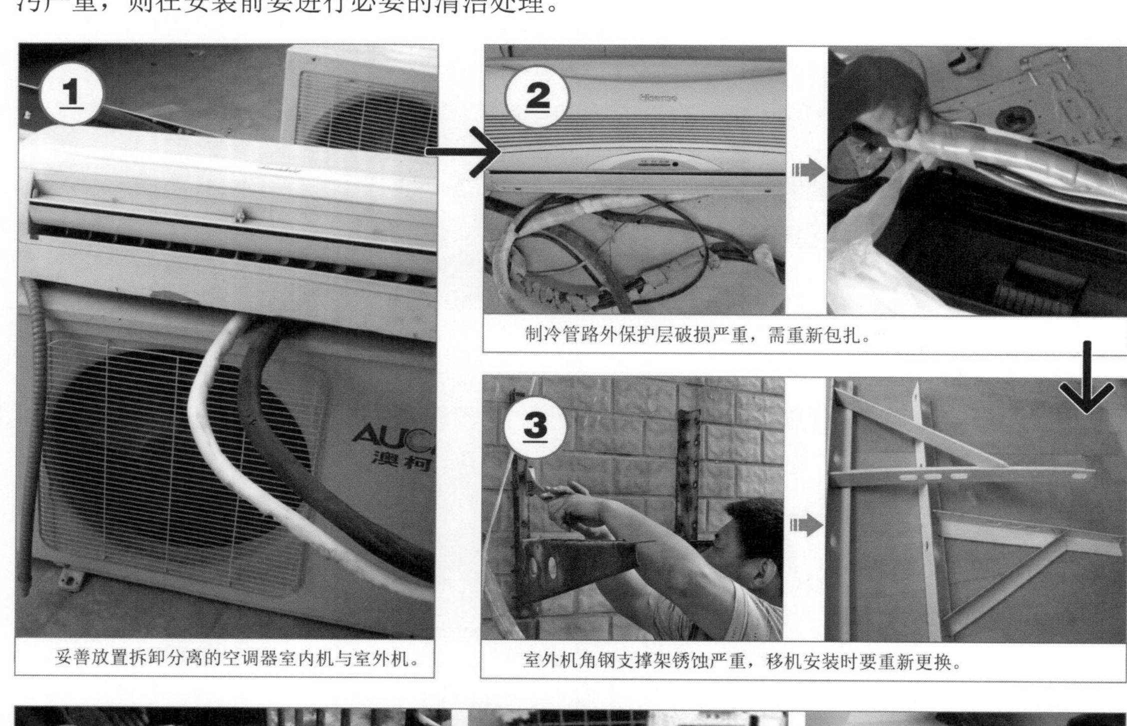

妥善放置拆卸分离的空调器室内机与室外机。

制冷管路外保护层破损严重，需重新包扎。

室外机角钢支撑架锈蚀严重，移机安装时要重新更换。

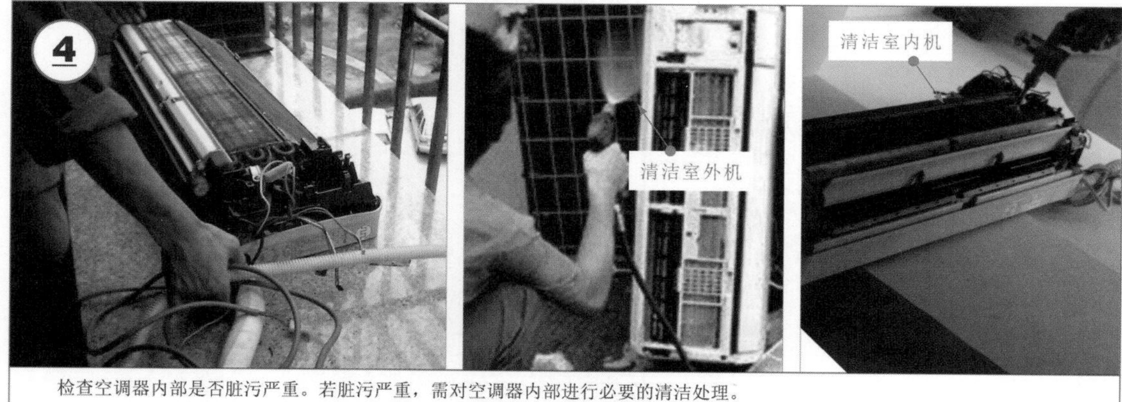

检查空调器内部是否脏污严重。若脏污严重，需对空调器内部进行必要的清洁处理。

图8-32 空调器重装前的检查

（2）重新装机并试机

如图 8-33 所示，空调器的重装过程与新空调器的安装操作类似。需要注意的是，由于是重装机，在拆机、移动过程中难免会出现磕碰、制冷剂泄漏等情况，因此重装完毕后，检漏、排水实验、通电试机都是十分重要的验收环节。若出现制冷剂泄漏或制冷剂不足等情况，应及时修补并充注制冷剂。

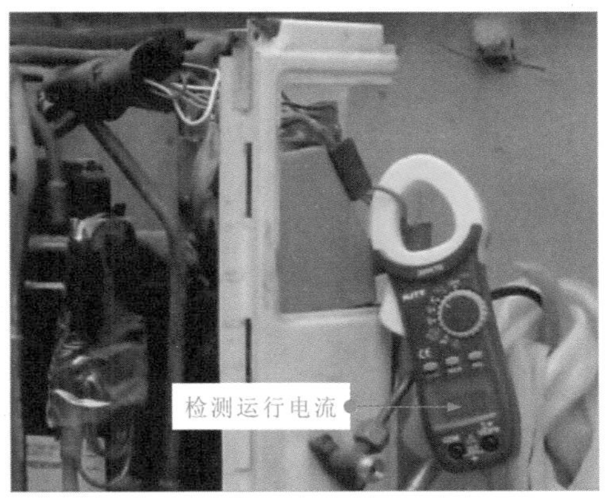

图8-33 重装试机

第 9 章 空调器的检修方法及注意事项

9.1 空调器的常用检修方法

9.1.1 直接观察法

空调器维修人员应该善于从空调器的工作状态中查找到故障线索，因此在检修中，可首先对具有明显特征的部位仔细观察，通过外观状态和特点查找重要的故障线索。

（1）观察空调器的整体外观及主要部位是否正常

空调器出现故障后，不可盲目拆卸或进行代换检修操作，应首先采用观察法检查空调器的整体外观及主要部位是否正常，有无明显磕碰或损坏的地方。

图 9-1 为采用观察法判断空调器整体外观及主要部件是否正常。

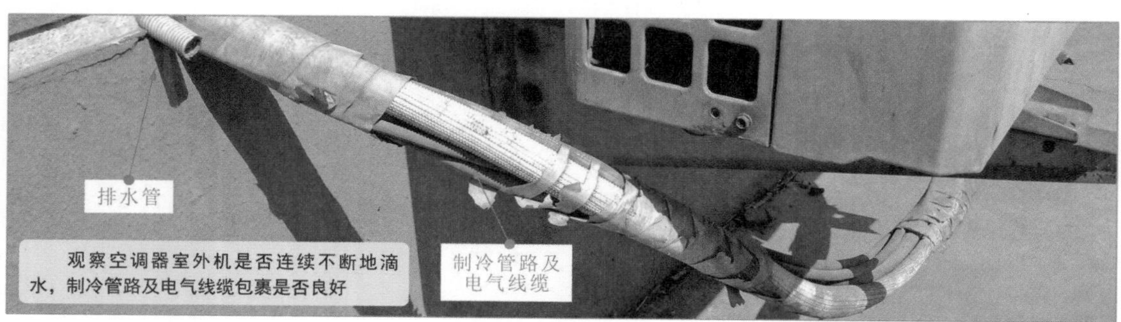

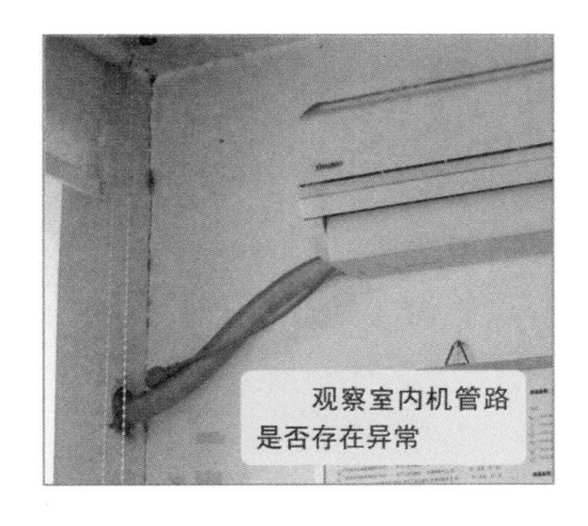

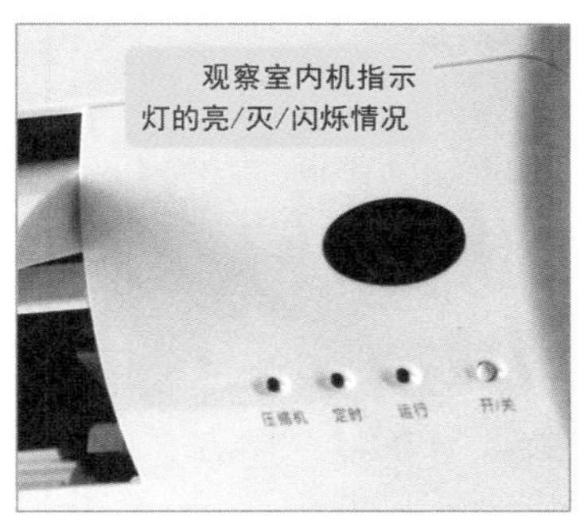

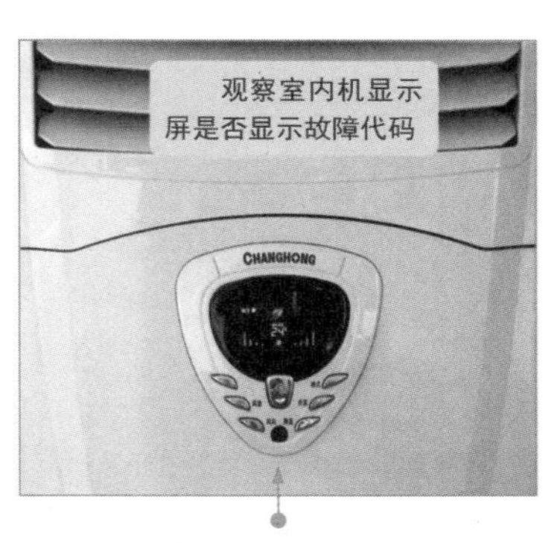

图9-1 采用观察法判断空调器整体外观及主要部件是否正常

（2）观察空调器主要特征部件有无异常

在空调器的管路系统中，有些部件在工作时，可通过外部特征很明显地体现工作状态，如毛细管、干燥过滤器等。若毛细管、干燥过滤器表面有明显的结霜现象，则表明管路系统存在脏堵、冰堵或油堵故障。因此在检修空调器时，仔细观察类似毛细管、干燥过滤器等具有明显特征部件的外观，对快速辨别故障十分必要。图 9-2 为观察空调器主要特征部件是否正常。

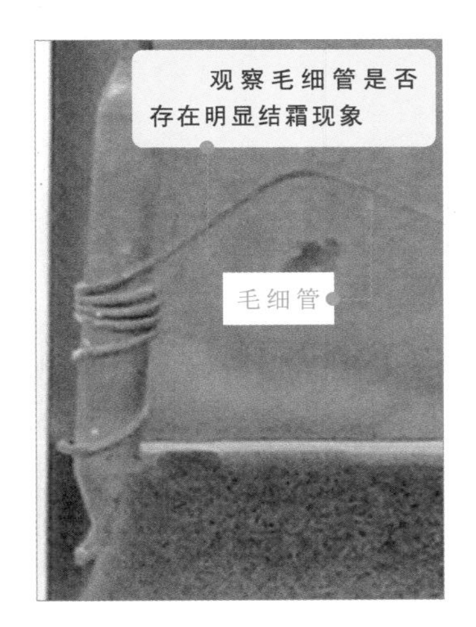

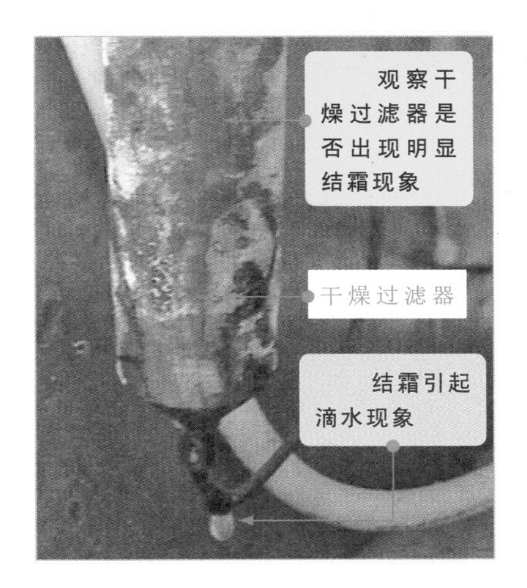

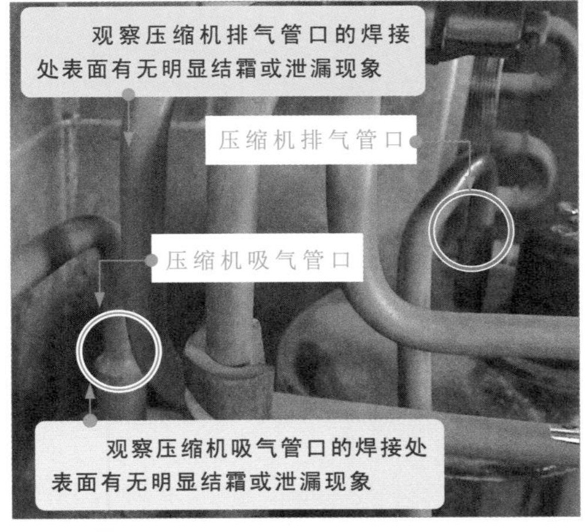

图9-2 观察空调器主要特征部件是否正常

（3）观察空调器管路焊点有无油渍

空调器管路系统中的部件之间多采用焊接方式，焊接部位较容易出现泄漏，因此检修时，还应仔细观察各个焊接点处有无油渍泄漏（压缩机的冷冻机油），对判断管路系统是否存在泄漏点有很大帮助。

图 9-3 为借助白纸观察管路焊接点有无油渍。

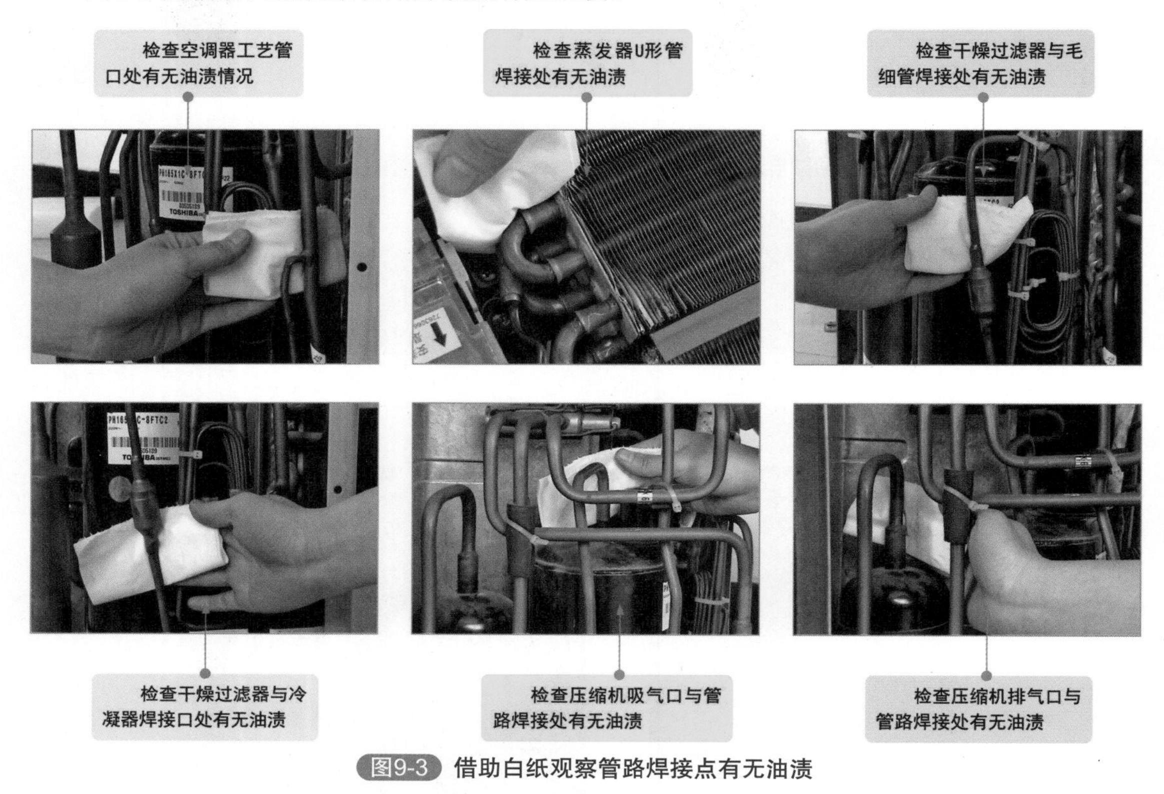

图9-3 借助白纸观察管路焊接点有无油渍

9.1.2 倾听法

倾听法是指通过听觉来获取故障线索的方法，主要用于对能够发出声响部件的直观判断，如压缩机的运转声、管路中的气流声等。

图 9-4 为采用倾听法判断空调器的几种故障。

9.1.3 触摸法

触摸法是指通过接触空调器某部位感受其温度的方法来判断故障。一般通过触摸法查找故障时，可在空调器在通电 20 ～ 30min 之后断电关机，这时空调器中各部位的温度都会明显变化，所以通过用手感觉各部位的温度可以有效地判断出故障线索。

（1）触摸压缩机的温度判断故障

空调器在运行状态时，可通过感知压缩机的表面温度判断压缩机的运行情况。在压缩机运转过程中，用手触摸吸气管和排气管时感觉到的温度也各有不同，如图 9-5 所示。

当压缩机正常运转一段时间后，表面温度一般不会超过 90℃；长时间运行后，表面温度可能会达到 100℃，用手靠近感觉温度即可，以免烫伤。

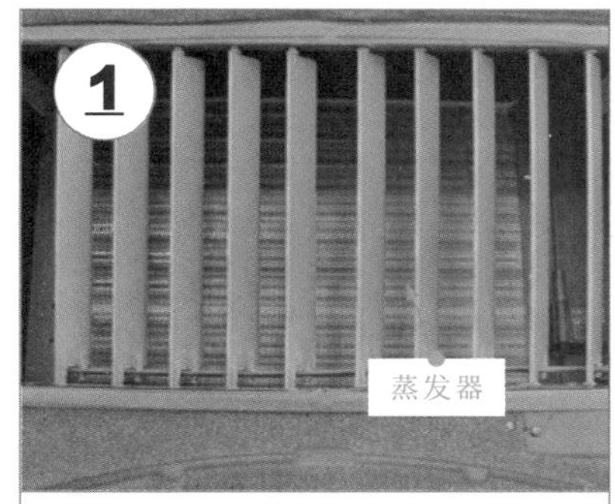

倾听蒸发器的运行声，在压缩机运行的情况下，侧耳仔细倾听蒸发器内应有类似流水的“嘶嘶”声。

压缩机在运行的情况下，如果听不到水流声，则说明管路中有堵塞的现象

维修人员正在倾听室内机工作时发出的声响

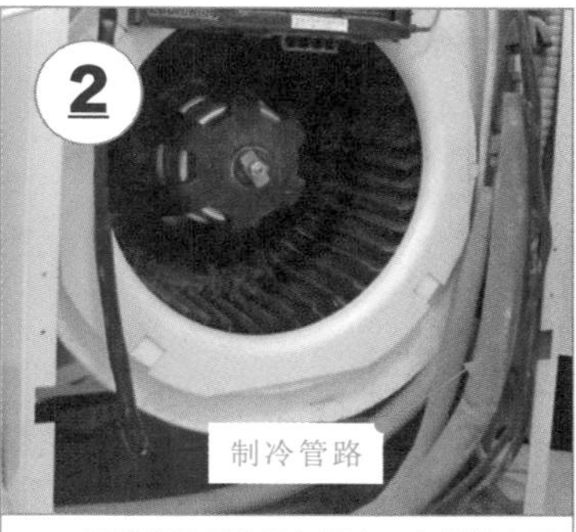

倾听管路系统的气流声，空调器在正常制冷情况下，由于制冷剂在制冷管道中流动，因此会有气流声或水流声发出。

如果没有水流声，则说明制冷剂已经泄漏。如果蒸发器内既没有水流声也没有气流声，则说明干燥过滤器或毛细管存在堵塞现象

倾听风扇运转的声音，风扇扇叶在正常转动时应有持续轻微的转动声响，不应有杂音。

若风扇转动时存在杂音，则多为风扇扇叶安装不良；若风扇在转动的范围内存在异物，则扇叶与异物相碰撞时就会发出撞击声，这时就需要对风扇的安装情况和周围环境进行检查

维修人员正在倾听室外机工作时发出的声响

倾听压缩机的运行声音，压缩机在正常工作的情况下，应有比较小的“嗡嗡”声，该声音持续且均匀。

若听不到压缩机的工作声响，则表明压缩机损坏或供电电路存在异常；若听到强烈的“嗡嗡”声，则说明压缩机已经通电，但没有启动，有可能是卡缸或者抱轴；若听到“嗵嗵”声，则表明有大量的液态制冷剂或冷冻机油进入气缸；若听到“当当”的声响，类似有异物撞击压缩机，则可能是内部运动部件出现松动；若听到有异常的金属撞击声，如吊簧脱落，则此时要马上切断电源；若听到“嗒嗒”声，则通常是由于压缩机启动电路的保护器时通时断造成的，供电电压低或者保护器有故障时就会出现这种现象

当冷暖空调器出现只制冷不制热和只制热不制冷的情况时，就需要倾听一下四通阀是否动作。通常，空调器处于制热状态时，在关闭空调器的瞬间，应该能够听到制冷剂的回流声。如果通断电时四通阀都不动作，则表明四通阀有故障

倾听四通阀的换向声音，制热转换及关闭时应发出正常的工作声响，同时会伴随制冷剂的流动声。

图9-4　采用倾听法判断空调器的几种故障

正常制冷时，吸气管的温度较低，用手触摸吸气管应该有冰凉的感觉。温度虽低，但不应出现结霜或滴水的情况。若出现结霜或滴水，则可确定是制冷剂充注过量。

正常制冷时，排气管的温度较高，用手触摸排气管，感觉温度较高，大约为60℃，有明显的温热感。

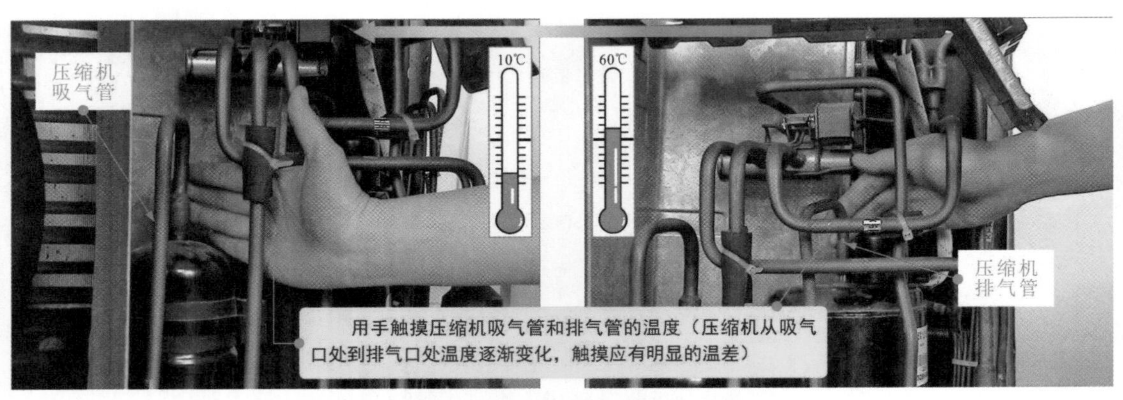

图9-5 触摸吸气管和排气管的温度变化情况判断有无故障

（2）触摸干燥过滤器的温度判断故障

干燥过滤器的温度能够在很大程度上体现空调器管路系统的工作状态，因此用触摸法感知干燥过滤器的温度在维修空调器时十分常见，如图 9-6 所示。

空调器在正常制冷时，干燥过滤器的温度应略高于人体温度，用手触摸时感觉温热。

干燥过滤器温度过高，说明制冷管路中的制冷剂过多，需将多余的制冷剂排出。

干燥过滤器温度过低，说明制冷系统存在堵塞

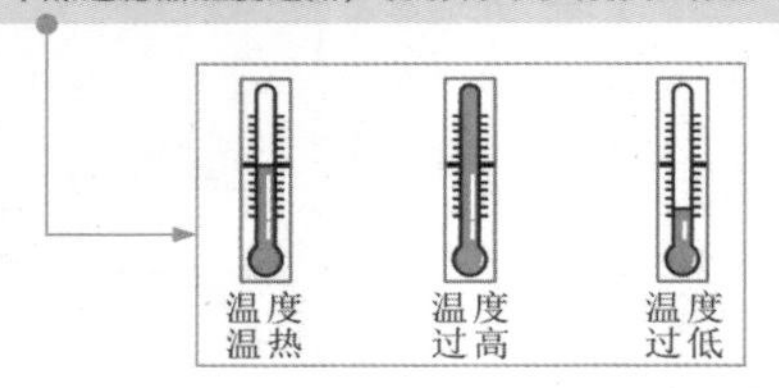

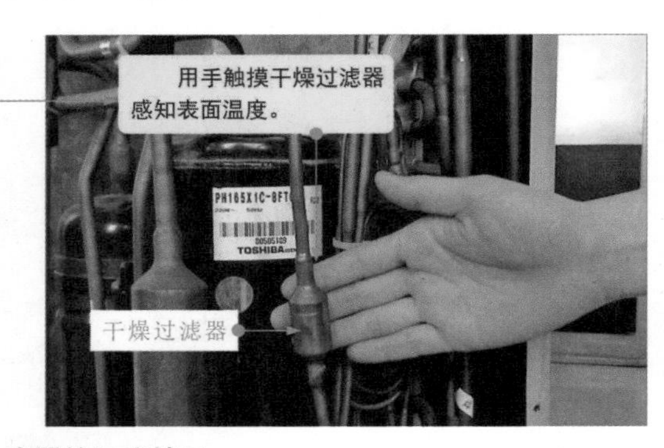

图9-6 触摸干燥过滤器的温度情况

（3）触摸冷凝器的温度判断故障

空调器中的冷凝器在工作中也具有明显的温度变化特征，通过感知冷凝器不同部位的温度变化，对判断空调器管路系统的工作状态十分有帮助，如图 9-7 所示。

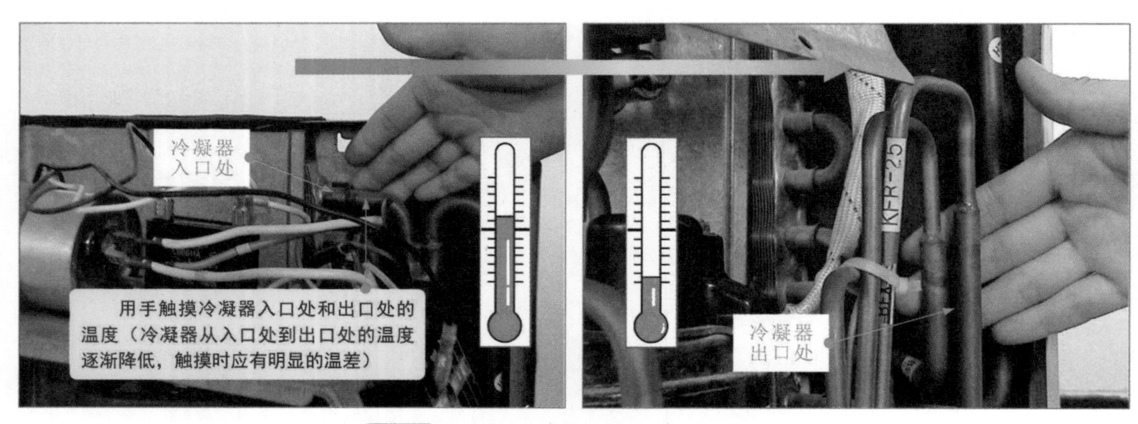

图9-7 触摸冷凝器不同部位的温度情况

在正常情况下，冷凝器的温度应是从入口处到出口处逐渐降低的。

若冷凝器入口处和出口处的温度没有明显的变化或冷凝器根本就不散发热量，则说明制冷系统的制冷剂有泄漏现象，或者压缩机不工作等。

若冷凝器散发热量数分钟后又冷却下来，则说明干燥过滤器、毛细管有堵塞故障。

（4）触摸蒸发器的温度判断故障

蒸发器的温度直接影响空调器的制冷效果，观察蒸发器的结霜情况，可以初步判断管路系统中是否存在故障，如图 9-8 所示。

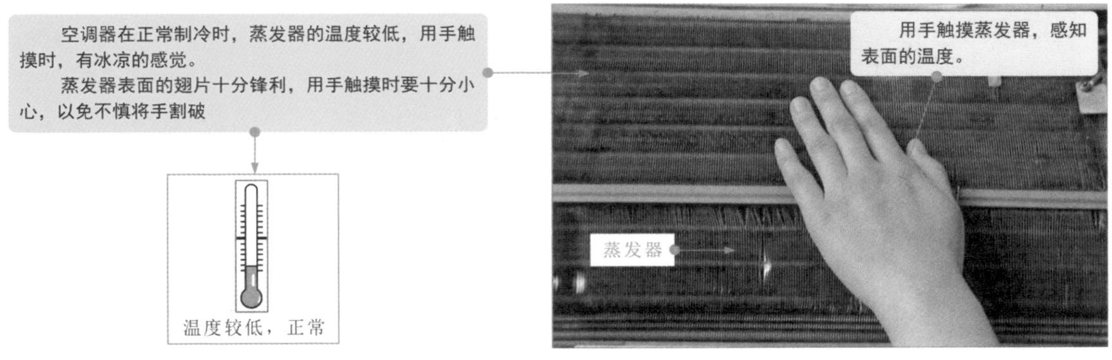

图9-8　触摸蒸发器的温度情况

（5）触摸室内机的温度判断故障

空调器刚开始制冷或制热时，可用手触摸室内机出风口和吸风口的温度，判断室内机的制冷或制热情况，如图 9-9 所示。

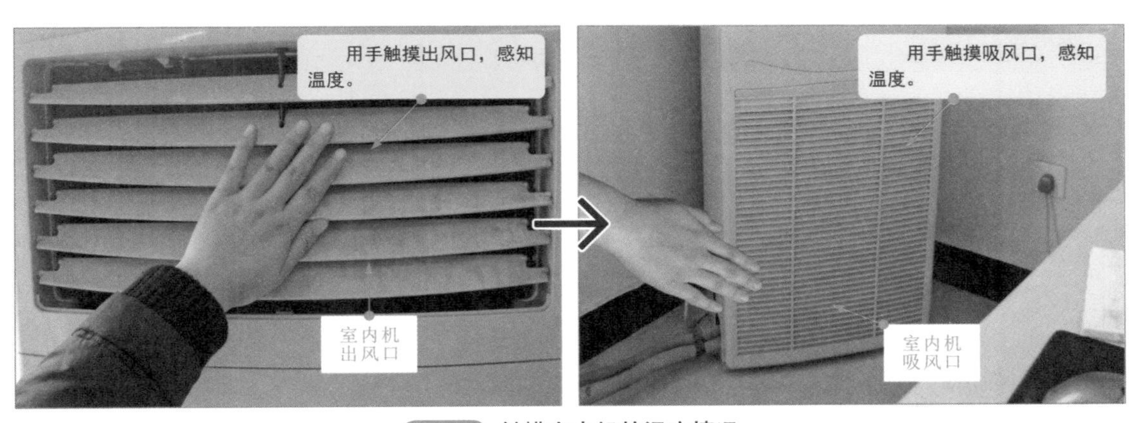

图9-9　触摸室内机的温度情况

9.1.4　管路保压测试法

管路保压测试法是空调器管路维修过程中常采用的一种判断方法。它是指通过压力表测试管路系统中压力的大小来判断管路系统是否存在泄漏故障的方法，也可称为保压检漏法。

管路保压测试法一般应用于制冷产品管路系统被打开（某部分管路或部件被切开或取下）完成维修后充氮检漏时或对管路重新充注制冷剂后。

图 9-10 为空调器的管路保压测试法。

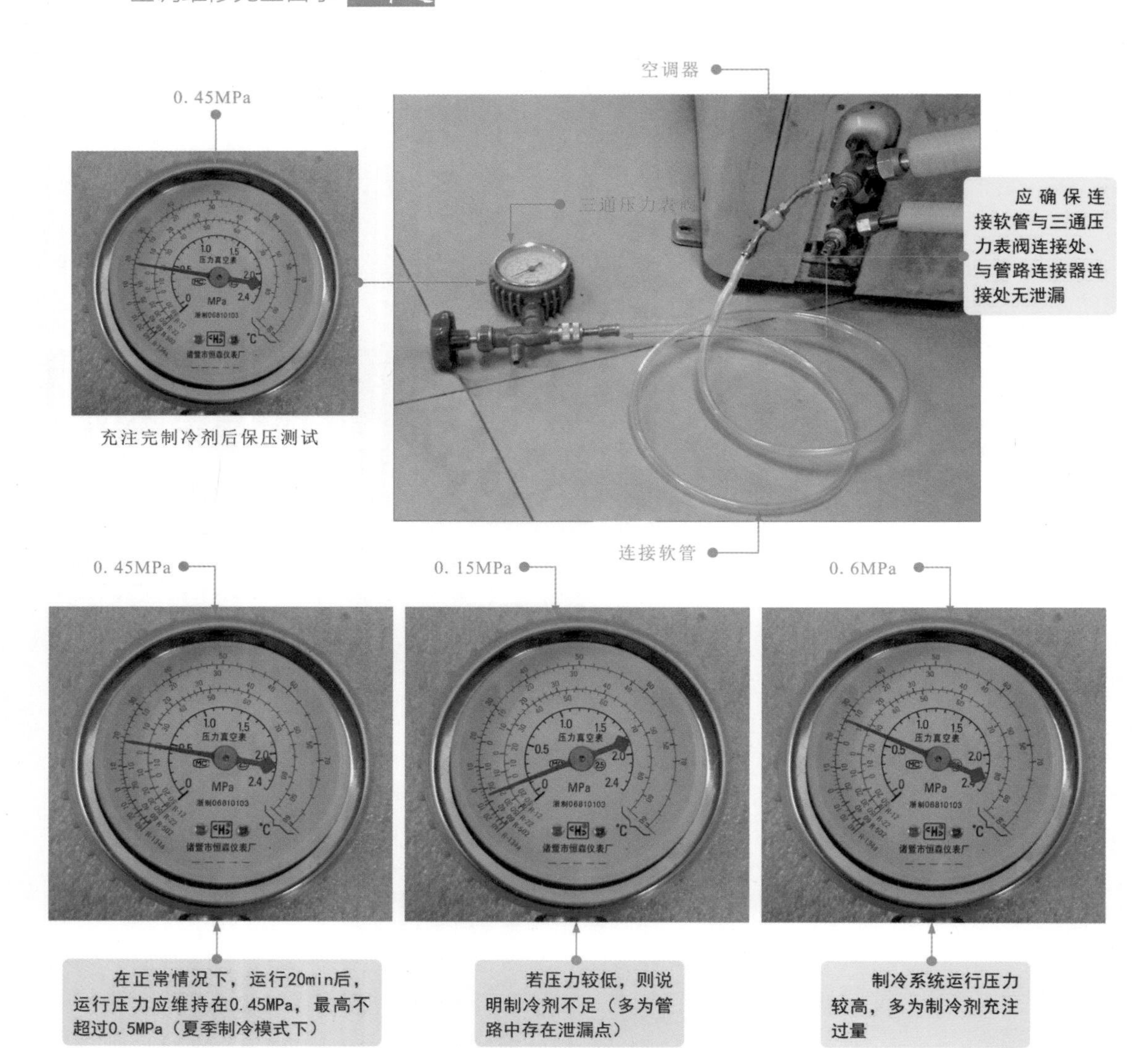

图9-10 空调器的管路保压测试法

【提示说明】

空调器正常运转5min以上时，可通过检测其运行压力大致判断制冷管路的状态。

空调器的运行压力与空调器的匹数无关，而与制冷剂的类型、工况条件、空调类型等参数有关。

若管路系统为R22制冷剂，其运行压力一般为：

制冷模式下（低压压力）运行压力为0.4～0.6MPa；

制热模式下（高压压力）运行压力为1.6～2.1MPa；

停机时的静止压力在1MPa左右。

若管路系统为R410A制冷剂，其运行压力一般为：

制冷模式下（低压压力）运行压力为0.6～0.9MPa；

制热模式下（高压压力）运行压力为2.2～2.6MPa；

停机时的静止压力为0.8～1.1MPa。

9.1.5 仪表测试法

仪表测试法通常是指通过万用表、示波器及电子温度计等对制冷产品进行测试，通过测试找到故障范围，确定故障点，完成对空调器的维修。

（1）万用表测试法

万用表测试法是在检修制冷产品的电路部分或电气部件时使用较多的一个测试方法。该方法主要检测制冷产品电路部分或电气部件的阻值或电压，然后将实测值与标准值比较，从而锁定制冷产品电路部分或电气部件出现故障的范围，最终确定故障点。

利用万用表测量电冰箱电源电路中的+300V直流电压，就可以方便地判断出交流输入及整流滤波电路是否正常。若不正常，则可顺着测试点线路中的元器件逐一进行查找，最终确立故障点，如图9-11所示。

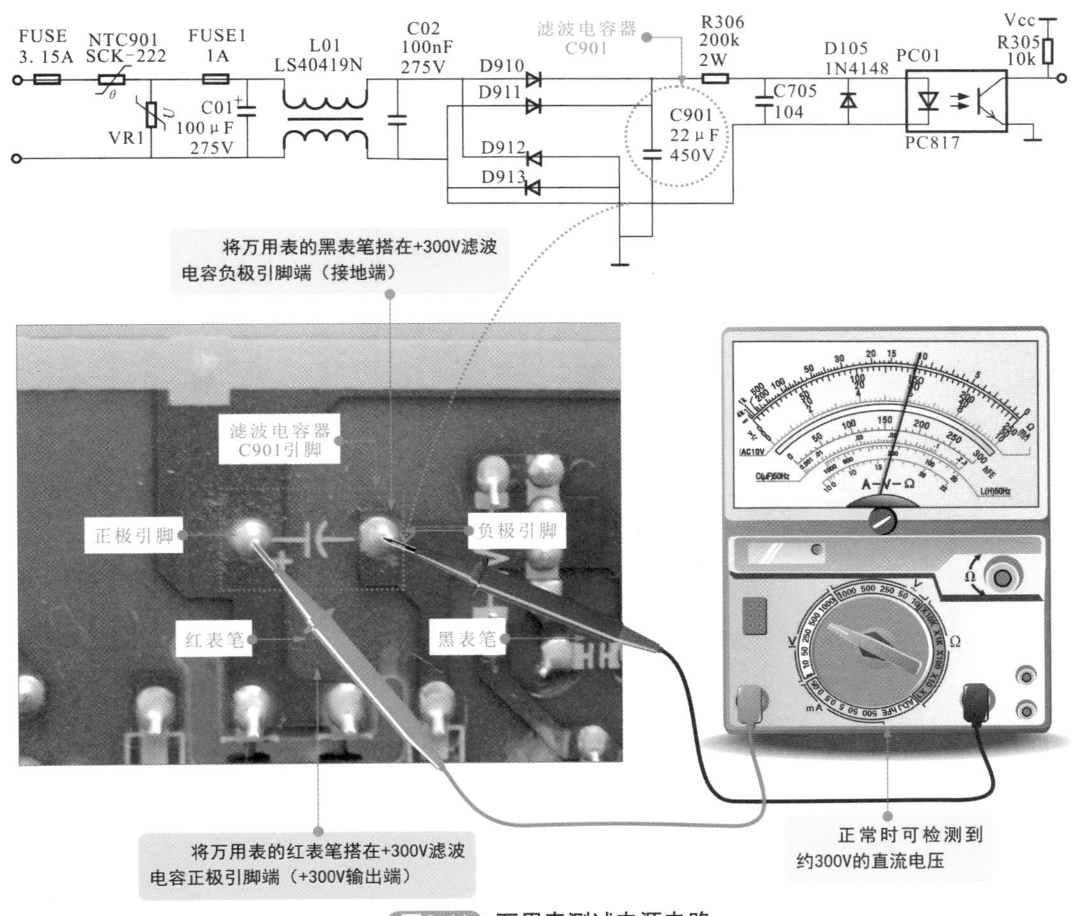

图9-11 万用表测试电源电路

【提示说明】

在通电状态下检测电路板部分的电压值或电流值时，必须注意人身安全和产品安全。一般电冰箱都采用220V作为供电电源，电源板上的交流输入部分带有交流高压，因此在维修时需要注意安全操作。

(2)示波器测试法

示波器测试法是在检修制冷产品电路部分时最科学、最准确的一种检测方法。该方法主要通过示波器直接观察有关电路的信号波形，并与正常波形相比较来分析和判断电路部分出现故障的部位。

用示波器检测空调器控制电路部分晶振的信号，通过观察示波器显示屏上显示出的信号波形，可以很方便地识别出波形是否正常，从而判断控制电路的晶振信号是否满足需求，进而迅速地找到故障部位，如图9-12所示。

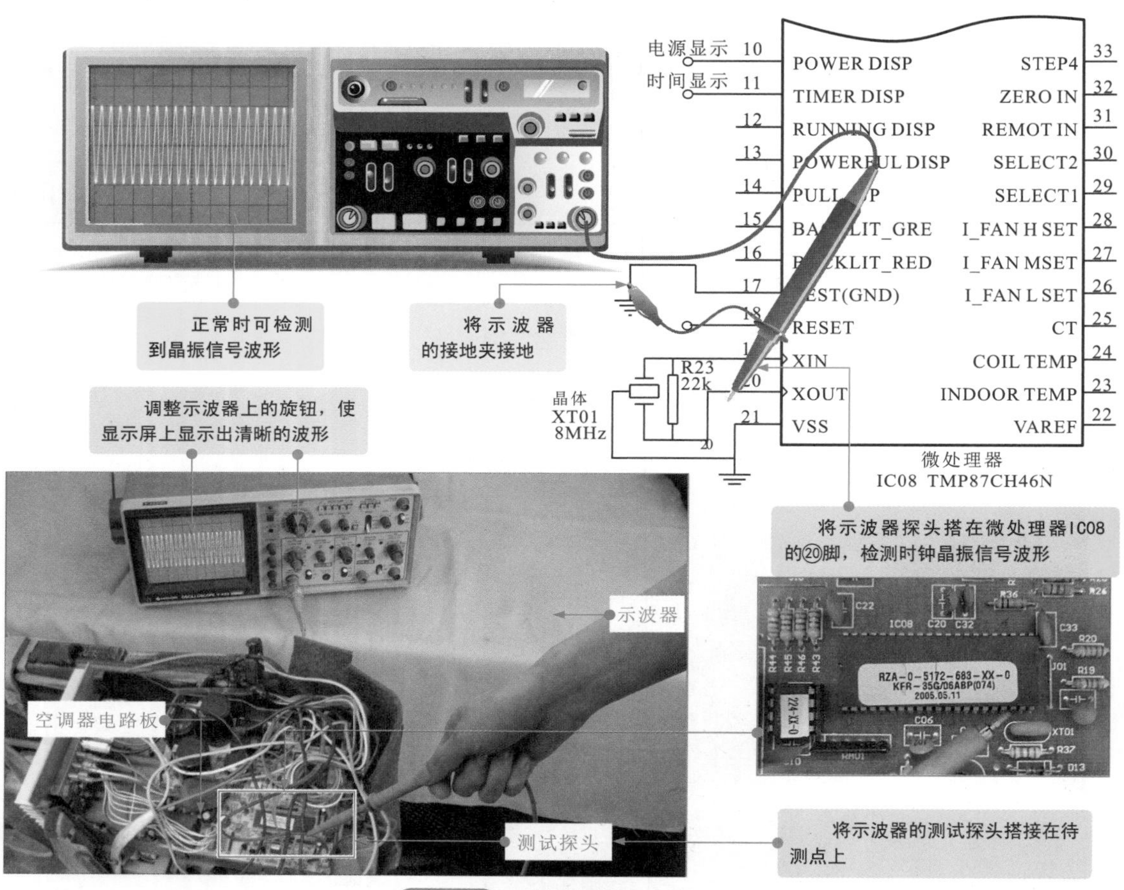

图9-12 示波器测试晶振信号

(3)电子温度计测试法

电子温度计测试法是用来检测制冷温度的一种仪表，可根据检测到的温度来判断制冷效果是否正常。

使用电子温度计测试电冰箱制冷温度是否正常时，可直接将电子温度计的感温头放在检测环境下一段时间后观察测量的温度。

使用电子温度计测试空调器运行后温度是否正常时，可在空调器运行30min后，在距离空调器出风口10cm的位置，分别测量环境温度和出风口温度，将实测值与标准值比较，锁定空调器制冷效果差故障的原因。

图9-13为使用电子温度计测试制冷产品。

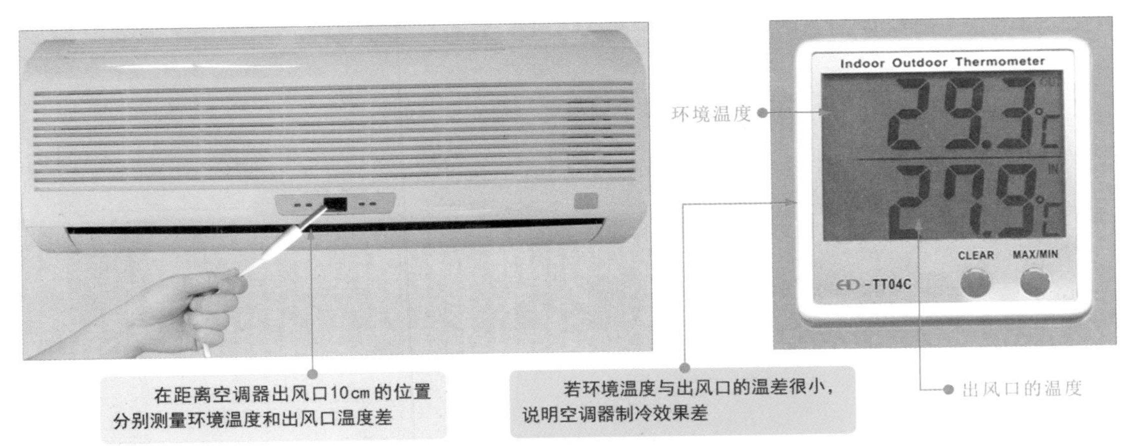

图9-13　使用电子温度计测试制冷产品

9.2　空调器检修中的安全注意事项

9.2.1　空调器检修中的人身安全

在维修空调器的过程中，通常需要通电检测，或使用一些氧气瓶、燃气瓶、焊枪等工具完成拆卸、安装操作，因此一定要注意人身安全，做好防护工作。

（1）使用气焊时的人身安全

由于制冷剂遇到明火会产生有毒气体，对人身安全造成损害，因此在使用气焊设备焊接操作时，要首先检查制冷产品管路中的制冷剂是否有泄漏的情况。使用气焊设备焊接制冷管路时，应首先将管路内的制冷器排出或确认密封完好时再进行操作。

（2）带电操作时的人身安全

在需要对制冷产品通电检测时，应注意不能碰到带有220V市电的部位，以免造成触电现象。在安装、维修过程中，若要使用电钻等需要市电连接的工具时，要注意检查工具导线是否正常，若导线出现断裂等情况，应及时更换或做好绝缘处理，以免导致人身触电事故。

（3）拆装时的人身安全

由于制冷产品的体积较大，尤其是空调器，有室内机和室外机，室外机一般安装在墙壁的外部，在拆卸或安装时，一定要做好安全防护工作，最好使用安全绳（或安全带）绑住拆装人员后再操作，如图9-14所示。在拆卸制冷产品时，也需要先断开220V交流市电，以免在拆装的过程中造成触电事故。

9.2.2　空调器检修中的设备安全

在维修制冷产品的过程中，除了要注意人身方面的安全以外，还需要注意检修工具、仪表等设备的安全，同时还要注意被检测设备的安全，以免造成二次故障。

（1）检修工具的安全

在使用检修工具操作时，一定要注意设备的安全，如使用螺钉旋具拆卸固定螺钉时，需、要使用合适的螺钉旋具拆卸，以免损坏固定螺钉或螺钉旋具。

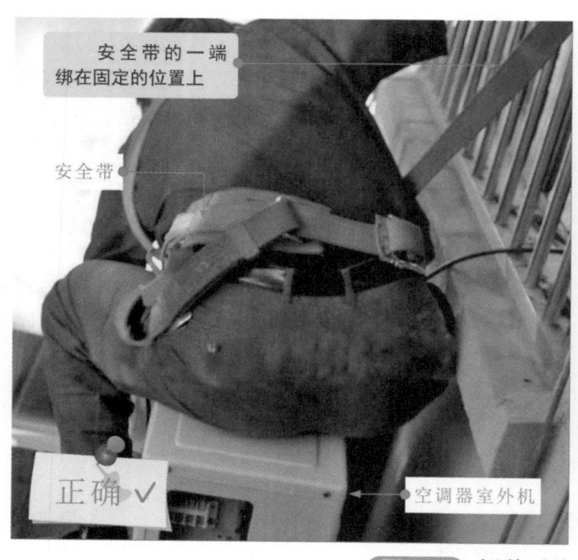

图9-14 拆装时的人身安全

使用管路加工工具对管路加工时，要注意管路工具的使用方法及管路加工的直径宽度，以免在对管路加工时造成二次损坏，或损坏切管器、扩管器等设备。

在使用气焊设备前，应检查气焊设备的安全性，检查氧气瓶、燃气瓶的阀门是否正常、钢瓶的瓶身有无裂痕、连接软管是否良好（氧气连接管和燃气连接管不能短于 2m，并且多余的部分不能盘绕在瓶身周围）、焊枪两端的连接软管密封性是否良好等。

图 9-15 为检修工具的安全操作。

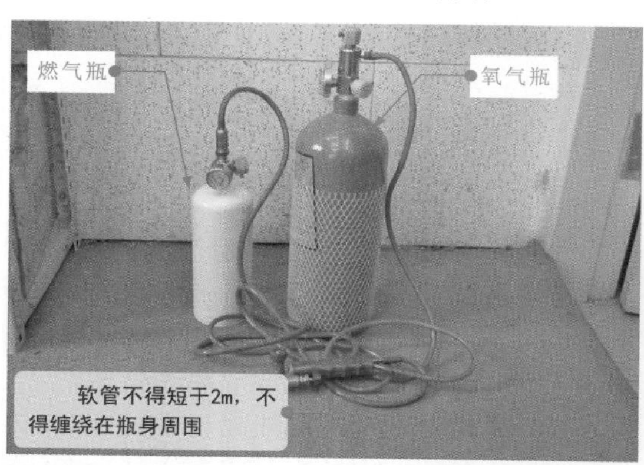

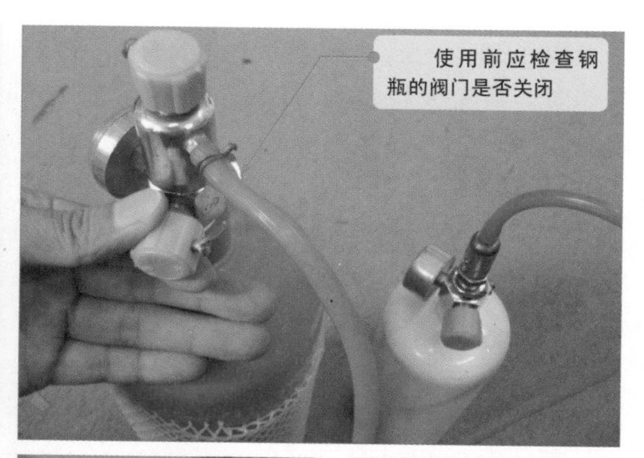

图9-15 检修工具的安全操作

（2）检修仪表的安全

在制冷产品检修过程中，通常需要使用到各种检修仪表，如万用表、示波器、钳形表等，需要注意检修仪表的使用安全。

用万用表检测直流电压时，一定要注意正极和负极之分，先将黑表笔接地端，再将红表笔搭在被测部位上，调整好万用表的量程，以免造成万用表损坏，如图 9-16 所示。

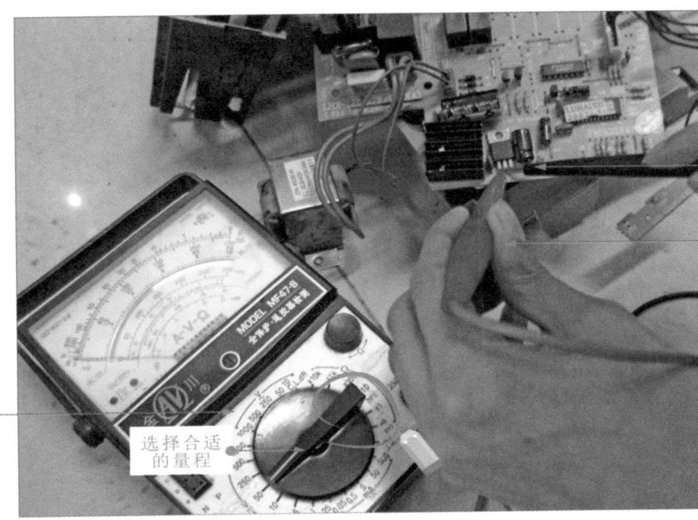

图9-16　检修时应注意万用表量程的调整

第 10 章 空调器的基础检修技能

10.1 空调器的电路检测技能

空调器的电路系统是空调器维修中的重点难点，通常需要借助专用的检修仪表对相关电气部件的性能和电路中的电压、电流等参数进行检测来排查故障。

10.1.1 检测电气部件

在空调器电路系统中，电动机、压缩机、继电器、温度传感器等电气部件是检修的重点，可借助万用表检测这类电气部件的性能判断好坏，进而排查空调器的故障。

例如，借助万用表检测空调器轴流风扇电动机，判断电动机好坏，如图 10-1 所示。

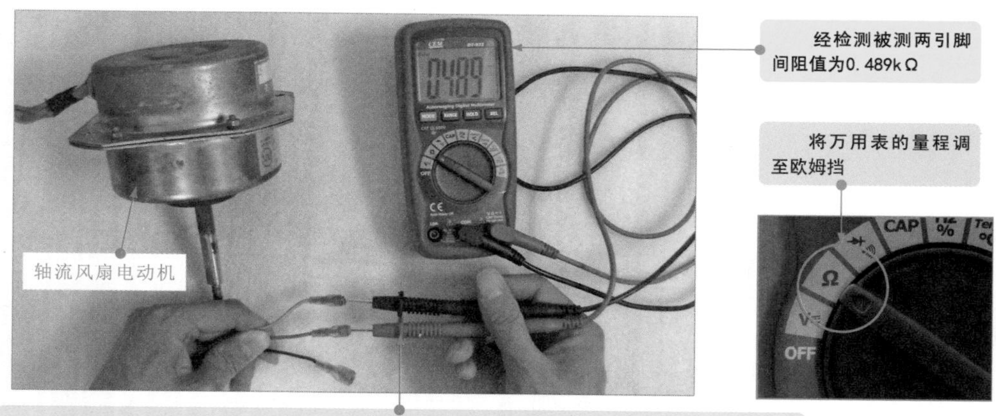

图10-1 空调器中轴流风扇电动机的检测

可以看到，借助检测仪表检测电气部件的电阻等性能参数，根据检测结果可大致判断电气部件的性能状态，由此排查空调器电路系统的故障。

10.1.2 检测电路电压

检测电路电压是指通过检测空调器电路系统中的电压参数，判断空调器供电条件和工作状态是否正常。

例如，借助万用表可以检测空调器电路中的5V、12V、集成电路供电端等所有部位的直流电压，可判断空调器相应电路单元的工作状态，从而排查故障点；检测空调器电路中电子元器件的供电端电压，可了解电子元器件的工作条件能否满足等。

又如，检测空调器交流供电电压可判断整机供电是否正常。借助万用表检测空调器单相220V电源、降压变压器初级绕组交流输入电压、降压变压器次级绕组交流输出电压、室内外风扇电动机供电、压缩机供电等是否正常。

以检测降压变压器次级输出的交流电压为例，其检测方法如图10-2所示。

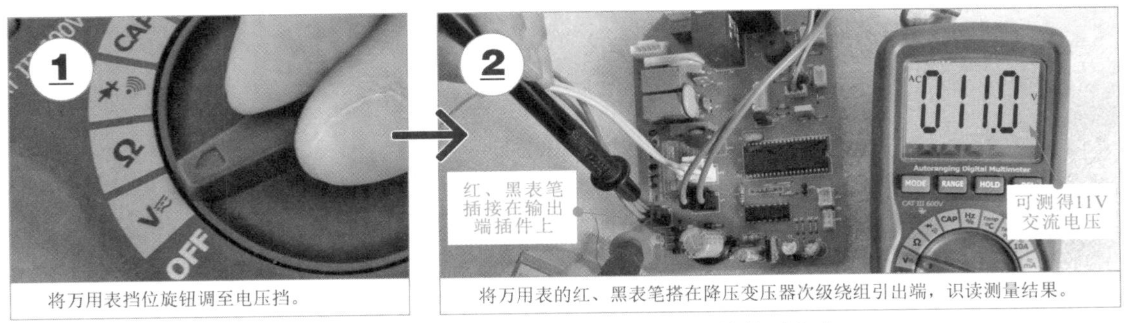

图10-2　降压变压器次级输出交流电压的检测方法

10.1.3　检测电路电流

检测电路电流是指借助钳形表检测空调器整机的启动和运行电流、压缩机运行电流等，用以实现在不深度拆机的情况下，检测空调器的动态参数，并对其工作状态进行初步判断，对锁定故障范围、推断故障原因十分重要。

例如，图10-3为借助钳形表检测空调器的运行电流。通过将实测运行电流的大小与空调器额定电流大小相比较可判断出空调器的工作状态。

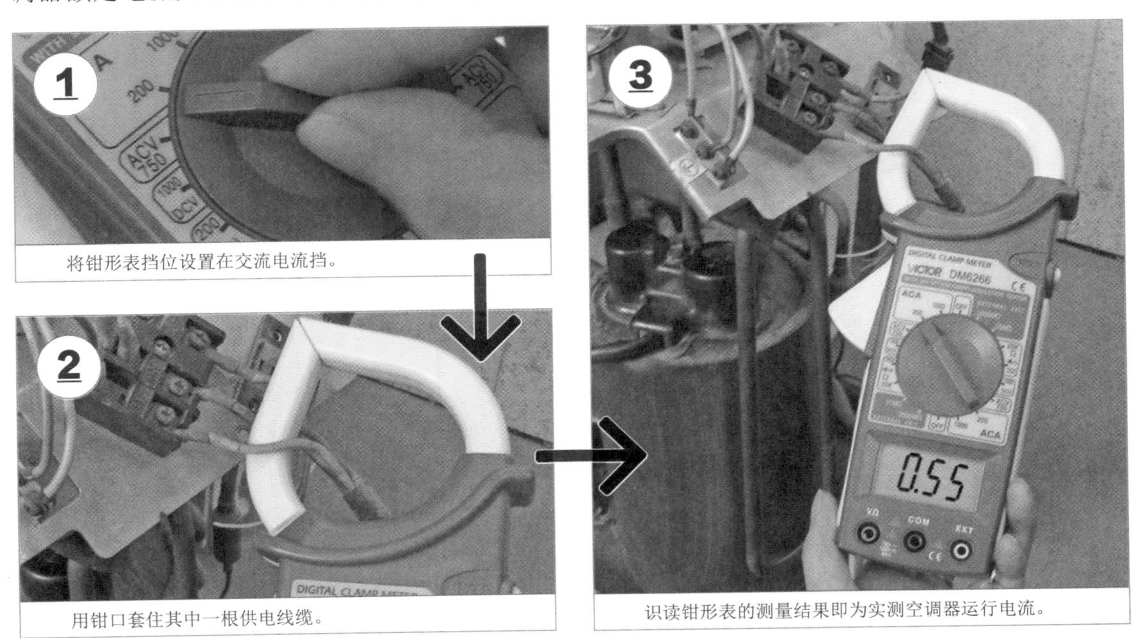

图10-3　借助钳形表检测空调器的运行电流

10.1.4 检测电路信号

检测电路信号是指借助示波器在空调器能够通电开机的状态下，检测电路中关键信号的波形，如变频驱动信号、晶振信号、遥控信号、脉冲信号、开关变压器振荡信号、变频电路输入侧的 PWM 调制信号，用以准确判断电路中关键部位有无异常。

如图 10-4 所示，借助示波器检测空调器电路中的信号波形。

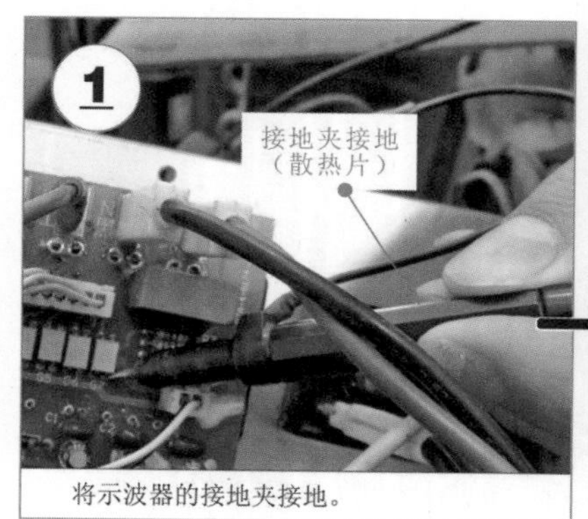

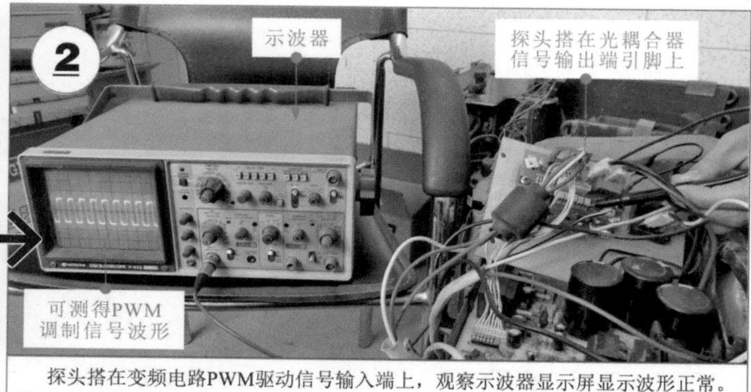

图10-4 借助示波器检测空调器电路中的信号波形

10.2 空调器的检漏技能

10.2.1 常规检漏

常规检漏是指用洗洁精水（或肥皂水）检查管路各焊接点有无泄漏，以检验或确保空调器管路系统的密封性。

检漏前首先了解一下空调器易发生泄漏故障的部位，可重点在这些部位检查有无泄漏。

图 10-5 为空调器管路系统易发生泄漏故障的重点检查部位。

【提示说明】

当空调器出现不制冷或制冷效果差的故障时，若经检查确认是由于系统制冷剂不足引起的，则需在充注制冷剂前，首先查找泄漏点并进行处理。否则，即使补充制冷剂，则由于漏点未处理，在一段时间后，空调器仍会出现同样的故障。

配制检漏用的泡沫水，涂抹在检漏部位进行检漏，如图 10-6 所示。

【提示说明】

根据维修经验，将常见的泄露部位汇总如下：

制冷系统中有油迹的位置（空调器制冷剂 R22 能够与压缩机润滑油互溶，如果制冷剂泄露，则通常会将润滑油带出，因此，制冷系统中有油迹的部位就很有可能有泄漏点，应作为重点进行检查）；

联机管路与室外机的连接处；

联机管路与室内机的连接处；

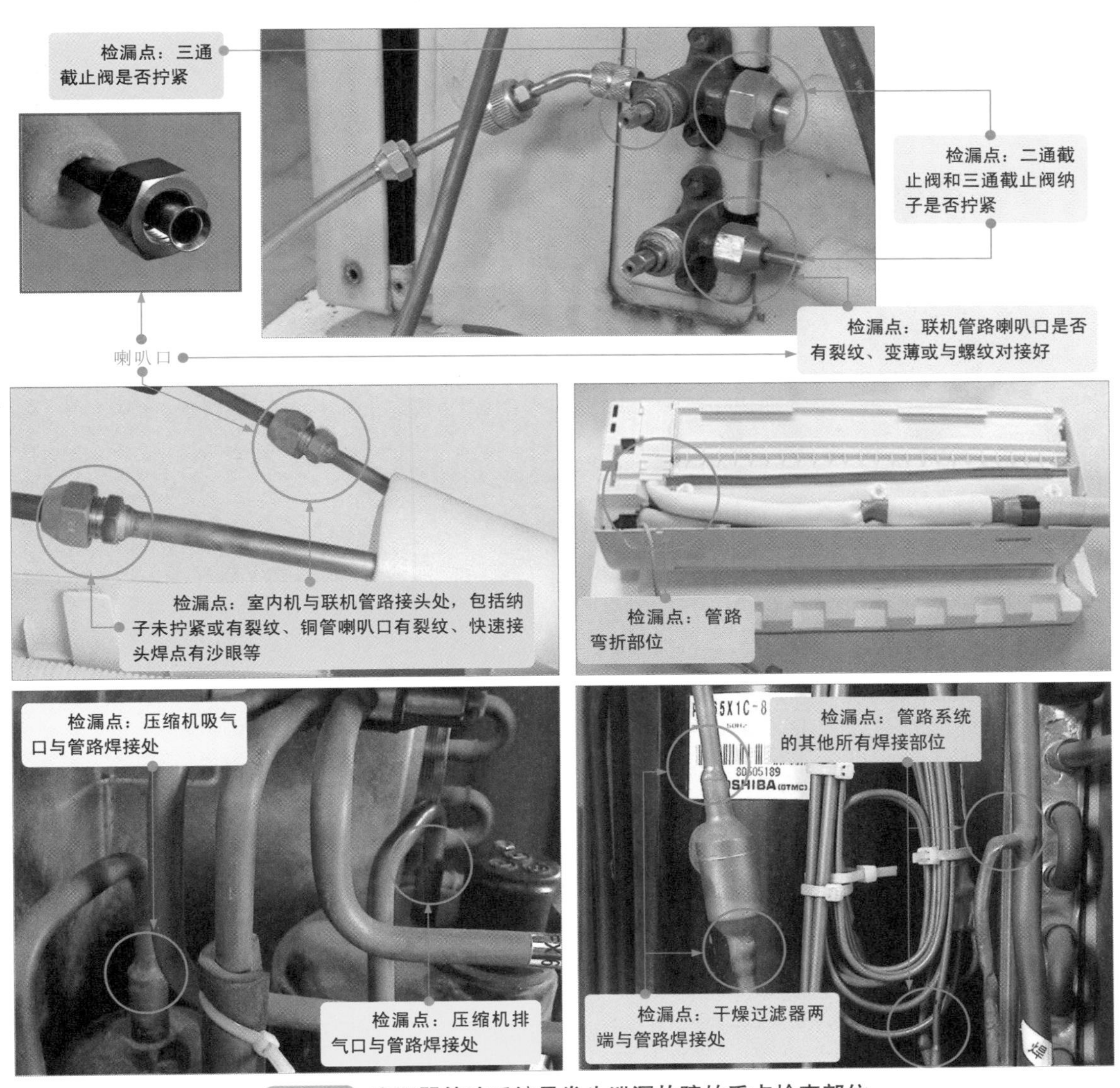

图10-5 空调器管路系统易发生泄漏故障的重点检查部位

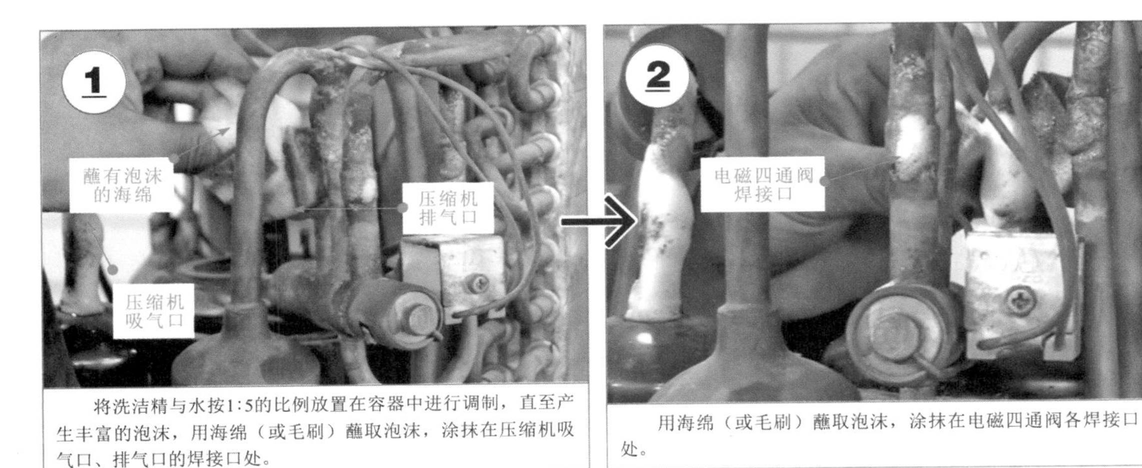

将洗洁精与水按1:5的比例放置在容器中进行调制，直至产生丰富的泡沫，用海绵（或毛刷）蘸取泡沫，涂抹在压缩机吸气口、排气口的焊接口处。

用海绵（或毛刷）蘸取泡沫，涂抹在电磁四通阀各焊接口处。

图10-6

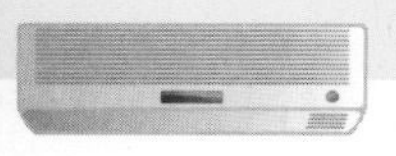

用海绵（或毛刷）蘸取泡沫，涂抹在干燥过滤器、单向阀各焊接口处。

观察各涂有泡沫的接口处是否向外冒泡。若有冒泡现象，则说明检查部位有泄漏故障，没有冒泡，则说明检查部位正常。

图10-6 常规检漏的具体操作方法

压缩机吸气管、排气管焊接口、四通阀根部及连接管道焊接口、毛细管与干燥过滤器焊接口、毛细管与单向阀焊接口（冷暖型空调）、干燥过滤器与系统管路焊接口等。

对空调器管路泄漏点的处理方法一般如下：

若管路系统中焊点部位泄漏，则可补焊漏点或切开焊接部位重新气焊；

若四通阀根部泄漏，则应更换整个四通阀；

若室内机与联机管路接头纳子未旋紧，则可用活络扳手拧紧接头纳子；

若室外机与联机管路接头处泄漏，则应将接头拧紧或切断联机管路喇叭口，重新扩口后连接；

若压缩机工艺管口泄漏，则应重新进行封口。

10.2.2 保压检漏

保压检漏是指向空调器的管路系统中充入氮气，并使空调器管路系统具有一定的压力后，保持压力表与管路构成密封的回路，通过观察压力变化，检查管路有无泄漏，用以检查空调器管路系统的密封性。

这种检漏方法通常适用于管路微漏、漏点太小的情况，通过充氮增大管路压力，最高静态压力可达 2MPa，大于制冷剂的最大静态压力 1MPa，有利于漏点检出。

【提示说明】

由于制冷剂在空调器管路系统中的静态压力最高为 1MPa 左右，系统漏点较小的故障部位无法直接检漏，因此多采用充氮气增加系统压力的方法进行检测，一般向空调器管路系统充入氮气的压力为 1.5 ~ 2MPa。

实施保压检漏时，首先根据要求将相关的充氮设备与空调器连接。连接时，需要准备氮气钢瓶、减压器、充氮用高压连接软管、三通压力表阀等，通过空调器三通截止阀工艺管口进行充氮操作，如图 10-7 所示。

如图 10-8 所示，根据设备连接关系，将充氮设备进行连接，并向空调器管路充入氮气，当管路压力达到 2MPa 时，停止充氮，关闭三通压力表阀，取下氮气钢瓶进行保压测试。

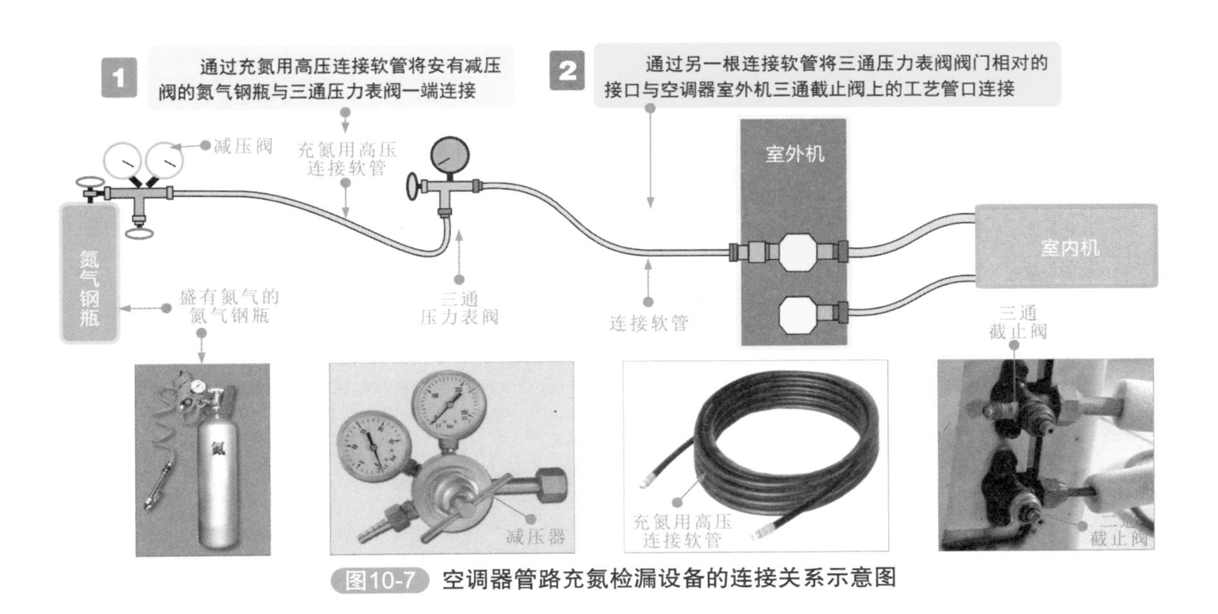

图10-7　空调器管路充氮检漏设备的连接关系示意图

将充氮设备按照连接顺序和要求正确连接。

打开氮气钢瓶阀门，向空调器管路中充入氮气，压力达2MPa时，停止充氮。

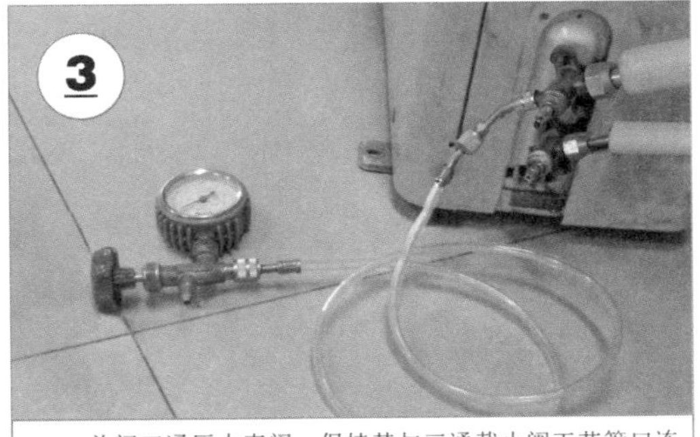

关闭三通压力表阀，保持其与三通截止阀工艺管口连接进行保压。

图10-8

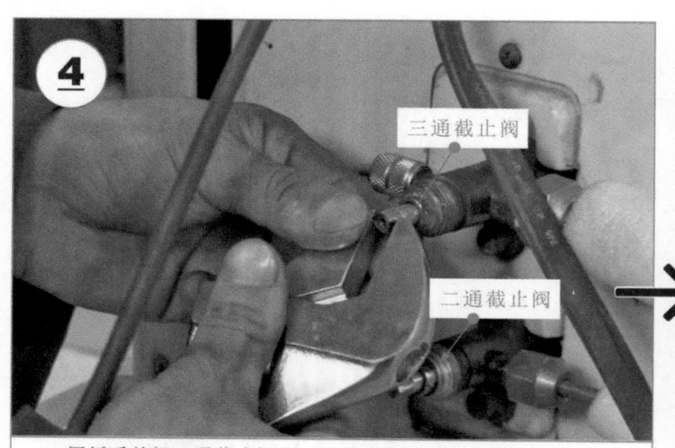

用扳手关闭二通截止阀和三通截止阀阀门，使室内机与室外机制冷管路形成两个独立的密闭空间，即分开保压。

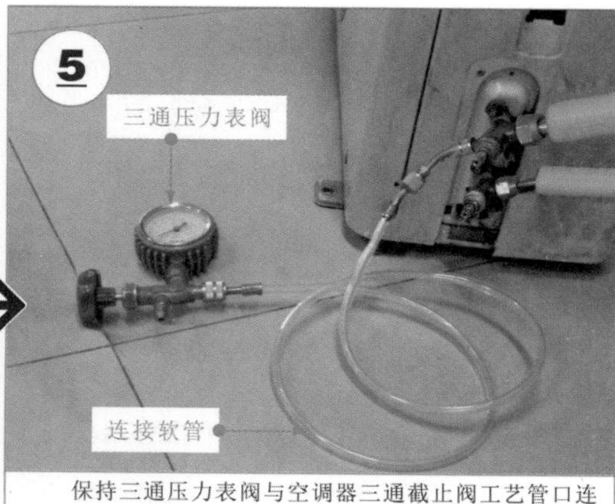

保持三通压力表阀与空调器三通截止阀工艺管口连接，根据压力表压力变化判断空调器的漏点范围。

图10-8 空调器管路充氮检漏的操作方法

【提示说明】

根据维修经验，充氮后管路内压力较大，一些较小的漏点也能够检出。保持三通压力表阀连接关系一段时间后（一般不小于20min），观察压力表压力值有无变化。

若压力表数值减小，说明空调器室内机有漏点（分开保压后，根据三通截止阀内部结构关系，即使阀芯关闭，工艺管口被三通压力表阀连接软管的阀针顶开，此时，相当于三通压力表阀连接室内机管路，即监测室内机管路有无泄漏），应重点检查蒸发器和连接管路。

若压力表数值不变，说明空调器室内机管路正常，此时分别打开三通截止阀和二通截止阀的阀门，使室内机、室外机管路形成通路，此时若压力表数值减小，则说明空调器室外机管路存在漏点，应重点检查冷凝器和室外机管路。

若压力表数值一直保持不变，打开三通截止阀和二通截止阀的阀门后，压力表数值仍不变，则说明空调器室内机与室外机管路均无泄漏。

值得注意的是，严禁将氧气充入制冷系统进行检漏。压力过高的氧气遇到压缩机的冷冻油会有爆炸的危险。

10.3 空调器抽真空和充注制冷剂技能

10.3.1 抽真空

在空调器的管路检修中，特别是在进行管路部件更换或切割管路操作后，空气很容易进入管路中，进而造成管路中高、低压力上升，增加压缩机负荷，影响制冷效果。另外，空气中的水分也可能导致压缩机线圈绝缘下降，缩短使用寿命；制冷时，水分容易在毛细管部分形成冰堵引起空调器故障。因此，在空调器的管路维修完成后，在充注制冷剂之前，需要对整体管路系统进行抽真空处理。

（1）准备抽真空设备

抽真空设备主要包括真空泵、三通压力表阀、连接软管及转接头等，如图10-9所示。借助抽真空设备可将空调器管路中的空气、水分抽出，确保管路系统环境的纯净。

图10-9 抽真空设备的准备

（2）连接抽真空设备

在空调器的抽真空前，应先根据要求连接相关的抽真空设备，这也是维修空调器过程中的关键操作环节。

图 10-10 为空调器管路抽真空设备连接关系。

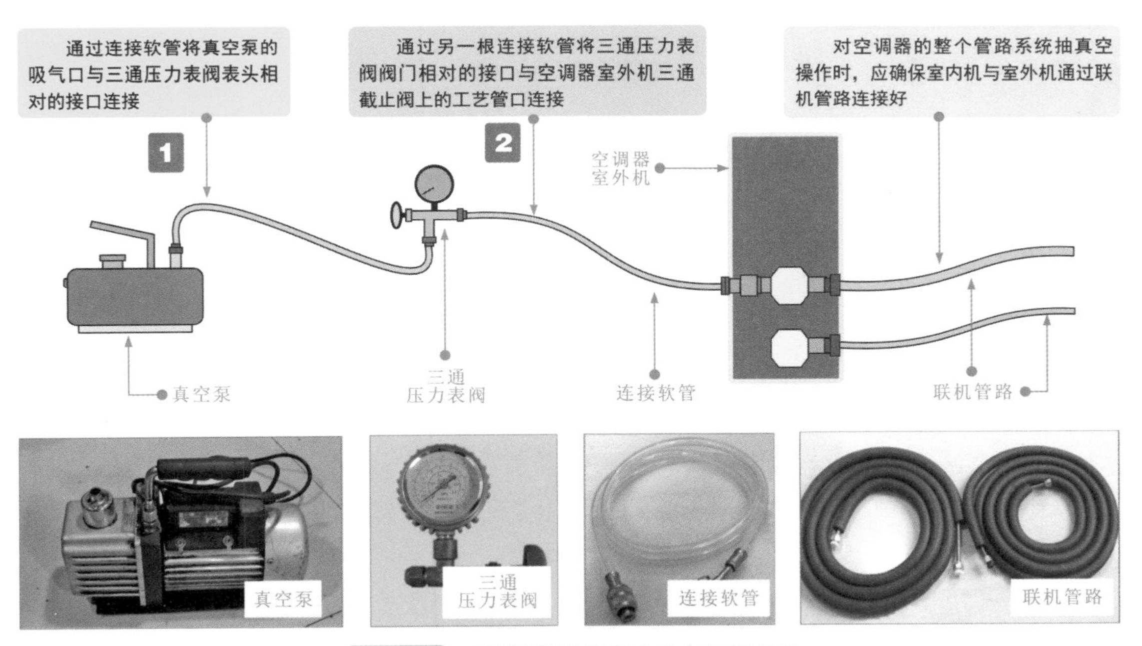

图10-10 空调器管路抽真空设备连接关系

如图 10-11 所示，根据要求将相关的抽真空设备与空调器连接。

（3）抽真空的操作方法

抽真空设备连接完成后，需要根据操作规范按要求的顺序打开各设备开关或阀门，然后开始对空调器管路系统抽真空。

如图 10-12 所示，根据操作规范要求的顺序打开各设备开关或阀门，开始抽真空操作。

抽真空完成后，将三通压力表阀上的阀门关闭，再将真空泵电源关闭，抽真空操作完成。

用一根连接软管的一端（公制接头）与真空泵吸气口连接。

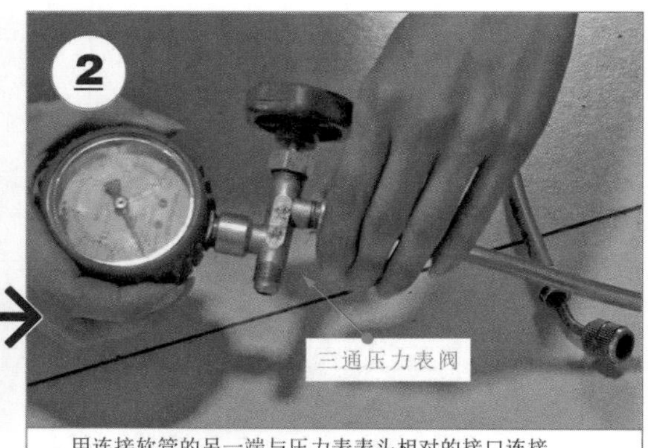

用连接软管的另一端与压力表表头相对的接口连接。

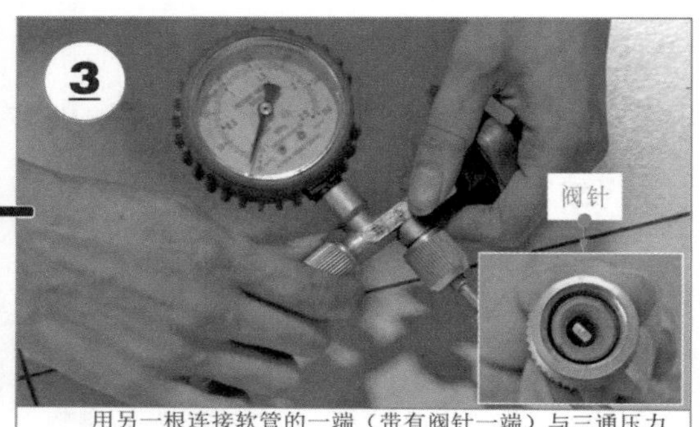

用另一根连接软管的一端（带有阀针一端）与三通压力表阀阀门相对的接口连接。

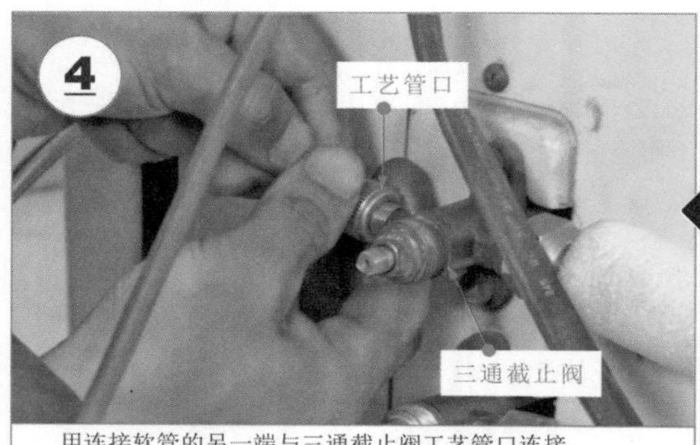

用连接软管的另一端与三通截止阀工艺管口连接。

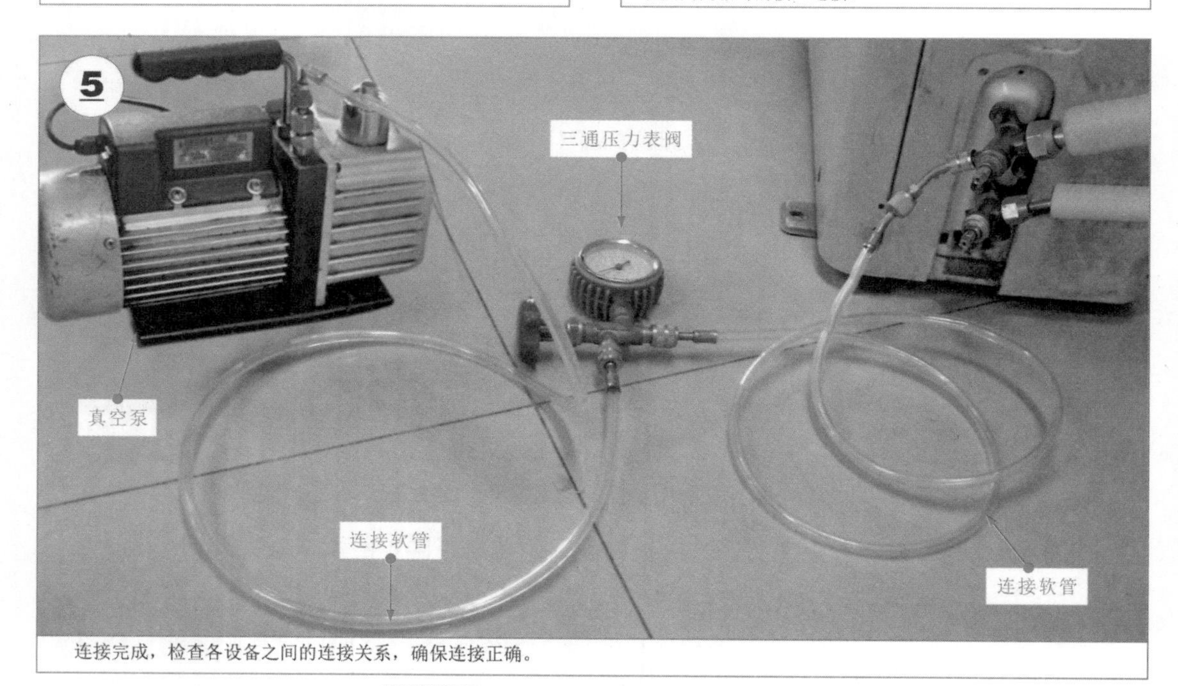

连接完成，检查各设备之间的连接关系，确保连接正确。

图10-11 空调器抽真空设备的连接操作

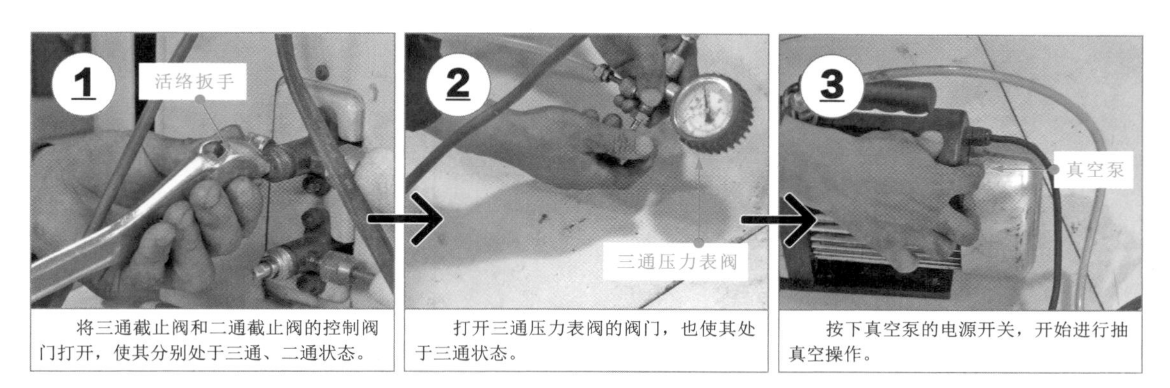

将三通截止阀和二通截止阀的控制阀门打开，使其分别处于三通、二通状态。

打开三通压力表阀的阀门，也使其处于三通状态。

按下真空泵的电源开关，开始进行抽真空操作。

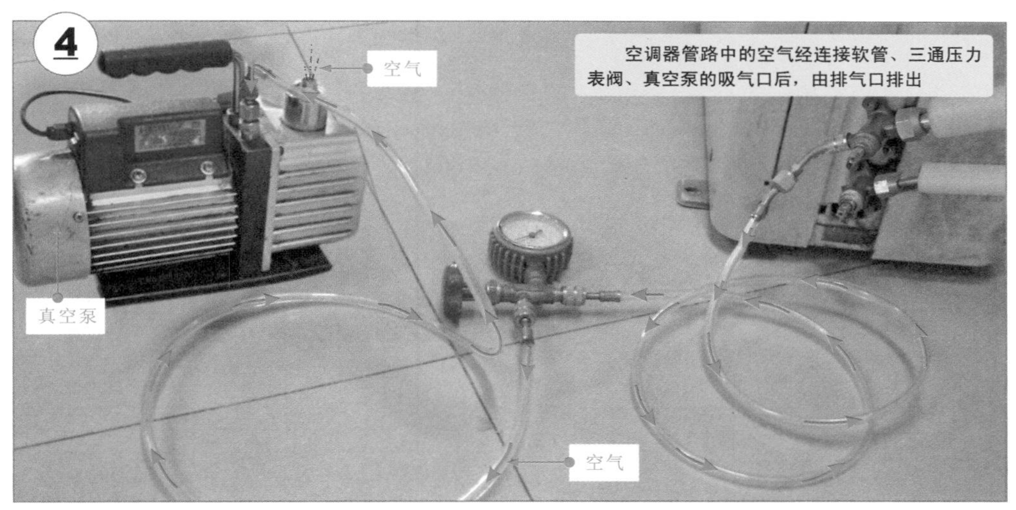

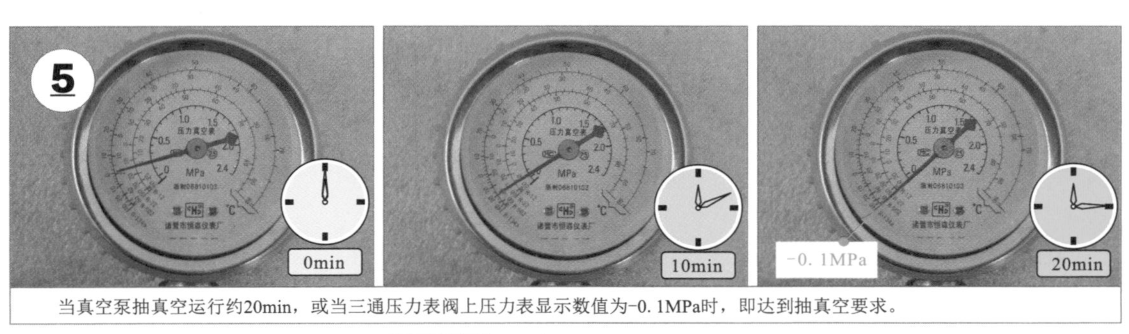

当真空泵抽真空运行约20min，或当三通压力表阀上压力表显示数值为-0. 1MPa时，即达到抽真空要求。

图10-12 抽真空操作的具体方法

【提示说明】

抽真空操作中，在开启真空泵电源前，应确保空调器整个管路系统是一个封闭的回路；二通截止阀、三通截止阀的控制阀门应打开；三通压力表阀也处于三通状态。

关闭真空泵电源时，要先关闭三通压力表，再关闭真空泵电源，否则可能会导致系统进入空气。

另外，在空调器抽真空操作中，若一直无法将管路中的压力抽至 –0.1MPa，表明管路中存在泄漏点，应进行检漏和修复。

在空调器抽真空操作结束后，可保留三通压力表阀与空调器室外机三通截止阀工艺管口的连接，观察压力表指针指示状态，正常情况下应为 –0.1MPa 持续不变。若放置一段时间后发现三通压力表阀压力变大或抽真空操作一直抽不到 –0.1MP 状态，则说明管路系统存在泄漏。

10.3.2 充注制冷剂

充注制冷剂是检修空调器制冷管路的重要技能。空调器管路检修之后或管路中制冷剂泄漏等都需要充注制冷剂。

充注制冷剂的量和类型一定要符合空调器的标称量，充入的量过多或过少都会对空调器的制冷效果产生影响。因此，在充注制冷剂前，可首先根据空调器上的铭牌标识识别制冷剂的类型和标称量，如图 10-13 所示。

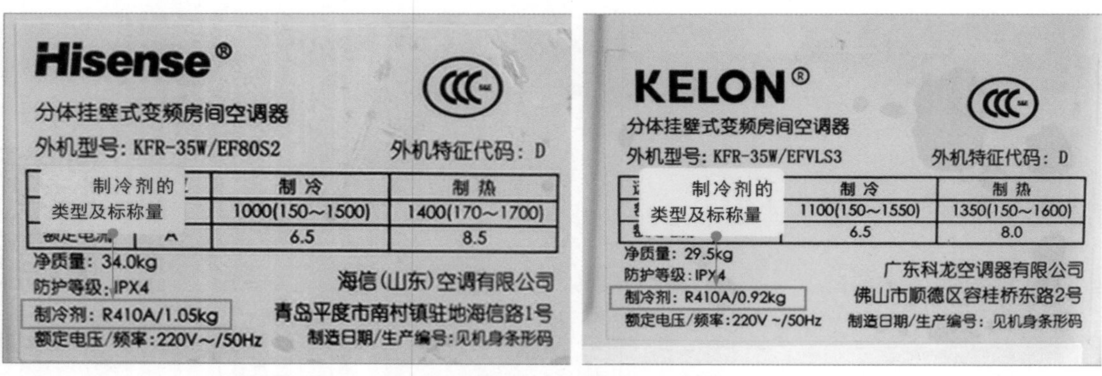

图10-13 通过空调器的铭牌标识识别制冷剂的类型和标称量

(1)充注制冷剂设备的连接

充注制冷剂设备包括盛放制冷剂的钢瓶、三通压力表阀、连接软管等。按照要求将这些设备与空调器室外机三通截止阀上的工艺管口连接即可。

在空调器维修操作中，抽真空、重新充注制冷剂是完成管路部分检修后必需的、连续性的操作环节。因此，在抽真空操作时，三通压力表阀阀门相对的接口已通过连接软管与空调器室外机三通截止阀上的工艺管口接好，操作完成后，只需将氮气瓶连同减压器取下即可，其他设备或部件仍保持连接，这样在下一个操作环节时，相同的连接步骤无需再次连接，可有效减少重复性操作步骤，提高维修效率。

如图 10-14 所示，将制冷剂钢瓶与三通压力表、空调器室外机连接。

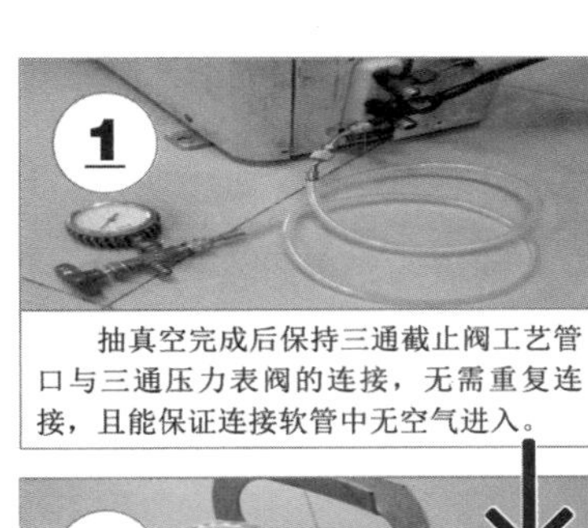

抽真空完成后保持三通截止阀工艺管口与三通压力表阀的连接，无需重复连接，且能保证连接软管中无空气进入。

将制冷剂钢瓶上的阀口与另一根连接软管（或加氟管）的一端连接。

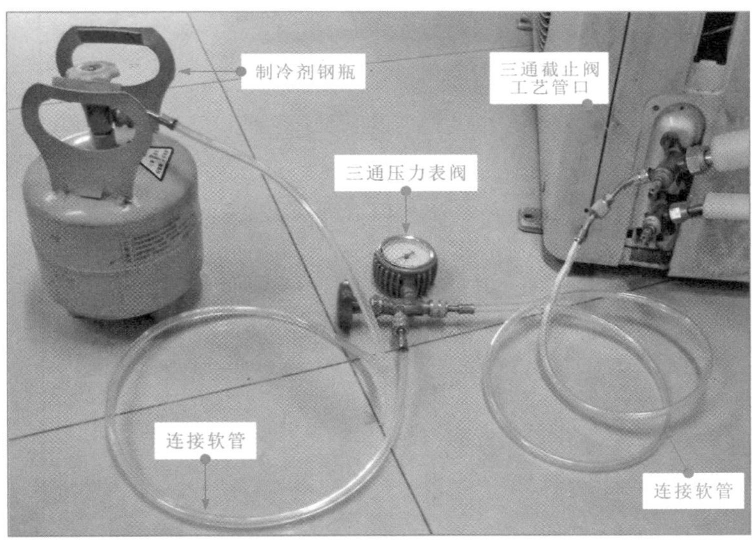

图10-14　充注制冷剂设备的连接方法

（2）充注制冷剂的操作方法

充注制冷剂的设备连接完成后，需要根据操作规范按要求的顺序打开各设备开关或阀门，开始对空调器管路系统充注制冷剂。

如图10-15所示，根据规范要求顺序打开各设备开关或阀门，开始充注制冷剂。

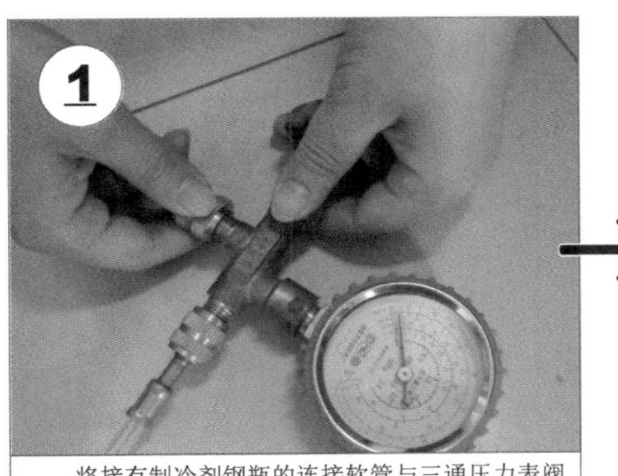

将接有制冷剂钢瓶的连接软管与三通压力表阀表头相对的接口处虚拧。

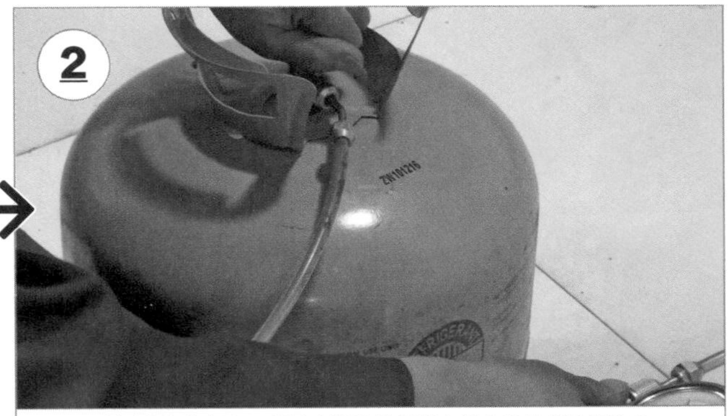

打开制冷剂钢瓶阀门，制冷剂将连接软管中的空气从虚拧处排出。

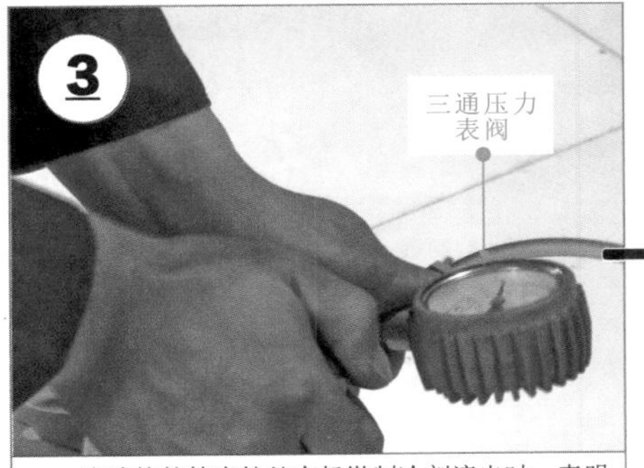

当连接软管虚拧处有轻微制冷剂流出时，表明空气已经排净，迅速拧紧虚拧部分。

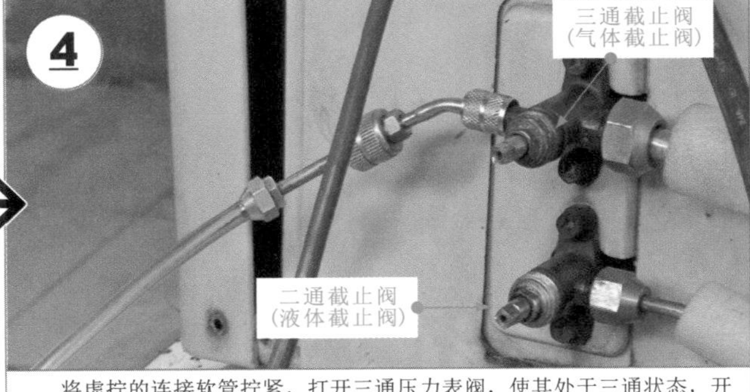

将虚拧的连接软管拧紧，打开三通压力表阀，使其处于三通状态，开始充注制冷剂。

图10-15

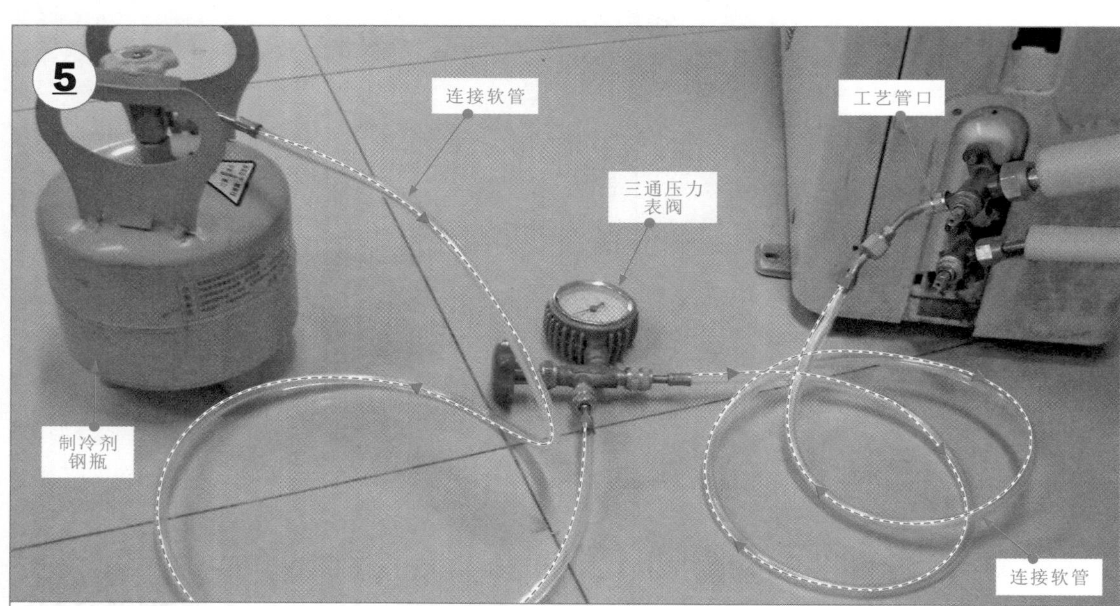

充注制冷剂操作一般分多次完成，即开始充注制冷剂约10s后，关闭压力表阀、关闭制冷剂钢瓶，开机运转几分钟后，开始第二次充注。充注第二次时同样充注10s左右后，停止充注，运转几分钟后，再开始第三次充注。

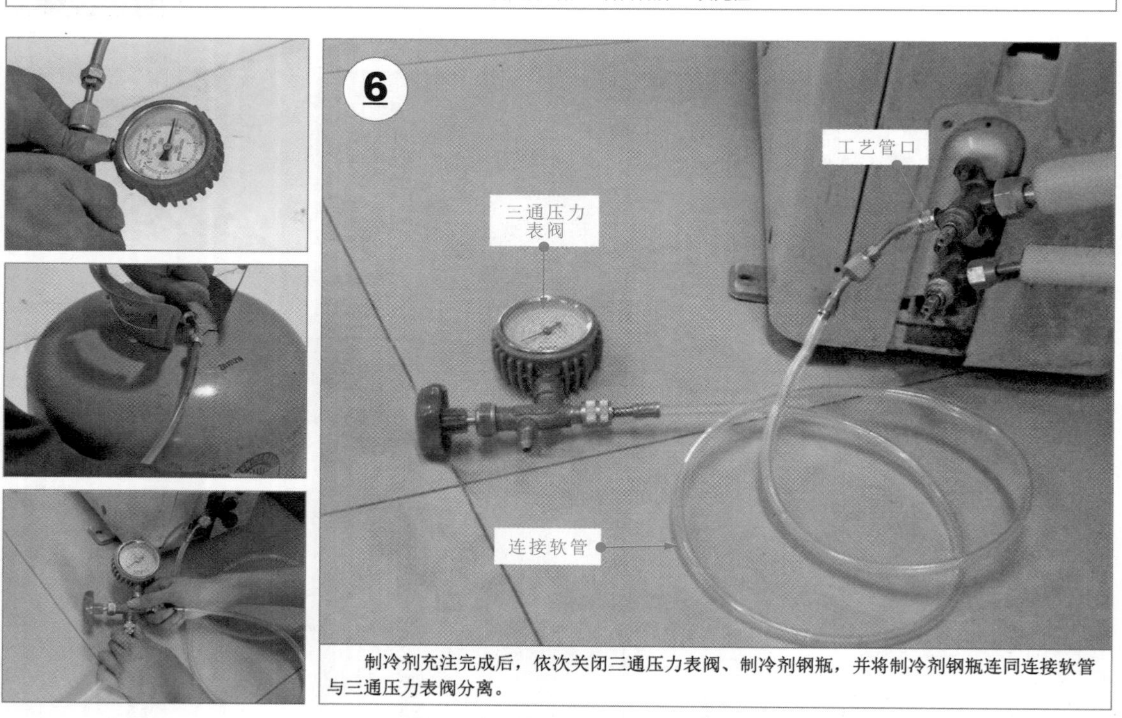

制冷剂充注完成后，依次关闭三通压力表阀、制冷剂钢瓶，并将制冷剂钢瓶连同连接软管与三通压力表阀分离。

图10-15 充注制冷剂的具体操作方法

【提示说明】

在充注制冷剂时，将空调器打开，在制冷模式下运行。空调器室外机上的三通截止阀和二通截止阀应保持在打开的状态。充注时，应严格按照待充注制冷剂空调器铭牌标识上标注的制冷剂类型和充注量进行充注。若充入的量过多或过少，都会对空调器的制冷效果产生影响。

制冷剂可在夏季空调器制冷状态下充注，也可在冬季制热状态下充注，两种工作模式下制冷剂的充注要点如下。

夏季制冷模式下充注制冷剂：

• 要在监测三通压力表阀的同时充注，当制冷剂充注至 0.4 ～ 0.5MPa 时，用手触摸三通截止阀温度，若温度低于二通截止阀，则说明系统内制冷剂的充注量已经达到要求；

• 制冷系统管路有裂痕导致系统内无制冷剂引起空调器不制冷的故障，或更换压缩机后系统需要充注制冷剂时，如果开机在液态充注，则压力达到 0.35MPa 时应停止充注，将空调器关闭，等待 3 ～ 5min，系统压力平衡后再开机运行，根据运行压力决定是否需要补充制冷剂。

冬季制热模式下充注制冷剂：

• 空调器在制热运行时，由于系统压力较高，空调器在开机之前最好将三通压力表连接完毕。在连接三通压力表的过程中，最好佩戴上胶手套，以防止喷出的制冷剂将手冻伤。维修完毕后还要取下三通压力表，在取下三通压力表阀之前，建议先将制热模式转换成制冷模式后，再将三通压力表阀取下；

• 在冬季充注制冷剂时，最好将模式转换为制冷模式，若条件有限，则可直接将电磁四通阀线圈的零线拔下，拔下时，确认无误后再操作。

空调器充注制冷剂一般可分为 5 次进行，充注时间一般在 20min 内，可同时观察压力表显示的压力，判断制冷剂充注是否完成。根据检修经验，制冷剂充注完成后，开机一段时间（至少 20min），将出现以下几种情况，表明制冷剂充注成功。

夏季制冷模式下：

• 空调器充注制冷剂时，压力表显示的压力值在 0.4 ～ 0.45MPa 之间；

• 整机运行电流等于或接近额定值；

• 空调器二通截止阀和三通截止阀都有结霜现象，用手触摸三通截止阀时感觉冰凉，并且温度低于二通截止阀的温度；

• 蒸发器表面有结霜现象，用手触摸，整体温度均匀并且偏低；

• 用手触摸冷凝器时，温度为热→温→接近室外温度；

• 室内机出风口吹出的温度较低，进风口温度减去出风口温度大于 9℃，并且房间内温度可以达到制冷要求，室外机排水管有水流出。

冬季制热模式下：

• 充注制冷剂时，压力表显示的压力值在 2MPa 左右，不超过 0.3MPa；

• 整机运行电流等于或接近额定值；

• 用手触摸二通截止阀时，温度较高，蒸发器温度较高并且均匀，冷凝器表面有结霜现象；

• 出风口温度高，出风口温度减去进风口温度大于 15℃。

空调器充注制冷剂完成后，保持三通压力表阀连接在空调器三通截止阀工艺工口上，在空调器运行 20min 后，通过观察三通压力表阀上显示的压力变化情况（在正常情况下，运行 20min 后，运行压力应维持在 0.45MPa，夏季制冷模式下最高不超过 0.5MPa），通过保压测试判断空调器管路系统的运行状况。

（3）补充制冷剂的操作方法

当空调器管路系统因泄漏而缺少部分制冷剂时，需要向空调器中补充制冷剂。这种情况下仅需要补充部分制冷剂即可，如图 10-16 所示。

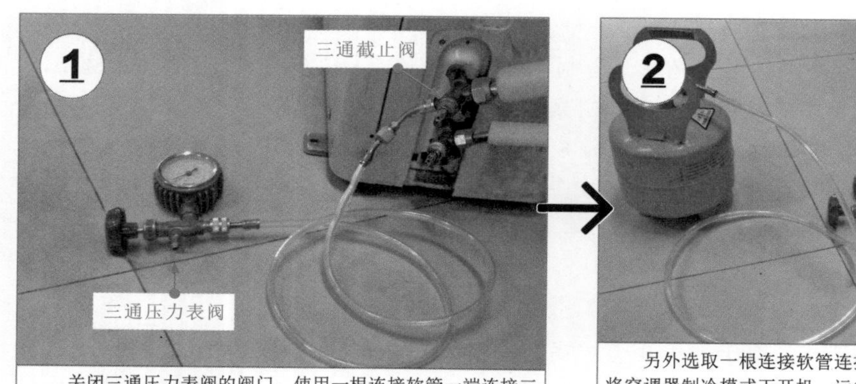

关闭三通压力表阀的阀门，使用一根连接软管一端连接三通压力表阀，带阀针的一端连接三通截止阀工艺管口，此时压力表显示空调器的系统压力。

另外选取一根连接软管连接制冷剂钢瓶和三通压力表阀。将空调器制冷模式下开机，运行一段时间后，观察压力表，若压力低于正常压力，则打开制冷剂钢瓶和三通压力表阀阀门（注意排空气），因压力差向空调器系统中补充制冷剂。

图10-16 空调器管路系统补充制冷剂的操作方法

【提示说明】

根据检修经验，空调器制冷剂少和制冷剂充注过量的一些基本表现归纳如下。

制冷模式下：

• 空调器室外机二通截止阀结露或结霜，三通截止阀是温的，蒸发器凉热分布不均匀，一半凉、一半温，室外机吹风不热，系统压力低于 0.35MPa 以下，多表明空调器缺少制冷剂；

• 空调器室外机二通截止阀常温，三通截止阀较凉，室外机吹风温度明显较热，室内机出风温度较高，制冷系统压力较高等，多为制冷剂充注过量。

制热模式下：

• 空调器蒸发器表面温度不均匀，冷凝器结霜不均匀，三通截止阀温度高，而二通截止阀接近常温（正常温度应较高，重要判断部位）；室内机出风温度较低（正常出风口温度应高于入风口温度 15℃以上），系统压力运行较低（正常制热模式下运行压力为 2MPa 左右）等，多表明空调器缺少制冷剂；

• 空调器室外机二通截止阀常温，三通截止阀温度明显较高（烫手）；系统压力较高，运行电流较大；室内机出风口为温风；系统运行压力较高，多为制冷剂充注过量。

定频空调器维修篇

第11章 定频空调器的结构原理

11.1 定频空调器的结构组成

定频空调器是调节室内或封闭空间、区域内空气温度、湿度、洁净度等参数的空气调节设备，其中常见的定频空调器是指内部压缩机只能输入固定频率和大小的电压，转速和输出功率固定不变的驱动频率和电压幅度为恒定的空调器，定频空调器主要是由室内机和室外机构成的，如图11-1所示。

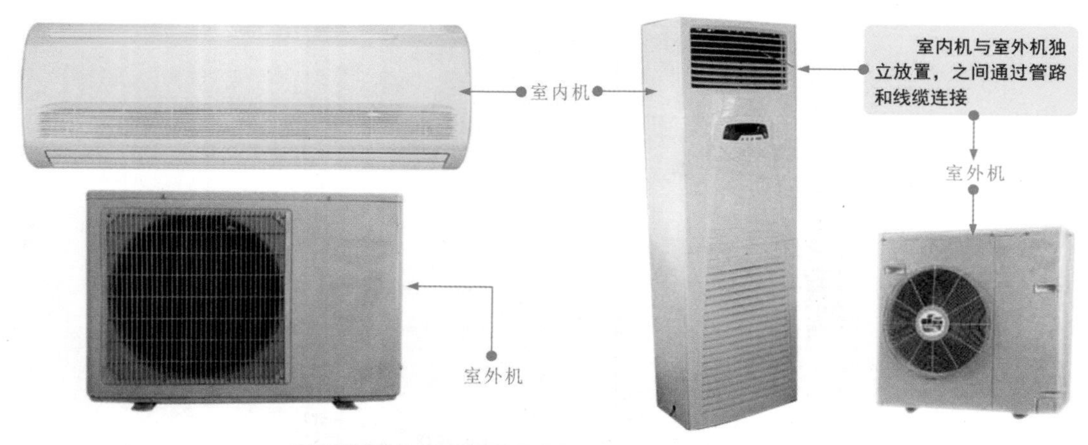

图11-1 定频空调器的室内机和室外机实物外形

11.1.1 定频空调器的整机结构

（1）室内机的结构组成

定频空调器的室内机的机壳是由上盖、前壳和后壳拼合在一起，并通过螺钉和卡扣固定连接，中间安装有过滤网、导风板、蒸发器、贯流风扇等组件。

电路板位于室内机的一侧，固定在电控盒内，除电路板外，还包括显示和遥控接收电路板，主要用于接收由遥控器送来的控制信号，如图11-2所示。

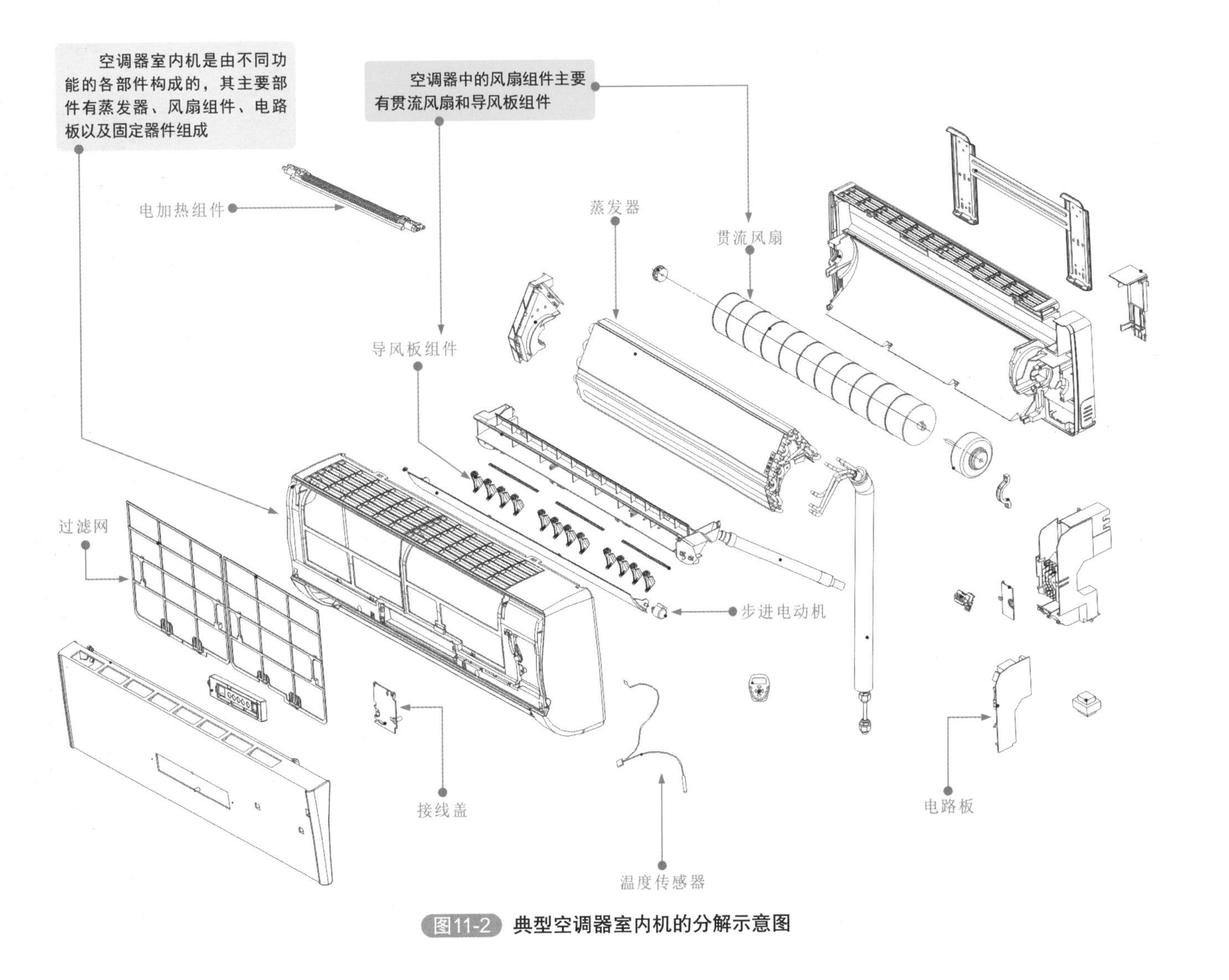

图11-2 典型空调器室内机的分解示意图

① 蒸发器

蒸发器安装在空调器室内机中，它是空调器制冷 / 制热系统中的重要组成部分。蒸发器是在弯成 S 状的铜管上胀接翅片制成的。目前，分体壁挂式空调器中的蒸发器多采用这种强制通风对流的方式，以加快空气与蒸发器之间的热交换，如图 11-3 所示，由图可知，蒸发器主要是由翅片、铜管等构成。

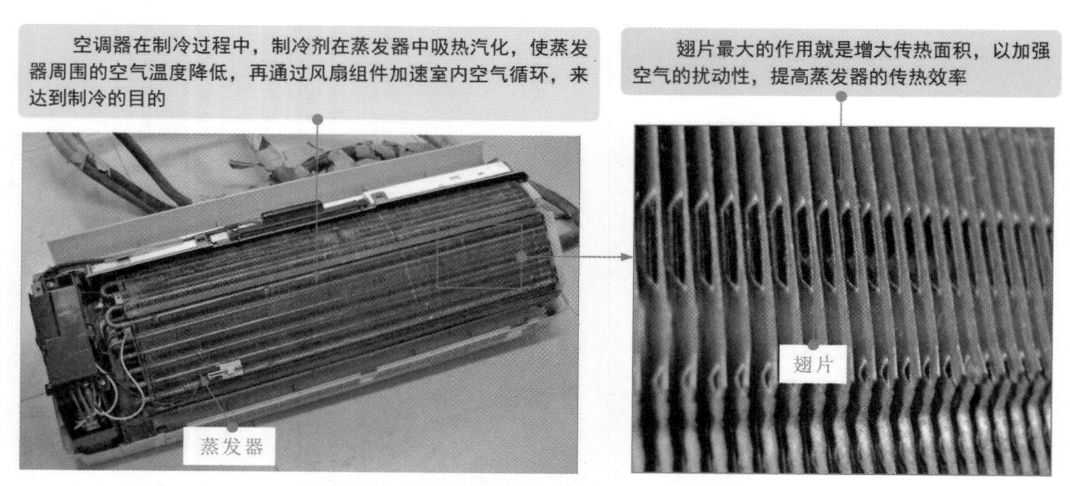

图11-3 定频空调器室内机蒸发器的实物外形

② 贯流风扇

贯流风扇组件安装在蒸发器下方，横卧在室内机中，用来实现室内空气的强制循环对流，使室内空气进行热交换。

图 11-4 所示为定频空调器室内机的贯流风扇组件，由图可知该组件包含有两大部分：贯流风扇扇叶和贯流风扇驱动电动机。

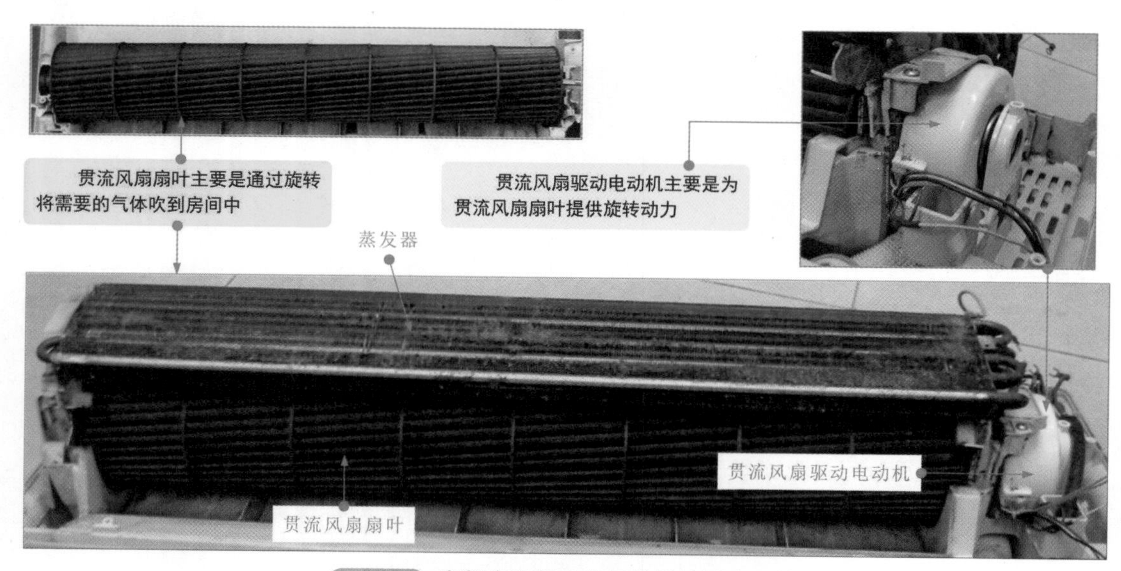

图11-4 定频空调器室内机的贯流风扇组件

③ 导风板组件

空调器导风板组件主要用来改变空调器吹出的风向，扩大送风面积，增强房间内空气的流动性，使温度均匀。在空调器室内机中，导风板组件通常位于上部，如图 11-5 所示，导风板组件主要是由导风板和导风板驱动电动机构成。导风板包括垂直导风板和水平导风板，其中垂直导风板安装在外壳上，而水平导风板则安装在内部机架上，位于蒸发器的侧面，由驱动电动机驱动。

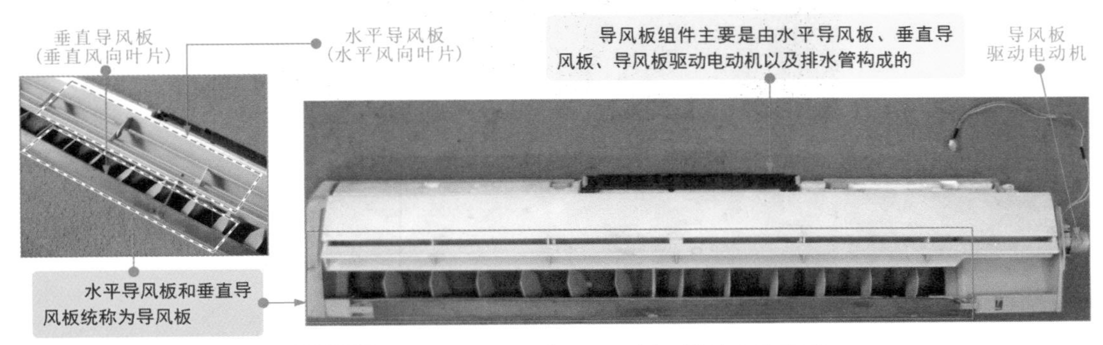

图11-5　定频空调器室内机导风板组件的实物外形

水平导风板又可称为水平导风叶片，通常是由两组或三组叶片构成，是专门用来控制垂直方向的气流；垂直导风板也可称为垂直导风叶片，用来控制水平方向的气流；导风板驱动电机位于导风板侧面，通过主轴直接与导风板连接。

④ 电路板

空调器室内机的电路部分是空调器中非常重要的部件，它主要包括主电路板、显示和遥控电路板，如图 11-6 所示，通常主电路板位于空调器室内机一侧的电控盒内；显示和遥控电路板位于空调器室内机前面板处，通过连接引线与主电路板相连。

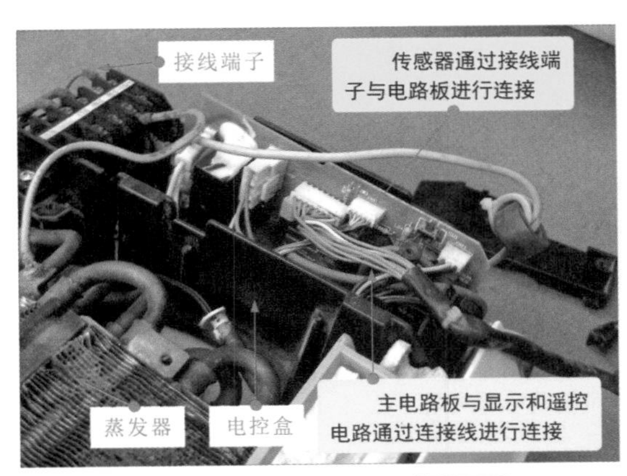

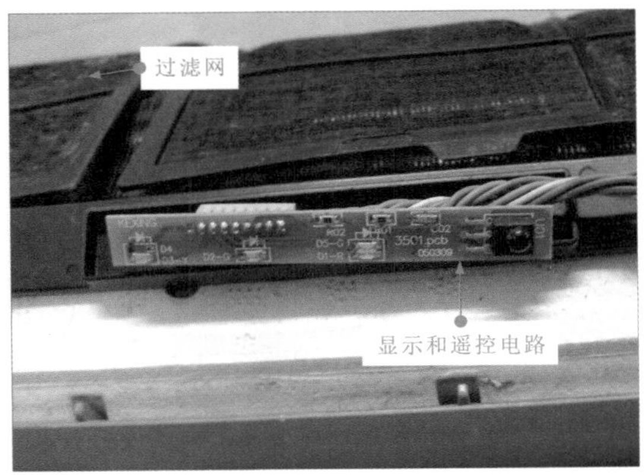

图11-6　定频空调器室内机的电路板

⑤ 清洁部件

在空调器中通常安装有清洁部件，如空气过滤网、清洁滤尘网，主要是用来对空调器室内机送出的空气进行清洁过滤，通常安装在蒸发器的上方，如图 11-7 所示。

（2）室外机的结构组成

定频空调器的室外机主要是由外壳、轴流风扇组件、冷凝器、压缩机、电磁四通阀、干燥过滤器、单向阀和截止阀等部分构成的，如图 11-8 所示。

图11-7 定频空调器中清洁部件的实物外形

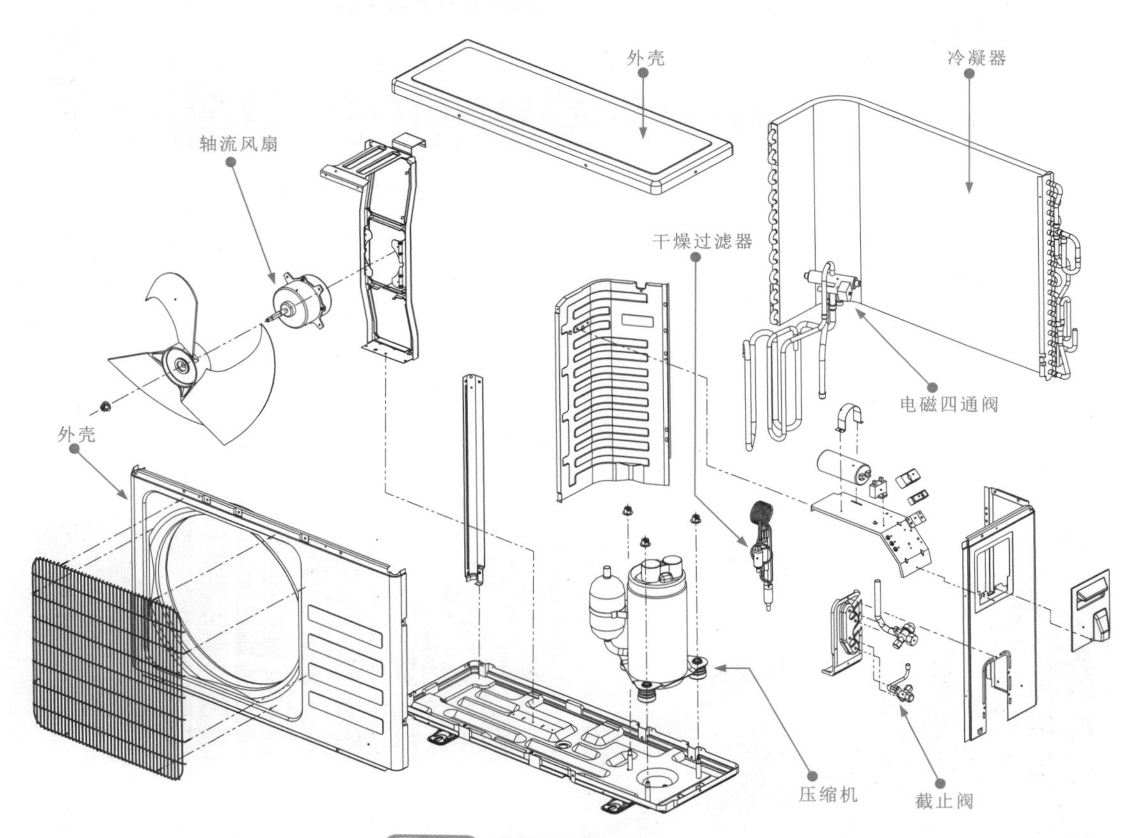

图11-8 定频空调器室外机的结构

【提示说明】

在定频空调器室外机中，只有冷暖型空调器的室外机才会安装有电磁四通阀，用于切换空调器的制冷/制热状态，而对于单冷型空调器，则没有该器件。

① 压缩机

空调器中压缩机是实现空调器制冷剂循环的主要动力器件，压缩机通过对制冷剂施加压力，可以改变管路系统中制冷剂的温度和压力，从而使其物理状态发生变化，然后再通过热交换过程实现制热或制冷，图 11-9 所示为压缩机的实物外形。

图11-9 压缩机的实物外形

② 冷凝器

空调器中冷凝器与室内机蒸发器的结构相似，也是由一组一组的 S 形铜管胀接铝合金散热翅片而制成的。其中 S 形铜管用于传输制冷剂，使制冷剂不断地循环流动，翅片用来增大散热面积，提高冷凝器的散热效率，图 11-10 所示为冷凝器的实物外形。

图11-10 冷凝器的实物外形

【提示说明】

事实上，空调器的蒸发器和冷凝器都是用于空气调节的热交换部件，现在所说的名称都是以制冷状态为前提的。严格地说，室内机的热交换器被用于制冷时就作为蒸发器，同时室外机组中的热交换器主要被用作冷凝器。而当空调器处于制热状态时，室内机中的热交换器就相当于冷凝器，而室外机中的热交换器则起蒸发器的作用。

③ 轴流风扇组件

空调器的轴流风扇组件安装在室外机内，位于冷凝器的内侧，轴流风扇组件主要由轴流风扇驱动电动机、轴流风扇扇叶和轴流风扇启动电容器组成，如图 11-11 所示，其主要作用是确保室外机内部热交换部件（冷凝器）良好的散热。

④ 电磁四通阀

空调器室外机中电磁四通阀是一种由电流来进行控制的电磁阀门，由该器件主要用来控制制冷剂的流向，从而改变空调器的工作状态，实现制冷或制热。图 11-12 所示为电磁四通阀的实物外形，由图可知电磁四通阀主要是由导向阀、换向阀、线圈以及管路等构成的。

⑤ 毛细管

毛细管是制冷系统中的部件之一，实际上毛细管是一段又细又长的铜管，通常盘在室外机的箱体中，起到节流降压的作用。图 11-13 所示为毛细管的实物外形，在毛细管的外面通

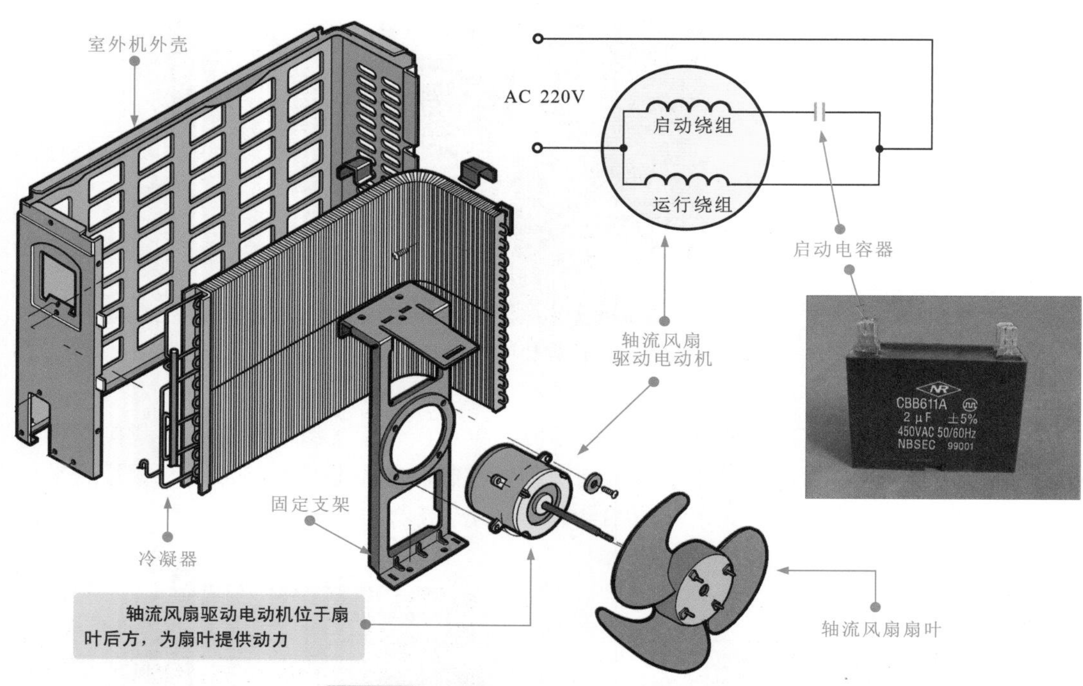

图11-11 室外机轴流风扇组件的实物外形

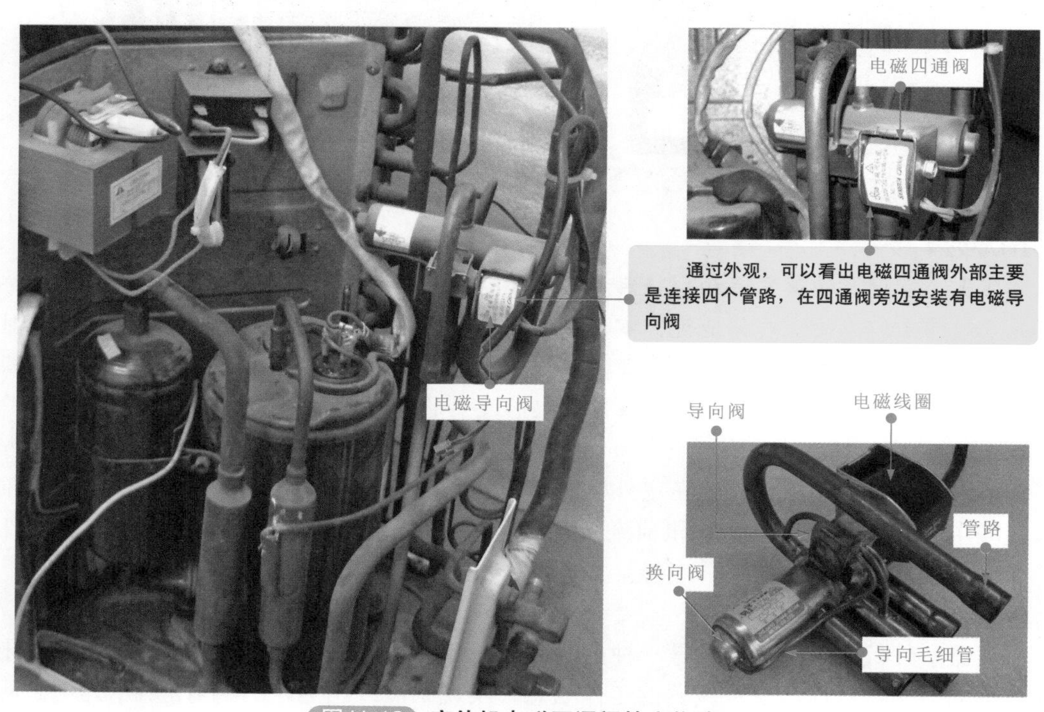

图11-12 室外机电磁四通阀的实物外形

常包裹有隔热层。

⑥ 干燥过滤器

干燥过滤器是空调器制冷系统中的辅助部件之一，通常情况下，干燥过滤器位于冷凝器和毛细管之间，主要过滤和干燥制冷剂，防止制冷系统出现堵塞现象，图 11-14 所示为空调器室外机干燥过滤器的实物外形。常见的干燥过滤器主要有单入口单出口和单入口双出口两种。

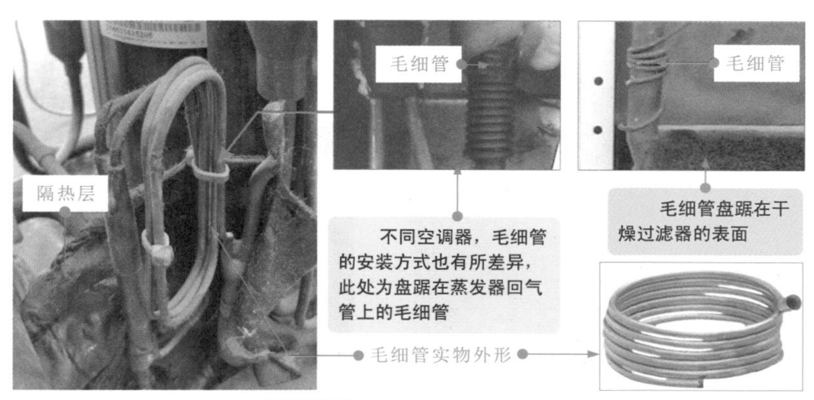

图11-13 毛细管的实物外形

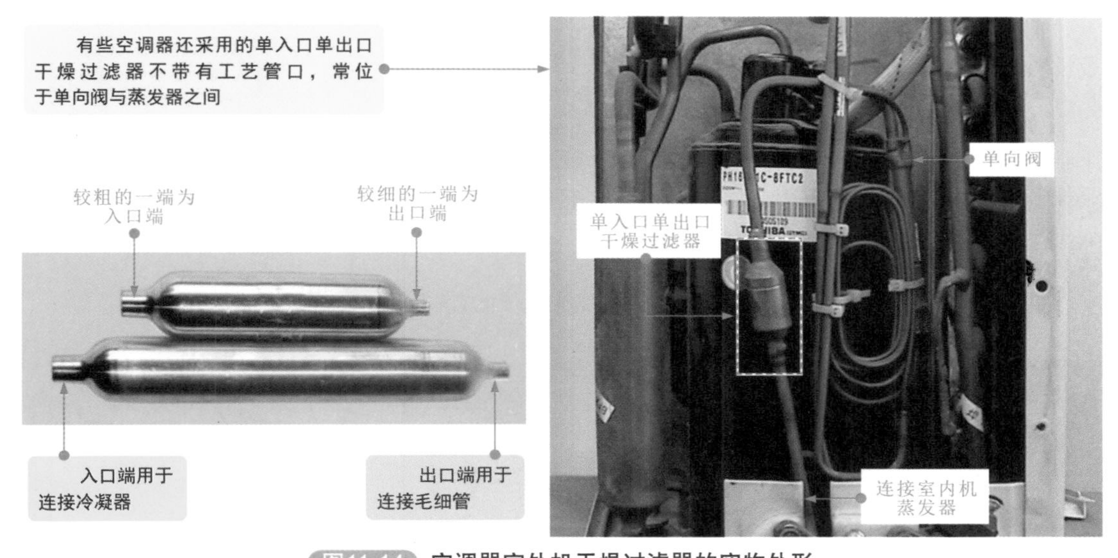

图11-14 空调器室外机干燥过滤器的实物外形

⑦ 单向阀

单向阀与毛细管相连，用来防止制冷剂回流。通常在单向阀的壳体上标注有制冷剂的流动方向，方便维修人员在安装和维修过程中识别其连接方向，如图 11-15 所示。

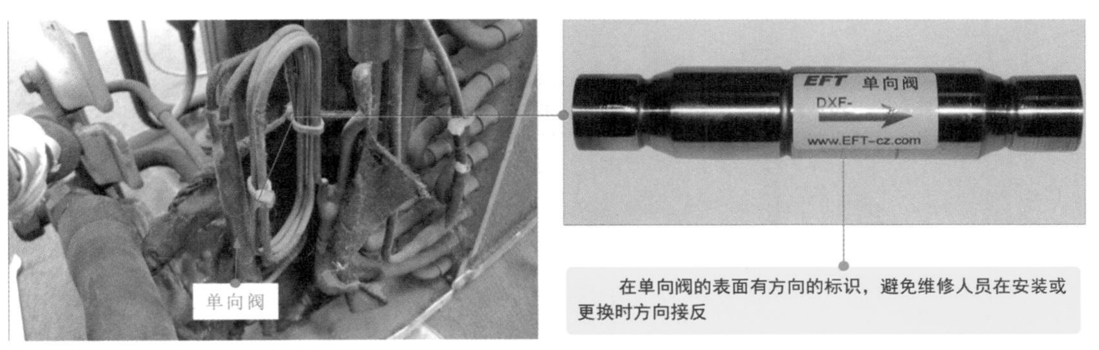

图11-15 空调器室外机单向阀的实物外形

⑧ 电路板

定频空调器室外机的电路部分较为简单，主要由多个启动电容器、变压器以及相关插件构成，如图 11-16 所示。

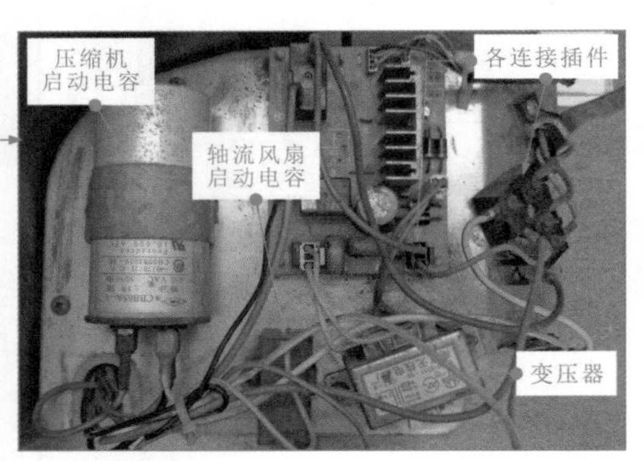

图11-16 定频空调器室外机电路板

11.1.2 定频空调器的电路结构

定频空调器的电路部分集中在室内机中，是整个空调器的控制中心，对空调器的整机进行控制，这种空调器室外机的电路部分通常不设置电路板，而是将必要的几个电气部件通过接插件连接起来，因此，定频空调器的电路系统十分简单，可根据电路功能分为电源电路、控制电路、显示和遥控接收电路等几部分，如图 11-17 所示。

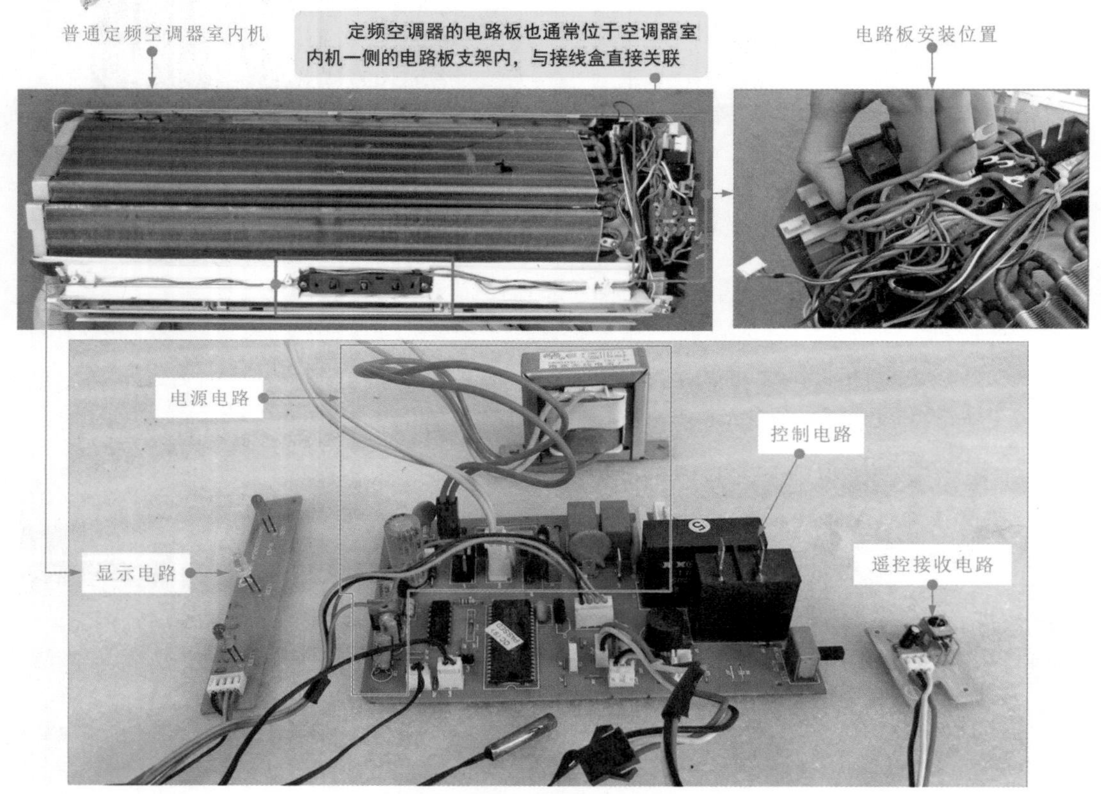

图11-17 定频空调器的电路结构

（1）电源电路

图 11-18 为定频空调器中的电源电路部分，可以看到，该机中电源电路大多元器件与主控电路安装在一个电路板上，降压变压器独立安装在空调器室内机的电路板支架槽内，通过引线及插件与电路板关联。

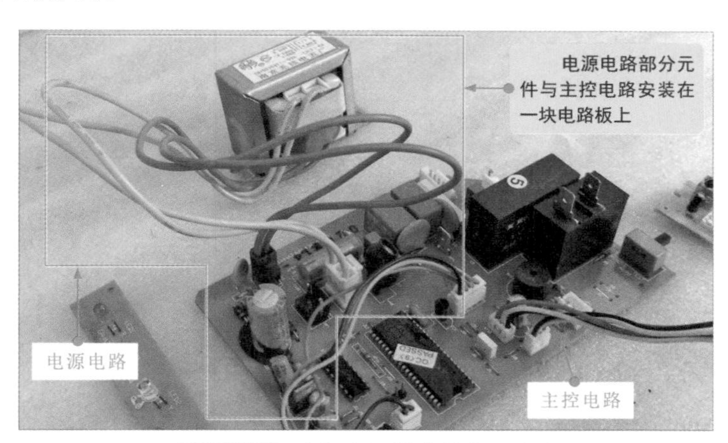

图11-18 定频空调器中的电源电路

（2）控制电路

定频空调器的控制电路位于空调器室内机中，是空调器中的核心控制电路，用于控制整机的协调运行。

图 11-19 为定频空调器中的控制电路部分。可以看到，承载该电路的电路板位于空调器室内机一侧，通过电路板支架固定，电路板中除几个电源电路元器件外，主控电路占据整个电路板的大部分位置，该电路主要控制器件则是微处理器，由微处理器输出各种控制信号，控制空调器的正常运行。

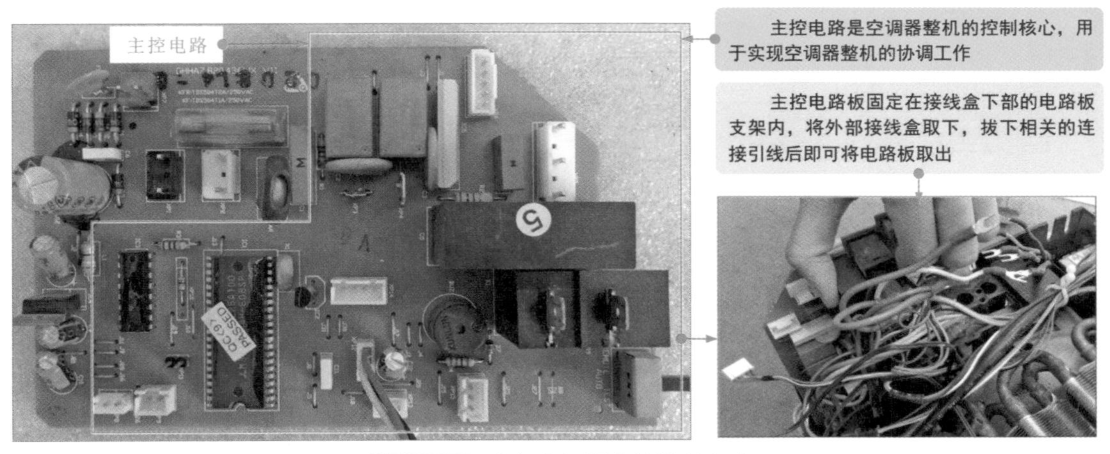

图11-19 定频空调器中的控制电路

（3）遥控电路

空调器的遥控电路是通过红外光传输控制信息的功能电路。遥控电路是由遥控接收电路和遥控发射电路构成的。空调器遥控接收电路位于空调器室内机前部面板部分，它将接收的红外光信息变成电信号送给微处理器。遥控发射电路是一个独立的发射红外信息的电路单元。

图 11-20 为定频空调器中的遥控电路部分。可以看到，该电路位于空调器室内机前部靠右下方部位，通过卡扣固定在主控电路板支架上部，并由信号线缆与控制电路相连。

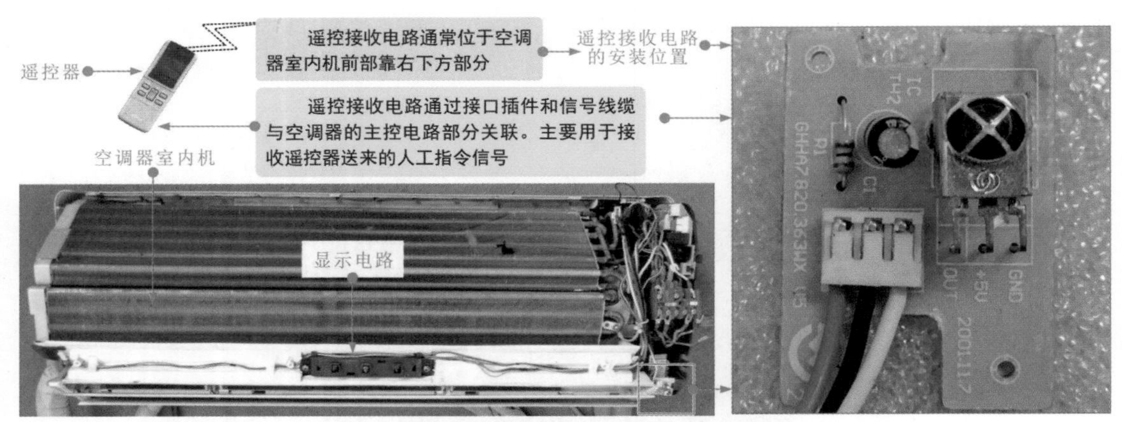

图11-20 定频电路器中的摇控电路部分

11.2 定频空调器的工作原理

11.2.1 定频空调器的整机工作过程

定频空调器是由各单元电路协同工作，完成信号的接收、处理和输出，并控制相关的部件工作，从而完成制冷 / 制热的目的，这是一个非常复杂的过程。

图 11-21 为定频空调器工作时，各电路之间的关系示意图。

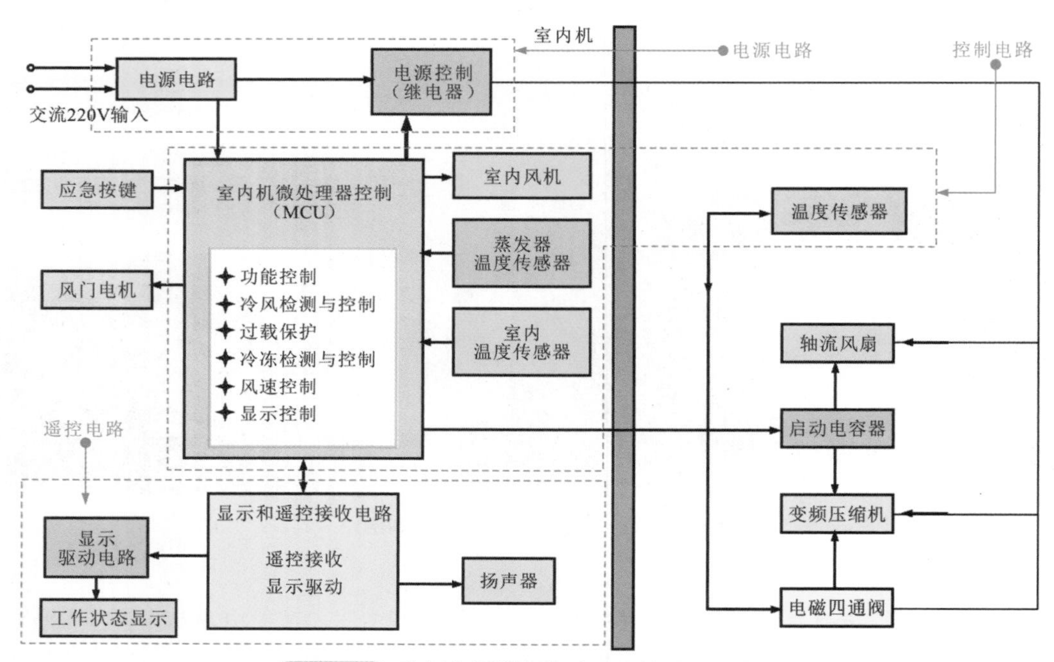

图11-21 定频空调器各电路之间的关系示意图

（1）电源电路与其他电路的关系

电源电路是空调器的能源供给电路，它将交流 220V 市电处理后，输出各级直流电压为其他各单元电路或元器件提供工作电压。

如图 11-22 所示为电源电路与其他电路的关系。

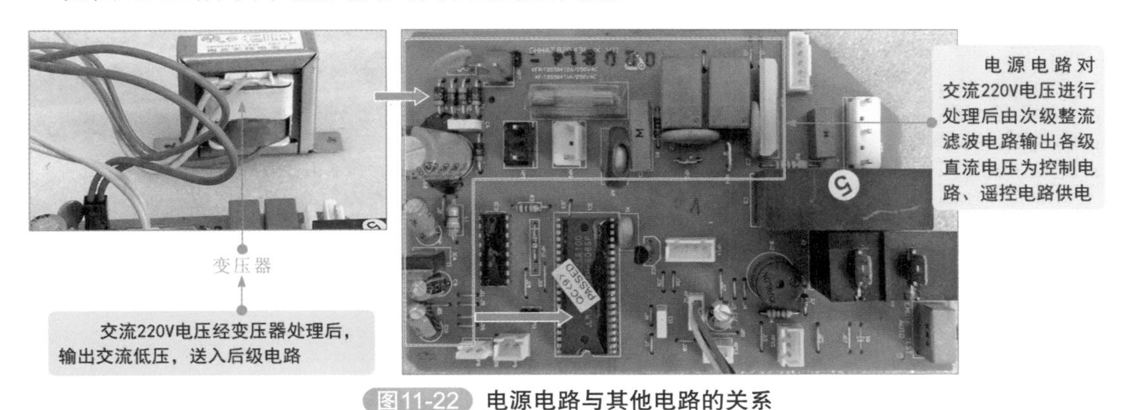

图11-22 电源电路与其他电路的关系

（2）控制电路与其他电路的关系

控制电路是由电源电路提供工作电压，并接收显示和遥控电路送来的控制信号，对该信号进行处理后，输出控制信号对相关电路或元器件进行控制。

如图 11-23 所示为控制电路与其他电路的关系。

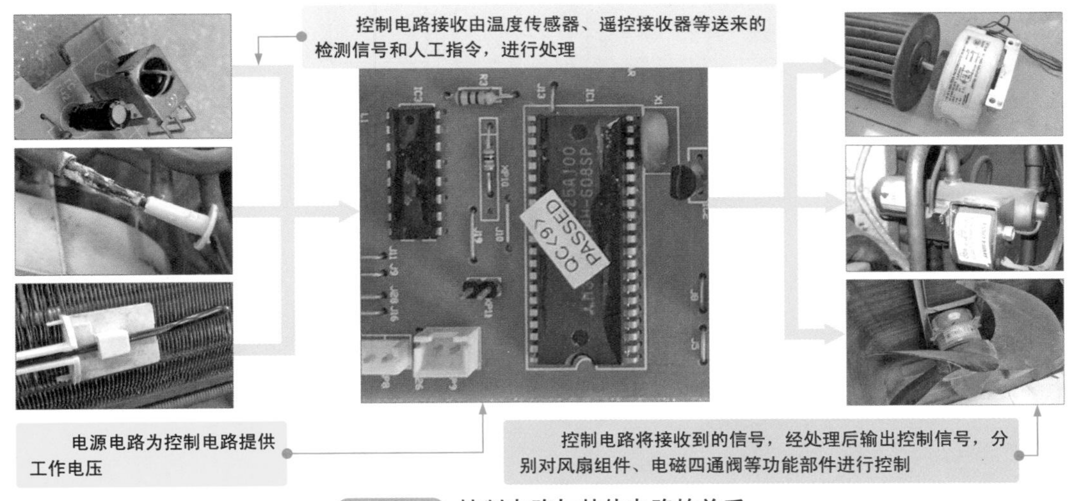

图11-23 控制电路与其他电路的关系

（3）遥控电路与其他电路的关系

显示和遥控电路主要是将外界或遥控器送来的人工指令进行处理后，送到控制电路中，间接控制空调器的工作状态。

如图 11-24 所示为显示和遥控电路与其他电路的关系。

11.2.2　定频空调器的电路分析

图 11-25 为春兰 KFR-33GW/T 型空调器的电路框图。

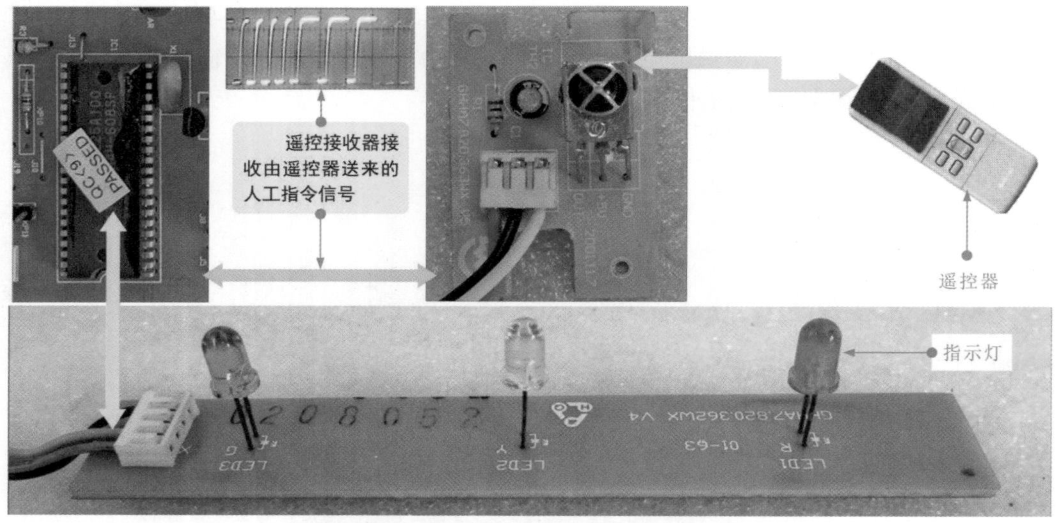

图11-24 显示和遥控电路与其他电路的关系

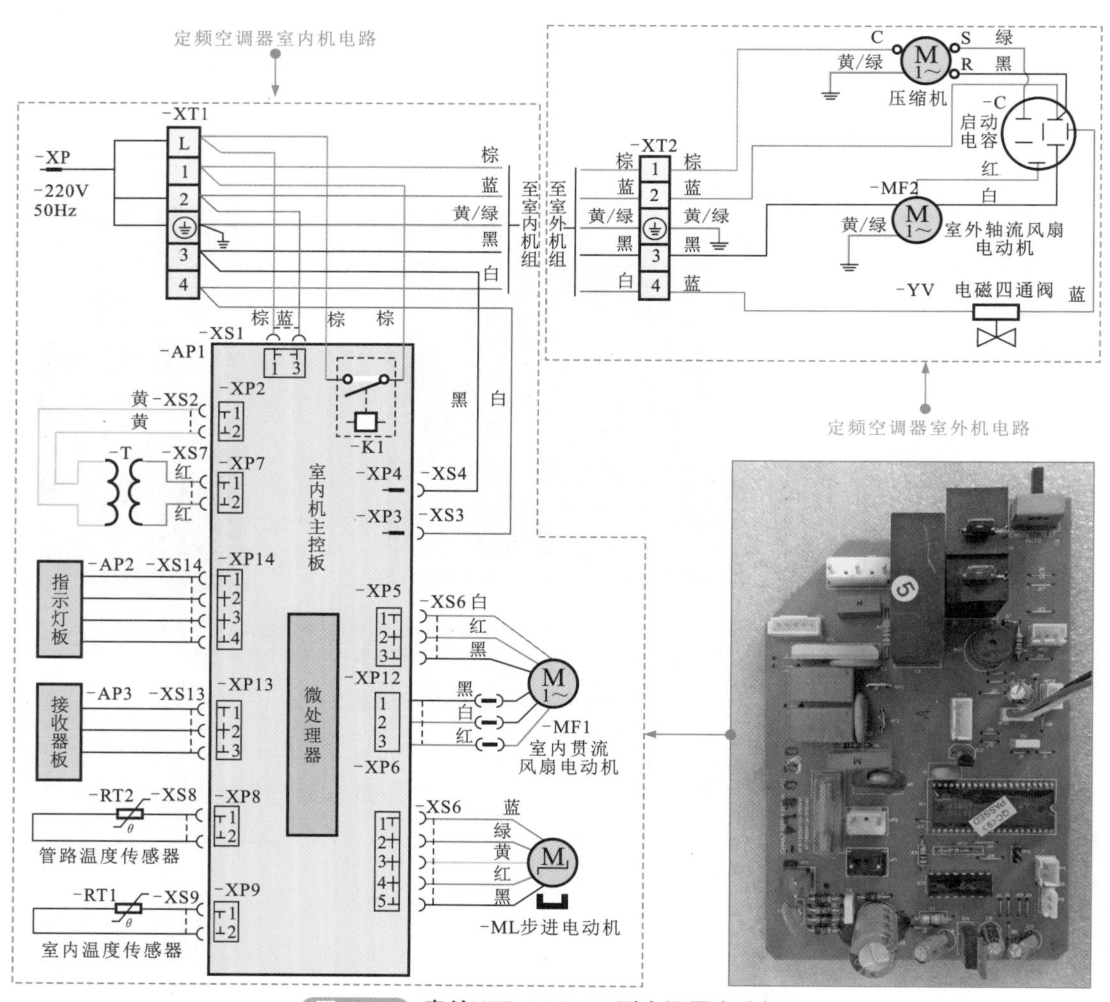

图11-25 春兰KFR-33GW/T型空调器电路框图

从图 11-25 可以看到，定频空调器的电路大部分位于室内机中。室内机与室外机电路通过接线盒连接。

定频空调器电路的核心元器件为一个多引脚集成电路，该集成电路称为微处理器室内机的传感器，指示灯板、接收器板、电动机组件通过接插件连接到电路板上，通过印制线路板与微处理器进行数据传输和控制信息的传递。

定频空调器交流供电线路经插件分别加到室内机和室外机电路板上。其中室内机经降压变压器后为电路中的电子元器件供电；室外机中的压缩机、风扇电动机和电磁四通阀则直接由交流线路供电。

第12章 定频空调器的拆卸

12.1 定频空调器室内机的拆卸

定频空调器室内机是通过电路板及各电器部件的连接实现对制冷循环的控制，因此，学习空调器室内机的维修，首先应掌握空调器室内机的拆卸方法。

如图 12-1 所示，空调器的室内机主要是由外壳、电路板、风扇及管路部件组成。其中，

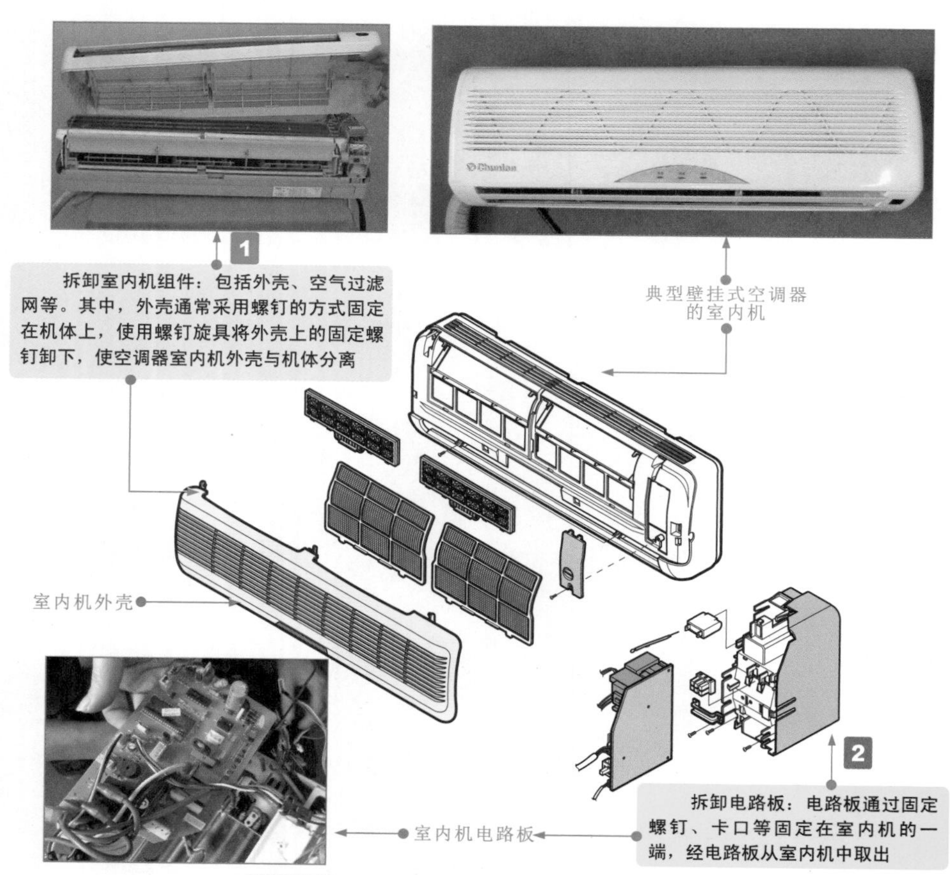

图12-1 壁挂式空调器室内机的拆卸示意图

风扇及管路部件只有在涉及维修相应部件时才需要进行拆装，我们将在检修部件的章节具体讲解。这里我们主要针对室内机的外部组件和电路板两部分进行拆卸讲解。

12.1.1　定频空调器室内机外部组件的拆卸

壁挂式空调器室内机组件包括外壳、过滤网、吸气栅等。其中，外壳通常采用按扣、卡扣和螺钉的方式固定在室内机机体上。采用相应的拆装方式进行拆装即可。在拆卸前，一般首先将空气过滤网和清洁滤尘网取下，如图 12-2 所示。

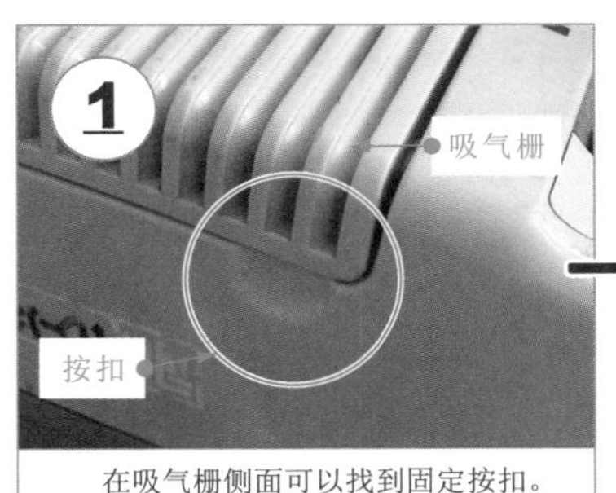

在吸气栅侧面可以找到固定按扣。

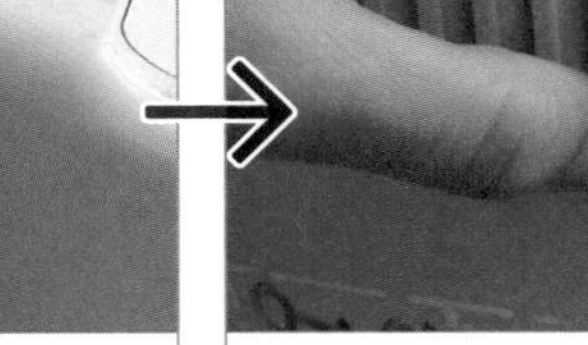

按下机壳两侧按扣，并向上提起。

3

按扣

稍微用力打开卡扣，使吸气栅脱离。

4

吸气栅

将吸气栅向上掀，即可看到空气过滤网和清洁滤尘网。

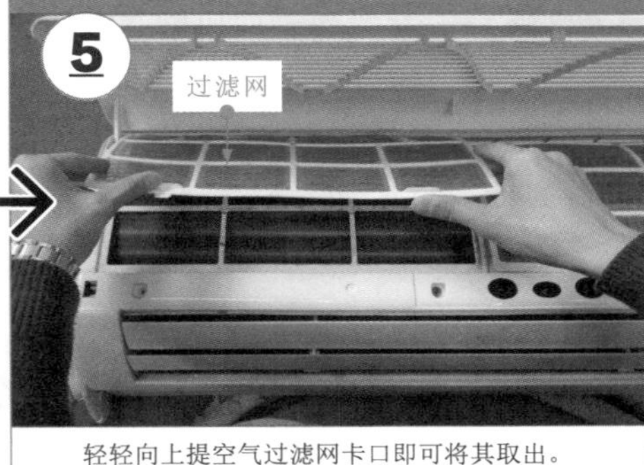

轻轻向上提空气过滤网卡口即可将其取出。

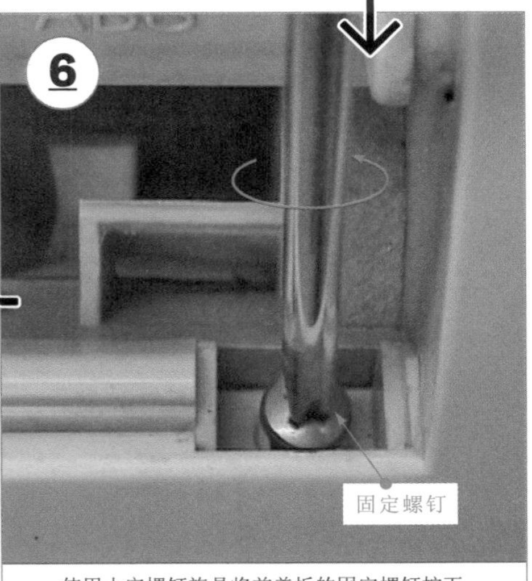

使用十字螺钉旋具将前盖板的固定螺钉拧下。

取下所有螺钉后，即可将室内机的前盖板掀起。

图12-2

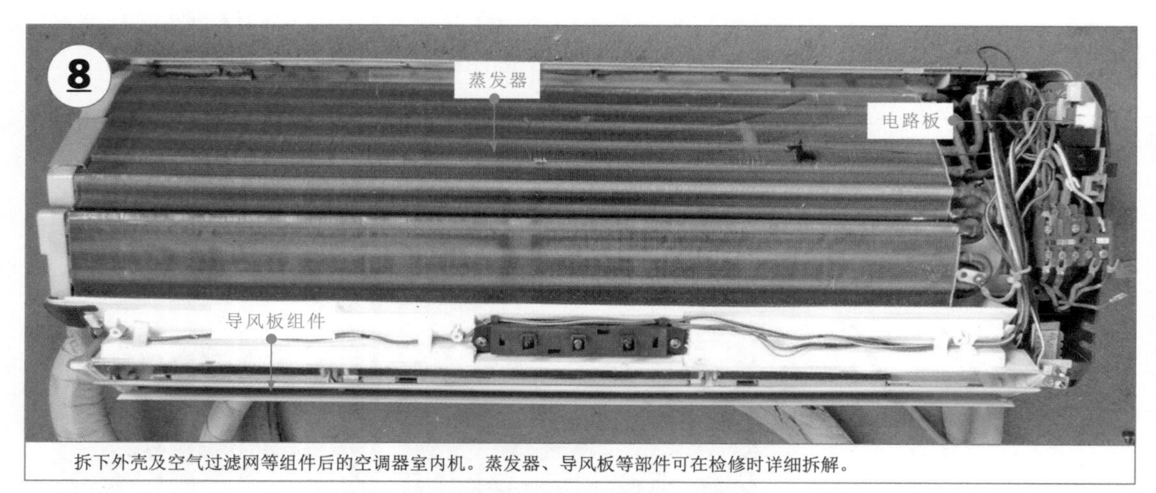

拆下外壳及空气过滤网等组件后的空调器室内机。蒸发器、导风板等部件可在检修时详细拆解。

图12-2 壁挂式空调器室内机外部组件的拆卸方法

12.1.2 定频空调器室内机电路板的拆卸

壁挂式空调器室内机外壳拆下后，就可以看到室内机的主要部件了。其中，空调器的电路部分一般集中安装在室内机的一侧，此处涉及的零部件较多，拆装时需要讲究顺序和技巧。

图 12-3 为壁挂式空调器室内机电路板的拆卸方法。

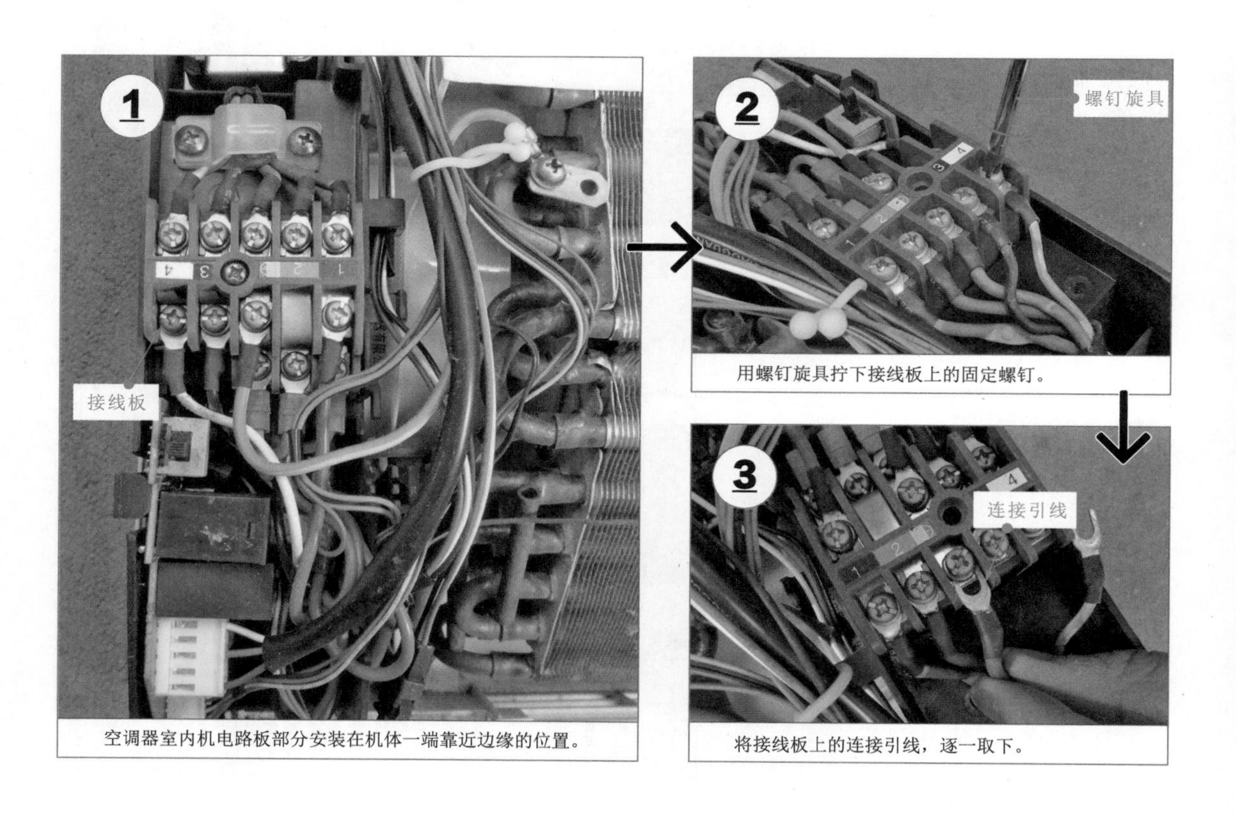

空调器室内机电路板部分安装在机体一端靠近边缘的位置。

用螺钉旋具拧下接线板上的固定螺钉。

将接线板上的连接引线，逐一取下。

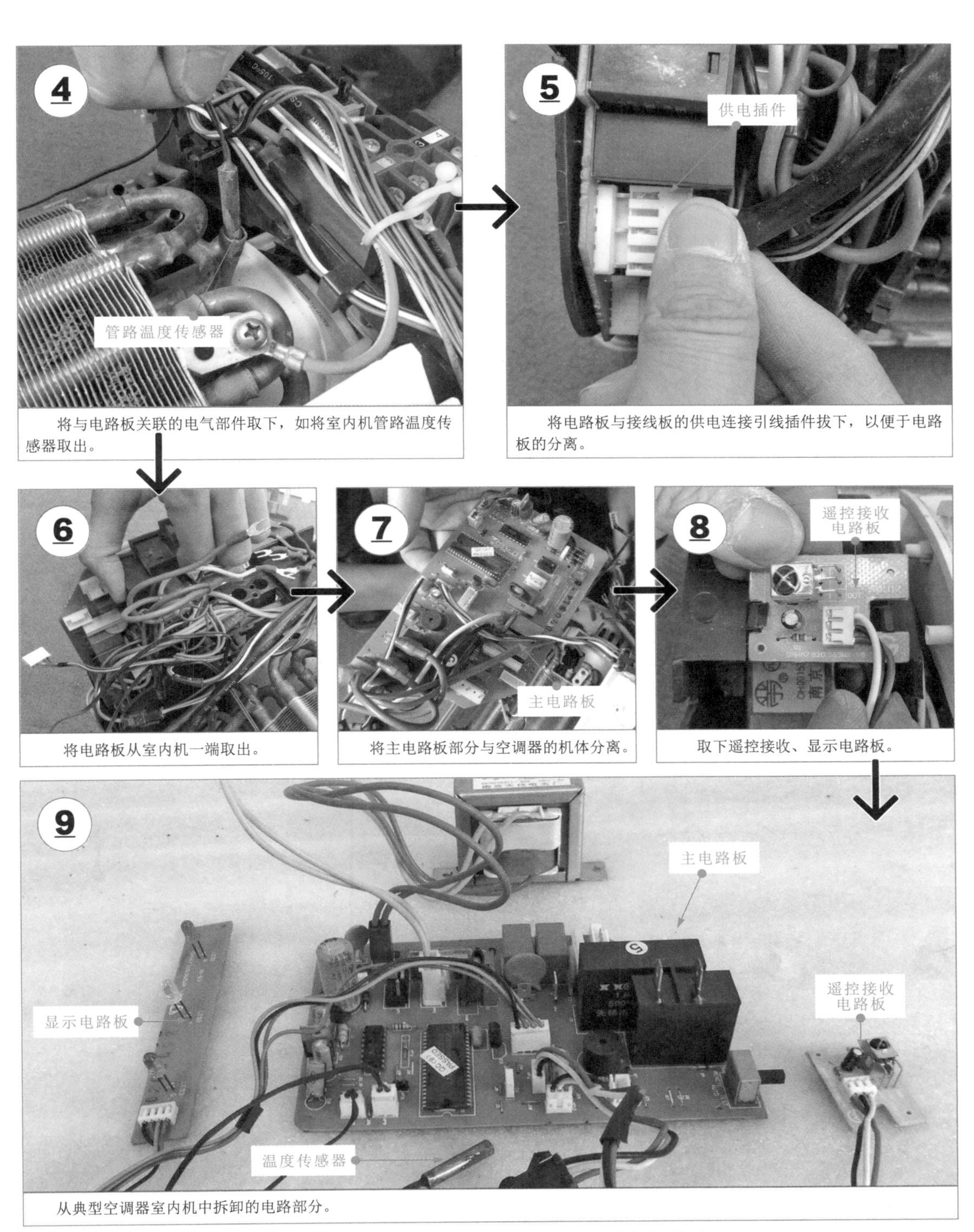

图12-3　壁挂式空调器室内机电路板的拆卸方法

12.2 定频空调器室外机的拆卸

定频空调器的室外机主要是由外壳、电路板、风扇、压缩机及管路部件组成，其中，风扇、压缩机及管路部件只有在涉及维修相应部件时才需要进行拆装。

12.2.1 定频空调器室外机组件的拆卸

如图 12-4 所示，拆卸空调器室外机组件主要是指拆卸外壳部分。外壳大都是由固定螺钉固定的，拆卸时，将室外机外壳上盖、前盖、后盖之间固定螺钉拧下即可。

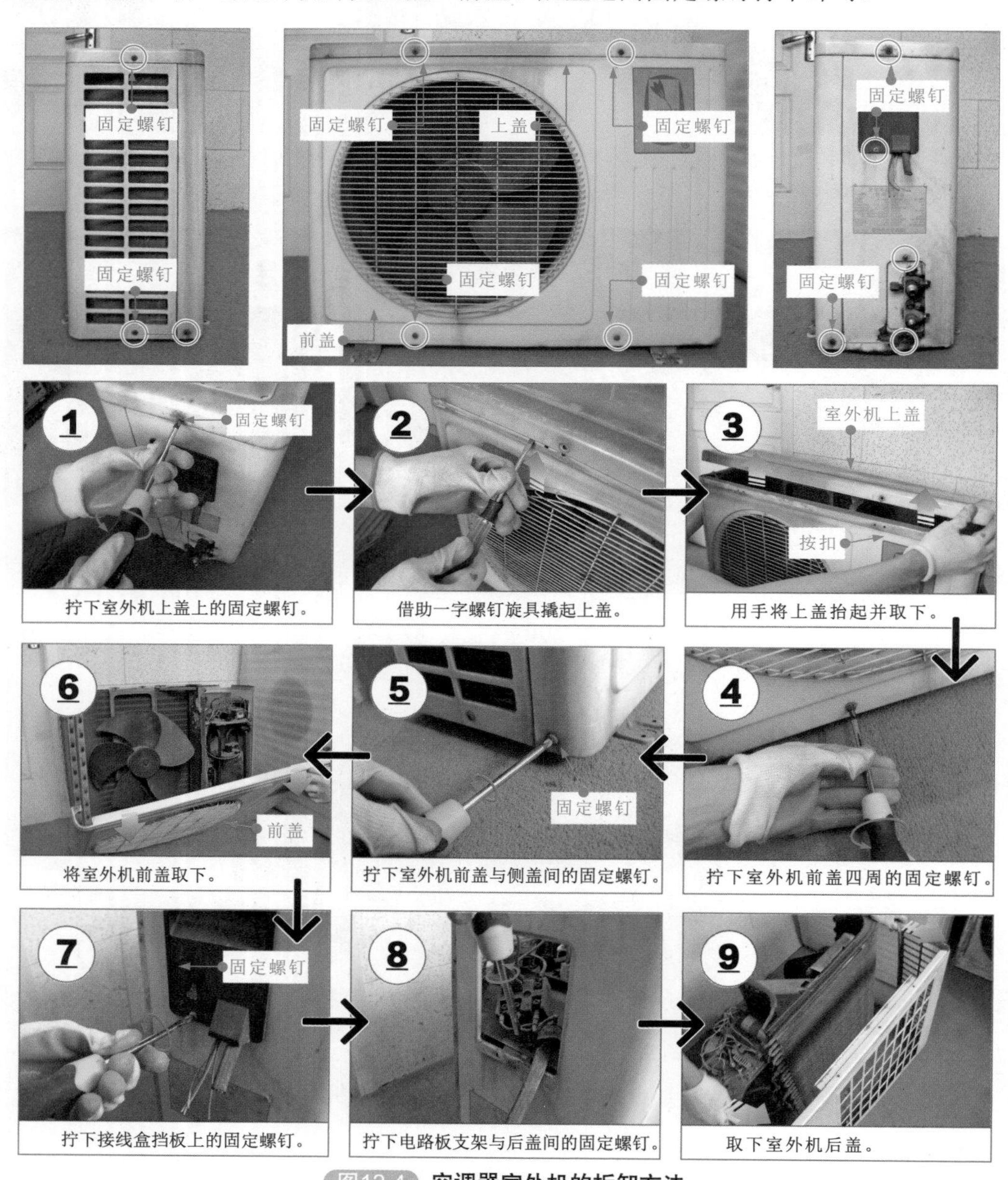

图12-4 空调器室外机的拆卸方法

拆开空调器室外机外壳后，即可看到室外机的内部结构组成，如图 12-5 所示。

图12-5　空调器室外机组件拆解后的效果图

12.2.2　定频空调器室外机电路板的拆卸

室外机电路部分通常安装在压缩机及制冷管路上面，并通过固定螺钉固定在机体上，通过连接引线与其他电气部件连接。当需要检修室外机电而无法通电测试时，需将电路部分拆下，拧下固定螺钉，拔除连接引线即可。

图 12-6 为室外机电路板的拆卸方法。

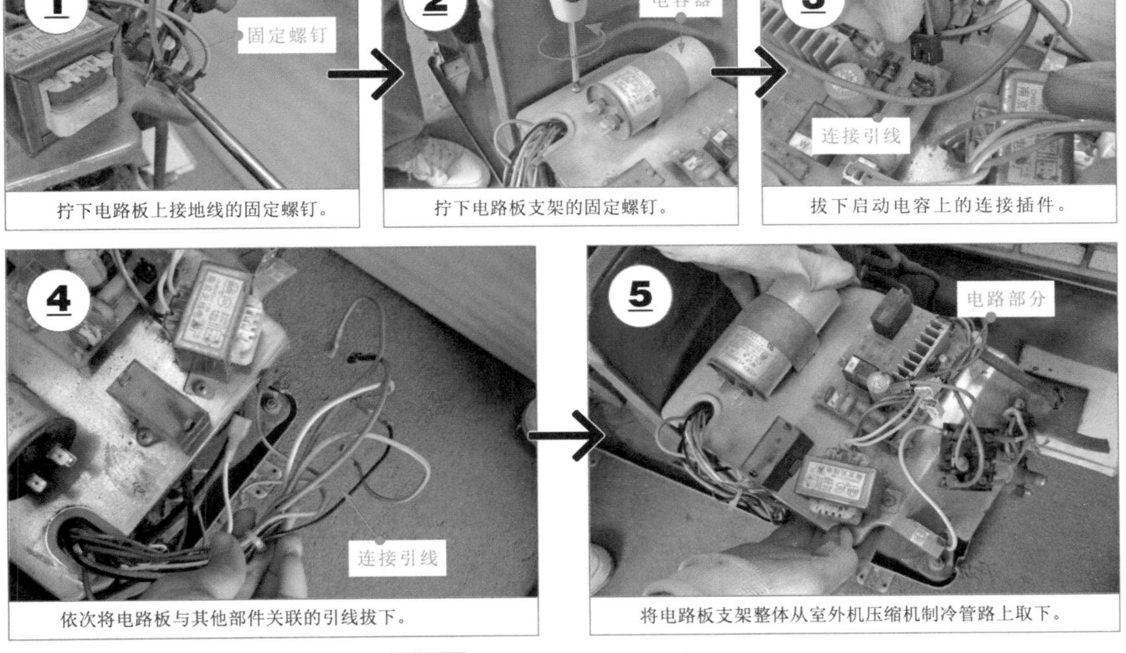

图12-6　室外机电路板的拆卸方法

对空调器室外机的拆卸至此完成，如图12-7所示。其余电气部件将在涉及检修时，再针对性地拆卸。

图12-7 空调器室外机组件拆解后的效果图

拆卸过程中需注意，拆下的器件最好选择干净、平整的平台存放，尤其注意不要在电路板上放置杂物，要确保放置平台的干燥。

第 13 章 风扇组件的检测代换

13.1 贯流风扇组件的特点与检测代换

13.1.1 贯流风扇组件的结构和功能特点

（1）贯流风扇组件的结构

空调器贯流风扇组件主要用于实现室内空气的强制循环对流，使室内空气进行热交换。它通常位于空调器蒸发器下，横卧在室内机中。贯流风扇组件一般包含两大部分：贯流风扇扇叶、贯流风扇驱动电机，如图 13-1 所示。目前空调器室内机多数采用强制通风对流的方式进行热交换，因此，室内机的风扇组件主要是加速空气的流动。

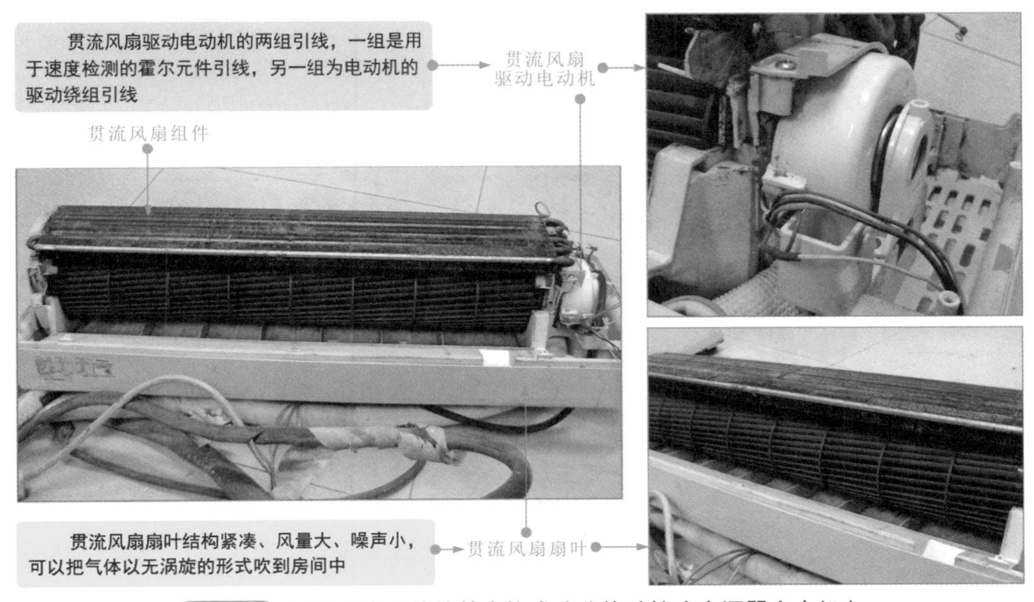

图13-1 贯流风扇组件的基本构成（分体壁挂式空调器室内机）

（2）贯流风扇组件的功能

图 13-2 所示为分体壁挂式空调器贯流风扇组件的功能特点。贯流风扇驱动电动机通电运转后，带动贯流风扇扇叶转动，使室内空气强制对流。此时，室内空气从室内机的进风口

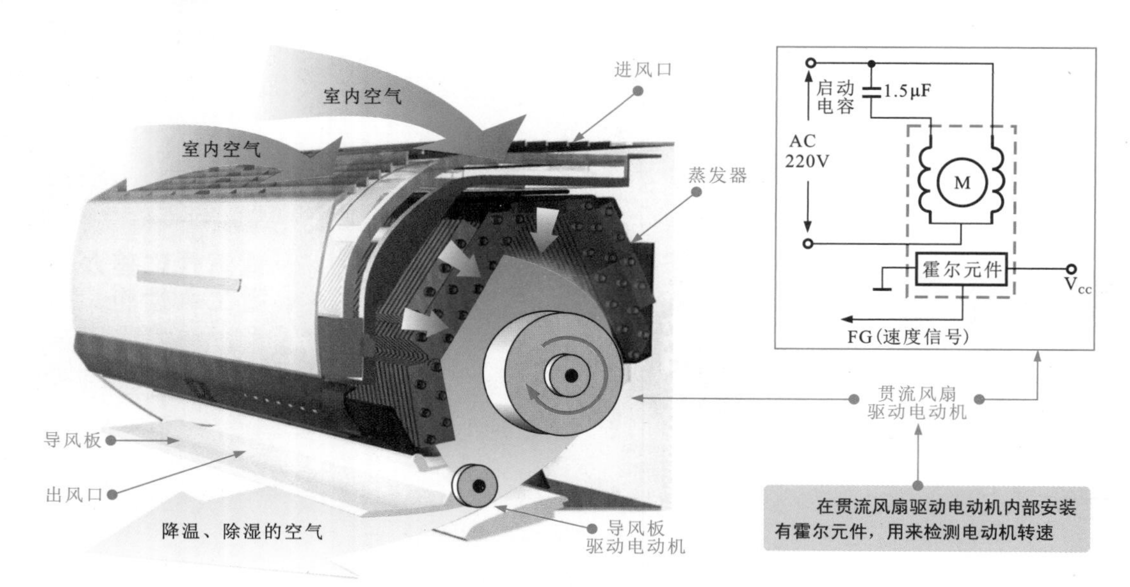

图13-2 分体壁挂式空调器贯流风扇组件的功能特点

进入，经过蒸发器降温。除湿后，在贯流风扇扇叶的带动下，从室内机的出风口沿导风板排出。导风板驱动电动机控制导风板的角度（关于导风板组件将在下节介绍）。

（3）贯流风扇组件的工作过程

图 13-3 所示为空调器室内风扇组件的信号流程框图。空调器室内机微处理器接收到遥控信号后，启动空调器开始运行。同时过零检测电路将基准信号送入微处理器中。微处理器将驱动信号送到室内风扇驱动电机的驱动电路中，由驱动电路控制贯流风扇运转，风扇驱动电机运转后，霍尔元件将检测的反馈信号（风速检测信号）通过风速检测电路送到微处理器中，由微处理器控制并调整风扇的转速。

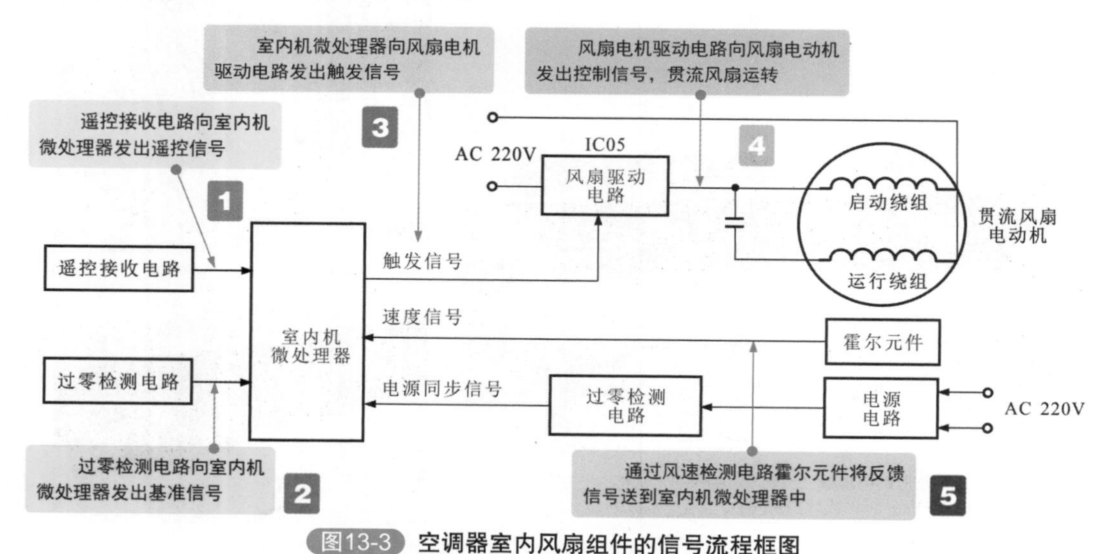

图13-3 空调器室内风扇组件的信号流程框图

图 13-4 所示为空调器室内机风扇驱动电路。从图中可以看出，室内机微处理器 IC08（TMP87PH46N）的⑥脚向固态继电器（光控双向晶闸管）IC05（TLP3616）送出驱动信号，送入 IC05 的③脚，控制固态继电器 IC05 导通，从而接通室内风扇驱动电机的供电，使风扇

运转。风扇运转后，霍尔元件开始检测风速，经由接口 CN11 将风速检测信号送入微处理器 IC08 的⑦脚，使微处理器及时对风扇驱动电机的转速进行精确控制。

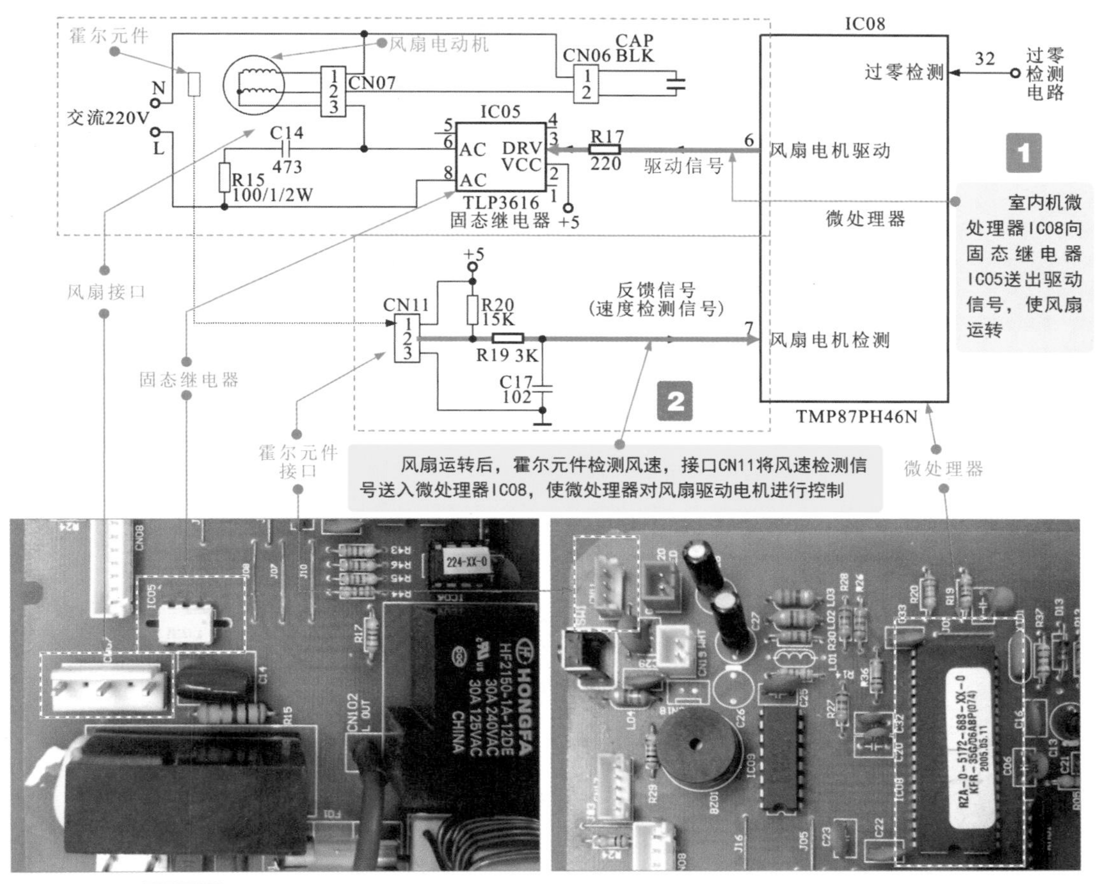

图13-4　空调器室内机风扇驱动电路（海信KFR-35GW/06ABP型变频空调器）

13.1.2　贯流风扇组件的检测代换

（1）贯流风扇组件的检测方法

对于室内机贯流风扇组件的检修，应首先检查贯流风扇扇叶否变形损坏。若没有发现机械故障，再对贯流风扇驱动电动机（电动机绕组、霍尔元件）进行检查。

① 对贯流风扇扇叶进行检查

空调器长时间未使用，贯流风扇的扇叶会堆积大量灰尘会造成风扇送风效果差的现象。出现此种情况时，打开空调器室内机的外壳后，首先检查贯流风扇外观及周围是否有异物，扇叶若是被异物卡住，散热效果将大幅度降低，严重时，还会造成贯流风扇驱动电机损坏，

贯流风扇扇叶的检查方法如图 13-5 所示。

经检查，贯流风扇扇叶存在严重脏污、变形或破损无法运转，则需要用相同规格的扇叶进行代换，或使用清洁刷对扇叶进行清洁处理。

② 对贯流风扇驱动电机进行检查

贯流风扇组件工作异常时，若经检查贯流风扇扇叶正常，则接下来应对贯流风扇驱动电机进行仔细检查，若贯流风扇驱动电机损坏应及时更换。

图13-5 贯流风扇的检查方法

贯流风扇驱动电机是贯流风扇组件中的核心部件，若贯流风扇驱动电机不转或是转速异常，可以使用万用表对贯流风扇驱动电机绕组的阻值进行检测，进而判断贯流风扇驱动电机是否出现故障。

a. 贯流风扇驱动电机各绕组间阻值的检测

对贯流风扇驱动电机进行检测时，一般可使用万用表的欧姆挡检测其绕组阻值的方法来判断好坏。将万用表调至欧姆挡，红黑表笔任意搭接在贯流风扇驱动电机的绕组端分别检测各引脚之间的阻值。

贯流风扇驱动电机各绕组间阻值的检测方法如图13-6所示。

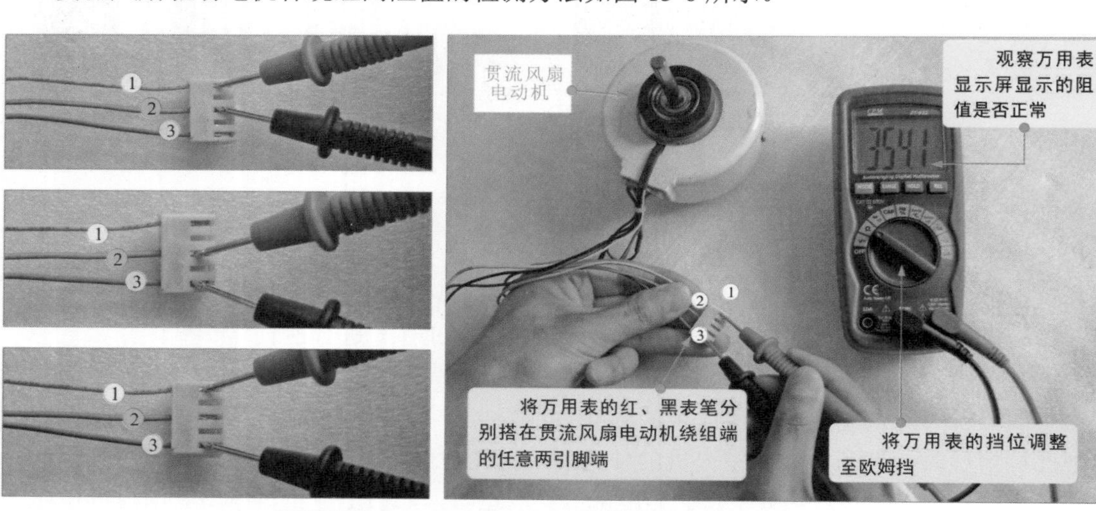

图13-6 贯流风扇驱动电机各绕组间阻值的检测方法

正常情况下，可测得插件①、②脚之间阻值约为750Ω，②、③脚之间阻值约为350Ω，①、③脚之间阻值约为350Ω。若检测到的阻值为零或无穷大，说明该贯流风扇驱动电动机损坏，需进行更换；若经检测正常，则应进一步对其内部霍尔元件进行检测。

b. 贯流风扇驱动电机内霍尔元件的检测

霍尔元件是贯流风扇驱动电机中的位置检测元件，若该元件损坏也会引起贯流风扇驱动电机运转异常或不运转的故障。

对霍尔元件的检测与贯流风扇驱动电机相似，可使用万用表对其连接插件引脚之间的阻值进行检测，来判断其是否损坏。将万用表量程调至欧姆挡，红、黑表笔任意搭接在贯流风扇驱动电机的霍尔元件连接端，分别检测各引脚之间的阻值。

贯流风扇驱动电机内霍尔元件的检测方法如图 13-7 所示。

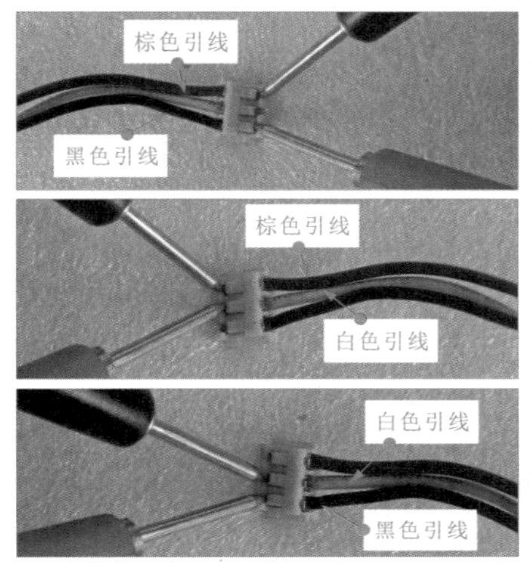

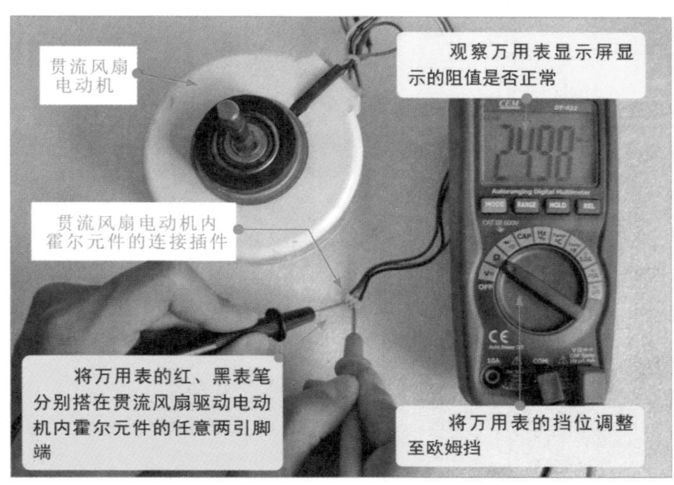

图13-7　贯流风扇驱动电机的检测方法

正常情况下，可测得插件①、②脚之间阻值约为 2000Ω，②、③脚之间阻值约为 3050Ω，①、③脚之间阻值约为 600Ω。若检测时发现某两个接线端的阻值为零或无穷大，则说明该驱动电动机的霍尔元件可能损坏，应对贯流风扇驱动电机进行更换。

【相关资料】

霍尔元件是一种传感器件，一般有三只引脚，分别为供电端、接地端和信号端。若能够准确区分出这三只引脚的排列顺序，可以在判断霍尔元件的好坏时，只检测供电端与接地端之间的阻值、信号端与接地端之间的阻值即可。正常情况下，这两组阻值应为一个固定的数值，若出现零或无穷大的情况，多为霍尔元件损坏。

（2）贯流风扇驱动电动机的代换方法

贯流风扇组件中的驱动电机老化或出现无法修复的故障时，就需要使用同型号或参数相同的贯流风扇驱动电机进行代换。在代换之前需要将损坏的贯流风扇驱动电机取下。

① 对贯流风扇驱动电机进行拆卸

贯流风扇组件安装在室内机的机体内，通常贯流风扇扇叶安装在蒸发器下方，横卧在室内机中、贯流风扇驱动电机安装在贯流风扇扇叶的一端。贯流风扇组件在室内机安装位置比较特殊，拆卸时应按顺序逐一进行。对贯流风扇的拆卸，首先是对连接插件以及蒸发器进行拆卸，接着是对固定螺钉进行拆卸，最后是对贯流风扇驱动电机和贯流风扇扇叶进行拆卸。

a. 对连接插件以及蒸发器进行拆卸

由于贯流风扇组件中的贯流风扇驱动电机与电路板之间是通过连接线进行连接的，因此在拆卸前应先将连接插件拔下，并取下贯流风扇扇叶上方的蒸发器。

连接插件以及蒸发器的拆卸方法如图 13-8 所示。

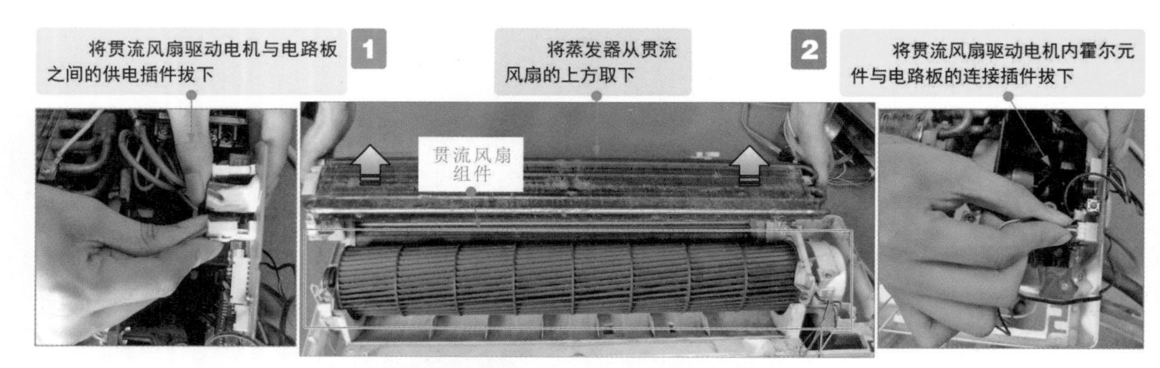

图13-8 连接插件以及蒸发器的拆卸方法

b. 对固定支架固定螺钉进行拆卸

取下蒸发器后，即可看到贯流风扇组件，接下来对贯流风扇组件的固定螺钉进行拆卸，如图13-9所示。

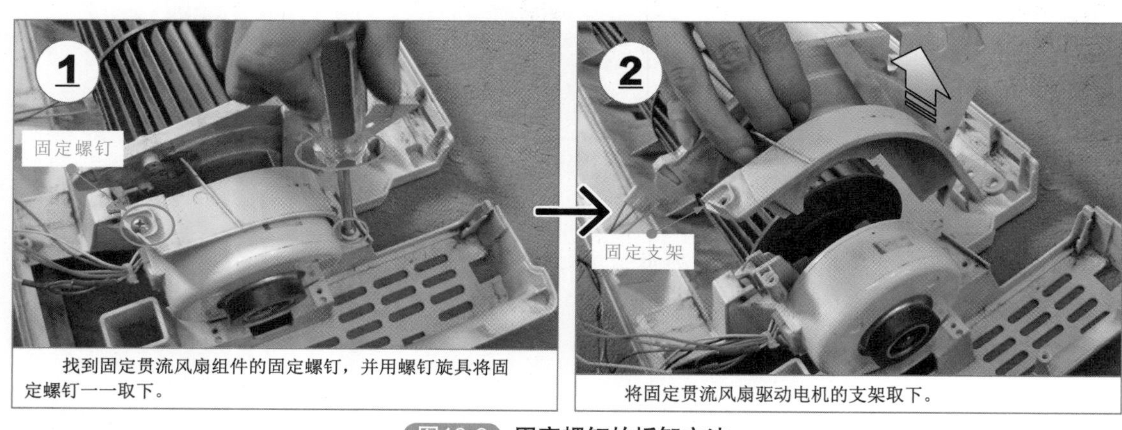

图13-9 固定螺钉的拆卸方法

c. 对贯流风扇驱动电机和贯流风扇扇叶进行拆卸

将固定螺钉取下后，即可取出贯流风扇组件，此时即可对贯流风扇驱动电机进行拆卸，如图13-10所示。

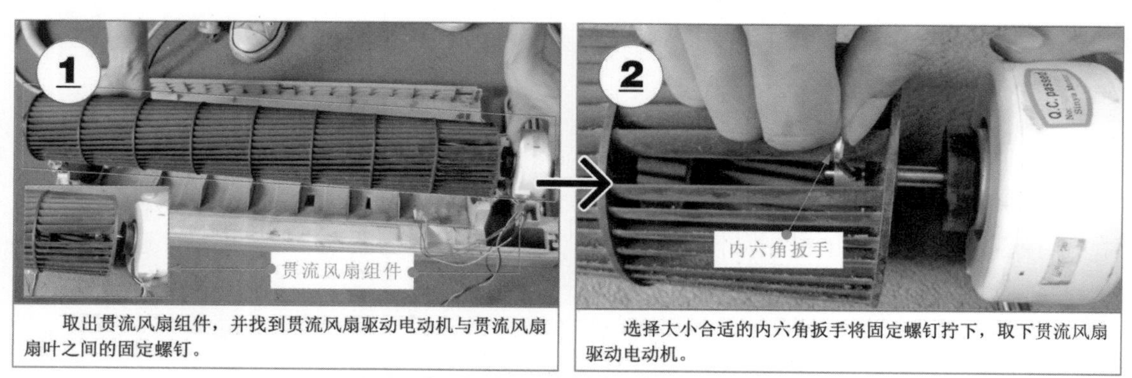

图13-10 贯流风扇驱动电机的拆卸方法

② 对贯流风扇驱动电机进行代换

将损坏的贯流风扇驱动电机拆下后，接下来需要寻找可替代的贯流风扇驱动电机进行代换。代换时需要根据损坏贯流风扇驱动电机的类型、型号、大小等规格参数选择适合的器件进行代换。

贯流风扇驱动电机的选择方法如图 13-11 所示。

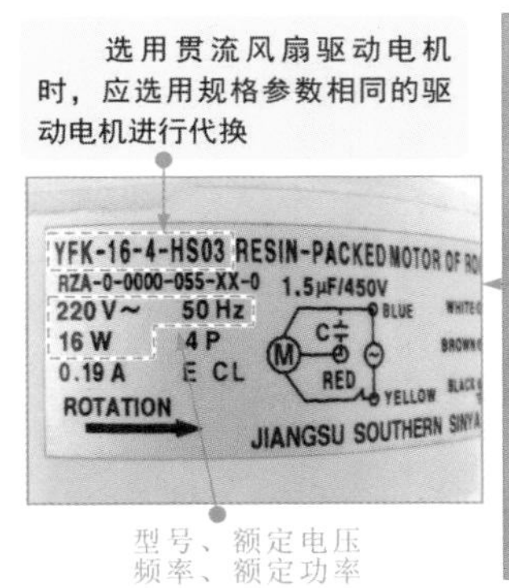

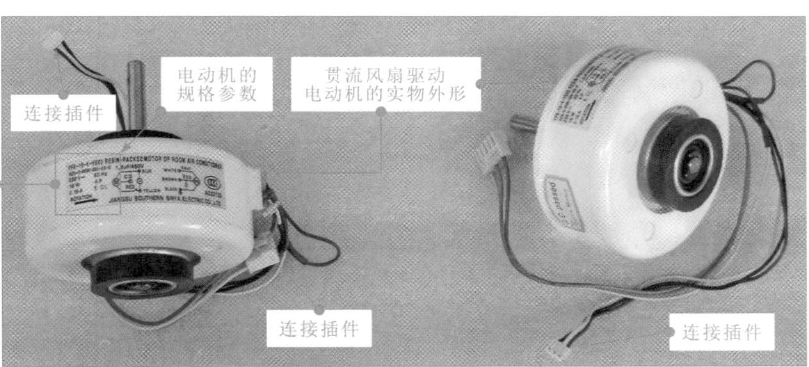

图13-11 贯流风扇驱动电机的选择方法

将新贯流风扇驱动电机安装到贯流风扇扇叶上，并将贯流风扇组件安装好后，通电试机，方法如图 13-12 所示。

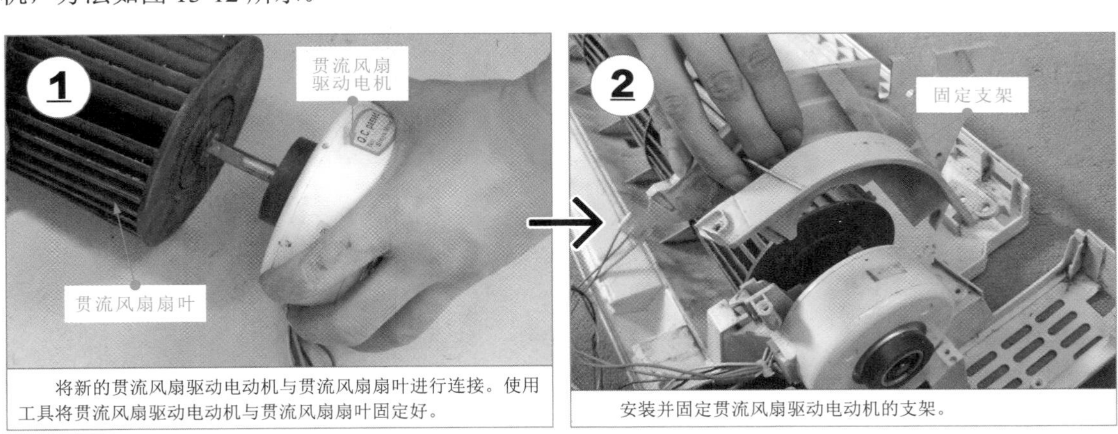

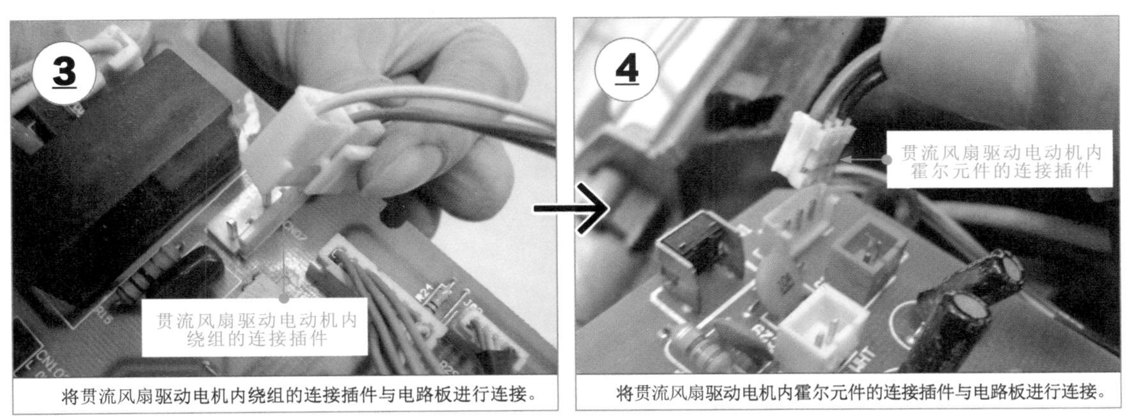

图13-12 贯流风扇驱动电机的代换方法

13.2 轴流风扇的特点与检测代换

13.2.1 轴流风扇的结构和功能特点

(1)轴流风扇的结构

空调器室外机轴流风扇组件通常安装在冷凝器内侧，将室外机的外壳拆下后，就可以看到轴流风扇组件。图 13-13 所示为空调器室外机中的轴流风扇组件。可以看到，轴流风扇组件主要是由轴流风扇驱动电机、轴流风扇扇叶和轴流风扇启动电容组成，其主要作用是确保室外机内部热交换部件（冷凝器）良好的散热。

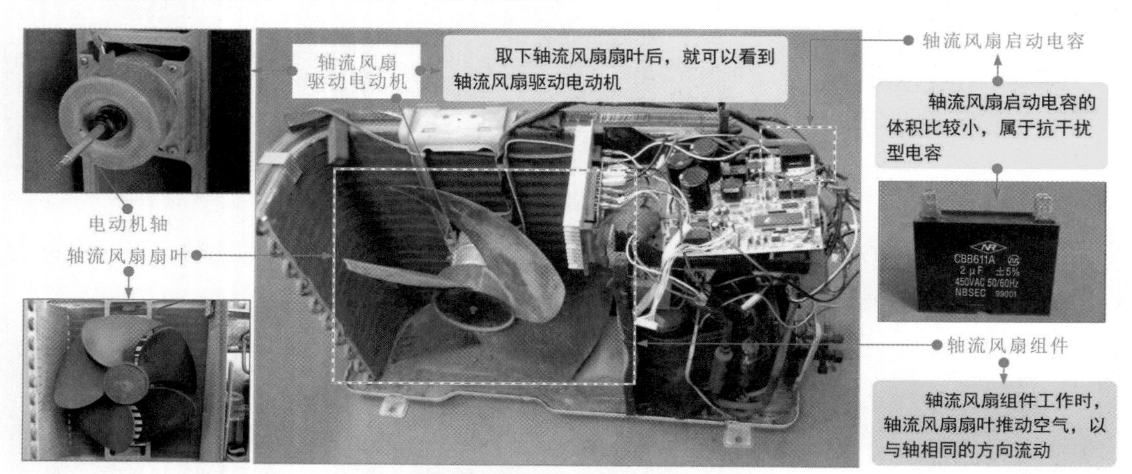

图13-13 轴流风扇组件的结构

【提示说明】

无论是分体壁挂式空调器，还是分体柜式空调器，它们室外机的结构基本相同，也都采用相同或相似的轴流风扇组件加速室外机空气流动，为冷凝器散热。

① 轴流风扇驱动电机

图 13-14 所示为空调器室外机轴流风扇组件中的轴流风扇驱动电机，主要用于带动轴流式风扇扇叶旋转。

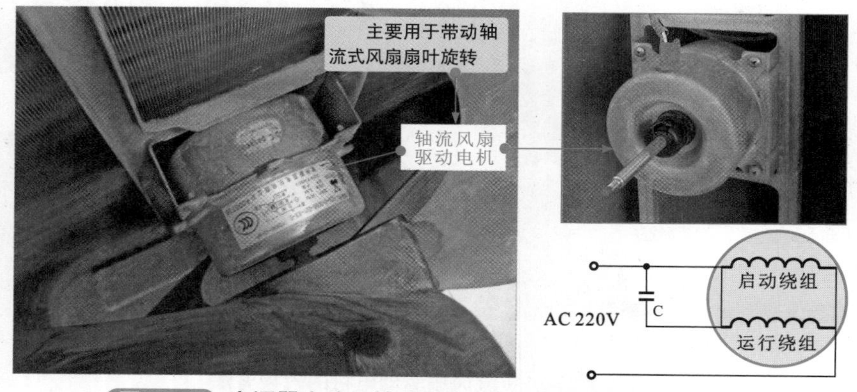

图13-14 空调器室外机轴流风扇组件中的轴流风扇驱动电机

室外机轴流风扇驱动电机多为单相交流电动机，其内部主要由转子、转轴、轴承、定子铁芯、绕组等构成，如图 13-15 所示。

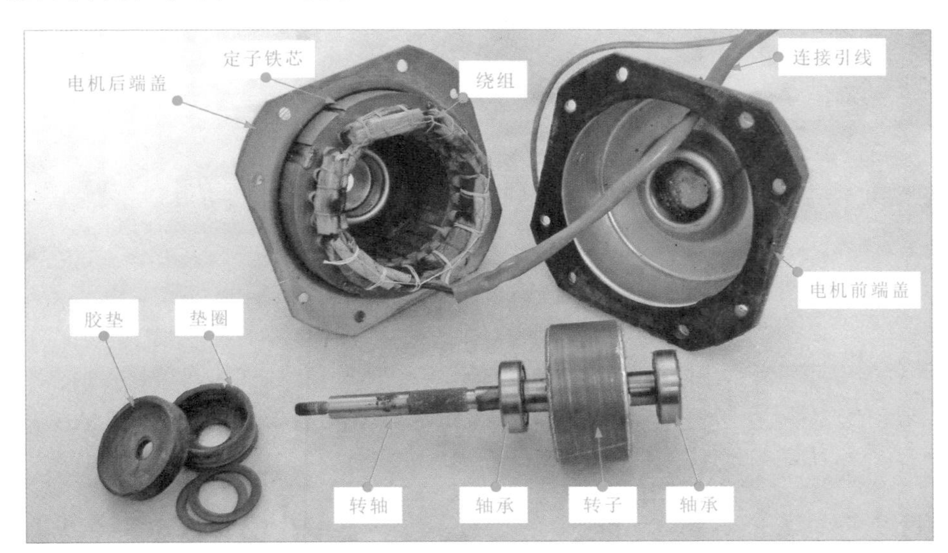

图13-15 典型室外机轴流风扇驱动电机的内部结构图

② 轴流风扇扇叶

图 13-16 所示为空调器室外机轴流风扇组件中的轴流风扇扇叶，其扇叶制成螺旋桨形，对轴向气流产生很大的推力，将冷凝器散发的热量吹向机外，加速冷凝器的冷却。

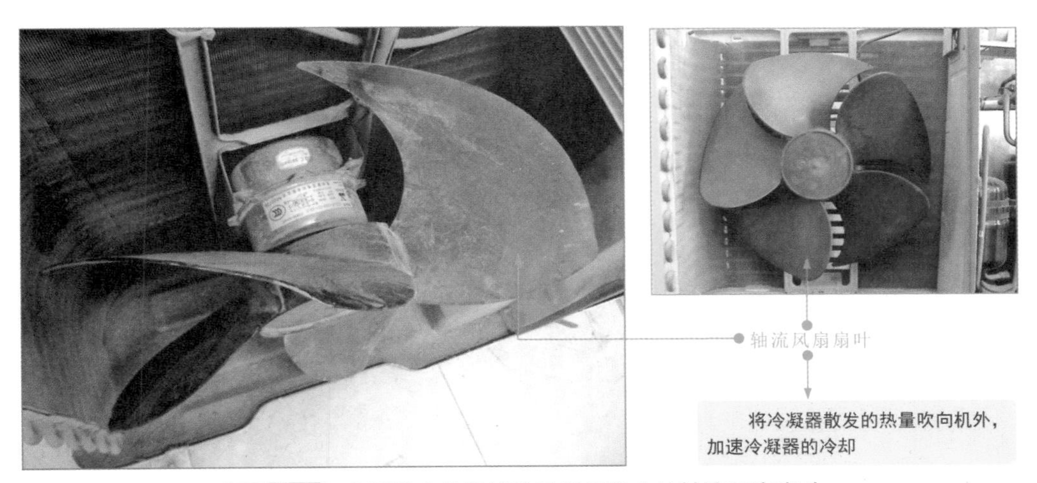

图13-16 空调器室外机轴流风扇组件中的轴流风扇扇叶

③ 轴流风扇启动电容

轴流风扇启动电容一般安装在室外机的电路板上，用于启动轴流风扇驱动电路工作，也是轴流风扇组件中的重要部件，如图 13-17 所示。

（2）轴流风扇的功能特点

图 13-18 所示为室外风扇组件的功能示意图。空调器工作时，轴流风扇驱动电机在轴流风扇启动电容的控制下运转，从而带动轴流风扇扇叶旋转，将空调器中的热气尽快排出。确保空调器制冷管路热交换过程的顺利进行。

图13-17 轴流风扇组件中的启动电容

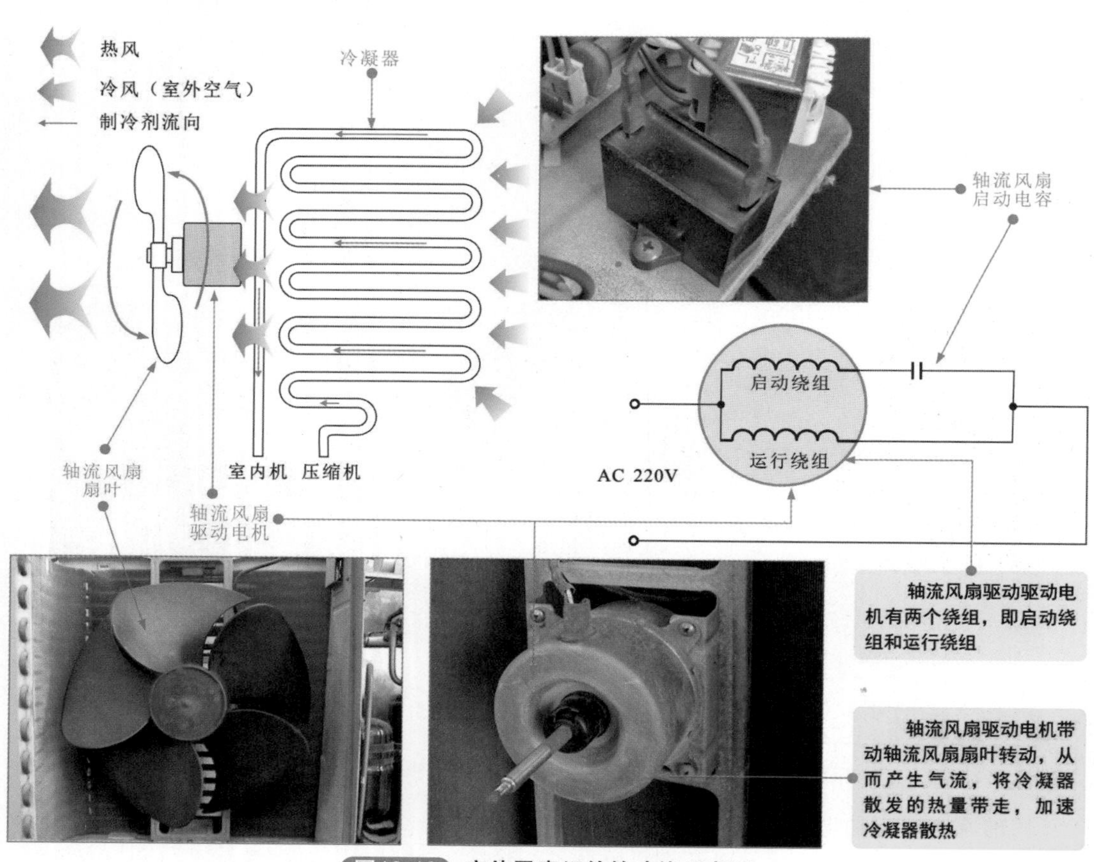

图13-18 室外风扇组件的功能示意图

13.2.2 轴流风扇的检测代换

轴流风扇组件出现故障后，空调器可能会出现室外机风扇不转、室外机风扇转速慢进而导致空调器不制冷（热）或制冷（热）效果差等现象。若怀疑轴流风扇组件损坏，就需要分别对轴流风扇扇叶、轴流风扇启动电容器、轴流风扇驱动电动机等进行检测代换。

（1）轴流风扇扇叶的检测代换

轴流风扇组件放置在室外，容易堆积大量的灰尘，若有异物进去极易卡住轴流风扇扇叶，导致轴流风扇扇叶运转异常。检修前，可先将轴流风扇组件上的异物进行清理。若轴流风扇扇叶由于变形而无法运转，则需要对其进行更换。

① 对轴流风扇进行检查

打开空调器室外机后，首先检查轴流风扇外观及周围有无异物，尤其是长时间不使用空调器，轴流风扇扇叶会受运行环境恶劣和外力作用等因素的影响，出现轴流风扇扇叶破损、被异物卡住或轴流风扇扇叶与轴流风扇驱动电机转轴被污物缠绕或锈蚀等情况，这将使散热效能大幅度降低，使空调器出现停机现象，严重时，还会造成驱动电机损坏。

轴流风扇的检查方法如图13-19所示。

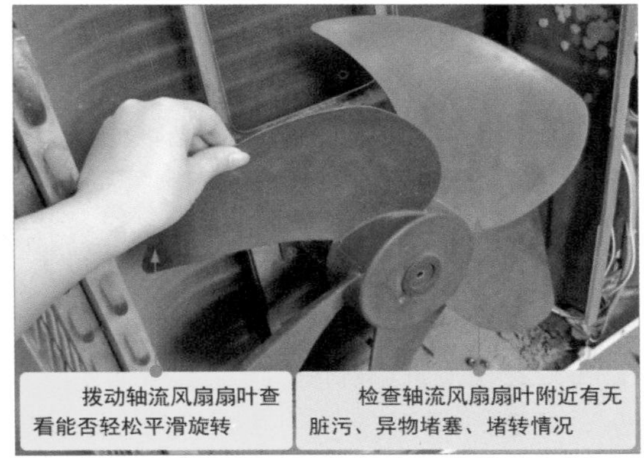

图13-19　轴流风扇的检查方法

② 对轴流风扇进行代换

若经检查，轴流风扇扇叶存在严重破损和脏污，则需要对扇叶进行清洁处理，若轴流风扇无法修复则需要用相同规格的扇叶进行代换。

轴流风扇扇叶是通过固定螺母固定在轴流风扇驱动电机的转轴上，代换之前需要先将轴流风扇扇叶从轴流风扇驱动电机中取下。将损坏的轴流风扇拆下后，接下来需要寻找可替代的轴流风扇进行代换。代换时需要根据损坏轴流风扇的类型、型号、大小等规格参数选择适合的器件进行代换。

轴流风扇的代换方法如图13-20所示。

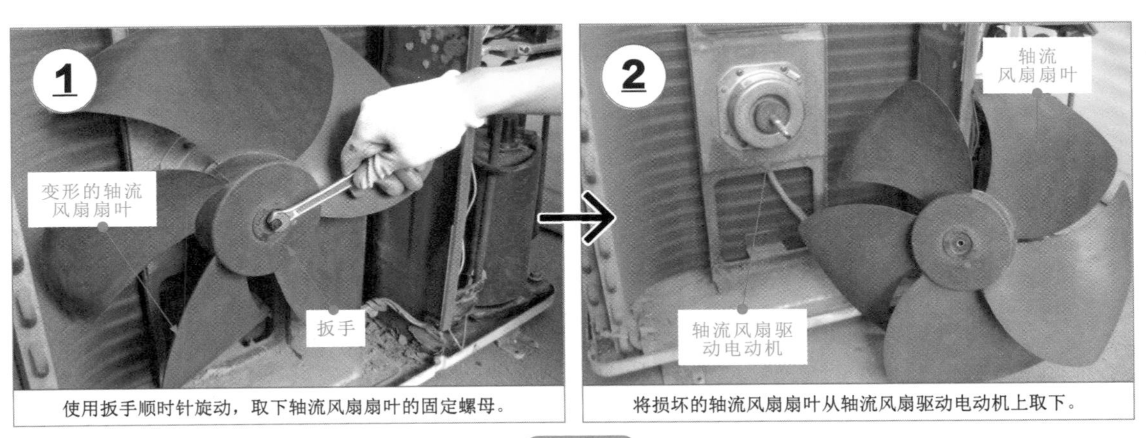

图13-20

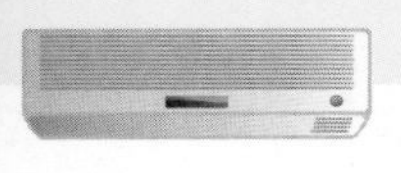

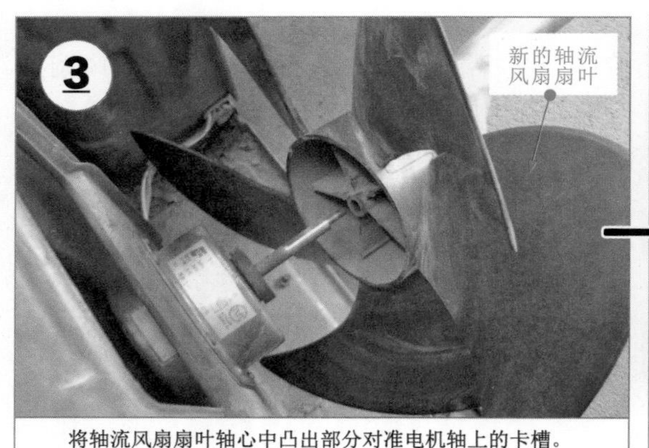

将轴流风扇扇叶轴心中凸出部分对准电机轴上的卡槽。

将新的轴流风扇扇叶穿入驱动电机转轴上，用木棒轻轻敲打，使其安装到位，用固定螺母固定，代换完成。

图13-20 轴流风扇的代换方法

（2）轴流风扇启动电容器的检测代换

轴流风扇启动电容正常工作是轴流风扇驱动电机启动运行的基本条件之一。因此当轴流风扇组件工作异常时，首先应检查轴流风扇启动电容是否正常，若不正常应对启动电容器进行代换；若正常则应进行下一步检测。

① 对轴流风扇启动电容器进行拆卸

轴流风扇启动电容通过固定螺钉安装在电路支撑板上，引脚端通过连接引线与轴流风扇驱动电机连接。拆卸轴流风扇启动电容时，主要需将连接引线拔开、固定螺钉卸下，使轴流风扇启动电容与电路支撑板和轴流风扇驱动电机的连接引线分离。

将连接引线拔下，然后用螺钉旋具将固定螺钉拧下就可以将轴流风扇启动电容从电路支撑板上取下了，如图 13-21 所示。

② 对轴流风扇启动电容器的进行检测

轴流风扇启动电容正常工作是轴流风扇驱动电机启动运行的基本条件之一。若轴流风扇驱动电机不启动或启动后转速明显偏慢，应先对轴流风扇启动电容进行检测，如图 13-22 所示。

若轴流风扇启动电容因漏液、变形导致容量减少时，多会引起轴流风扇驱动电机转速变慢故障；若轴流风扇启动电容漏电严重，完全无容量时，将会导致轴流风扇驱动电机不启动、不运行故障。

【提示说明】

由于轴流风扇启动电容工作在交流电环境下，在检测前不需要进行放电操作。另外，检测轴流风扇启动电容时，也可使用指针万用表电阻挡测量电容充放电特性，通过观察万用表指针的摆动情况，来判断轴流风扇启动电容好坏。正常情况下，万用表指针应有明显的摆动。

③ 对轴流风扇启动电容器进行代换

将损坏的轴流风扇启动电容器拆下后，接下来便可寻找可替代的新轴流风扇启动电容器进行代换。代换时需要根据原轴流风扇启动电容的标称参数，选择容量、耐压值等均相同的电容器进行代换。

轴流风扇启动电容的选择方案如图 13-23 所示。

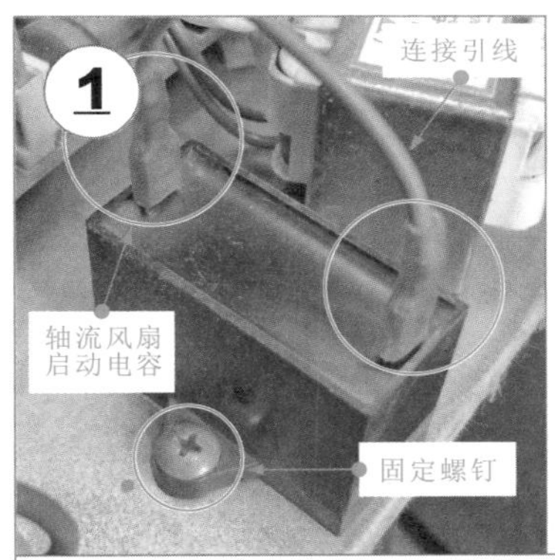

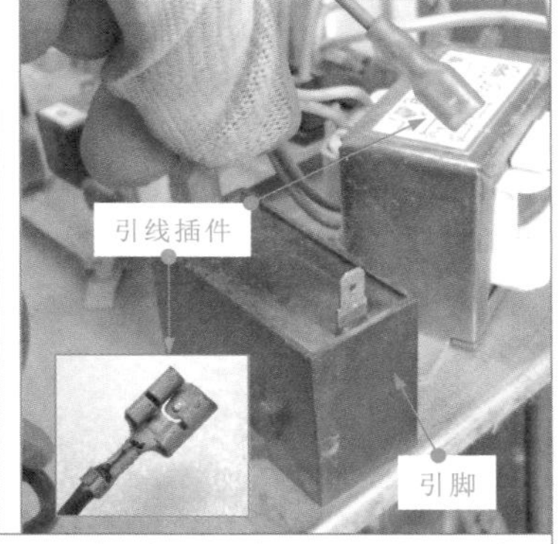

轴流风扇启动电容用螺钉固定在电路支撑板上，并通过引线及插件与驱动电机连接。拔下轴流风扇启动电容与轴流风扇驱动电机之间的连接引线。

用螺钉旋具将轴流风扇启动电容的固定螺钉拧下。

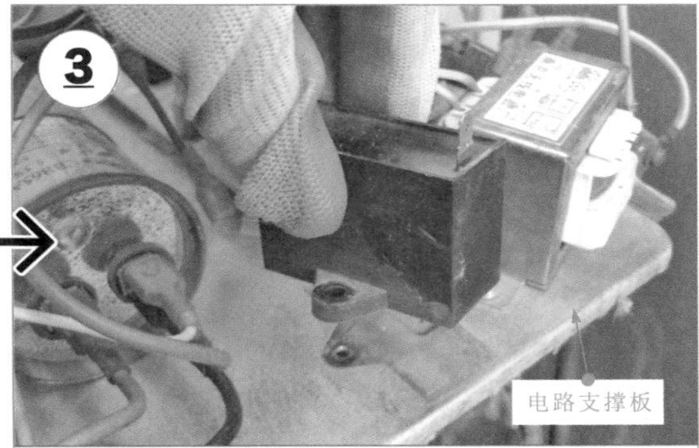

将轴流风扇启动电容从电路支撑板上取下。

图13-21　轴流风扇启动电容的拆卸方法

观察轴流风扇启动电容外壳有无明显烧焦、变形、碎裂、漏液等情况。

将万用表功能旋钮置于电容测量挡位。

图13-22

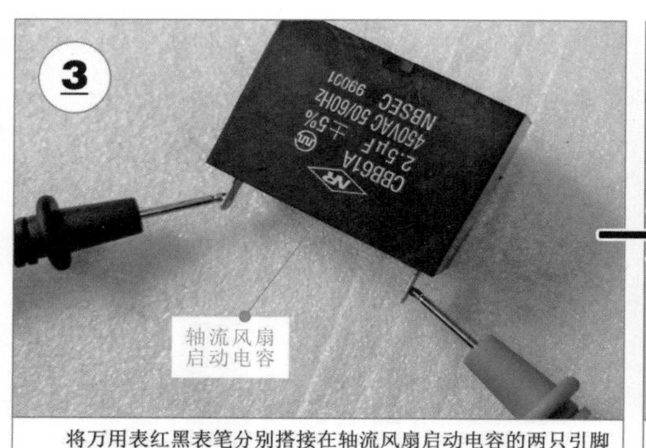

将万用表红黑表笔分别搭接在轴流风扇启动电容的两只引脚上测其电容量，因电容在交流电环境下，故检测前无需放电。

观察万用表显示屏读数，若读数与轴流风扇启动电容标称容量相差无几，说明其正常。

图13-22 轴流风扇启动电容的检测方法

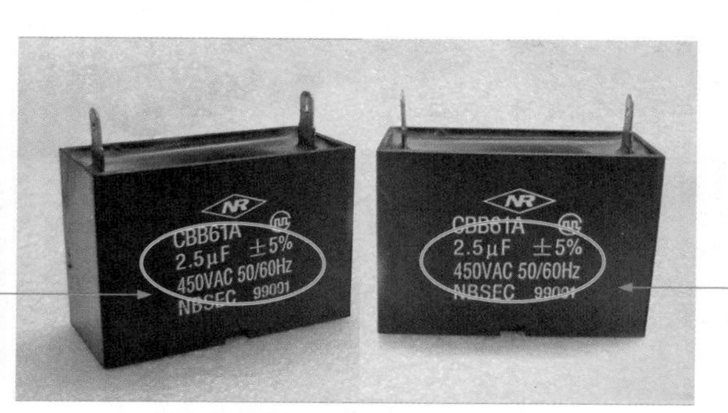

图13-23 轴流风扇启动电容的选择方案

选择好代换的轴流风扇启动电容器后，将代换用启动电容器安装到原轴流风扇启动电容的位置上，完成代换后，通电试机运行。

轴流风扇启动电容的代换方法如图 13-24 所示。

（3）轴流风扇驱动电动机的检测代换

轴流风扇组件工作异常时，若经检测和代换轴流风扇启动电容后故障依旧，则接下来应对轴流风扇驱动电机进行仔细检查，若轴流风扇驱动电机损坏应及时更换。

① 对轴流风扇驱动电机进行拆卸

轴流风扇驱动电机通过固定螺钉固定在电机支架上，电机引线通过线卡固定，拆卸轴流风扇驱动电机时，主要需将固定螺钉卸下，将线卡掰开，使轴流风扇驱动电机与电机支架分离，连接引线与线卡和连接部件分离即可。

使用适当尺寸的螺钉旋具将轴流风扇驱动电机的固定螺钉一一拧下，并将连接引线从线卡中抽出，就可以取下轴流风扇驱动电机了，如图 13-25 所示。

② 对轴流风扇驱动电机进行检测

将轴流风扇驱动电机拆下后，接下来需要对驱动电机进行检测。轴流风扇驱动电机是轴流风扇组件中的核心部件。在轴流风扇启动电容正常的前提下，若轴流风扇驱动电机不转或转速异常，则需通过万用表对轴流风扇驱动电机绕组的阻值进行检测，来判断轴流风扇驱动电机是否出现故障。

轴流风扇驱动电机绕组阻值的检测方法如图 13-26 所示。

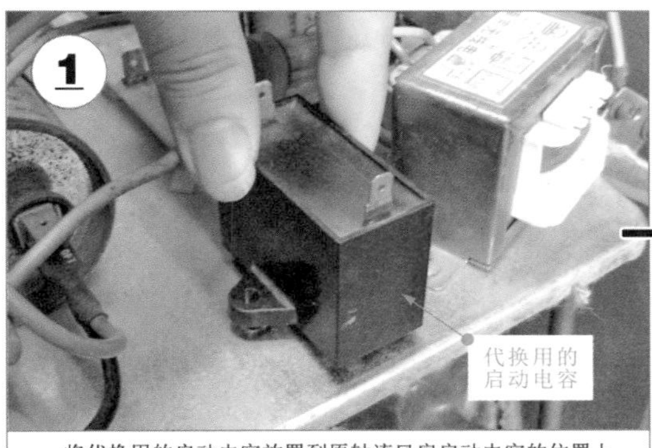

将代换用的启动电容放置到原轴流风扇启动电容的位置上。

用固定螺钉将代换用启动电容重新固定。

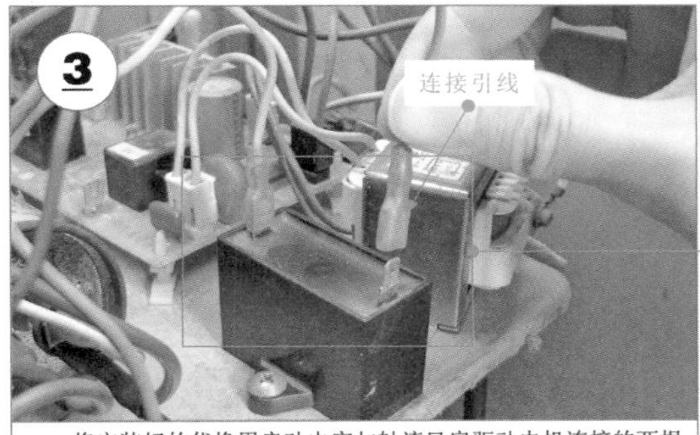

将安装好的代换用启动电容与轴流风扇驱动电机连接的两根引线进行插接。

图13-24　轴流风扇启动电容的代换方法

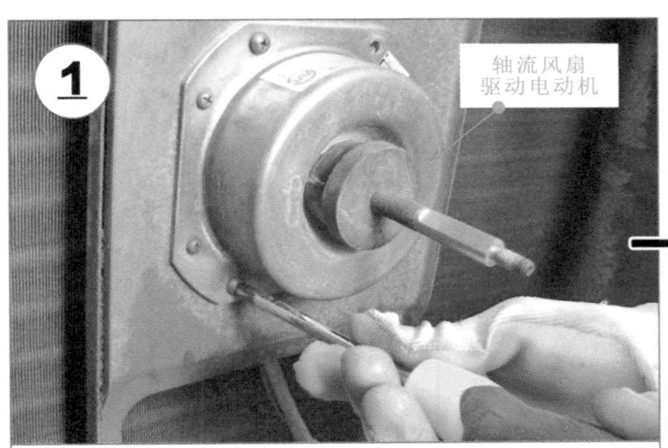

使用螺钉旋具将轴流风扇驱动电机四周的固定螺钉一一拧下。

将轴流风扇驱动电机与电机支架分离。

用尖嘴钳将绑扎轴流风扇驱动电机引线的线束剪断。

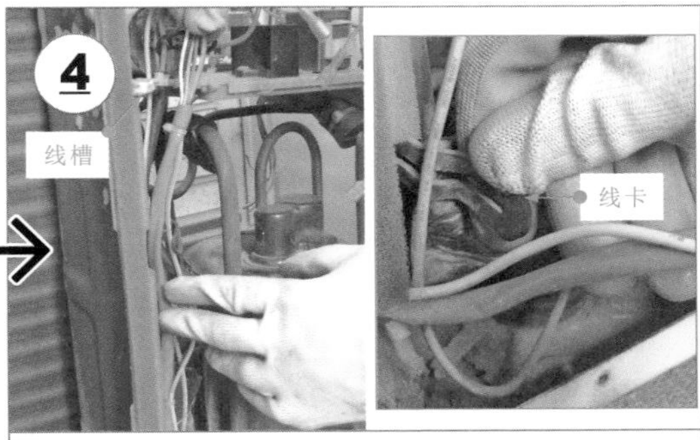

拔下轴流风扇驱动电机与电路板之间的连接引线，并从引线槽或线卡中分离出来。

图13-25

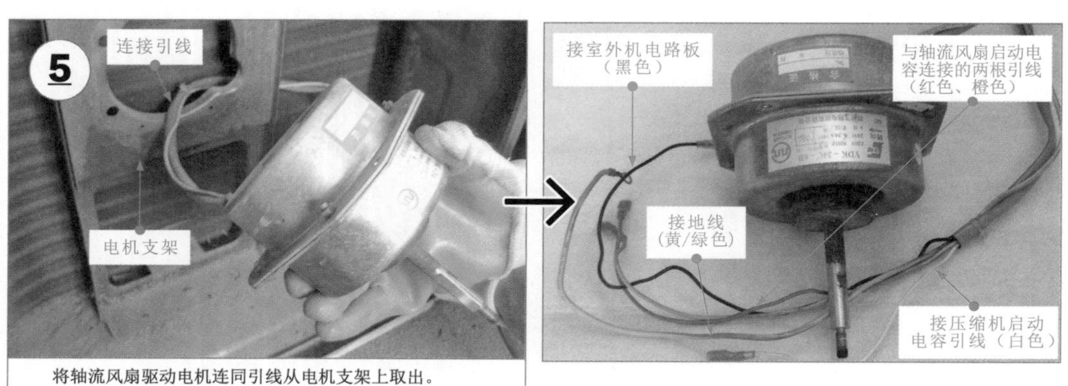

图13-25 轴流风扇驱动电机的拆卸方法

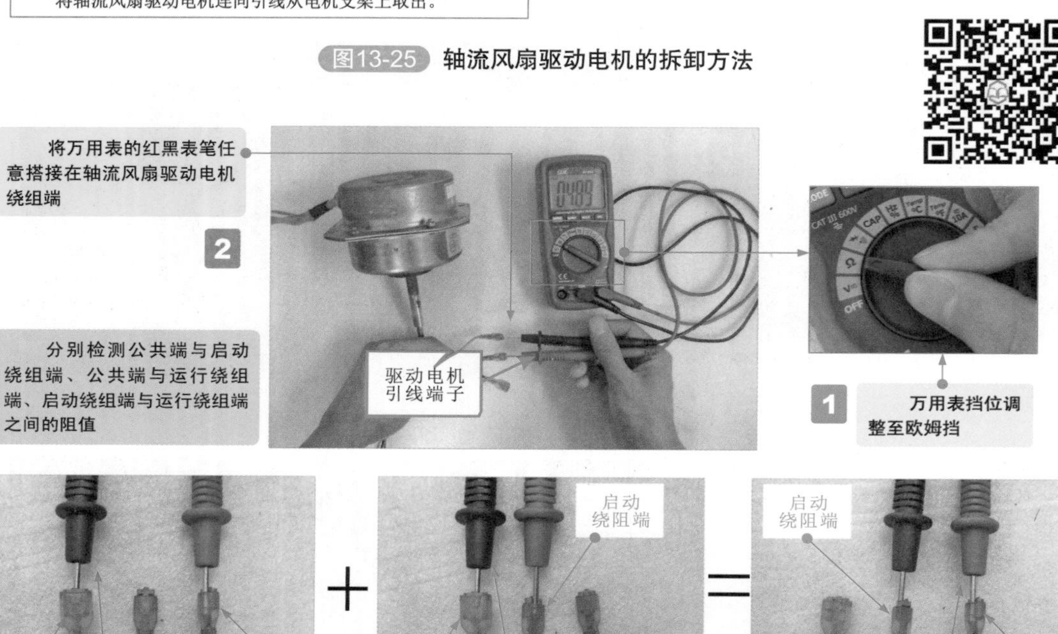

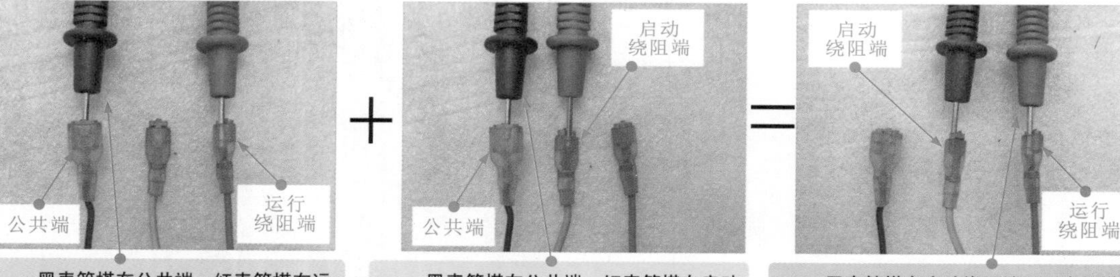

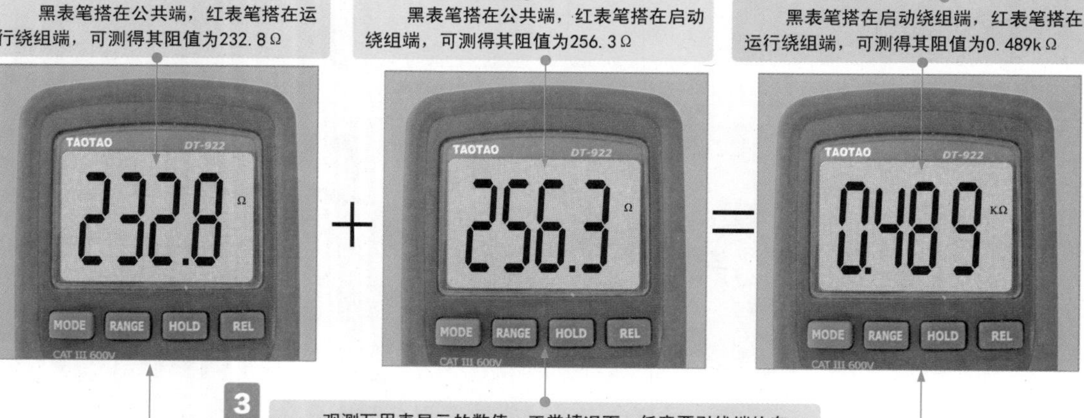

图13-26 轴流风扇驱动电机绕组阻值的检测方法

观察万用表显示的数值，正常情况下，任意两引线端均有一定阻值，且满足其中两组阻值之和等于另外一组数值。

若检测时发现某两个引线端的阻值趋于无穷大，则说明绕组中有断路情况；若三组数值间不满足等式关系，则说明驱动电机绕组可能存在绕组间短路情况；出现上述两种情况均应更换驱动电机。

【提示说明】

根据维修经验，室外机轴流风扇驱动电机常见故障原因如下。

开机后轴流风扇驱动电机不运行，多为轴流风扇驱动电机线圈开路引起的，应更换轴流风扇驱动电机。

轴流风扇驱动电机转速慢或运行时烧保险，排出启动电容故障后，多为电机线圈存在短路故障引起的，此时用万用表测其运行电流时超过额定电流值许多，应及时更换轴流风扇驱动电机。

轴流风扇驱动电机运转时有异常声响，多为电机内部轴承缺油，应加油润滑或更换电机。

【提示说明】

空调器室外机的轴流风扇驱动电机一般有五根引线和三根引线两种。在对空调器室外机轴流风扇驱动电机进行检测时，首先需要明确电动机各引线的功能（即区分启动端、运行端和公共端），在实际检测中，维修人员一般通过两种方法进行区分。

a. 根据轴流风扇驱动电机铭牌标识进行区分

在轴流风扇驱动电机外壳上都贴有该电机的铭牌，通过轴流风扇驱动电机的铭牌标识很容易区别不同颜色连接引线的功能，如图 13-27 所示。

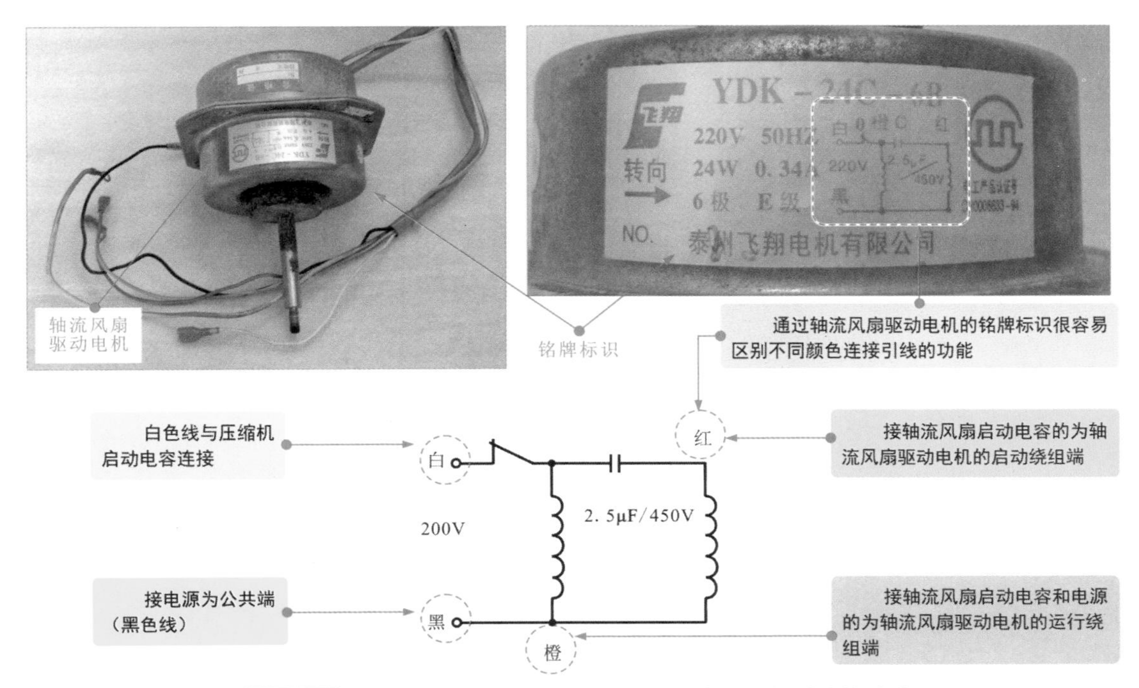

图13-27　根据铭牌标识区分轴流风扇驱动电机三根引线的功能

b. 根据实测轴流风扇驱动电机绕组阻值进行区分

轴流风扇驱动电机的绕组阻值通常有三组，即启动端与公共端之间的阻值、运行端与公共端之间的阻值和启动端与运行端之间的阻值。

正常情况下，万用表电阻挡测量三组阻值，最大的一组阻值中，表笔所接为启动端和运行端，另外一根则为公共端；再分别测量剩下两根引线与公共端之间阻值，其中阻值偏小的引线为运行端（即运行绕组）；阻值偏大的引线为启动端（即启动绕组），如图 13-28 所示。

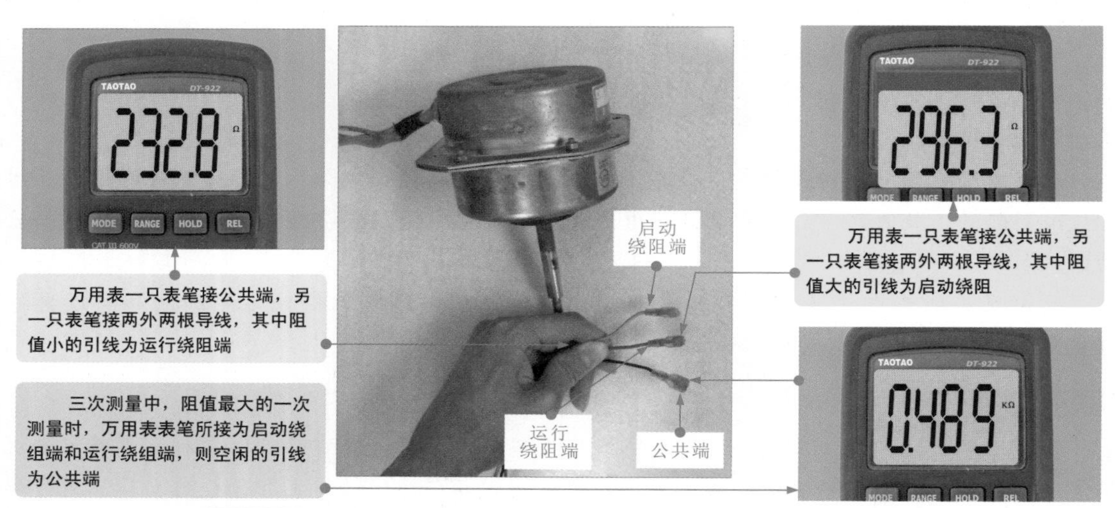

图13-28 根据绕组阻值测量结果区分轴流风扇驱动电机引线的功能

③ 对轴流风扇驱动电机进行代换

轴流风扇驱动电机老化或出现无法修复的故障时，就需要使用同型号或参数相同的轴流风扇驱动电机进行代换。代换之前应根据原轴流风扇驱动电机上的铭牌标识，选择型号、额定电压、额定频率、功率、极数等规格参数相同的电机进行代换。

轴流风扇驱动电机的选择方案如图 13-29 所示。

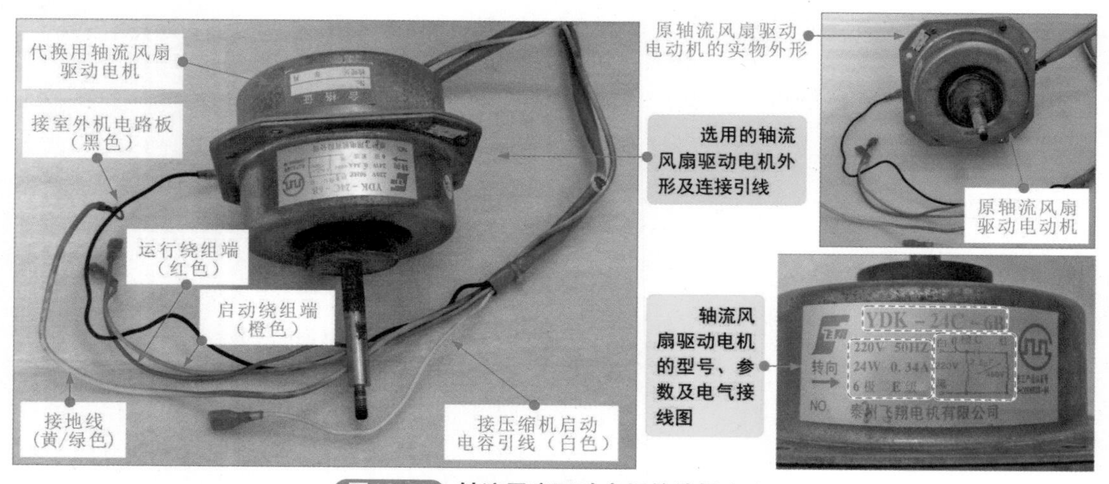

图13-29 轴流风扇驱动电机的选择方案

选择好代换用轴流风扇驱动电机后，将代换用轴流风扇驱动电机安装到电机支架上，并将轴流风扇驱动电机也装回到机轴上，通电试机，如图 13-30 所示。

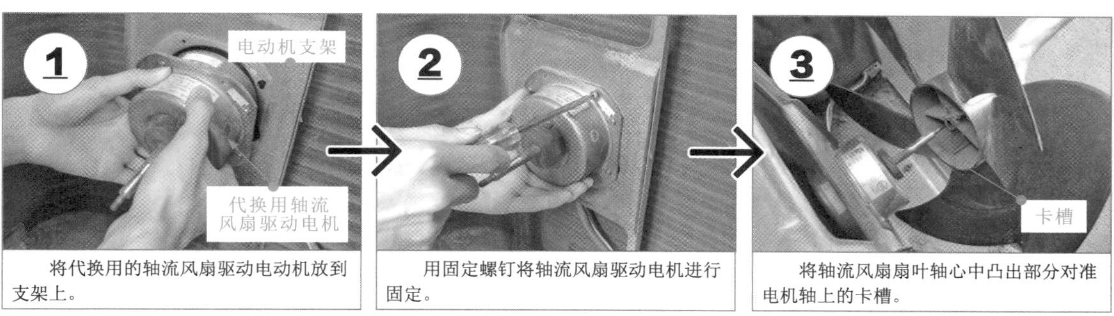

将代换用的轴流风扇驱动电动机放到支架上。

用固定螺钉将轴流风扇驱动电机进行固定。

将轴流风扇扇叶轴心中凸出部分对准电机轴上的卡槽。

将轴流风扇扇叶穿入驱动电机转轴上，用木棒轻轻敲打，使其安装到位。

用扳手将固定轴流风扇扇叶的固定螺母拧紧在驱动电机转轴上。

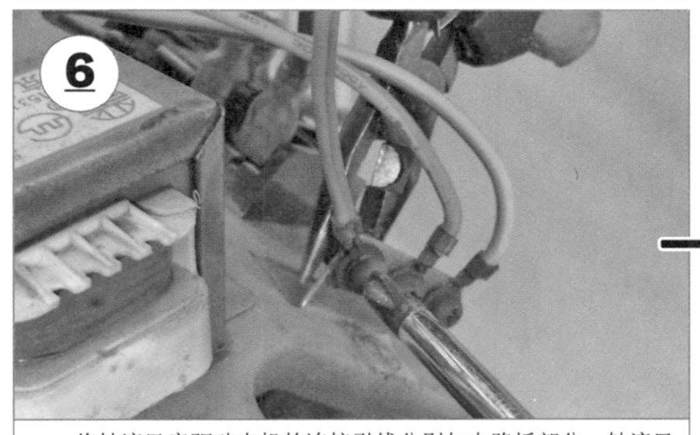

将轴流风扇驱动电机的连接引线分别与电路板部分、轴流风扇启动电容、接地端等进行连接。

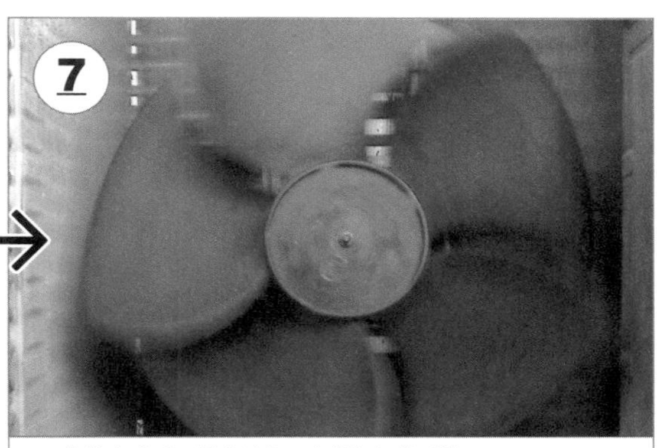

代换完成后，通电试机，室外机运转正常。

图13-30　轴流风扇驱动电机的代换方法

第 14 章 启动和保护元器件的检测代换

14.1 启动电容器的功能与检测代换

在学习启动电容器的检测代换之前，首先要对启动电容器的功能有一定的了解，然后在此基础上对启动电容器进行检测代换。

14.1.1 启动电容器的功能特点

启动电容器是辅助压缩机启动的重要部件，该电容器是一只容量较大的电容器（1 ～ 6μF），用于为电动机的辅助绕组提供启动电流，辅助压缩机启动。启动电容器一般固定在压缩机上方的支架或支撑板上，引脚与压缩机的启动端相连。

图 14-1 所示为启动电容器的功能示意图。

可以看到，压缩机电动机中有两个绕组，即启动绕组（辅助绕组）和运行绕组。这两个绕组在空间位置上相位相差 90°。启动电容器串联在压缩机电动机的启动绕组端，当运交流 220V 电源加到供电端的瞬间，由于电容器充电特性，启动绕组中的电流在相位上比运行绕组中的电流超前 90°。

14.1.2 启动电容器的检测代换

启动电容器出现异常情况，通常会导致压缩机不能正常启动的故障。当怀疑启动电容器时，可首先启动电容器进行检测，一旦发现故障，就需要寻找可替代的启动电容器进行代换。

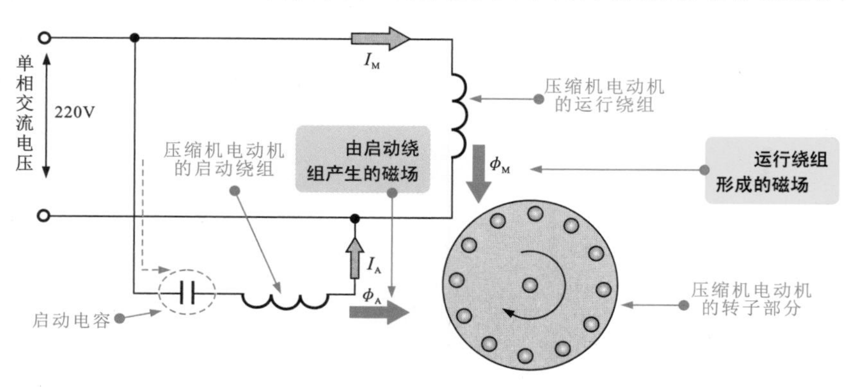

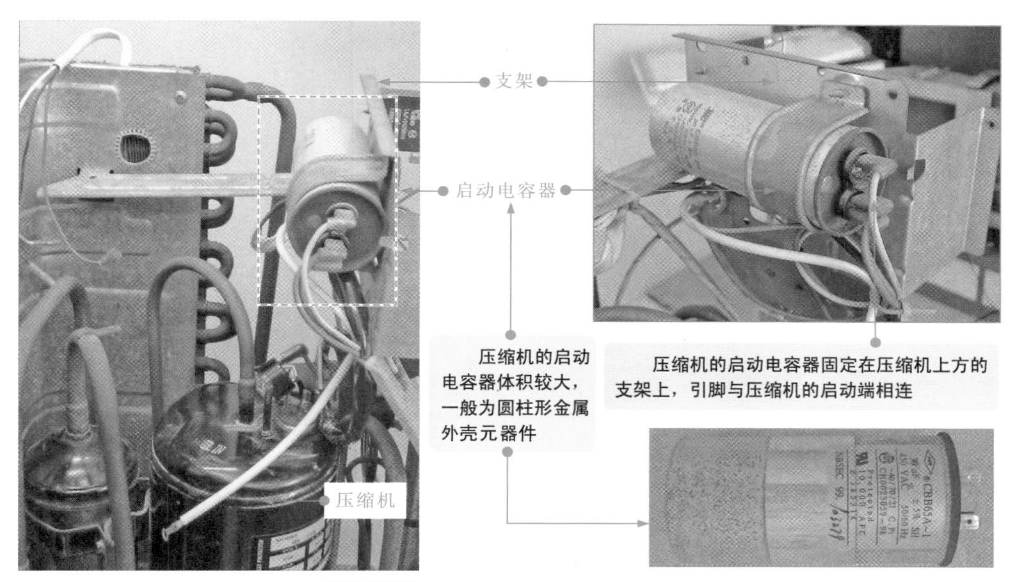

图14-1　启动电容器的功能示意图

（1）启动电容器的检测方法

压缩机的启动电容器是一种大容量电解电容器，检测时可使用数字万用表的电容挡对其电容量进行检测，判断其是否存在异常情况。

压缩机启动电容器的检测方法如图 14-2 所示。

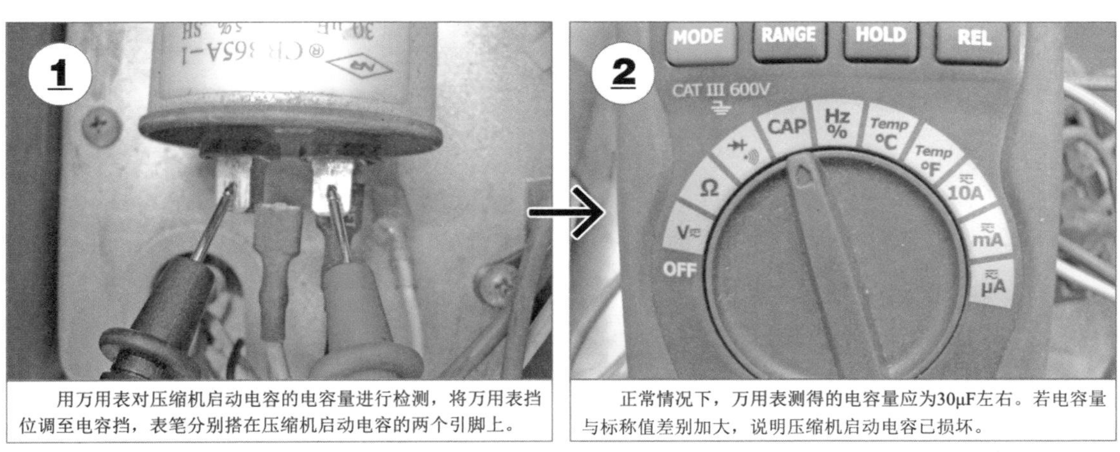

图14-2　压缩机启动电容器的检测方法

正常情况下，用万用表电容量挡检测电容器的电容量应与标称电容量相同或十分接近，否则多为启动电容器变质，如电解质干涸、漏液等，应进行更换。

判断压缩机启动电容是否正常，除了使用万用表对其电容量进行检测外，还可用指针式万用表的欧姆挡，对启动电容的充放电性能进行检测，如图 14-3 所示。

（2）启动电容器的代换方法

若经检测确定为压缩机启动电容器本身损坏引起的空调器故障，则需要对损坏的压缩机启动电容器进行更换。

代换启动电容器一般可分为拆卸启动电容器、寻找可替换的启动电容器和代换启动电容器三个步骤。

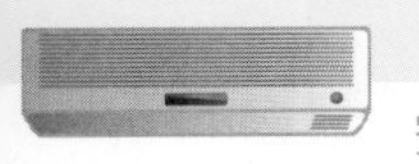

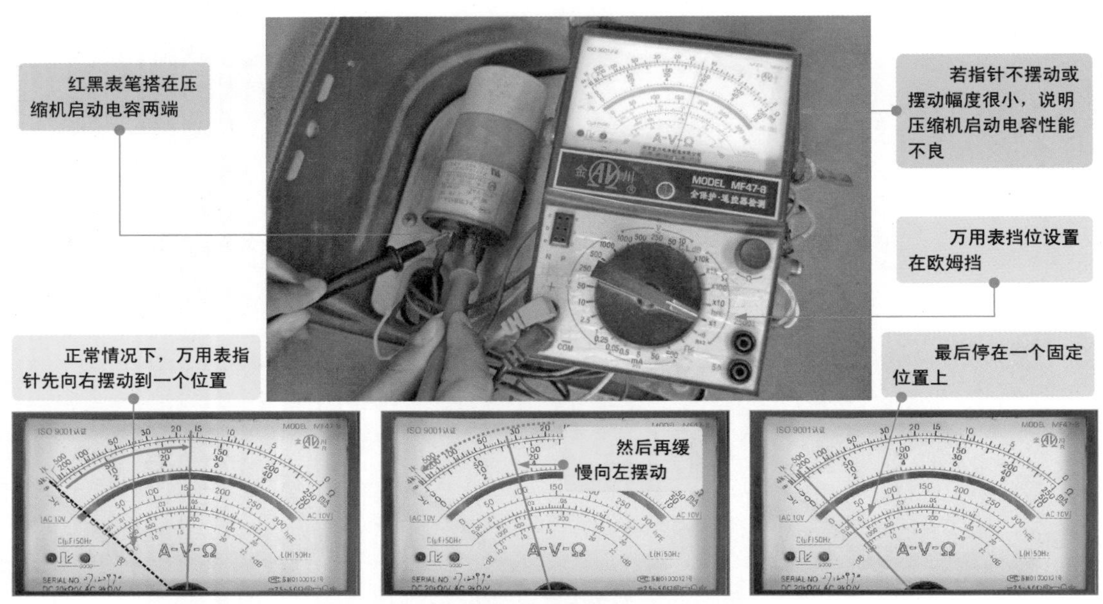

图14-3 使用指针式万用表欧姆挡对启动电容器的充放电性能进行检测

① 拆卸启动电容器

压缩机启动电容位于压缩机上方的电路支撑板上，拆卸时，将连接引线拔下，并用螺钉旋具取下其卡环的固定螺钉即可，如图 14-4 所示。

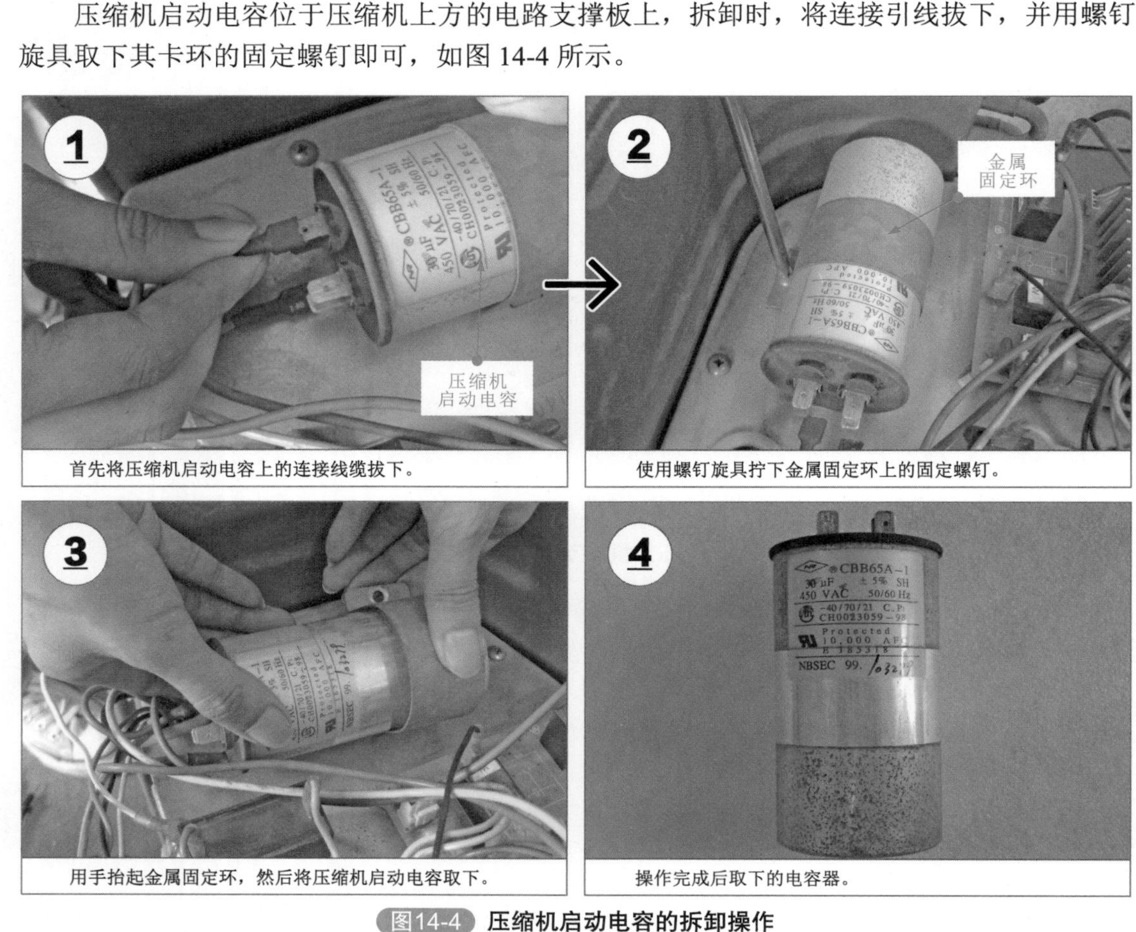

图14-4 压缩机启动电容的拆卸操作

② 寻找可替换的电容器

将损坏的压缩机启动电容拆下后，接下来根据损坏启动电容的规格参数、体积大小等选择适合的新启动电容代换。

压缩机启动电容器的选配方法如图 14-5 所示。

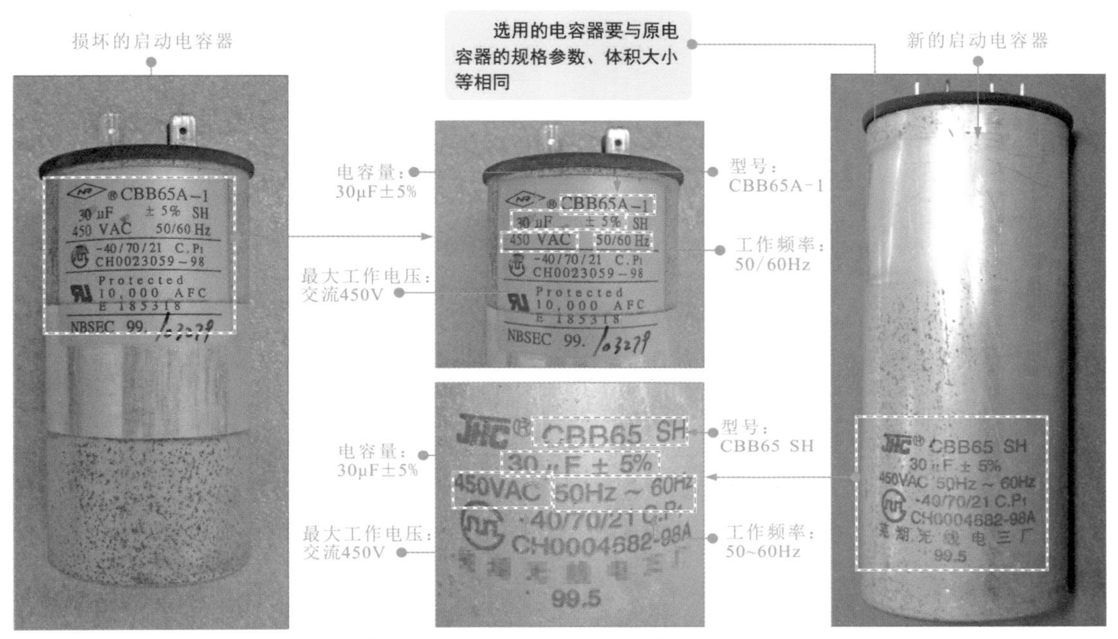

图14-5 压缩机启动电容器的选配方法

③ 代换启动电容器

选择好压缩机启动电容器后，将新压缩机启动电容器安装到室外机中，固定好金属固定环，重新将连接线缆插接好，即可通电试机，完成代换，如图 14-6 所示。

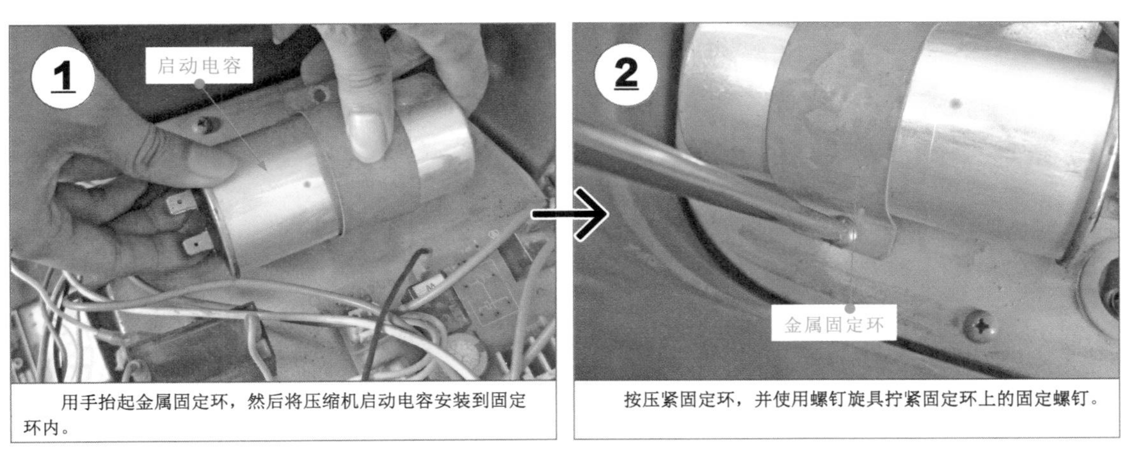

用手抬起金属固定环，然后将压缩机启动电容安装到固定环内。

按压紧固定环，并使用螺钉旋具拧紧固定环上的固定螺钉。

图14-6

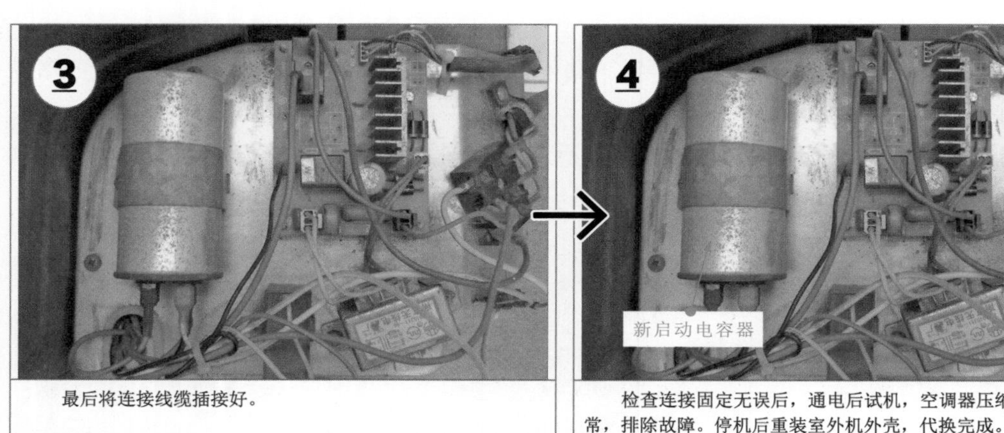

最后将连接线缆插接好。

检查连接固定无误后，通电后试机，空调器压缩机启动正常，排除故障。停机后重装室外机外壳，代换完成。

图14-6 压缩机启动电容的代换方法

14.2 保护继电器的功能与检测代换

14.2.1 保护继电器的功能特点

保护继电器是压缩机组件中的重要组成部件，主要用于实现过流和过热保护。当压缩机运行电流过高或压缩机温度过高时，由保护继电器切断电源，实现停机保护。

保护继电器一般安装在压缩机顶部的接线盒内，其外观为黑色圆柱形。保护继电器的感温面紧贴在压缩机的顶部外壳上，供电端子与压缩机内的电动机绕组串联连接。

图 14-7 为保护继电器的结构。

保护继电器紧贴在压缩机顶部的外壳上，呈黑色圆柱形

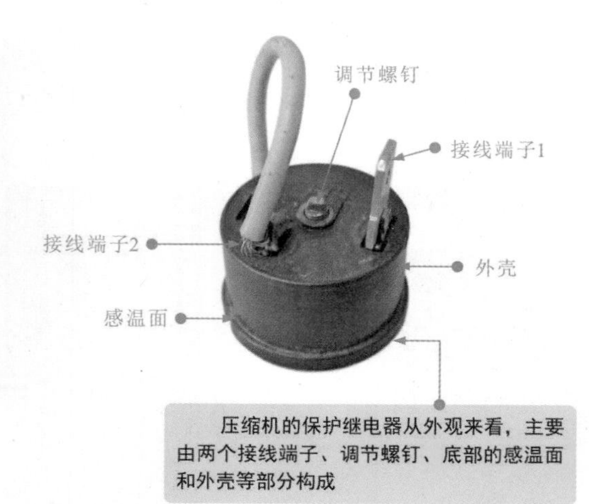

压缩机的保护继电器从外观来看，主要由两个接线端子、调节螺钉、底部的感温面和外壳等部分构成

图14-7 保护继电器的结构

保护继电器的内部主要由电阻加热丝、蝶形双金属片、一对动 / 静触点组成。保护继电器实际上是一种过电流、过电压双重保护部件，是压缩机组件中的重要部分。

图 14-8、图 14-9 为保护继电器的功能特点。

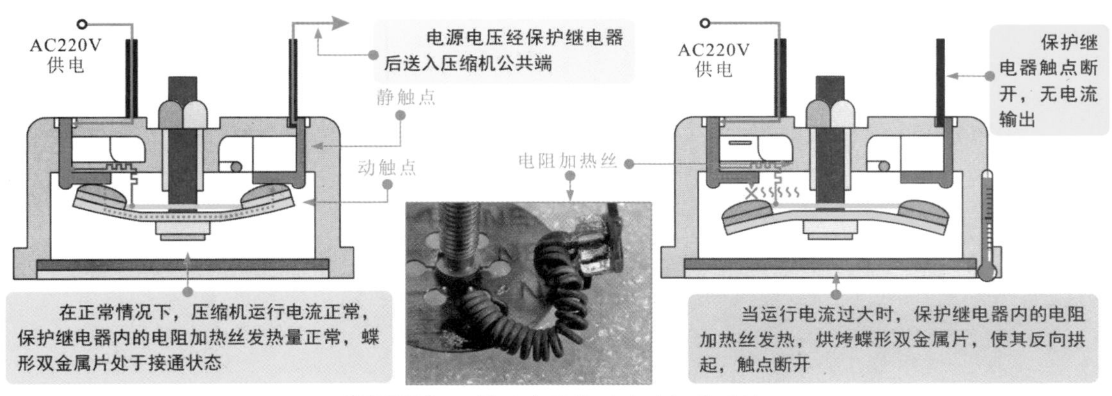

图14-8 保护继电器的过电流保护功能

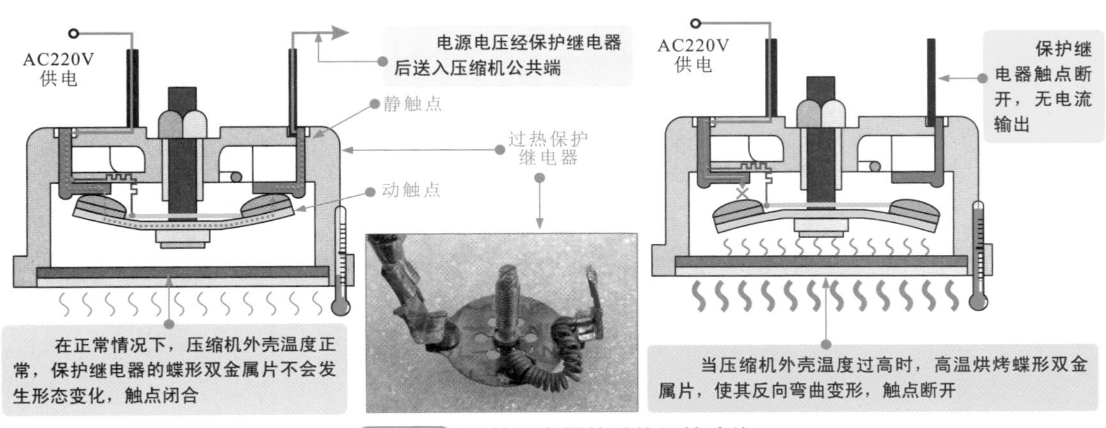

图14-9 保护继电器的过热保护功能

【提示说明】

当压缩机的运行电流正常时，保护继电器内的电阻加热丝微量发热，蝶形双金属片受热较低，处于正常工作状态，动触点与接线端子上的静触点处于接通状态，通过接线端子连接的线缆将电源传输到压缩机内的电动机绕组上，压缩机得电启动运转。

当压缩机的运行电流过大时，保护继电器内的电阻加热丝发热，烘烤蝶形双金属片，使其反向拱起，保护触点断开，切断电源，压缩机断电停止运转。

14.2.2　保护继电器的检测代换

保护继电器是空调器压缩机组件中不可缺少的电气部件，若保护继电器损坏，将无法对压缩机的异常情况进行监测和保护，可能会造成压缩机因过热烧毁或压缩机频繁启停的故障。因此当怀疑保护继电器损坏时，可首先对保护继电器进行检测，一旦发现故障，就需要寻找可替代的新保护继电器进行代换。

（1）保护继电器的检测

对保护继电器进行检测之前，我们首先需要将保护继电器从压缩机上取下。

① 拆卸保护继电器

保护继电器安装在室外机压缩机的接线端子保护盖中，因此要先对保护盒进行拆卸，然后再将保护继电器取下。

保护继电器的拆卸方法如图 14-10 所示。

使用扳手将保护盒上的螺母拧下。

然后便可取下保护盒。

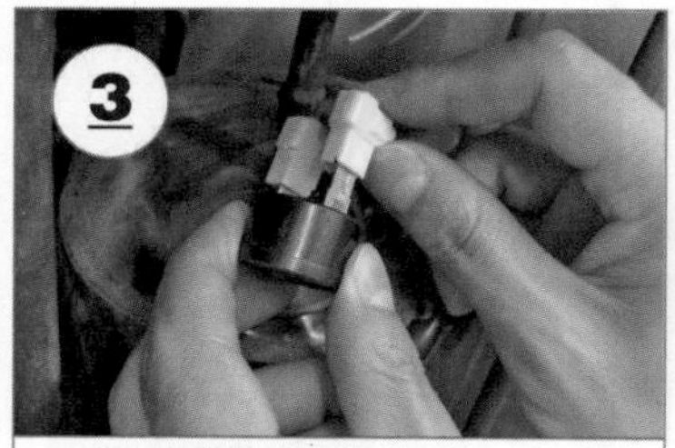

将过热保护继电器与压缩机公共端相连的插件拔下。

过热保护继电器分别与压缩机公共端和供电线缆连接。

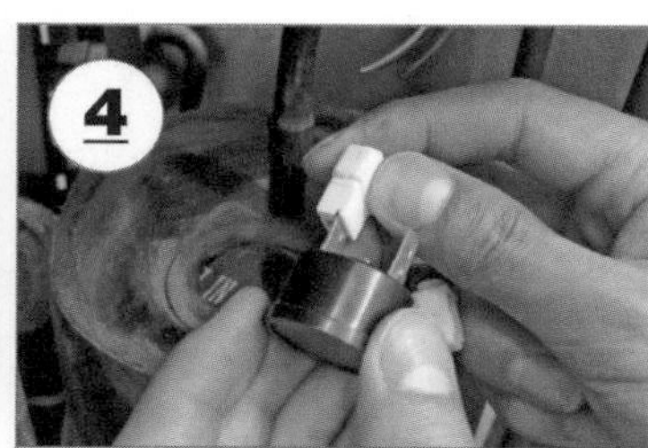

将插接在过热保护继电器上的供电线路拔下，即可取下过热保护继电器。

图14-10 保护继电器的拆卸方法

将保护继电器的从压缩机上拆卸下来后便可对保护继电器进行检测。

② 保护继电器的检测方法

对保护继电器进行检测，可分别在室内温度下和人为对保护继电器感温面升温条件下，借助万用表对保护继电器两引线端子间的阻值进行检测。

保护继电器的检测方法如图 14-11 所示。

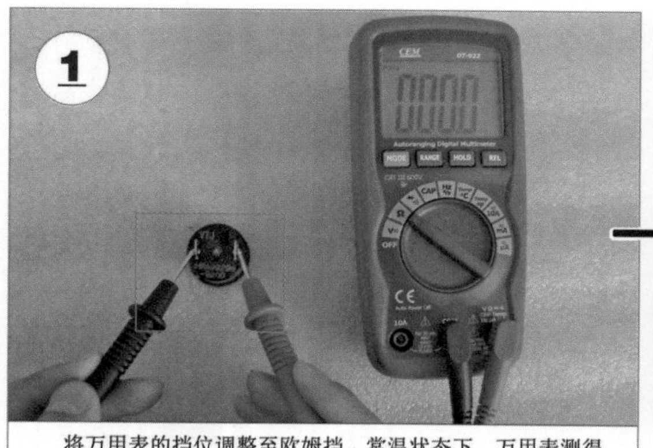

将万用表的挡位调整至欧姆挡。常温状态下，万用表测得的阻值应接近于零。

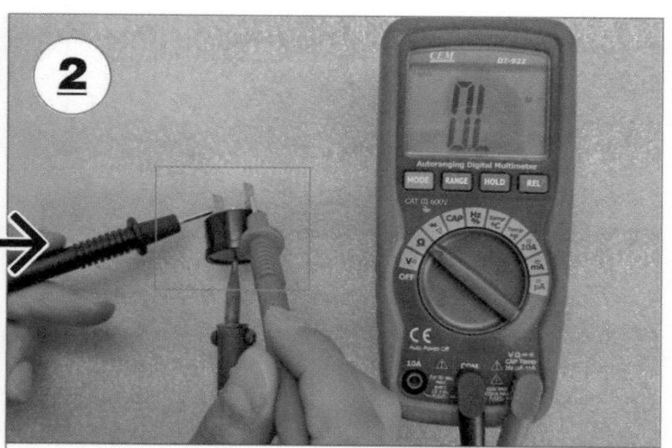

高温状态下，万用表测得的阻值应为无穷大。若测得阻值不正常，说明过热保护继电器已损坏。

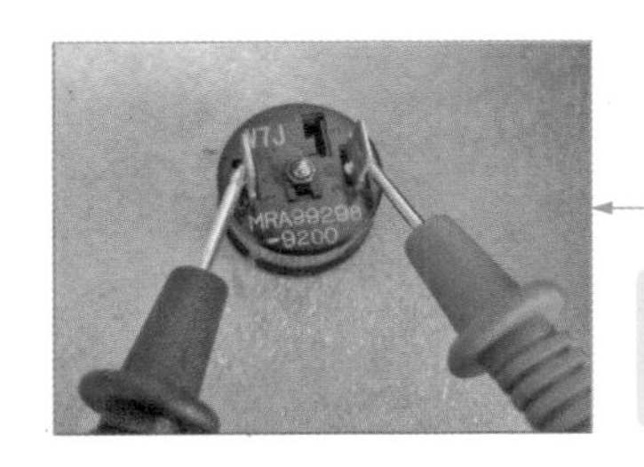

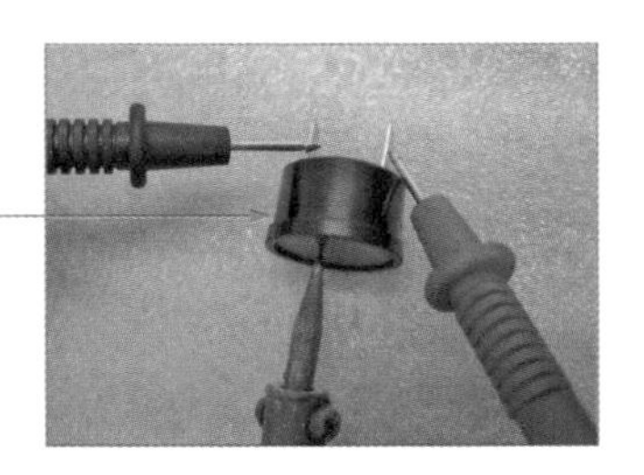

图14-11　保护继电器的检测方法

常温（室温）状态下，保护继电器金属片触点处于接通状态，用万用表检测接线端子的阻值应接近于零。高温状态下，保护继电器金属片变形断开，用万用表检测接线端子的阻值应为无穷大。若测得阻值不正常，说明保护继电器已损坏，应更换。

（2）保护继电器的代换

若经过检测确定为保护继电器本身损坏引起的空调器故障，则需要对损坏的保护继电器进行更换。

更换时需要根据损坏的保护继电器的规格参数、体积大小、接线端子位置等选择适合的元器件进行代换。选择好保护继电器后，将新保护继电器安装到室外机压缩机顶部，连接好线缆后，通电试机进行检验。

保护继电器的代换方法如图14-12所示。

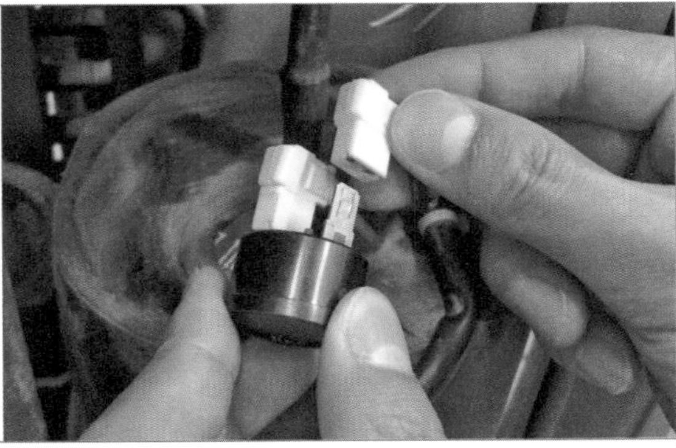

选配保护继电器时，一般外形相近、体积相同的空调器用保护继电器大都可以替换。将插件与过热保护继电器连接好。

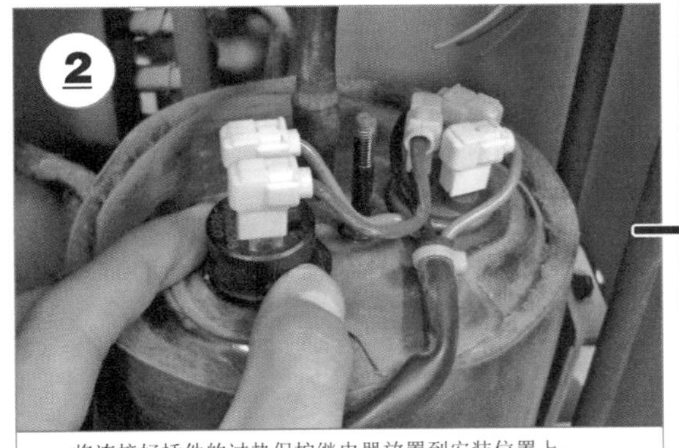

将连接好插件的过热保护继电器放置到安装位置上。

将保护盖重新盖在过热保护继电器和接线端子上。

图14-12

压紧保护盖，并调整好线缆的导出位置。

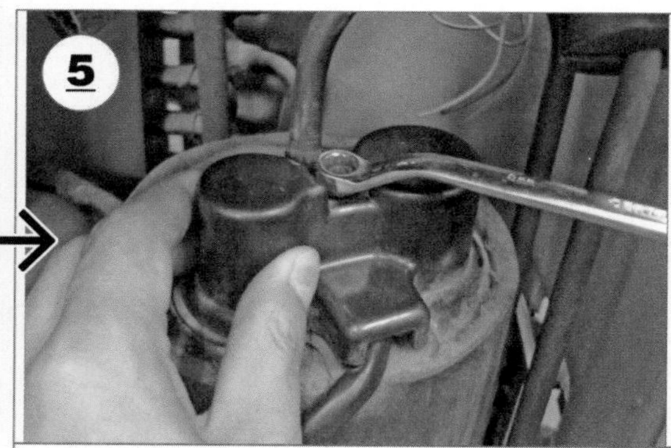

使用扳手拧紧保护盒上的螺母，通电开机发现压缩机能够正常启动和运行，故障排除。

图14-12 保护继电器的代换方法

第15章
压缩机的检测代换

15.1 压缩机的结构和功能特点

空调器中的压缩机位于空调器室外机中，主要用于对空调器中的制冷剂进行压缩，为管路中制冷剂的循环提供动力，是空调器中的重要的组成部分。

15.1.1 压缩机的结构特点

压缩机是空调器制冷剂循环的动力源，它驱动管路系统中的制冷剂往复循环，通过热交换达到制冷或制热的目的。压缩机安装在空调器的室外机中，一般为黑色立式圆柱体外形，是室外机中体积最大的部件，被制冷器管路围绕，如图15-1所示。

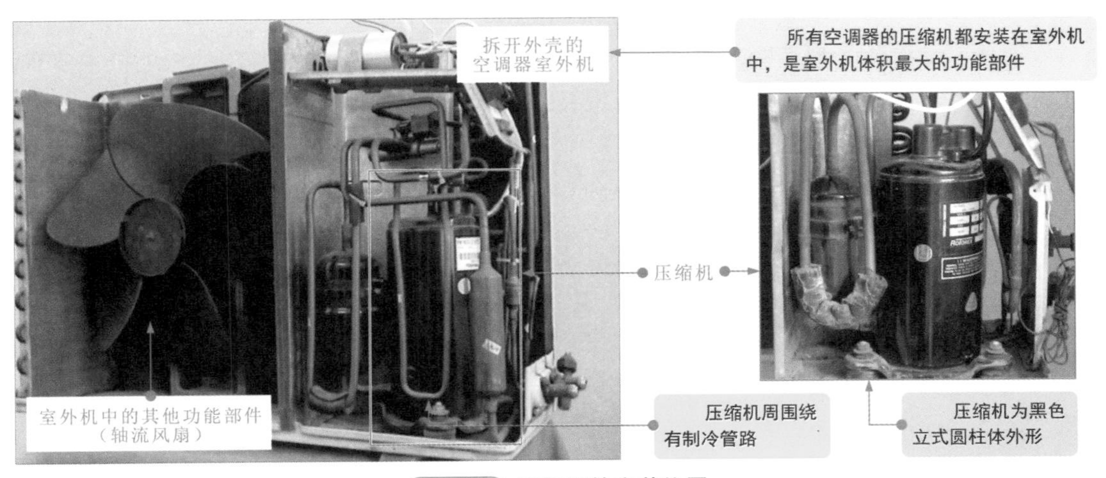

图15-1 压缩机的安装位置

不同类型的空调器中，压缩机的外形都大致相同，但由于空调器所具有的制冷（或制热）能力不同，因此所采用的压缩机类型也有所区别，即压缩机的内部结构有所区别。下面，我们从压缩机的外部和内部两个方面，详细了解一下空调器中压缩机的结构特点。

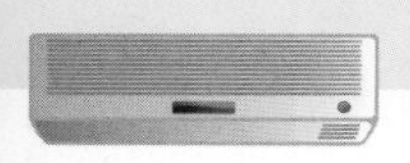

（1）压缩机的外部结构

从压缩机的外部可看到，压缩机主要是由压缩机主机、接线端子、吸气口、排气口和储液罐等部分，如图 15-2 所示。

图15-2 压缩机的外形结构

压缩机主机是压缩机的主体部分，是实现制冷剂压缩循环的关键部件；接线端子用来插接供电线缆，为压缩机内部的电机提供供电电压；吸气口和排气口与管路系统相连。其中吸气口吸入低压的制冷剂气体，经过压缩机压缩后，经排气口排出高温高压的制冷剂气体，压缩机两侧的管路形成高低压差，使制冷剂形成循环；储液罐安装在吸气口上，用来对制冷剂中存在的少量液体进行储存。

（2）压缩机的内部结构

空调器压缩机的类型不同，内部结构也不同。目前，空调器中的常用的压缩机主要有涡旋式压缩机、直流变速双转子压缩机以及旋转活塞式压缩机等几种。

① 涡旋式压缩机

图 15-3 为涡旋式压缩机的实物外形及内部结构图。涡旋式压缩机中，涡旋盘和电动机为其内部的主体部件。涡旋盘又分为定涡旋盘和动涡旋盘两部分。定涡旋盘固定在支架上，动涡旋盘由偏心轴驱动，基于轴心运动。

② 直流变速双转子压缩机

直流变速双转子压缩机主要是针对环保制冷剂 R410a 所设计的，其内部电动机也多为直流无刷电动机。该类压缩机中，机械部分设计在压缩机机壳的底部，而直流无刷电动机则安装在上部，通过直流无刷电动机对压缩机的气缸进行驱动，如图 15-4 所示。

从图中可以看到，直流变速双转子压缩机由 2 个气缸组成，此种结构不仅能够平衡两个偏心滚筒旋转所产生的偏心力，使压缩机运行更平稳，还使气缸和滚筒之间的作用力降至最低，从而减小压缩机内部的机械磨损。

③ 旋转活塞式压缩机

图 15-5 为旋转活塞式压缩机的实物外形以及内部结构。可以看到，该类压缩机主要是由壳体、接线端子、气液分离器组件、排气口和吸气口等组成。

图15-3 涡旋式压缩机的实物外形及内部结构

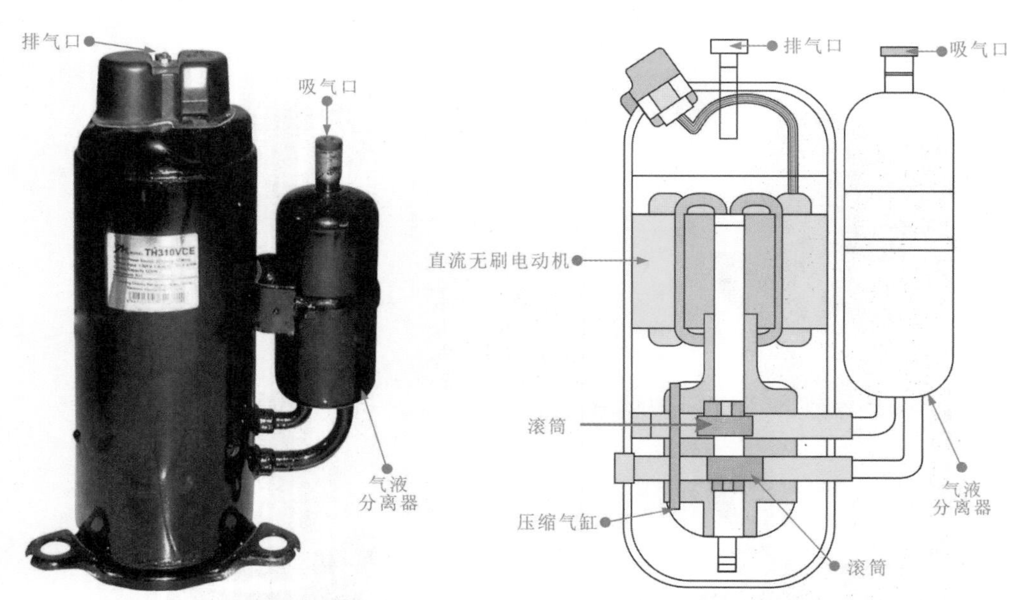

图15-4 直流变速双转子压缩机的实物外形及内部结构

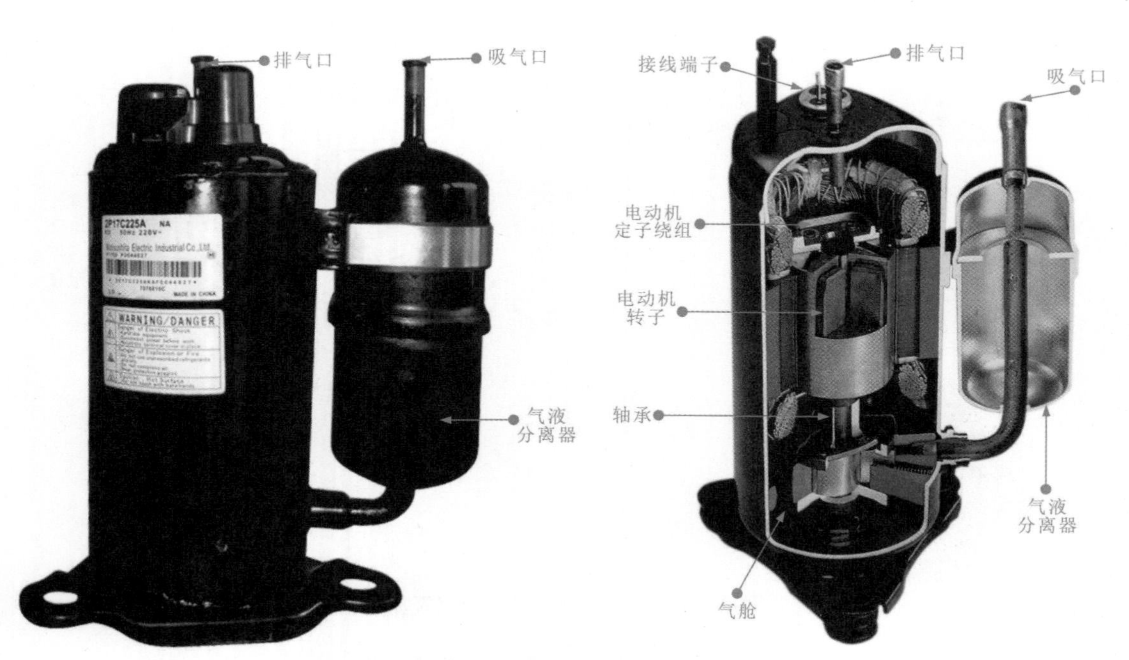

图15-5 旋转活塞式压缩机的实物外形及内部结构

旋转活塞式压缩机内部设有一个气舱，在气舱底部设有润滑油舱，用于承载压缩机的润滑油。

【提示说明】

与压缩机进行连接的气液分离器主要用于将制冷管路中送入的制冷剂进行气液分离，将气体送入压缩机中，将分离的液体进行储存，图 15-6 为气液分离器的实物外形以及内部结构。

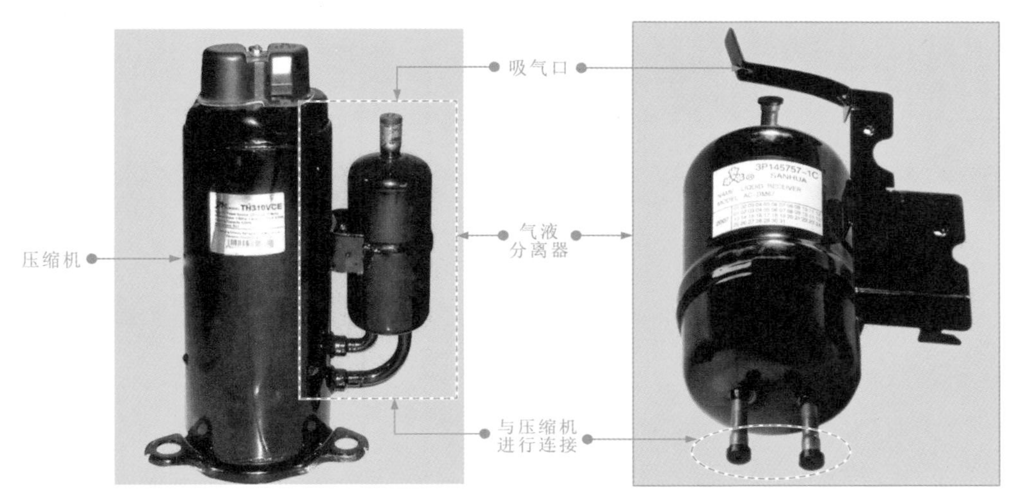

图15-6　气液分离器的外形以及内部结构

15.1.2　压缩机的功能特点

压缩机是空调器制冷或制热循环的动力源，它驱动管路系统中的制冷剂往复循环，通过热交换达到制冷的目的。

图 15-7 为压缩机的功能及工作关系。

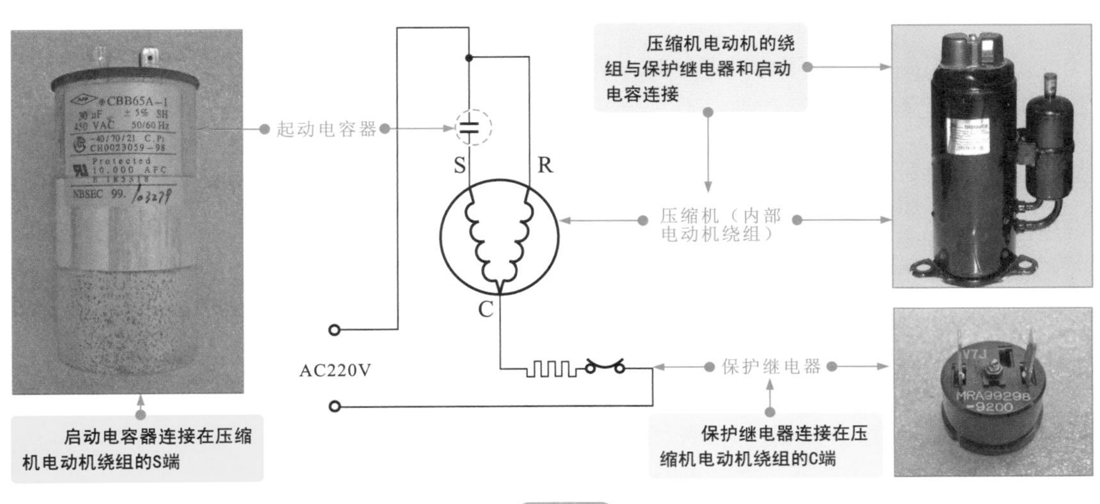

图15-7

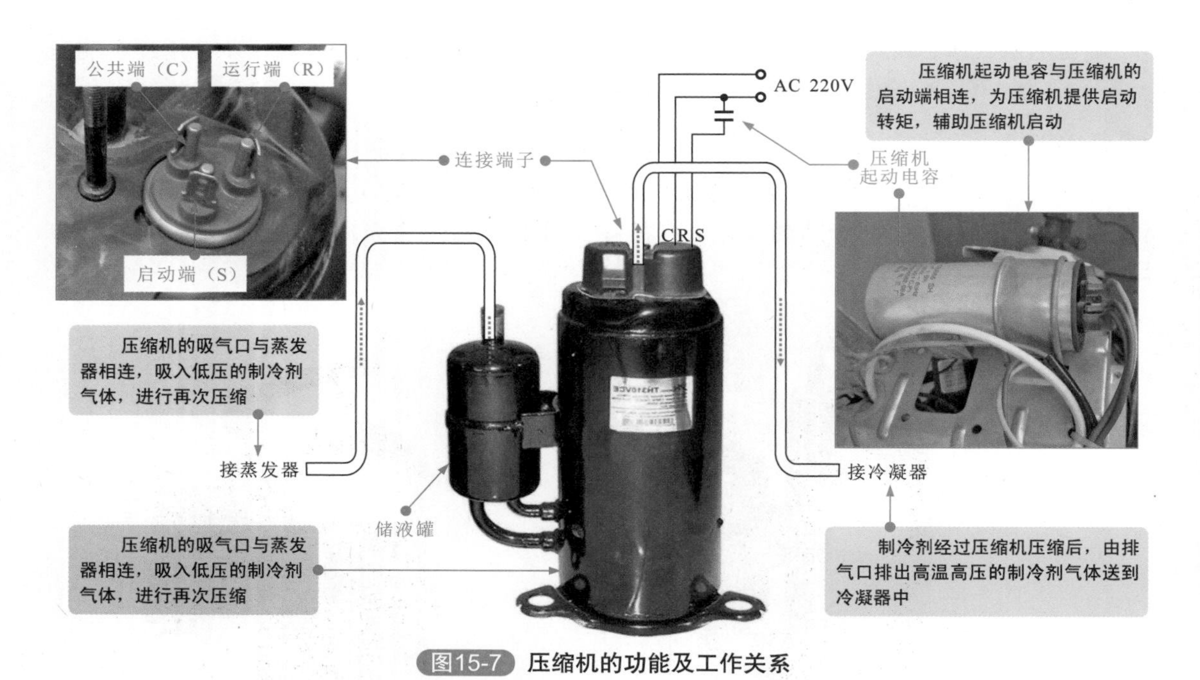

图15-7 压缩机的功能及工作关系

压缩机的驱动电动机是动力源，它需要交流 220V 电源，对于单相电容启动式电动机，在启动端要串入电容器，同时在供电线路中设有过载保护继电器，压缩机电动机的绕组分别与保护继电器和启动电容相连。其中，保护继电器连接在压缩机电动机绕组的 C 端（公共端），用于控制压缩机电动机的供电；启动电容器连接在压缩机电动机绕组的 S 端（起动端），为压缩机提供启动转矩，辅助压缩机启动。

15.2 压缩机的检测与代换方法

压缩机出现故障后，将会使空调器管路中的制冷剂不能正常循环运行，造成空调器不能制冷或制热、制冷或制热异常、运行时有噪声等。严重时可能还会导致空调器出现无法开机启动的故障。因此当怀疑压缩机损坏时，需逐步对压缩机进行检测，一旦发现故障，就需要寻找可替代的新压缩机进行代换。

15.2.1 压缩机的检测方法

压缩机出现故障可以分为机械故障和电气故障两个方面。其中，机械故障多是由压缩机内的机械部件异常引起的，通常可通过压缩机运行时的声音进行判断；电气故障则是指由压缩机内电动机异常引起的故障，可通过检测压缩机内电动机绕组的阻值来判断。

（1）压缩机中机械部件的检查方法

压缩机中的机械部件都安装在压缩机密封壳内，看不到也摸不着，因此无法直接对其进行检查，大多情况下，可通过倾听压缩机运行时发出的声响进行判断，如图 15-8 所示。

压缩机交错产生的噪声，可以从以下几个方面采取措施进行消除或调整。

① 对运行部件进行动平衡和静平衡测定。

② 选择合理的进、排气管路，尤其是进气管的位置、长度、管径对压缩机的性能和噪

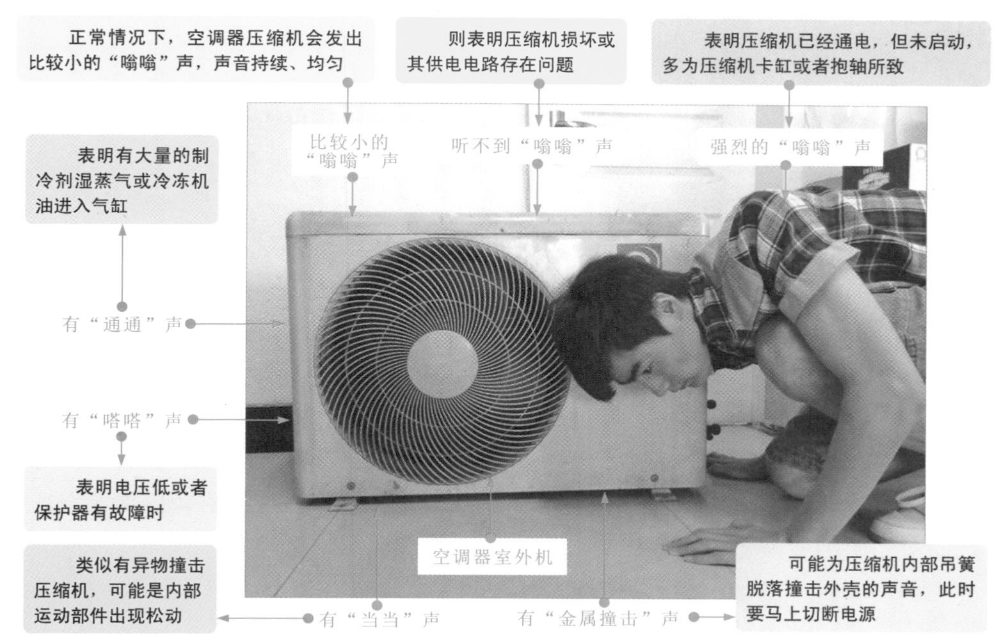

图15-8　通过倾听发检查压缩机内部机械部件的状态

声影响很大，气流容易产生共振。

③ 压缩机壳体的结构、形状、壁厚、材料等与消声效果有直接关系，为减少噪声，可以适当加厚壳壁。

④ 在安装和维修时，连接管的弯曲半径太小，截止阀开启间隙过小，系统发生堵塞，连接管路的使用不符合要求，规格太细且过短，这些因素都将增大运行的噪声。

⑤ 压缩机注入的冷冻油要适量，油量多固然可以增强润滑效果。但增大了机内零件搅动油的声音。因此，制冷系统中的循环油量不得超过2%。

⑥ 选择合理的轴承间隙，在润滑良好的情况下可采用较小的配合间隙，以减少噪声。

⑦ 压缩机的外壳与管路之间的保温减震垫要符合一定的要求。

若经检查发现压缩机出现卡缸或抱轴情况，严重时导致的堵转，可能会引起电流迅速增大而使电机烧毁。对于抱轴、轻微卡缸现象，可通过以下方法消除。图15-9所示为敲打压缩机。

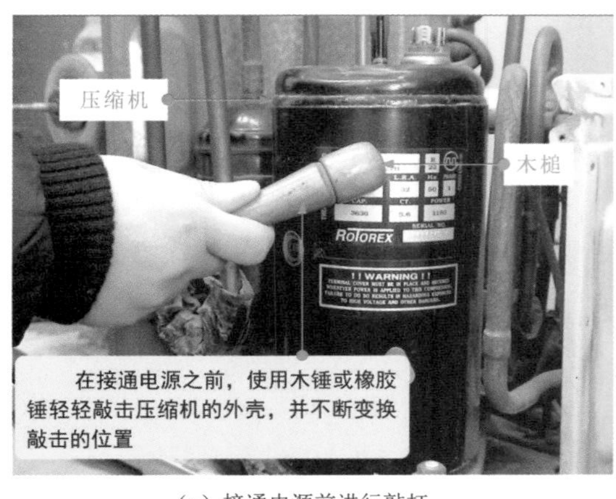

（a）接通电源前进行敲打

（b）接通电源后进行敲打

图15-9　敲打压缩机

【提示说明】

压缩机冷冻机油的油质是整机系统能否良好运行的基本保障，因此，对于压缩机油质油色的检查在维修时是很有必要的，以确保压缩机正常使用效果和延长寿命期限。

① 在检查压缩机冷冻机油时，若冷冻油中无杂质、污物，且清澈透明、无异味，可不必更换压缩机冷冻机油，继续使用。

② 若发现压缩机冷冻机油的颜色变黄，应观察油中有无杂质，嗅其有无焦味，检查系统是否进入空气而使油被氧化及氧化的程度（一般使用多年的正常压缩机，其油色也不会清澈透明）。只要压缩机内没有进入水分，则可不必更换冷冻机油；如果油色变得较深，可拆下压缩机将油倒出，更换新油。对系统主要部件用清油剂进行清洗后，再用氮气进行吹污、干燥处理。

③ 当发现压缩机冷冻机油油色变为褐色时，应检查是否有焦味，并对压缩机内的电机绕组电阻值进行检测。如果绕线间与外壳间电阻值正常，绝缘良好，则必须更换冷冻机油和清洗系统。对于系统管路内的污染，可采用清洗剂进行清洗。

（2）检测压缩机内电动机绕组间的阻值

空调器压缩机内的电动机出现电气故障是检修压缩机过程中最常见的故障之一。判断压缩机电动机的好坏，可通过对压缩机内电动机绕组阻值的检测进行判断。

空调器压缩机的电动机通常也安装在压缩机密封壳的内部，但电动机的绕组通过引线连接到压缩机顶部的接线柱上，因此可通过对压缩机外部接线柱之间阻值的检测，完成对电动机绕组间阻值的检测。

在检测前，首先根据标识了解压缩机顶部接线柱与内部电动机绕组的对应关系，如图 15-10 所示。

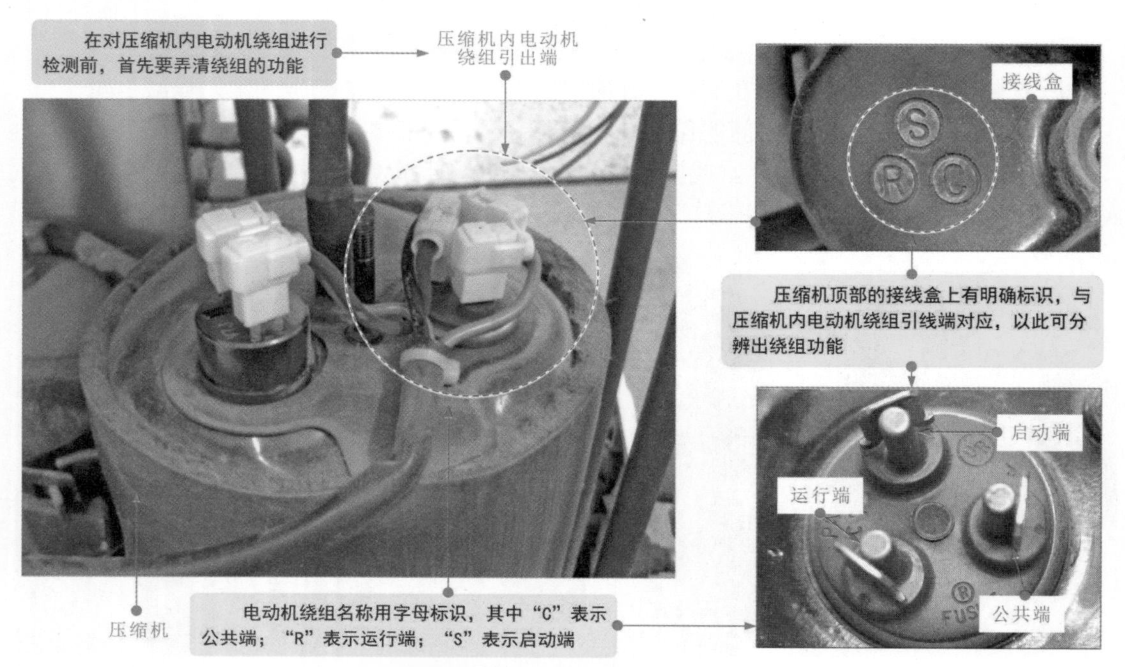

图15-10 压缩机电动机绕组的识别

检测时，将压缩机绕组上的引线拔下，用万用表分别对电动机绕组接线柱间的阻值进行检测即可，如图 15-11 所示。

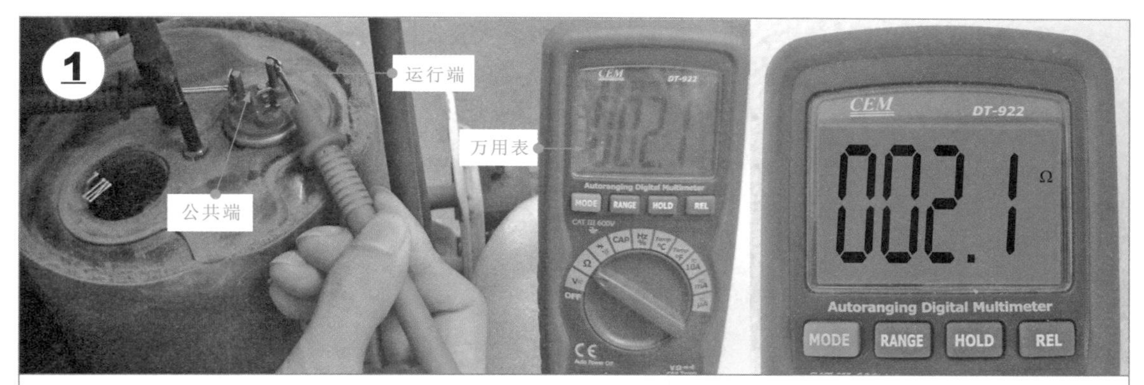

将万用表的量程调至欧姆挡，黑表笔搭在压缩机的公共端，红表笔搭在压缩机的运行端，可测得公共端与运行端之间的阻值为2.1Ω。

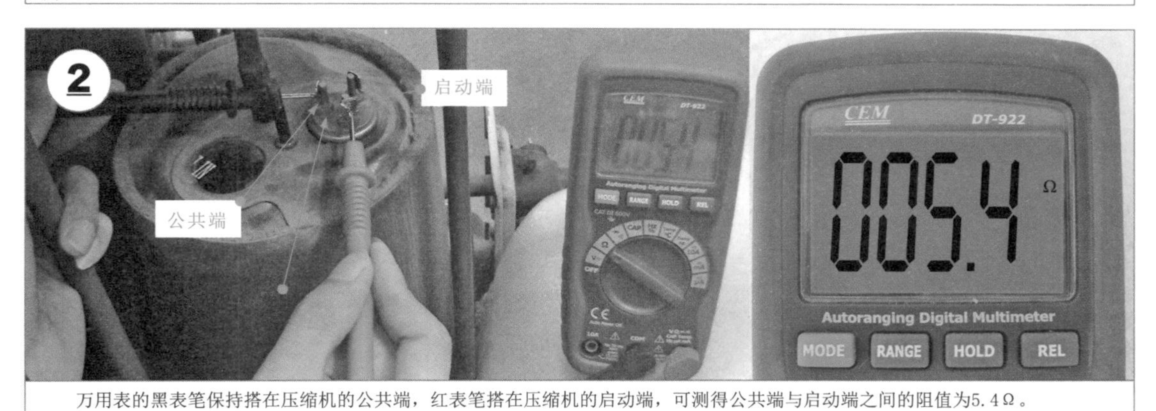

万用表的黑表笔保持搭在压缩机的公共端，红表笔搭在压缩机的启动端，可测得公共端与启动端之间的阻值为5.4Ω。

万用表的黑表笔保持搭在压缩机的启动端，红表笔搭在压缩机的运行端，可测得启动端与运行端之间的阻值为7.5Ω。

图15-11　空调器压缩机内电动机绕组阻值的检测方法

将万用表的红黑表笔任意搭接在压缩机绕阻端，分别检测公共端与启动端、公共端与运行端、启动端与运行端之间的阻值。

观测万用表显示的数值，正常情况下，启动端与运行端之间的阻值等于公共端与启动端之间的阻值加上公共端与运行端之间的阻值。

若检测时压缩机内电动机绕组阻值不符合上述规律，可能绕组间存在短路情况，应更换压缩机；若检测时发现有电阻值趋于无穷大的情况，可能绕组有断路故障，需要更换压缩机。

【提示说明】

除了通过检测绕组阻值来判断压缩机好坏外，还可通过检测运行压力和运行电流来检测压缩机的好坏。运行压力是通过三通检修表阀检测管路压力得到的；而运行电流可通过钳形表进行检测，如图15-12所示。

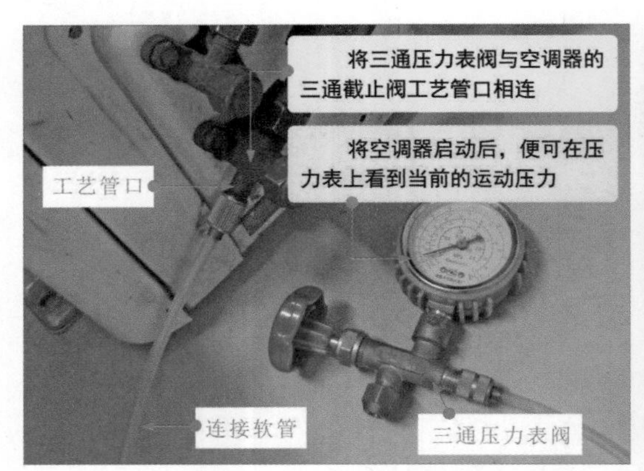

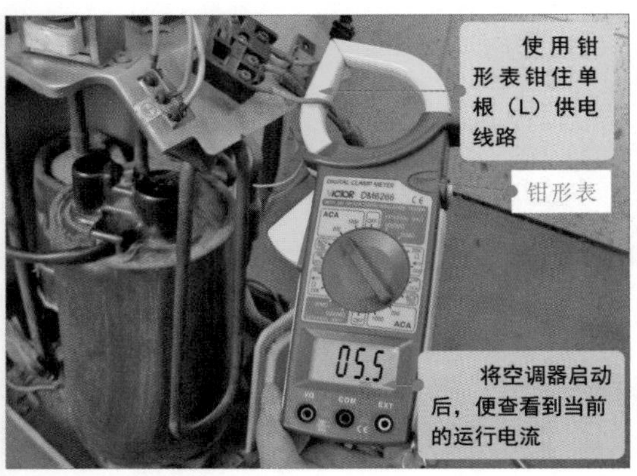

图15-12 运行压力和运行电流的检测方法

若测得空调器运行压力为0.8MPa左右，运行电流仅为额定电流的一半，并且压缩机排气口与吸气口均无明显温度变化，仔细倾听，能够听到很小的气流声，多为压缩机存在窜气的故障。

若压缩机供电电压正常，而运行电流为零，说明压缩机的电机可能存在开路故障；若压缩机供电电压正常，运行电流也正常，但压缩机不能启动运转，多为压缩机的启动电容损坏或压缩机出现卡缸的故障。

（3）检测压缩机内电动机绕组的绝缘性

正常情况下，压缩机中电动机的绕组与外壳间应为绝缘状态。若出现电动机绕组与外壳间搭接短路，不仅可能造成压缩机故障，还可能会出现空调器室外机漏电情况。

一般可借助兆欧表检测电动机绕组与压缩机外壳之间的绝缘性，检测方法如图15-13所示。

正常情况下，压缩机内电动机绕组与压缩机外壳之间的阻值应为无穷大（兆欧表指示

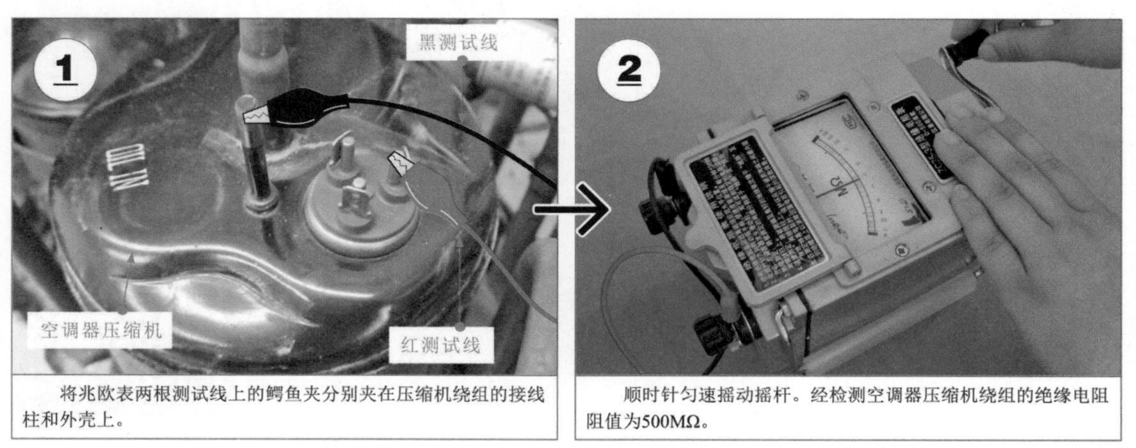

将兆欧表两根测试线上的鳄鱼夹分别夹在压缩机绕组的接线柱和外壳上。

顺时针匀速摇动摇杆。经检测空调器压缩机绕组的绝缘电阻阻值为500MΩ。

图15-13 压缩机内电动机绕组绝缘性的检测方法

500MΩ）。若测得阻值较小，则说明压缩机内电动机绕组与外壳之间短路，应恢复绝缘性或直接更换压缩机。

15.2.2　压缩机的代换方法

当空调器压缩机老化或出现无法修复的故障时，就需要使用同型号或参数相同的压缩机进行代换。

空调器中的压缩机位于室外机一侧，压缩机顶部的接线柱与保护继电器、启动电容连接；压缩机吸气口、排气口与空调器的管路部件焊接在一起，并通过固定螺栓固定在室外机底座上。因此，拆卸压缩机首先要将电气线缆拔下，接着将相连的管路焊开，然后再设法将压缩机取出，接着根据损坏压缩机型号寻找可替换的压缩机，最后代换压缩机并通电试机。

图 15-14 为压缩机代换的基本流程。

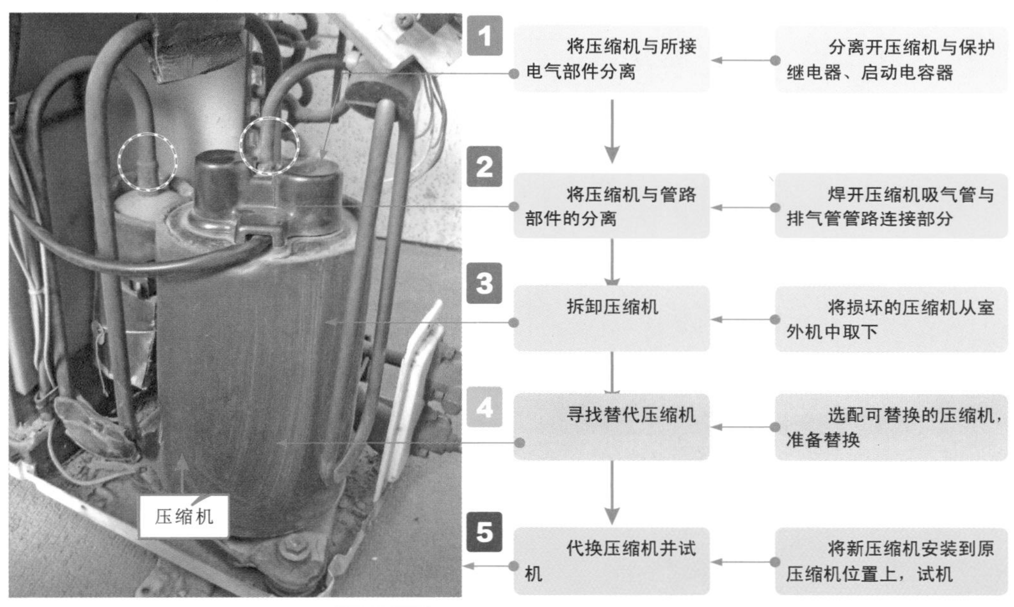

图15-14　压缩机代换的基本流程

（1）压缩机与电气部件的分离

在拆卸压缩机时，首先需要将压缩机顶部的接线盒打开，将压缩机与保护继电器、压缩机与启动电容器之间的线缆拔下，实现压缩机与电气部件的分离，如图 15-15 所示。

图15-15　压缩机与连接电气部件的分离方法

（2）压缩机与管路部件的分离

对压缩机进行开焊操作就是使用气焊设备将压缩机吸气管口与排气管口焊开，使其与制冷管路分离（断开）。分离时，确认空调器中的制冷剂回收完毕后，即可使用气焊设备对压缩机管路部分进行拆焊操作，使其与空调器管路部件分离，如图 15-16 所示。

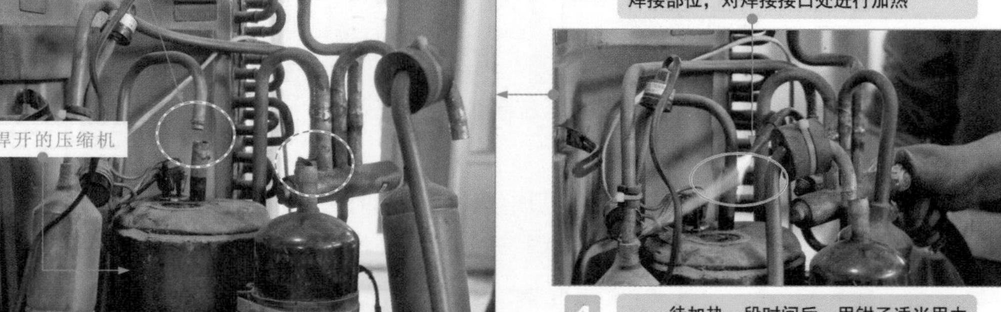

图15-16 压缩机的拆焊操作

【提示说明】

在进行焊接操作时，首先要确保对焊口处均匀加热，绝对不允许使焊枪的火焰对准铜管的某一部位进行长时间加热，否则会使铜管烧坏。

另外，在焊接时，若变频压缩机工艺管口的管壁上有锈蚀现象，需要使用砂布对焊接部位附近 1 ~ 2cm 的范围进行打磨，直至焊接部位呈现铜本色，这样有助于与管路连接器很好的焊接，提高焊接质量。

（3）拆卸压缩机

压缩机与制冷管路焊开后，使用扳手将位于压缩机底部的固定螺栓拧下，就可以取出压缩机了，如图 15-17 所示。

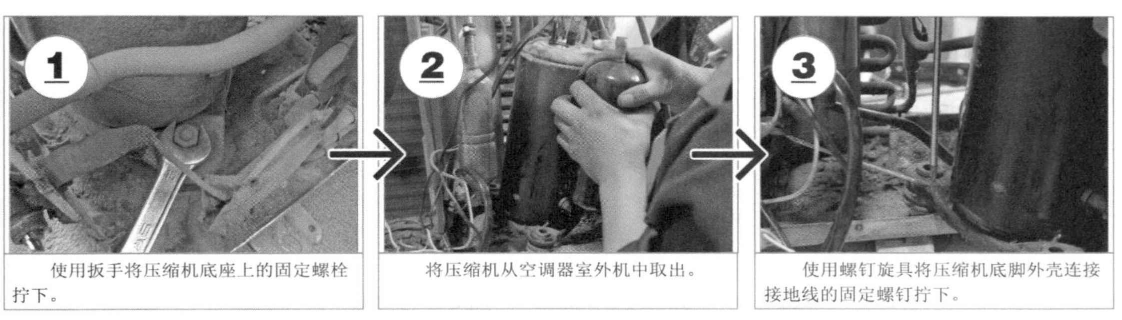

图15-17　压缩机的拆卸方法

（4）寻找可替代的压缩机

压缩机损坏就需要根据损坏压缩机的型号、体积大小等规格参数选择适合的器件进行代换。

压缩机的选配方法如图 15-18 所示。

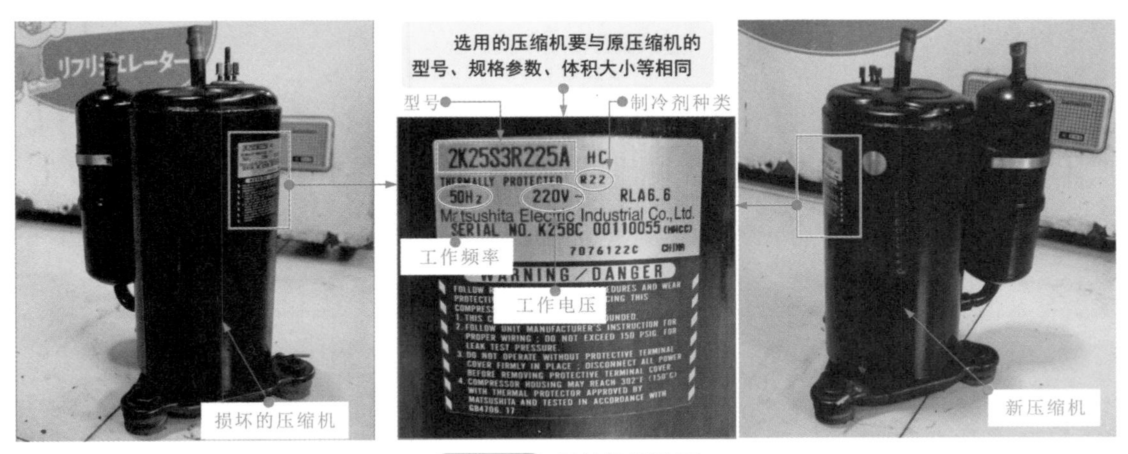

图15-18　压缩机的选配

（5）代换压缩机并通电试机

将新压缩机安装到室外机中，对齐管路位置后，逐一进行焊接，然后再将压缩机与室外机外壳进行固定。

压缩机的代换方法如图 15-19 所示。

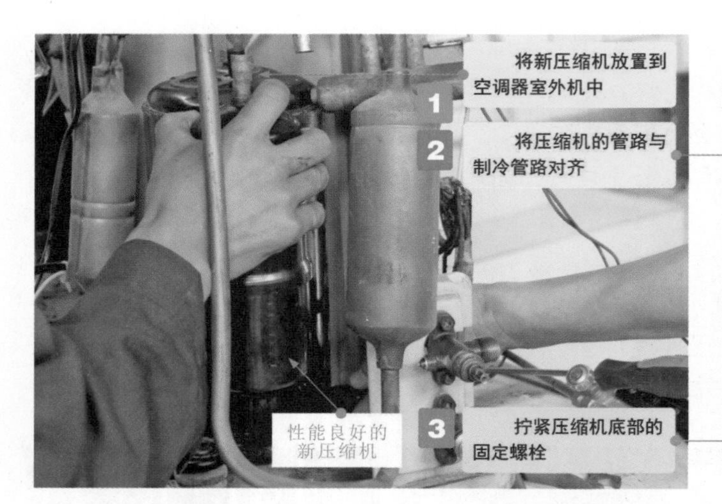

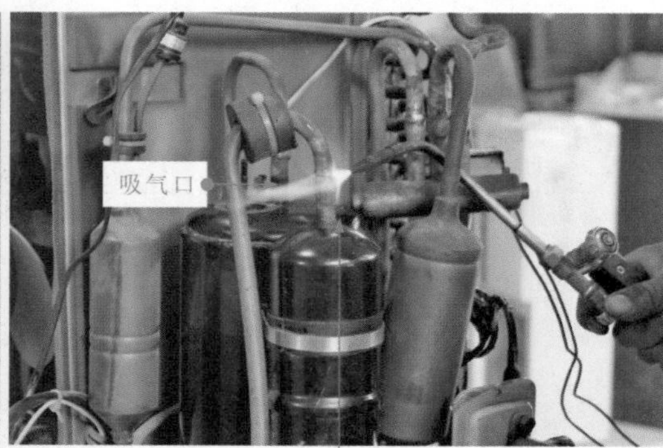

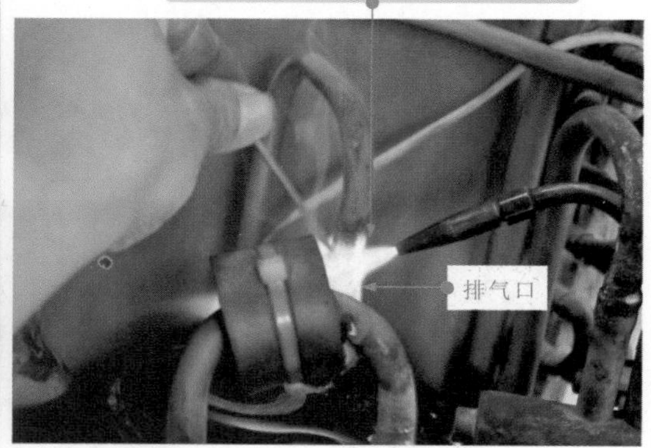

图15-19 压缩机的代换方法

第 16 章 定频空调器电源电路的故障检修

16.1 电源电路的结构原理

空调器的电源电路一般位于空调器室内机的电路板中，是整机工作的能量来源。在普通空调器中，通常只有在室内机中设有电源电路。

图 16-1 所示为典型空调器中的电源电路部分。可以看到，该机中电源电路大多数元器件与主控电路安装在一个电路板上，降压变压器独立安装在空调器室内机的电路板支架槽内，通过引线及插件与电路板关联。

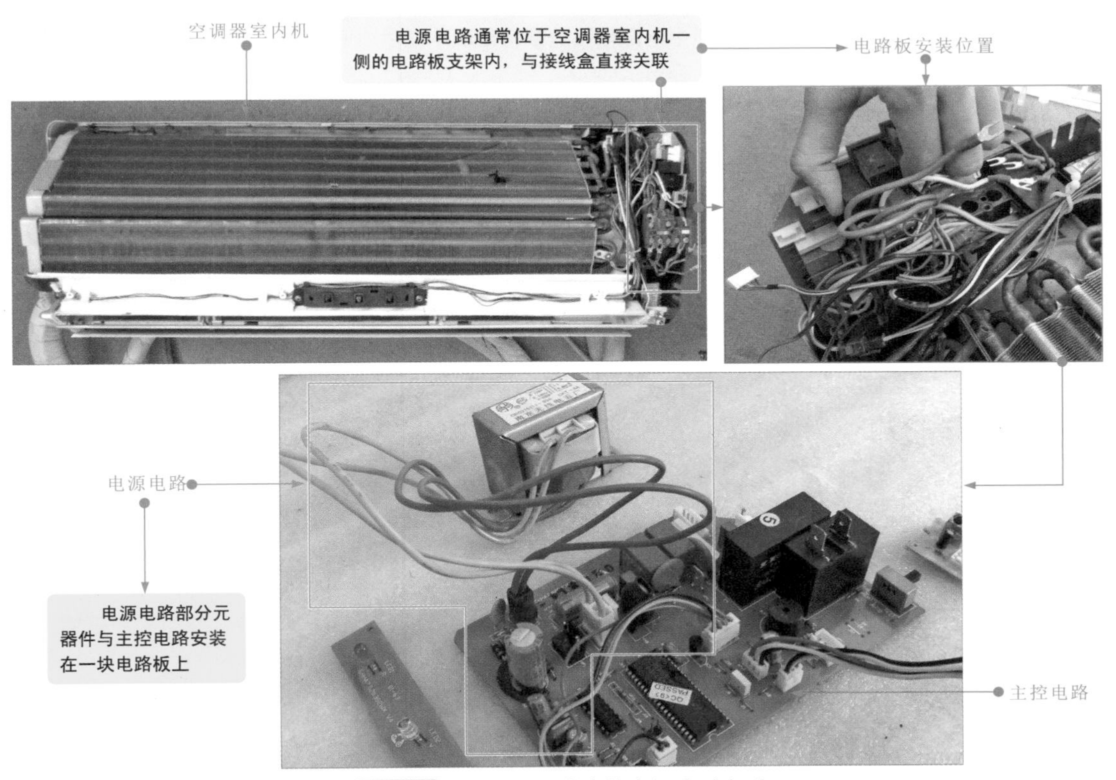

图16-1 典型空调器中的电源电路部分

在学习电源电路检修之初，首先要对电源电路的结构组成和工作原理有一定的了解，对于初学者而言，要能够根据电源电路的结构特点，准确识别出各组成元器件，并了解其基本功能和工作特性，这是开始检修电源电路的第一步。

16.1.1 电源电路的结构组成

电源电路是空调器中的重要电路，用于为空调器中的各种电气部件、电子元器件提供交、直流工作电压，是空调器能够正常工作的先决条件。

图 16-2 所示为典型空调器中电源电路的结构组成。从图中可以出，电源电路主要是由 220V 交流电压输入接口、熔断器、过压保护器、降压变压器、桥式整流电路、滤波电容器、三端稳压器等部分构成的。

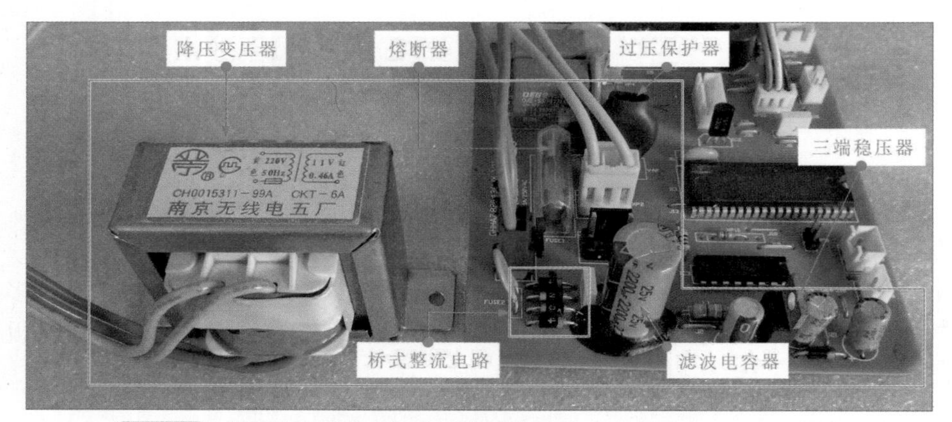

图16-2 典型空调器中电源电路的结构组成（春兰KFR-33GW/T型）

16.1.2 电源电路的工作原理

普通空调器中的电源电路多采用降压变压器降压的线性电源结构形式，电路的主要处理过程是先将交流电通过降压变压器降压，经整流，得到脉动直流后再经滤波得到微小波纹的直流电压，最后再由稳压电路输出较为稳定的直流电压，为空调器各电气部件和电子元器件供电。

图 16-3 所示为空调器电源电路的工作流程示意图。

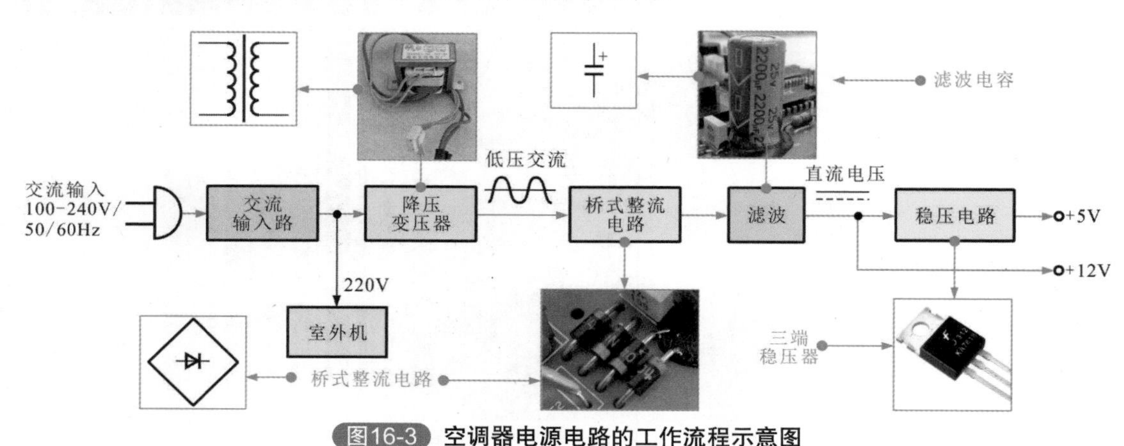

图16-3 空调器电源电路的工作流程示意图

由图 16-3 可知，该类电源电路是先将交流电通过变压器降压，经整流，得到脉动直流后再经滤波得到微小波纹的直流电压，最后再由稳压电路输出较为稳定的直流电压。

这种电路结构简单、可靠性高，大多数空调器都采用这种电源电路结构。

【提示说明】

另外，也有一些空调器采用开关电源电路形式，这种形式的电源电路结构稍复杂一些，图 16-4 所示为开关电源电路的基本工作流程示意图。

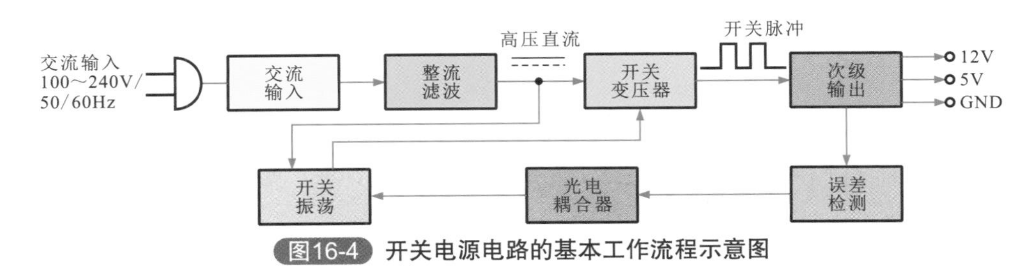

图16-4　开关电源电路的基本工作流程示意图

这种开关电源电路实际上是由交流输入滤波电路、桥式整流电路（或桥式整流堆）、开关振荡电路、开关变压器以及整流滤波和输出电路构成的直流供电电路。

采用这种方式，由于工作频率的升高，变压器和电解电容器的体积会大大减小；而且采用开关脉冲的工作方式，电源的效率会大大提高。

16.2　电源电路的电路分析

下面我们以春兰 KFR-33GW/T 型分体式空调器的电源电路为例，来具体了解一下该电路的基本工作过程和信号流程。

图 16-5 所示为春兰 KFR-33GW/T 型分体式空调器的电源电路原理图，可以看到，该电路主要是由熔断器（FUSE1）、过压保护器（VAR）、降压变压器（T1）、桥式整流电路（D1 ～ D4）、滤波电容器（C2）、三端稳压器（IC4）等元器件构成的。

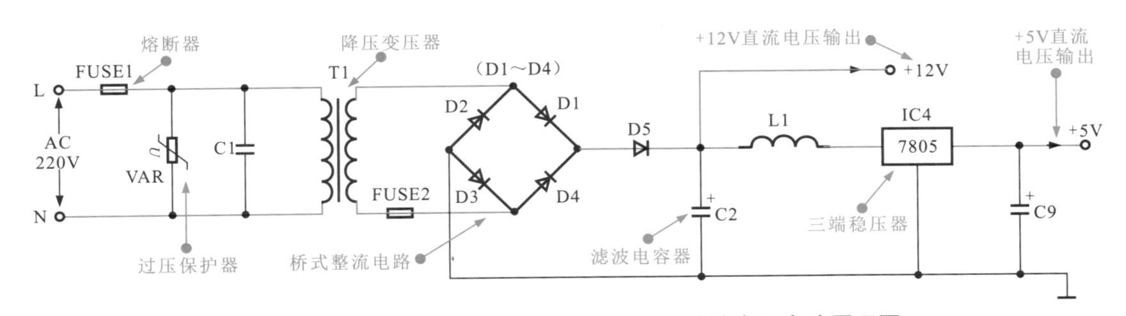

图16-5　春兰KFR-33GW/T型分体式空调器的电源电路原理图

交流 220V 电源经熔断器 FUSE1、过压保护器 VAR 后，为降压变压器初级绕组供电，变压器降压后，由其次级绕组输出约 11V 的交流低压，该电压经桥式整流电路 D1 ～ D4、整流二极管 D5 和滤波电容 C2 变成约 12V 的直流电压。

12V 的直流电压分为两路，一路直接送往后级电路为需要 12V 电压的器件供电，如继电器线圈、步进电动机等；另一路送入三端稳压器 IC4（7805）的输入端，将稳压后输出 +5 V 直流电压，为需要 5V 的器件供电，如微处理器、遥控接收头、温度传感器、发光二极管等。

【提示说明】

在空调器的电气系统中，除了电路板上的一些电子元器件需要直流电压供电外，空调器的压缩机、室内外风扇电动机等需要 220V 电压直接供电，该电压一般由市电 220V 经室内外机之间的插件后直接送入室外机中，图 16-6 所示为典型空调器中的交直流电源电路。

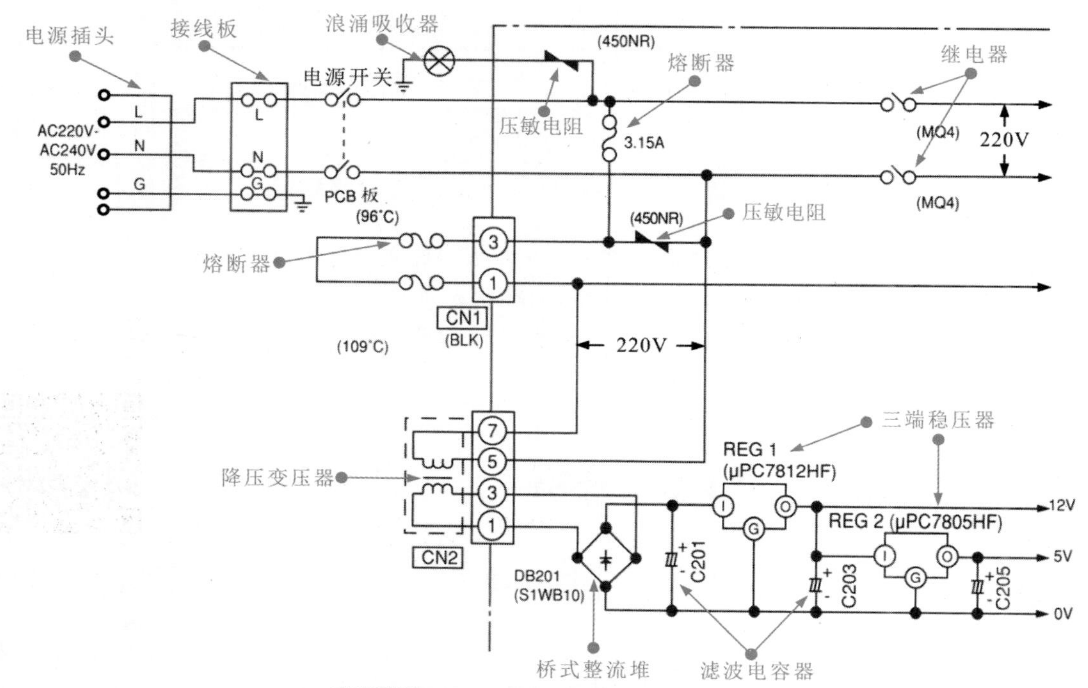

图16-6 典型空调器中的交直流电源电路

16.3 电源电路的故障检修

16.3.1 电源电路的检修分析

电源电路是空调器中所有电气部件和电子元器件工作的能量来源，若该电路出现故障通常会引起空调器不开机、整机不工作或部分功能失效等故障。

对电源电路进行检修时，可首先观察电路板上的各主要元器件有无明显损坏或脱焊、接口插件松脱等现象，如出现上述情况则应立即更换或检修损坏的元器件，若从表面无法观测到故障点，则需根据电源电路的信号流程以及故障特点对可能引起故障的工作条件或主要部件逐一进行排查。

图 16-7 所示为典型空调器电源电路的检修分析。

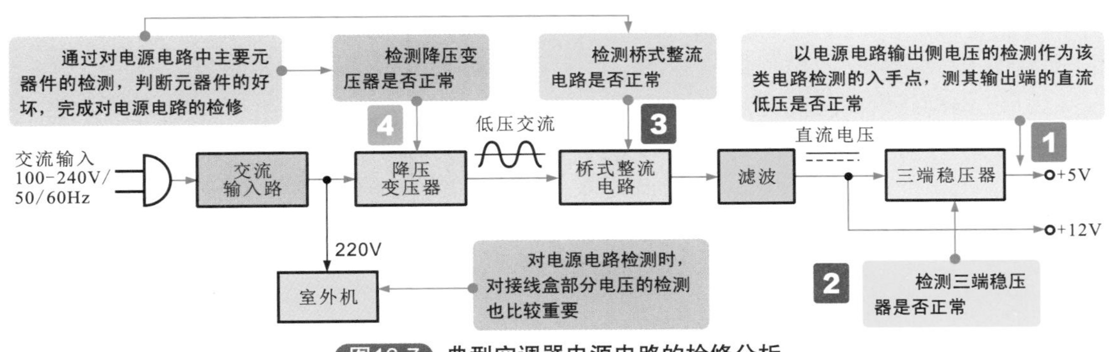

图16-7 典型空调器电源电路的检修分析

16.3.2　电源电路的检修方法

对空调器电源电路的检修，可按照前面的检修分析进行逐步检测，对损坏的元器件或部件进行更换，即可完成对电源电路的检修。

（1）电源电路输出电压的检测方法

对电源电路进行检修时，通常将电路最终输出端电压的检测做为检测的入手点，并通过对输出端电压的检测结果，划定故障电路的大致范围。例如，若检测电源电路输出端电压正常，则说明电源电路工作正常，可将故障划定在电源电路以外的范围内；若无电压输出，则多为电源电路或电源电路的负载部分异常。

空调器电源电路输出端电压的检测方法如图16-8所示。

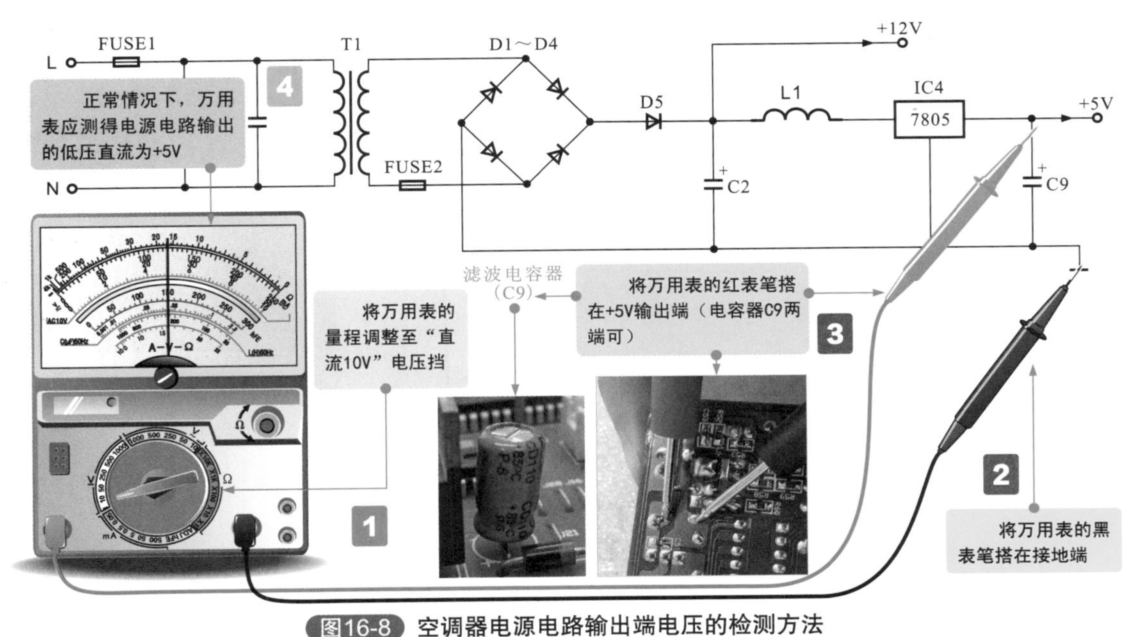

图16-8 空调器电源电路输出端电压的检测方法

如果检测电源电路输出电路为0V，可能有两种情况：一是电源电路损坏导致无供电输出；二是直流供电线路的负载有短路故障，导致电源输出直流电压对地短路，此时测量数值也为0V。这时，可通过检测电源电路直流电压输出端元器件的对地阻值进行判断。

若检测结果有一定阻值，说明5V电压负载基本正常，应对电源电路中的7805及前级相关元器件进行检测；若检测阻值为0Ω，说明5V电压的负载器件有短路故障。

（2）三端稳压器的检测方法

若经检测电源电路输出电压为0V，且排除负载短路故障后，应顺电源供电电路的信号流程逐一对电源电路的主要元器件进行检测，首当其冲的元器件即为三端稳压器。

根据元器件功能特点，三端稳压器用于将+12V直流电压稳压为+5V直流电压，若该元器件损坏，将导致电源电路无5V电压输出，相应需要5V供电的所有元器件将不能正常工作。

检测三端稳压器是否正常，通常可用万用表的电压挡检测其输入和输出端的电压值，若输入电压正常，无输出，则说明三端稳压器损坏，应用同型号器件进行更换。

三端稳压器的检测方法如图16-9所示。首先检测三端稳压器输入端的直流电压。正常时应有12V直流电压输入。

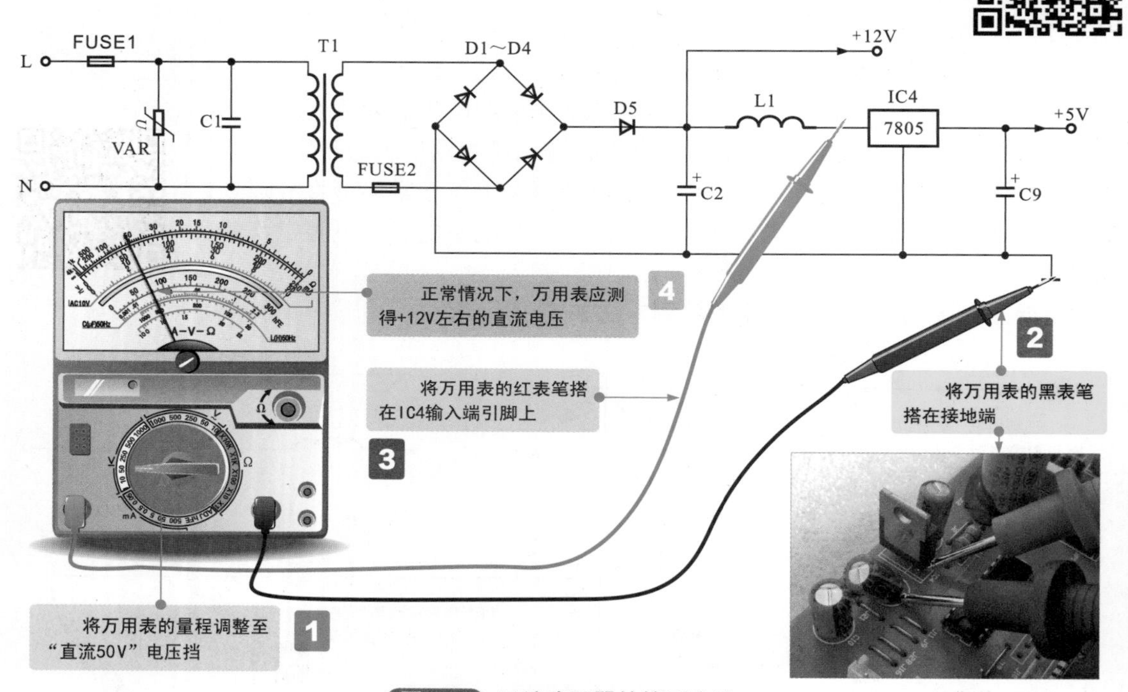

图16-9 三端稳压器的检测方法

采用同样方法，将黑表笔搭在接地端，红表笔搭在三端稳压器输出端引脚上，检测IC4输出端应有5V直流电压输出。如果输入电压正常，输出端无电压，说明三段稳压器损坏。若输入端无电压，则应顺信号流程检测前级元器件（如桥式整流电路）。

（3）桥式整流电路的检测方法

桥式整流电路是空调器电源电路中的重要元器件，若该元器件损坏将导致电源电路无任何输出。

桥式整流电路的检测方法如图16-10所示。判断桥式整流电路是否正常，也可用万用表分别检测其交流输入端电压和直流输出端的电压，若输入正常，无输出或输出电压异常，则说明桥式整流电路损坏。

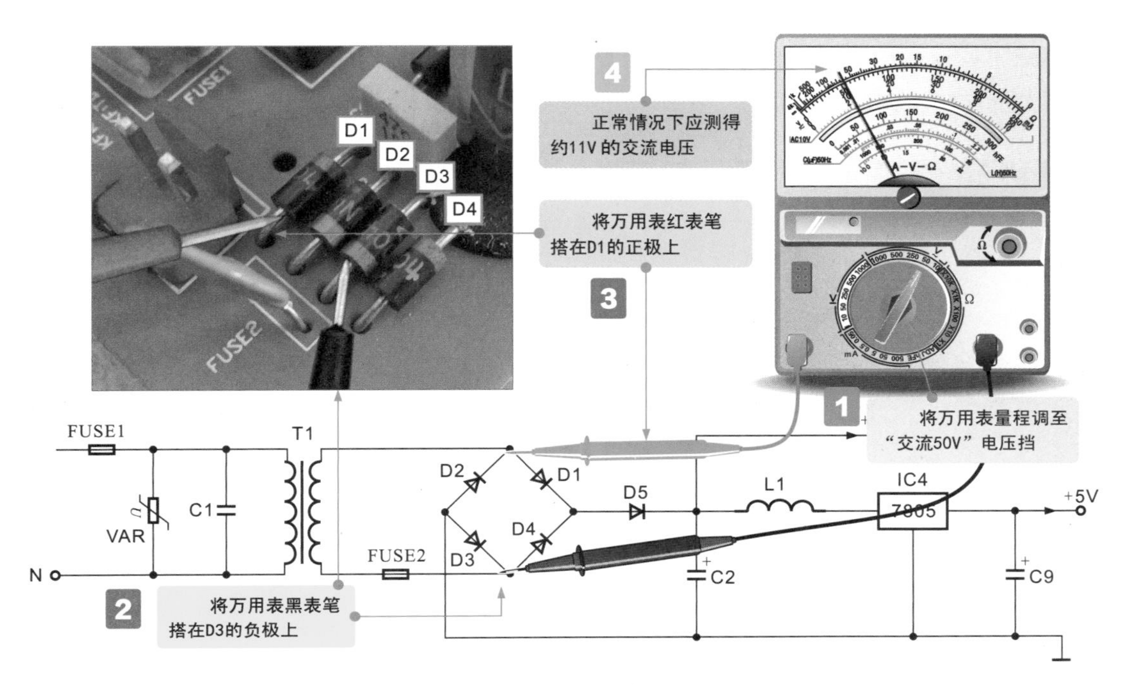

（a）检测桥式整流电路交流输入侧电压值

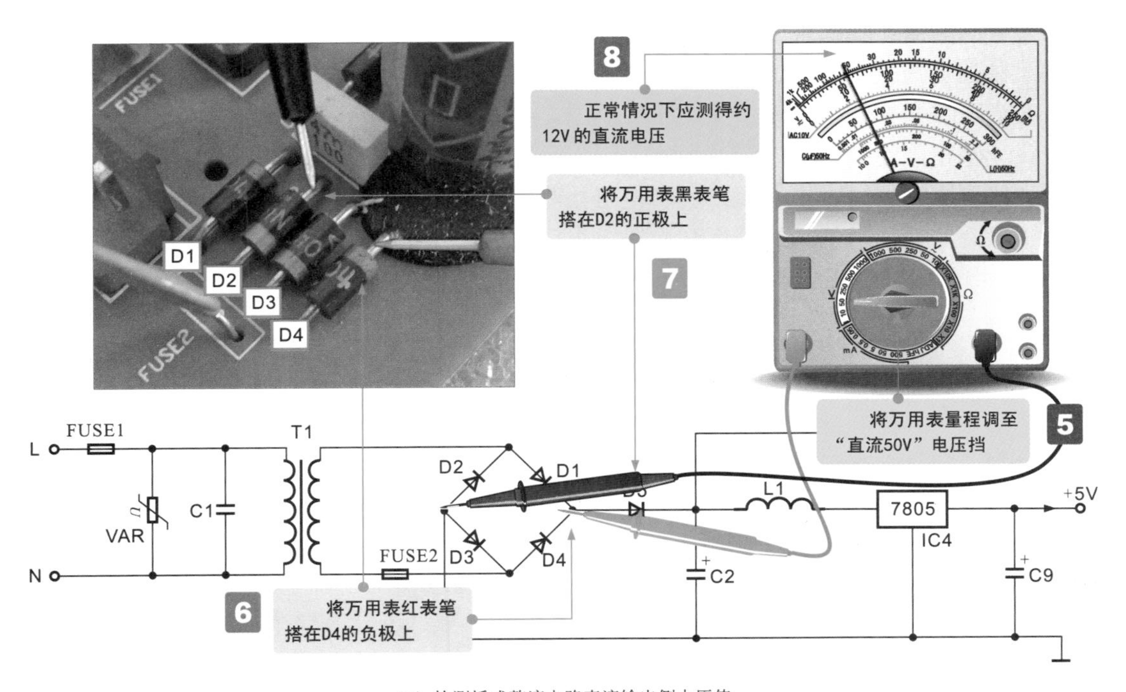

（b）检测桥式整流电路直流输出侧电压值

图16-10 桥式整流电路的检测方法

【提示说明】

除了使用电压检测法对桥式整流电路进行检测外，还可使用电阻检测法判断桥式整流电路的好坏。电阻检测法是指分别对桥式整流电路中的4只整流二极管的正反向阻值进行检测，正常情况下应满足正向导通、反向截止的特性，如图16-11所示。

将万用表量程调至“×100”欧姆挡，黑表笔搭在整流二极管D4的正极，红表笔搭在整流二极管D4负极。正常情况下，万用表测得整流二极管D4的正向阻值为850Ω。

将万用表量程调至“×100”欧姆挡。红表笔搭在整流二极管D4的正极，黑表笔搭在整流二极管D4负极。以同样的方法分别对其他三个整流二极管进行检测。正常情况下，万用表测得整流二极管D4的反向阻值为无穷大。

图16-11 电阻法检测桥式整流电路的好坏（以整流二极管D4为例）

需要注意的是，由于是在路检测，因此阻值的大小可能会受周围元器件的影响，一般可将桥式整流电路焊下再进行检测，或使用数字万用表的二极管挡检测整流二极管正向导通电压的方法进行判断。

（4）降压变压器的检测方法

降压变压器是空调器电源电路中实现电压高低变换的元器件，若该元器件异常，将导致电源电路无输出，空调器不工作的故障。

检测降压变压器时，多采用万用表电阻挡测初级、次级绕组端阻值的方法判断好坏。正常情况下，降压变压器的初级绕组和次级绕组应均有一定阻值，若出现阻值无穷大或阻值为0的情况，均表明降压变压器损坏。降压变压器的检测方法如图16-12所示。

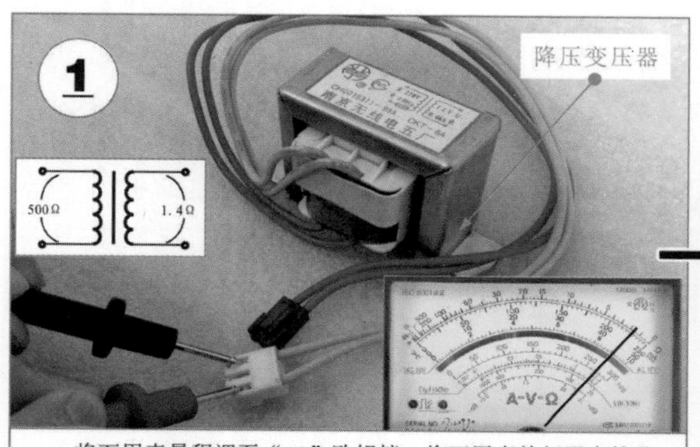

将万用表量程调至“×1”欧姆挡，将万用表的红黑表笔分别搭在初级绕组引出线的两个触点上。正常情况下，测得阻值为1.4Ω。

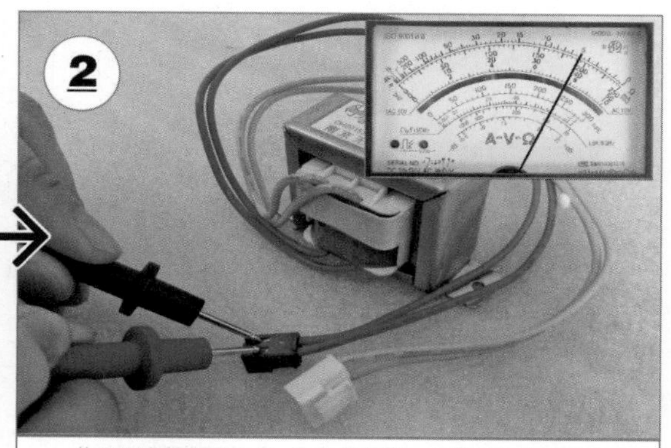

将万用表量程调至“×100”欧姆挡。红黑表笔分别搭在次级绕组引出线的两个触点上。正常情况下，测得阻值为500Ω。

图16-12 降压变压器的检测方法

【提示说明】

对降压变压器进行检测时，除了采用万用表测初级绕组和次级绕组阻值的方法判断好坏外，也可用万用表测其初次级侧交流电压的方法判断好坏，正常情况下，其初级绕组侧应有约 220V 交流高压，次级侧应为 11V 左右交流低压，检测方法与前面三端稳压器、桥式整流堆方法相同，需要注意的是，检测 220V 交流高压时人身不要碰触与 220V 交流电压相关的任何元器件或触点，确保人身安全。

在检修电源电路时，除了对上述主要检测点和关键元器件检测外，还需对电路中的熔断器、滤波电容、过压保护器进行检查和测试。

另外值得注意的是，空调器的电源电路除了上述直流供电部分，还有一些功能部件直流由 220V 电压供电，这些部件的供电是否正常，通过室内机接线盒就可以检测得到，图 16-13 所示为典型空调器室内外机的接线盒关联图。

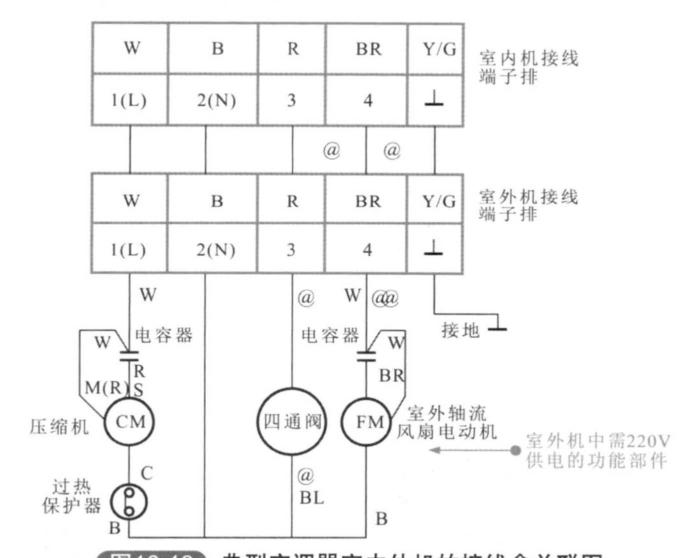

图16-13 典型空调器室内外机的接线盒关联图

在制冷状态下操作遥控器时，室内机继电器动作后由接线板①脚输出交流 220（L）火线电压，②脚为零线。接线盒的①、②脚之间应该有 220V 电压，如图 16-14 所示。

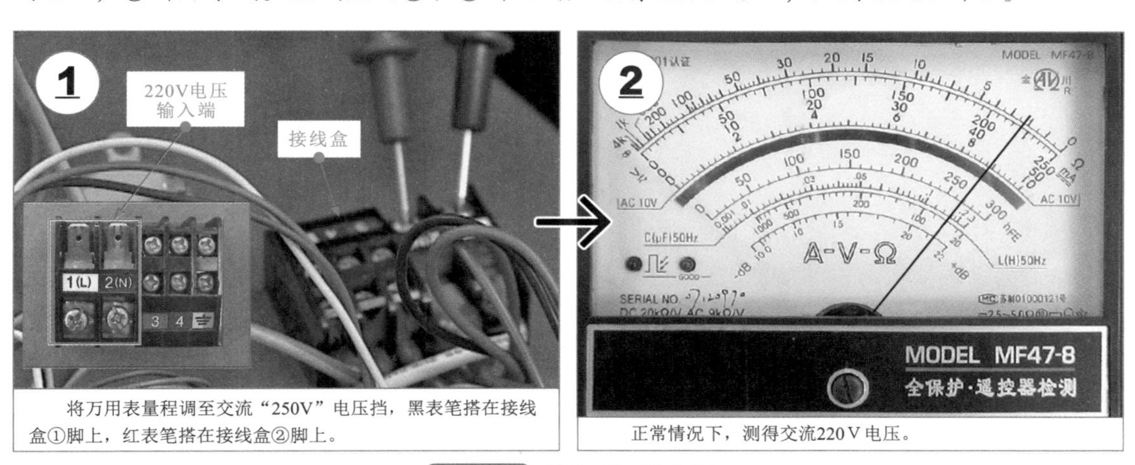

将万用表量程调至交流“250V”电压挡，黑表笔搭在接线盒①脚上，红表笔搭在接线盒②脚上。

正常情况下，测得交流220V电压。

图16-14 电源电压的检测

只要开机，接线盒的②脚和④脚之间就应该有220V电压，如图16-15所示，这是为室外机风扇供电的电压。一般电源开启的时候会将风扇启动，这是为了便于室外机散热。

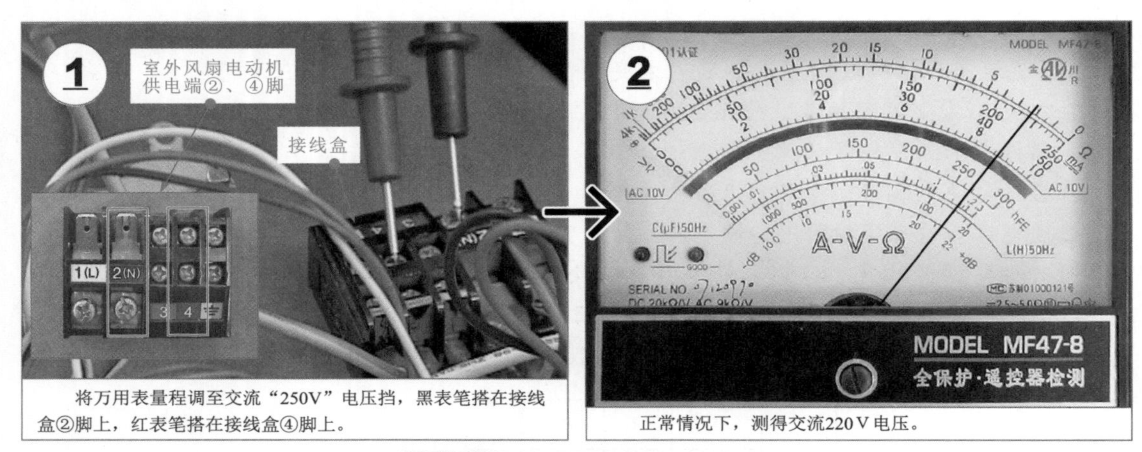

将万用表量程调至交流“250V”电压挡，黑表笔搭在接线盒②脚上，红表笔搭在接线盒④脚上。

正常情况下，测得交流220V电压。

图16-15 室外机风扇电压的检测

检测②脚与③脚之间的电压，如图16-16所示。该电压用于控制电磁四通阀，在电磁四通阀启动的时候，这两个引脚之间应有220V的电压。

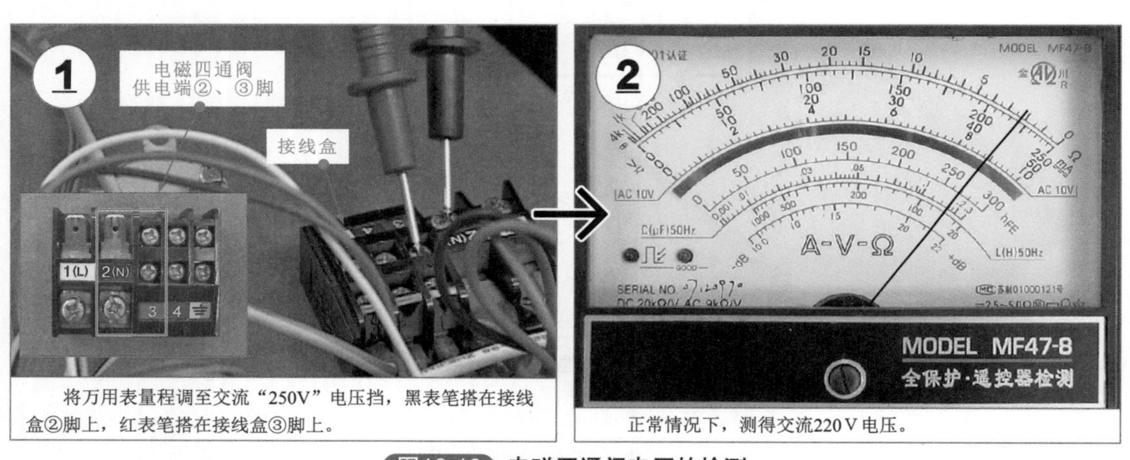

将万用表量程调至交流“250V”电压挡，黑表笔搭在接线盒②脚上，红表笔搭在接线盒③脚上。

正常情况下，测得交流220V电压。

图16-16 电磁四通阀电压的检测

第17章 定频空调器控制电路的故障检修

17.1 控制电路的结构原理

空调器控制电路位于空调器室内机中，是空调器电气系统中的核心控制电路，用于控制整机的协调运行。

图 17-1 为控制电路在空调器中的安装位置。可以看到，承载该电路的电路板位于空调器室内机一侧，通过电路板支架固定，电路板中除几个电源电路元器件外，控制电路占据整个电路板的大部分位置。

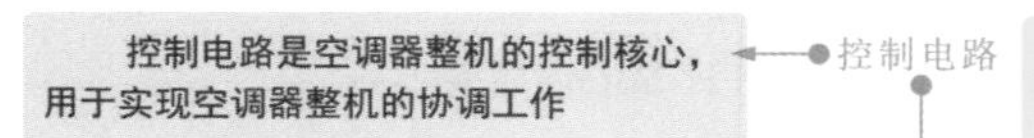

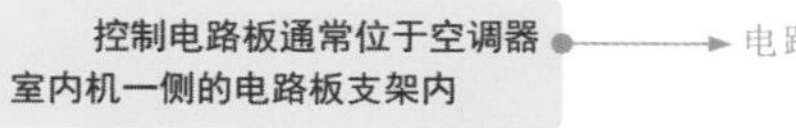

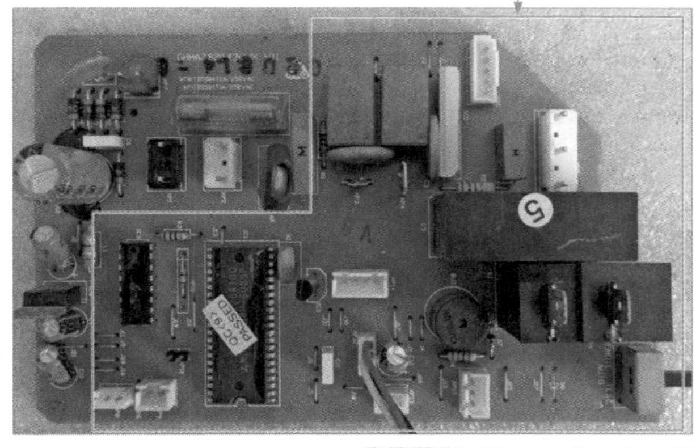

图17-1 控制电路在空调器中的安装位置

17.1.1 控制电路的结构组成

控制电路是空调器整机的控制核心。空调器的启动运行、温度变化、模式切换、状态显示、出风方向等都是由该电路进行控制的。

空调器控制电路的核心部件是一只大规模集成电路，该集成电路通常称之为微处理器（CPU），微处理器外围设置有陶瓷谐振器、反相器等特征元器件，另外，还通过连口插件连接着遥控接收电路、室内机风扇电机、温度传感器、操作显示电路等关联部分。

图 17-2 为典型空调器中的控制电路部分。

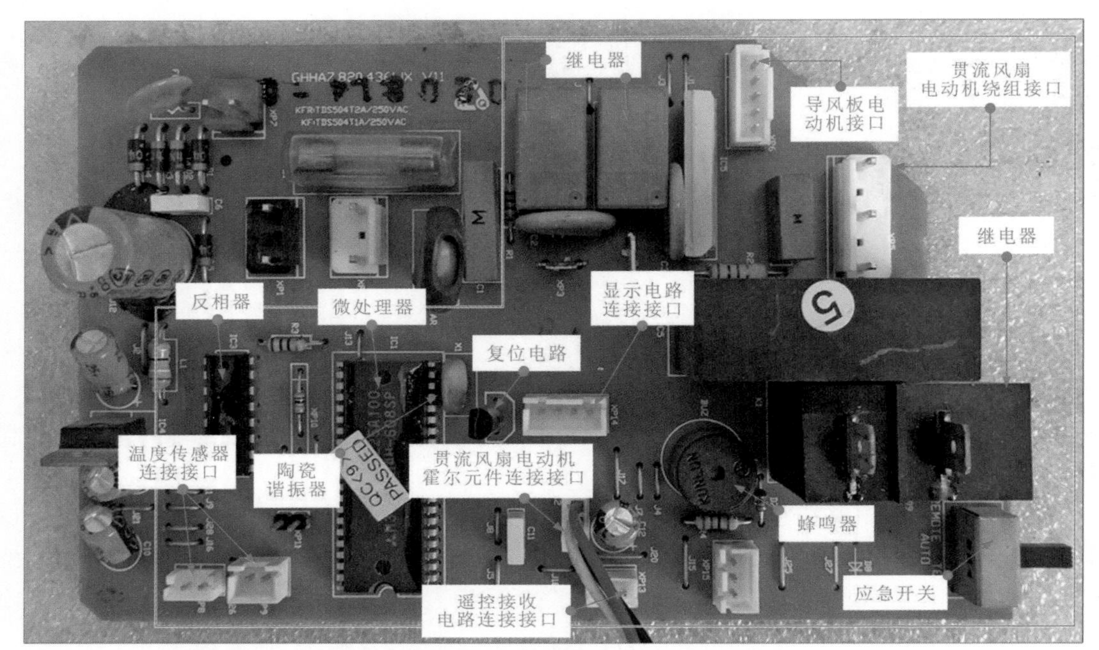

图17-2 典型空调器中的控制电路部分（春兰KFR-33GW/T型）

可以看到，空调器控制电路主要是由微处理器、陶瓷谐振器、复位电路、反相器、温度传感器、继电器以及各种功能部件接口等部分构成的。这些部件协同工作，实现接收遥控指令、传感器感测信息，识别指令和信息，输出控制指令，完成整机控制的基本功能。

17.1.2 控制电路的工作原理

图 17-3 为定频空调器主控电路原理方框图。

从图 17-3 可以看到，室内机电源电路为整机提供工作电压，控制电路是整机的控制核心，接收室内外的温度信号、人工指令信号和室外机反馈的状态信号 , 通过对信号识别处理后，对室内风扇组件、室外机电路和显示电路进行控制。

遥控接收电路上的遥控接收器接收遥控器送来的红外信号，微处理器对人工指令进行识别后，调节相关部件的工作（如风扇的转速）。

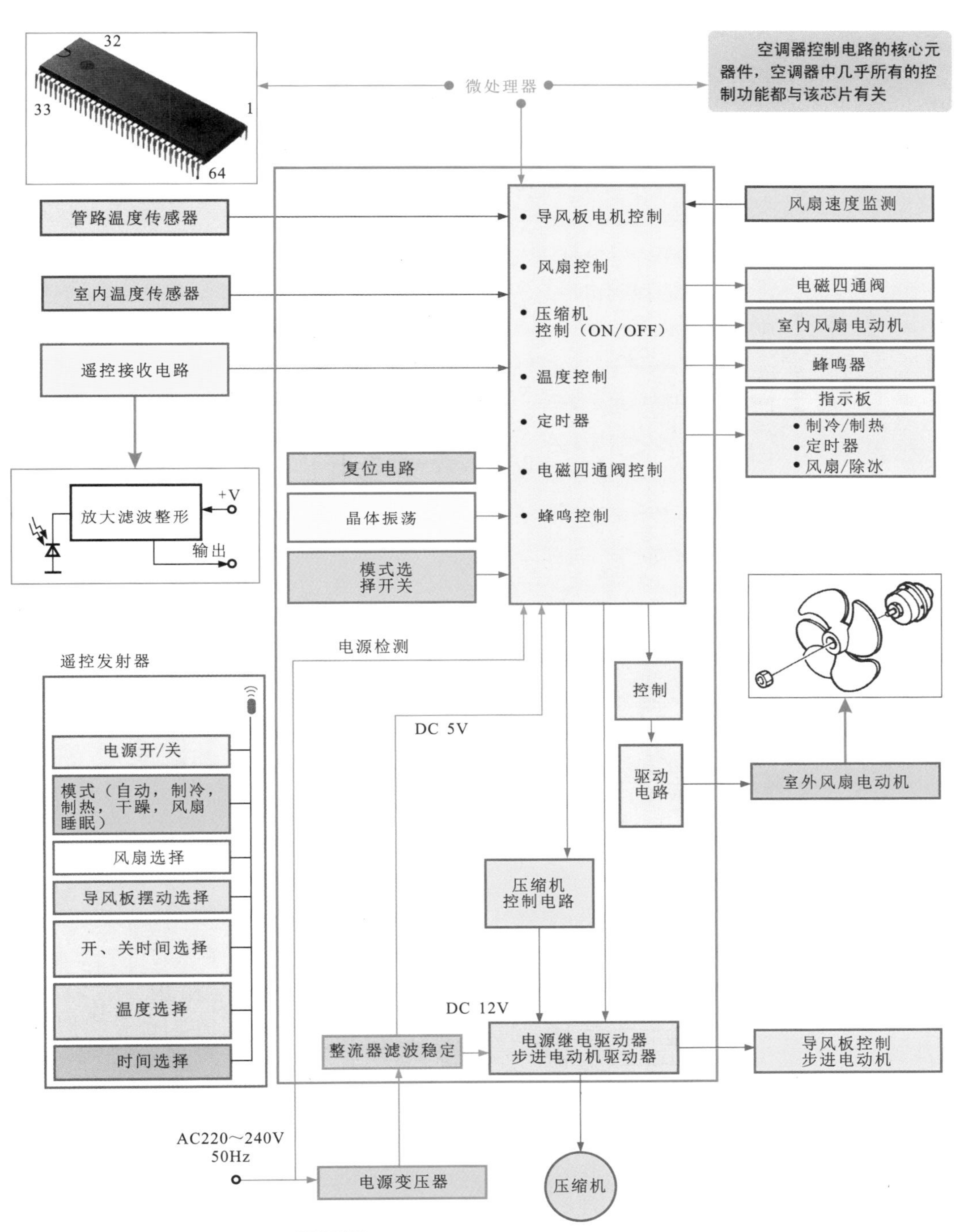

图17-3 定频空调器主控电路原理方框图

17.2 控制电路的电路分析

空调器控制电路主要用于接收遥控指令和传感器的检测信息，并根据程序对输入信息进行识别，输出各种控制指令，通过反相器、继电器等对压缩机、风扇电动机等进行控制，实现整机协调工作。

下面我们以海尔 KFR-25GW 型分体式空调器的控制电路为例，来具体了解一下该电路的基本工作过程和信号流程。

图 17-4 为海尔 KFR-25GW 型分体式空调器的控制电路原理图，该电路是以微处理器 IC1（CM93C-0057）为核心的控制电路。

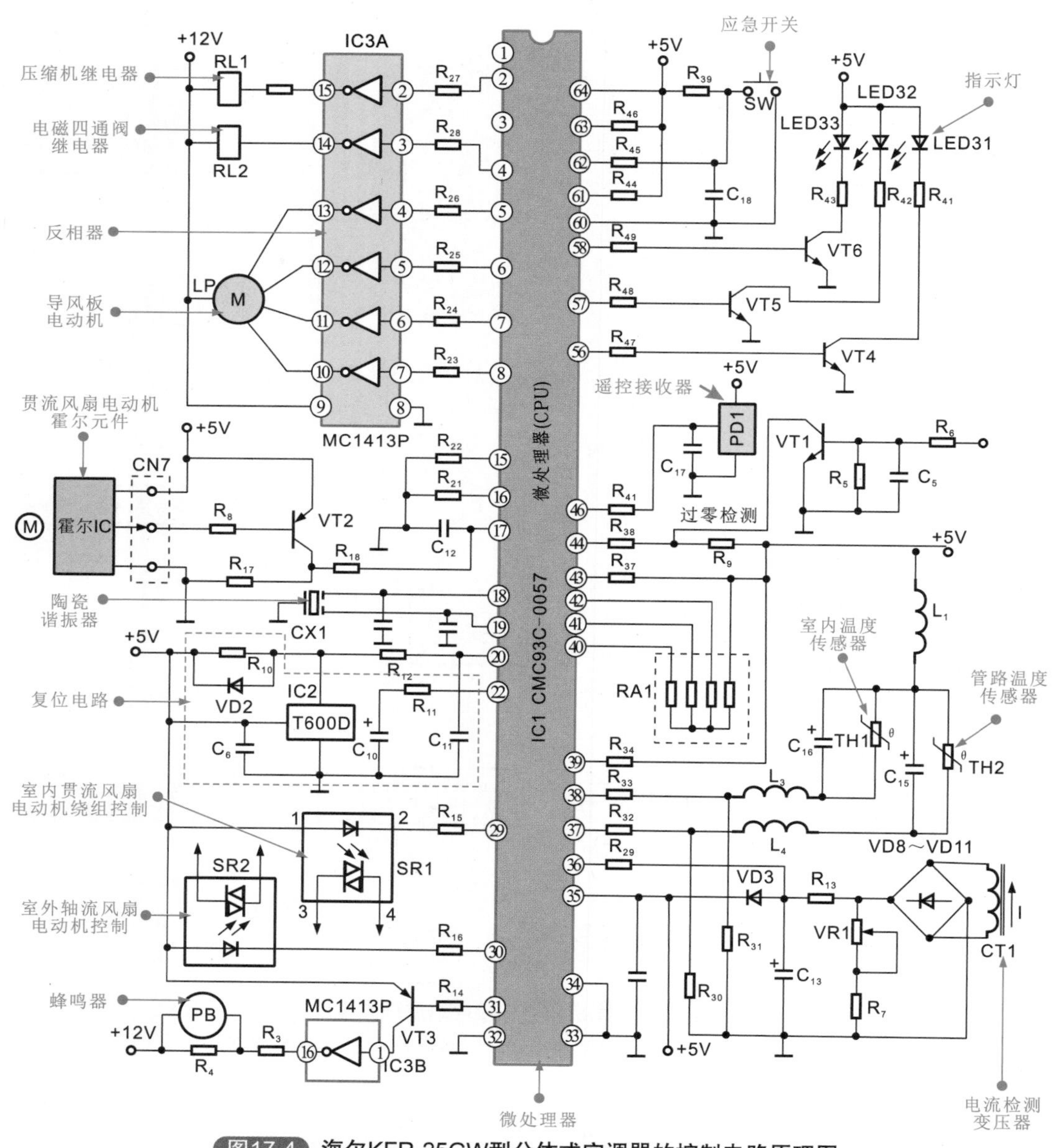

图17-4 海尔KFR-25GW型分体式空调器的控制电路原理图

（1）供电电路

空调器开机后，由电源电路送来的 +5V 和 +12V 直流电压为空调器控制电路中的各个元器件供电。

其中，微处理器 IC1（CM93C-0057）的 ⑥③ 脚和 ③⑤ 脚为 5 V 供电端，反相器 IC3（MC1413P）的⑨脚为 +12V 供电端。

（2）复位电路

微处理器 IC1（CM93C-0057）⑳ 脚外接的 IC2（T600D）、VD2、R10、C10 构成该微处理器的复位电路，如图 17-5 所示。

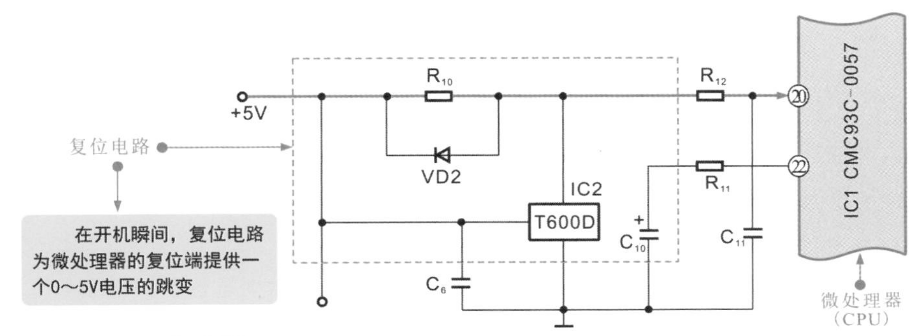

图17-5　微处理器IC1（CM93C-0057）的复位电路简图

当 +5V 电压低于 4.5V 时，T600D 输出低电平；当 +5V 电压高于 4.5V 时，T600D 输出高电平。由于 +5V 电压的建立有个过程，因此，+5V 供电稳定后复位电路才输出复位信号，从而使微处理器完成了复位动作。

（3）时钟振荡电路

微处理器 IC1（CM93C-0057）的 ⑱ 脚和 ⑲ 脚与陶瓷谐振器 CX1 相连，该陶瓷谐振器是用来产生 6.0MHz 的时钟晶振信号，为微处理器提供准确的时钟信号，作为微处理器 IC1 的工作条件之一。

图 17-6 为该空调器微处理器时钟电路的简图。在微处理器内部设有时钟振荡电路，与引脚外部的陶瓷谐振器构成时钟电路，为整个电路提供同步时钟信号。

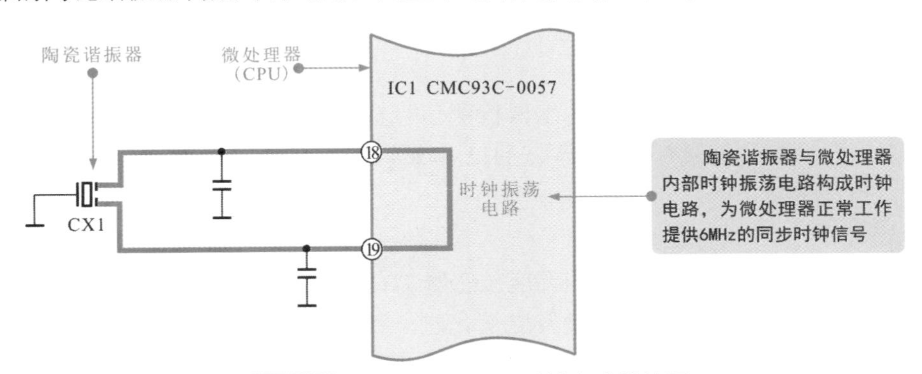

图17-6　空调器微处理器时钟电路的简图

【提示说明】

上述供电、复位和时钟三个电路部分是空调器微处理器工作的三个基本条件（三要素），任何一个电路部分异常都将导致微处理器无法进入工作状态的故障。

（4）信号输入电路

微处理器 IC1（CM93C-0057）的信号输入电路主要包括指令输入和检测信号输入两部分。

① 指令输入电路

微处理器的指令输入电路是指遥控指令输入和应急运行控制指令输入部分，图 17-7 为其电路简图。

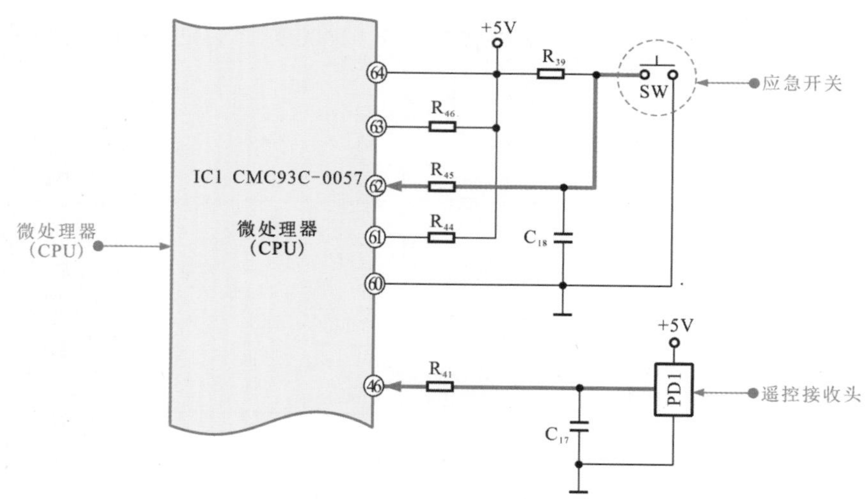

图17-7 微处理器IC1的指令输入电路简图

可以看到，微处理器 IC1 的 ㊻ 脚外接遥控接收电路，接收用户通过遥控器发射器发来的控制信号，该信号作为微处理器控制整机工作的依据。

微处理器 IC1 的 ㊶ 脚外接应急开关 SW。应急按键 SW 的一端接地，另一端通过 R_{45} 接微处理器的 ㊷ 脚。当按动按键时，㊷ 脚便输入一个低电平，空调器执行应急运转功能（通常是在检测空调管时进行）。

② 检测信号输入电路

微处理器 IC1（CM93C-0057）的检测信号输入包括温度传感器检测信号输入电路、过零检测信号（电源同步信号）、过流检测信号输入电路和室内风扇电动机的速度检测信号等部分。

图 17-8 为微处理器 IC1 的温度传感器检测信号输入电路部分，可以看到，该电路包括室内温度传感器 TH1、管路温度传感器 TH2 和 R_{31}、R_{33}、R_{30}、R_{32}、C_{16}、C_{15}、L_3、L_4 等元器件。

对该部分电路的分析如下。

• 室内温度传感器输入信号。室内温度传感器 TH1 一端接 +5V 电压，另一端接 R_{31} 和 R_{33} 构成的分压电路。当 TH1 检测到温度发生变化时，其阻值变化引起分压电路电压变化，从而将室温信号送入微处理器的 ㊳ 脚。室内温度传感器 TH1 的两端并联一个电容 C_{16}，在正常温度下该温度传感器输入端的电压约为 2V。

• 管路温度传感器输入信号。管路温度传感器 TH2 的输出信号经电阻 R_{30} 和 R_{32} 分压后，由微处理器的 ㊲ 脚输入，该电压信号反映了室内机盘管的温度。在正常情况下，室内温度传感器输入的电压约为 3V。

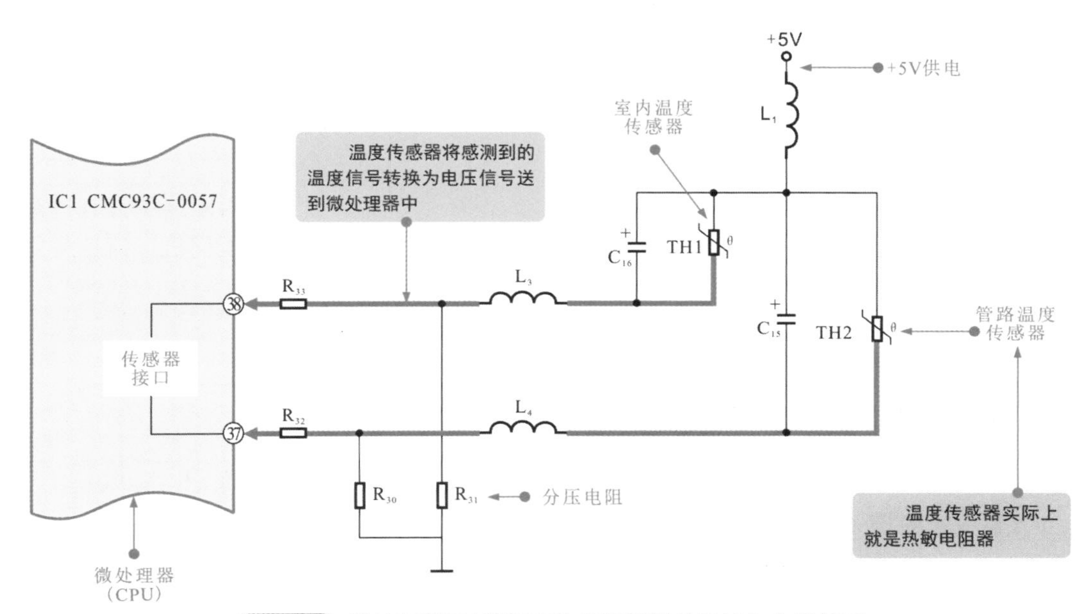

图17-8 微处理器IC1的温度传感器检测信号输入电路简图

图17-9为微处理器IC1的过零检测信号和过流检测信号输入电路简图。

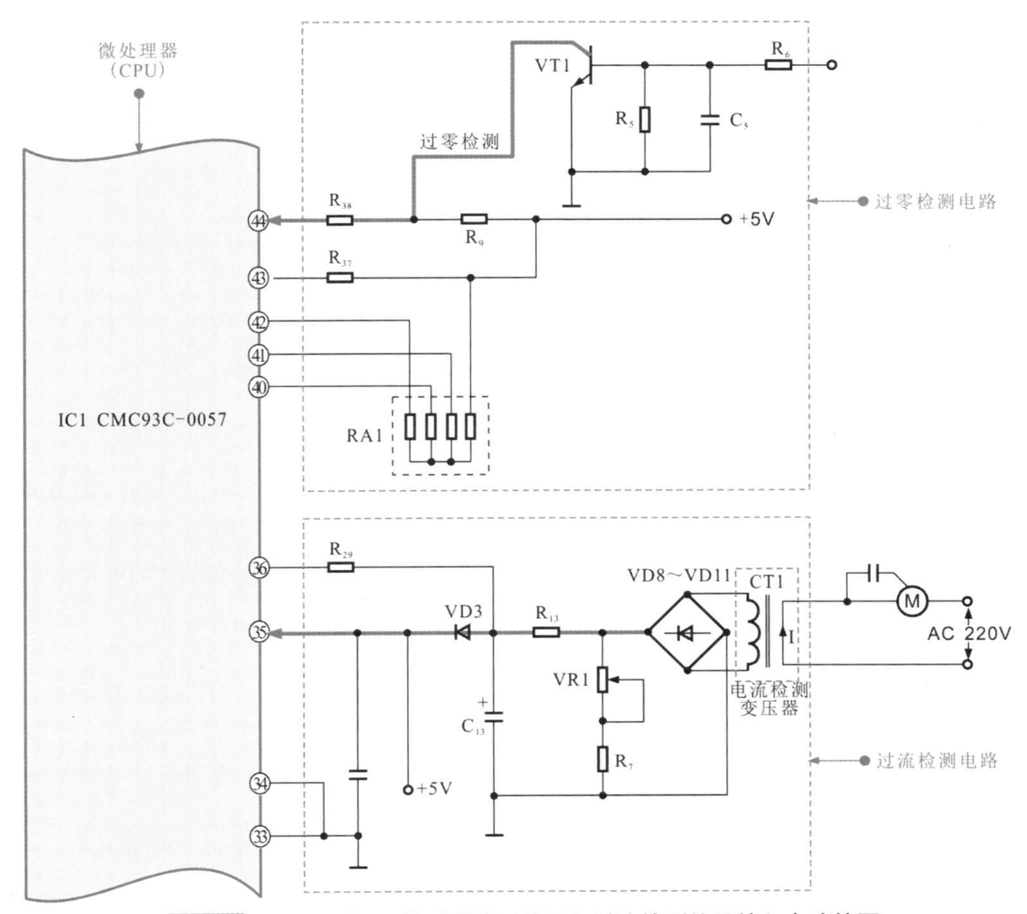

图17-9 微处理器IC1的过零检测信号和过流检测信号输入电路简图

对该部分电路的分析如下。

• 交流过零检测信号。过零检测电路是提取与交流 50Hz 电源同步的脉冲信号，即 100Hz 脉冲，以便微处理器输出晶闸管触发信号时，作为相位参照，该信号由 VT1 等产生，从微处理器的 ㊹ 脚输入。

• 压缩机过流信号。为了防止因交流电过流而损坏空调器，信号输入回路中设有过流保护电路，由互感器 CT1、桥式整流电路和 *RC* 滤波电路等组成，检测的压缩机过流信号由微处理器的 ㉟ 脚输入。

图 17-10 为室内风扇电动机速度检测信号输入电路简图。

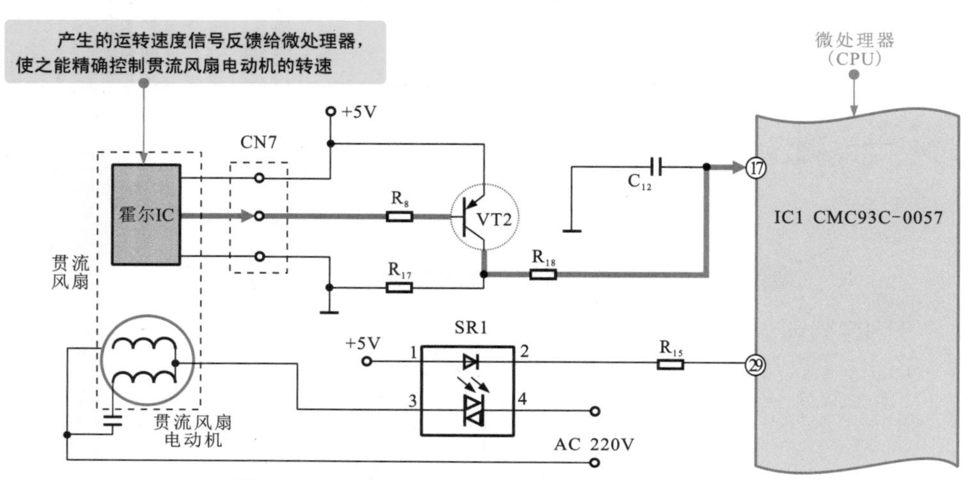

图17-10 室内风扇电动机速度检测信号输入电路简图

对该部分电路的分析如下。

微处理器的 ㉙ 脚输出贯流风扇电动机控制信号，通过光控晶闸管为贯流风扇电动机供电，使之旋转。

为了实现微处理器精确控制室内风扇电动机（贯流风扇电动机）转速，风扇电动机必须给微处理器反馈一个运转速度信号。该信号由室内风扇电动机的霍尔元件产生，经 CNT 由晶体管 DQ2 放大后从微处理器的 ⑰ 脚输入。

（5）控制信号输出电路

微处理器满足基本工作条件后，当向微处理器输入指令信号或检测信号时，微处理器对这些信号进行识别后，根据内部程序设定输出相应的控制信号，控制相应的部件工作。

微处理器 IC1（CM93C-0057）的控制信号输出电路主要包括指示灯控制电路、蜂鸣器控制电路、压缩机控制电路和室外风扇电动机控制电路、电磁四通阀控制电路、导风板电动机控制电路几部分，如图 17-11 所示。

• 指示灯控制电路。指示灯控制电路是由 VT4 ～ VT6、LED31 ～ LED33 等组成，分别由微处理器的 ㊻、㊼、㊽ 脚控制。其中，㊻ 脚控制的是电源灯 LD31，为绿色；㊼ 脚控制的是定时灯 LD32，为黄色；㊽ 脚控制的是压缩机运行指示灯 LD33，为绿色。当微处理器相应的引脚输出高电平时，对应的指示灯发光。

• 蜂鸣器控制电路。蜂鸣器 PB 与 R_3、R_4、IC3（部分）、VT3 及微处理器 IC1 的 ㉛ 脚构成蜂鸣器控制电路。在开机和微处理器 IC1 接收到有效控制信号后输出各种命令的同时，㉛ 脚输出低电平，经 VT3 和 IC3 反相器两次反相后使 PB 发出蜂鸣叫声，提示操作信号已

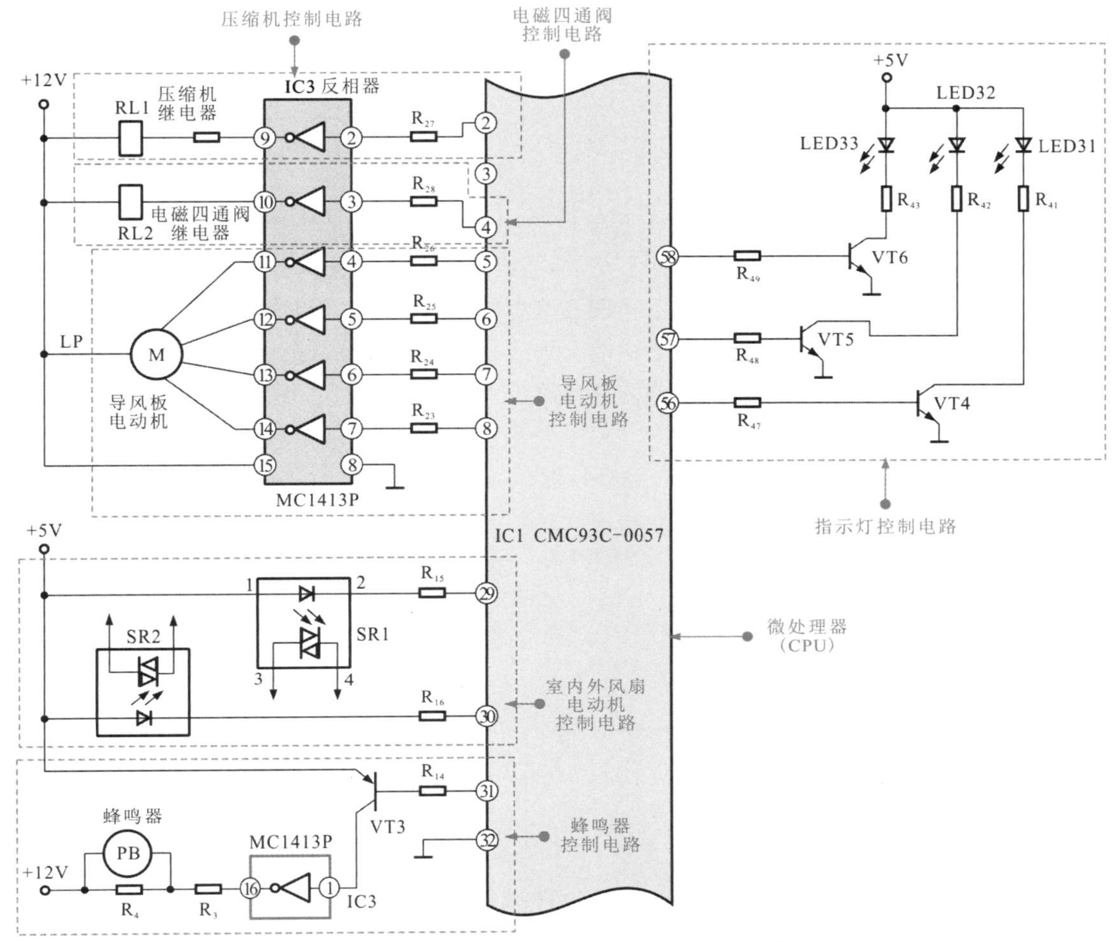

图17-11 微处理器IC1（CM93C-0057）的控制信号输出电路部分

被接收。

• 压缩机控制电路。微处理器的②脚为压缩机工作控制信号输出端，该脚输出的高电平经 R_{27} 输入反相器 IC3，经反相后输出低电平，使继电器 RL1 线圈通电，其触点吸合，为压缩机供电；反之，压缩机不工作。

• 室内外风扇电动机控制电路。微处理器的㉙、㉚脚分别为室内贯流风扇电动机和室外轴流风扇电动机控制端。⑰脚为室内贯流风扇电动机转速检测端。

当㉙、㉚脚按设定值输出控制信号时，光耦可控硅的发光管发出脉冲信号，光耦可控硅即按微处理器的指令控制室内、外风扇电机的运转。

• 电磁四通阀控制电路。微处理器的④脚为电磁四通阀控制端。在制冷模式下，该脚输出低电平，经反相器 IC3 反相后输出高电平，继电器 RL2 中线圈无电流，电磁四通阀不动作；在制热模式下，与上述控制过程相反，④脚输出高电平，继电器 RL2 吸合，电磁四通阀因得电而换向。

• 导风板电动机控制电路。微处理器的⑤、⑥、⑦、⑧脚控制导风板的摇摆。当用遥控器设定导风板处于摇摆状态时，⑤、⑥、⑦、⑧脚依次输出高电平，经 IC3 反相后依次输出低电平，从而使导风板电动机 LP 的 4 个线圈依次得电工作，反之则不工作。

17.3 控制电路的故障检修

17.3.1 控制电路的检修分析

控制电路中任何一个部件不正常都会导致控制电路故障，进而引起空调器出现不启动、制冷/制热异常、控制失灵、操作或显示不正常、显示故障代码、空调器某项功能失常等现象。

对该电路进行检修时，应首先采用观察法检查控制电路的主要元器件有无明显损坏或元器件脱焊、插口不良等现象，如出现上述情况则应立即更换或检修损坏的元器件，若从表面无法观测到故障点，则需根据控制电路的信号流程以及故障特点对可能引起故障的工作条件或主要部件逐一进行排查。

图 17-12 为典型空调器控制电路的检修分析。

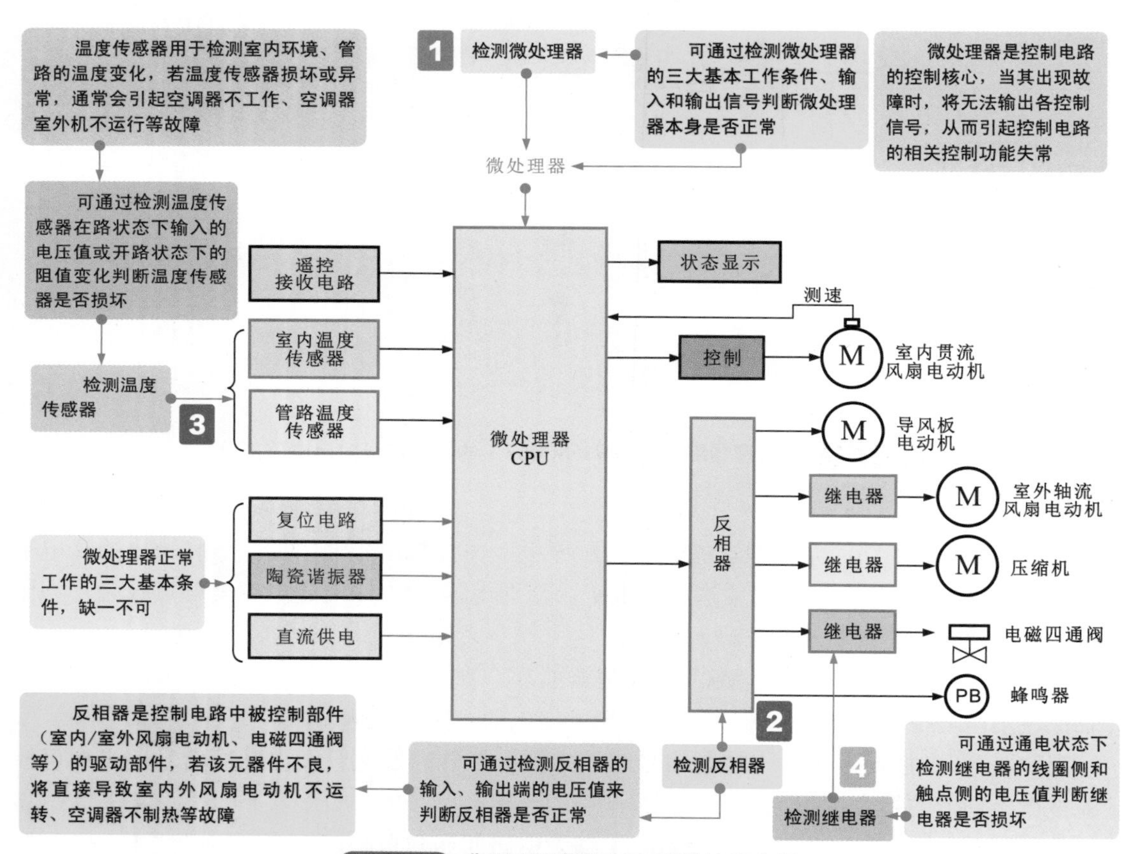

图17-12 典型空调器控制电路的检修分析

17.3.2 控制电路的检修方法

（1）微处理器的检测方法

微处理器是空调器中的核心部件，若该部件损坏将直接导致空调器不工作、控制功能失常等故障。

一般对微处理器的检测包括三个方面，即检测工作条件、检测输入和输出信号。检测结果的判断依据为：在工作条件均正常的前提下，输入信号正常，而无输出或输出信号异常，则说明微处理器本身损坏。

对微处理器进行检测时，首先要弄清楚待测微处理器各引脚的功能，找到相关参数值对应的引脚号进行检测，这里我们以春兰 KFR-33GW/T 型空调器控制电路中的微处理器 IC1（M38503M4H-608SP）为例，介绍其基本的检测方法。

① 微处理器工作条件的检测方法

微处理器正常工作需要满足一定的工作条件，其中包括直流供电电压、复位信号和时钟信号等，图 17-13 为微处理器 IC1（M38503M4H-608SP）工作条件相关引脚检测点。当怀疑空调器控制功能异常时，可首先对微处理器这些引脚的参数进行检测，判断微处理器的工作条件是否满足需求。

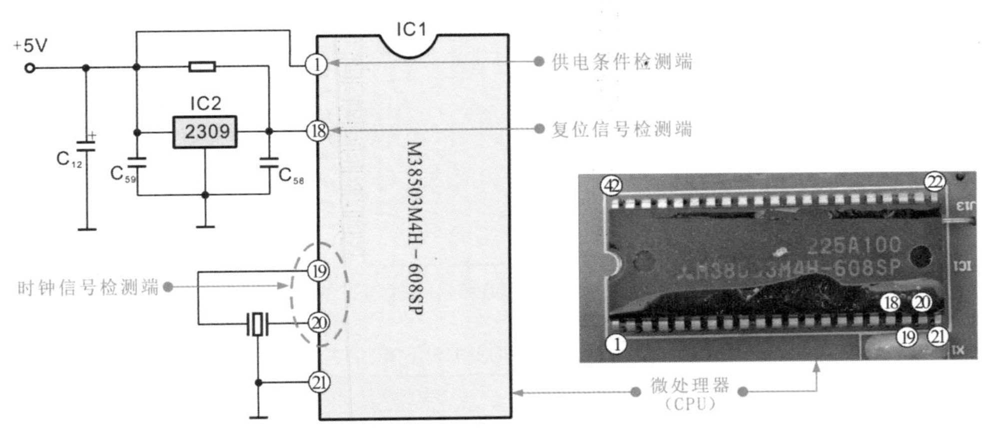

图17-13 微处理器IC1（M38503M4H-608SP）工作条件相关引脚检测点

a. 微处理器供电电压的检测方法

直流供电电压是微处理器正常工作最基本的条件。若经检测微处理器的直流供电电压正常，则表明前级供电电路部分正常，应进一步检测微处理器的其他工作条件；若经检测无直流供电或直流供电异常，则应对前级供电电路中的相关部件进行检查，排除故障。

微处理器 IC1（M38503M4H-608SP）供电电压的检测方法见图 17-14 所示。

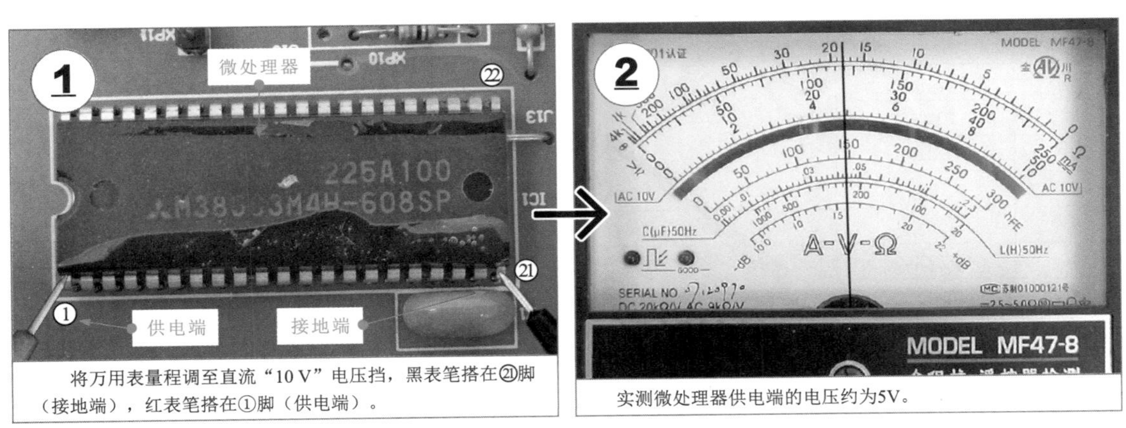

图17-14 微处理器供电电压的检测方法

【提示说明】

对微处理器进行检测时，不同型号微处理器内部的具体结构有所区别，可根据微处理器表面的型号标识，对应查找集成电路手册来了解其具体的内部结构。

型号为 M38503M4H-608SP 的微处理器其引脚排列如图 17-15 所示，表 17-1 列出了其主要引脚功能。

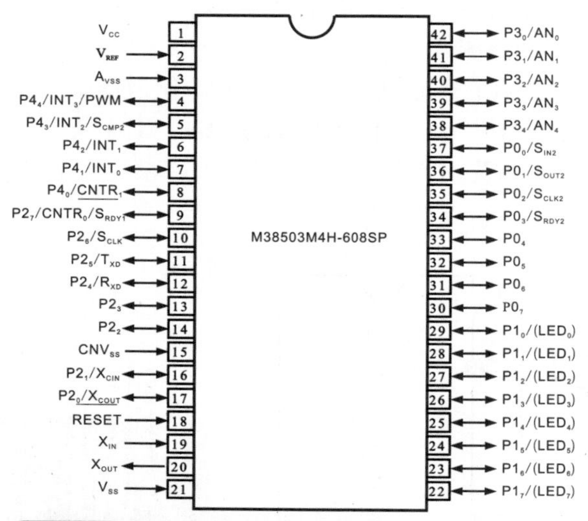

图17-15 微处理器M38503M4H-608SP的引脚排列

表17-1 微处理器M38503M4H-608SP各引脚功能

引脚号	名称	引脚功能	引脚号	名称	引脚功能
①	V_{CC}	电源	㉒	$P1_7/(LED_7)$	I/O 通道 1
②	V_{REF}	基准	㉓	$P1_6/(LED_6)$	
③	AV_{SS}	A/D 的 AV_{SS} 端	㉔	$P1_5/(LED_5)$	
④	$P4_4/INT_3/PWM$	I/O 通道 4	㉕	$P1_4/(LED_4)$	
⑤	$P4_3/INT_2/S_{CMP2}$		㉖	$P1_3(LED_3)$	
⑥	$P4_2/INT_1$		㉗	$P1_2/(LED_2)$	
⑦	$P4_1/INT_0$		㉘	$P1_1/(LED_1)$	
⑧	$P4_0/CNTR_1$		㉙	$P1_0/(LED_0)$	
⑨	$P2_7/CNTR_0/S_{RDY1}$	I/O 通道 2	㉚	$P0_7$	I/O 通道 0
⑩	$P2_6/S_{CLK}$		㉛	$P0_6$	
⑪	$P2_5/T_{XD}$		㉜	$P0_5$	
⑫	$P2_4/R_{XD}$		㉝	$P0_4$	
⑬	$P2_3$		㉞	$P0_3/S_{RDY2}$	
⑭	$P2_2$		㉟	$P0_2/S_{CLK2}$	
⑮	CNV_{SS}	芯片模式控制端正常情况接 V_{SS}	㊱	$P0_1/S_{OUT2}$	
⑯	$P2_1/X_{CIN}$	I/O 通道 2	㊲	$P0_0/S_{IN2}$	
⑰	$P2_0/X_{COUT}$		㊳	$P3_4/AN_4$	I/O 通道 3
⑱	RESET	复位	㊴	$P3_3/AN_3$	
⑲	X_{IN}	时钟输入	㊵	$P3_2/AN_2$	
⑳	X_{OUT}	时钟输出	㊶	$P3_1/AN_1$	
㉑	V_{SS}	地	㊷	$P3_0/AN_0$	

【提示说明】

若实测微处理器的供电引脚的电压值为0V（正常应为5V）时，可能存在两种情况，一种是电源电路异常，一种是5V供电线路的负载部分存在短路故障。

电源电路异常应对电源部分进行检测，如检测三端稳压器等；若电源部分正常，可检测电源电路中三端稳压器5V输出端引脚的对地阻值。

若三端稳压器5V输出端引脚对地阻值为0Ω，说明5V供电线路的负载部分存在短路故障，可逐一对5V供电线路上的负载进行检查，如微处理器、贯流风扇电动机霍尔元件接口、遥控接收头、传感器、发光二极管等，其中以微处理器、贯流风扇电动机霍尔元件接口、遥控接收头损坏较为常见。

b. 微处理器复位信号的检测方法

复位信号是微处理器正常工作的必备条件之一，在开机瞬间，微处理器复位信号端得到复位信号，内部复位，为进入工作状态做好准备。若经检测，开机瞬间微处理器复位端复位信号正常，应进一步检测微处理器的其他工作条件；若经检测无复位信号，则多为复位电路部分存在异常，应对复位电路中的各元器件进行检测，排除故障。

微处理器IC1（M38503M4H-608SP）复位信号的检测方法见图17-16所示。

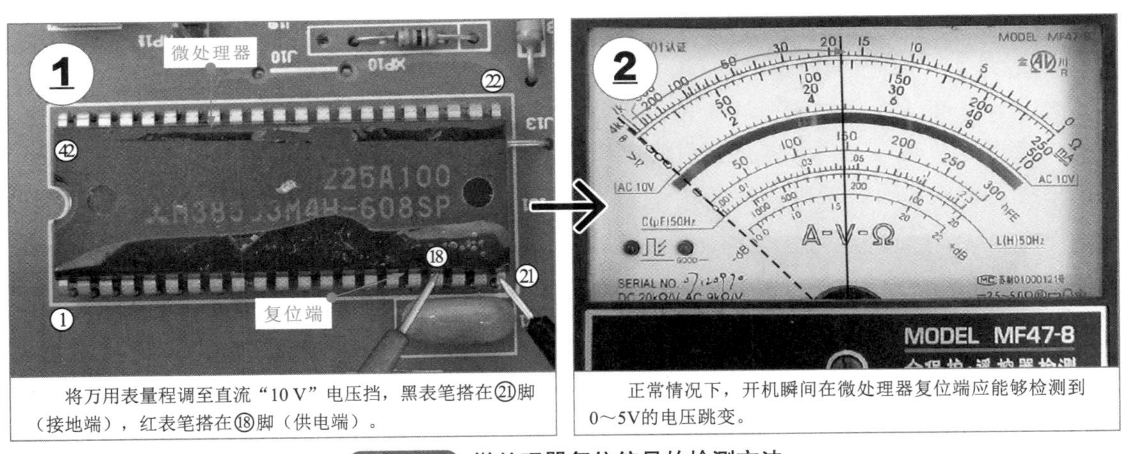

将万用表量程调至直流“10V”电压挡，黑表笔搭在㉑脚（接地端），红表笔搭在⑱脚（供电端）。

正常情况下，开机瞬间在微处理器复位端应能够检测到0～5V的电压跳变。

图17-16 微处理器复位信号的检测方法

【提示说明】

空调器控制电路中的复位电路通常由复位集成电路和外围的电容器、电阻器等构成。由于复位集成电路、电容器损坏后，很难用万用表直接检测得到结果，因此判断复位电路是否正常，可通过排除法进行。

当怀疑复位集成电路损坏时，可首先将该集成电路取下，然后通电试机，如果此时控制电路能够正常复位（复位电路中取下复位集成电路后的其他外围元器件仍可使微处理器复位），则说明复位集成电路损坏；否则多为复位集成电路外围元器件或微处理器损坏。

若微处理器的复位电路正常，但微处理器仍不能正常复位，可能是微处理器内部的复位功能异常。此时，可将微处理器外接的复位电路元器件全部取下，然后通电开机，用导线短接一下微处理器复位引脚和接地端，如果此时空调器能够接收遥控信号，则说明微处理器内部正常，否则说明微处理器内部损坏。

c. 微处理器时钟信号的检测

时钟信号是控制电路中微处理器工作的另一个基本条件，若该信号异常，将引起微处理器出现不工作或控制功能错乱等现象。一般可用示波器检测微处理器时钟信号端信号波形或陶瓷谐振器引脚的信号波形进行判断。

图 17-17 为微处理器 IC1（M38503M4H-608SP）时钟信号的检测方法。

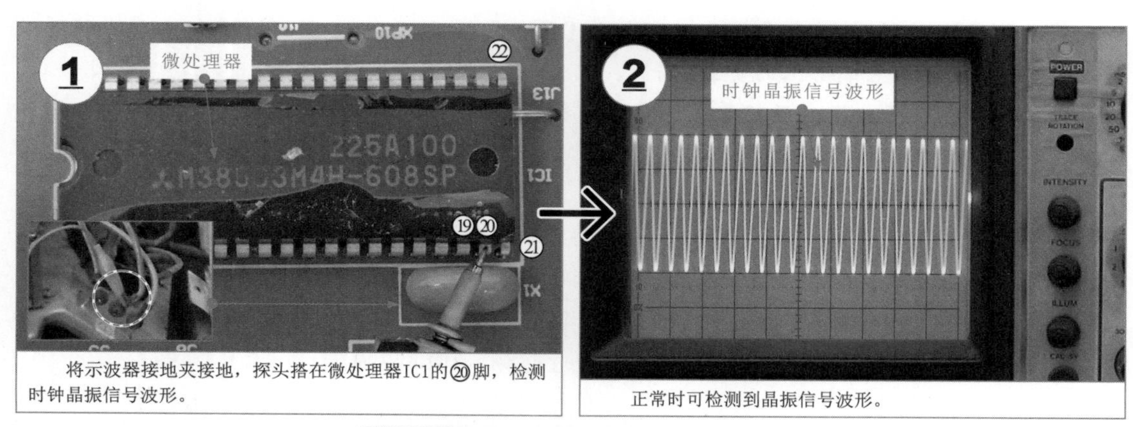

图17-17 微处理器时钟信号的检测方法

【提示说明】

若时钟信号异常，可能为陶瓷谐振器损坏，也可能为微处理器内部振荡电路部分损坏，可进一步用万用表检测陶瓷谐振器引脚阻值的方法判断其好坏，如图 17-18 所示。正常情况陶瓷谐振器两端之间的电阻应为无穷大。

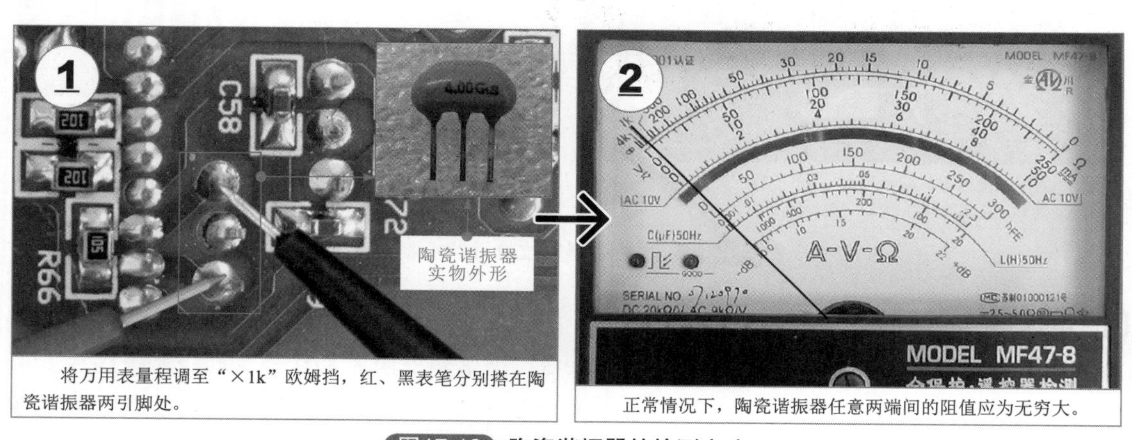

图17-18 陶瓷谐振器的检测方法

若陶瓷谐振器损坏，应注意选用相同频率的陶瓷谐振器进行更换，否则可能会造成空调器无法接收遥控信号的故障。

若微处理器的供电、时钟、复位三大工作条件均正常，则接下来可分别对其输入端信号和输出端信号进行检测。

② 微处理器输入端信号的检测方法

空调器控制电路正常工作需要向控制电路输入相应的控制信号，其中包括遥控指令信号和温度检测信号。

若控制电路输入信号正常，且工作条件也正常，而无任何输出，则说明微处理器本身损坏，需要进行更换；若输入控制信号正常，而某一项控制功能失常，即某一路控制信号输出异常，则多为微处理器相关引脚外围元器件（如继电器、反相器等）失常，找到并更换损坏元器件即可排除故障。

a. 微处理器输入端遥控信号的检测

当用户操作遥控器上的操作按键时，人工指令信号送至室内机控制电路的微处理器中。当输入人工指令无效时，可检测微处理器遥控信号输入端信号是否正常。若无遥控信号输入，则说明前级遥控接收电路出现故障，应对遥控接收电路进行检查。

图 17-19 为微处理器 IC1（M38503M4H-608SP）⑦脚遥控信号的检测方法。

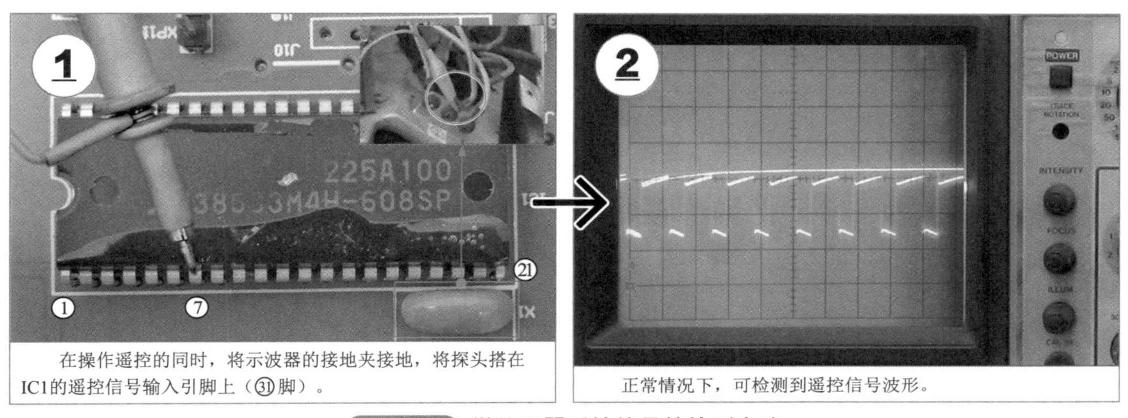

图17-19　微处理器遥控信号的检测方法

b. 微处理器输入端温度传感器信号的检测

温度传感器也是空调器控制电路中的重要元器件，用于为其提供正常的室内环境温度和管路温度信号，若该传感器失常，则可能导致空调器自动控温功能失常、显示故障代码等情况。

③ 微处理器输出端信号的检测方法

当怀疑空调器控制电路出现故障时，也可先对控制电路输出的控制信号进行检测，若输出的控制信号正常，表明控制电路可以正常工作；若无控制信号输出或输出的控制信号不正常，则表明控制电路损坏或没有进入工作状态，在输入信号和工作条件均正常的前提下，多为微处理器本身损坏，应用同型号芯片进行更换。

图 17-20 为空调器控制电路输出控制信号的检测（以贯流风扇电动机驱动信号为例）。

【提示说明】

空调器控制电路中，微处理器的好坏除了按照上述方法一步一步检测和判断外，还可根据空调器加电后的反应进行判断。

正常情况下，若微处理器的供电、复位和时钟信号均正常，接通空调器电源遥控开始时，室内机的导风板会立即关闭；若取下温度传感器（即温度传感器处于开路状态），空调器应显示相应的故障代码；操作遥控器按键进行参数设定时，应能听到空调器接收到遥控信号的声响；操作应急开关能够开机或关机。若上述功能均失常，则可判断 CPU 损坏。

（2）反相器的检测方法

反相器是空调器中各种功能部件继电器的驱动电路部分，若该元器件损坏将直接导致空调器相关的功能部件失常，如常见的室外风机不运行、压缩机不运行等。

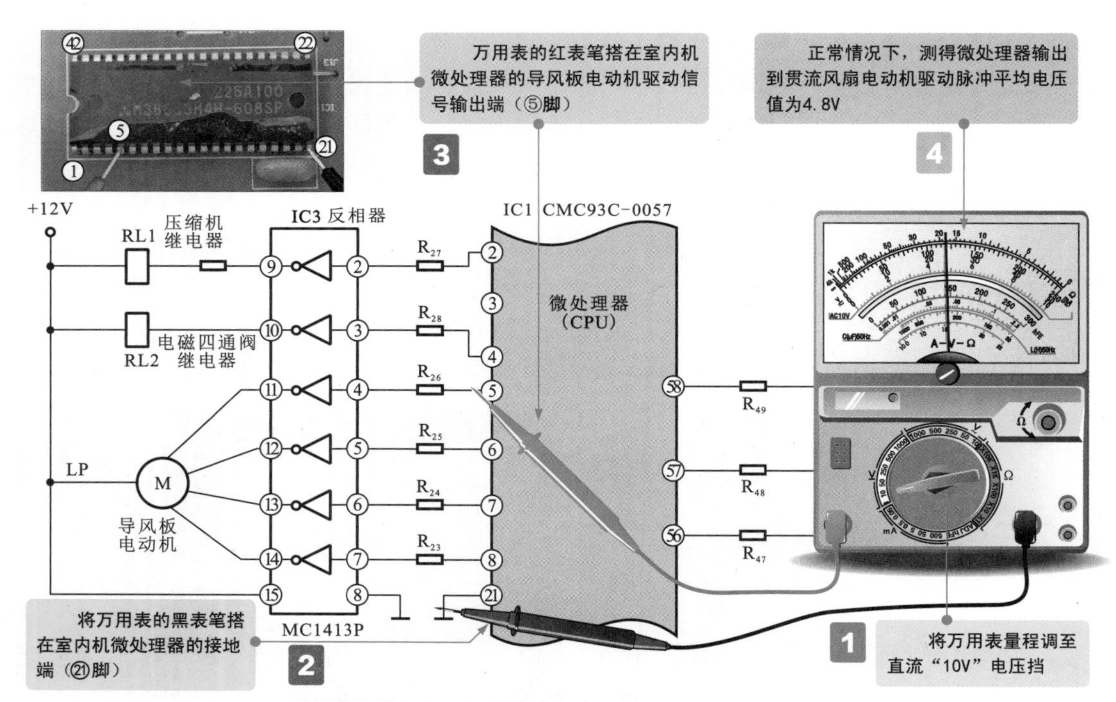

图17-20 空调器控制电路输出控制信号的检测方法

如图 17-21 所示，对反相器进行检测之前，首先要弄清楚反相器各引脚的功能，即找准输入和输出端引脚，然后用万用表的电压挡检测反相器输入、输出端引脚的电压值，根据检测结果判断反相器的好坏。

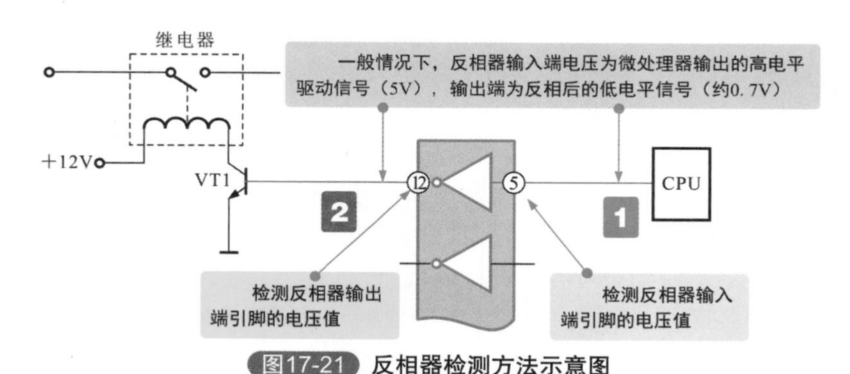

图17-21 反相器检测方法示意图

① 反相器输出端电压的检测方法

空调器工作时，反相器用于将微处理器输出的高电平信号进行反相后输出低电平（一般约为 0.7V），用于驱动继电器工作。因此，可先用万用表的直流电压挡对反相器输出端的电压进行检测，若输出端电压为低电平（约为 0.7V）说明反相器工作正常；若反相器无输出或输出异常，则可继续对其输入端电压进行检测。

反相器输出端电压的检测方法如图 17-22 所示。

正常情况下，在反相器输出端引脚上应测得约 0.7V 的直流电压，若输出电压为高电平（12V）则说明反相器未实现反相驱动作用，可继续对其输入端电压进行检测。

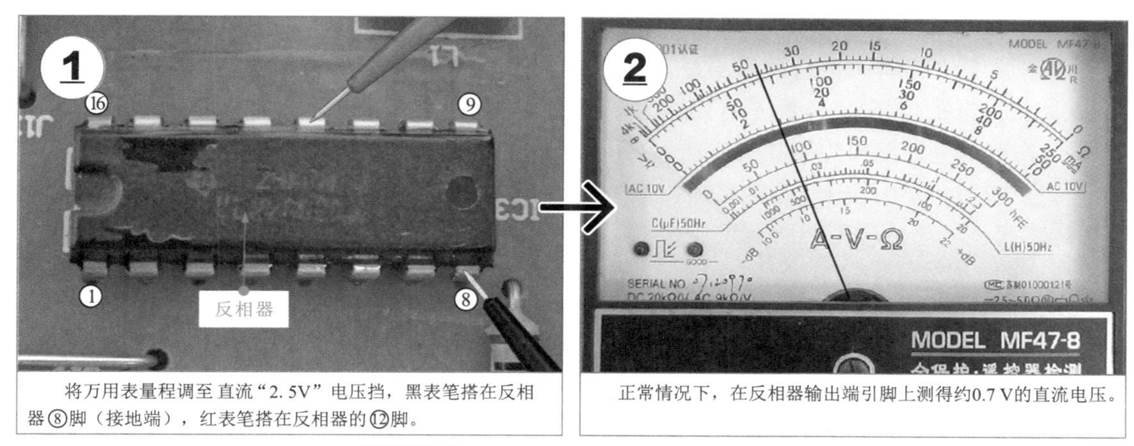

将万用表量程调至直流“2.5V”电压挡，黑表笔搭在反相器⑧脚（接地端），红表笔搭在反相器的⑫脚。

正常情况下，在反相器输出端引脚上测得约0.7 V的直流电压。

图17-22　反相器输出端电压的检测方法

② 反相器输入端电压的检测方法

反相器输入端与微处理器连接，由微处理器输出驱动信号到反相器上，可用万用表检测反相器相应输入端引脚上的电压值。若输入端电压正常（一般为5V）则说明CPU输出驱动信号正常，此状态下反相器无输出，则多为反相器损坏，应用同型号反相器芯片进行更换。

反相器输入端电压的检测方法如图17-23所示。

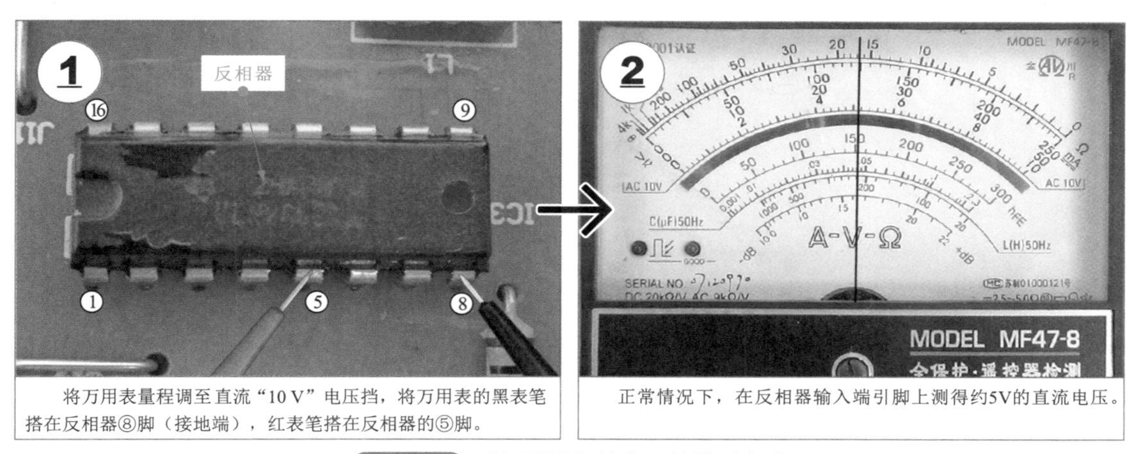

将万用表量程调至直流“10 V”电压挡，将万用表的黑表笔搭在反相器⑧脚（接地端），红表笔搭在反相器的⑤脚。

正常情况下，在反相器输入端引脚上测得约5V的直流电压。

图17-23　反相器输入端电压的检测方法

正常情况下，在反相器输入端引脚上应测得约5V的直流电压，若输入端无电压，则多为微处理器无驱动信号输出，应对微处理器部分进行检测。

【提示说明】

根据维修经验，正常情况下，反相器的输入端引脚上应加有微处理器送入的驱动信号，电压值一般为5V或0V，经反相器反相后，在反相器输出端输出低电平信号，一般为0.7V或高电平5V。若输入正常输出不正常，则多为反相器本身损坏。

如果反相器供电正常，任何一个反相器都应有一个规律，即输入与输出相反。输入低电平，输出则为高电平；输入为高电平输出则为低电平。

（3）温度传感器的检测方法

在空调器中，温度传感器是不可缺少的控制元器件，如果温度传感器损坏或异常，通常会引起空调器不工作、空调器室外机不运行等故障。

检测温度传感器通常有两种方法，一种是在路检测温度传感器供电端信号和输出电压（送入微处理器的电压）；一种是开路状态下，检测不同温度环境下的电阻值。

① 在路检测温度传感器相关电压值

将室内机中的电路板从其电路板支架中取出，然后连接好各种组件，接通电源，在路状态下，对空调器中的温度传感器进行检测。

检测前，应先弄清楚温度传感器与其他元器件之间的关系，分析或找准正常情况下相关的电压值，然后再进行检测，根据检测结果判断好坏。

图 17-24 为空调器温度传感器的检测示意图。

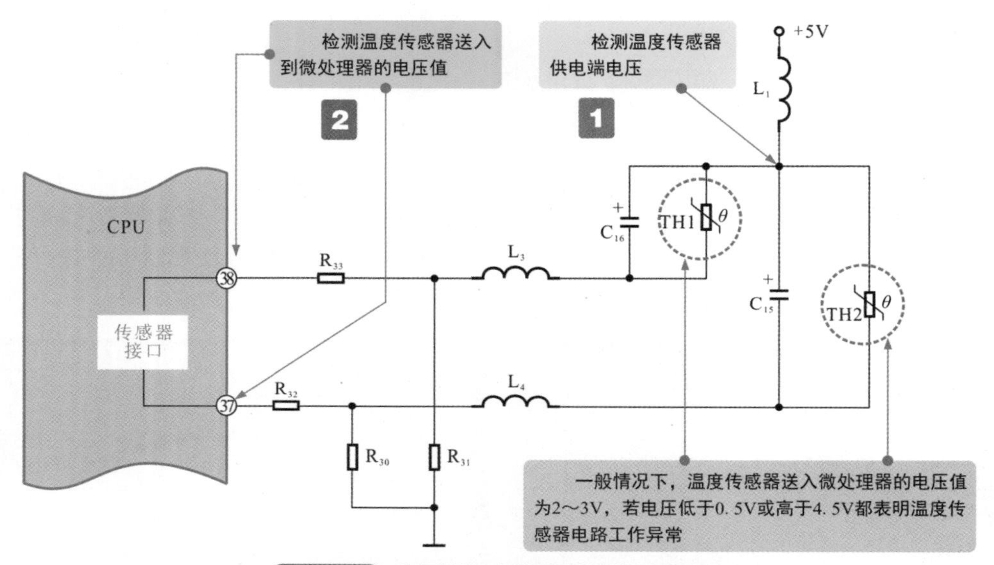

图17-24 空调器温度传感器的检测示意图

可以看到，正常情况下室内温度传感器与管路温度传感器均有一只引脚经电感器后与5V 供电电压相连，因此正常情况下，两只温度传感器的供电端电压应为 5V，否则应判断电感器是否开路故障；

另外一只引脚连接在电阻器分压电路的分压点上，并将该电压送入微处理器中，正常情况下，室内环境温度传感器送给微处理器的电压应为 2V 左右，管路温度传感器送给微处理器的电压值应为 3V 左右，温度变化其电压也变化，其范围为 0.55 ～ 4.5V，否则说明温度传感器异常。

【提示说明】

若温度传感器的供电电压正常，插座处分压点的电压为 0V，则多为外接传感器损坏，应对其进行更换。一般来说，若微处理器的传感器信号输入引脚处电压高于 4.5V 或低于 0.5V 都可以判断为温度传感器损坏。

另外，温度传感器外接分压电阻开路也会引起空调器不工作、开机报警温度传感器故障的情况。

② 开路检测温度传感器的电阻值

开路检测温度传感器是指将温度传感器与电路分离，不加电情况下，在不同温度状态时检测温度传感器的阻值变化情况来判断温度传感器的好坏。

如图17-25所示，以管路温度传感器为例，首先，在常温状态下用万用表检测温度传感器的阻值，正常情况下实测阻值为7kΩ。然后，再将温度传感器感温头放入热水中，检测高温下温度传感器阻值的变化。正常情况下阻值会发生明显变化（当前实测值为1.5kΩ），说明温度传感器性能良好。若阻值无变化或无穷大都说明温度传感器存在故障。

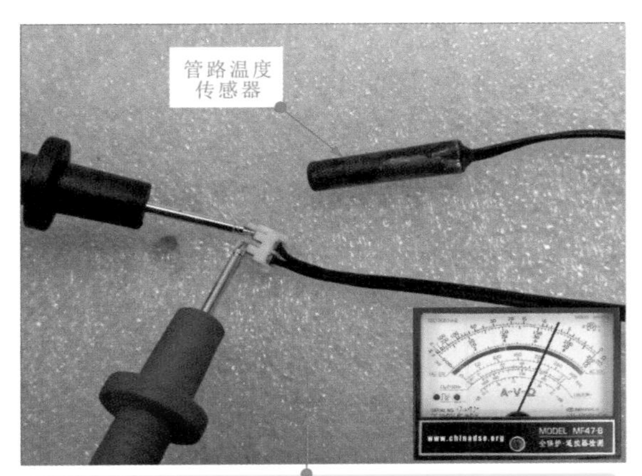

将万用表量程调至"×1k"欧姆挡，红黑表笔分别搭在传感器引线插件的两个触点上，室温环境下管路温度传感器的阻值为7kΩ

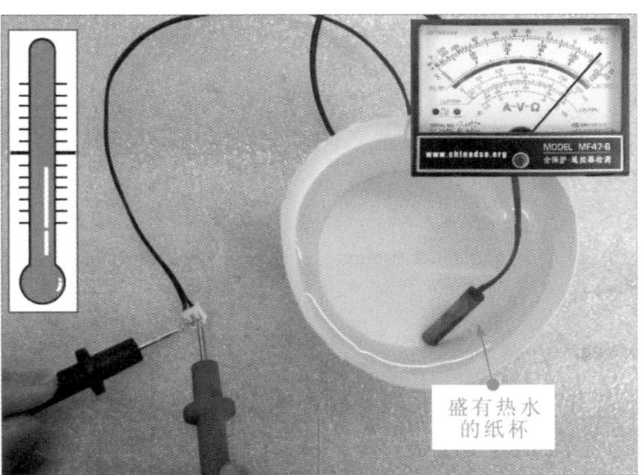

将万用表量程调至"×1k"欧姆挡，红黑表笔分别搭在传感器引线插件的两个触点上，高温环境下管路温度传感器的阻值为1.5kΩ

图17-25 温度传感器的检测

【提示说明】

空调器的温度传感器为负温度传感器，因此在高温状态下，检测室内温度传感器和管路温度传感器的阻值应变小。

如果温度传感器在常温、热水和冷水中的阻值没有变化或变化不明显，则表明温度传感器工作已经失常，应及时更换。如果温度传感器的阻值一直都是很大（趋于无穷大），则说明温度传感器出现了故障。如果温度传感器在开路检测时正常，而在路检测时其引脚的电压值过高或过低，就要对电路部分作进一步的检测，以排除故障。

综上所述，温度传感器阻值偏高或偏低都将引起空调器工作失常故障，当温度传感器阻值变小时，相当于检测到温度升高，微处理器接收到该传感器送来的信号后，会以为室内温度或蒸发器管路温度高于一定值，从而控制空调器室内机风扇电动机一直运行；若温度传感器阻值变大，则相当于检测到温度降低，微处理器同样会参照该信号（并非正常的信号）对空调器做出相应控制，引起空调器控制异常的故障。

（4）继电器的检测方法

在空调器中，继电器中触点的通断状态决定着被控部件与电源的通断状态，若继电器功能失常或损坏，将直接导致空调器某些功能部件不工作或某些功能失常的情况，因此，空调器检测中，继电器的检测也是十分关键的环节。

检测继电器通常也有两种方法，一种是在路检测继电器线圈侧和触点侧的电压值来判断好坏；一种是开路状态下检测继电器线圈侧和触点侧的阻值，判断继电器的好坏。

① 在路检测继电器线圈侧和触点侧的电压值

将室内机中的电路板从其电路板支架中取出，然后连接好各种组件，接通电源，在路状态下，对空调器中的继电器进行检测。

检测前，应先弄清楚继电器与其他元器件之间的关系，分析或找准正常情况下相关的电压值，然后再进行检测，根据检测结果判断好坏。

图 17-26 为空调器控制电路中继电器的检测示意图。

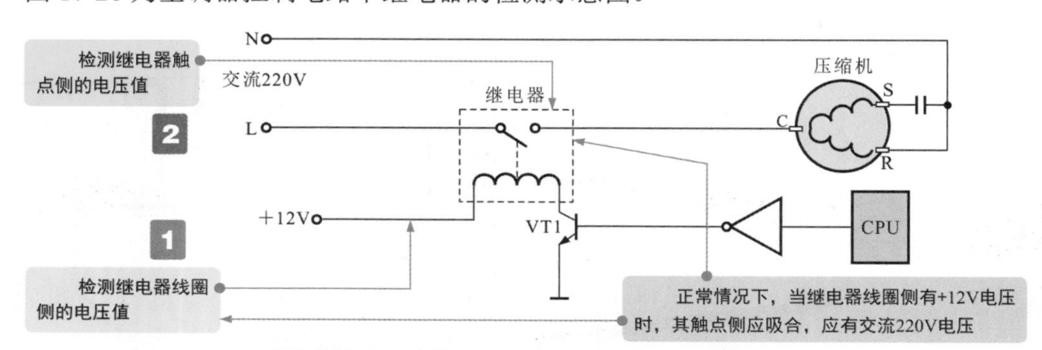

图17-26 空调器控制电路中继电器的检测示意图

可以看到，正常情况下，继电器线圈得电后，控制触点闭合，因此在线圈侧应有直流 12V 电压；触点侧接通交流供电，应测得 220V 电压值。

图 17-27 为继电器线圈侧直流电压的检测方法。正常情况下在反相器驱动电路作用下，线圈得电，可用万用表的直流电压挡进行检测。实测值为 12V。

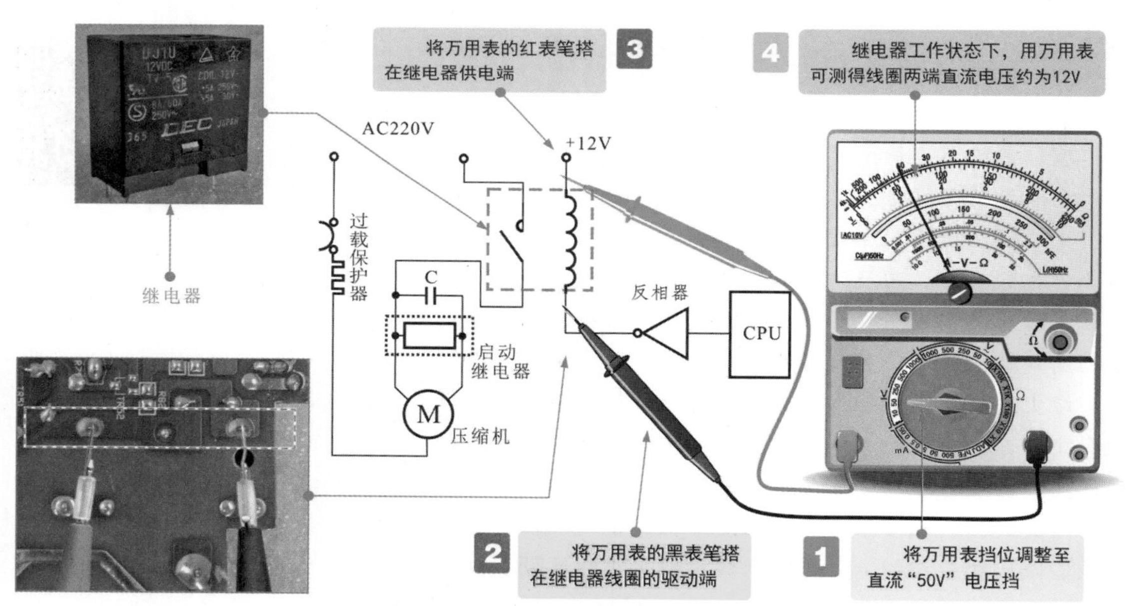

图17-27 继电器线圈侧直流电压的检测方法

继电器线圈得电后，触点闭合，接通交流供电，正常情况下可用万用表的交流电压挡进行检测。继电器触点侧交流电压应为 220V。

【提示说明】

通电状态下对继电器进行检测时需要特别注意人身安全，维修人员应避免身体任何部位与带有 220V 电压的器件或触点碰触，否则可能会引起触电危险。

② 开路检测继电器线圈侧及触点侧的阻值

正常情况，继电器的线圈相当于一个阻值较小的导线，触点侧处于断开状态，因此可用万用表检测线圈是否存在开路故障、触点是否存在短路故障。

用万用表检测继电器线圈侧及触点侧的阻值的方法如图17-28所示。

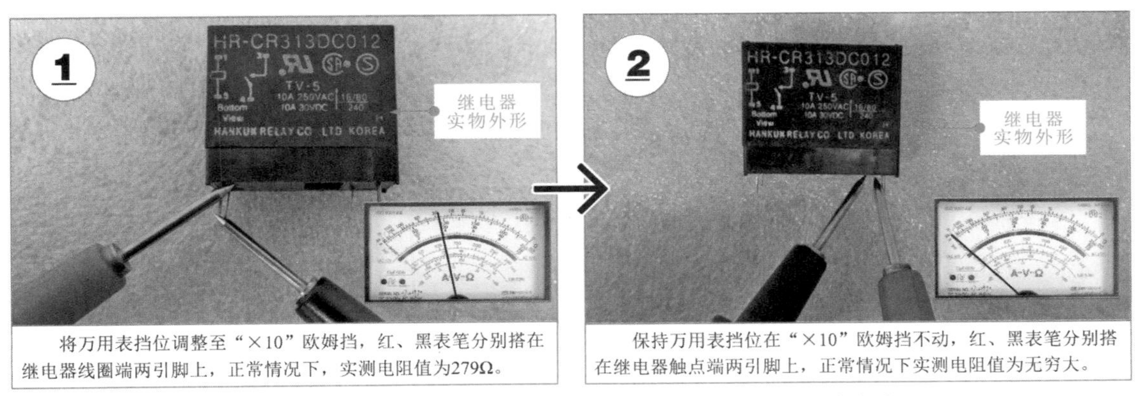

图17-28 用万用表检测继电器线圈侧及触点侧的阻值的方法

【提示说明】

开路状态检测继电器线圈侧和触点侧的阻值，只能简单判断继电器内部线圈有无开路、触点有无短路故障，但无法判断出继电器能否在线圈得电时正常动作。

根据维修人员经验，在空调器通电，但不开机状态下，用一根导线短接在继电器线圈驱动端（即与反相器连接端）和直流电源的接地端，如图17-29所示，相当于由反相器输出低电平，线圈得电，其触点应动作，因此在短接时，应能听到继电器触点吸合声，或此时用万用表电阻挡检测触点两端阻值应为0Ω。

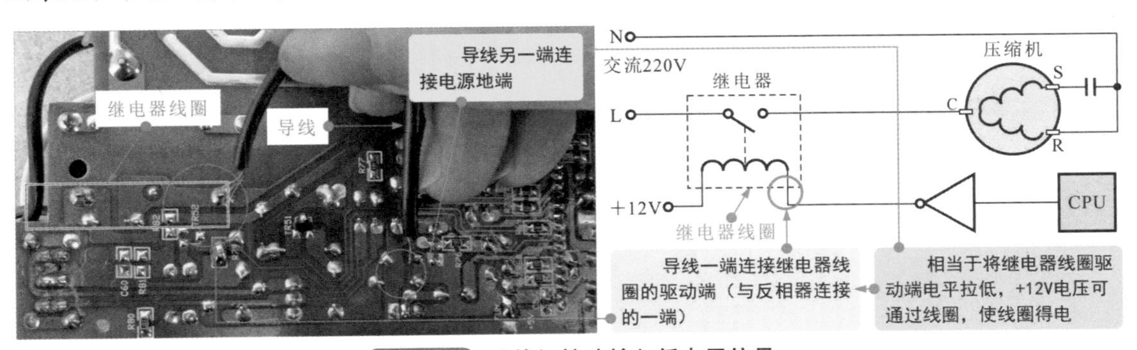

图17-29 导线短接法输入低电平信号

第 18 章 定频空调器遥控电路的故障检修

18.1 遥控电路的结构原理

空调器的遥控电路是通过红外光传输控制信息的功能电路。遥控电路是由遥控接收电路和遥控发射电路构成的。空调器遥控接收电路位于空调器室内机前部面板部分，它将接收的红外光信息变成电信号送给微处理器；遥控发射电路是一个独立的发射红外信息的电路单元。

图 18-1 所示为遥控电路在空调器中的安装位置。可以看到，该电路位于空调器室内机前部靠右下方部位，由信号线缆与主控电路关联。

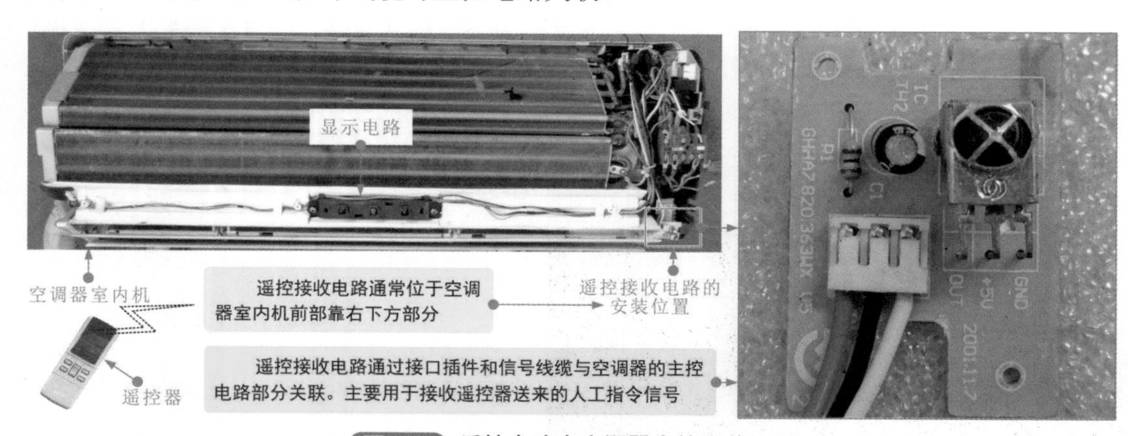

图18-1 遥控电路在空调器中的安装位置

18.1.1 遥控电路的结构组成

遥控电路分为遥控接收电路和遥控发射电路（遥控器）两部分。

（1）遥控接收电路的结构组成

遥控接收电路是空调器主要的指令输入电路，用户对空调器的温度、风向、运行模式、工作时间等方面的要求都由该电路送入主控电路中，由主控电路做出相应反应后实现用户需求。

图 18-2 为典型空调器的遥控接收电路，从图中可看出，遥控接收电路主要是由遥控接收头、供电阻容元件、接口及信号线缆等构成。

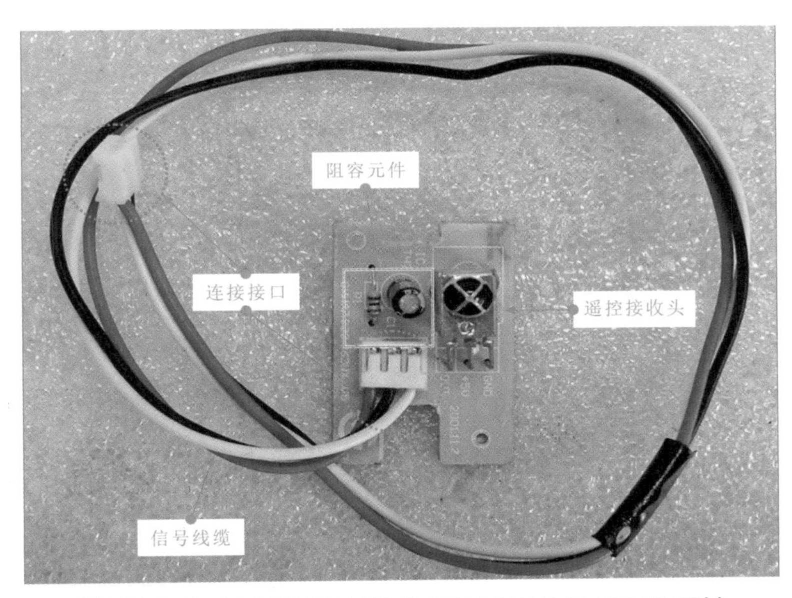

图18-2　典型空调器的遥控接收电路（春兰KFR-33GW/T型）

（2）遥控发射电路的结构组成

遥控发射电路安装在遥控器中，它是利用红外光向空调器发送人工指令的便携式手持电路单元。图 18-3 为典型遥控发射电路的结构组成。

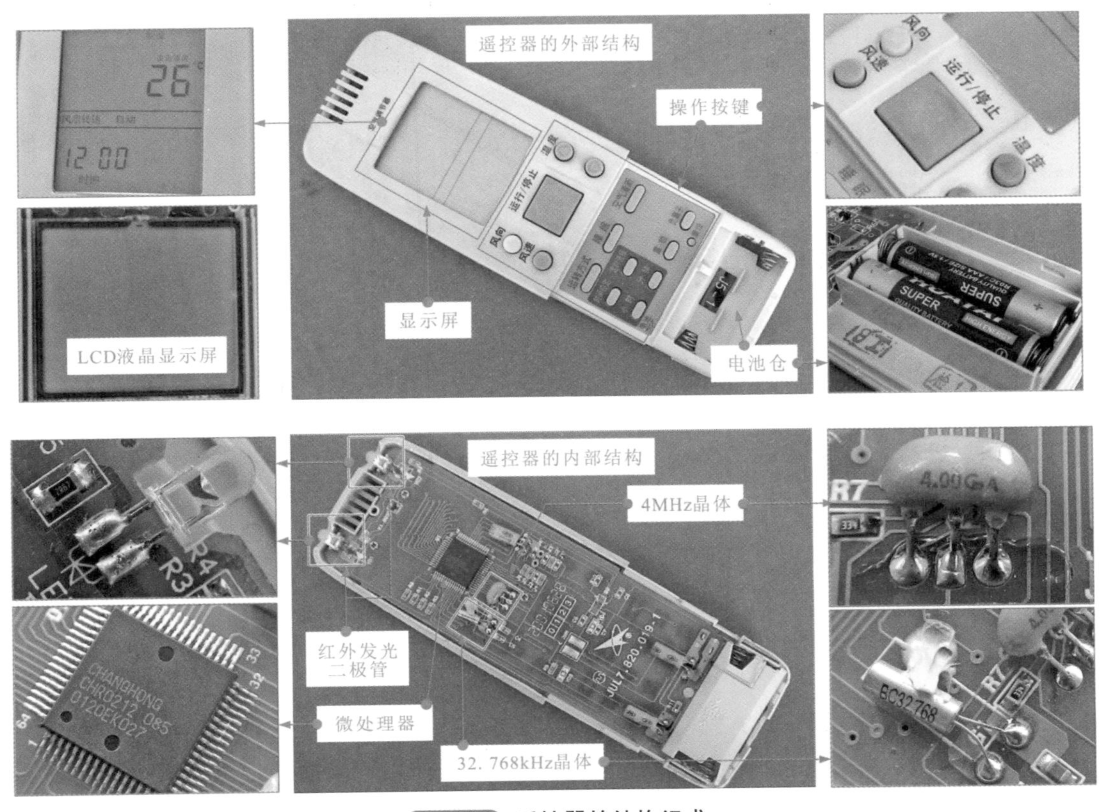

图18-3　遥控器的结构组成

可以看到，遥控器上设有多种操作按键，不同操作按键具有不同的功能。当用户根据需要按动操作按键时，遥控器将这种操作动作转换为人工指令信号发射出去，送入遥控接收电路中，再由遥控接收头接收、处理并送给微处理器。

18.1.2 遥控电路的工作原理

空调器的遥控电路接收遥控器送来的人工指令信号，并将接收的指令信号转换成电信号后输出，送入空调器主控电路中，由主控电路做出反应后，控制空调器执行相应的指令。

图 18-4 为空调器遥控电路的工作流程示意图。

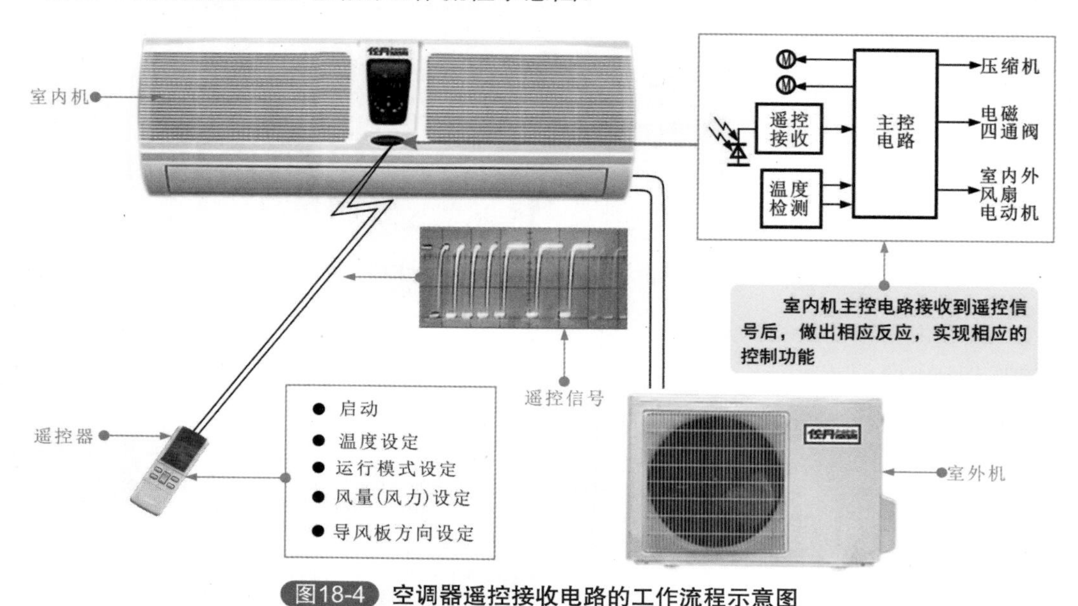

图18-4 空调器遥控接收电路的工作流程示意图

18.2 遥控电路的电路分析

(1) 遥控接收电路的分析方法

下面我们以春兰 KFR-33GW/T 型分体式空调器的遥控接收电路为例，来具体了解一下该电路的基本工作过程和信号流程。

图 18-5 为春兰 KFR-33GW/T 型分体式空调器的遥控接收电路原理图，该电路是以遥控接收头 IC（TH2）为核心的遥控接收电路。

可以看到，空调器正常工作时，通过插件 XP13 及电容 C_1、电阻 R_1 后为遥控接收头提供 +5V 的电压，满足其工作条件。

当遥控接收头接收到遥控器发送来的红外光控制信号后，将红外光信号转换成电压信号并从其 OUT 端输出，经插件 XP13 后送给微处理器。

(2) 遥控发射电路的分析方法

遥控信号接收和处理的过程比较简单，为了更加清晰地了解遥控信号的整个信号流程，这里我们也具体看一下遥控信号的发射过程，即遥控发射电路的基本工作过程和原理。

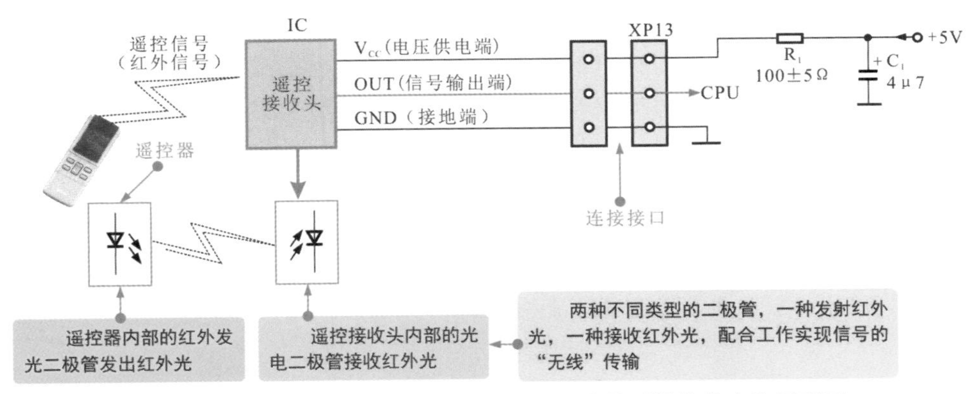

图18-5　春兰KFR-33GW/T型分体式空调器的遥控接收电路原理图

图 18-6 为典型空调器的遥控发射电路原理图，可以看到，该电路主要由微处理器 IC1（TMP47C422F）、4MHz 晶体振荡器 I2、32KHz 晶体振荡器 Z1、LED 液晶显示屏、室温传感热敏电阻 TH、红外线发射管 LED1 及 LED2、晶体三极管 VT1 和 VT2、操作矩阵电路等组成。该遥控发射电路由两节 7 号电池供电，电压为 3V。

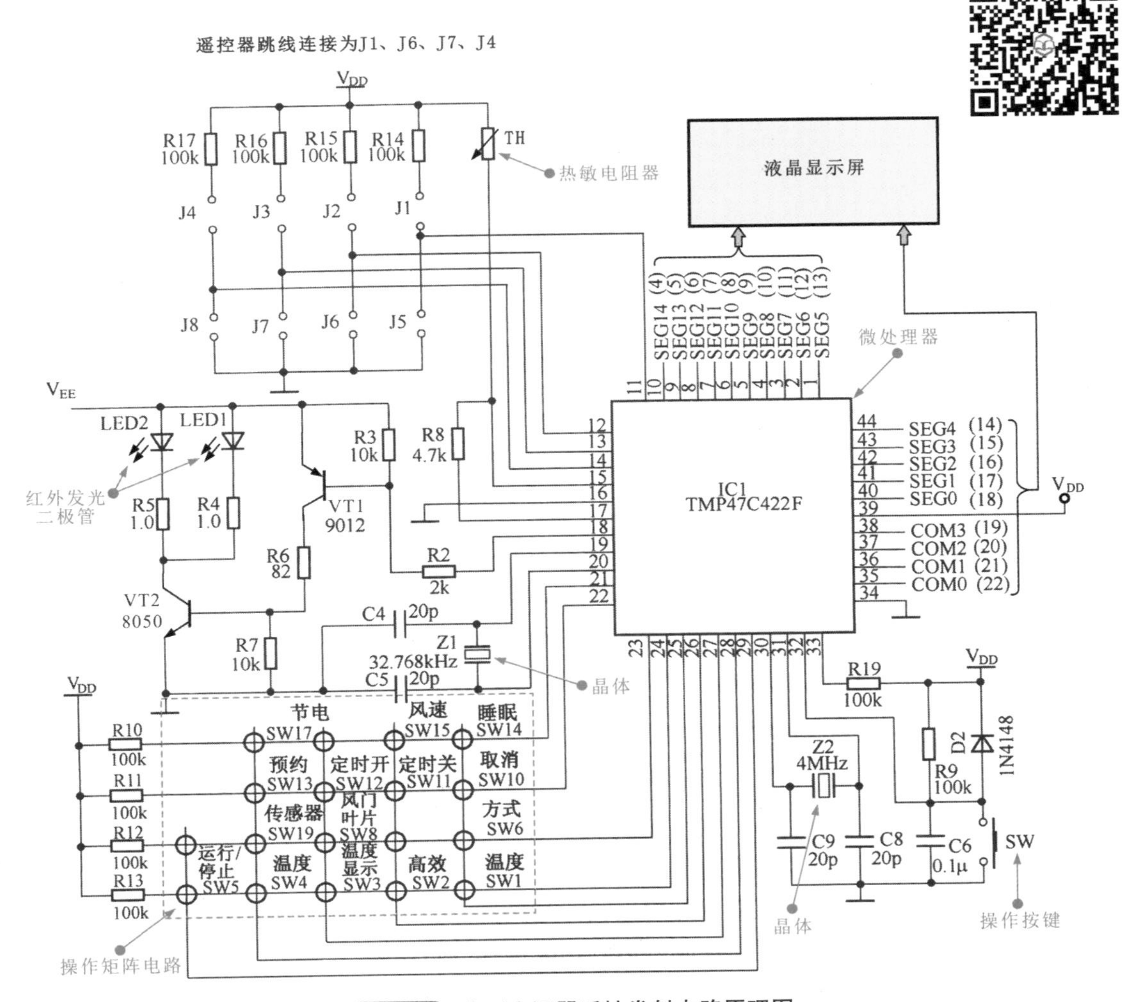

图18-6　典型空调器遥控发射电路原理图

该电路的基本工作过程如下。

• 该遥控发射电路采用双时钟脉冲振荡电路，其中由晶体 Z2，电容 C8、C9（容量为 20pF）和微处理器的 ㉚、㉛ 脚组成 4 MHz 的高频主振荡器，振荡器产生的 4 MHz 脉冲信号经分频后产生 38 KHz 的载频脉冲。由晶体 Z1，电容 C4、C5（容量为 20pF）和微处理器的 ⑲、⑳ 脚组成 32 KHz（准确值为 32.768KHz）的低频辅助振荡器，其输出信号主要供时钟电路和液晶显示电路使用。

• 在键矩阵扫描电路中，微处理器的 9 个引脚组成矩阵，满足系统的控制要求。微处理器的 ㉑ ～ ㉔ 脚是扫描脉冲发生器的 4 个输出端，高电平有效；㉕ ～ ㉙ 脚是键控信号编码器的 5 个输入端，低电平有效。4 个输出端和 5 个输入端构成 4×5 键矩阵，可以有 20 个功能键位，实际上只使用了 17 个功能键位。微处理器的 ⑪、⑫、⑬、⑭ 脚控制的是短接插子，以适用此系列的不同机型。在遥控器工作时，微处理器的 ㉑ ～ ㉔ 脚输出时序扫描脉冲，3V 电压经限流电阻为微处理器供电，微处理器的 ㉞ 脚接电源负极。

• 在微处理器 IC1 内部有分频器、数据寄存器、定时门、控制器（编码调制器）、键控输入 / 输出电路等。定时门能向键控输出电路输出定时扫描脉冲，在定时脉冲的作用下，键控输出电路能产生数种相位不同的扫描信号。发射器的键矩阵电路与微处理器的内部扫描电路和键控信号编码器构成了键控输入电路。键控输入电路根据按键矩阵不同键位输入的脉冲电平信号，向数据寄存器输出相应码值的地址码。数据寄存器是一个只读存储器（ROM），预先存储了各种规定的操作指令码。

当闭合某个功能键时，相应的两条交叉线被短接，相应的扫描脉冲通过按键开关输入到微处理器的 ㉕ ～ ㉙ 脚中的一个对应引脚。这样微处理器中只读存储器的相应地址被读出，然后送到内部指令编码器，将其转换成相应的二进制数字编码指令（以便遥控器中的微处理器识别），再送往编码调制器。在编码调制器中，38KHz 载频信号被编码指令调制，形成调制信号，再经缓冲器后从微处理器的 ⑱ 脚输出至激励管 V1 的基极，经放大后推动红外线发光管 LED1、LED2 发出被 38KHz 调制信号调制的红外线，并通过发射器前端的辐射窗口发射出去。

• 液晶显示器由微处理器的多个输出信号推动，分为地址位（COM1 ～ COM4）和数据位（SEG0 ～ SEG17），其中地址位与液晶显示器的 4 个公共电极相连。如图 18-7 所示，数据位与液晶显示器相应的数字段电极相连。通过对数据位及地址位的控制，显示不同信息，比如要显示“设定温度”4 个字，就可以选择地址位 COM1 和数据位 SEG5。在正常情况下，各段位电压在 1.32 ～ 1.44V 之间（视机型而定）。

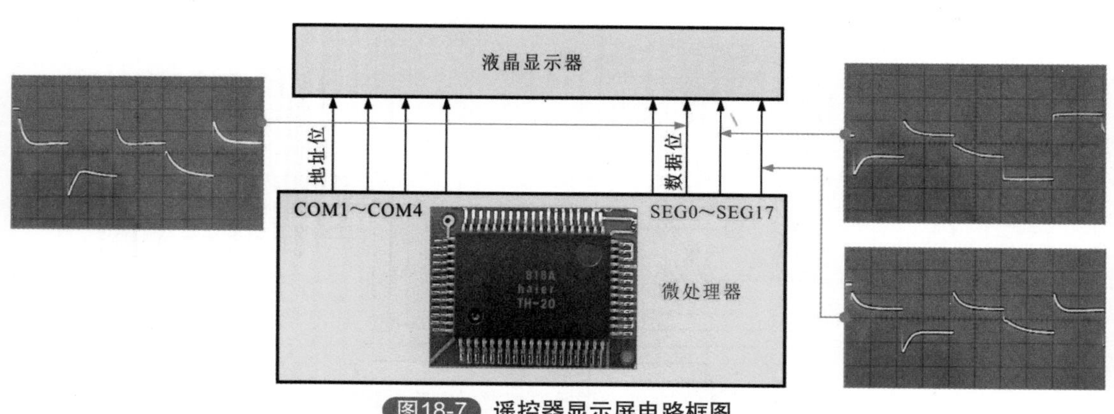

图18-7 遥控器显示屏电路框图

18.3　遥控电路的故障检修

18.3.1　遥控电路的检修分析

遥控接收电路是空调器人工指令的输入电路部分，若该电路出现异常通常会引起典型的空调器遥控功能控制失灵的故障。

对遥控接收电路进行检修时，应首先排除与其配合工作的遥控器的故障，确认遥控器正常后，再对遥控接收电路进行检查，可重点检查电路板上的遥控接收头有无明显损坏或脱焊情况、接口插件有无松脱等现象，如出现上述情况则应立即更换或检修损坏的元器件，若从表面无法观测到故障点，则需根据遥控接收电路的信号流程以及故障特点对可能引起故障的工作条件或主要部件逐一进行排查。

图 18-8 为典型空调器遥控接收电路的检修分析。

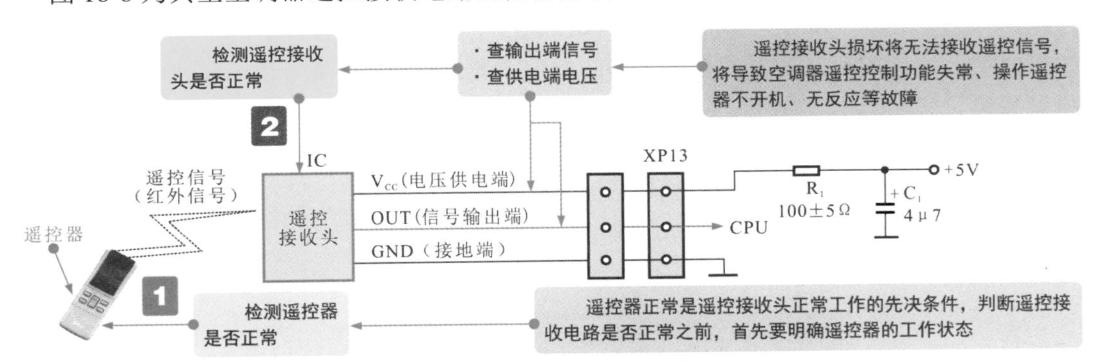

图18-8　典型空调器遥控接收电路的检修分析

【提示说明】

遥控接收电路工作时，由于需要遥控器与之配合才能够工作，且由于遥控器本身的独立性，检修和更换都比较方便，而对遥控接收电路进行检修需要将室内机进行拆卸，操作比较繁杂，因此在未明确判断出遥控器好坏前，切勿盲目拆卸空调器室内机，必须先排除外部因素，然后在开机检修。

18.3.2　遥控电路的检修方法

(1) 遥控器的检测方法

遥控器作为空调器的一个基本配件，如果电池电量耗尽、内部器件损坏都会导致遥控功能失常的故障。

① 遥控器性能的检查

检查遥控器是否正常，主要是检查遥控器最终能否发射出红外光，而红外光是人眼不可见的，可通过数码相机（或带有摄像功能的手机）的摄像头观察遥控发射器是否能够发出红外光。

若遥控器能够发射红外光，则说明遥控器正常；若按动遥控器按键无红外光发出，则说明遥控器异常，可对遥控器内部部件或元件进行进一步检测。

将遥控发射器的红外发光二极管对准相机的摄像头，操作遥控器上的按键，正常情况下，应可以看到明显的红外光，如图 18-9 所示。

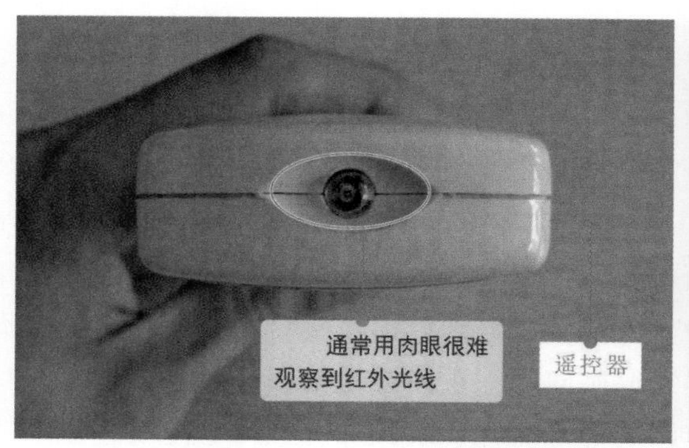

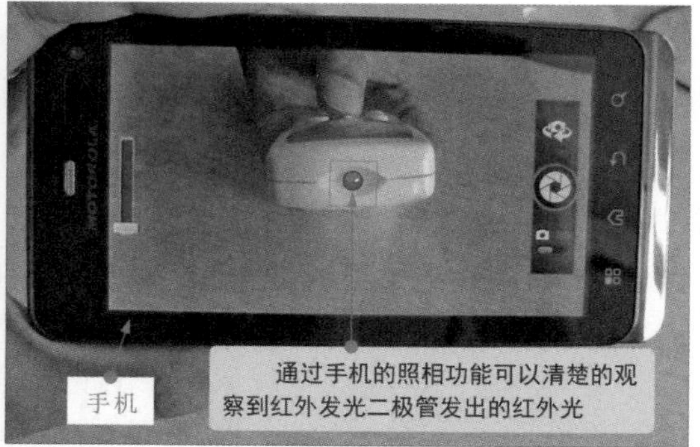

图18-9 遥控器红外光的检查方法

② 遥控器主要元器件的检测方法

在遥控器异常的情况中，电池电量用尽、操作按键触点氧化失灵、电路元器件变质等情况较为常见，可将遥控器外壳拆开后，借助万用表或示波器逐一对怀疑元器件进行检测，直到找到故障元器件，排除故障。

a. 操作按键的检查方法

如果空调器出现操作某个按键时不正常时，多为该按键下面的导电橡胶和印刷电路板异常，检查是否出现因触点氧化锈蚀、污物过多而造成控制失常，通常用蘸有酒精的棉签擦拭清洁后即可消除这类故障。遥控器操作按键及触点的清洁操作如图 18-10 所示。

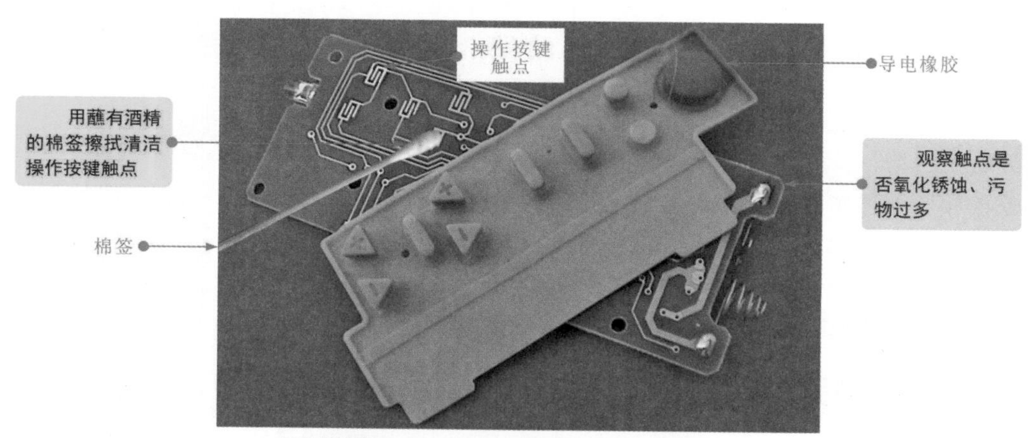

图18-10 遥控器操作按键及触点的清洁操作

【提示说明】

由于遥控器中操作按键下方的导电橡胶使用频繁、空气潮湿，因此，导电橡胶的导通电阻增大（正常值为 40 ~ 150Ω），不能正确识别，以至于按键不灵敏。常用的解决方法是：将遥控器置于干燥的地方，将导电橡胶导电面清理干净，并用铅笔芯涂一层碳粉；同时将键盘清理干净。

对于按键本身失效故障，常见的是某个按键始终处于连接状态，而其他按键不能识别，导致按键失效，可更换操作按键排除故障；或程序进入死循环，不能识别按键，导致按键失效。这时将复位键按一下，就会恢复正常。

b. 红外发光二极管的检测方法

红外发光二极管的好坏直接影响遥控器信号是否能发送成功，因此要保持红外发光二极管能正常工作。

判断红外发光二极管是否正常，一般用万用表检测其正反向阻值的方法进行判断，如图 18-11 所示。正常情况下，红外发光二极管应满足正向有一定阻值，反向阻值无穷大，即正向导通、反向截止的特性。

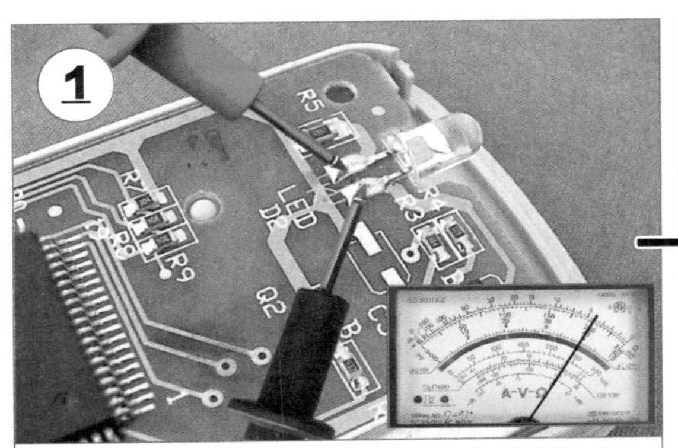

将万用表挡位调整至“×10k”欧姆挡。黑表笔接在红外发光二极管的正极，红表笔接在红外发光二极管的负极，万用表指针摆动到40kΩ左右的位置。

将万用表挡位调整至“×10k”欧姆挡。黑表笔接在红外发光二极管的负极，红表笔接在红外发光二极管的正极。实测二极管反向电阻值为无穷大，说明该二极管满足反向截止特性。

图18-11　红外发光二极管的检测方法

如果没有检测出红外发光二极管正向导通、反向截止的特性，则说明红外发光二极管已损坏，应将其更换。

【提示说明】

若经检测遥控器电池供电、操作按键和红外发光二极管都正常，而遥控器仍无法正常工作时，就该怀疑电路板中的某个电子元器件变质或损坏，如微处理器、晶体、晶体三极管或阻容元件等有故障，可以用万用表或示波器对关键点的电压或信号进行检测，找出故障元器件，排除故障。

（2）遥控接收头的检测方法

遥控接收头是遥控接收电路中的主要元器件，该元器件损坏引起遥控功能失灵的情况也比较常见，如遥控接收头的供电电源失落、引脚受潮出现短路或断路情况、内部损坏等。

判断遥控接收头是否正常，可首先观察遥控接收头引脚有无轻微短路或断路情况，若外观正常，可用示波器检测其信号输出端有无信号输出，若输出正常，说明遥控接收头正常；若无信号输出，可进一步检查其供电条件是否满足。若供电正常，无输出，则说明遥控接收头损坏，应更换。

① 遥控接收头输出信号的检测方法

检查遥控接收头输出端信号时，一般可借助示波器进行检测，如图 18-12 所示。正常情况下，为遥控接收电路供电时，对准遥控接收头操作遥控器，应能够测得遥控信号波形。

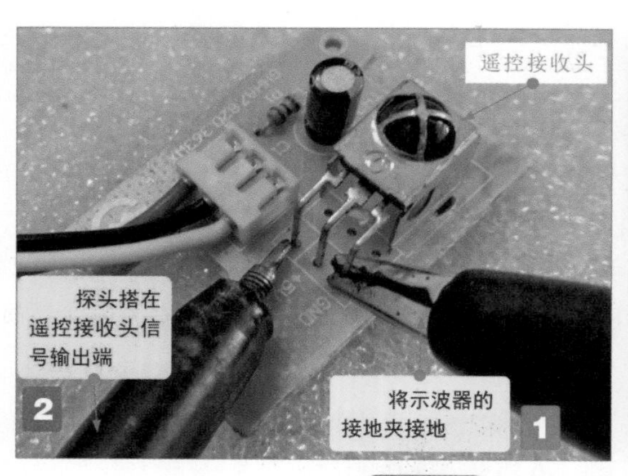

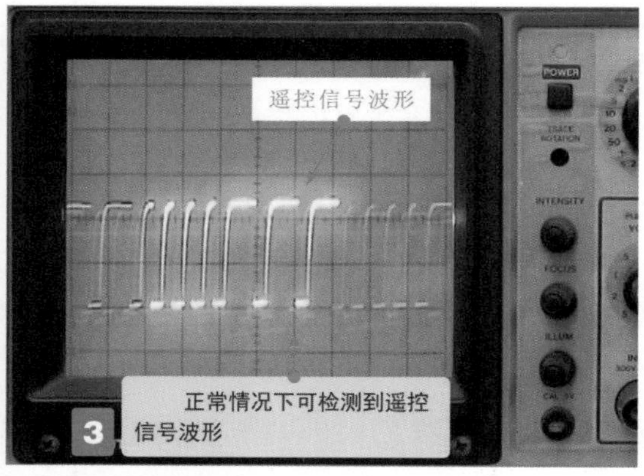

图18-12 遥控接收头输出信号的检测方法

【提示说明】

遥控接收头输出端的信号也可用万用表的电压挡进行检测。正常情况下，将遥控器对准遥控接收头，操作任意按键时，遥控接收头输出端引脚上的电压应为4.8V降到3.3V左右，然后又恢复4.8V，若无该变化过程，说明遥控接收头损坏。

② 遥控接收头供电电压的检测方法

遥控接收头正常工作需要基本的供电条件，可用万用表检测器供电引脚上的电压值，如图18-13所示。若检测供电正常，而遥控接收头无输出，则说明遥控接收头损坏；若无供电电压，则应检查电源电路部分。

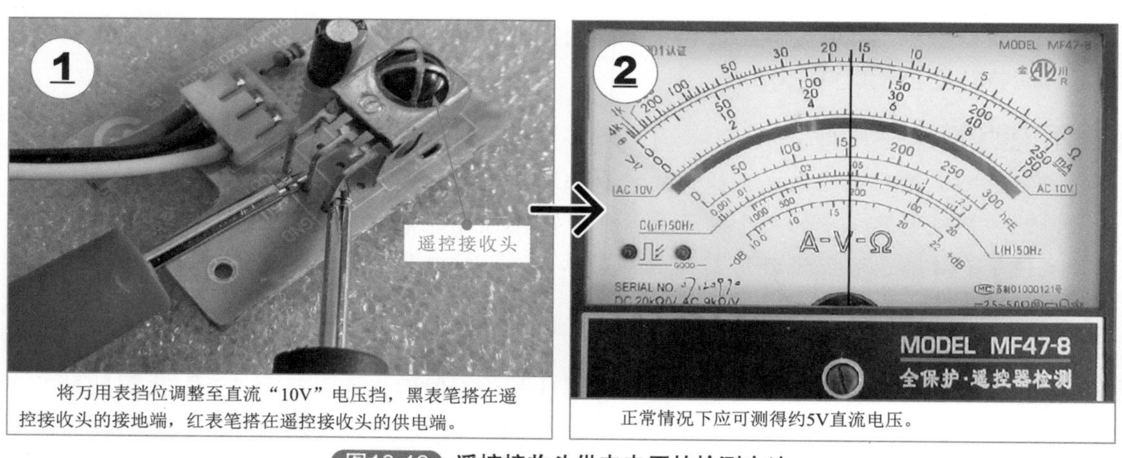

图18-13 遥控接收头供电电压的检测方法

变频空调器维修篇

第 19 章 变频空调器的结构原理

19.1 变频空调器的结构组成

19.1.1 变频空调器的整机结构

变频空调器是普通空调器的升级产品。它利用成熟的变频技术，实现对压缩机的变频控制，该类空调器能够在短时间内迅速达到设定的温度，并在低转速、低耗能状态下保证较小的温差，具有节能、环保、高效的特点。

【提示说明】

变频空调器与普通定频空调器的区别：

定频空调器室外机压缩机采用普通（定频）压缩机，压缩机的转速恒定，不可改变，能耗较大；变频空调器室外机采用变频压缩机，设有变频电路，可调节压缩机的转速，节能环保。

（1）室内机的结构组成

变频空调器的室内机主要用来接收人工指令，并对室外机提供电源和控制信号。

将变频空调器室内机进行拆解，即可看到其内部结构组成。图 19-1 所示为典型变频空调器室内机的结构分解图。

可以看到，变频空调器室内机内部设有空气过滤部分、蒸发器、电路部分、贯流风扇组件、导风板组件等，与定频空调器室内机相同。可参考第 11 章。

（2）室外机的结构组成

变频空调器的室外机主要用来控制压缩机为制冷剂提供循环动力，与室内机配合，将室内的能量转移到室外，达到对室内制冷或制热的目的。

将变频空调器室外机进行拆解，即可看到其内部结构组成。图 19-2 所示为典型变频空调器室外机的结构分解图。

可以看到，变频空调器室外机主要由变频压缩机、冷凝器、闸阀和节流组件（电磁四通阀、截止阀、毛细管、干燥过滤器）、电路部分（控制电路板、电源电路板和变频电路板）、轴流风扇组件等。

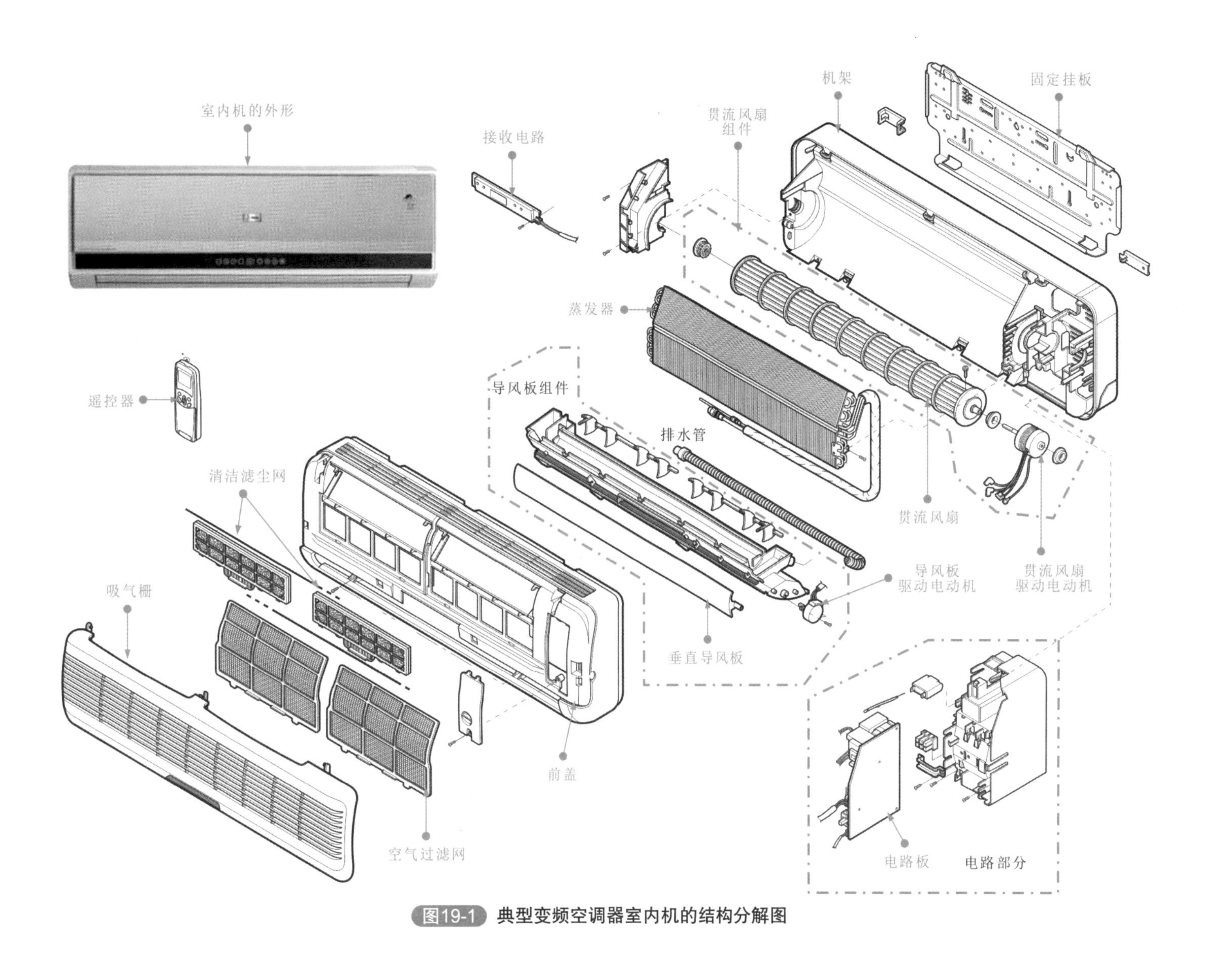

图19-1 典型变频空调器室内机的结构分解图

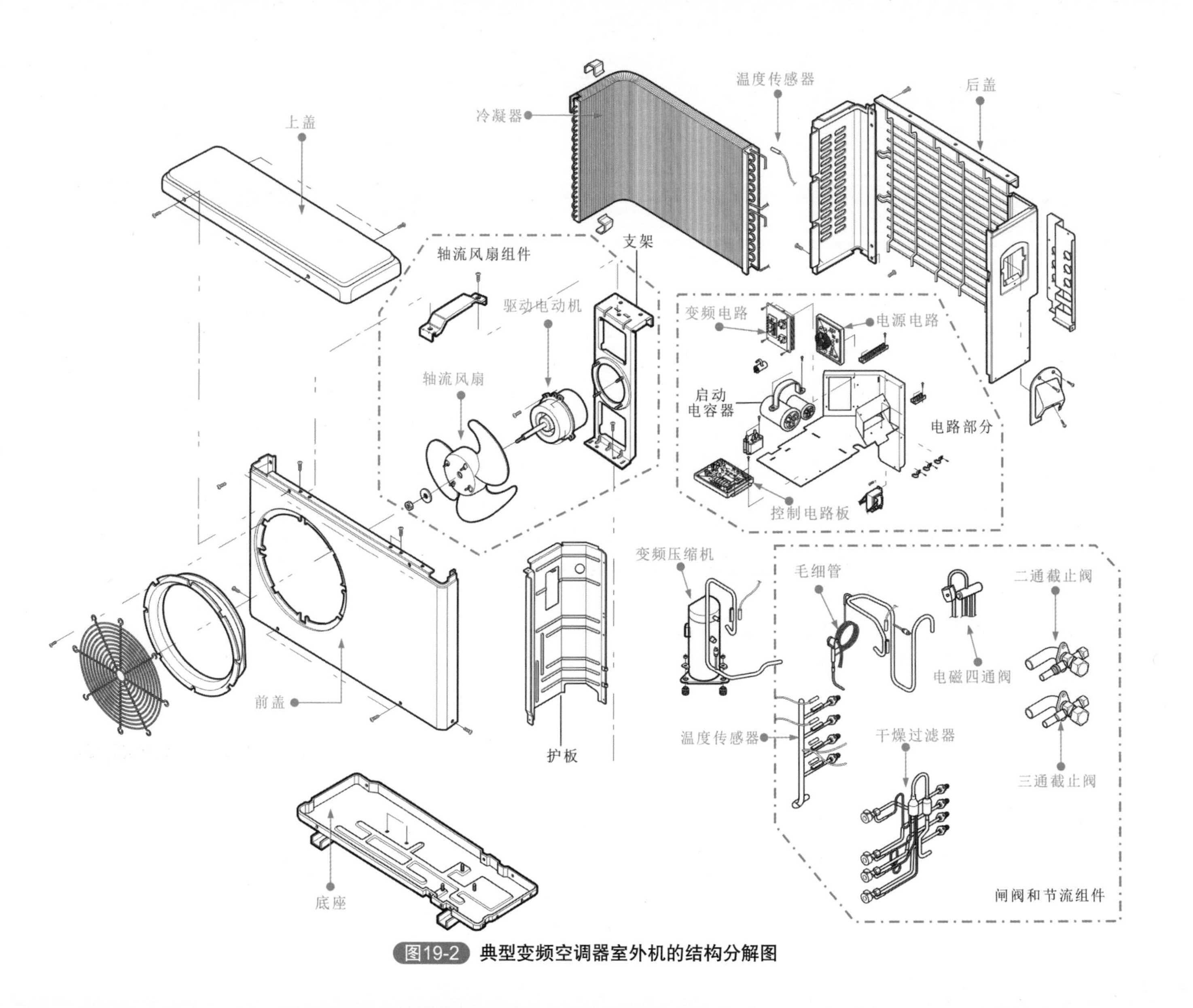

图19-2 典型变频空调器室外机的结构分解图

① 变频压缩机

变频压缩机是变频空调器中最为重要的部件，它是变频空调器制冷剂循环的动力源，使制冷剂在变频空调器的制冷管路中形成循环，图 19-3 所示为典型变频空调器的变频压缩机。

图19-3 典型变频空调器的变频压缩机

【提示说明】

定频空调器的室外机压缩机采用普通压缩机（定频），电路部分直接向压缩机输入交流 220V 50Hz 恒频的电压，压缩机的转速不变，因此只能依靠“开、关”压缩机的供电来调节室内的温度。

而变频空调器与定频空调器不同的是，其室外机中的压缩机采用变频压缩机，由专门匹配的变频电路部分向压缩机输入变化的频率和大小的电压，来改变压缩机的转速，因此可通过调节变频压缩机的转速来调节室内温度。

② 冷凝器

冷凝器是变频空调器室外机中重要的热交换部件，制冷剂流经冷凝器时，向外界空气散热或从外界空气吸收热量，与室内机蒸发器的热交换形式始终相反，这样便实现了变频空调器的制冷 / 制热功能。

图 19-4 所示为典型变频空调器的冷凝器，它是由一组一组 S 形铜管胀接铝合金散热翅片制成的，其中 S 形铜管用于传输制冷剂，使制冷剂不断地循环流动，翅片用来增大散热面积，提高冷凝器的散热效率。

③ 轴流风扇组件

变频空调的室外机基本都采用轴流风扇组件加速室外机的空气流通，提高冷凝器的散热或吸热效率。

图 19-5 所示为典型变频空调器的轴流风扇组件。轴流风扇组件通常位于冷凝器的内侧，轴流风扇组件主要由轴流风扇驱动电动机、轴流风扇扇叶和轴流风扇启动电容器组成，其主要作用是确保室外机内部热交换部件（冷凝器）良好的散热。

④ 电磁四通阀

电磁四通阀是一种由电流来进行控制的电磁阀门，该器件主要用来控制制冷剂的流向，从而改变空调器的工作状态，实现制冷或制热，通常安装在变频压缩机附近，且与变频压缩机的进出口连接。

图 19-6 所示为典型变频空调器的电磁四通阀。

图19-4 典型变频空调器的冷凝器

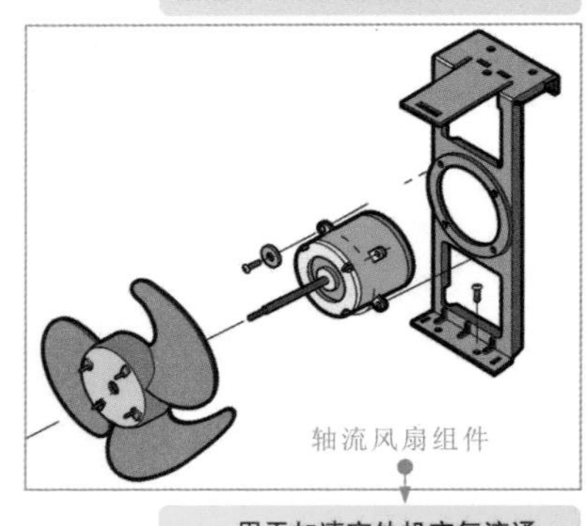

图19-5 典型变频空调器的轴流风扇组件

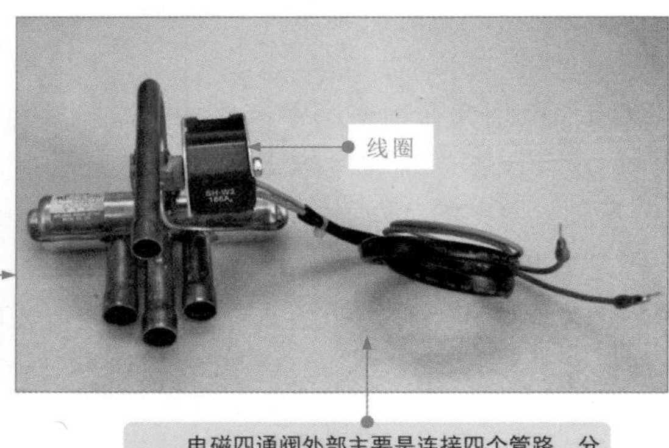

图19-6 典型变频空调器的电磁四通阀

⑤ 截止阀

截止阀是变频空调器室外机与室内机之间的连接部件，室内机的两根连接管路分别与室外机的两个截止阀相连，从而构成制冷剂室内、室外的循环通路。

图 19-7 所示为变频空调器室外机的截止阀，其中，管路较粗的一个是三通截止阀，另一个是二通截止阀。

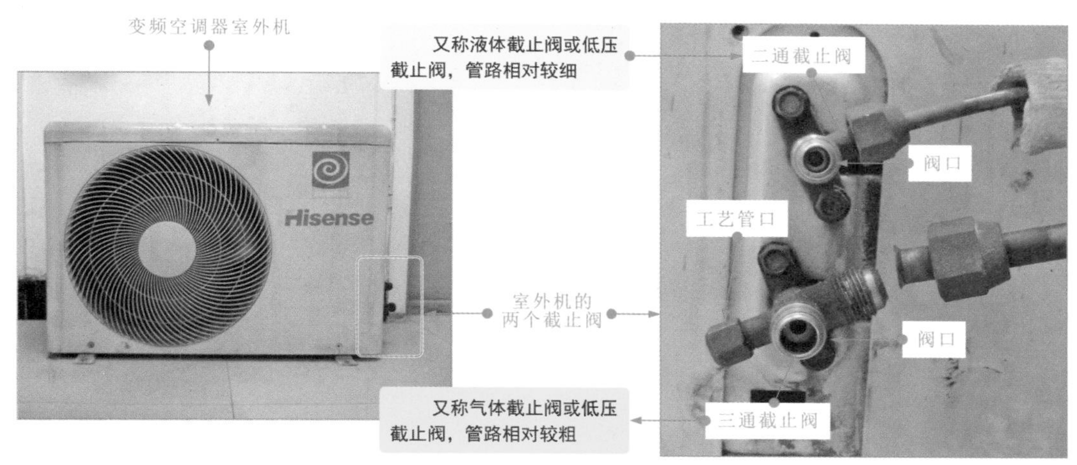

图19-7 典型变频空调器截止阀

【提示说明】

二通截止阀又叫做液体截止阀或低压截止阀，制冷剂在通过该截止阀时呈液体状态，并且压强较低，所以二通截止阀的管路较细。三通截止阀又叫做气体截止阀或高压截止阀，制冷剂在通过该截止阀时呈现高压、气体状态，所以三通截止阀的管路较粗，并且三通截止阀上还设有工艺管口，通过该管口是对空调器制冷管路进行检修或充注制冷剂的重要部件。

⑥ 干燥过滤器、单向阀和毛细管

干燥过滤器、单向阀和毛细管是室外机中的干燥、闸阀、节流组件。其中，干燥过滤器可对制冷剂进行过滤；单向阀可防止制冷剂回流；而毛细管可对制冷剂起到节流降压的作用。图 19-8 所示为典型变频空调器的干燥过滤器、单向阀和毛细管。

图19-8 典型变频空调器的干燥过滤器、单向阀和毛细管

⑦ 电路部分

变频空调器室外机的电路部分主要包括主电路板、变频电路板和一些电气部件，如图19-9所示。通常主电路板位于压缩机正上方；变频电路板位于压缩机上方侧面的固定支架上；一些电气部件也通常安装在压缩机附近的固定支架上，位置较为分散，通过引线及插件连接到主电路板上。

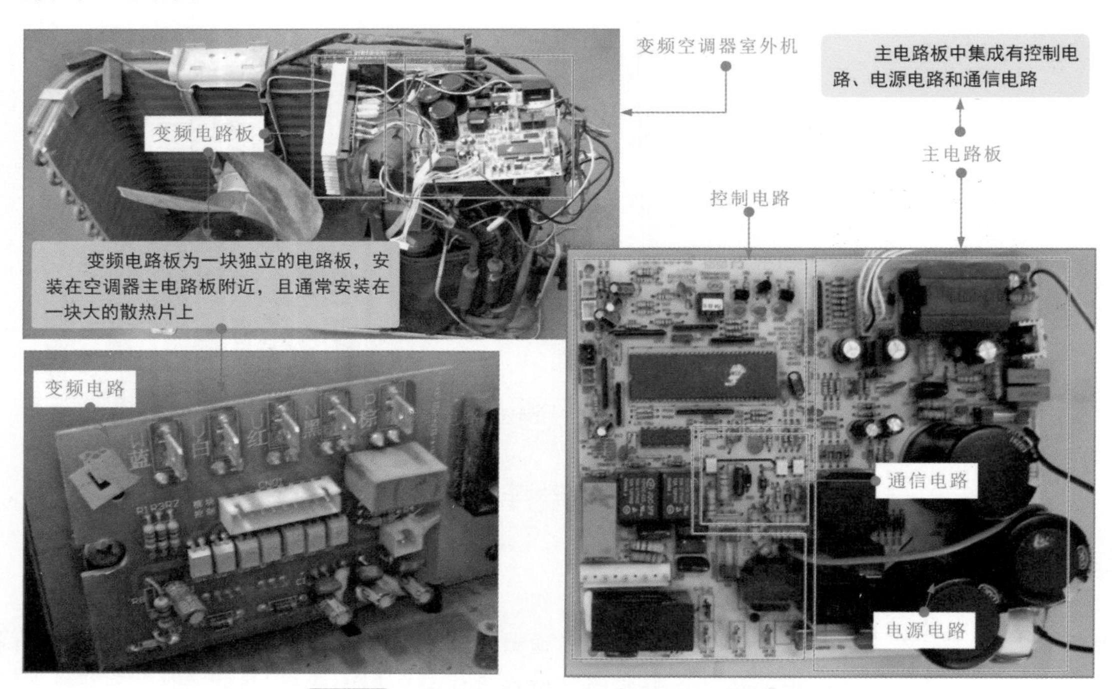

图19-9 典型变频空调器室外机电路部分的结构

可以看到，变频空调器室外机的变频电路通常为一块独立的电路板，而主电路板上通常集成有控制电路、电源电路和通信电路。

【提示说明】

变频空调器与定频空调器的另一个区别是，其室外机内增加了变频电路，由变频电路控制变频压缩机工作，变频电路可以通过改变驱动电压的频率和幅度大小从而改变压缩机的转速。

19.1.2 变频空调器的电路结构

变频空调器的电路部分包括室内机电路板和室外机电路板两部分，如图19-10所示。为了便于理解变频空调器的信号处理过程，我们通常将变频空调器的电路划分成5个单元电路模块。即电源电路、遥控电路、控制电路、通信电路、变频电路。

（1）电源电路

电源电路是为变频空调器整机的电气系统提供基本工作条件的单元电路。在变频空调器的室内机和室外机中都设有电源电路部分，如图19-11所示。

（2）遥控电路

遥控电路是变频空调器的指令发射和接受部分，包括遥控发射电路和遥控接收电路两部分，其中遥控发射电路设置在遥控器中，遥控接收电路一般安装在室内机前面板靠右侧边缘部分，如图19-12所示。

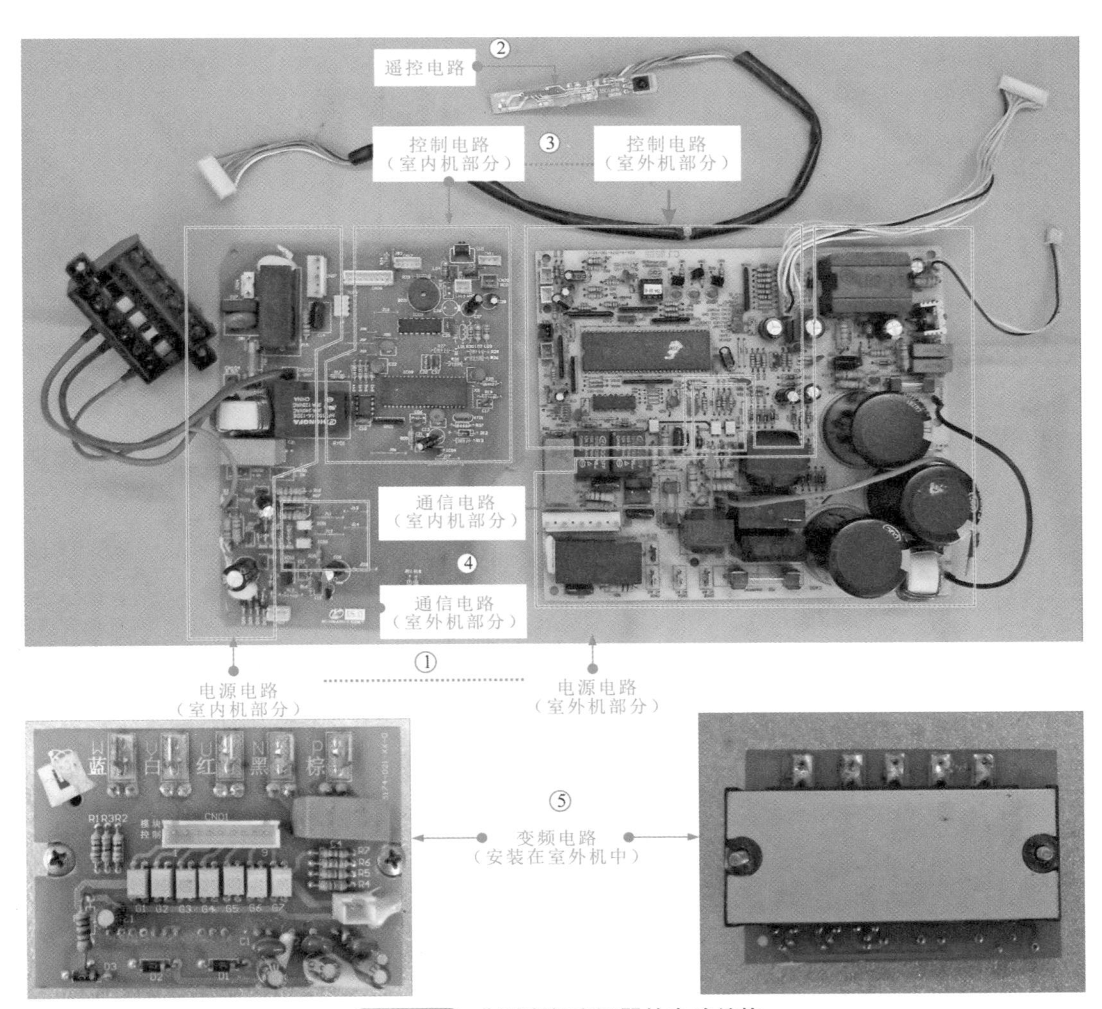

图19-10 典型变频空调器的电路结构

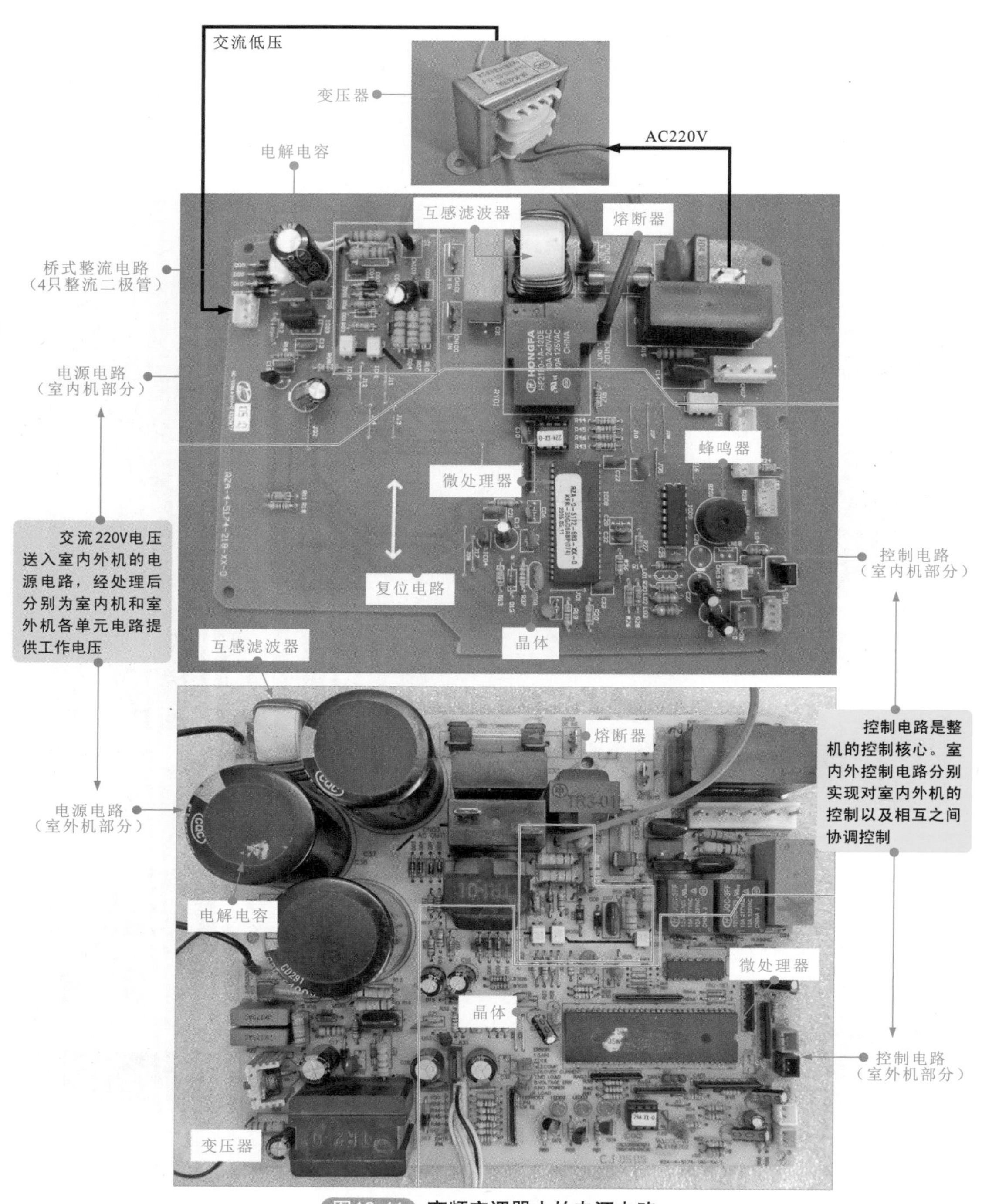

图19-11　变频空调器中的电源电路

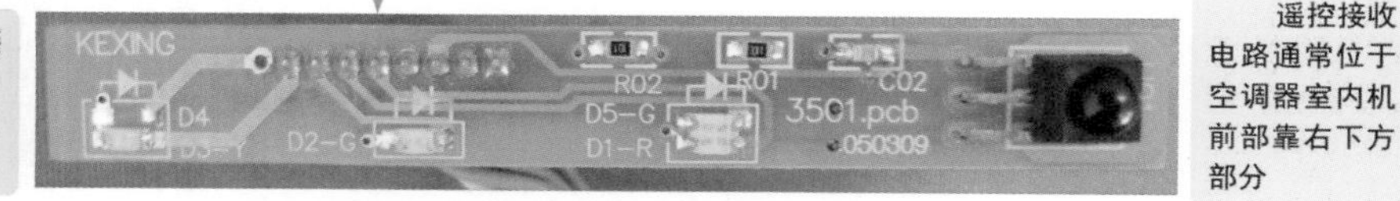

图19-12　变频空调器中的遥控电路

（3）控制电路

控制电路是变频空调器的“大脑”部分，是整机的智能控制核心。在变频空调器的室内机和室外机分别设有控制电路，两个控制电路协同工作，实现整机控制。

（4）通信电路

通信电路是变频空调器室内机与室外机之间进行数据传递和协同工作的桥梁。因此，在变频空调器室内机和室外机电路中都设有通信电路，如图19-13所示。

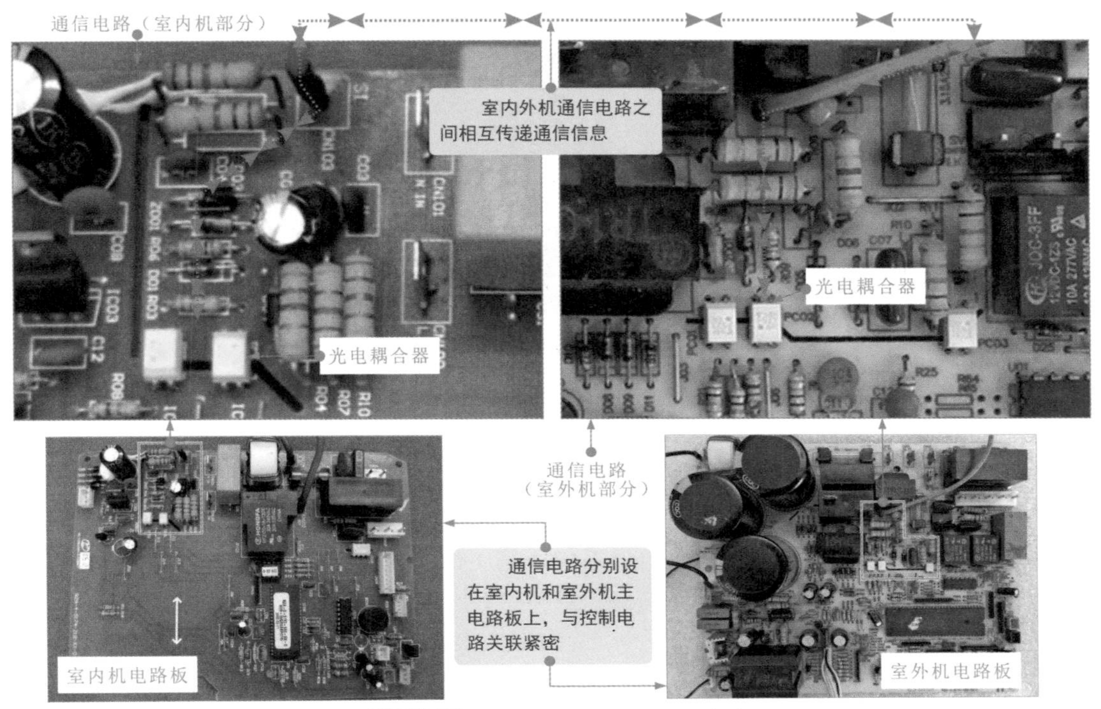

图19-13 变频空调器中的通信电路

通信电路主要由光电耦合器和一些阻容元件构成。其中室内机通信电路用来接收室外机送来的数据信息并发送控制信号；室外机通信电路用来接收室内机送来的控制信号并发送室外机的各种数据信息。

（5）变频电路

变频电路是变频空调器中特有的单元电路，主要功能是在控制电路作用下，产生变频控制信号，驱动变频压缩机工作，并对变频压缩机的转速进行实时调节，实现恒温制冷、制热并节能环保的作用。

图19-14所示为典型变频空调器中的变频电路。

【提示说明】

变频空调器与定频空调器电路结构上的差别如下。

定频空调器的室内机电路部分是整个空调器的控制中心，对空调器的整机进行控制，室外机中电路部分十分简单，没有独立的控制部分，由室内机电路部分直接进行控制。

而变频空调器的室内机电路部分是整个空调器控制的一部分，工作时将输入的指令进行处理后，送往室外机的电路分部，才能对空调器整机进行控制，它是通过室内机电路部分和室外机电路部分一起实现对空调器整机的控制。

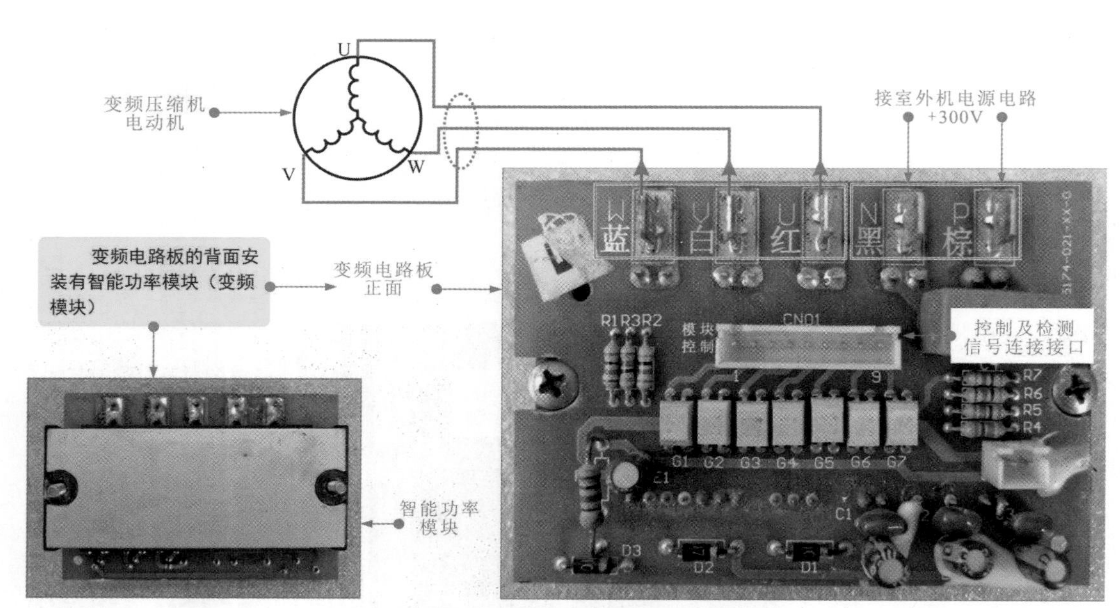

图19-14 典型变频空调器中的变频电路

19.2 变频空调器的工作原理

变频空调器是由系统控制电路与管路系统协同工作实现制冷、制热目的的。变频空调器整机的工作过程就是由电路部分控制变频压缩机工作，再由变频压缩机带动整机管路系统工作，从而实现制冷或制热的过程。

（1）变频空调器的整机控制过程

图 19-15 所示为典型变频空调器的整机控制过程。空调器管路系统中的变频压缩机风扇电机和四通阀都受电路系统的控制，使室内温度保持恒定不变。

（2）变频空调器的电路关系

变频空调器的电路是整个空调器的控制核心，它是由各种功能的单元电路构成的，通过各单元电路的协同工作，完成信号的接收、处理和输出，从而控制相关部件，完成制冷、制热的目的，这是一个非常复杂的过程。

图 19-16 为变频空调器的整机电路控制关系。从图可看出，变频空调器的电路主要是由室内机电路和室外机电路构成的。

变频空调器在工作时，由电源电路将交流 220V 市电处理后，输出各级直流电压为各单元电路及功能部件提供工作所需的各种电压。

用户通过遥控器将变频空调器的启动和功能控制信号发射给室内机的遥控接收电路，由遥控接收电路对信号进行处理后再传送到室内机控制电路的微处理器中，微处理器根据内部程序分别对室内机的各部件进行控制，并通过通信电路与室外机通信电路进行通信，向室外机发出控制指令。同时室内机的微处理器接收室内温度传感器和管路温度传感器送来的温度检测信号，并根据该信号输出相应的控制信号，从而控制制冷或制热的温度。

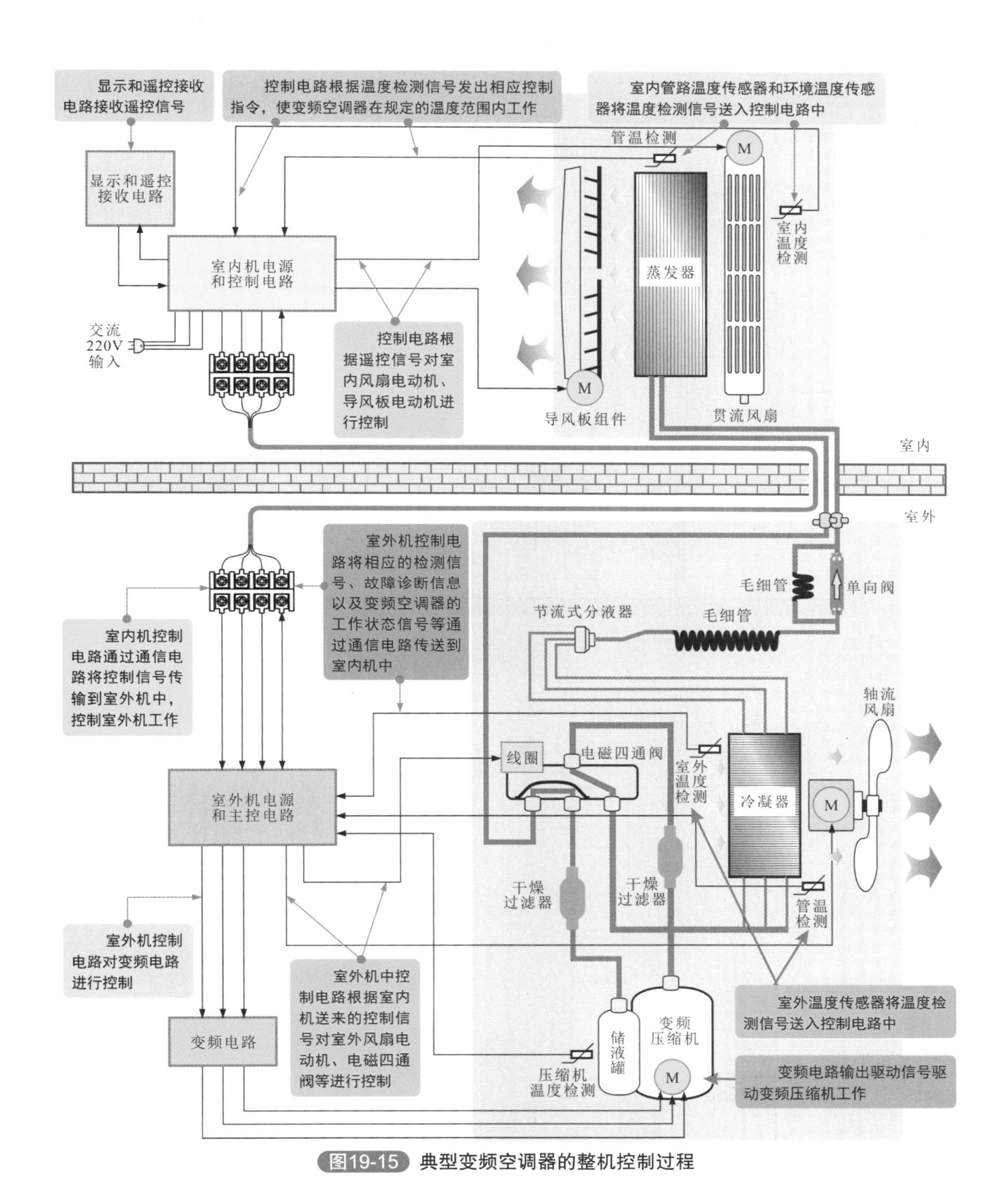

图19-15　典型变频空调器的整机控制过程

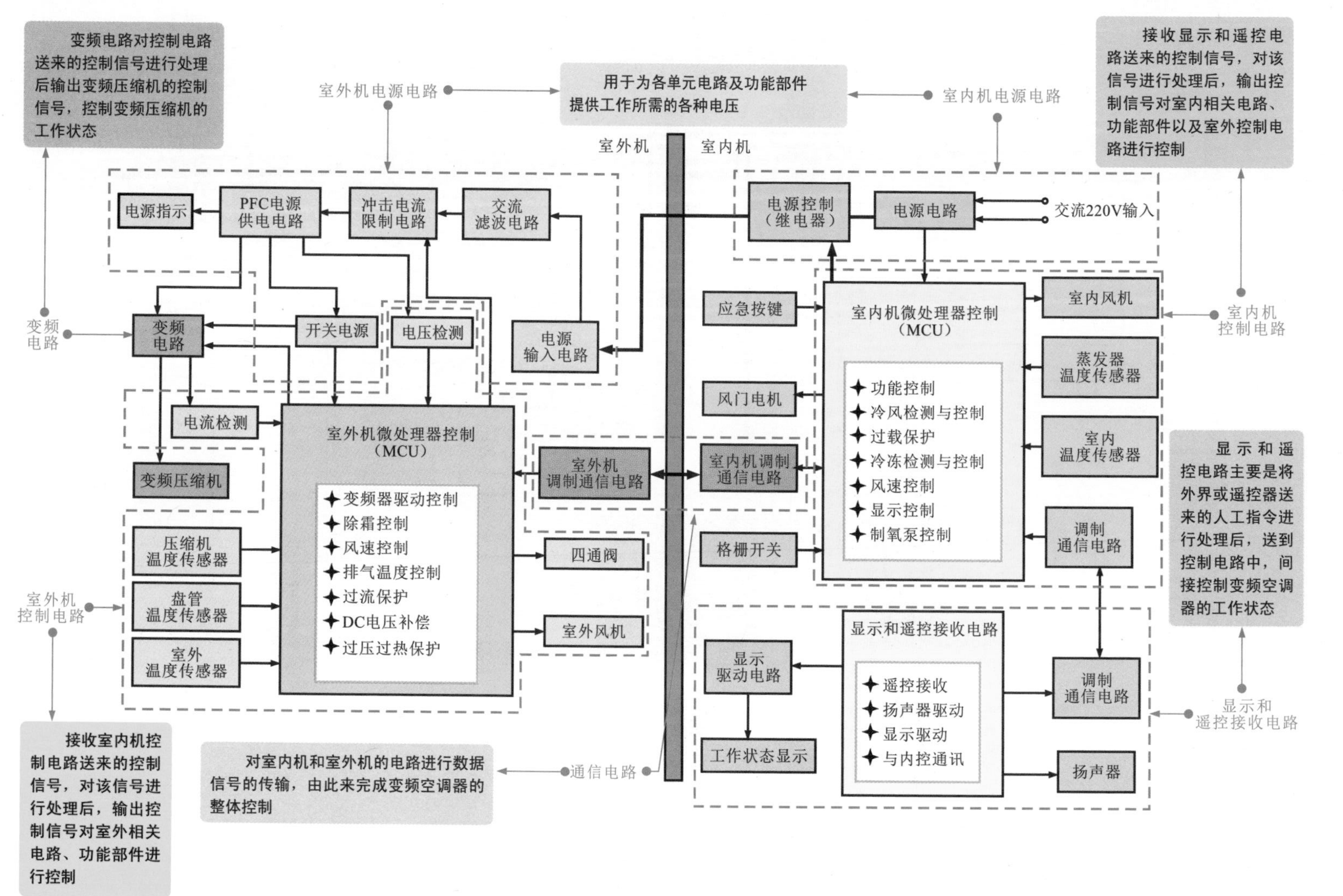

图19-16 变频空调器的整机电路控制关系

室外机根据室内机送来的控制指令，对室外机中的变频电路、轴流风扇以及电磁四通阀的工作状态进行调整，并通过温度传感器对室外温度、管路温度、压缩机温度进行检测。图19-17所示为典型变频空调器室外机电路的控制关系。

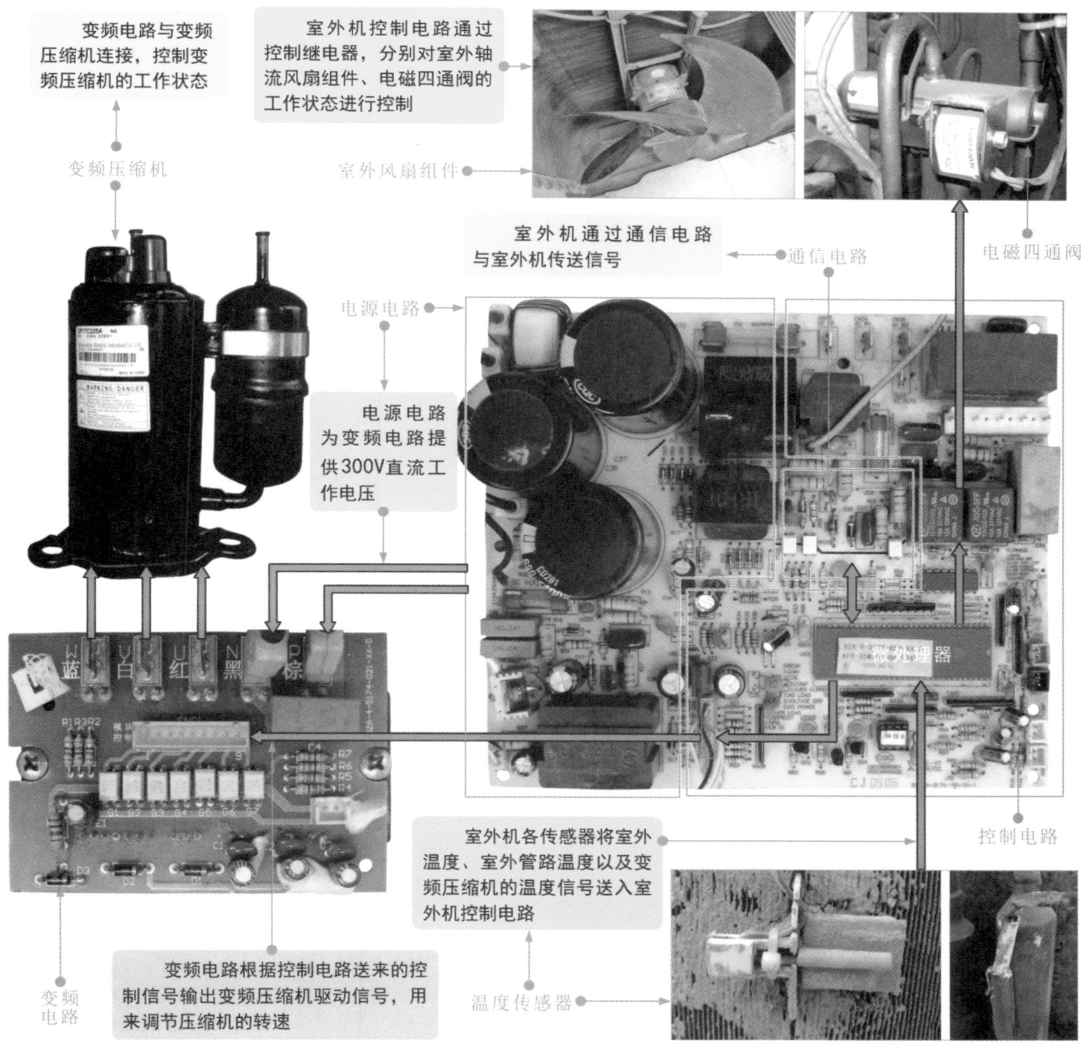

图19-17　典型变频空调器室外机电路的控制关系

第 20 章
变频空调器的拆卸

20.1 变频空调器室内机的拆卸

变频空调器室内机的拆卸方法与定频空调器室内机的拆卸方法大致相同，不同是室内机电路部分稍复杂，拆卸时应注意各线路连接关系。

20.1.1 变频空调器室内机外壳的拆卸

图 20-1 为变频空调器室内机外壳的拆卸方法。

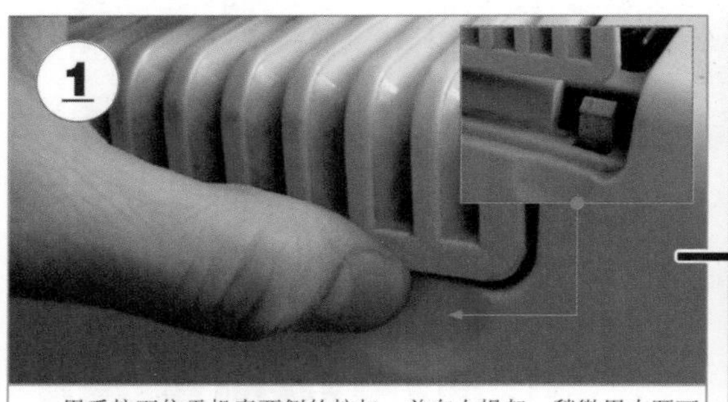

用手按下位于机壳两侧的按扣，并向上提起，稍微用力既可将卡扣打开，使吸气栅脱离

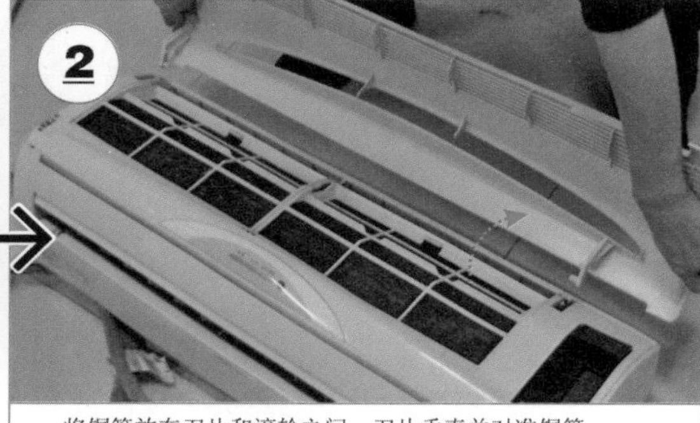

将铜管放在刀片和滚轮之间，刀片垂直并对准铜管。

轻轻向上提空气过滤网卡口即可将其取出。

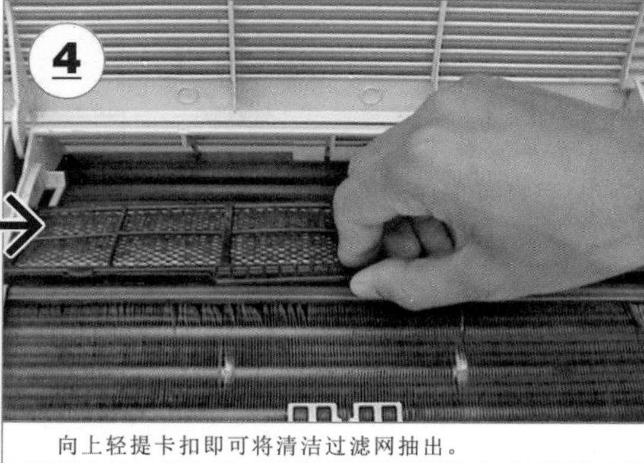

向上轻提卡扣即可将清洁过滤网抽出。

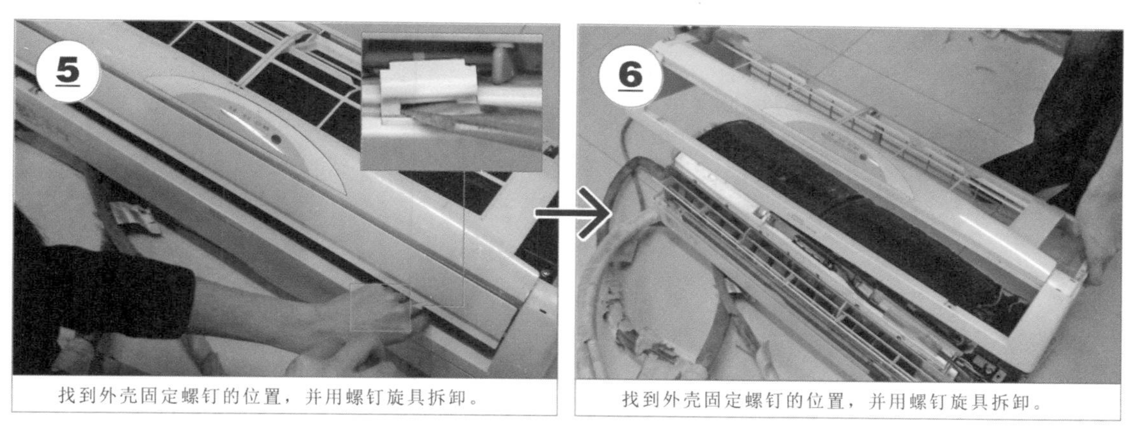

找到外壳固定螺钉的位置，并用螺钉旋具拆卸。
找到外壳固定螺钉的位置，并用螺钉旋具拆卸。

图20-1 变频空调器室内机外壳的拆卸方法

20.1.2 变频空调器室内机电路板的拆卸

图 20-2 为变频空调器室内机电路板的拆卸方法。室内机电路部分的电源电路板、主控电路板等安装在室内机的一端，由电控盒固定。

完成空调器室内机电路部分的拆卸后，可根据维修的需要将室内机中的各传感器拆卸下来。

图 20-3 为空调器室内机传感器的拆卸及室内机拆解完成效果图。

将电控盒的护盖取下。

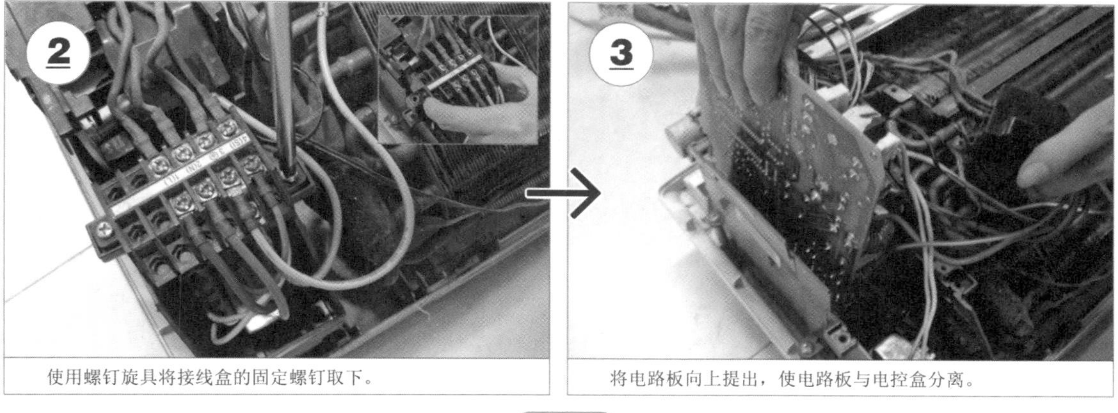

使用螺钉旋具将接线盒的固定螺钉取下。
将电路板向上提出，使电路板与电控盒分离。

图20-2

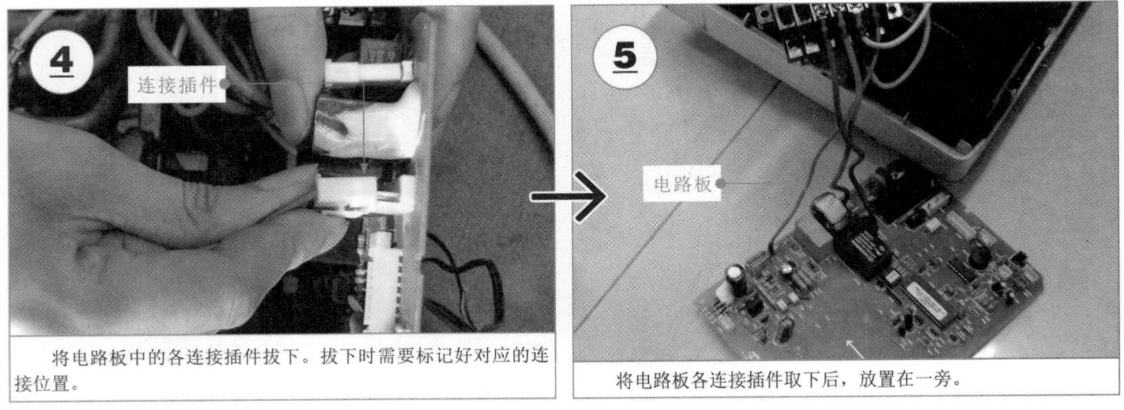

图20-2 变频空调器室内机电路板的拆卸方法

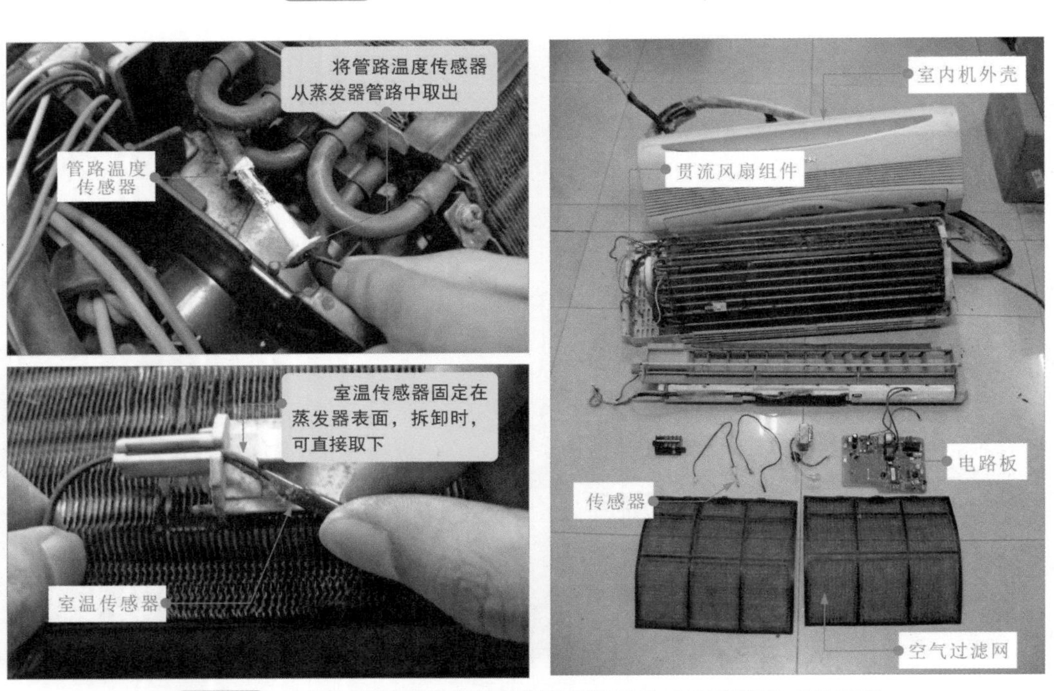

图20-3 变频空调器室内机传感器的拆卸及室内机拆解完成效果图

20.2 变频空调器室外机的拆卸

变频空调器室外机的拆卸方法与定频空调器室外机的拆卸基本相同。不同的是，变频空调器室外机中多一块变频电路板，因此拆卸变频空调器，除拆卸外壳等部分外，还需要针对变频电路部分进行拆卸。

20.2.1 变频空调器室外机组件的拆卸

图 20-4 为空调器室外机的组件的拆卸示意图。

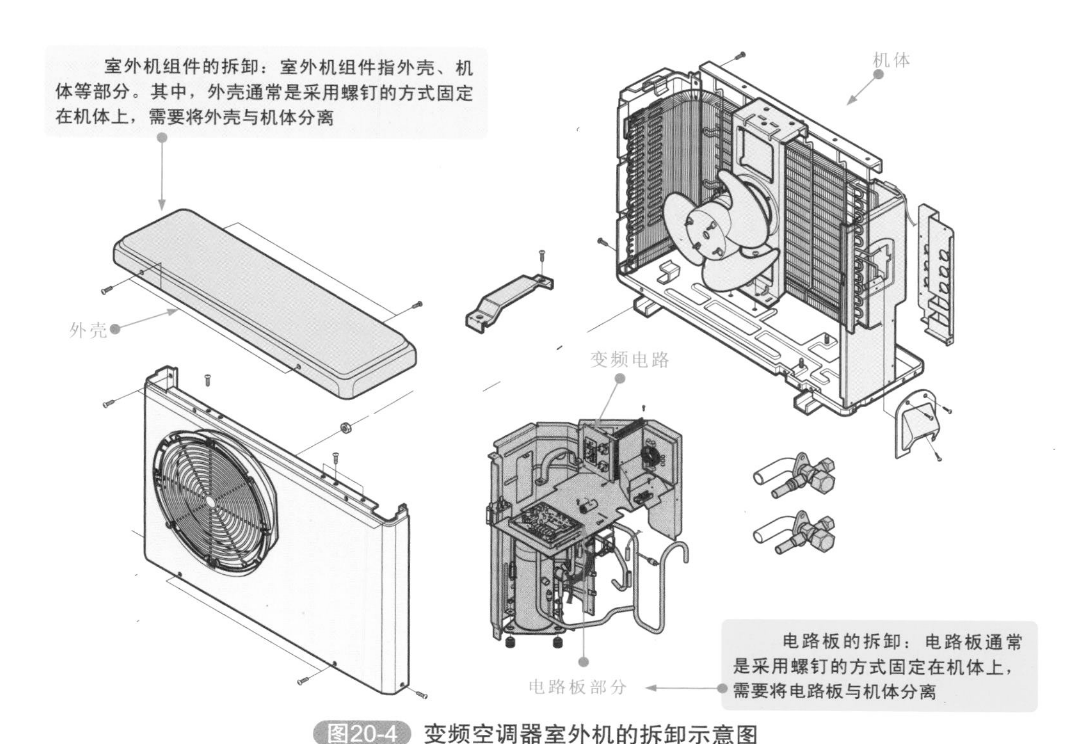

图20-4 变频空调器室外机的拆卸示意图

20.2.2 变频空调器室外机变频电路的拆卸

图 20-5 为变频空调器室外机中变频电路板的拆卸方法。

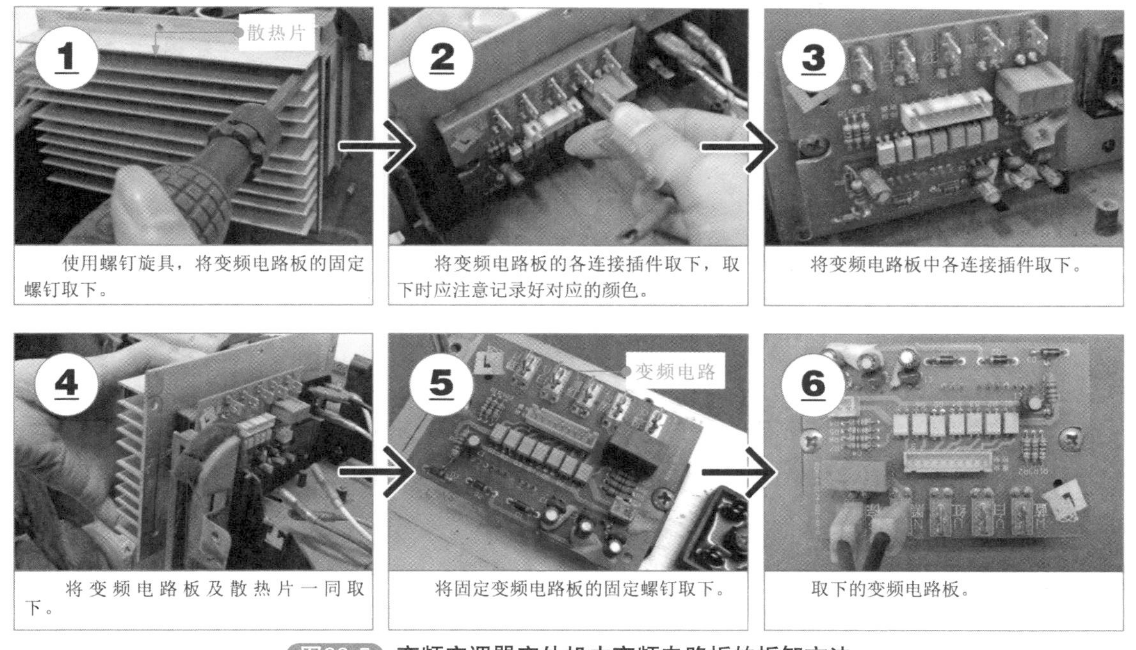

图20-5 变频空调器室外机中变频电路板的拆卸方法

第21章 闸阀和节流组件的检测代换

21.1 电磁四通阀的特点与检测代换

21.1.1 电磁四通阀的功能特点

电磁四通阀又被称为四通换向阀，是一种电控阀门，主要应用在冷暖型空调器的室外机中，用来改变制冷管路中制冷剂的流向，实现制冷和制热模式的转换。

图21-1为电磁四通阀工作时的功能示意图。

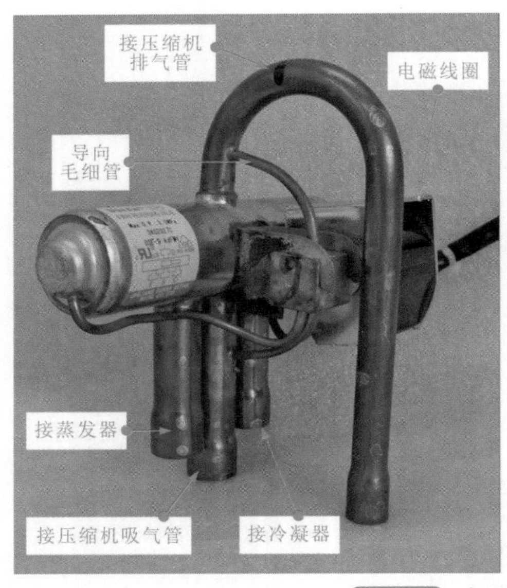

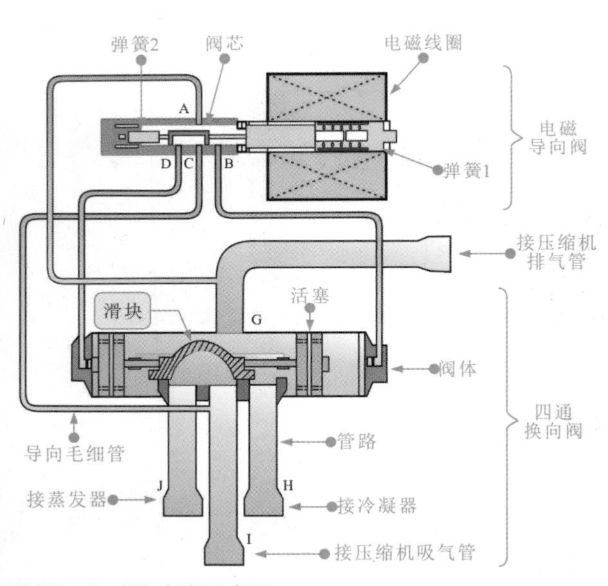

图21-1 电磁四通阀工作时的功能示意图

由图可知，电磁四通阀通常由电磁导向阀、四通换向阀两部分构成。其中，电磁导向阀由阀芯、弹簧和电磁线圈等组成，通过4根导向毛细管连接四通换向阀阀体。四通换向阀由阀体、滑块、活塞等配件构成，有4根管路与之连接。

21.1.2　电磁四通阀的检测方法

电磁四通阀出现故障后，空调器可能会出现制冷 / 制热模式不能切换、制冷（热）效果差等现象。若怀疑电磁四通阀损坏，就需要按照步骤对电磁四通阀进行检测，如图 21-2 所示。

图21-2　电磁四通阀的检测示意图

电磁四通阀的检测方法通常可分为 3 步：第 1 步检查电磁四通阀管路的连接处是否有泄漏，第 2 步是对电磁四通阀线圈阻值进行检测，第 3 步是对电磁四通阀管路温度进行检测。

（1）检查电磁四通阀管路连接处是否泄漏

检测电磁四通阀时，可先用白纸擦拭电磁四通阀的四个管路焊接处，如图 21-3 所示，检查是否存在泄漏的现象，若白纸上有油污，则说明该焊接处有泄漏故障，需进行补漏操作。

图21-3　检查电磁四通阀管路连接处是否泄漏的方法

（2）电磁四通阀线圈阻值的检测方法

若检测电磁四通阀的管路连接处没有泄漏的现象，则需要对电磁四通阀内的线圈进行检测，需要先将其连接插件拔下，再使用万用表对电磁四通阀线圈阻值进行检测，如图 21-4 所示，即可判断电磁四通阀是否出现故障。

（3）电磁四通阀管路温度的检测方法

若电磁四通阀线圈阻值正常，则应对电磁四通阀管路的温度进行检测，用手分别触摸管路即可判断出故障，如图 21-5 所示。

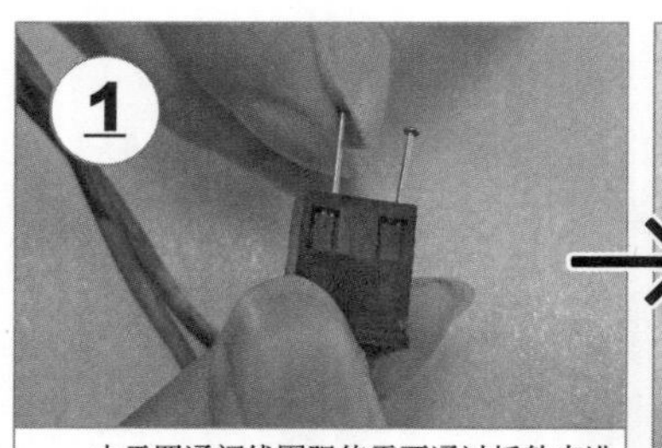

由于四通阀线圈阻值需要通过插件来进行检测，因此需要先对插件进行加工。使用大头针插入到插件中，方便进行检测。

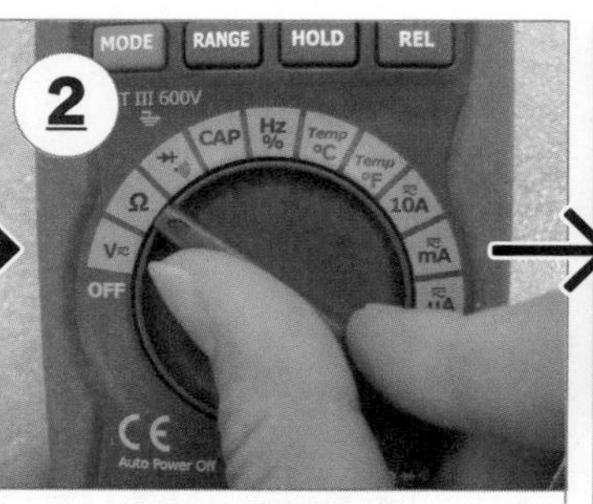

将万用表挡位调整至欧姆挡。

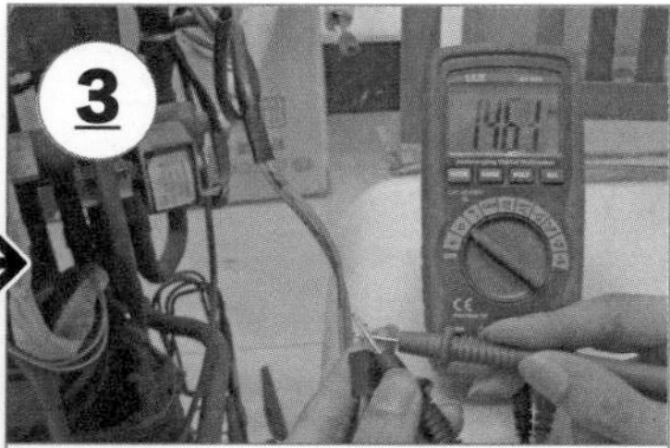

将万用表的表笔分别搭在两个大头针上，正常情况下，万用表可测得阻值约为1.46kΩ。若阻值差别过大则损坏。

图21-4 电磁四通阀线圈阻值的检测方法

用手分别触摸电磁四通阀的连接管路和导向毛细管，感觉管路的温度。

根据触摸感觉到的管路温度，判断电磁四通阀是否发生故障。

图21-5 电磁四通阀管路温度的检测方法

在空调器正常运行状态下，电磁四通阀管路的温度状态见表21-1。

表21-1 电磁四通阀工作时的管路温度

空调器工作状态	接压缩机排气管	接压缩机吸气管	接蒸发器
制冷状态	热	冷	冷
制热状态	热	冷	热
空调器工作状态	接冷凝器	左侧毛细管温度	右侧毛细管温度
制冷状态	热	较冷	较热
制热状态	冷	较热	较冷

【提示说明】

电磁四通阀除了以上的检测方法外，也可通过声音判断电磁四通阀的好坏。电磁四通阀只有在进行制热时才会工作。因此，若电磁四通阀长时间不工作，则内部的阀芯或滑块有可能无法移动到位，造成堵塞。在制热模式下，启动空调器时，电磁四通阀会发出轻微的撞击声，若没有撞击声，则可使用木棒或螺钉旋具轻轻敲击电磁四通阀，利用振动恢复阀芯或滑块的移动能力。

当电磁四通阀线圈断电时应有一声很大的气流声，若无此气流声时，则说明电磁四通阀有机械的故障。

电磁四通阀常见故障表现和故障原因见表21-2。

表21-2　电磁四通阀常见故障表现和故障原因

故障表现	压缩机排气管一侧	压缩机吸气管一侧	蒸发器一侧	冷凝器一侧	左侧毛细管	右侧毛细管	原因
不能从制冷转到制热	热	冷	冷	热	阀体温度	热	阀体内脏污
	热	冷	冷	热	阀体温度	阀体温度	毛细管阻塞变形
	热	冷	冷	暖	阀体温度	暖	压缩机故障
不能从制热转到制冷	热	冷	热	冷	阀体温度	阀体温度	压力差过高
	热	冷	热	冷	阀体温度	阀体温度	毛细管堵塞
	热	冷	热	冷	热	热	导向阀损坏
	暖	冷	暖	冷	暖	阀体温度	压塑机故障
制热时内部泄漏	热	热	热	热	阀体温度	热	串气、压力不足、阀芯损坏
	热	冷	热	冷	暖	暖	导向阀泄漏
不能完全转换	热	暖	暖	热	阀体温度	热	压力不够、流量不足；或滑块、活塞损坏

◆ 电磁四通阀不能从制冷转到制热时，提高压缩机排出压力，清除阀体内的脏物或更换电磁四通阀。

◆ 电磁四通阀不能完全转换时，提高压缩机排出压力或更换电磁四通阀。

◆ 电磁四通阀制热时内部泄漏时，提高压缩机排出压力，敲动阀体或更换电磁四通阀。

◆ 电磁四通阀不能从制热转到制冷时，检查制冷系统，提高压缩机排出压力，清除阀体内脏物，更换电磁四通阀或更换维修压缩机。

21.1.3　电磁四通阀的拆卸代换方法

若电磁四通阀内部堵塞或部件损坏无法进行修复时，则需要对电磁四通阀进行代换。对电磁四通阀的整体进行代换时，需要使用气焊设备对损坏的电磁四通阀进行拆焊，然后根据损坏电磁四通阀的规格参数选择适合的部件进行代换。

（1）电磁四通阀的拆卸方法

电磁四通阀安装在室外机压缩机的上方，与多根制冷管路相连，在对其拆卸时，可依照拆卸流程逐一操作，取下需要代换的电磁四通阀，如图21-6所示。

图21-6　电磁四通阀的拆卸流程

由图可知，拆卸电磁四通阀时，应先取下线圈，然后将各个连接的管路焊开，最终取下电磁四通阀，完在拆卸。

① 拆卸电磁四通阀的线圈

拆卸电磁四通阀线圈时，应先将线圈的连接线拔下，然后拧下固定螺钉，才可以将线圈从电磁四通阀上取下，如图 21-7 所示。

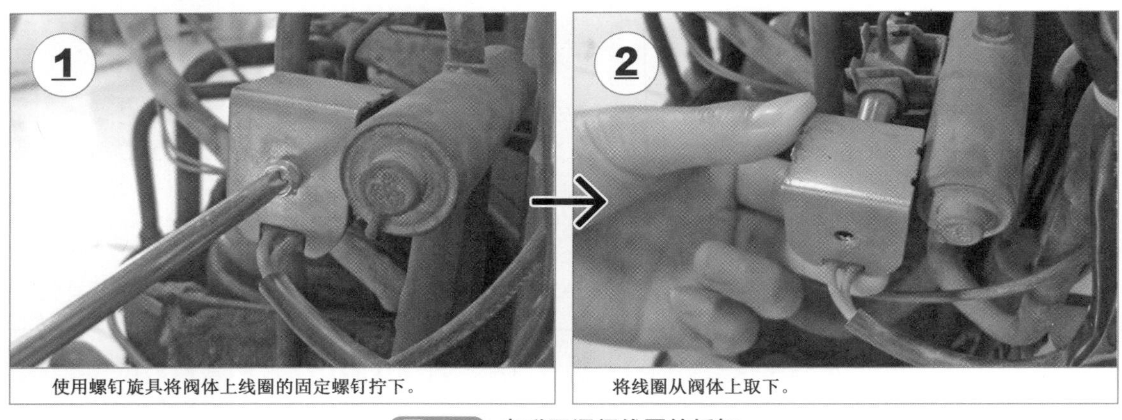

图21-7 电磁四通阀线圈的拆卸

② 拆卸电磁四通阀的连接管路

接下来使用气焊枪将电磁四通阀的各连接管路进行拆卸，如图 21-8 所示。

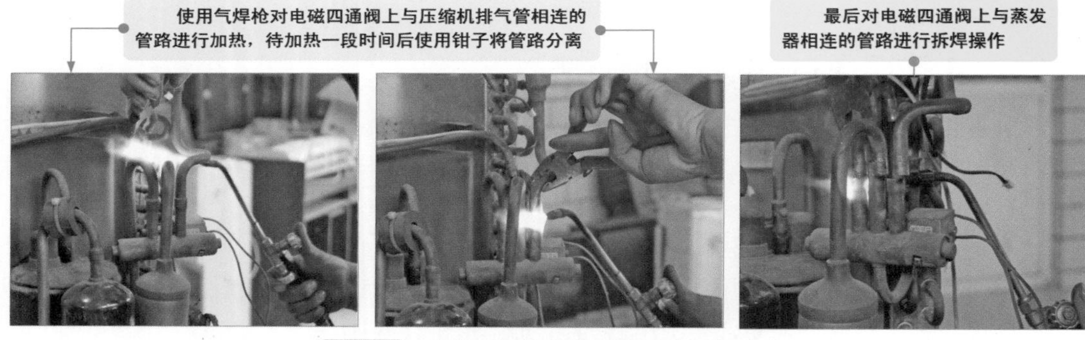

图21-8 电磁四通阀各连接管路的拆卸方法

（2）电磁四通阀的代换方法

对电磁四通阀进行代换时，首先应根据损坏损坏电磁四通阀的规格参数选择适合的元器件进行代换。找到匹配的电磁四通阀后，则需要将新的电磁四通阀安装到空调器到外机管路中。

电磁四通阀的代换方法如图 21-9 所示。

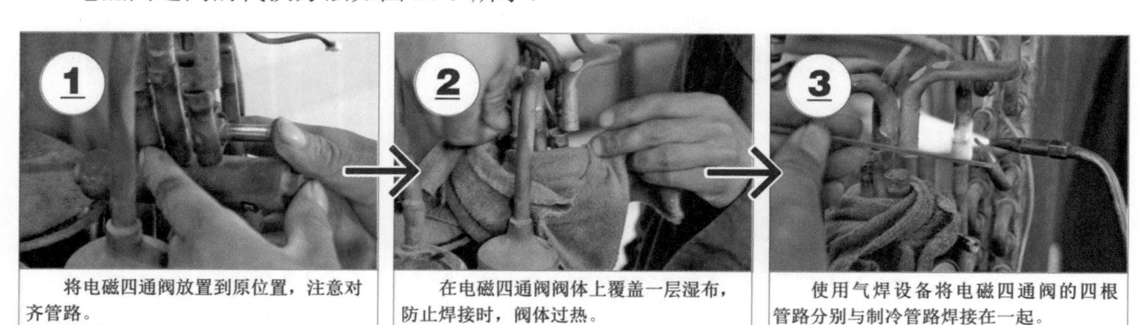

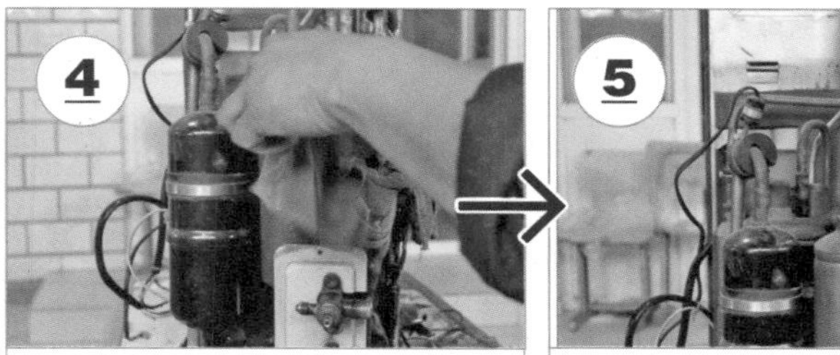

焊接时间不要过长，以防阀体内的部件损坏，使新电磁四通阀报废。

焊接完成，待管路冷却后，将盖在阀体上的湿布取下。

焊接完成后，进行检漏、抽真空、充注制冷剂等操作，再通电试机，故障排除。

图21-9　电磁四通阀的代换方法

【提示说明】

若电磁四通阀管路连接正常，只是线圈出现异常时，可单独对电磁四通阀的线圈进行更换，具体取下线圈的方法可参考图21-7。在代换时，需要寻找与损坏电磁四通阀线圈规格、参数及安装方式相同的电磁线圈。接下来，将新的线圈从电磁四通阀上取下，并按步骤安装在原电磁四通阀上，完成电磁四通阀中线圈的代换，如图21-10所示。

使用螺钉旋具拧下新电磁四通阀电磁线圈的固定螺钉，取下电磁线圈。

将新电磁线圈插到损坏电磁线圈的安装位置处，使用螺钉旋具拧上新电磁线圈的固定螺钉。

图21-10　代换线圈的方法

21.2　电子膨胀阀的检测代换

21.2.1　电子膨胀阀的结构特点

电子膨胀阀是由电子电路控制的膨胀阀，适用于变频空调器以及一台室外机带动多台室内机的空调器。

图21-11为电子膨胀阀的结构。可以看到其主要由阀体和电动机等部分构成的。

【提示说明】

电子膨胀阀的两根铜管与空调器的制冷管路连接。其中，电子膨胀阀的进管与冷凝器出口管路连接；电子膨胀阀的出管与空调器室外机二通截止阀连接。

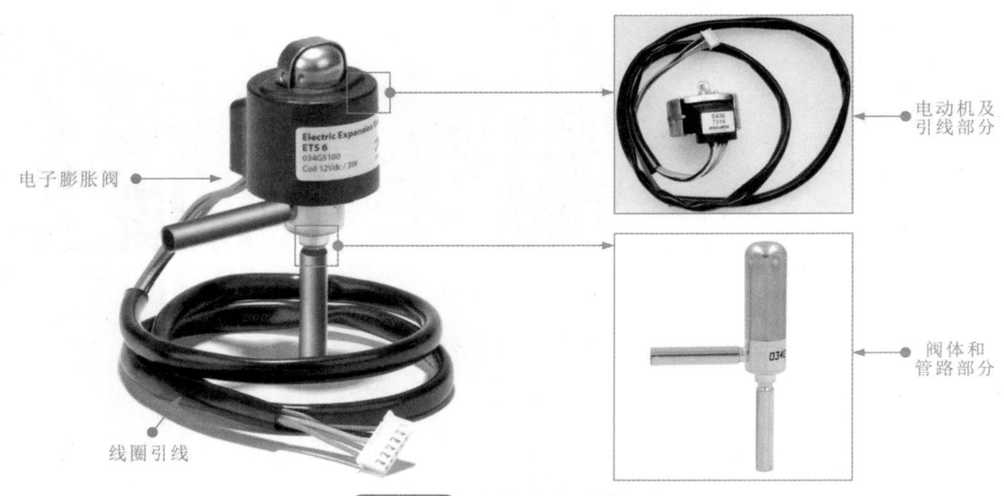

图21-11 电子膨胀阀的结构

在空调器制冷模式下，由冷凝器输出的低温高压的制冷剂液体送入电子膨胀阀中，经电子膨胀阀节流后变为低温低压气体，经二通截止阀后送至室内机的蒸发器中。

21.2.2 电子膨胀阀的工作原理

电子膨胀阀的驱动部件是一个脉冲步进电动机，它的转子和定子之间由一个薄圆筒形衬套相隔开，使定子不与制冷剂相接触。定子线圈接收微处理器送来的脉冲电压，使转子以一定的角度步进式向左或向右旋转。

根据电子膨胀阀电动机定子线圈的引线数量不同，电子膨胀阀一般有两种，一种是 6 根引线，一种是 5 根引线，如图 21-12 所示。

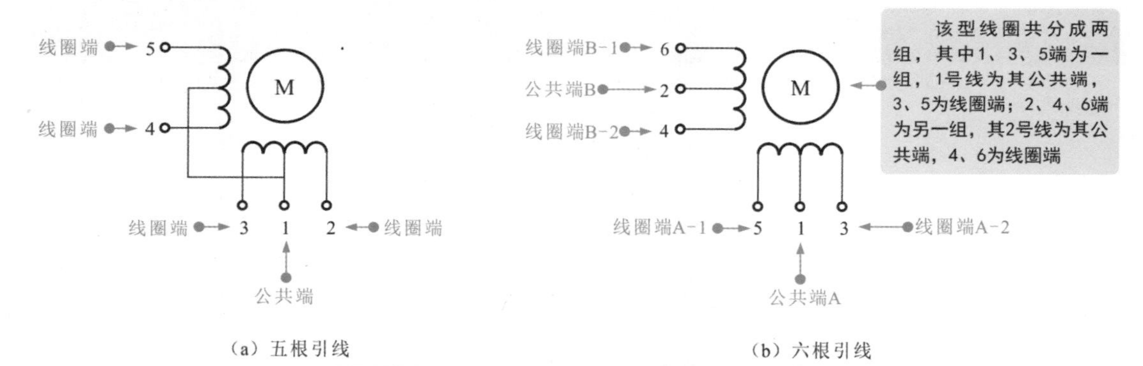

图21-12 电子膨胀阀电动机部分的不同引线数

电子膨胀阀的工作过程如下。

① 安装在蒸发器进口及出口处的数个温度传感器检测出进、出口处的温度，并输入到微处理器中，经过比较运算电路，使定子绕组得到脉冲电压，从而产生旋转磁场。

② 与转子一体的转轴旋转。

③ 由于阀体上螺母的作用，转轴一边旋转，一边作直线运动。

④ 转轴前端的阀芯在阀孔内进、出移动，流通截面变化。

⑤ 流过电子膨胀阀的制冷剂的流量发生变化。

⑥ 微处理器停止对电机定子绕组供电。

⑦ 转子停止旋转。

⑧ 流过电子膨胀阀的制冷剂的流量固定不变。

⑨ 当微处理器再次对电机定子绕组供电时，恢复到第①步。

21.2.3　电子膨胀阀的检测代换

在变频空调器的制冷系统中，由于采用了电子膨胀阀和室内风扇的微电脑控制，以及小型变频器的配合，实现了压缩机的“不间断运转”，从而避免了化霜时室温的降低，提高了工作效率。电子膨胀阀的加工精度高，价格比毛细管高，故障率相对毛细管也较高。

电子膨胀阀故障一般有脉冲电动机损坏，转子卡住和针阀密封性差等故障。在正常情况下，当空调器加电启动后，电子膨胀阀应有“咯嗒”的响声，且空调器运行一段时间后用手摸电子膨胀阀的两端，进口处是温热的，出口处是冰凉的。

若没有响声，或在空调器制冷模式下，压缩机工作一段时间后电子膨胀阀结霜，则需要检测其供电（直流 12V）、线圈等是否正常。若经检测直流供电电压正常，则说明空调器控制电路正常，若此时电子膨胀阀内仍无声音，则多为电子膨胀阀阀体不良。接下来，可检测电子膨胀阀电动机线圈阻值，如图 21-13 所示。

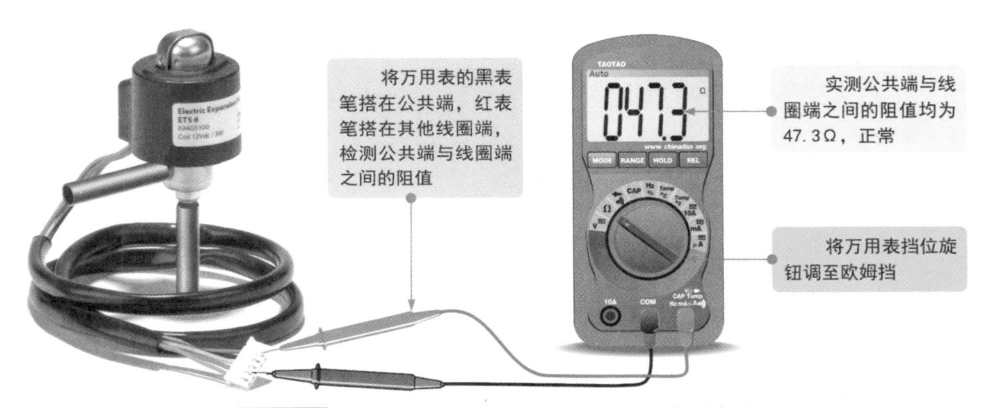

图21-13　电子膨胀阀电动机线圈阻值的检测方法

在正常情况下，五根引线线圈的公共端（1 号线，接直流 12V）与线圈端（2、3、4、5 号线）之间的阻值应均在 47Ω 左右，2 号线与 3、4 号线的电阻值约为 94Ω。若测得引线之间电阻为无穷大，则说明线圈开路；如果阻值过小，则说明线圈短路，均需要更换。

在正常情况下，六根引线线圈的第 1 组线圈中，1 号线与 3、5 号线的电阻分别为 47.3Ω、47.5Ω；1 号线与 4、号线的电阻值均为 47.5Ω。若测得引线之间电阻为无穷大，则说明线圈开路；如果阻值过小，则说明线圈短路，均需要更换。

若实际检测电子膨胀阀电动机线圈均正常，则可能是阀体内脏堵，可用高压气体进行吹洗。

【提示说明】

在空调器断电时，电子膨胀阀应复位，这时可通过听声音或感觉是否振动来判定阀针是否有问题。在关机状态下，阀芯一般处在最大开度，此时断开线圈引线，然后开机运行，如果此时制冷剂无法通过，可以判定阀针卡死。

【提示说明】

当判断电子膨胀阀阀体部分损坏，需要更换时应注意，在对电子膨胀阀与过滤器焊接时，需对阀体进行冷却保护，使阀主体温度不超过120℃，并且防止杂质及水分进入阀体内。另外，火焰不要直对阀体，同时需向阀体内部充入氮气，以防止产生氧化物。

电子膨胀阀前的管路系统应安装过滤器，防止系统内氧化皮及杂物堵塞。

21.3 干燥过滤器、毛细管和单向阀的检测代换

在学习干燥过滤器、毛细管和单向阀的检测代换之前，首先要对干燥过滤器、毛细管和单向阀的功能有一定的了解，然后在此基础上对干燥过滤器、毛细管和单向阀进行检测代换。

21.3.1 干燥过滤器的功能特点

干燥过滤器主要有两个作用：第一是吸附管路中多余的水分，防止产生冰堵，并减少水分对制冷系统的腐蚀作用；第二是过滤，滤除制冷系统中的杂质如灰尘、金属屑和各种氧化物，以防止制冷系统出现堵塞现象。

图21-14为干燥过滤器的功能示意图。

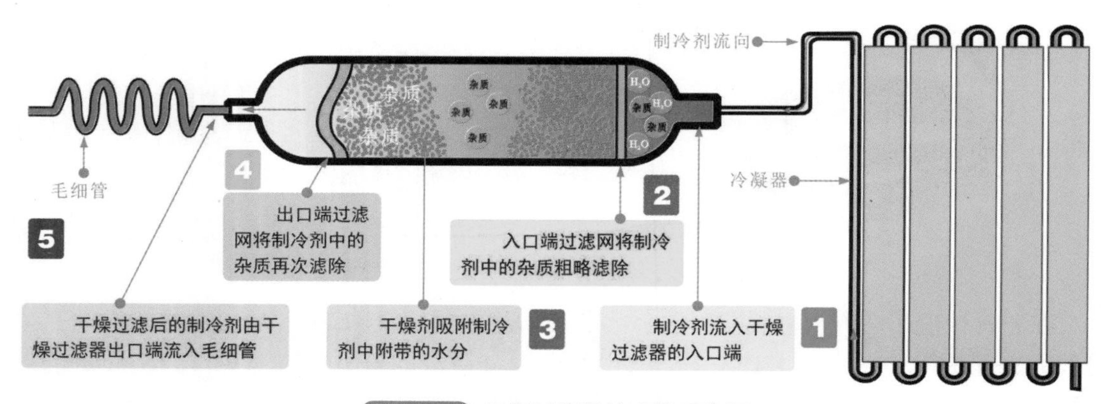

图21-14 干燥过滤器的功能示意图

【提示说明】

由于装配环境的影响、装配操作不规范或零部件自身清洗不彻底，空气或一些灰尘进入到制冷管路中。空气中含有一定的水分和杂质。根据制冷循环的原理，高温高压的过热蒸汽从压缩机排气口排出，经冷凝器冷却后，要进入毛细管进行节流降压。由于毛细管的内径很小，如果系统中存在水分和杂质就很容易造成堵塞，使制冷剂不能循环。如果这些杂质一旦进入到压缩机，就可能使活塞、气缸及轴承等部件的磨损加剧，影响压缩机的性能和使用寿命。因此需要在冷凝器和毛细管之间安置干燥过滤器。

21.3.2　毛细管的功能特点

毛细管是制冷系统中的节流装置，其外形长而细，如图 21-15 所示，这是为了增强制冷剂在制冷管路中流动的阻力，从而起到降低压力、限制流量的作用，更主要的作用是当空调器停止运转后，毛细管能够均衡制冷管路中的压力，使高压管路和低压管路趋向平衡状态，便于下次启动。

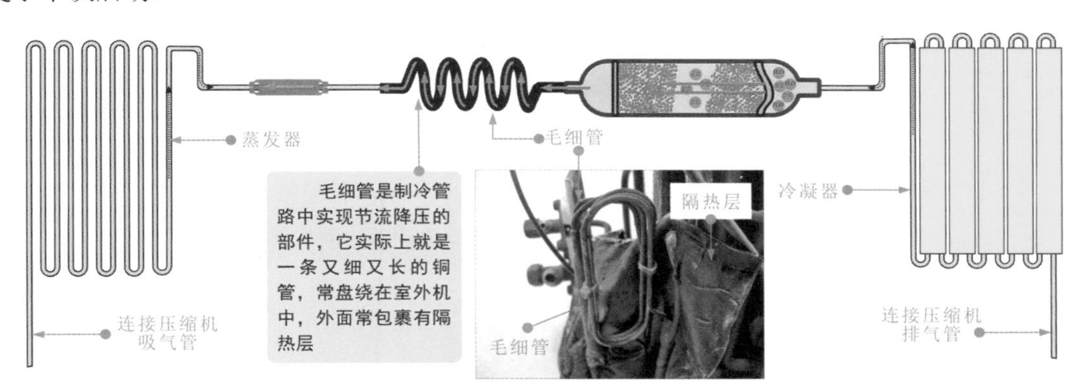

图21-15　毛细管的功能示意图

21.3.3　单向阀的功能特点

单向阀的主要作用是防止压缩机在停机时，其内部大量的高温高压蒸汽倒流向蒸发器，使蒸发器升温，从而导致制冷效率降低。在管路中接入单向阀，可使压缩机停转时制冷系统内部高、低压能迅速平衡，防止制冷剂倒流，以便空调器再次启动。

图 21-16 所示为针形单向阀的功能示意图。由图可知，当制冷剂流向与方向标识一致时，阀针受制冷剂本身流动压力的作用，被推至限位环内，单向阀处于导通状态，允许制冷剂流通；当制冷剂流向与方向标识相反时，阀针受单向阀两端压力差的作用，被紧紧压在阀座上，此时单向阀处于截止状态，不允许制冷剂流通。

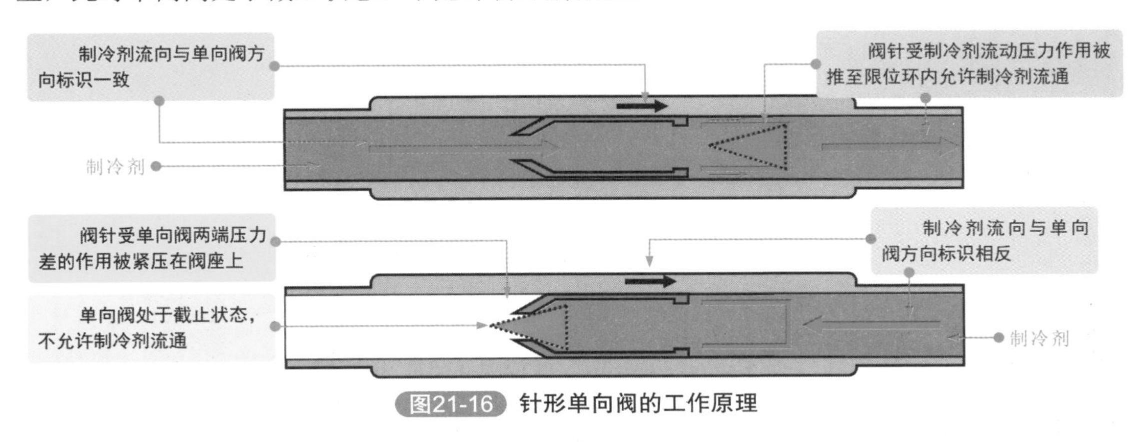

图21-16　针形单向阀的工作原理

【提示说明】

双接口式的单向阀，其工作原理与单接口式的单向阀有所区别，如图 21-17 所示。空调器制冷时，单向阀呈导通状态，制冷剂通过主毛细管和单向阀形成循环；空调器制热时，单向阀呈截止状态，制冷剂通过副毛细管形成制热循环。

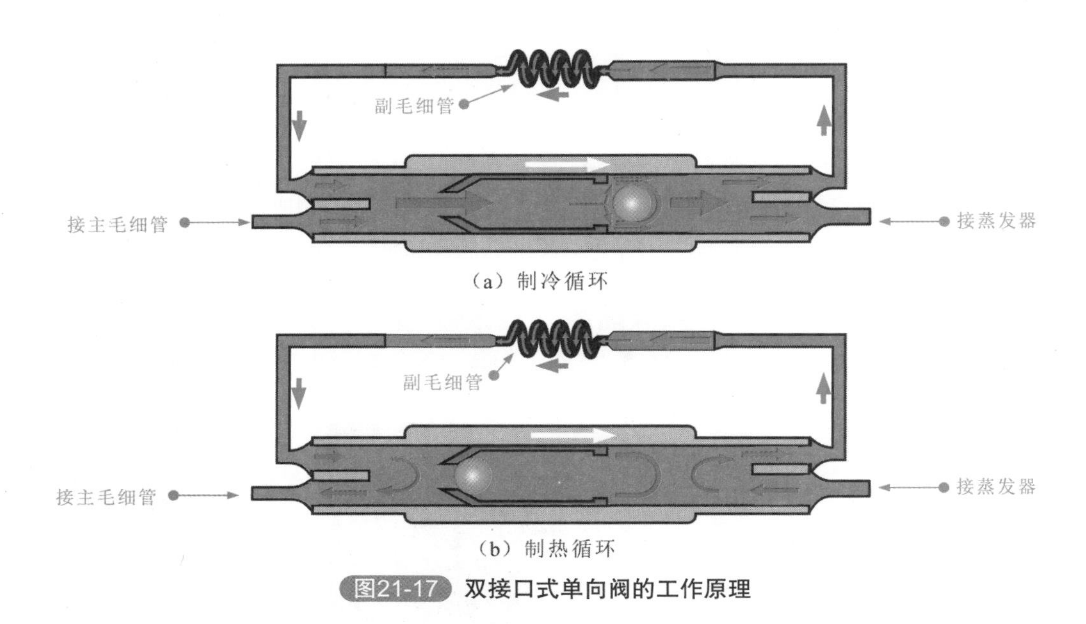

（a）制冷循环

（b）制热循环

图21-17 双接口式单向阀的工作原理

21.3.4 干燥过滤器、毛细管的检测代换

（1）干燥过滤器、毛细管的检测方法

干燥过滤器、毛细管最常见的故障表现就是结霜，而结霜往往是由于堵塞造成的，根据堵塞的原因不同，可分为油堵、脏堵和冰堵。不论是哪种原因造成的堵塞，都会使空调器运行出现异常。为了确定是否为干燥过滤器出现冰堵或脏堵的故障，可通过对制冷管路各部分的观察进行判断。图 21-18 为干燥过滤器的主要检测点。

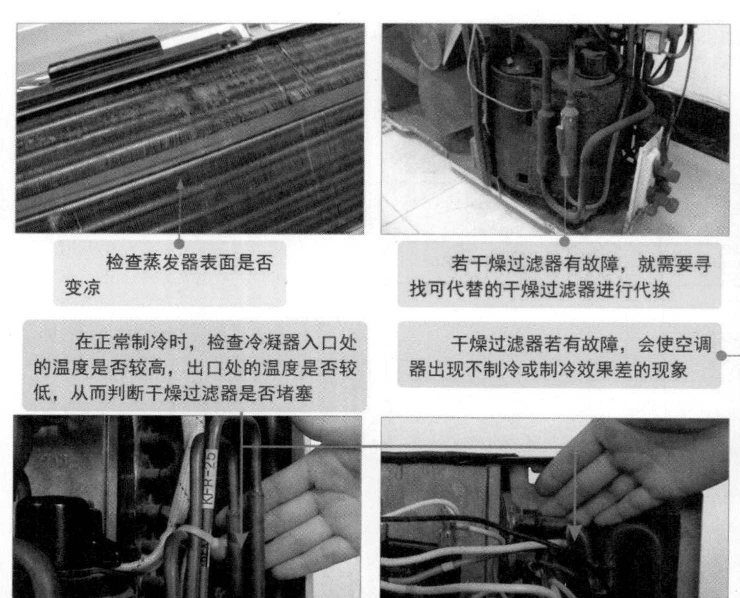

图21-18 干燥过滤器的主要检测点

判断空调器干燥过滤器是否出现故障可通过倾听蒸发器和压缩机的运行声音、触摸冷凝器的温度以及观察干燥过滤器表面是否结霜进行判断。

干燥过滤器的检测方法如图 21-19 所示。

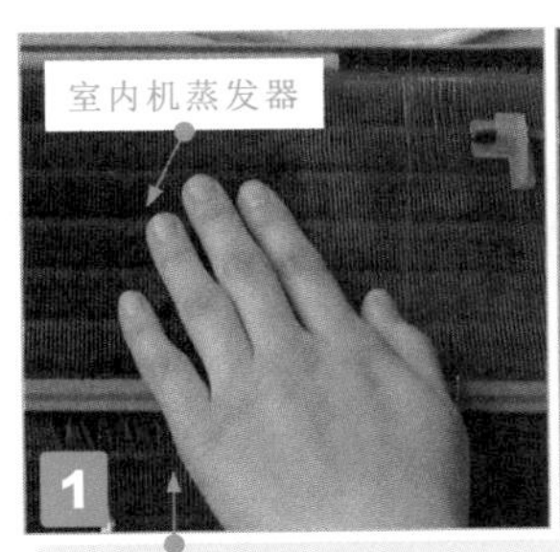

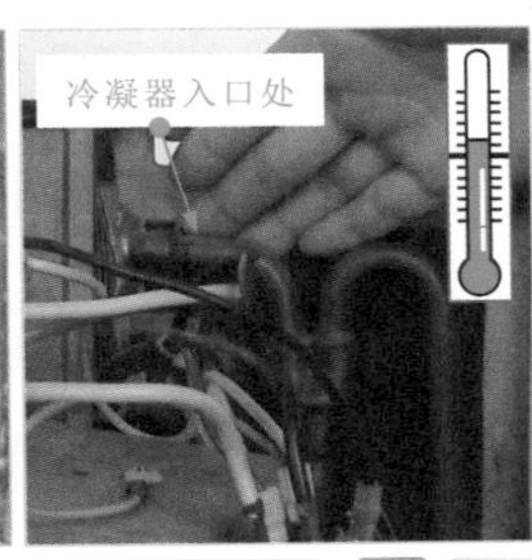

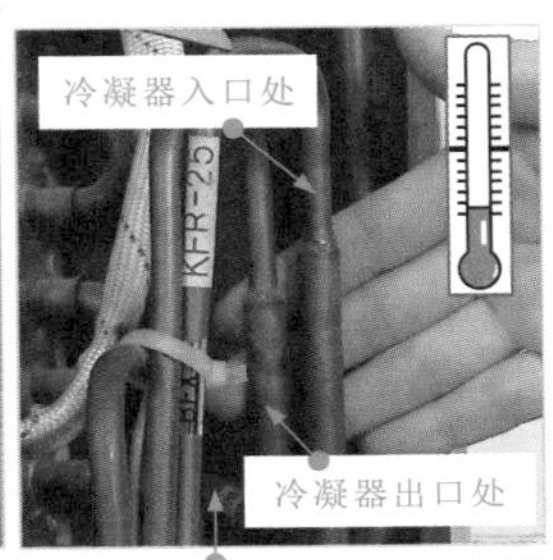

将空调器启动正常制冷，待压缩机运转工作后，用手触摸蒸发器，正常制冷时蒸发器的温度降低，有冰凉感觉（触摸时注意安全，小心伤手）。若发现蒸发器温度较热时，则说明干燥过滤器有故障

2 若冷凝器反应正常，则需检查干燥过滤器表面是否凝露或结霜。若干燥过滤器表面出现凝露或结霜说明空调器有脏堵或冰堵故障

3 若干燥过滤器没有结霜，则可以检查冷凝器的入口处和出口处的温度。正常制冷时，冷凝器入口处的温度较高，正常制冷时，冷凝器出口处的温度较低

图21-19 干燥过滤器的检测方法

若怀疑是毛细管出现故障后，空调器可能会出现不制冷（热）、制冷（热）效果差等现象。在对毛细管进行检查时，可根据具体的故障现象采用不同的检查方法，如图 21-20 所示。

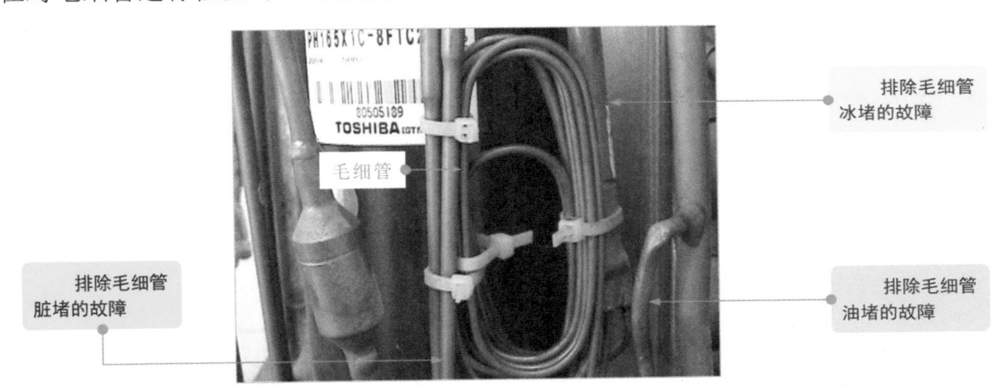

图21-20 毛细管的检测示意图

由图可知，在对毛细管进行检查时，主要是检查是否有油堵、脏堵以及冰堵现象。

① 排除毛细管油堵

毛细管出现油堵故障，多是因压缩机中的机油进入制冷管路引起的。一般可利用制冷、制热重复交替开机启动来使制冷管路中的制冷剂呈正、反两个方向流动。利用制冷剂自身的流向将油堵冲开。

毛细管油堵故障的排除方法如图 21-21 所示。

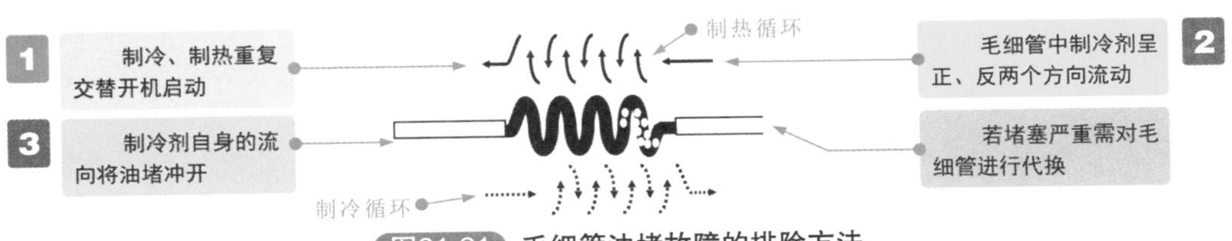

图21-21 毛细管油堵故障的排除方法

【提示说明】

若是在炎热的夏天出现油堵故障，空调器需要强制制热，采用的方法有冰水降温法和并联电阻法，如图 21-22 所示。

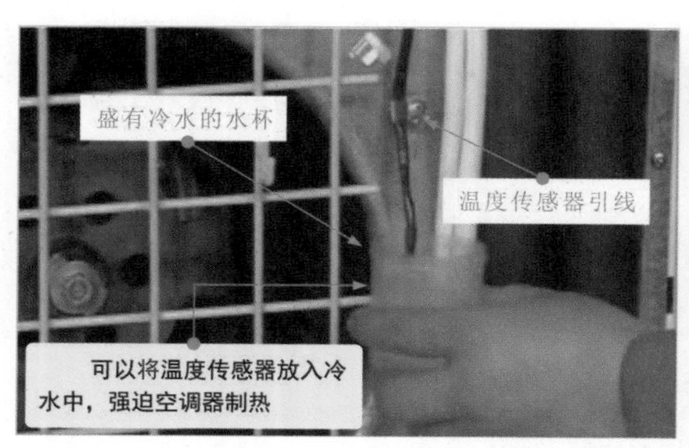

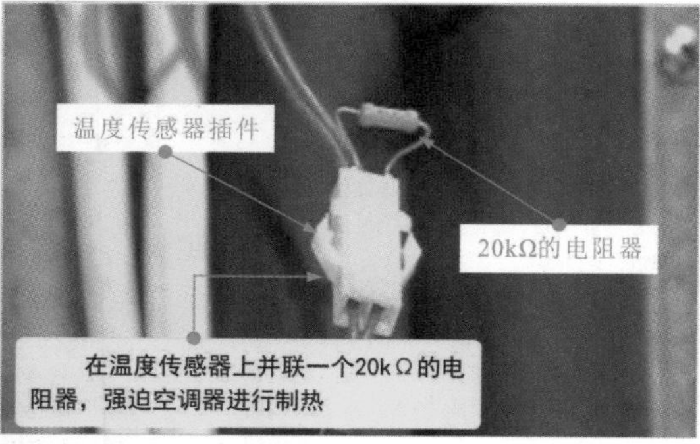

图21-22 夏天强制制热排除毛细管油赌故障的方法

② 排除毛细管脏堵

毛细管出现脏堵故障，多是因移机或维修操作过程中有脏污进入制冷管路引起的。通常采用充氮清洁的方法排除故障，若毛细管堵塞十分严重则需要对其进行更换。

毛细管脏堵故障的排除方法如图 21-23 所示。

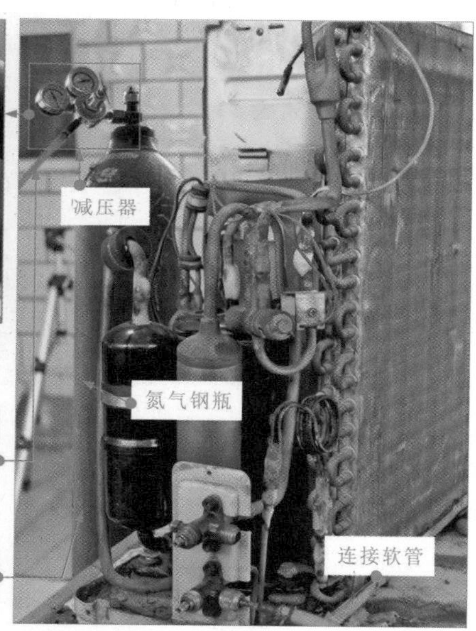

图21-23 毛细管脏堵故障的排除方法

③ 排除毛细管冰堵

毛细管冰堵多是因充注制冷剂或添加冷冻机油中带有水分造成的，通常通过加热、敲打毛细管的方法排除故障，如图 21-24 所示。

【提示说明】

若是由于充注制冷剂后造成的冰堵故障，则应抽真空，重新充注制冷剂；若是因为添加压缩机冷冻机油后造成的冰堵故障，则应先排净冷冻机油后，再重新添加冷冻机油。

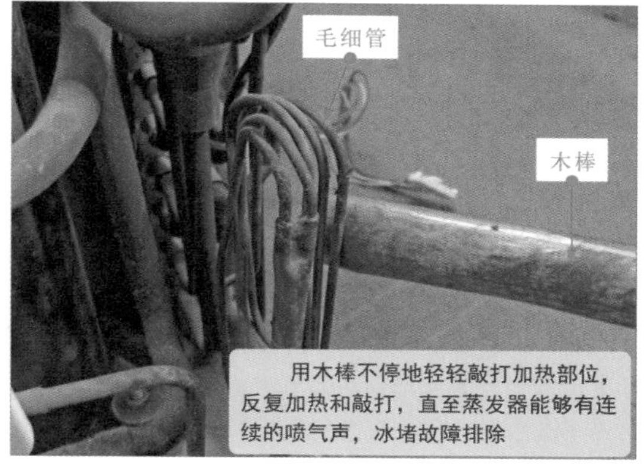

图21-24　毛细管冰堵故障的排除方法

（2）干燥过滤器、毛细管和单向阀的拆卸代换方法

一般情况下，冷暖式空调器中，干燥过滤器、毛细管和单向阀安装在室外机体内并连接在一起，位于压缩机上部的支架上。如需检修、代换时常常将这三个部件作为一个整体进行操作。

① 干燥过滤器、毛细管和单向阀的拆卸方法

在对干燥过滤器、毛细管和单向阀进行拆卸时，可按照具体的连接方法，将与单向阀连接的管路、与干燥过滤器连接的管路焊开，取下损坏的器件，图21-25为干燥过滤器、毛细管和单向阀的具体拆卸流程。

图21-25　干燥过滤器、毛细管、单向阀的拆卸

由图可知，干燥过滤器、毛细管、单向阀安装位置比较特殊，拆卸时可先单向阀与管路的焊接口处进行开焊，然后对干燥过滤器与管路的焊接口处进行开焊。

首先对单向阀焊接口处进行开焊，使其分离，如图21-26所示。

将单向阀与管路接口处分离后，接下对干燥过滤器与焊接口处进行开焊，使其分离，如图21-27所示。

② 干燥过滤器、毛细管和单向阀的代换方法

若干燥过滤器、毛细管、单向阀出现故障较为严重，无法通过修复进行使用时，就需要对干燥过滤器、毛细管、单向阀整体进行代换。

代换时就需要根据脏堵严重的干燥过滤器、毛细管、单向阀整体的管路直径、大小选择适合的进行代换，如图21-28所示，选择好后接下便可对该组件进行代换。

在进行开焊前，为了防止焊炬火焰高温损坏干燥过滤器上的管路温度传感器，需要将传感器取下

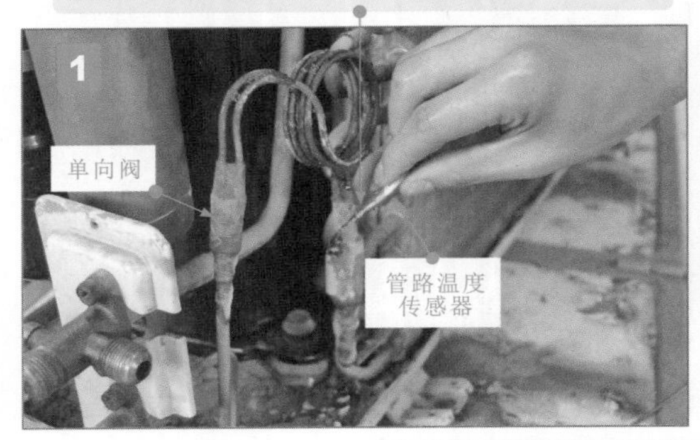

将焊炬按照设备的操作规范进行点火、调整火焰，焊接。先将焊枪的火焰对准单向阀与铜制管路的焊接口处，进行加热

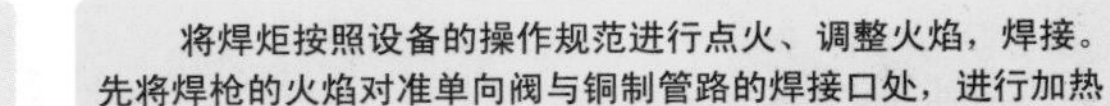

3 加热一段时间后，焊接处明显变红后，用钳子钳住单向阀向上提起，即可将单向阀与管路接口处分离

图21-26 单向阀焊接口处开焊

将焊枪对准干燥过滤器与铜制管路的焊接口处，进行加热

加热一段时间，焊接口处明显变红后，用钳子钳住干燥过滤器向上提起，即可将干燥过滤器与管路接口处分离

3 此时就可将单向阀、毛细管、干燥过滤器作为一体组件从空调器管路上取下了

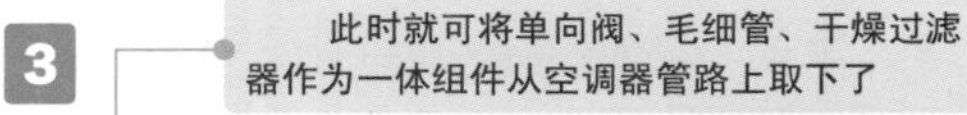

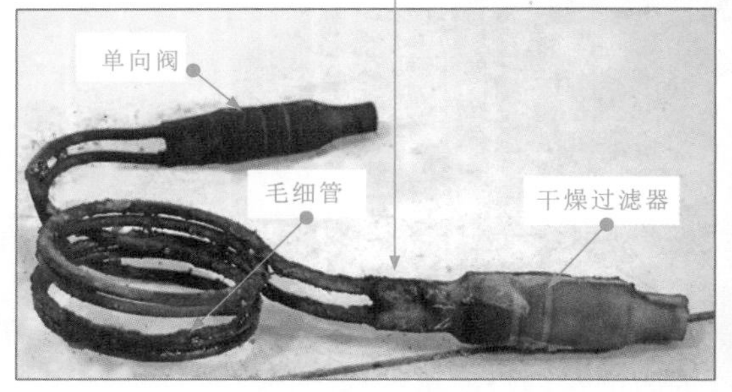

图21-27 干燥过滤器与焊接口处进行开焊的操作方法

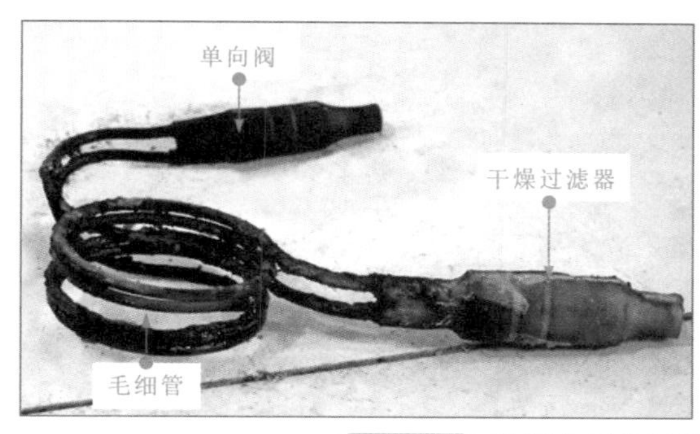

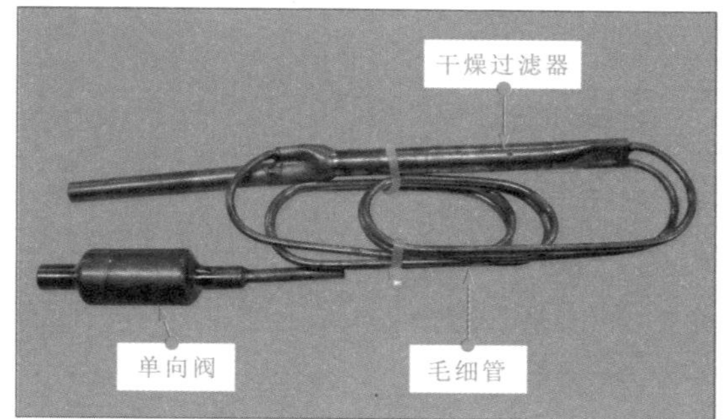

图21-28 选择合适的干燥过滤器、毛细管以及单向阀

选好需要更换的干燥过滤器、毛细管和单向阀后，接下来，则需要对其进行安装操作，完成代换。

干燥过滤器、毛细管、单向阀的代换方法如图 21-29 所示。

1 选择好合适的干燥过滤器、毛细管、单向阀后，首先将干燥过滤波器的一端插接到接冷凝器的管路中

2 将单向阀的一端插接到与蒸发器连接的管路中

3 使用焊枪加热单向阀与管路接口处，且距离焊接处稍远的部分，加热过程中来回移动焊枪，均匀加热

当单向阀与管路接口处呈现暗红色时，将焊条放置到焊口处熔化，单向阀与管路接口处呈现暗红色

使用焊枪加热干燥过滤器与管路接口处，且距离焊接处稍远的部分，加热过程中来回移动焊枪，均匀加热

使用焊枪加热干燥过滤器与管路接口处，且距离焊接处稍远的部分，加热过程中来回移动焊枪，均匀加热

图21-29 干燥过滤器、毛细管、单向阀的代换方法

第 22 章 变频空调器控制电路的故障检修

22.1 控制电路的结构原理

控制电路是空调器整机的运作核心，不论是定频空调器还是变频空调器，它都是控制和协调整机电气部件（如压缩机、电磁四通阀、风扇电动机等）正常工作和运行的电路。

22.1.1 控制电路的结构组成

控制电路是以微处理器为核心的自动检测、自动控制电路，用以对变频空调器中各部件的协调运行进行控制。

通常，在变频空调器的室内机和室外机中都设有各自独立的控制电路板，控制电路的核心部分是一只大规模集成电路，该电路称之为微处理器（CPU），微处理器的外围都设置有陶瓷谐振器和存储器等特征元器件，如图 22-1 所示。

可以看到，变频空调器室内外机的控制电路要是由微处理器、存储器、晶体、复位电路、继电器、反相器以及各种功能部件接口等组成的。

22.1.2 控制电路的工作原理

控制电路主要用于控制整机的协调运行，进而实现整机产品功能。在变频空调器中室内机与室外机中都设有独立的控制电路，两个电路之间由电源线和信号线连接，完成供电和相互交换信息（室内机、室外机的通信），控制室内机和室外机各部件协调工作。

图 22-2 为典型变频空调器控制电路的工作原理方框图。

变频空调器工作时，室内机微处理器接收各路传感元器件送来的检测信号，包括遥控器指定运转状态的控制信号、室内温度信号、室内热交换器（蒸发器）温度信号（管温信号）、室内机风扇电动机转速的反馈信号等。室内机微处理器接收到上述信号后便发出控制指令，其中包括室内机风扇电动机转速控制信号、压缩机运转频率控制信号、显示部分的控制信号（主要用于故障诊断）和室外机传送信息用的串行数据信号等。

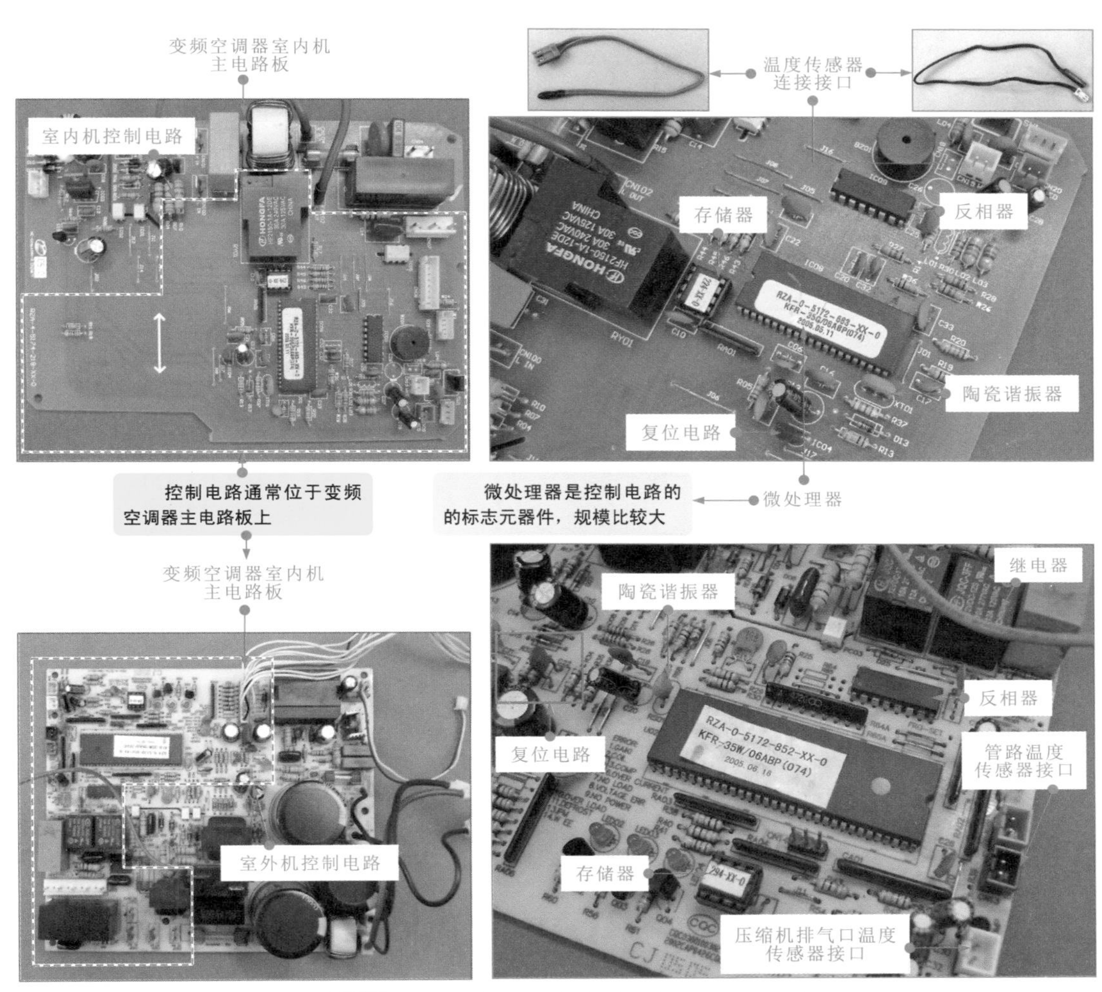

图22-1　典型变频空调器中控制电路的结构组成

同时，室外机微处理器从监控元器件得到感应信号，包括来自室内机的串行数据信号、电流传感信号、吸气管温度信号、排气管温度信号、室外温度信号、室外热交换器（冷凝器）温度信号等。室外机微处理器根据接收到的上述信号，经运算后发出控制指令，其中包括室外机风扇电动机的转速控制信号、变频压缩机运转的控制信号、电磁四通电磁阀的切换信号、各种安全保护监控信号、用于故障诊断的显示信号以及控制室内机除霜的串行信号等。

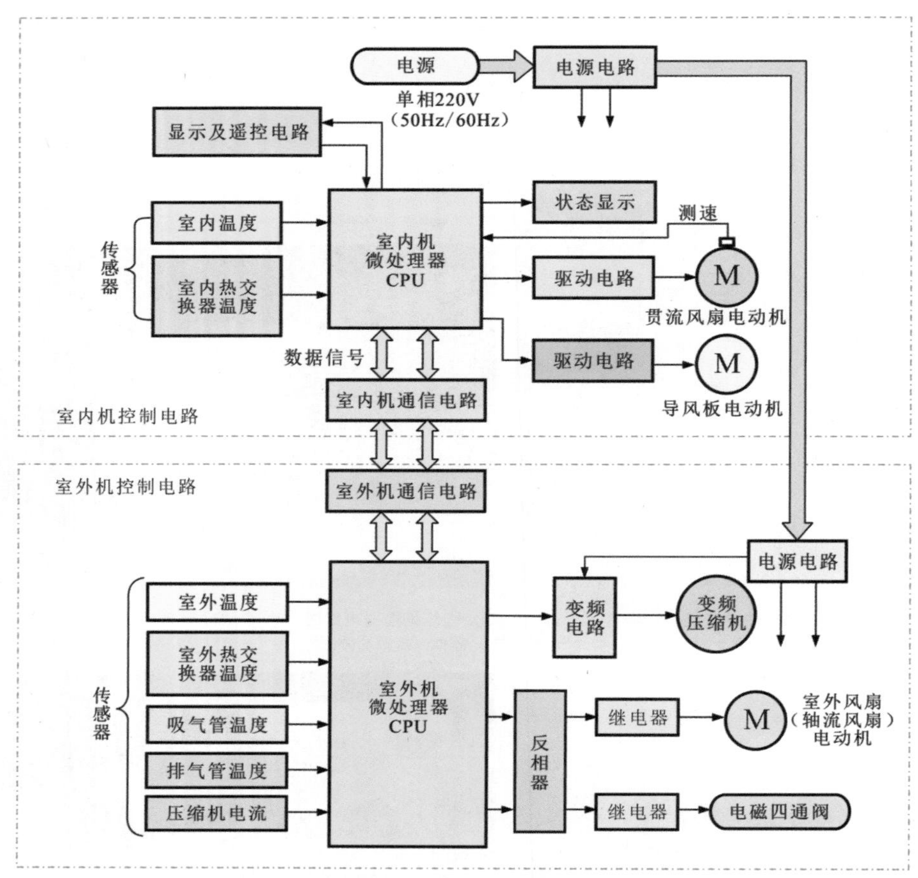

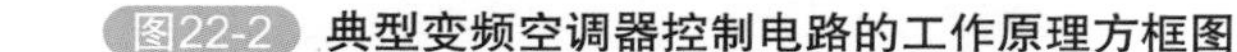
图22-2 典型变频空调器控制电路的工作原理方框图

22.2 控制电路的电路分析

（1）海信 KFR-35GW/06ABP 型变频空调器室内机控制电路

图 22-3 为海信 KFR-35GW/06ABP 型变频空调器的室内机控制电路原理图。该电路是以微处理器 IC08（TMP87CH46N）为核心的自动控制电路。

具体电路信号流程如下。

• 变频空调器开机后，由电源电路送来的 +5V 直流电压为变频空调器室内机控制电路部分的微处理器 IC08 以及存储器 IC06 提供工作电压，其中微处理器 IC08 的 ㉒ 脚和 ㊷ 脚为 +5V 供电端，存储器 IC06 的⑧脚为 +5V 供电端。

• 接在微处理器 ㉛ 脚外部的遥控接收电路，接收用户通过遥控器发射器发来的控制信号。该信号作为微处理器工作的依据。此外 ㊶ 脚外接应急开关，也可以直接接收用户强行启动的开关信号。微处理器接收到这些信号后，根据内部程序输出各种控制指令。

• 开机时微处理器的电源供电电压由 0 上升到 +5V，这个过程中启动程序有可能出现错误，因此需要在电源供电电压稳定之后再启动程序，这个任务是由复位电路来实现的。

IC1 是复位信号产生电路，②脚为电源供电端，①脚为复位信号输出端，当电源 +5V 加到②脚时，经 IC1 延迟后，由①脚输出复位电压，该电压经滤波（C20、C26）后加到 CPU

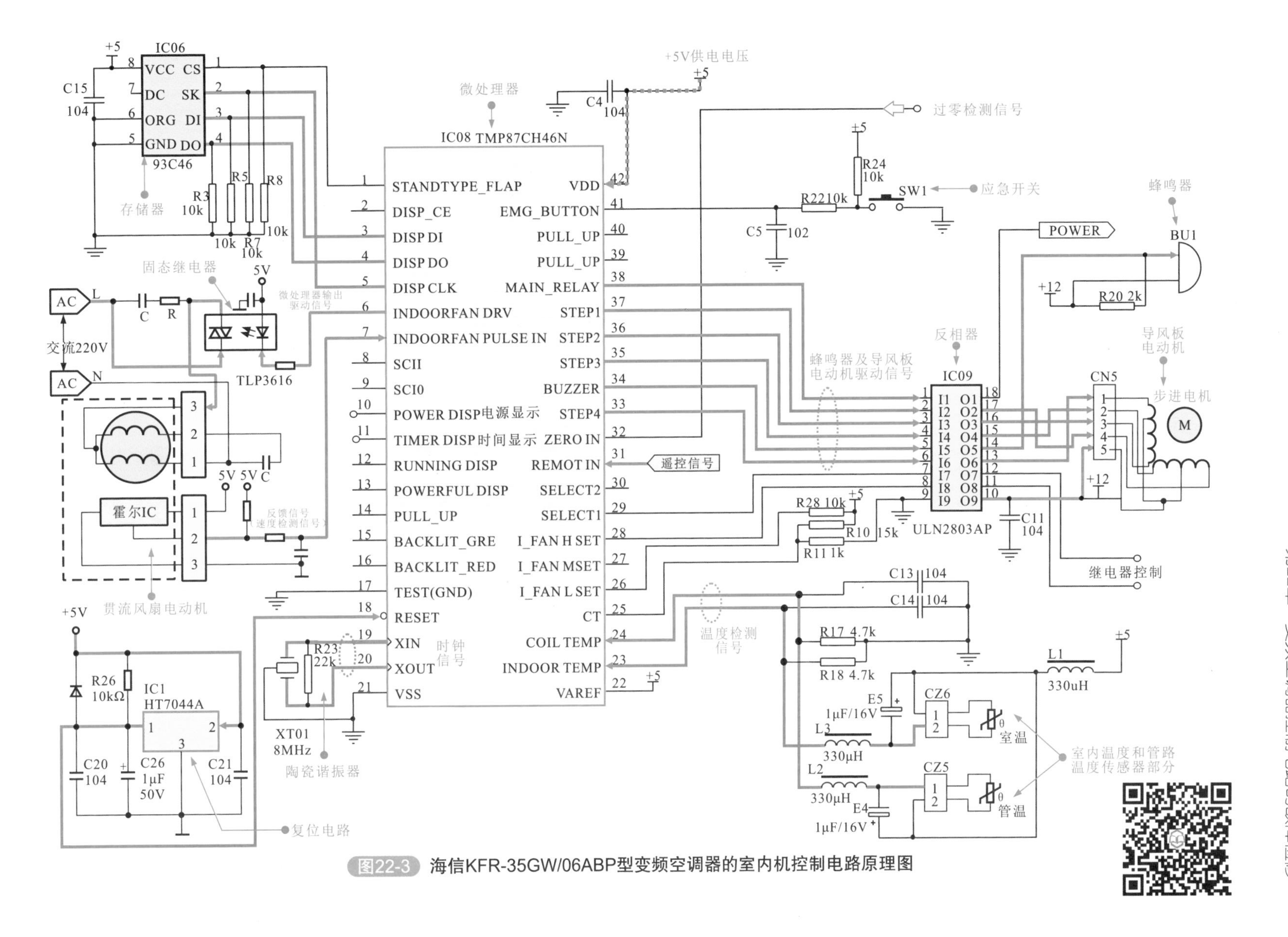

图22-3 海信KFR-35GW/06ABP型变频空调器的室内机控制电路原理图

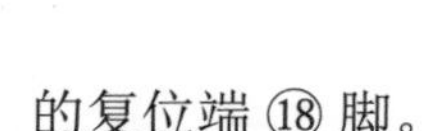

的复位端⑱脚。

复位信号比开机时间有一定的延时，防止 CPU 在电源供电未稳的状态下启动。

• 室内机控制电路中微处理器 IC08 的⑲脚和⑳脚与陶瓷谐振器 XT01 相连，该陶瓷谐振器是用来产生 8 MHz 的时钟晶振信号，作为微处理器 IC08 的工作条件之一。

• 微处理器 IC08 的①脚、③脚、④脚和⑤脚与存储器 IC06 的①脚、③脚、④脚和②脚相连，分别为片选信号（CS）、数据输入（DI）、数据输出（DO）和时钟信号（CLK）。

在工作时微处理器将用户设定的工作模式、温度、制冷、制热等数据信息存入存储器中。信息的存入和取出是经过串行数据总线 SDA 和串行时钟总线 SCL 进行的。

• 微处理器 IC08 的⑥脚输出贯流风扇电动机的驱动信号，⑦脚输入反馈信号（贯流风扇电动机速度检测信号）。

当微处理器 IC08 的⑥脚输出贯流风扇电动机的驱动信号，固态继电器 TLP3616 内发光二极管发光，TLP3616 中的晶闸管受发光二极管的控制，当发光二极管发光时，晶闸管导通，有电流流过，交流输入电路的 L 端（火线）经晶闸管加到贯流风扇电动机的公共端，交流输入电路的 N 端（零线）加到贯流风扇电动机的运行绕组，再经启动电容 C 加到电机的启动绕组上，此时贯流风扇电动机启动带动贯流风扇运转。

同时贯流风扇电动机霍尔元件将检测到的贯流风扇电动机速度信号由微处理器 IC08 的⑦脚送入，微处理器 IC08 根据接收到的速度信号，对贯流风扇电动机的运转速度进行调节控制。

• 微处理器 IC08 的㉝～㊲脚输出蜂鸣器以及导风板电动机的驱动信号，经反相器 IC09 后控制蜂鸣器及导风板电动机工作。

直流 +12V 接到导风板电动机两组线圈的中心抽头上。微处理器经反相放大器控制线圈的 4 个引出脚，当某一引脚为低电平时，该脚所接的绕组中便会有电流流过。如果按一定的规律控制绕组的电流就可以实现所希望的旋转角度和旋转方向。

• 温度传感器接在电路中，使之与固定电阻构成分压电路，将温度的变化变成直流电压的变化，并将电压值送入微处理器（CPU）的㉓、㉔脚，微处理器根据接收的温度检测信号输出相应的控制指令。

【提示说明】

变频空调器处于制冷模式时，当室内环境温度传感器检测到室内温度降低，其自身阻值升高，使其输出的电压降低，从而送入微处理器中的电压值也降低。微处理器接收到温度传感器传输的低电压后，其内部自动调整空调器的制冷温度，对室外机控制电路传输信号，由室外机控制电路降低变频压缩机的运转转速，使其处在恒温的制冷模式下，从而保证空调器的自动控温功能。

当室内环境温度传感器检测到室内温度升高时，其自身阻值会降低，使其输出的电压升高。微处理器接收到温度传感器传输的高电压后，其内部自动调整空调器的制冷温度，对室外机控制电路传输信号，由室外机控制电路升高变频压缩机的运转转速，增强制冷量，从而保证空调器的自动控温功能。

（2）海信 KFR-35GW/06ABP 型变频器室外机控制电路

图 22-4 为海信 KFR-35GW/06ABP 型变频空调器室外机的控制电路原理图。该电路是以微处理器 U02（TMP88PS49N）为核心的自动控制电路。

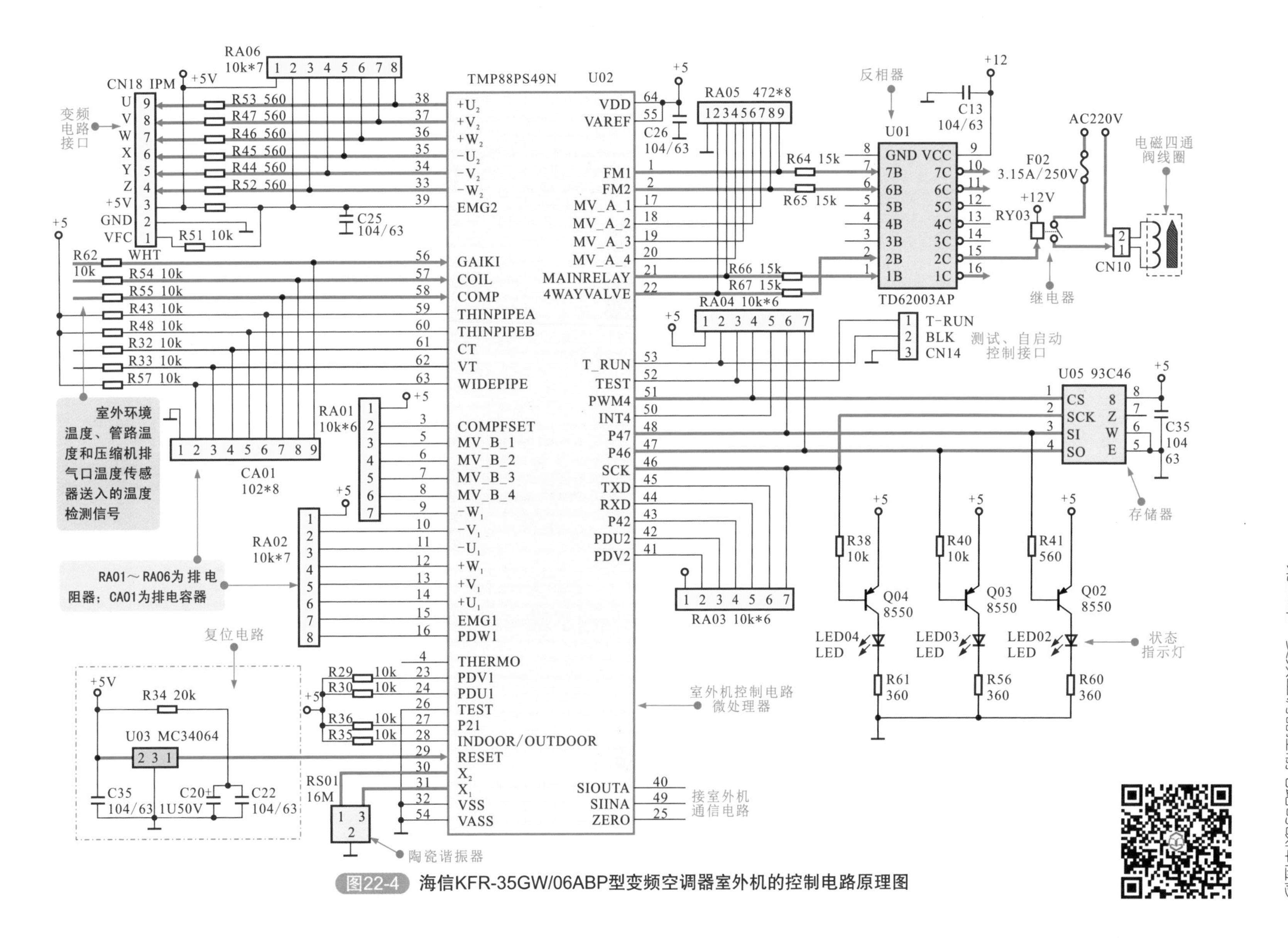

图22-4 海信KFR-35GW/06ABP型变频空调器室外机的控制电路原理图

具体电路信号流程如下。

• 变频空调器开机后，由室外机电源电路送来的 +5V 直流电压，为变频空调器室外机控制电路部分的微处理器 U02 以及存储器 U05 提供工作电压，其中微处理器 U02 的 ㊺ 脚和 ⑥④ 脚为 +5V 供电端，存储器 IC06 的⑧脚为 +5V 供电端。

• 室外机控制电路得到工作电压后，由复位电路 U03 为微处理器提供复位信号，微处理器开始运行工作。

同时，陶瓷谐振器 RS01（16M）与微处理器内部振荡电路构成时钟电路，为微处理器提供时钟信号。

• 存储器 U05（93C46）用于存储室外机系统运行的一些状态参数，例如，变频压缩机的运行曲线数据、变频电路的工作数据等；存储器在其②脚（SCK）的作用下，通过④脚将数据输出，③脚输入运行数据，室外机的运行状态通过状态指示灯指示出来。

• 图 22-5 为该变频空调器室外风扇（轴流风扇）电动机驱动电路。从图中可以看出，室外机微处理器 U02 向反相器 U01（ULN2003A）输送驱动信号，该信号从①、⑥脚送入反相中。反相器接收驱动信号后，控制继电器 RY02 和 RY04 导通或截止。通过控制继电器的导通 / 截止，从而控制室外风扇电动机的转动速度，使风扇实现低速、中速和高速的转换。电动机的启动绕组接有启动电容。

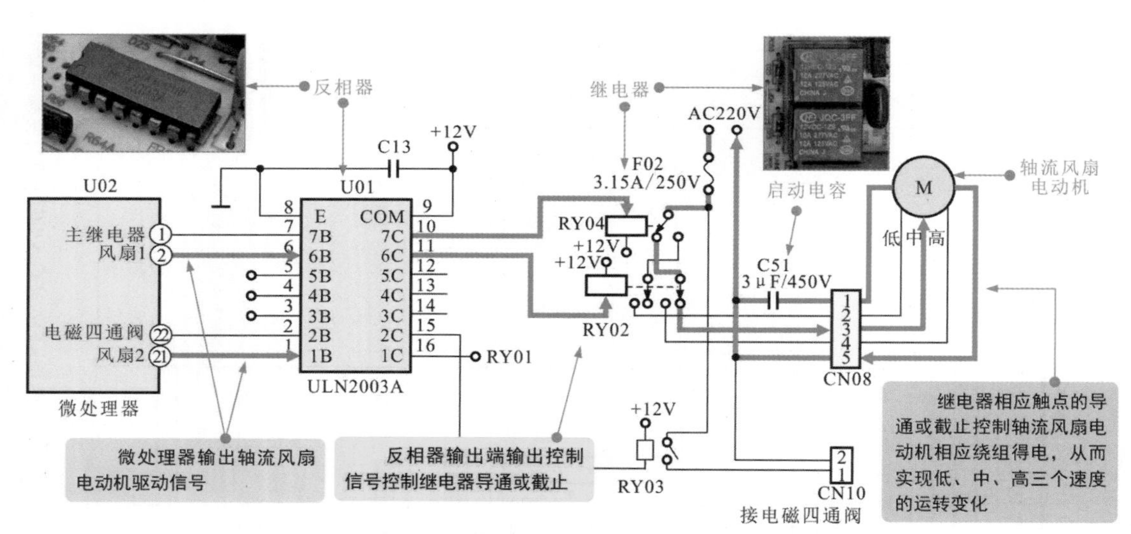

图22-5 变频空调器室外风扇（轴流风扇）电动机驱动电路

• 空调器电磁四通阀的线圈供电是由微处理器控制的，微处理器的控制信号经过反相放大器后去驱动继电器，从而控制电磁四通阀的动作。

在制热状态时，室外机微处理器 U02 输出控制信号，送入反相器 U01（ULN2003A）的②脚，经反相器放大的控制信号，由其 ⑮ 脚输出，使继电器 RY03 工作，继电器的触点闭合，交流 220V 电压经该触点为电磁四通阀供电，来对内部电磁导向阀阀芯的位置进行控制，进而改变制冷剂的流向。

• 室外机组中设有一些温度传感器为室外微处理器提供工作状态信息，图 22-6 为该变频空调器中的传感器接口电路部分。

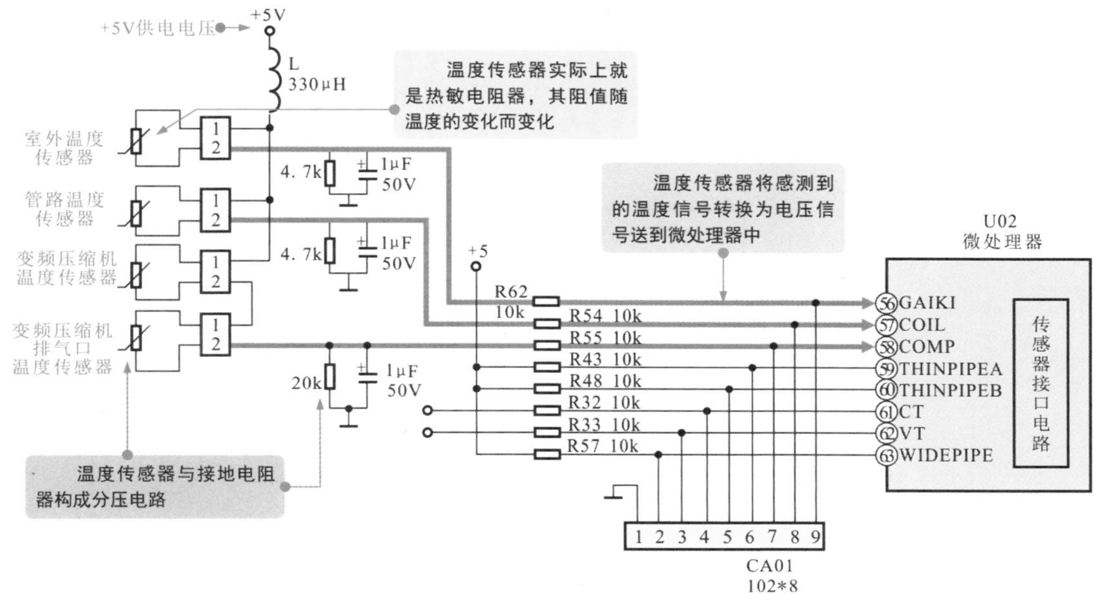

图22-6　变频空调器的传感器接口电路

设置在室外机检测部位的温度传感器通过引线和插头接到室外机控制电路板上，经接口插件分别与直流电压 +5V 和接地电阻相连，然后加到微处理器的传感器接口引脚端。温度变化时，温度传感器的阻值会发生变化。温度传感器与接地电阻构成分压电路，分压点的电压值会发生变化，该电压送到微处理器中，在内部传感器接口电路中经 A/D 变换器将模拟电压量变成数字信号，提供给微处理器进行比较判别，以确定对其他部件的控制。

• 室外机主控电路工作后，接收由室内机传输的制冷 / 制热控制信号后，便对变频电路进行驱动控制，经由接口 CN18 将驱动信号送入变频电路中。

• 微处理器 U02 的 ㊵、㊾、㉕ 脚为通信电路接口端。其中，由 ㊾ 脚接收由通信电路（空调器室内机与室外机进行数据传输的关联电路）传输的控制信号，并由其 ㊵ 脚将室外机的运行和工作状态数据经通信电路送回室内机控制电路中。

22.3　控制电路的故障检修

22.3.1　控制电路的检修分析

控制电路中各部件不正常都会引起控制电路故障，进而引起空调器出现不启动、制冷 / 制热异常、控制失灵、操作或显示不正常等现象，对该电路进行检修时，应首先采用观察法检查控制电路的主要元器件有无明显损坏或元器件脱焊、插口不良等现象，如出现上述情况则应立即更换或检修损坏的元器件，若从表面无法观测到故障点，则需根据控制电路的信号流程以及故障特点对可能引起故障的工作条件或主要部件逐一进行排查。

图 22-7 为典型变频空调器控制电路的检修分析。

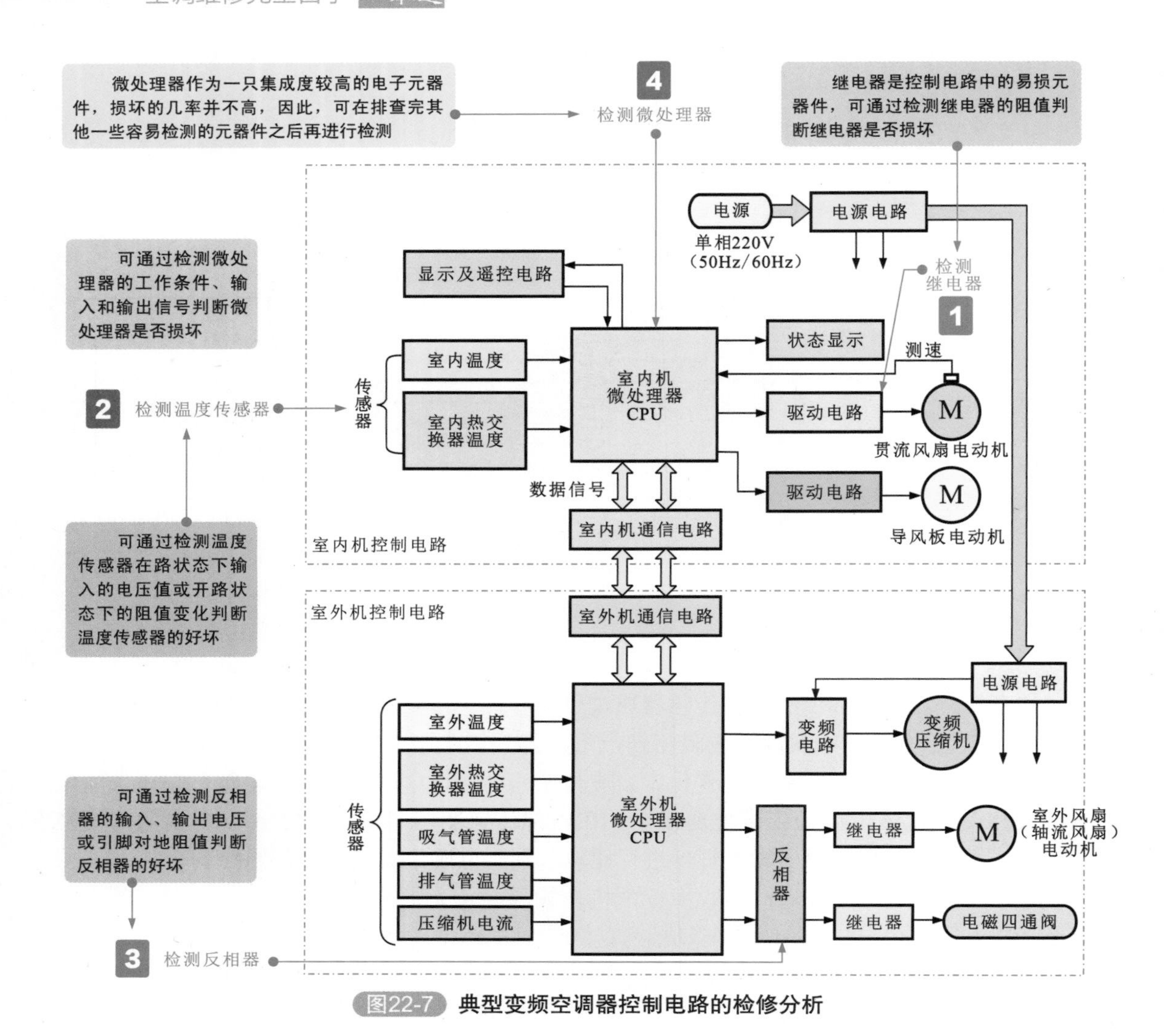

图22-7 典型变频空调器控制电路的检修分析

22.3.2 控制电路的检修方法

对变频空调器控制电路的检修，可按照前面的检修分析进行逐步检测，对损坏的元器件或部件进行更换，即可完成对控制电路的检修。

（1）继电器的检测

在变频空调器中，继电器的通断状态决定着被控部件与电源的通断状态，若继电器功能失常或损坏，将直接导致变频空调器某些功能部件不工作或某些功能失常的情况，因此，变频空调器检测中，继电器的检测也是十分关键的环节。

① 电磁继电器的检测

在变频空调器室外机中通常采用电磁继电器控制室外机中的轴流风扇电动机、电磁四通阀等。一般可在断电状态下检测继电器线圈阻值和继电器触点的状态来判断继电器的好坏，具体检测方法在前面章节已经详细介绍，这里不再重复。

② 固态继电器的检测

结合前面我们了解固态继电器的内部结构，判断固态继电器的性能，可通过检测发光二极管端和晶闸管端阻值的方法判断好坏，如图 22-8 所示。

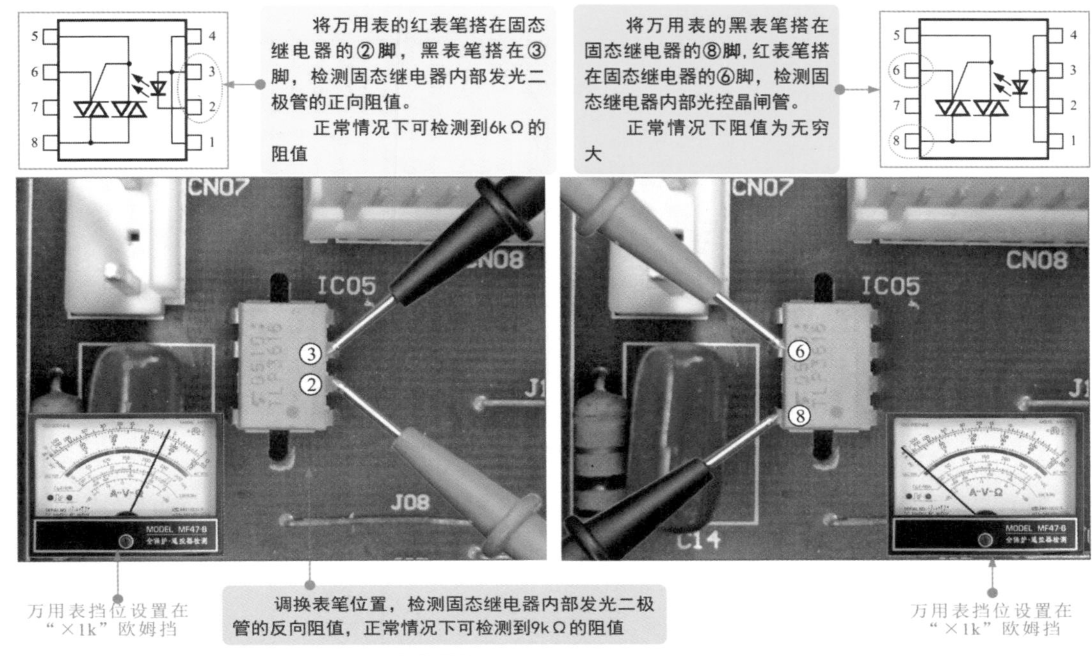

图22-8　固态继电器的检测方法

（2）温度传感器的检测

在变频空调器中，温度传感器是不可缺少的控制元器件，如果温度传感器损坏或异常，通常会引起变频空调器不工作、室外机不运行等故障，因此掌握温度传感器的检修方法是十分必要的。

检测温度传感器通常有两种方法，一种是在路检测温度传感器供电端信号和输出电压（送入微处理器的电压）；一种是开路状态下，检测不同温度环境下的电阻值。具体检测放大在前面的章节中已经详细介绍，这里不再重复。

【提示说明】

温度传感器若堆积了大量灰尘或其导热硅脂变质、脱落也会造成温度检测不准确，从而导致变频空调器出现故障。在变频空调器中，用来检测管路的温度传感器上会包裹一层白色的导热硅脂。若导热硅脂变质或极少，会导致变频空调器出现报警提示故障或进入保护模式。检查管路温度传感器时，可通过更换或涂抹导致硅脂排除故障。

（3）反相器的检测

反相器是变频空调器中各种功能部件的驱动电路部分，若该元器件损坏将直接导致变频空调器相关的功能部件失常，如常见的室内、室外风扇电动机不运行、电磁四通阀不换向引起的变频空调器不制热等。

判断反相器是否损坏时，可使用万用表对其各引脚的对地阻值进行检测判断，若检测出的阻值与正常值偏差较大，说明反相器已损坏，需进行更换。

图 22-9 为室外机反相器 ULN2003 的检测方法。正常时测得反相器 ULN2003 各引脚的对地阻值见表 22-1。

1 将万用表的黑表笔搭在反相器的接地引脚端（⑧脚），红表笔依次搭在反相器的各引脚上，测其各引脚正向对地阻值

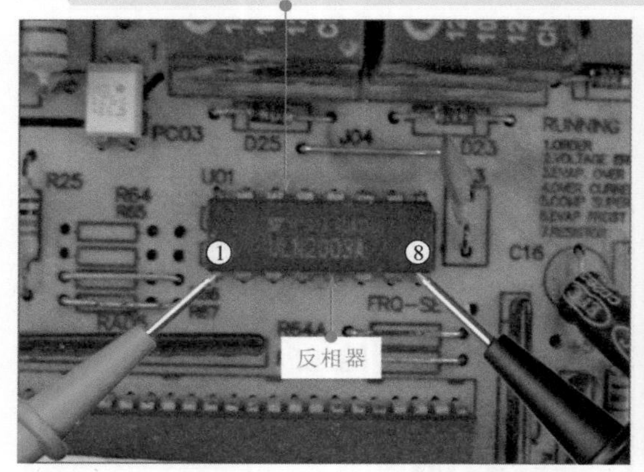

2 正常情况下，反相器各引脚的正向对地阻值应为一个固定值

图22-9 反相器ULN2003的检测方法

表22-1 反相器ULN2003各引脚对地阻值

引脚号	对地阻值（×100Ω）	引脚号	对地阻值（×100Ω）	引脚号	对地阻值（×100Ω）	引脚号	对地阻值（×100Ω）
①	5	⑤	5	⑨	4	⑬	5
②	6.5	⑥	5	⑩	5	⑭	5
③	6.5	⑦	5	⑪	5	⑮	5
④	6.5	⑧	0（接地）	⑫	5	⑯	5

（4）微处理器的检测

微处理器是变频空调器中的核心部件，若该部件损坏将直接导致变频空调器不工作、控制功能失常等故障。

一般对微处理器的检测包括三个方面，即检测工作条件、输入和输出信号。检测结果的判断依据为：在工作条件均正常的前提下，输入信号正常，而无输出或输出信号异常，则说明微处理器本身损坏。

① 微处理器输出控制信号的检测方法

当微处理器出现故障时，应首先对微处理器输出的控制信号进行检测，若输出的控制信号正常，表明微处理器工作正常；若输出的控制信号不正常，则表明微处理器没有正常工作，此时应对微处理器的工作条件进行检测。

图22-10为室外机微处理器输出控制信号的检测方法（以轴流风扇电动机驱动信号的检测为例）。

【提示说明】

变频空调器室外机微处理器与室内机微处理器的控制对象不同，因此所输出的控制信号也有所区别。室内机微处理器输出的控制信号主要包括贯流风扇电动机驱动信号、导风板电动机驱动信号、蜂鸣器驱动信号等；室外机微处理器输出的控制信号主要包括轴流风扇电动机驱动信号和电磁四通阀控制信号。

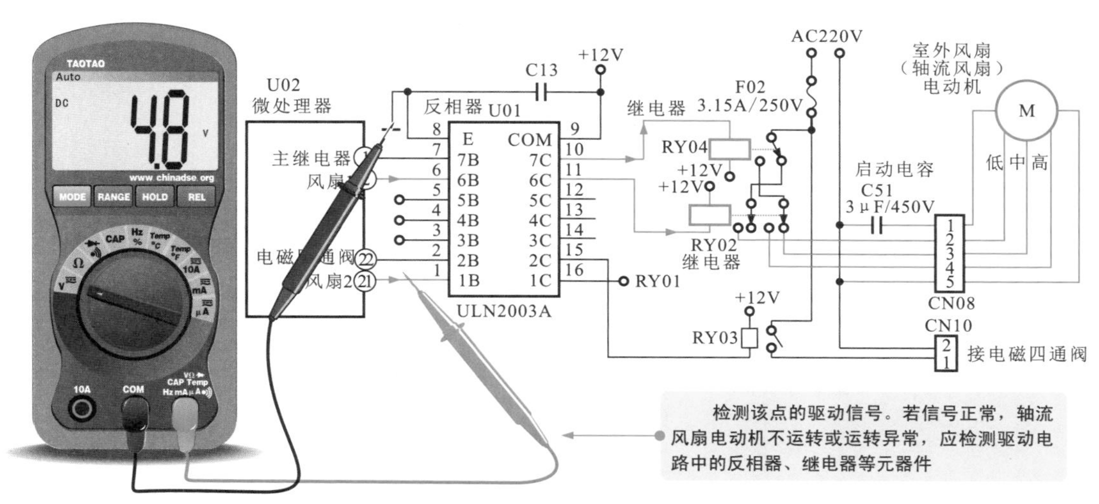

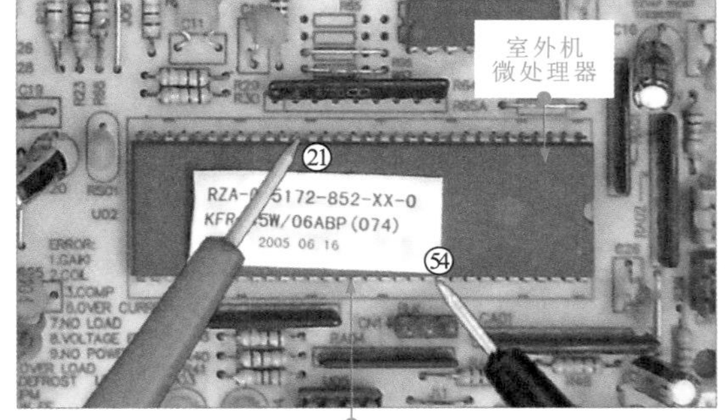

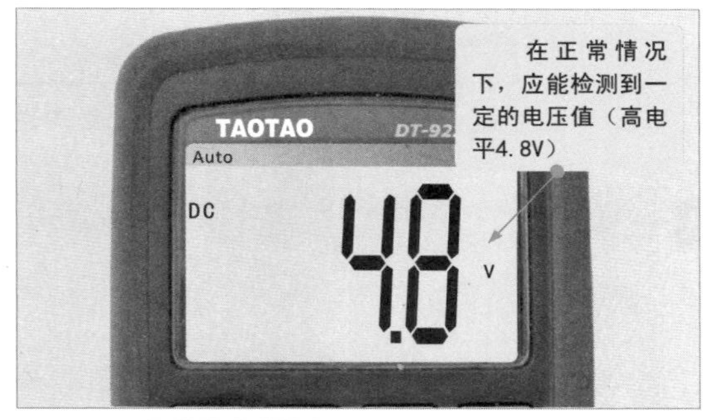

1 将万用表的黑表笔搭在室外机微处理器的接地端，将红表笔搭在室外机轴流风扇电动机驱动信号输出端（㉑脚）

2 若无驱动信号输出，则可能微处理器故障或未工作，可参照室内机控制电路的检测方法来确认微处理器是否正常

图22-10 室外机微处理器输出控制信号的检测方法

② 微处理器三大工作条件的检测

微处理器正常工作需要满足一定的工作条件，其中包括直流供电电压、复位信号和时钟信号等。若经上述检测微处理器无控制信号输出时，可分别对微处理器这些工作条件进行检测，判断微处理器的工作条件是否满足需求。

a. 供电电压的检测

直流供电电压是微处理器正常工作最基本的条件。若经检测微处理器的直流供电电压正常，则表明供电电路部分正常，应进一步检测微处理器的其他工作条件；若经检测无直流供电或直流供电异常，则应对前级供电电路中的相关部件进行检查，排除故障。

图22-11为微处理器供电电压的检测方法。

b. 微处理器复位信号的检测

复位信号是微处理器正常工作的必备条件之一，在开机瞬间，微处理器复位信号端得到复位信号，内部复位，为进入工作状态做好准备。若经检测，开机瞬间微处理器复位端复位信号正常，应进一步检测微处理器的其他工作条件；若经检测无复位信号，则多为复位电路部分存在异常，应对复位电路中的各元器件进行检测，排除故障。

图22-12为微处理器复位信号的检测方法。

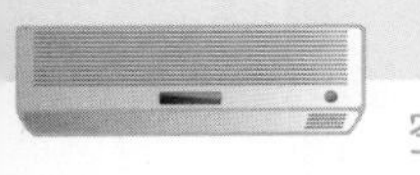

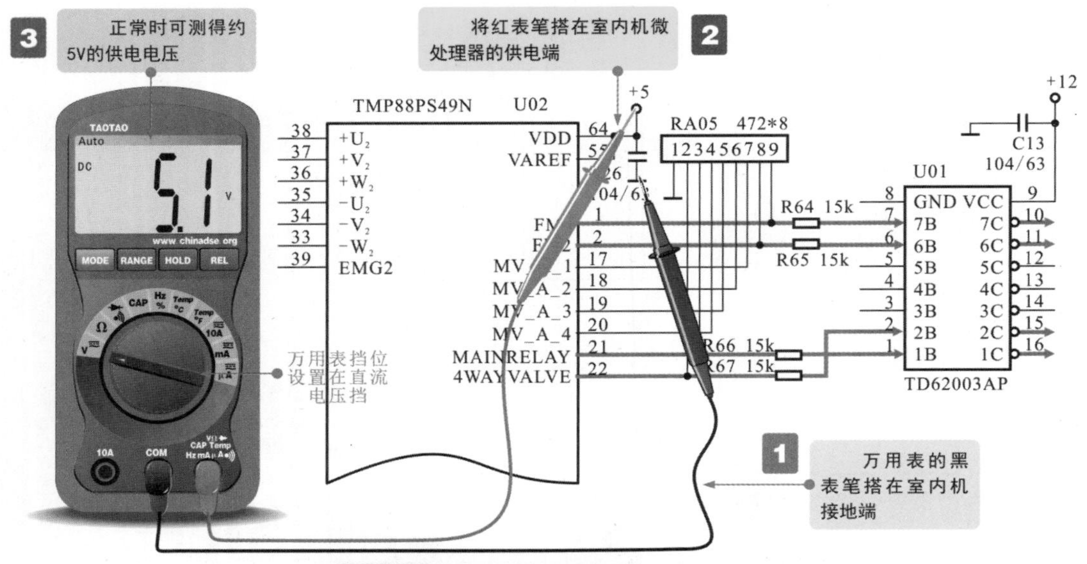

图22-11 微处理器供电电压的检测方法

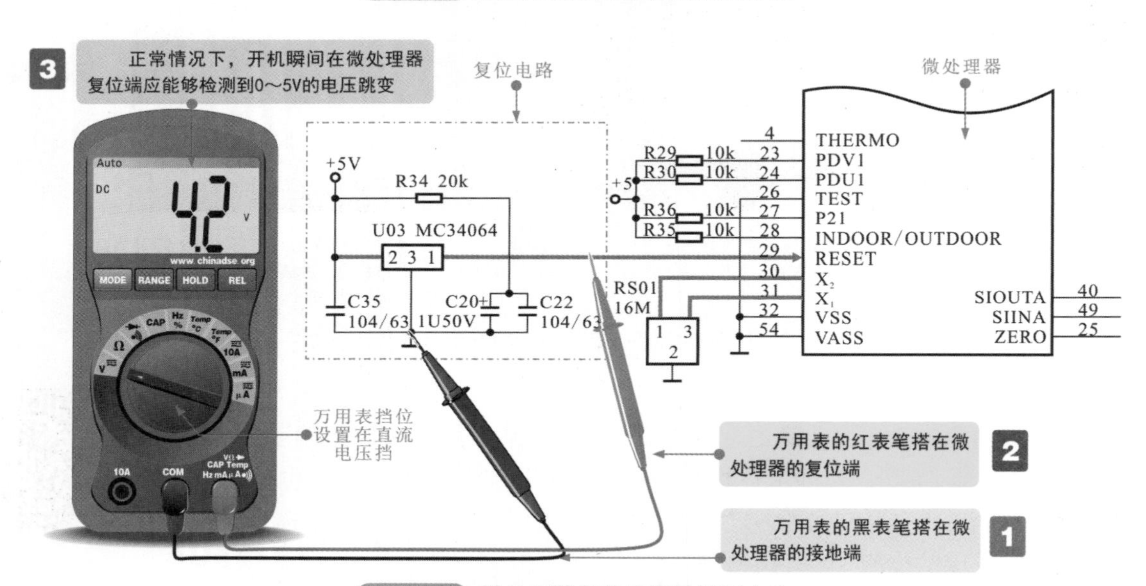

图22-12 微处理器复位信号的检测方法

c. 时钟信号的检测方法

时钟信号是微处理器工作的另一个基本条件，若该信号异常，将引起微处理器出现不工作或控制功能错乱等现象。一般可用示波器检测微处理器时钟信号端信号波形或陶瓷谐振器引脚的信号波形进行判断，如图 22-13 所示。

【提示说明】

若时钟信号异常，可能为陶瓷谐振器损坏，也可能为微处理器内部振荡电路部分损坏，可进一步用万用表检测陶瓷谐振器引脚阻值的方法判断其好坏。正常情况陶瓷谐振器两端之间的电阻应为无穷大，若阻值为零或出现一定数值（需要排除外围元件影响），则多为陶瓷谐振器损坏。

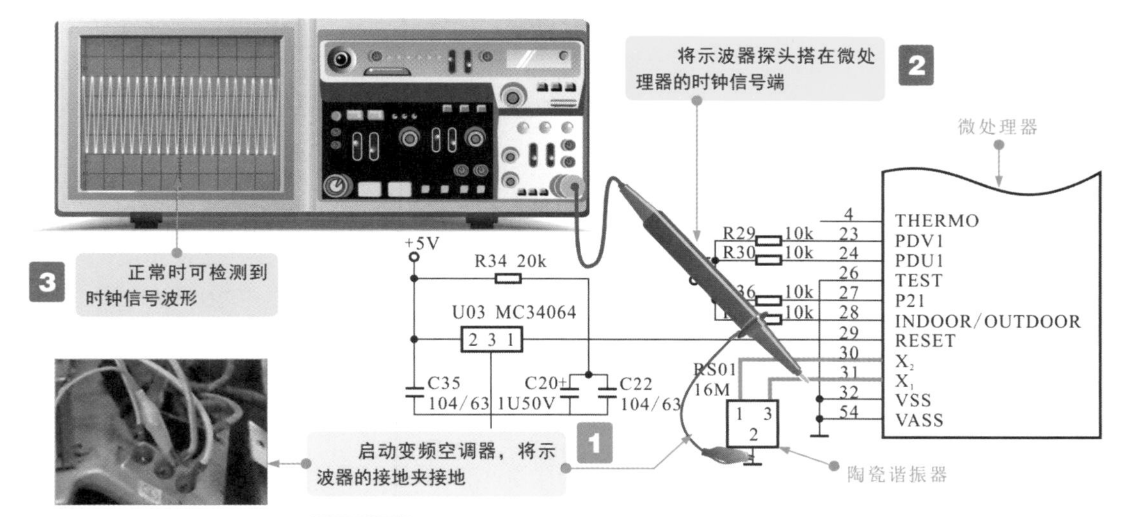

图22-13 室内机微处理器时钟信号的检测方法

需要注意的是，当实际检测陶瓷谐振器两引脚之间的阻值为无穷大时，不能由此确定其本身正常，因此，当其内部发生开路故障时，实测阻值也会是无穷大，因此，使用万用表检测引脚阻值只能是粗略判断其当前状态，若要明确好坏，一般采用替换法进行。

③ 微处理器输入控制信号的检测

微处理器正常工作需要向微处理器输入相应的控制信号，其中主要包括温度检测信号（室内机部分还包括遥控信号）。若经上述检测微处理器的工作条件能够满足，而微处理器输出异常时，还需要对微处理器输入的控制信号进行检测。

微处理器输入控制信号（温度传感器感测信号）的检测方法如图 22-14 所示。

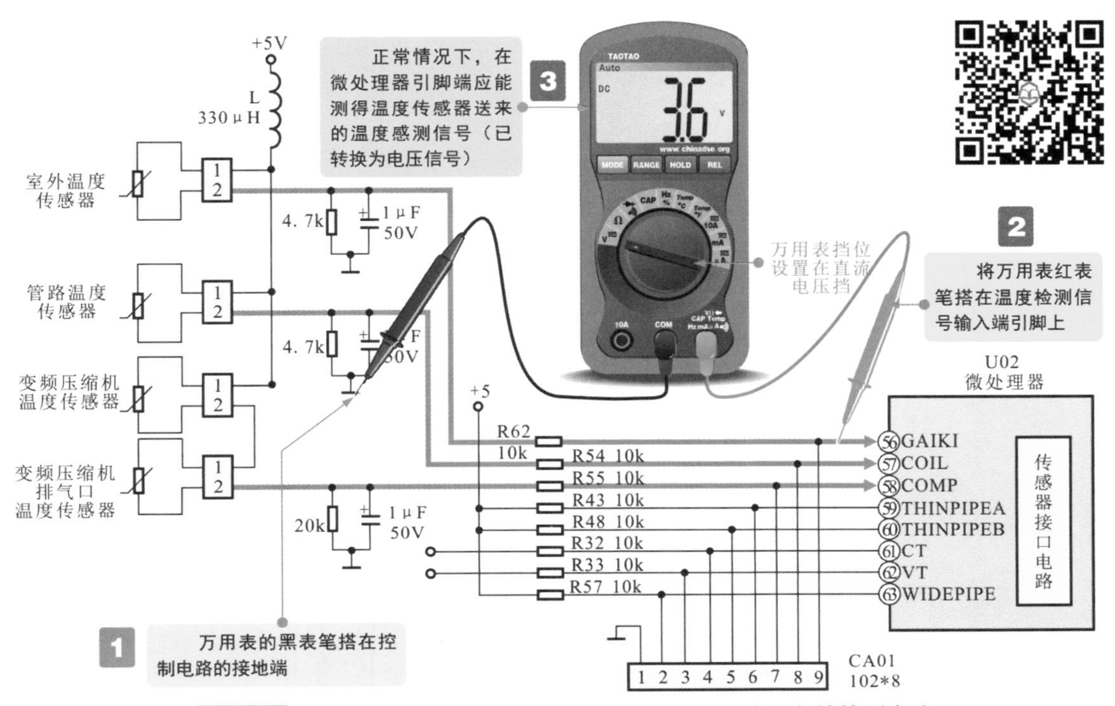

图22-14 微处理器输入控制信号（温度传感器感测信号）的检测方法

若微处理器输入信号正常，且工作条件也正常，而无任何输出，则说明微处理器本身损坏，需要进行更换；若输入控制信号正常，而某一项控制功能失常，即某一路控制信号输出异常，则多为微处理器相关引脚外围元器件（如继电器、反相器等）失常，找到并更换损坏元器件即可排除故障。

【提示说明】

在检测控制电路微处理器本身的性能时，还可以使用万用表检测微处理器各引脚间的正反向阻值来判断微处理器是否正常。检测正向对地阻值时，应将黑表笔搭在微处理器的接地端，红表笔依次搭在其他引脚上；检测反向对地阻值时，应将红表笔搭在微处理器接地端，黑表笔依次搭在其他引脚上。将检测结果与集成电路数据查询手册上的正常值相比较，若偏差较大，则说明微处理器损坏。

第 23 章 变频空调器通信电路的故障检修

23.1 通信电路的结构原理

空调器的通信电路通常应用在变频空调器中，主要实现室内机与室外机之间的数据传输，下面我们以典型的空调器为例对通信电路的结构进行学习。

23.1.1 通信电路的结构组成

空调器的通信电路主要是由室内机通信电路和室外机通信电路两部分构成，分别安装在室内机控制电路中与室外机控制电路中，如图 23-1 所示。

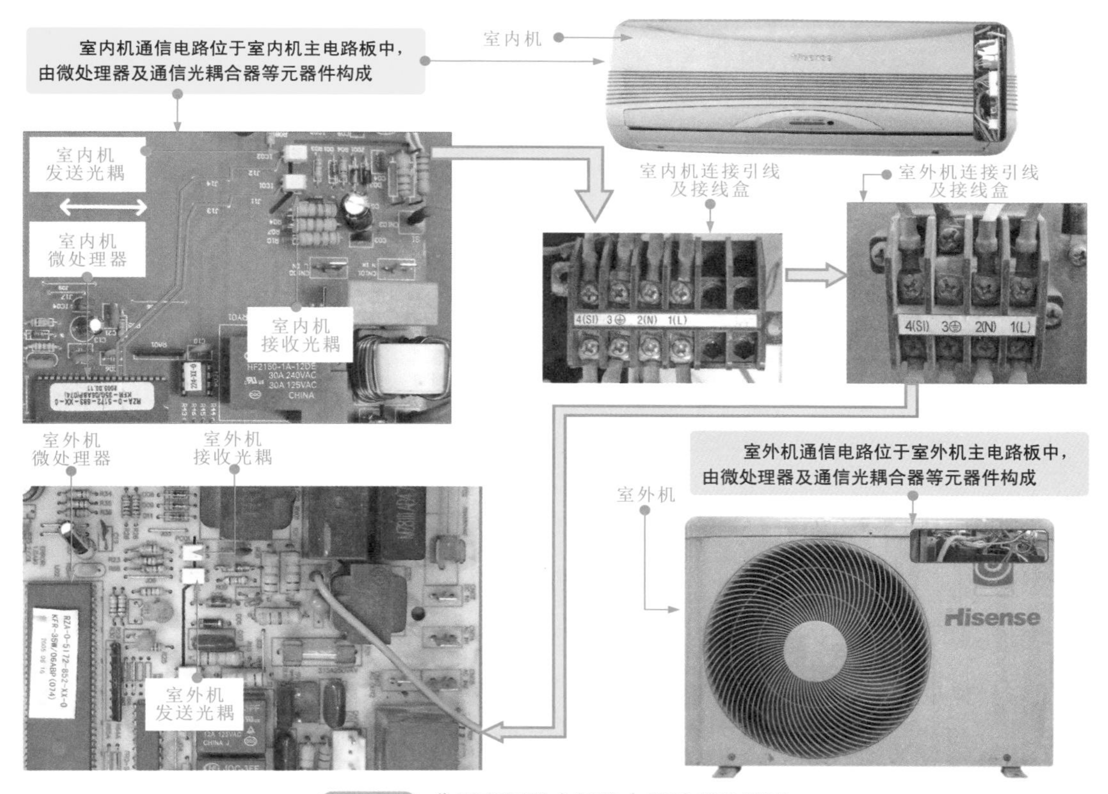

图23-1 典型空调器中通信电路的实物外形

（1）微处理器

微处理器是通信电路中发送和接收数据信息的核心元器件。正常情况下，当变频空调器开机时，室内机微处理器将开机指令及参考信息经通信电路送至室外机微处理器中；当室外机微处理器接收到开机指令进行识别后，将反馈信息经通信电路送至室内机微处理器中，变频空调器正常开机。

（2）通信光耦

通信光耦是利用光电变换器件传输控制信息，它是变频空调器通信电路中的关键元器件。一般情况下，通信电路中有四只通信光耦，其中室内两只，分别为室内发送光耦、室内接收光耦；室外也有两只，分别为室外发送光耦、室外接收光耦。

图 23-2 为典型变频空调器中通信光耦的实物外形。

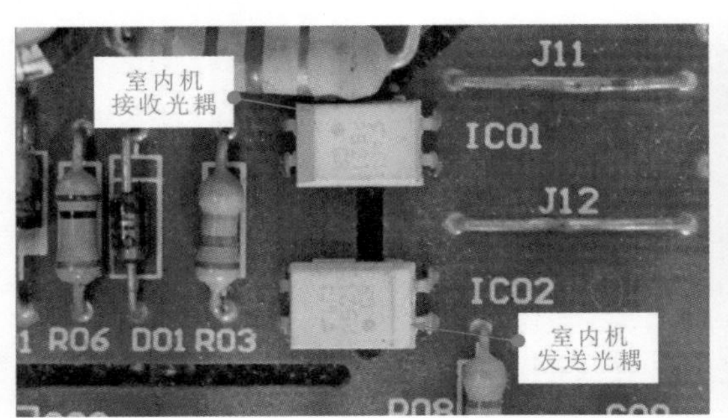

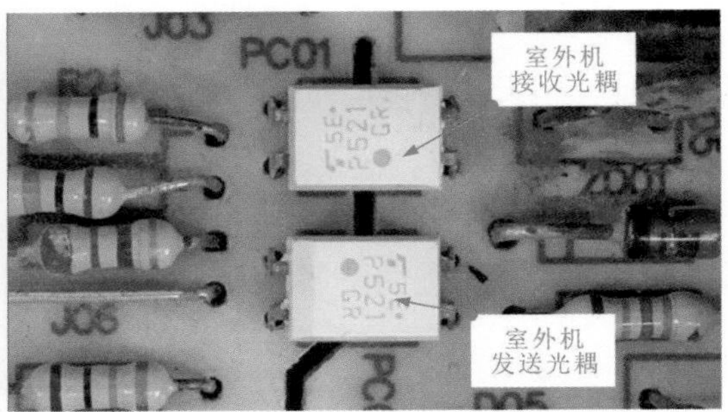

图23-2 典型变频空调器中通信光耦的实物外形

【提示说明】

在变频空调器中常见的通信光耦通常为四个引脚，其中一侧为发光二极管的两个引脚；另一侧为光敏晶体管的两个引脚。除此之外，还有一种通信光耦为 6 个引脚，如图 23-3 所示。

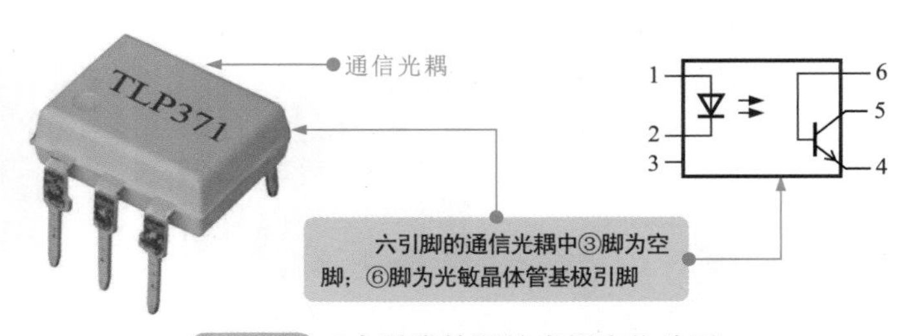

图23-3 6个引脚的通信光耦实物外形

（3）连接引线及接线盒

变频空调器的室内机和室外机通过连接引线和接线盒进行连接，图 23-4 为典型空调器室内外机连接引线及接线盒部分。

23.1.2 通信电路的工作原理

空调器室内机与室外机之间的控制是由通信电路进行实现的，通过通信电路才可以使空调器内的各部件协调工作。其中，室外机控制电路要按照室内机控制电路发送的指令工作，而室内机控制电路也会收到室外机控制电路发送的反馈数据，如图 23-5 所示。

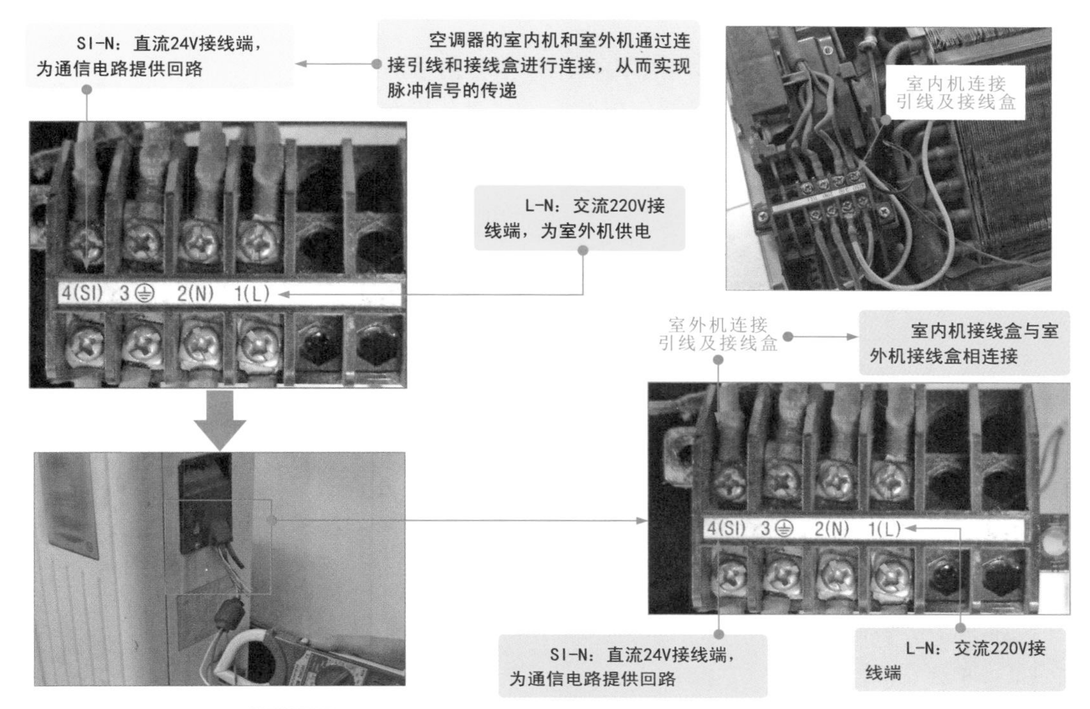

图23-4　典型变频空调器室内外机连接引线及接线盒部分

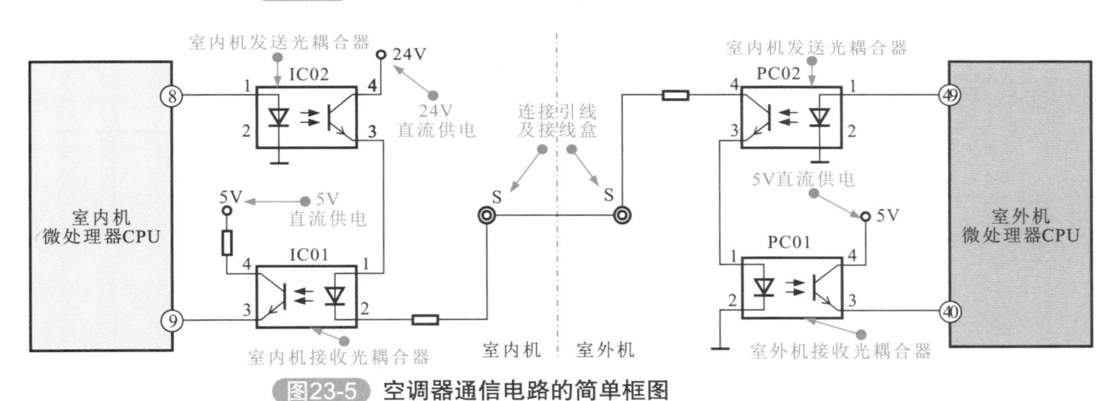

图23-5　空调器通信电路的简单框图

由图可知，室内机与室外机的信息传输通道是一条串联电路，信息的接收和发送都用这条线路，为了确保信息的正常传输，室内机 CPU 与室外机 CPU 之间采用时间分割方式，室内机向室外机发送信息 50ms，然后由室外机向室内机发送 50ms。为此电路系统在室内机向室外机传输信息期间，要保持信道的畅通。

室内机向室外机发送信息时，室外机 CPU 的 ㊾ 脚保持高电平使 PC02 处于导通状态，持续 50ms，当室外机向室内机发送信息时，室内机的⑧脚处于高电平，使 IC02 处于导通状态。

变频空调器通电后，室内机微处理器输出的指令，经通信电路的室内机发送光耦 IC02 内光敏晶体管送往室内机接收光耦 IC01 中（发光二极管），经②脚送出，由连接引线及接线盒传送到室外机发送光耦 PC02 内，由 PC2 的③脚输出电信号送至室外机接收光耦 PC01，将工作指令信号送至室外机微处理器中。

通信电路中室内机发送信号，室外机接收信号完成后，接下来将由室外机发送信号，室内机进行接收信号。

当室外机微处理器控制电路收到室内机工作指令信号后，室外机的微处理器根据当前的工作状态产生应答信息，该信息经通信电路中的室外机发送光耦 PC02 将光信号转换成电信号，并通过连接引线及接线盒将该信号送至室内机接收光耦 IC01，将反馈信号送至室内机微处理器中，由此完成一次通信过程。

23.2 通信电路的电路分析

图 23-6 为典型（海信 KFR-35GW/06ABP 型）空调器中的通信电路。由图可知，该电路主要是由室内机发送光耦 IC02（TLP521）、室内机接收光耦 IC01（TLP521）、室外机发送光耦 PC02（TLP521）、室外机接收光耦 PC01（TLP521）等构成的。

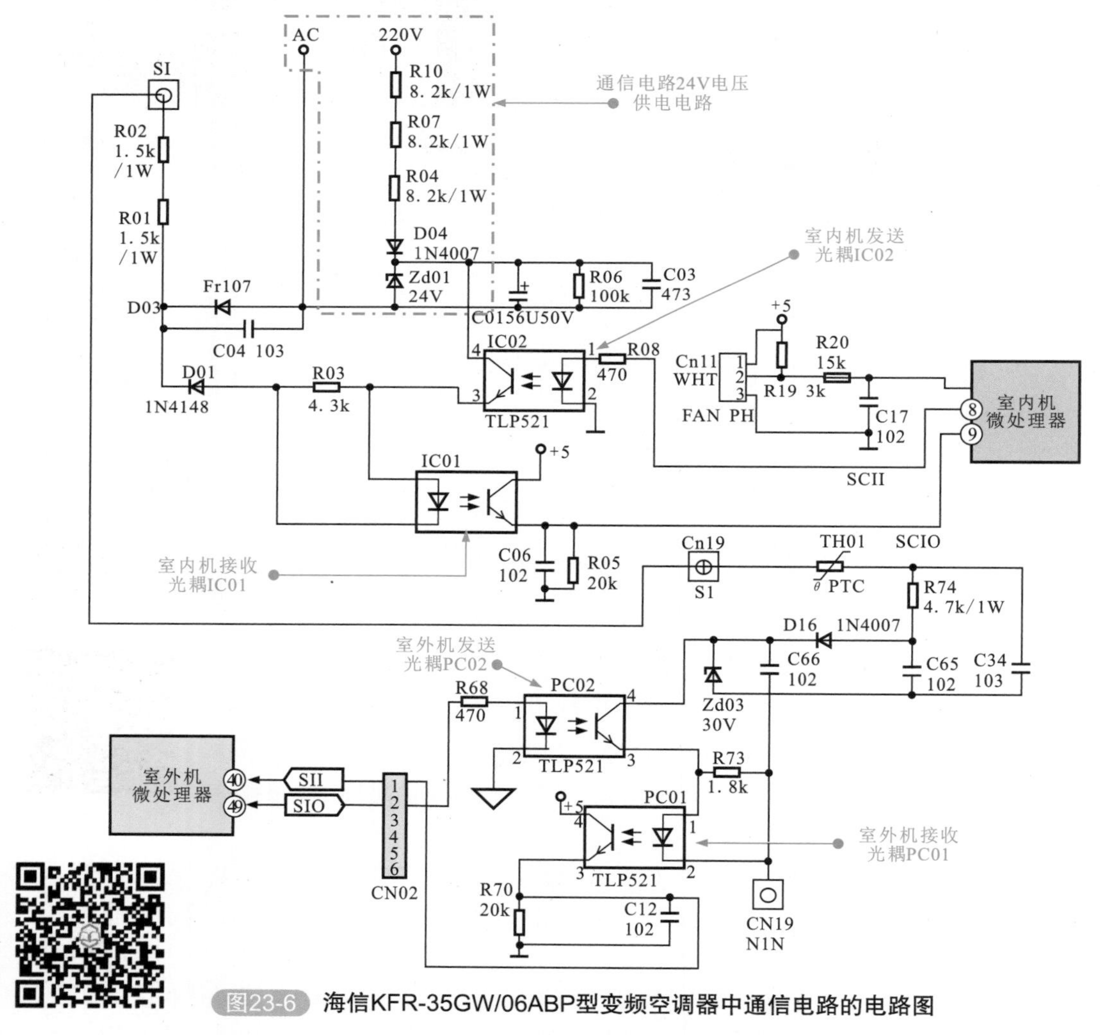

图23-6 海信KFR-35GW/06ABP型变频空调器中通信电路的电路图

对空调器中通信电路进行详细分析时，可分为两种不同的工作状态进行分析，即一种为室内机发送、室外机接收信号时的流程；另一种为室外机发送、室内机接收信号时的流程。

（1）室内机发送、室外机接收信号的流程

变频空调器通电后，室内机的微处理器输出指令。当前为室内机发送指令、室外机接收指令的信号状态，如图 23-7 所示。

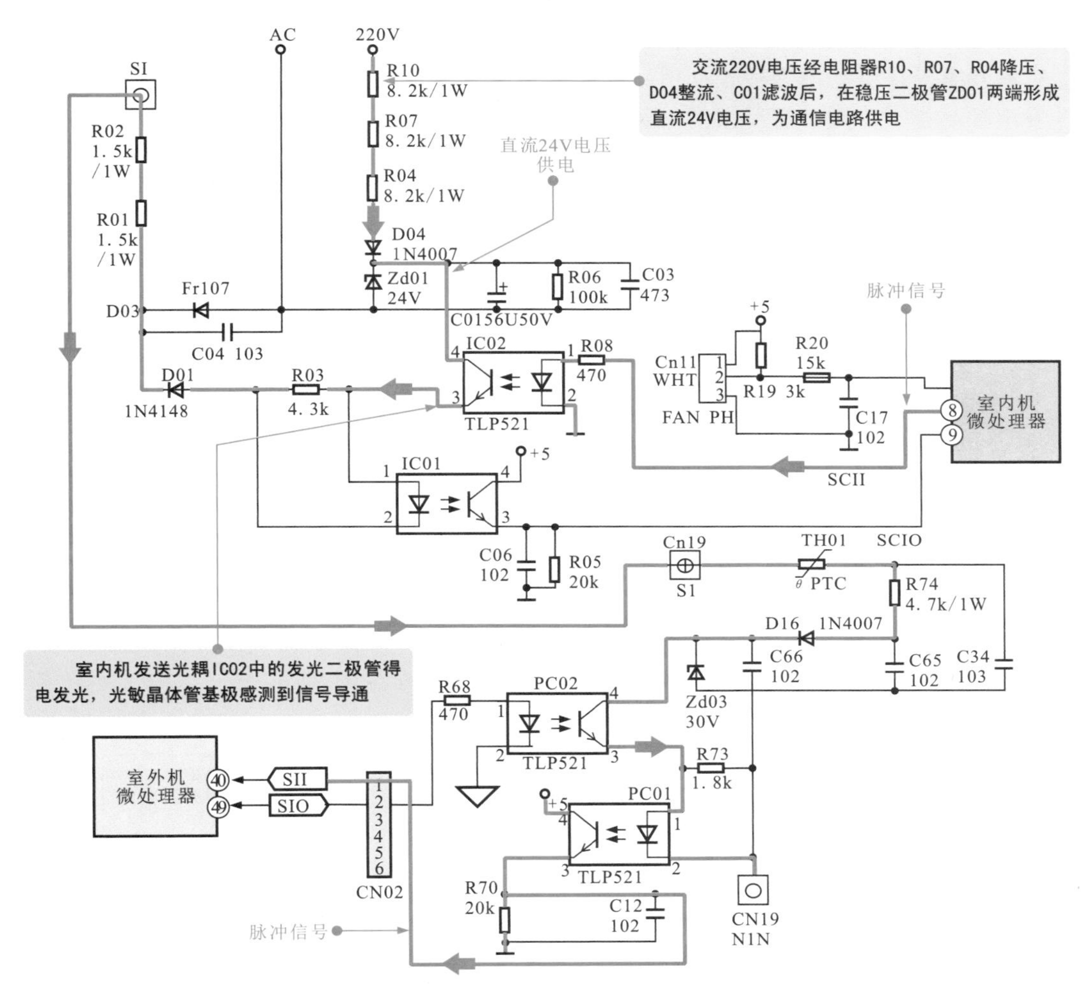

图23-7　海信KFR-35GW/06ABP型变频空调器室内机发送、室外机接收信号的信号流程

室内机发送信号、室外机接收信号的过程可分为两步进行分析。

① 交流 220 V 电压经分压电阻、整流二极管、稳压二极管处理后输出 +24V 直流电压，并送入光耦 IC02 的④脚，经③脚输出后送往光耦 IC01 的①脚，由光耦 IC01 的②脚输出。

该信号经二极管 D01、电阻器 R01、R02 后送至通信电路连接引线及接线盒 SI，并经过接线盒 CN19、TH01、电阻器 R74、二极管 D16 送到室外机发送光耦 PC02 的④脚，由③脚输出送至室外机接收光耦 PC01 的①脚，由②脚输出与 CN19（供电引线 N 端）形成回路，完成对通信电路的供电工作。

② 由室内机微处理器⑧脚发出脉冲信号送往室内机发送光耦 IC02 的①脚，室内机发送光耦 IC02 工作后，将电信号转换成光信号（光耦 IC02 内部发光二极管发光），然后再经光耦 IC02 内部的光敏晶体管转换成电信号由③脚输出。

由室内机发送光耦 IC02 输出的电信号经电阻 R03、二极管 D01、TH01、电阻器 R74、二极管 D16 后送到室外机发送光耦 PC02 的④脚，并由③脚输出，送至室外机接收光耦 PC01 的①脚，此时 PC01 的发光二极管导通。室外机接收光耦 PC01 将电信号通过③脚输出送至室外机微处理器的 ㊵ 脚，完成室内机向室外机的信息传送。

（2）室外机发送、室内机接收信号的流程

空调器室外机微处理器接收到指令信号，并进行识别和处理后，向室外机的相关电路和部件发出控制指令，同时将反馈信号送回室内机微处理器中。此时，为室外机发送指令、室内机接收指令的信号状态，如图 23-8 所示。

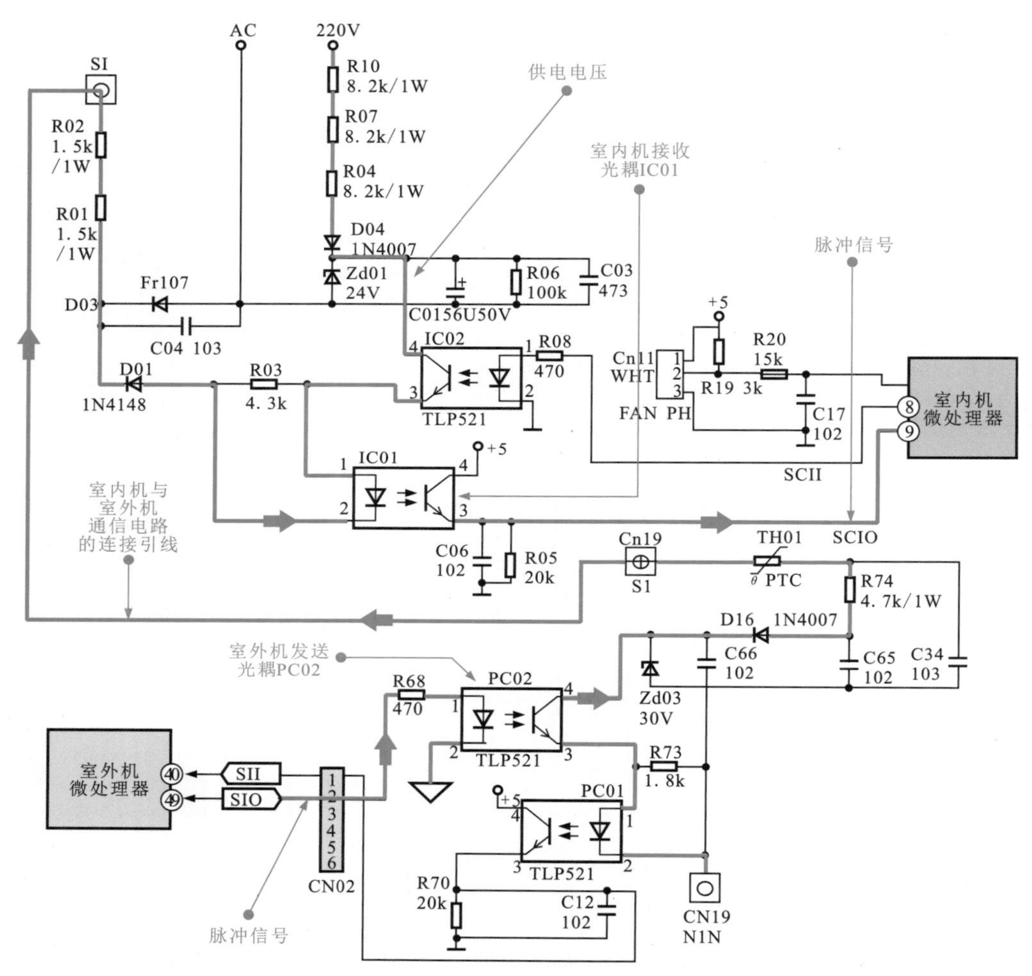

图23-8 海信KFR-35GW/06ABP型变频空调器室外机发送、室内机接收信号的信号流程

同样，室外机发送信号、室内机接收信号的过程可分为两步进行分析。

① 交流 220 V 电压经分压电阻、整流二极管、稳压二极管处理后输出 +24V 直流电压，并送入光耦 IC02 的④脚，经③脚输出后送往光耦 IC01 的①脚，由光耦 IC01 的②脚输出。

该信号经二极管 D01、电阻器 R01、R02 后送至通信电路连接引线及接线盒 SI，并经过接线盒 CN19、TH01、电阻器 R74、二极管 D16 送到室外机发送光耦 PC02 的④脚，由③脚

输出送至室外机接收光耦 PC01 的①脚，由②脚输出与 CN19（供电引线 N 端）形成回路，完成对通信电路的供电工作。

② 由室外机微处理器 ㊾ 脚输出的脉冲信号送往室外机发送光耦 PC02 的①脚，此时 PC02 工作，由④脚输出电信号，该信号经二极管 D16、电阻器 R74、TH01、电阻器 R02、R01、二极管 D01 后送入室内机接收光耦 IC01 的②脚，此时室内机接收光耦 IC01 内部的发光二极管发光，光敏晶体管导通，将接收到的电信号送至室内机微处理器的⑨脚，反馈信号送达，完成室外机向室内机的信息传送。

23.3　通信电路的故障检修

通信电路是变频空调器中的重要的数据传输电路，若该电路出现故障通常会引起空调器室外机不运行或运行一段时间后停机等不正常现象，对该电路进行检修时，应先根据故障对其进行检修分析，然后对可能产生故障的元器件或部件进行检测，若出现故障时，则需要对其进行更换，即可完成对通信电路的检修。

23.3.1　通信电路的检修分析

当变频空调器的通信电路出现故障后，则会造成各种控制指令无法实现、室外机不能正常运行、运行一段时间后停机或开机即出现整机保护等故障，由于通信电路实现了室内外机的信号传送，若该电路中某一元器件损坏，均会造成变频空调器不能正常运行的故障，其故障特点如图 23-9 所示。

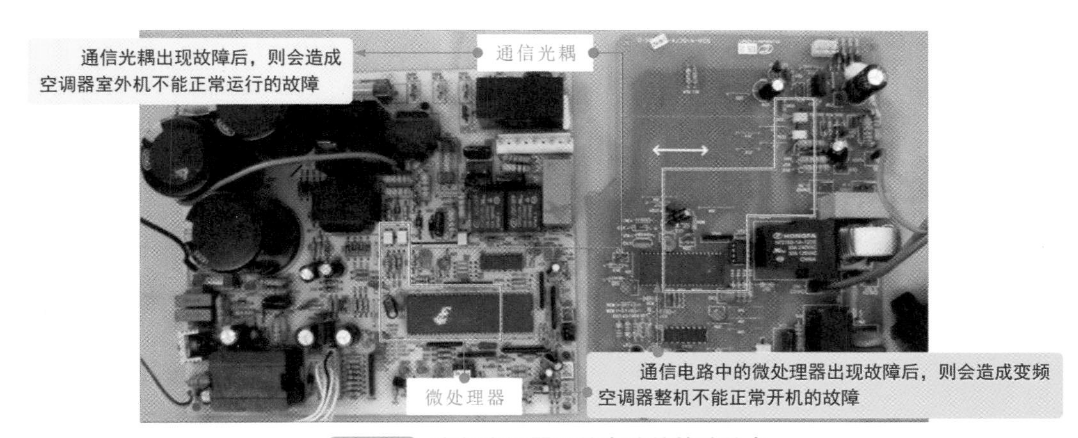

图23-9　变频空调器通信电路的故障特点

对空调器的通信电路进行检修时，可依据故障现象分析出产生故障的具体原因，并根据通信电路的信号流程对可能产生故障的部件逐一进行排查。

当通信电路出现故障时，首先应对通信电路输出的直流低压进行检测，若通信电路输出的直流低压均正常，则表明通信电路正常；若输出的直流低压异常，可顺电路流程对前级电路进行检测，如图 23-10 所示。

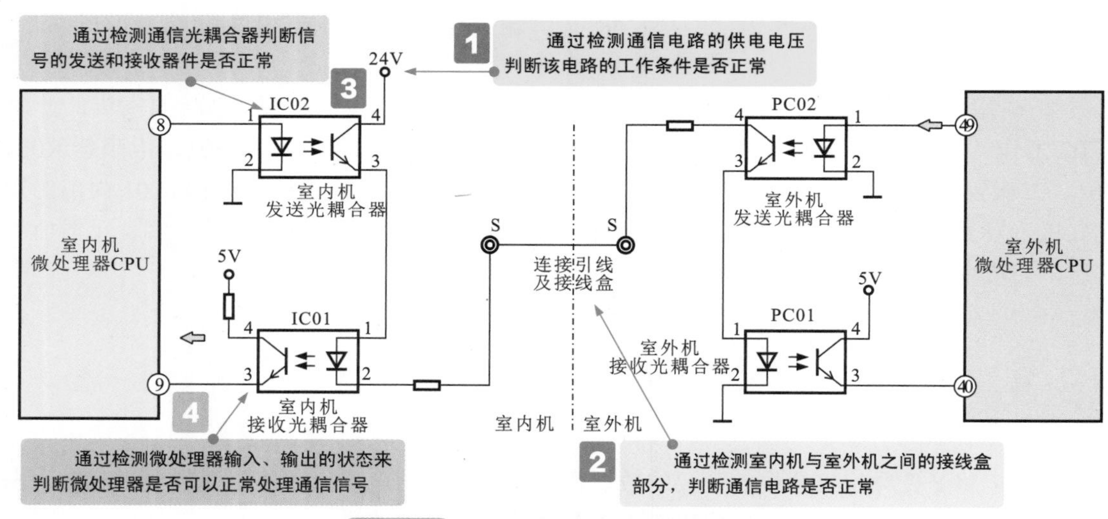

图23-10 空调器中通信电路的检修流程

【提示说明】

变频空调器的室内机与室外机进行通信的信号为脉冲信号，用万用表检测应为跳变电压，因此在通信电路中，室内机与室外机连接引线接线盒处、通信光耦合器的输入侧和输出侧、室内机与室外机微处理器输出或接收引脚上都应为跳变电压。因此，对该电路部分的检测，可分段检测，跳变电压消失的地方，即为主要的故障点。

23.3.2 通信电路的检修方法

对于变频空调器通信电路的检测，可使用万用表或示波器测量待测变频空调器的通信电路，然后将实测值或波形与正常变频空调器通信电路的数值或波形进行比较，即可判断出通信电路的故障部位。

检测时，可依据通信电路的检修分析对可能产生故障的部件逐一检修，首先我们先对变频空调器室内机的通信电路进行检修。

（1）室内机与室外机连接部分的检修方法

当变频空调器不能正常工作，怀疑是通信电路出现故障时，应先对室内机与室外机的连接部分进行检修。检修时可先观察是否由硬件损坏造成的，如连接线破损、接线触点断裂等，若连接完好，则需要进一步使用万用表检测连接部分的电压值是否正常。

若检测室内机连接引线处的电压维持在24V左右，则多为室外机微处理器未工作，应查通信电路；若电压仅在零至几十伏之间变换，则多为室外机通信电路故障；若电压为0V，则多为通信电路的供电电路异常，应对供电部分检修。

室内机与室外机连接部分检修方法如图23-11所示。

（2）通信电路供电电压的检修方法

检测通信电路中室内机与室外机的连接部分正常时，若故障依然没有排除，则应进一步对通信电路的供电电压进行检测。

正常情况下，应能检测到+24V的供电电压，若该电压不正常，则需要对供电电路中的相关部件进行检测，如稳压二极管、限流电阻、整流二极管等；若电压值正常，则需要对通信电路中的关键部件进行检测。

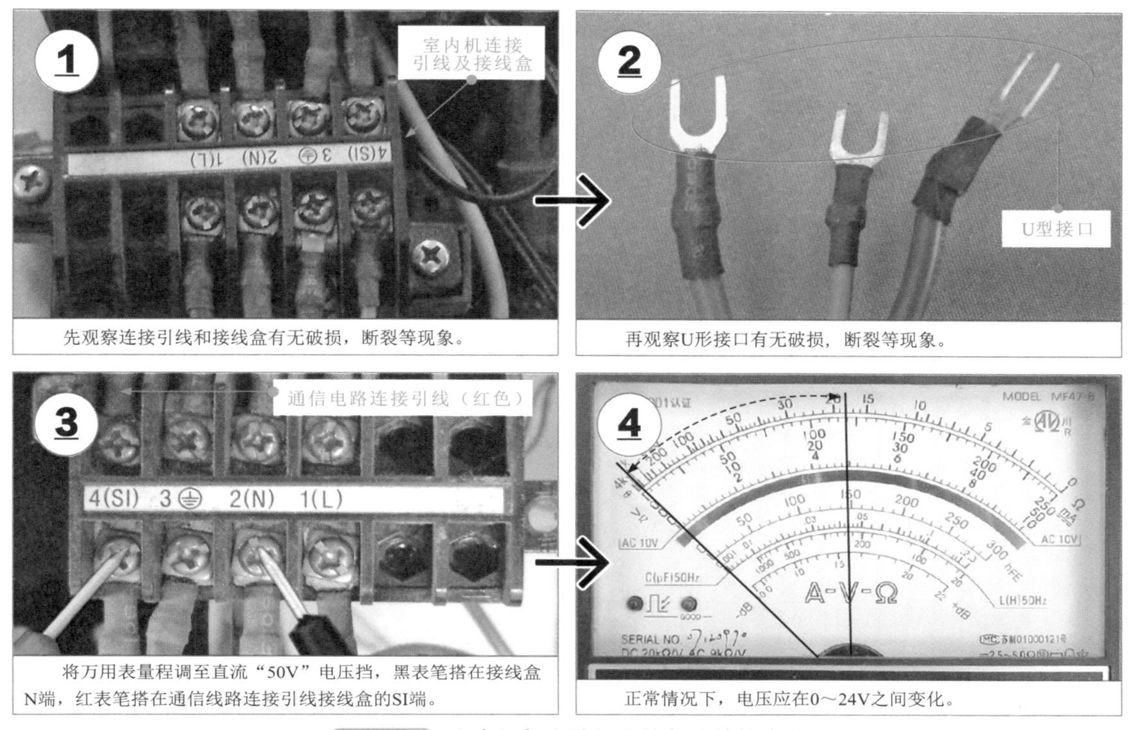

图23-11　室内机与室外机连接部分检修方法

通信电路供电电压的检修方法如图 23-12 所示。

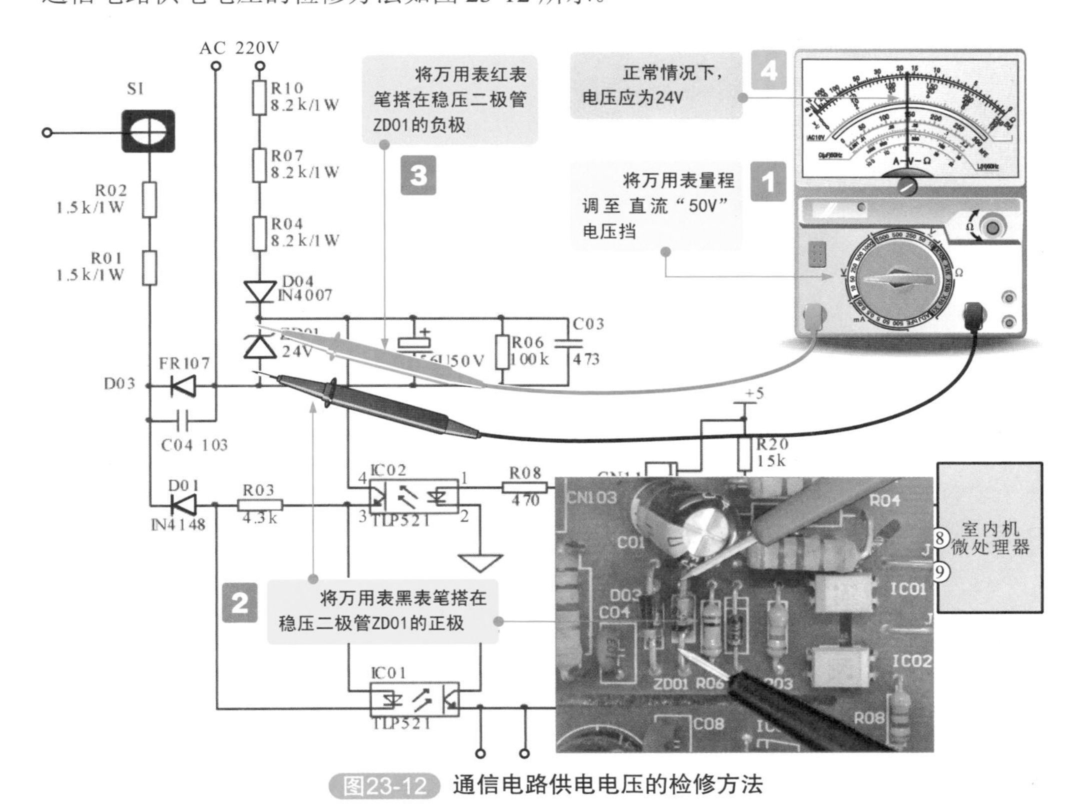

图23-12　通信电路供电电压的检修方法

若检测通信电路的供电电压异常，则应先对该电路中的稳压二极进行检测，对稳压二极管本身进行检测时，可检测其正反向阻值是否正常。

（3）通信光耦的检修方法

经检测通信电路的供电电压正常时，则需要对该电路中的关键部件——通信光耦进行检测。在通信电路中通信光耦共有四个，每个通信光耦的检测方法基本相同，下面我们以其中一个为例，介绍一下具体的检修方法。

如图23-13所示，首先检测输入端电压。若输入的电压值与输出的电压值变化正常，则表明通信光耦可以正常工作。

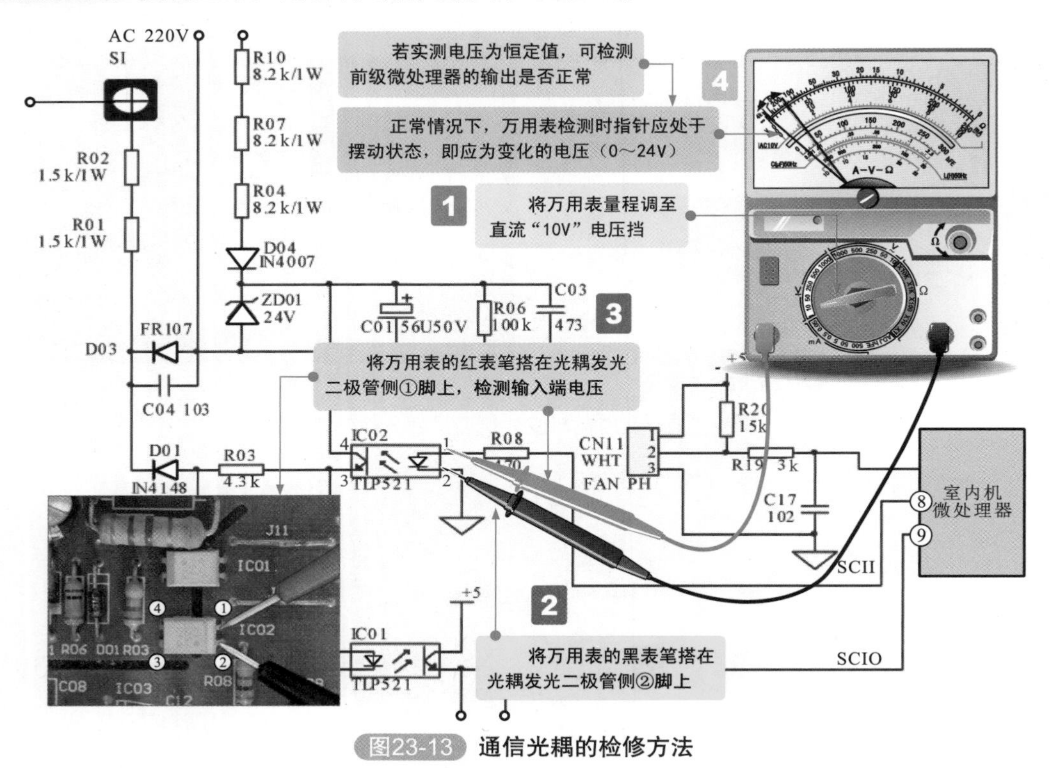

图23-13 通信光耦的检修方法

若检测输入的电压为恒定值，则应对微处理器输出的电压进行检测。正常情况下，输出端应能够检测到变化的电压。

【提示说明】

在变频空调器开机状态，室内机与室外机进行数据通信，通电电路工作。此时，通信电路或处于室内机发送、室外机接收信号状态，或处于室外机发送、室内机接收信号状态，因此，对通信光耦进行检测时，应根据信号流程成对检测。即室内机发送、室外机接收信号状态时，应检测室内机发送光耦、室外机接收光耦；室外机发送、室内机接收信号状态时，应检测室外机发送光耦、室内机接收光耦。若在某一状态下，光耦输入端有跳变电压，而输出端为恒定值，则多为光耦损坏。

【提示说明】

在通信电路中，判断通信光耦是否好坏时，除了参照上述方法进行检测和判断。另外，也可以在断电状态下检测其引脚间阻值的方法进行判断，即根据其内部结构，分别检测二极管侧和光敏晶体管侧的正反向阻值，根据二极管和光敏晶体管的特性，判断通信光耦内部是否存在击穿短路或断路情况。

正常情况下，排除外围元器件影响（可将通信光耦从电路板中取下）时，通信光耦内发光二极管侧，正向应有一定的阻值，反向为无穷大；光敏晶体管侧正反向阻值都应为无穷大。

（4）微处理器输入 / 输出状态的检修方法

若检测通信电路中室内外机的连接部分、供电以及通信光耦均正常时，变频空调器仍不能正常工作，则需要进一步对微处理器输入 / 输出的状态进行检修。

通常在室内机发送，室外机接收的状态下，使用万用表检测室内机微处理器的输出电压时万用表的指针应处于摆动状态，即应为变化的电压值（0 ～ 5V）。

若室内机微处理器输出的电压为恒定值，则表明室内机微处理器未输出脉冲信号，应对控制电路部分进行排查。

微处理器输入 / 输出状态的检修方法如图 23-14 所示。

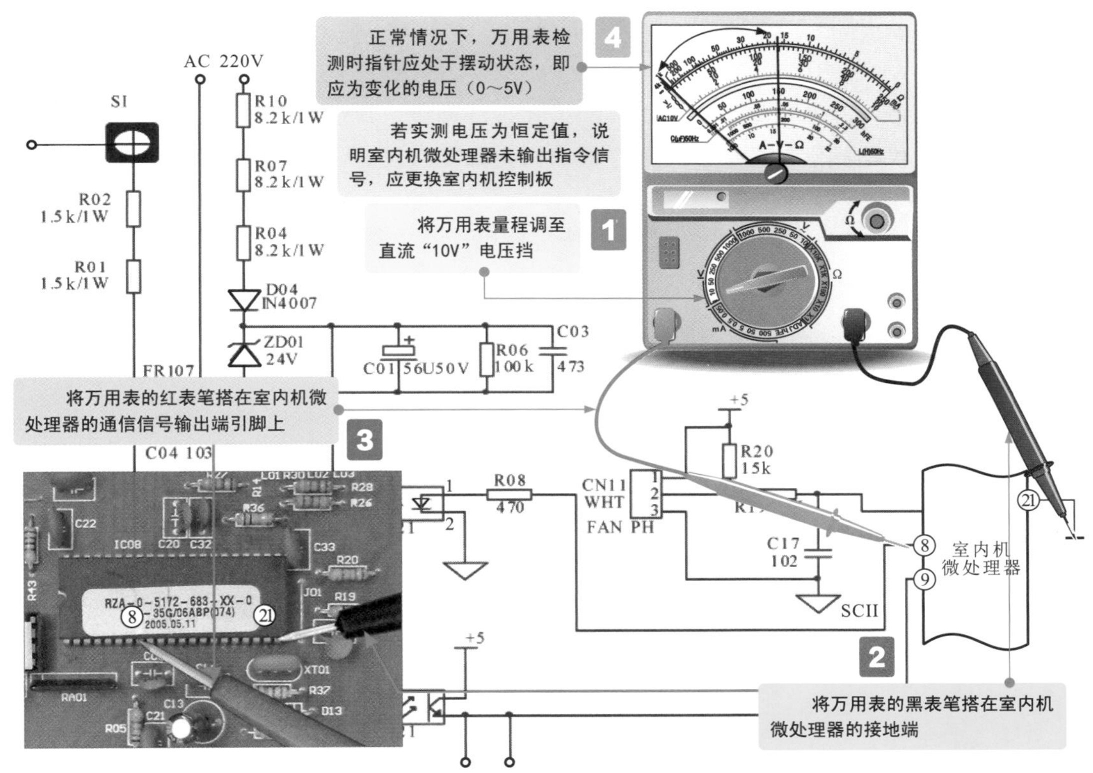

图23-14　微处理器输入/输出状态的检修方法

【提示说明】

检测室内或室外微处理器通信信号端的电压状态时，也需要注意当前通信电路的所处的状态。例如，当室内机发送、室外机接收信号状态时，室内机微处理器通信输出端为跳变电压，表明其指令信号已输出；同时室外机微处理器通信输入端也为跳变电压，表明指令信号接收到。否则说明通信异常。

第24章 变频空调器变频电路的故障检修

24.1 变频电路的结构原理

变频空调器通过改变压缩机供电频率的方式进行调速，从而实现制冷量（或制热量）的变化。为了实现供电频率的调节，变频空调器机内部专门设有一个变频电路，为压缩机提供变频驱动电压。

图24-1为典型变频空调器中的变频电路，该电路是变频空调器中特有的电路模块，通

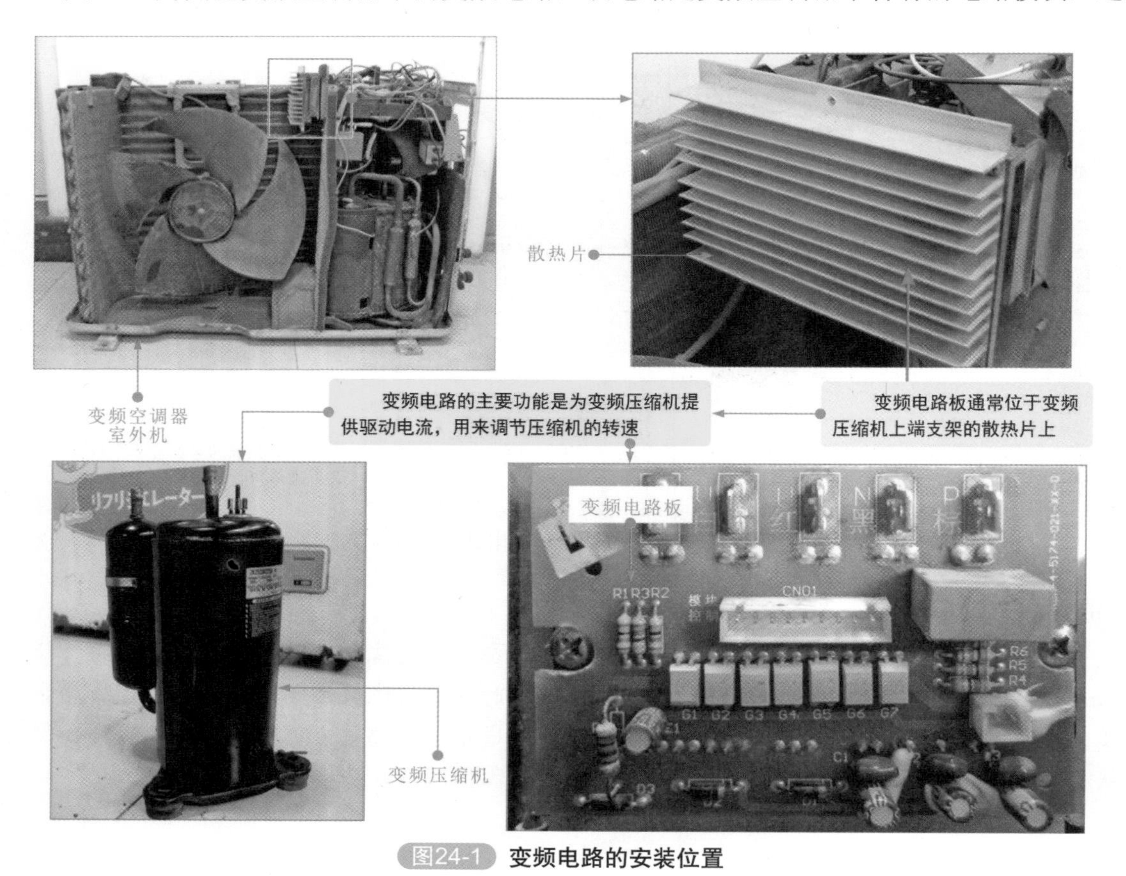

图24-1 变频电路的安装位置

常安装在空调器室外机变频压缩机的上端的散热片上，由固定支架进行固定。

24.1.1　变频电路的结构组成

变频电路的结构比较紧凑，几乎所有的元器件都集成在一块比较规则的矩形电路板上。我们将典型变频空调器中的变频电路从固定支架上取下，即可看到其整个电路结构，如图 24-2 为海信 KFR-35GW/06ABP 型变频空调器中的变频电路板。

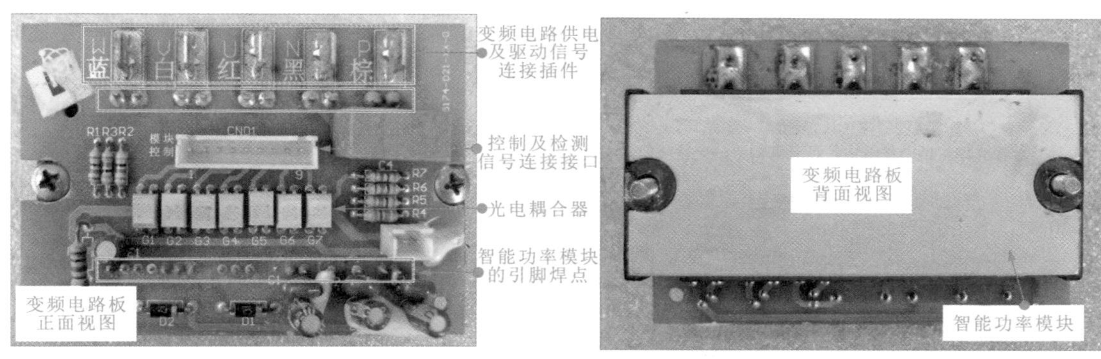

图24-2　海信KFR-35GW/06ABP型变频空调器中的变频电路板

可以看到，该电路主要是由智能功率模块、光电耦合器、连接插件或接口以及外围元器件等构成。

（1）智能功率模块

变频空调器中采用的智能功率模块是一种混合集成电路，其内部一般集成有逆变器电路（功率输出管）、逻辑控制电路、电压电流检测电路、电源供电接口等。主要用来将直流 300V 电压转换成电压和频率可变的变频压缩机工作电压（30 ～ 220V、15 ～ 120Hz），是变频电路中的核心部件。

图 24-3 为 STK621-410 型智能功率模块的实物外形。

在变频空调器中，将逻辑控制、电流 / 电压检测、逆变电路集成在一体的模块一般称为智能功率模块。有些机型中，逻辑控制未与逆变电路集成，而是单独设置在电路板上，这种未集成逻辑控制电路的模块称为功率模块，如图 24-4 所示。值得注意的是，有些场合将这两种结构形式的模块统称为变频模块，可通过深入了解内部结构进行区分。

（2）光电耦合器

光电耦合器也是变频电路中的典型元器件之一。它用来接收室外机微处理器送来的控制信号，经光电转换后送入智能功率模块中，驱动智能功率模块工作，具有光电隔离、抗干扰能力强、单向信号传输的特点。

图 24-5 为典型变频电路中光电耦合器的实物外形。

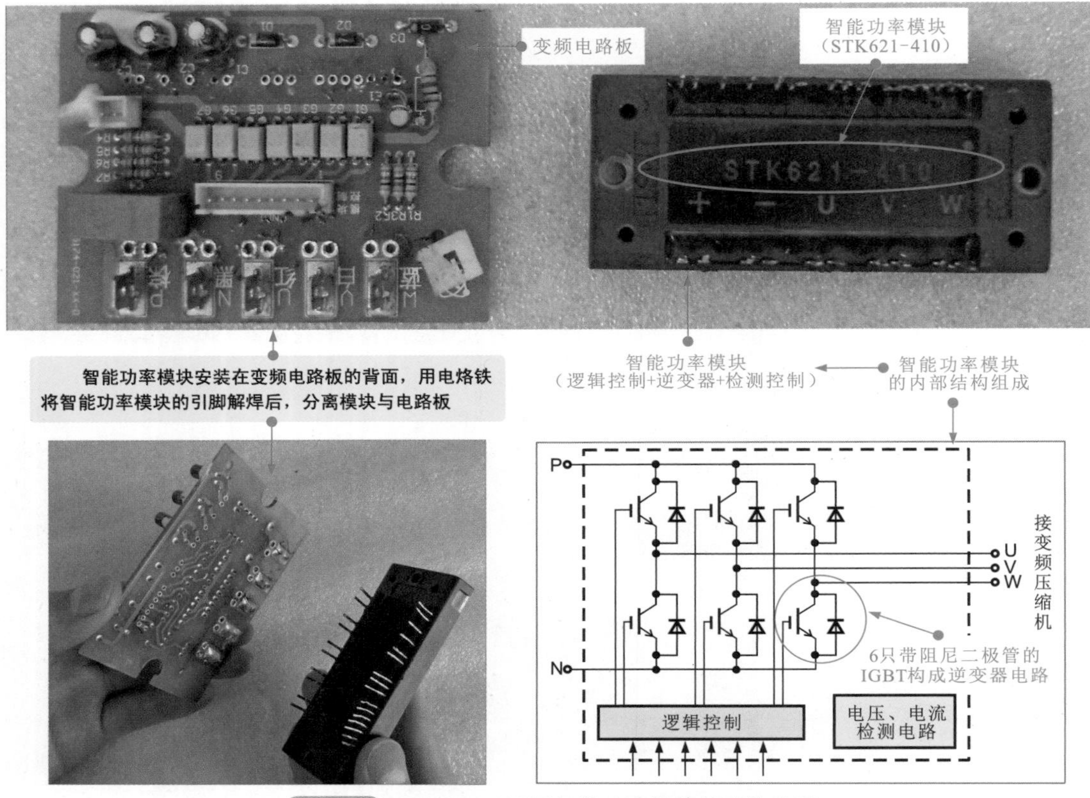

图24-3 STK621-410型智能功率模块的实物外形

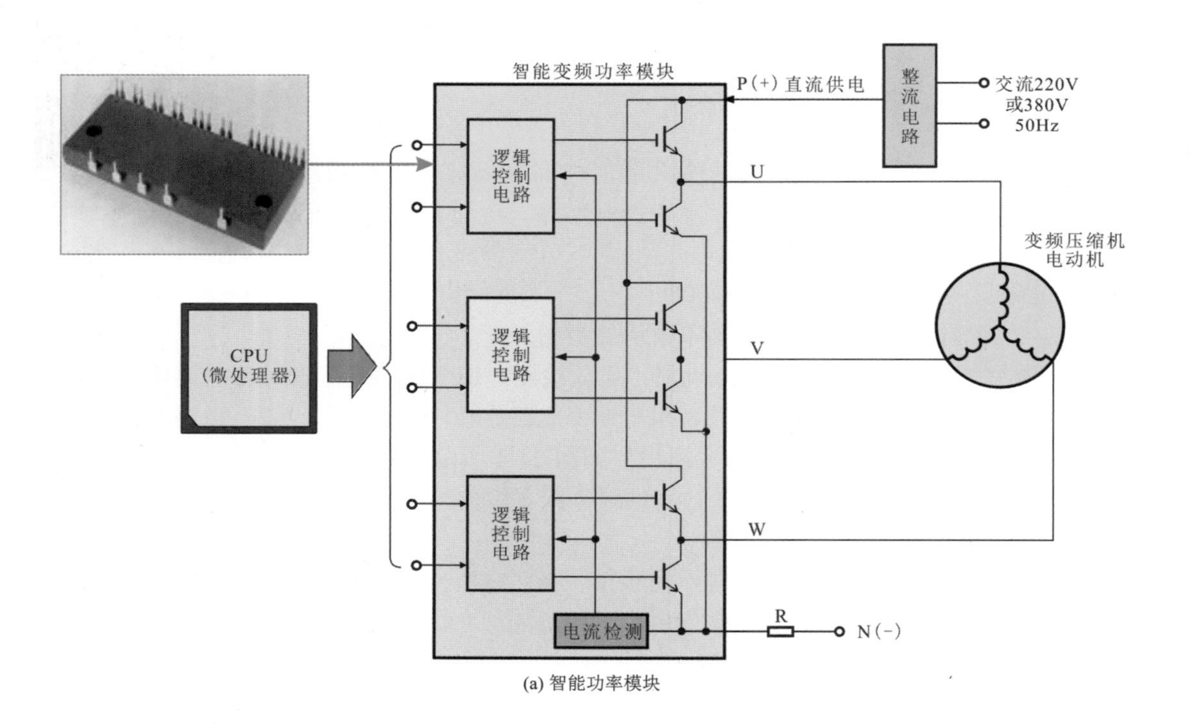

(a) 智能功率模块

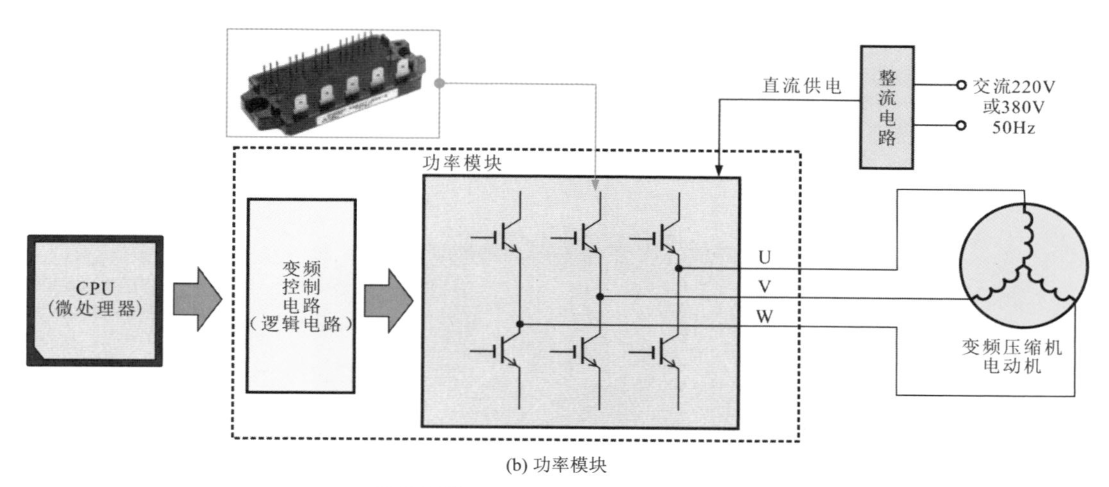

(b) 功率模块

图24-4 智能功率模块和功能模块

图24-5 典型变频电路中光电耦合器的实物外形

【提示说明】

在采用光电耦合器驱动功率模块的变频电路中，通常安装有7只光电耦合器，其中6只为驱动信号输出光电耦合器，1只为保护电路中的反馈光耦。

目前，新型变频空调器中多采用微处理器直接驱动功率模块的形式，这种变频电路中不再设置光电耦合器。

(3) 连接插件或接口

变频电路是在控制电路的控制作用下输出变频压缩机的驱动信号的，它与控制电路、变频压缩机之间通过连接插件或接口建立关联。图24-6为变频电路中的连接插件或接口，在连接插件或接口附近通常会标识有插件功能或连接对应关系等信息。

24.1.2　变频电路的工作原理

变频空调器室外机变频电路的主要功能就是为变频压缩机提供驱动信号，用来调节变频压缩机的转速，实现空调器制冷剂的循环，完成热交换的功能，图24-7变频空调器中变频电路的流程框图。

从图中可以看出，交流220V经变频空调器室内机电源电路送入室外机中，经室外机电源电路以及整流滤波电路后，变为300V直流电压，为智能功率模块中的IGBT进行供电。

同时由变频空调器室内机控制电路将控制信号送到室外机控制电路中，室外机控制电路根据控制信号对变频电路进行控制，由变频控制电路输出PWM驱动信号控制智能功率模块，

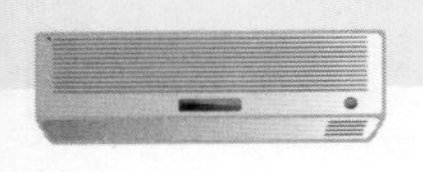

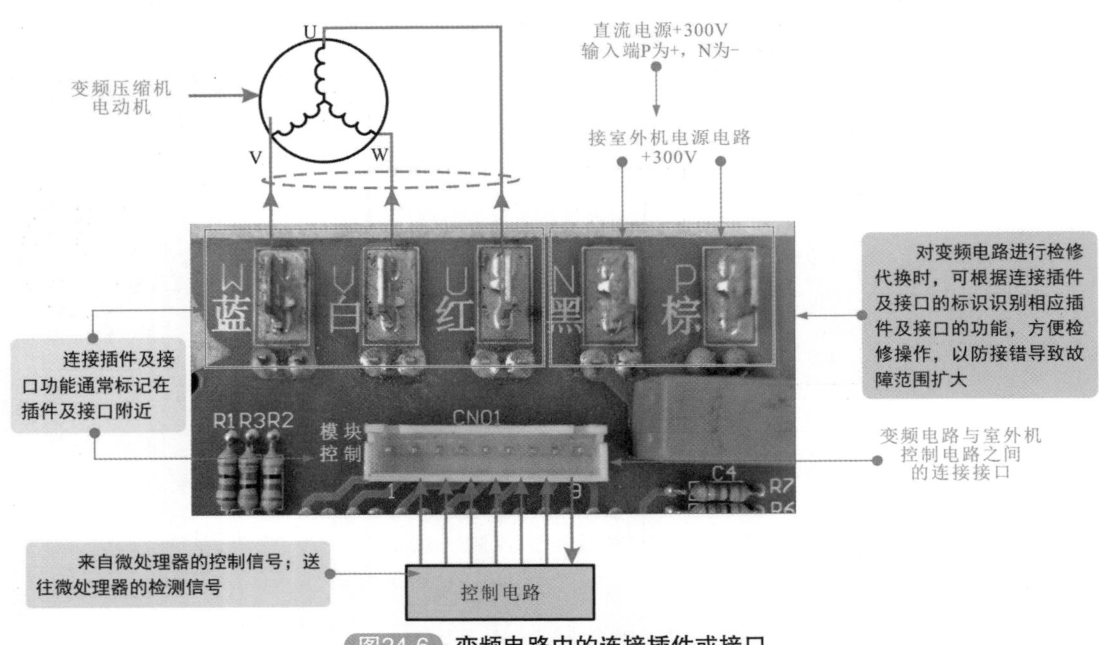

图24-6 变频电路中的连接插件或接口

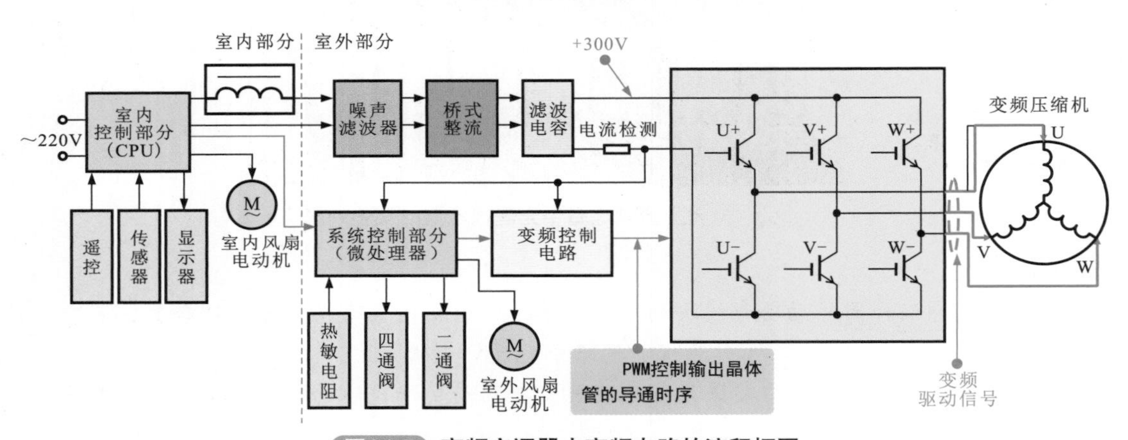

图24-7 变频空调器中变频电路的流程框图

为变频压缩机提供所需的变频驱动信号，变频驱动信号加到变频压缩机的三相绕阻端，使变频压缩机启动运转，变频压缩机驱动制冷剂循环，进而达到冷热交换的目的。

智能功率模块是将直流电压变成交流电压的功率模块，被称为逆变器。通过 6 个 IGBT 的导通和截止控制将直流电源变成交流电压为变频压缩机提供所需的工作电压（变频驱动信号），图 24-8 为变频电路中智能功率模块的工作原理（为便于理解，我们将智能功率模块的结构进行了简化，阻尼二极管也未画出）。

智能功率模块内的 6 只 IGBT 以两只为一组，分别导通和截止。下面我们将室外机控制电路中微处理器对 6 只 IGBT 的控制过程进行分析，具体了解一下每组 IGBT 导通周期的工作过程。

① 0° ～ 120° 周期的工作过程

图 24-9 为 0° ～ 120° 周期的工作过程。在变频压缩机内的电动机旋转的 0° ～ 120° 周期，控制信号同时加到 IGBT U+ 和 V− 的控制极，使之导通，于是电源 +300V 经智能功率模块①脚→ U+ IGBT 管→智能功率模块③脚→ U 线圈→ V 线圈→功率模块④脚→ V− IGBT

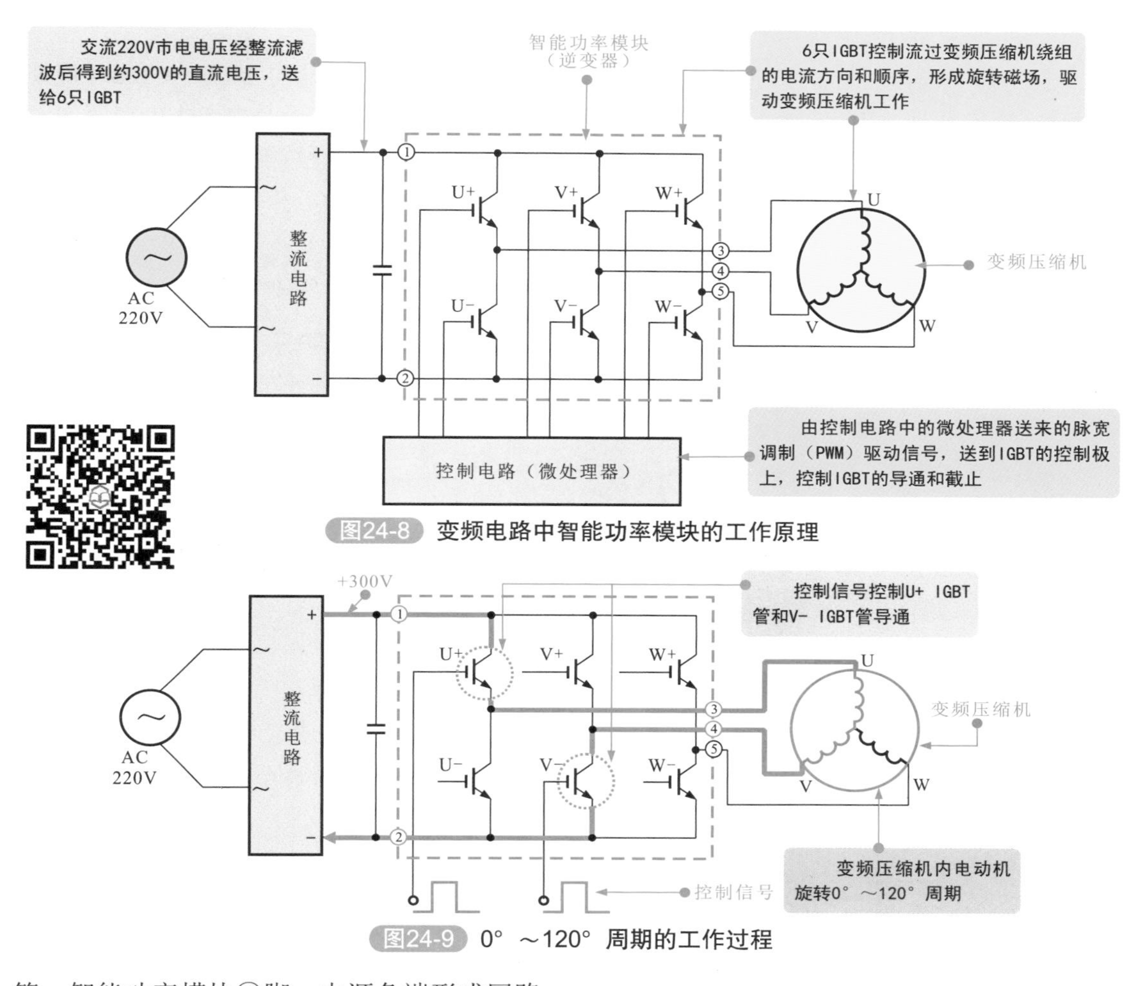

图24-8　变频电路中智能功率模块的工作原理

图24-9　0°～120°周期的工作过程

管→智能功率模块②脚→电源负端形成回路。

② 120°～240°周期的工作过程

图24-10为120°～240°周期的工作过程。在变频压缩机旋转的120°～240°周期，主控电路输出的控制信号产生变化，使IGBT V＋和IGBT W−控制极为高电平而导通，于是电源+300V经智能功率模块①脚→V+ IGBT管→智能功率模块④脚→V线圈→W线圈→智能功率模块⑤脚→W− IGBT管→智能功率模块②脚→电源负端形成回路。

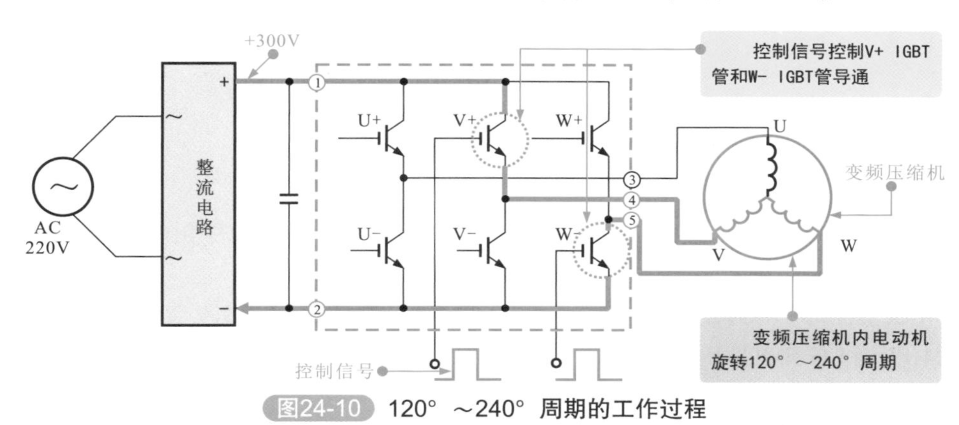

图24-10　120°～240°周期的工作过程

③ 240° ～ 360° 周期的工作过程

图 24-11 为 240° ～ 360° 周期的工作过程。在变频压缩机旋转的 240° ～ 360° 周期，电路再次发生转换，IGBT W ＋和 IGBT U− 控制极为高电平导通，于是电源 +300 V 经功率模块①脚→ W+ IGBT 管→智能功率模块⑤脚→ W 线圈→ U 线圈→智能功率模块③脚→ U− IGBT 管→智能功率模块②脚→电源负端形成回路。

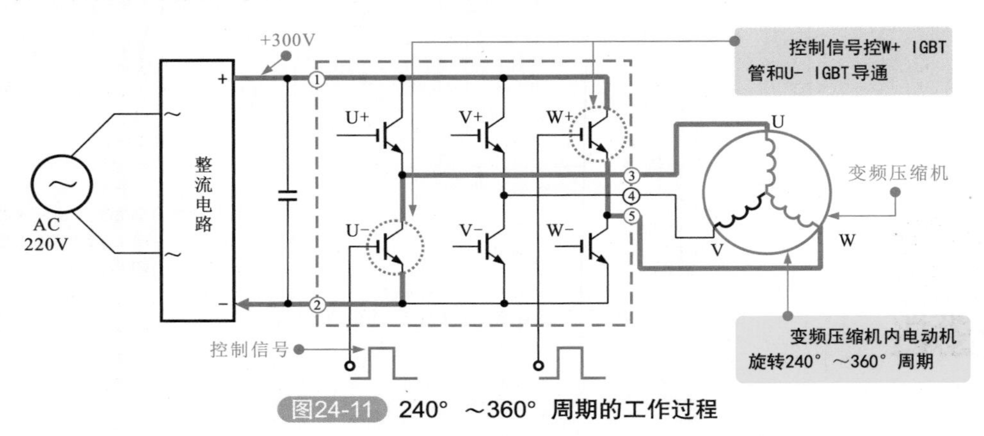

图24-11 240° ～360° 周期的工作过程

【提示说明】

有很多变频电路的驱动方式采用图 24-12 的形式，即每个周期中变频压缩机内电动机的三相绕组中都有电流，合成磁场是旋转的，此时驱动信号加到 U+、V+ 和 W−，其电流方向如图 24-12 所示。

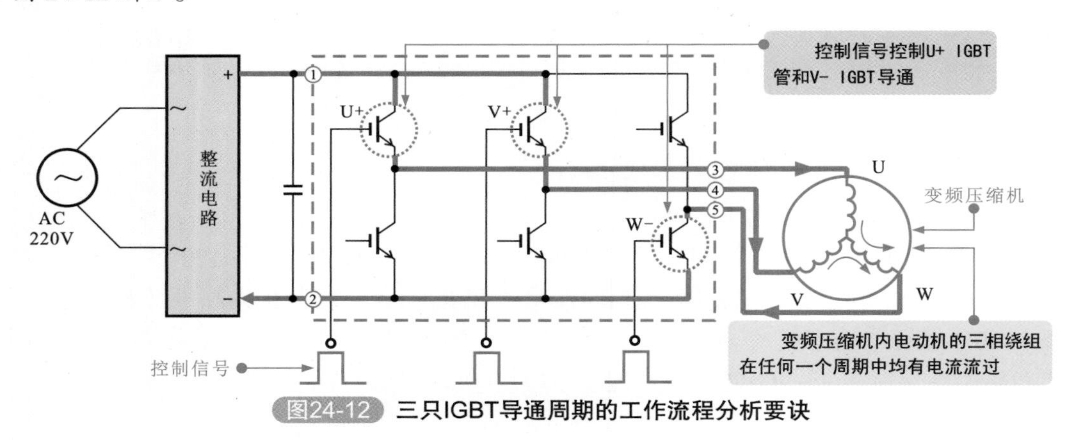

图24-12 三只IGBT导通周期的工作流程分析要诀

24.2 变频电路的电路分析

在了解了变频电路的变频过程后，我们以典型变频空调器中的变频电路为例，进行电路的具体分析，从而清晰了解该电路的工作原理。

（1）LG FMU2460W3M 型变频空调器变频电路的基本工作过程和信号流程

图 24-13 为 LG FMU2460W3M 型变频空调器的变频电路。可以看到，该变频电路主要由光电耦合器、变频模块、变频压缩机等部分构成。

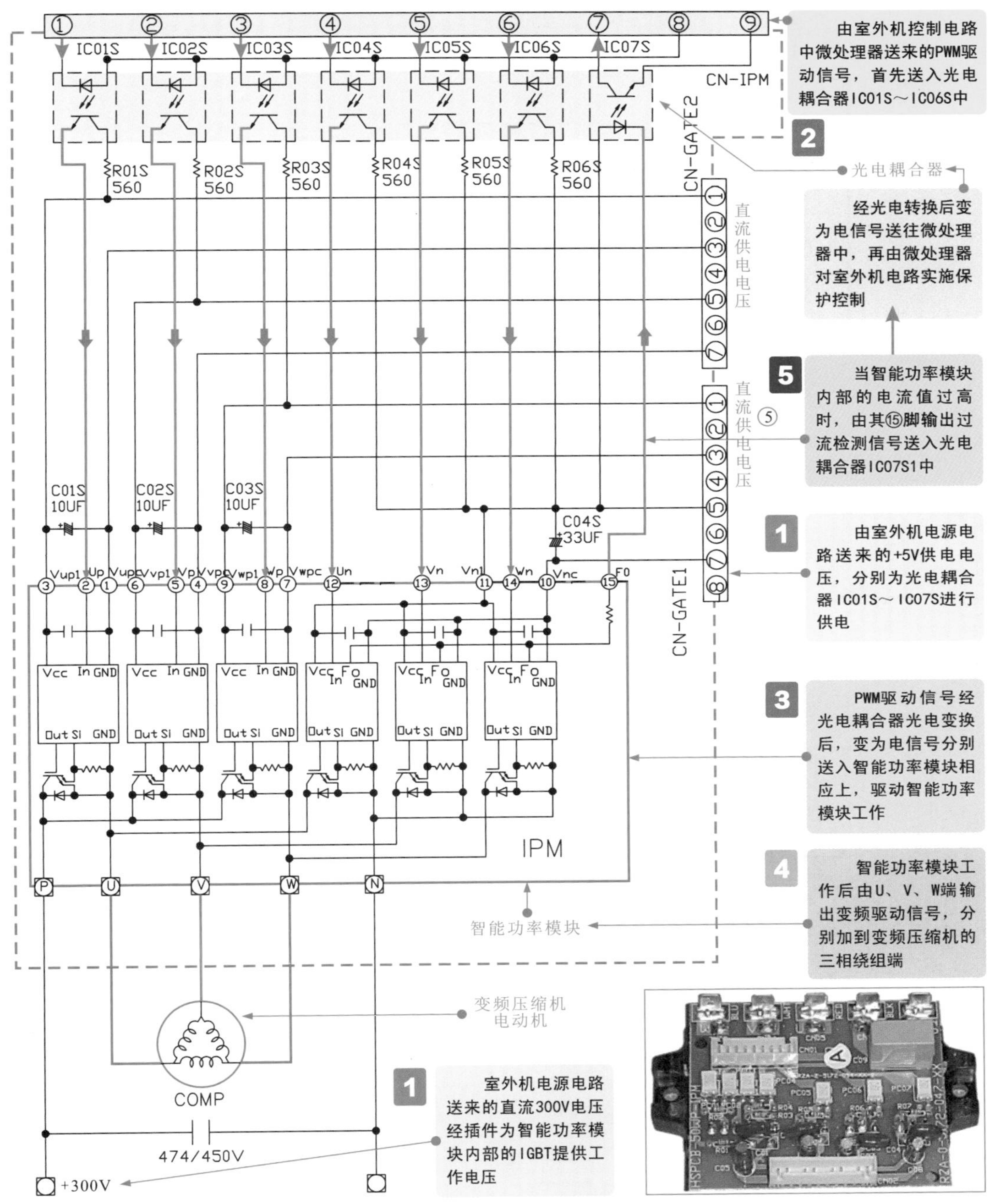

图24-13 LG FMU2460W3M型变频空调器的变频电路

室外机电源电路为变频电路中智能功率模块和光电耦合器提供直流工作电压；室外机控制电路中的微处理器输出 PWM 驱动信号，经光电耦合器 IC01S ～ IC06S 转换为电信号后，分别送入智能功率模块对应引脚中，经智能功率模块内部电路的逻辑处理和变换后，输出变频驱动信号加到变频压缩机三相绕组端，驱动变频压缩机工作。

(2) 海信 KFR-50LW/27ZB 型变频空调器变频电路的基本工作过程和信号流程

图 24-14 为海信 KFR-50LW/27ZB 型变频空调器的室外机变频电路。可以看到，该电路主

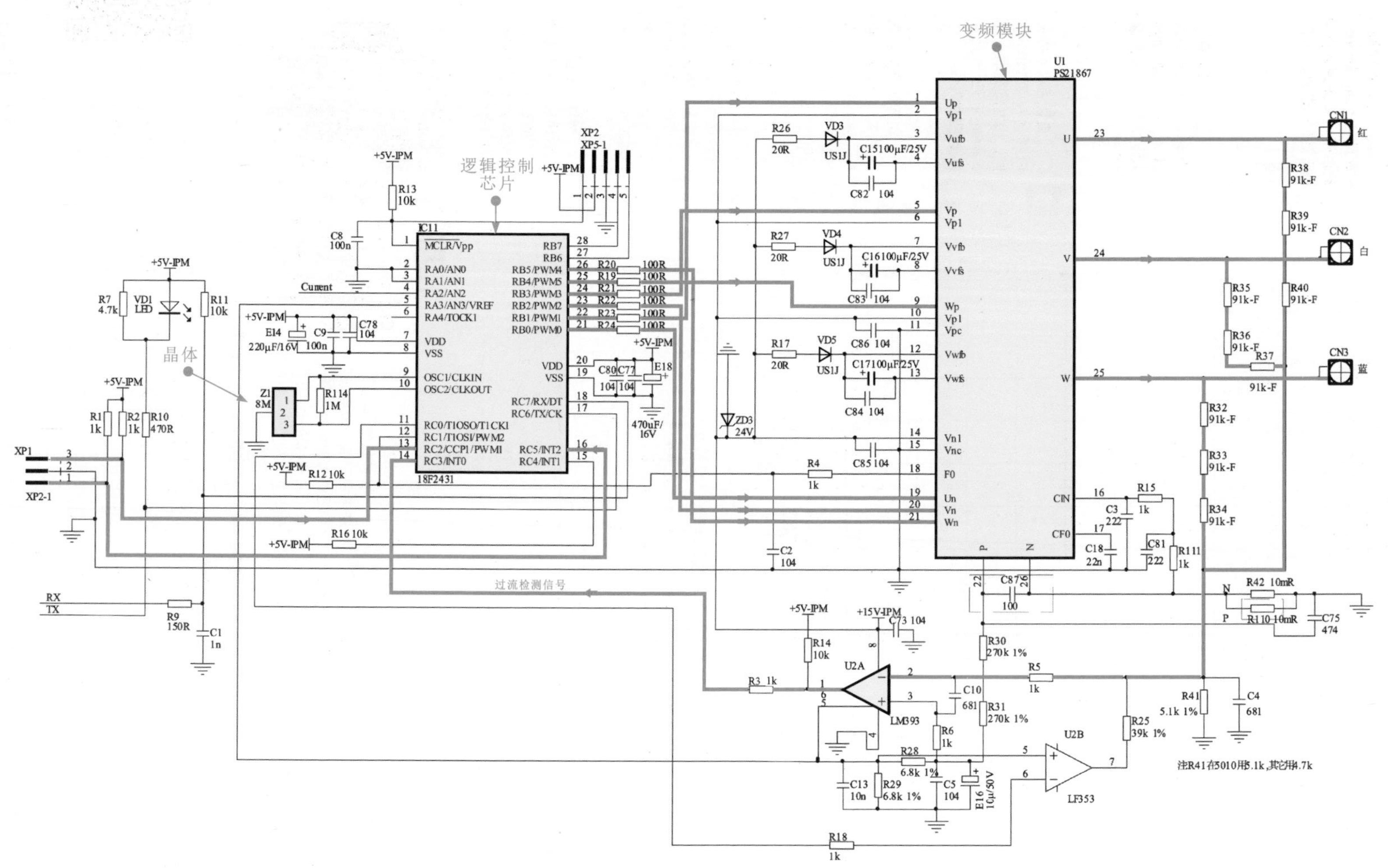

图24-14 海信KFR-50LW/27ZB型变频空调器的室外机变频电路

要是由逻辑控制芯片 IC11、变频模块 U1、晶体 Z1（8M）、过流检测电路（U2A、R32 ～ R40）等部分构成的。主要功能就是为变频压缩机提供驱动信号，用来调节变频压缩机的转速，实现变频空调器制冷剂的循环，完成热交换的功能。

24.3　变频电路的故障检修

变频电路出现故障经常会引起变频空调器出现不制冷 / 制热、制冷或制热效果差、室内机出现故障代码、压缩机不工作等现象。

24.3.1　变频电路的检修分析

对变频电路进行检修，应首先采用观察法检查变频电路的主要元器件有无明显损坏或元器件脱焊、插口不良等现象，如出现上述情况则应立即更换或检修损坏的元器件。

在实际检修过程中，变频空调器出现故障后，大多情况下不能实现正常的通电开机，此时，对变频电路的检测即为对变频电路中各部件的检测，这是掌握变频电路检修技能的关键。

图 24-15 典型变频空调器变频电路的检修分析。

如图所示，变频电路中较易损坏的部件主要有智能功率模块、光电耦合器等，可重点监测。若检测变频电路中关键元器件正常，可尝试进行通电测试。即在通电状态下，根据变频电路的信号流程检测电路中的供电、输入输出的驱动信号等进行逐级排查。

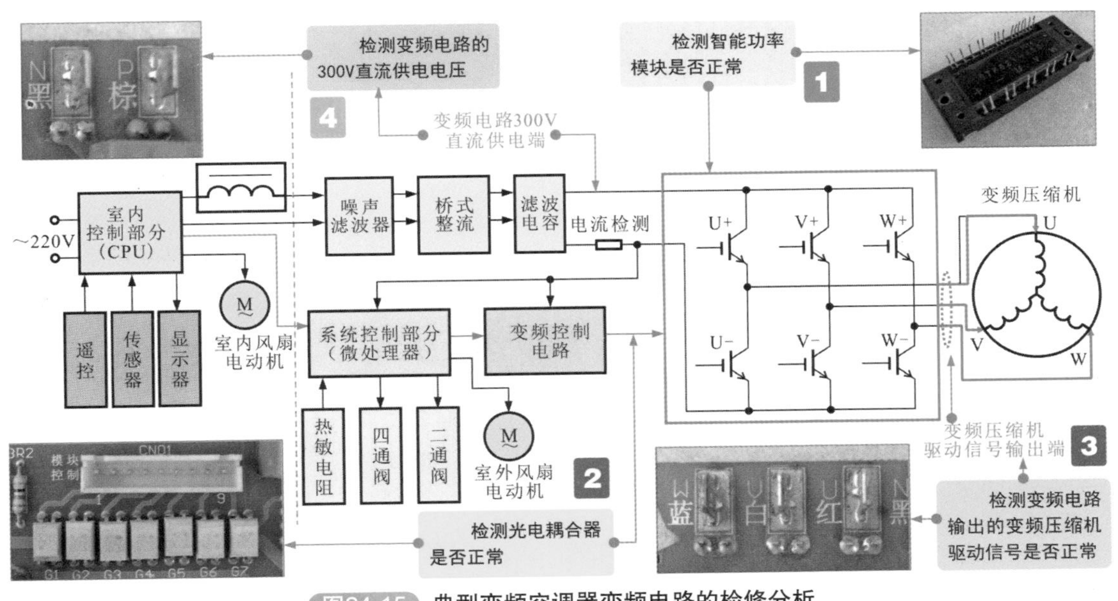

图24-15　典型变频空调器变频电路的检修分析

24.3.2　变频电路的检修方法

对变频空调器变频电路的检修，可按照前面的检修分析进行逐步检测，对损坏的元器件或部件进行更换，即可完成对变频电路的检修。

（1）智能功率模块的检测

确定智能功率模块是否损坏时，可根据智能功率模块内部的结构特性，使用万用表的二极管检测到检测 P（+）端与 U、V、W 端，或 N（+）与 U、V、W 端，或 P 与 N 端之间的正反向导通特性，若符合正向导通，反向截止的特性，则说明智能功率模块正常，否则说明智能功率模块损坏，如图 24-16 所示。

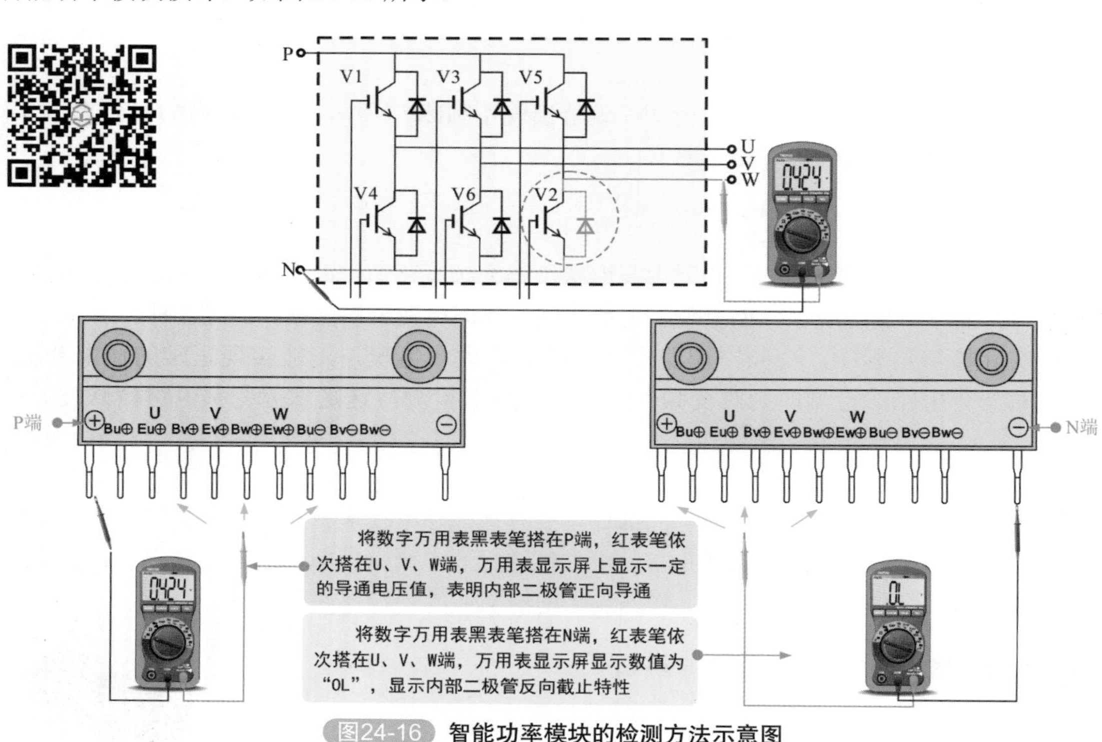

图24-16 智能功率模块的检测方法示意图

图 24-17 为 STK621-410 型智能功率模块的检测方法。

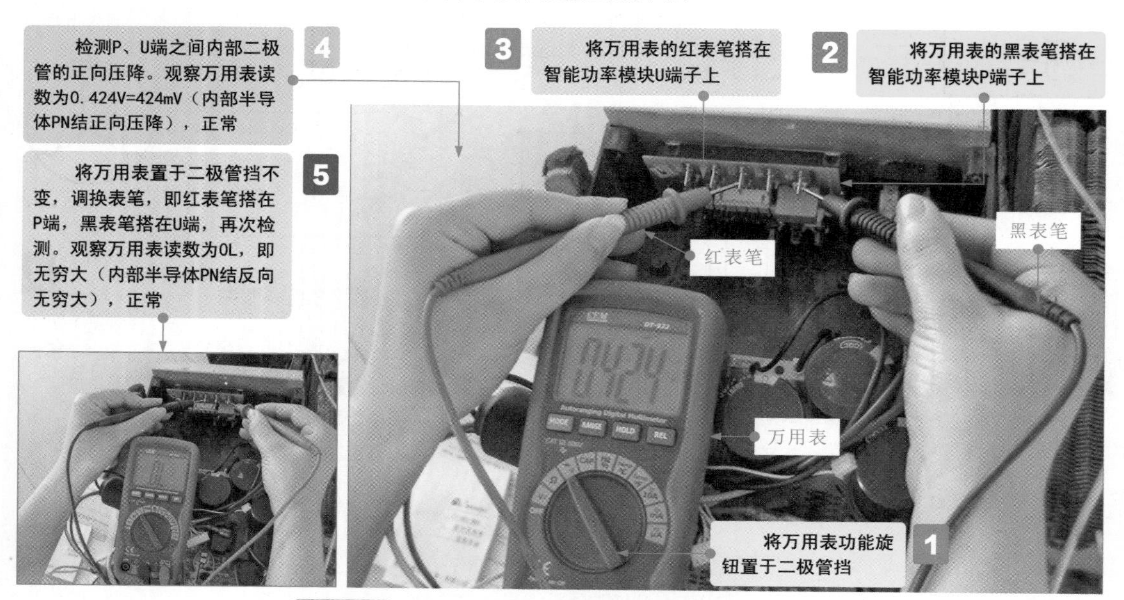

图24-17 STK621-410型智能功率模块的检测方法

智能功率模块其他引脚之间也需要采用图24-17所示方法进行逐一检测。

① 将黑表笔搭在P端子上，红表笔搭在U端子上，智能功率模块P端与U端之间正向测量结果为424mV。

② 将黑表笔搭在P端子上，红表笔搭在V端子上，智能功率模块P端与V端之间正向测量结果为424mV。

③ 将黑表笔搭在P端子上，红表笔搭在W端子上，智能功率模块P端与W端之间正向测量结果为423mV。

④ 将红表笔搭在P端子上，黑表笔搭在U端子上，智能功率模块P端与U端之间反向测量结果为无穷大。

⑤ 将红表笔搭在P端子上，黑表笔搭在V端子上，智能功率模块P端与V端之间反向测量结果为无穷大。

⑥ 将红表笔搭在P端子上，黑表笔搭在W端子上，智能功率模块P端与W端之间反向测量结果为无穷大。

⑦ 将黑表笔搭在N端子上，红表笔搭在U端子上，智能功率模块N端与U端之间反向测量结果为无穷大。

⑧ 将黑表笔搭在N端子上，红表笔搭在V端子上，智能功率模块N端与V端之间反向测量结果为无穷大。

⑨ 将黑表笔搭在N端子上，红表笔搭在W端子上，智能功率模块N端与W端之间正向测量结果为425mV。

⑩ 将红表笔搭在N端子上，黑表笔搭在U端子上，智能功率模块N端与U端之间正向测量结果为421mV。

⑪ 将红表笔搭在N端子上，黑表笔搭在V端子上，智能功率模块N端与V端之间正向测量结果为422mV。

⑫ 将红表笔搭在N端子上，黑表笔搭在W端子上，智能功率模块N端与W端之间正向测量结果为425mV。

⑬ 将红表笔搭在N端子上，黑表笔搭在P端子上，智能功率模块P端与N端之间正向测量结果为765mV。

⑭ 将黑表笔搭在N端子上，红表笔搭在P端子上。智能功率模块P端与N端之间反向测量结果为无穷大。

任何一个数值异常，都表明智能功能模块内部可能存在故障。

（2）光电耦合器的检测

光电耦合器是用于驱动智能功率模块的控制信号输入电路，损坏后会导致来自室外机控制电路中的PWM信号无法送至智能功率模块的输入端。

若经上述检测室外机控制电路送来的PWM驱动信号正常，供电电压也正常，而变频电路无输出，则应对光电耦合器进行检测。

图24-18为光电耦合器的检测方法。

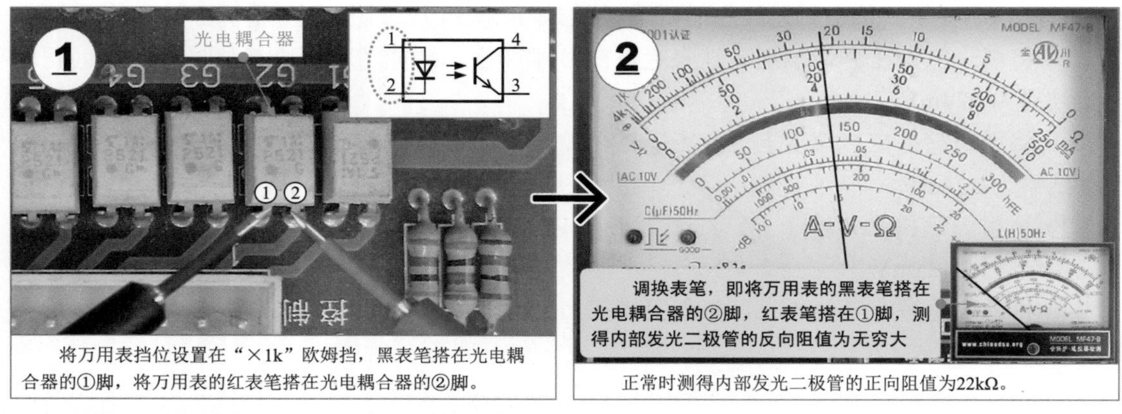

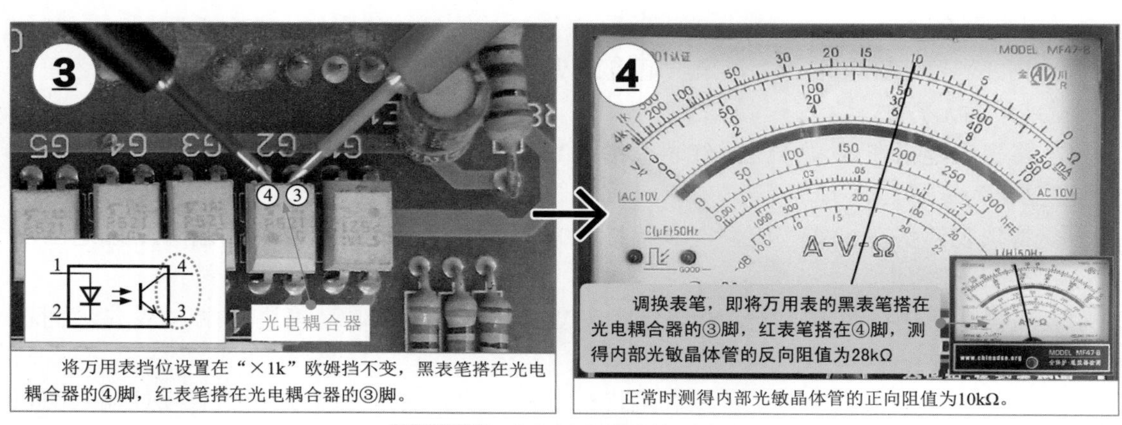

图24-18 **光电耦合器的检测方法**

【提示说明】

由于在路检测，受外围元器件的干扰，测得的阻值会与实际阻值有所偏差，但内部的发光二极管基本满足正向导通，反向截止的特性；若测得的光电耦合器内部发光二极管或光敏晶体管的正反向阻值均为零、无穷大或与正常阻值相差过大，都说明光电耦合器已经损坏。

（3）变频电路中信号的检测

对变频电路中信号进行检测，要求待测变频空调器能够接入电源，且不会进入待机保护状态。检测时操作遥控器，将空调器置于制冷或制热模式中，为变频电路工作提供基本的控制前提。接下来，参照检修分析，分别对变频压缩机驱动信号、变频电路 +300V 供电电压、变频电路 PWM 驱动信号进行检测。

① 变频压缩机驱动信号的检测

通电检测变频电路时，应首先对变频电路（智能功率模块）输出的变频压缩机驱动信号进行检测，若变频压缩机驱动信号正常，则说明变频电路正常；若变频压缩机驱动信号不正常，则需对电源电路板和控制电路板送来的供电电压和压缩机驱动信号进行检测。

图 24-19 为变频压缩机驱动信号的检测方法。

在上述检测过程中，对变频压缩机驱动信号进行检测时，使用了示波器进行测试，若不具备该检测条件时，也可以用万用表测电压的方法进行检测和判断，如图 24-20 所示。

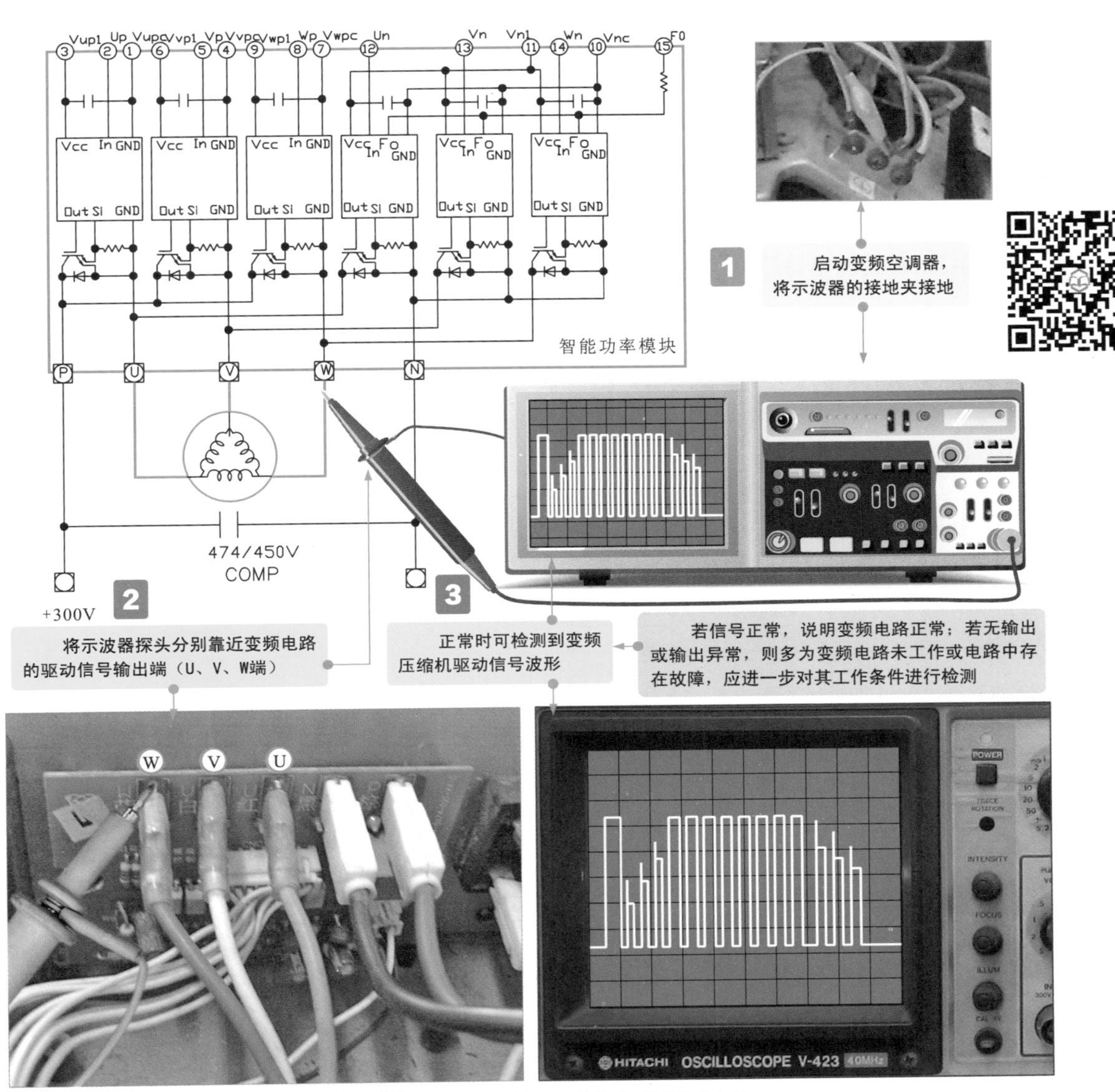

图24-19　变频压缩机驱动信号的检测方法

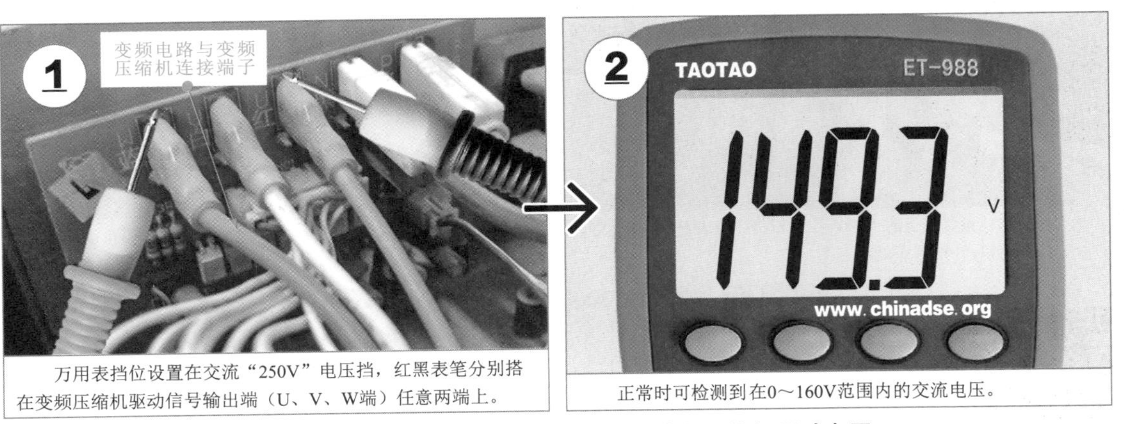

图24-20　用万用表检测变频电路输出变频压缩机驱动电压

② 变频电路300V直流供电电压的检测

变频电路的工作条件有两种，即供电电压和PWM驱动信号，若变频电路无驱动信号输出，在判断是否为变频电路的故障时，应首先对这两个工作条件进行检测。

检测时应先对变频电路（智能功率模块）的300 V直流供电电压进行检测，若300 V直流供电电压正常，则说明电源供电电路正常，若供电电压不正常，则需继续对另一个工作条件PWM驱动信号进行检测。

图24-21为变频电路300V直流供电电压的检测方法。

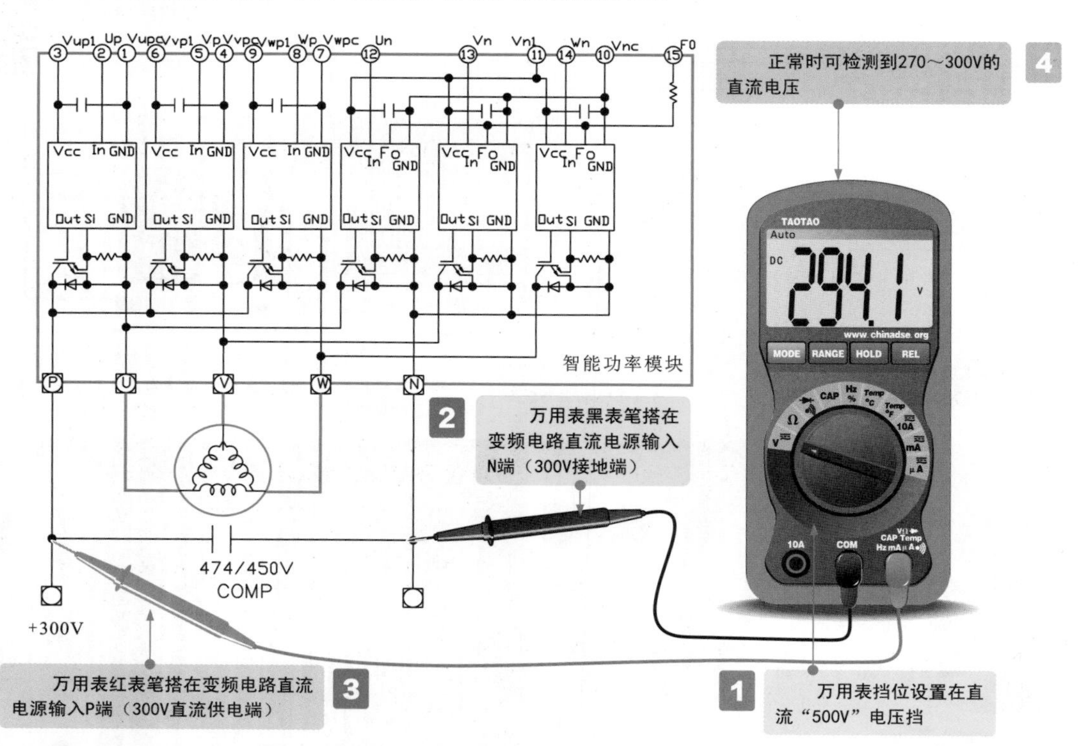

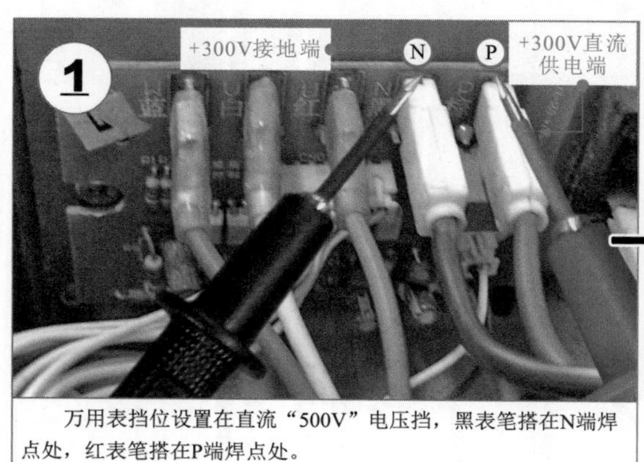

万用表挡位设置在直流“500V”电压挡，黑表笔搭在N端焊点处，红表笔搭在P端焊点处。

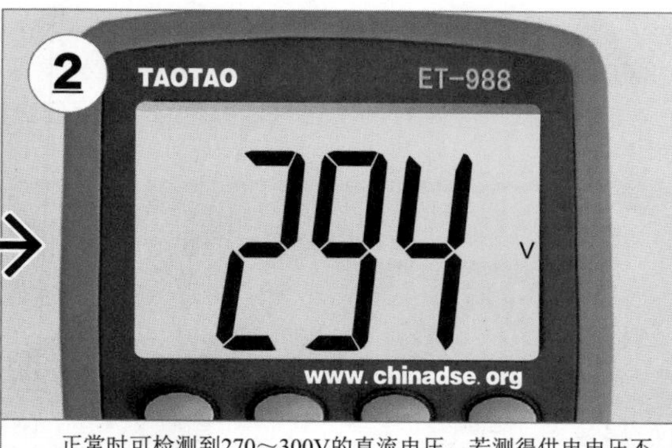

正常时可检测到270～300V的直流电压，若测得供电电压不正常，则应对该变频空调器室外机电源电路进行检测。

图24-21 变频电路300V直流供电电压的检测方法

③ 变频电路 PWM 驱动信号的检测

若经检测变频电路的供电电压正常，接下来需对控制电路板送来的 PWM 驱动信号进行检测，若 PWM 驱动信号也正常，而变频电路无输出，则多为变频电路故障，应重点对光电耦合器和智能功率模块进行检测；若 PWM 驱动信号不正常，则需对控制电路进行检测。

图 24-22 为变频电路 PWM 驱动信号的检测方法。

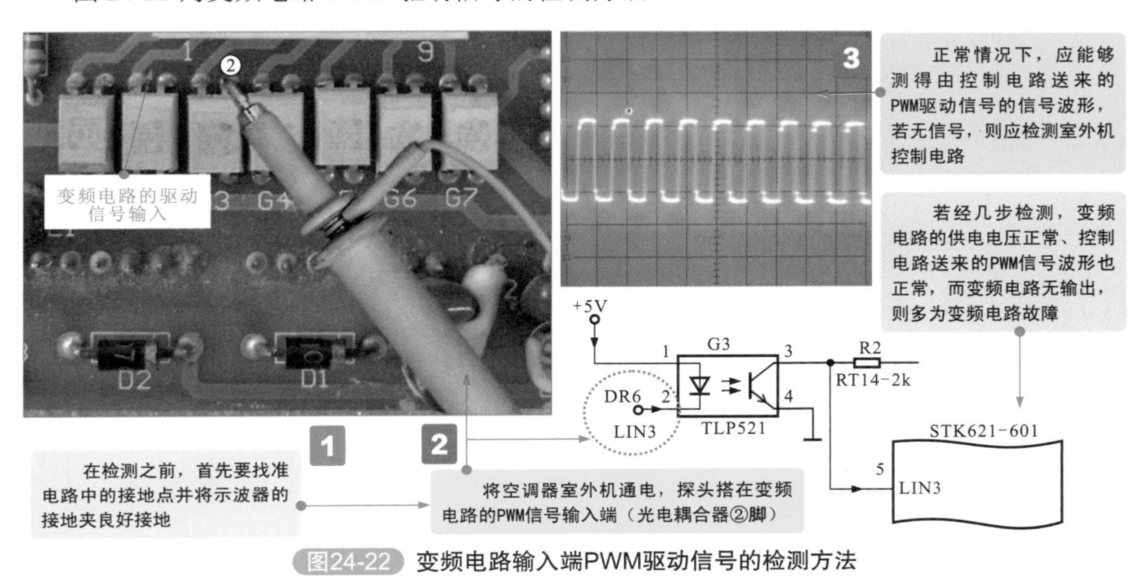

图24-22　变频电路输入端PWM驱动信号的检测方法

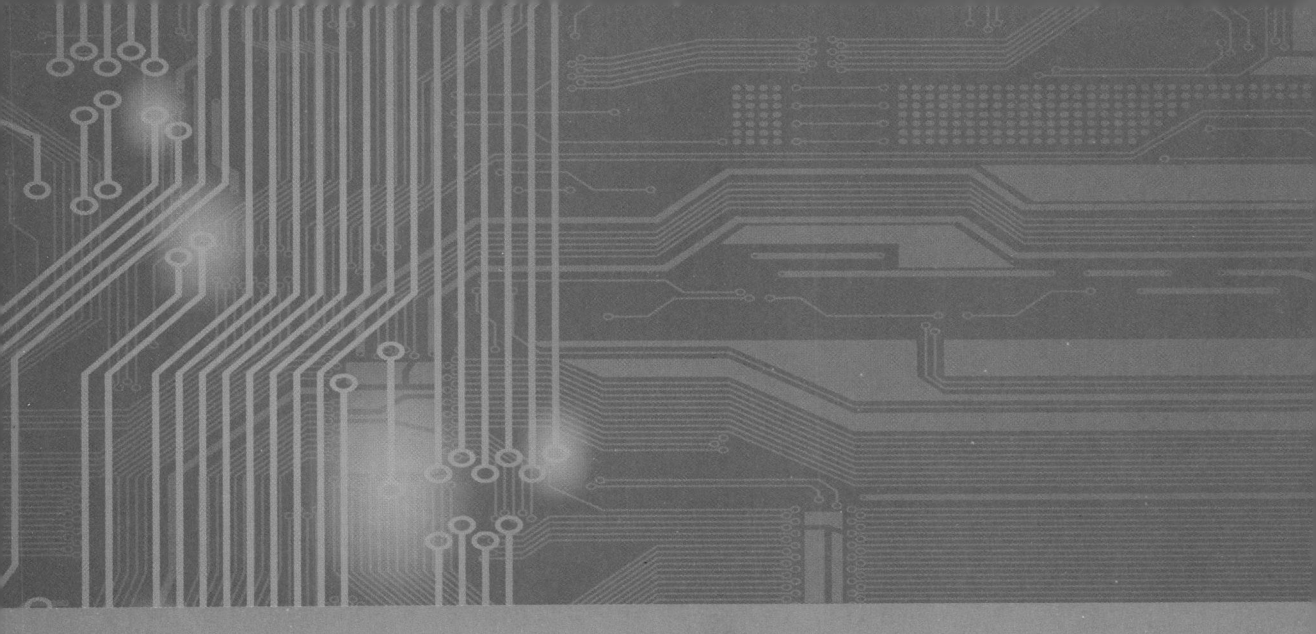

维修综合案例篇

第 25 章
空调器常见故障综合检修案例

25.1 根据故障代码排查故障的案例

故障代码是指空调器显示部分显示出的特定字母标识或指示灯亮 / 灭 / 闪烁状态。不同字母标识或指示灯亮 / 灭 / 闪烁状态代表不同的含义，通过查询故障代码表可快速了解到故障类型和故障部位。

目前，空调器显示故障代码的方式有三种，如图 25-1 所示。

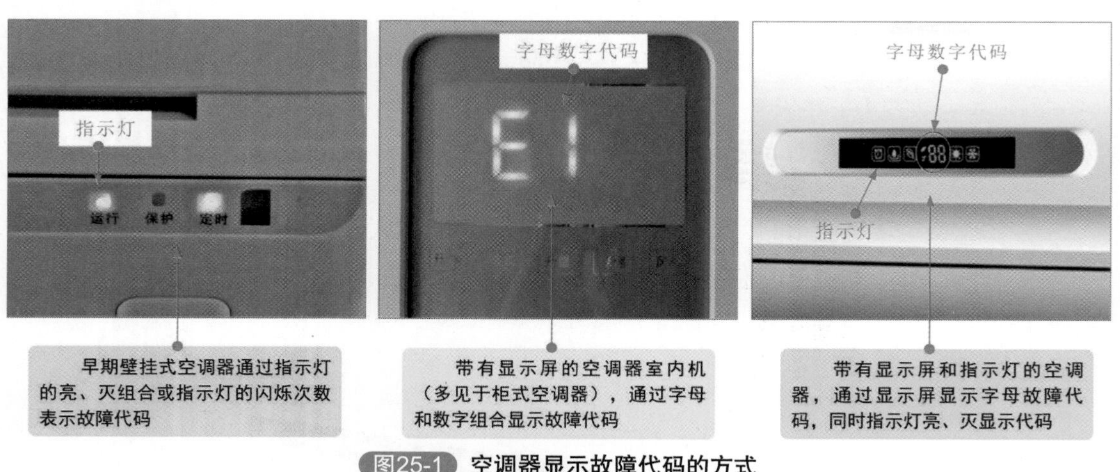

图25-1 空调器显示故障代码的方式

值得注意的是，相同的故障代码，不同厂家生产的空调器所代表的含义可能不同，在维修空调器过程中应注意收集和归纳整理不同品牌空调器的故障代码，以利于快速准确判断故障原因。

空调器显示的故障代码，待空调器故障排除后，重新通电开机，故障代码自动消除。

25.1.1 海信 KFR−4539（5039）LW/BP 型变频空调器开机后指示灯显示“灭、闪、灭”代码的故障检修

故障表现：

海信 KFR-4539（5039）LW/BP 型变频空调器通电后，室内机工作正常，但变频空调器无

法制冷或制热，经观察室外机风扇运转正常，但变频压缩机不运转，且指示灯状态为“灭、闪、灭”。

故障分析：

根据故障现象可知，该变频空调器的室内机基本正常；室外机风扇运转正常，说明室内机与室外机的通信情况良好，低压供电情况正常；变频压缩机不运转，怀疑变频电路或供电部分出现故障，而室外机指示灯指示状态为“灭、闪、灭”，经查询该型号变频空调器的故障代码表可知，指示灯指示状态“灭、闪、灭”表示变频空调器智能功率模块保护，应重点检查智能功率模块及其检测保护电路。

图 25-2 为海信 KFR-4539（5039）LW/BP 型变频空调器变频电路。

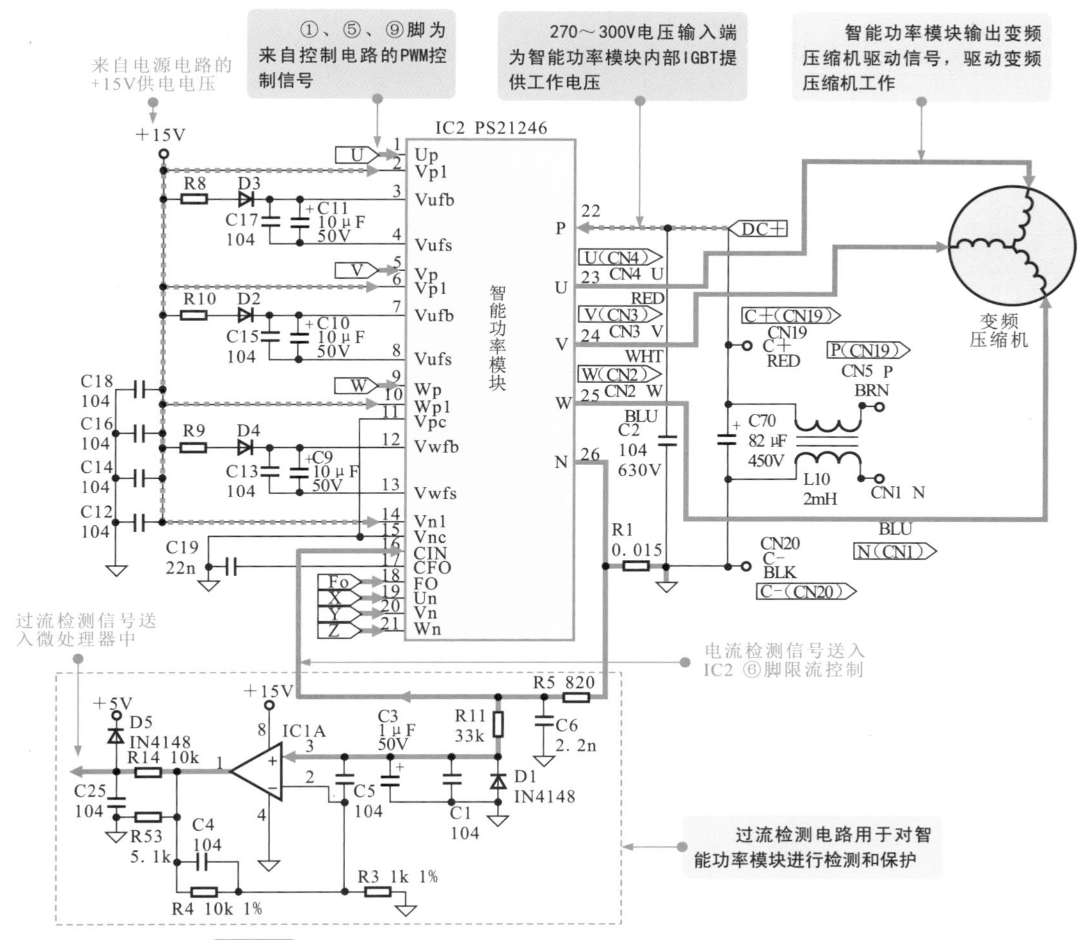

图25-2　海信KFR-4539（5039）LW/BP型变频空调器变频电路

具体控制过程如下。

• 电源电路输出的＋15V 直流电压分别送入智能功率模块 IC2（PS21246）的②脚、⑥脚、⑩脚和⑭脚中，为智能功率模块提供所需的工作电压。

• 智能功率模块 IC2（PS21246）的㉒脚为＋300V 电压输入端（P），为该模块内的 IGBT 提供工作电压，N 端经限流电阻 R1 接地。

• 室外机控制电路中的微处理器 CPU 为智能功率模块 IC2（PS21246）的①脚、⑤脚、

⑨脚、⑱～㉑脚提供PWM控制信号，控制智能功率模块内部的逻辑电路工作。

• PWM控制信号经智能功率模块IC2（PS21246）内部电路的逻辑控制后，由㉓～㉕脚输出变频压缩机驱动信号，分别加到变频压缩机的三相绕组端。

• 变频压缩机在变频压缩机驱动信号的驱动下启动运转工作。

• 过流检测电路用于对智能功率模块进行检测和保护，当智能功率模块内部的电流值过大时，R1电阻上的压降升高，过流检测电路便将过流检测信号送往微处理器中，由微处理器对室外机电路实施保护控制，同时电流检测信号送到IC2的⑥脚进行限流控制。

【提示说明】

海信KFR-4539（5039）LW/BP型变频空调器运行状态指示灯故障含义见表25-1和表25-2。

表25-1 海信KFR-4539（5039）LW/BP变频空调器限频运行时指示灯故障含义

指示灯状态			压缩机当前的运行频率所受的限制原因
LED1	LED2	LED3	
闪	闪	闪	正常升降频，没有任何限制
灭	灭	亮	过电流引起的降频或升频
灭	亮	亮	制冷、制热过载引起的降频或升频
亮	灭	亮	变频压缩机排气温度过高引起的降频或升频
灭	亮	灭	电源电压过低引起的最高运行频率限制
亮	亮	亮	定频运行

表25-2 海信KFR-4539（5039）LW/BP变频空调器故障停机时指示灯故障含义

指示灯状态			故障原因
LED1	LED2	LED3	
灭	灭	灭	正常
灭	灭	亮	室内环境温度传感器短路、开路或相应检测电路故障
灭	亮	灭	室内管路温度传感器短路、开路或相应检测电路故障
亮	灭	灭	变频压缩机排气口温度传感器短路、开路或相应检测电路故障
亮	灭	亮	室外管路温度传感器短路、开路或相应检测电路故障
亮	亮	灭	室外环境温度传感器短路、开路或相应检测电路故障
闪	亮	灭	电流检测变压器短路、开路或相应检测电路故障
闪	灭	亮	室外机变压器短路、开路或相应检测电路故障
灭	灭	闪	信号通讯异常
灭	闪	灭	智能功率模块保护
亮	闪	亮	最大电流保护
亮	闪	灭	电流过载保护
灭	闪	亮	变频压缩机排气口温度过高
亮	亮	闪	过、欠压保护
灭	亮	闪	变频压缩机温度过高
亮	亮	亮	EEPROM故障
灭	闪	闪	室内风扇电动机运转异常

故障检修：

根据以上检修分析，我们应先对智能功率模块的工作条件（即直流供电电压和 PWM 驱动信号）进行检测，以判断这些工作条件是否能够满足智能功率模块的正常工作。

图 25-3 为智能功率模块工作条件的检测。

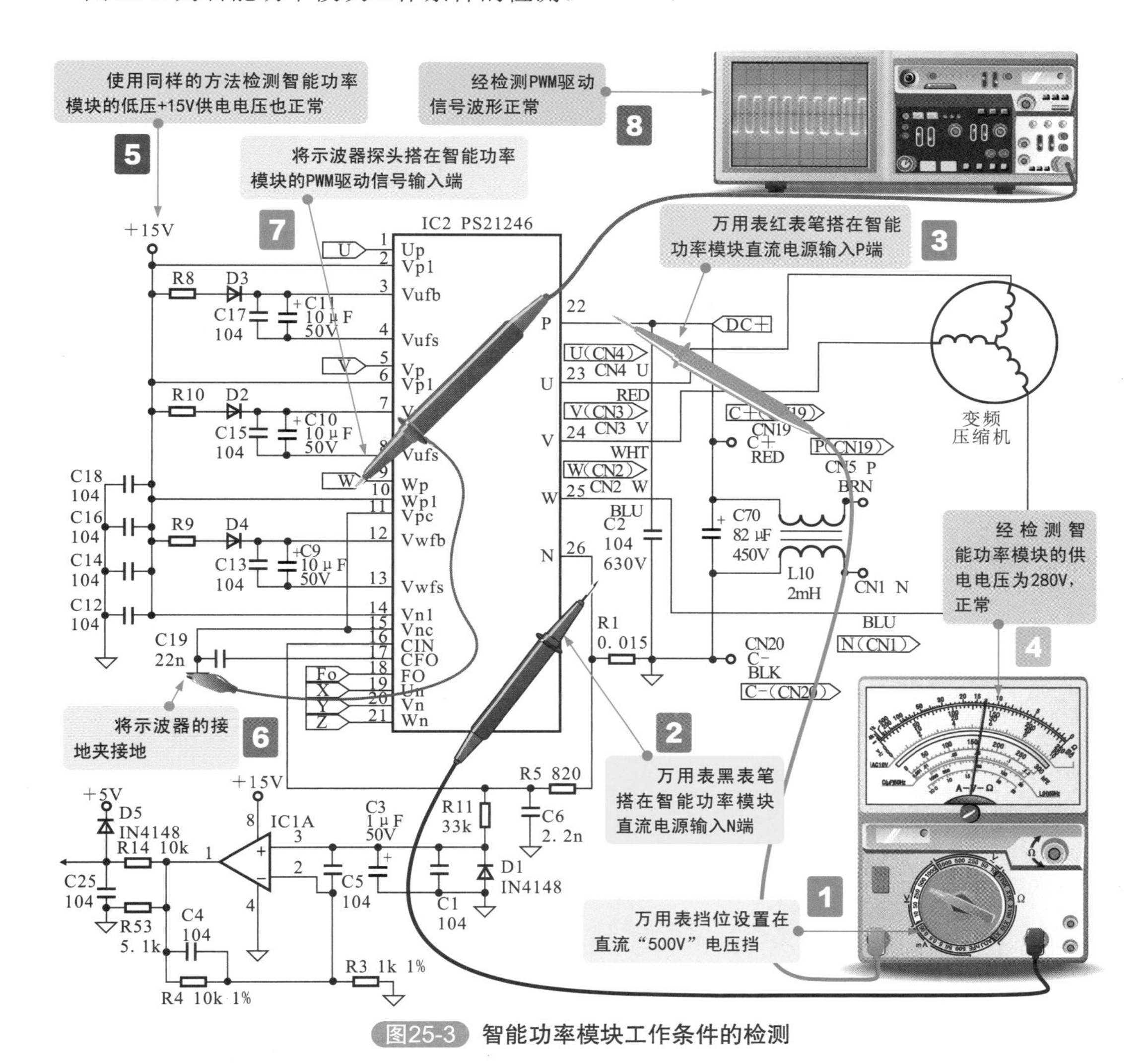

图25-3　智能功率模块工作条件的检测

经检测智能功率模块的工作条件均正常，此时说明该变频空调器的供电电路以及控制电路均正常，此时需对智能功率模块的检测电路进行检测，检测时，由于无法推断判断该电流检测电路的电压值，因此可将变频空调器断电后，检测电流检测电路中的元器件是否损坏，查找故障点。

图 25-4 为智能功率模块电流检测电路的检测。

经检测，发现智能功率模块电流检测电路中的限流电阻 R11 的阻值小于其标称值 33kΩ，因此怀疑该电阻器已经损坏，将其更换后，重新对变频空调器开机试机操作，发现故障排除。

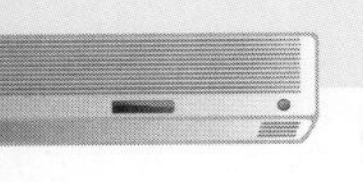

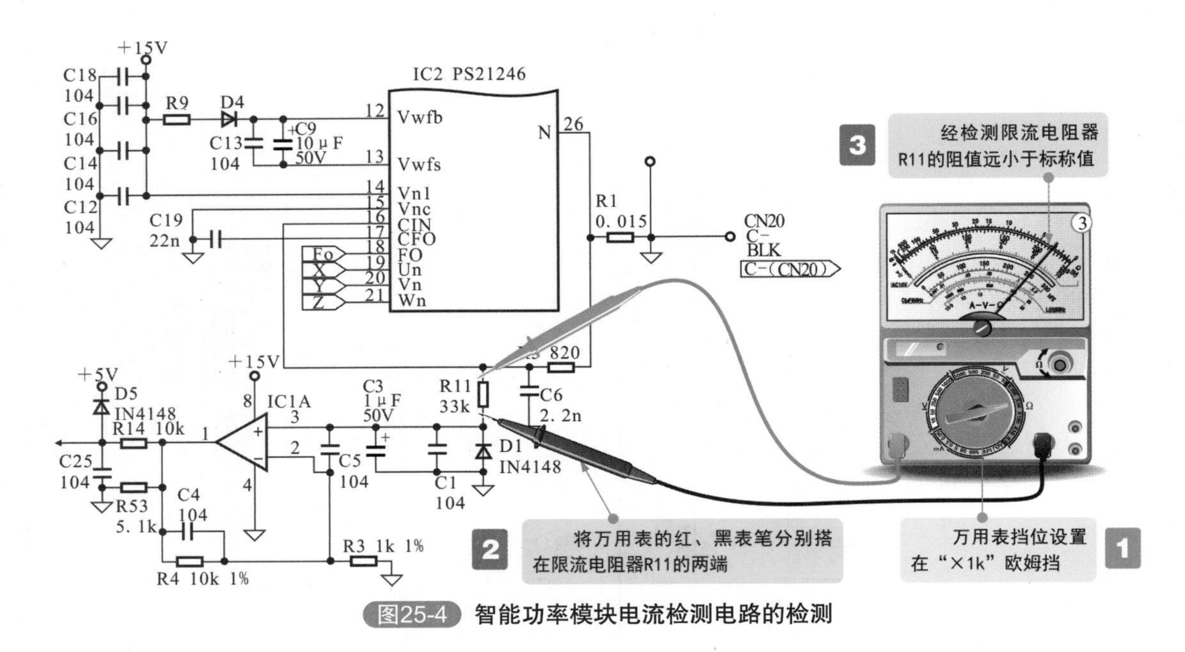

图25-4 智能功率模块电流检测电路的检测

25.1.2 海尔 KFR-25GW×2JF 型变频空调器开机后指示灯显示“亮、闪、亮”代码的故障检修

故障表现：

海尔 KFR-25GW×2JF 型变频空调器通电后，无法进行制冷或制热，且室内机指示灯状态为“亮、闪、亮”。

故障分析：

根据室内机指示灯指示状态“亮、闪、亮”查询该型号变频空调器的故障代码表可知，指示灯指示状态“亮、闪、亮”表示变频空调器智能功率模块异常，应重点检查智能功率模块。

图 25-5 为海尔 KFR-25GW×2JF 型变频空调器室外机控制及变频电路。

变频电路具体控制过程如下。

• 电源电路输出的＋ 300 V 直流电压分别送入智能功率模块 F21 的“+（P）端”，为该模块内的 IGBT 提供工作电压。

• 室外机控制电路中的微处理器 CPU 为变频控制接口电路 IC2 提供控制信号，经 IC2 处理后输出 PWM 控制信号，控制智能功率模块 F21 内部的逻辑电路工作。

• PWM 控制信号经智能功率模块 F21 内部电路的逻辑控制后，输出变频压缩机驱动信号，分别加到变频压缩机的三相绕组端。

• 变频压缩机在变频压缩机驱动信号的驱动下启动运转工作。

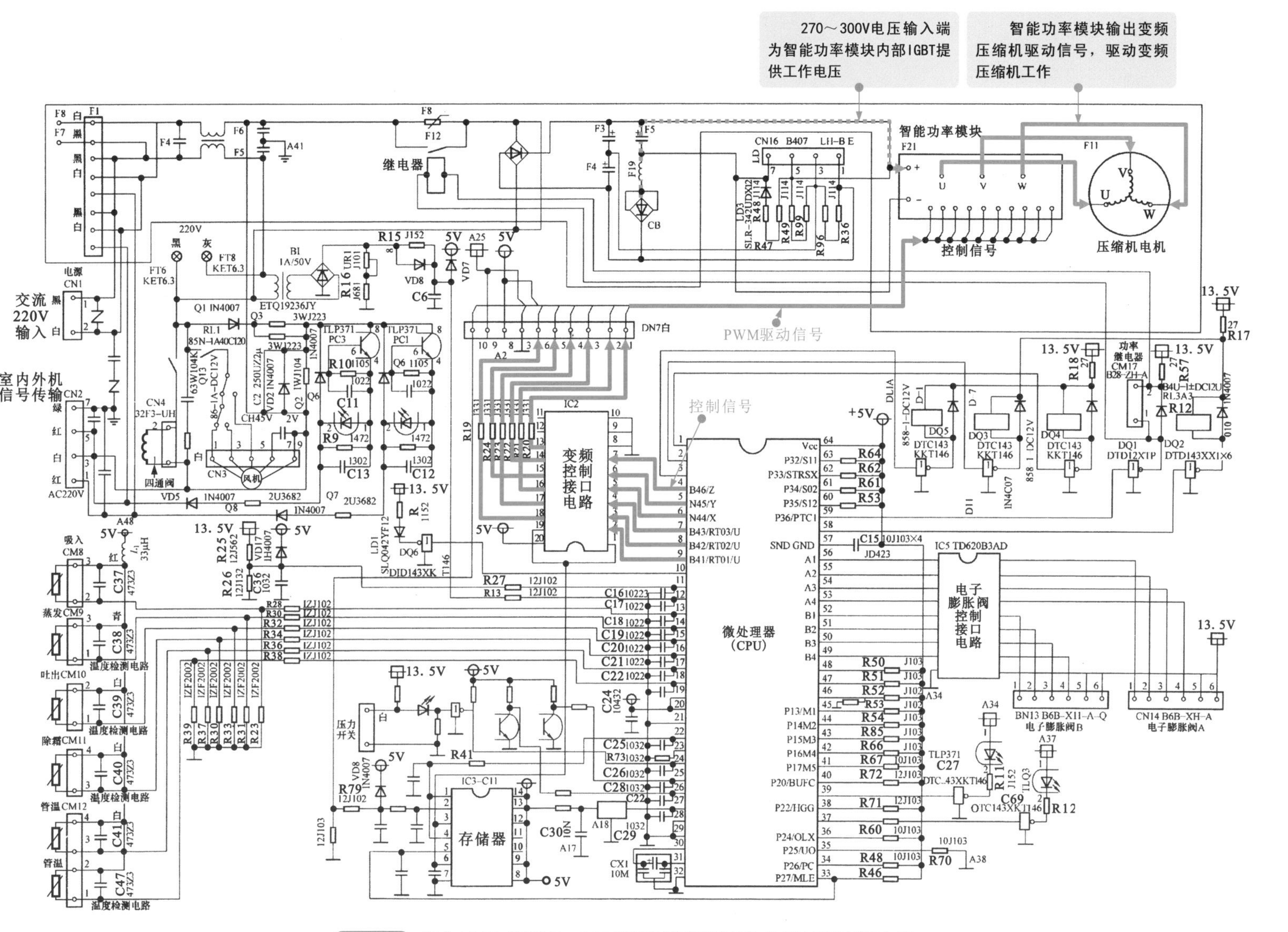

图25-5　海尔KFR-25GW×2JF型变频空调器室外机控制及变频电路

【提示说明】

海尔 KFR-25GW×2JF 型变频空调器室内机运行状态指示灯故障含义见表 25-3。

表25-3 海尔KFR-25GW×2JF型变频空调器室内机运行状态指示灯故障含义

指示灯指示（故障代码）	表示内容（含义）
闪、灭、灭	室内环境温度传感器故障
闪、亮、亮	室内管路温度传感器故障
闪、灭、亮	变频压缩机运转异常
闪、闪、亮	智能功率模块或其外围电路故障
闪、闪、灭	过流保护
闪、闪、闪	制热时，蒸发器温度上升（68℃以上）或室内风机风量小
闪、灭、闪	电流互感器断线保护
亮、闪、亮	智能功率模块异常
灭、灭、闪	通信异常
灭、闪、灭	变频压缩机排气管温度超过 120 ℃
灭、闪、亮	电源故障

注：指示灯依次为电源灯、定时灯、运行灯。

故障检修：

根据以上检修分析，我们应对智能功率模块进行检修，而智能功率模块常见的故障为 P 端子与 N 端子，P 端子与 U、V、W 端子，N 端子与 U、V、W 端子击穿，而击穿率最高的则为 P 端子与 N 端子，因此我们先对 P 端子与 N 端子进行检测。

图 25-6 为智能功率模块 P 端子与 N 端子的检测。

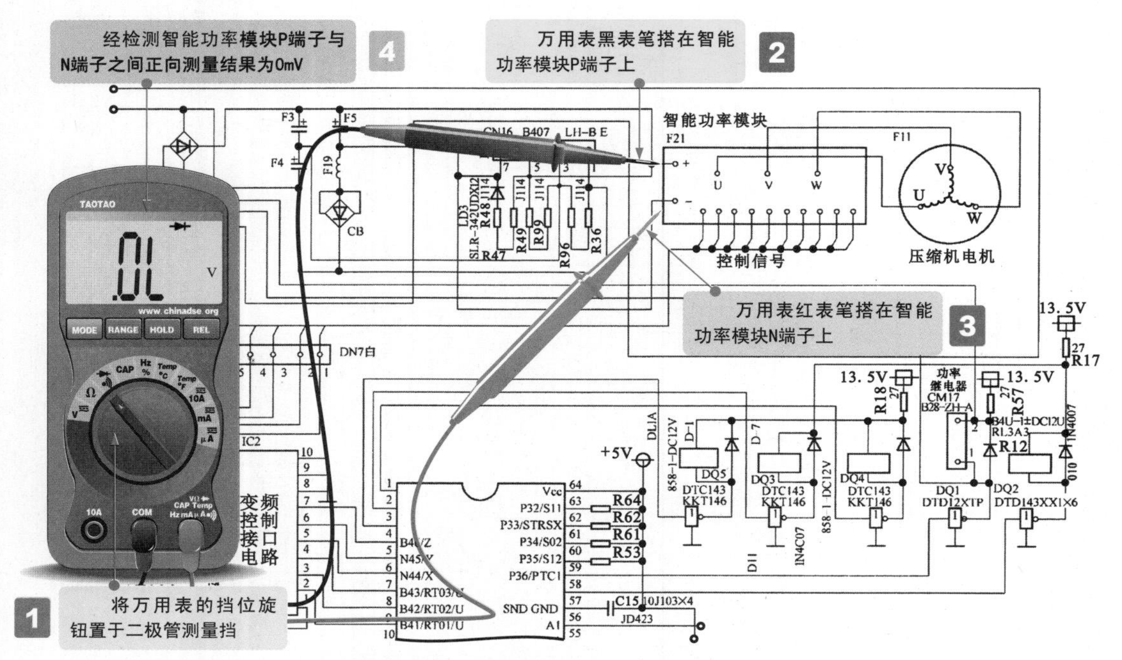

图25-6 智能功率模块P端子与N端子的检测

正常情况下，智能功率模块 P 端子与 N 端子之间的正反向测量结果满足二极管的特性，即正向导通，反向截止，若测量结果不满足这一规律，说明智能功率模块损坏。此时更换智能功率模块后，重新对变频空调器开机试机操作，发现故障排除。

25.1.3　变频空调器开机后主电路板指示灯显示“亮、亮、亮”代码的故障检修

故障表现：

空调器（变频）平时工作良好，在一次意外停电后，再通电开机，室内机运行指示灯亮，但不能制冷。

故障分析：

根据情况，拆开室外机外壳，通电开机，故障依旧，室外机风扇开机时运转，随后停止，压缩机未启动，电路板上的三个指示灯全亮，如图 25-7 所示。

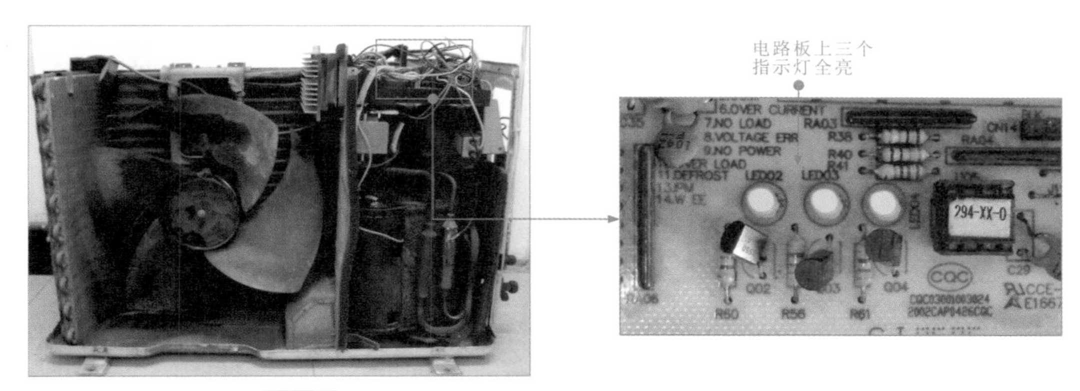

图25-7　根据具体故障表现进行不制冷故障的初步预判

通过查找该空调器故障代码相关资料，指示灯全亮，说明空调器存在无负载故障。综合故障现象，初步判断室外机主电路板基本正常，多为压缩机驱动部分故障，应重点对变频电路进行检查。

故障检修：

如图 25-8 所示，根据对故障机的初步检查和诊断，对怀疑故障的压缩机驱动电路，即变频电路部分进行重点排查和检测，找到损坏的部件，修复或更换后排除故障。

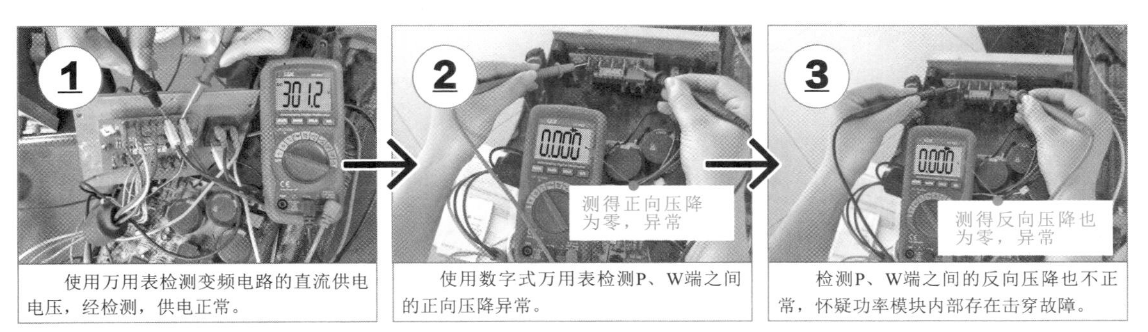

图25-8　空调器无负载故障的检修方法

经过检测发现功率模块 P、W 端之间短路，说明功率模块损坏，选择同规格同型号的功率模块进行代换，如图 25-9 所示。

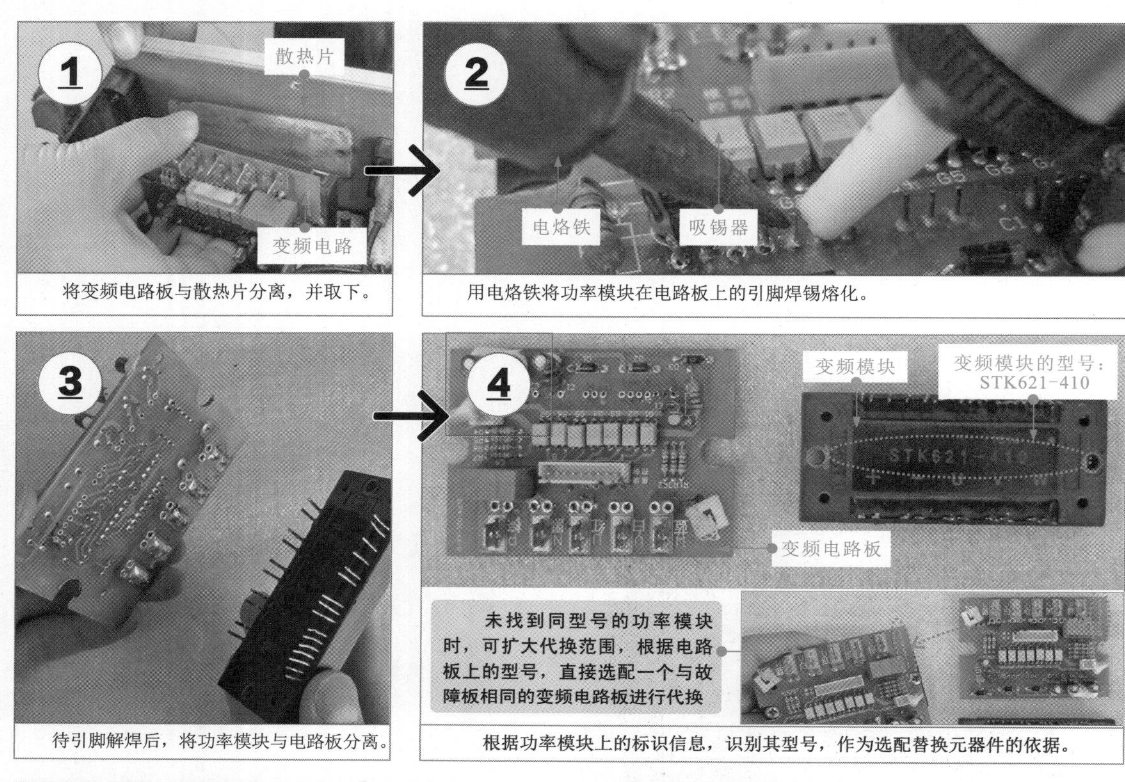

将变频电路板与散热片分离，并取下。

用电烙铁将功率模块在电路板上的引脚焊锡熔化。

待引脚解焊后，将功率模块与电路板分离。

根据功率模块上的标识信息，识别其型号，作为选配替换元器件的依据。

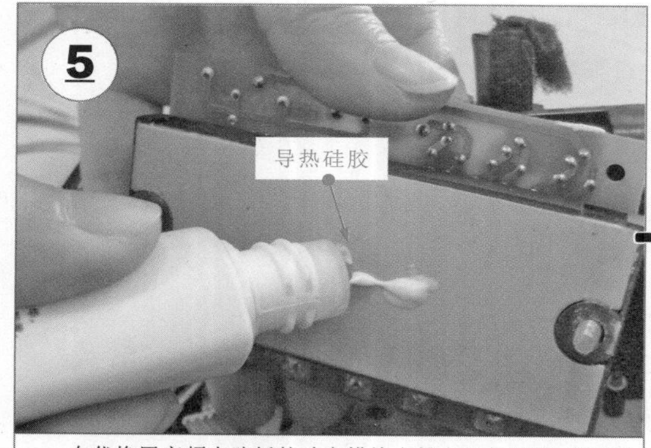

在代换用变频电路板的功率模块上抹上导热硅胶，将导热硅胶涂抹均匀，避免散热不良。

用螺钉旋具将变频电路板上的螺钉拧紧，使其固定在散热片上，并将压缩机引线、供电引线对应插到变频电路板上。

图25-9 故障机中功率模块的代换方法

确认变频电路连接无误后，通电试机，压缩机启动，回装空调器外壳，制冷正常，故障被排除。

【提示说明】

长虹 KFR-28GW/BP 型空调器室内机的故障代码和 2010 年后所有长虹变频空调器故障代码含义见表 25-4、表 25-5。

表25-4　长虹KFR-28GW/BP型空调器室内机的故障代码速查表

部件	指示灯指示（故障代码）	表示内容（含义）
室内机	灭、灭、灭、闪	室内温度传感器 CZ202 插座虚焊或插接不良
	灭、灭、闪、灭	室内管路温度传感器 CZ201 插座虚焊或插接不良
	灭、灭、闪、闪	蒸发器温度过低或室内风机不转
	灭、闪、灭、灭	制热温度过高
	灭、闪、灭、闪	通讯失误，通讯线不可靠
	灭、闪、闪、灭	瞬间有停电现象
	灭、闪、闪、闪	室内机电流过大保护
室外机	灭、灭、灭、亮	室外温度传感器插座插接不良
	灭、灭、亮、灭	室外管路温度传感器插座插接不良
	灭、灭、亮、亮	压缩机温度过高保护或制冷剂不足
	灭、亮、亮、灭	室外机电流过大
	亮、灭、灭、灭	室外机电压过低或过高
	亮、灭、灭、亮	瞬间停电
	亮、灭、亮、灭	室外机温度过低或过高
	亮、灭、亮、亮	除霜过程中
	亮、亮、灭、灭	功率模块过载、过热或短路保护
	亮、亮、灭、亮	E2PROM IC303 虚焊或插接不良

注：四个指示灯依次为高效、运行、定时、电源。

表25-5　2010后所有长虹变频空调器的故障代码速查表

代码	代码含义（适用 2010 年后所有长虹变频空调器）	代码	代码含义（适用于 2013 年后所有长虹变频空调器）
F0	PG 电机故障	1	试运行
F1	室温传感器故障	2	缩时
F2	外室温度传感器故障	3	自检
F3	内盘温度传感器故障	4	取消代码“1”～“3”的功能
F4	外盘温度传感器故障	5	锁频额定制冷点；锁频额定制热点
F5	压机排气温度传感器故障	9	取消代码“5”的功能
F6	室内通信无法接受	10	取消代码“11”～“17”的功能
F7	室外通信无法接受	11	显示室内温度
F8	外机与 IPDU 通讯故障	12	显示内盘温度
「0	逆变器直流过电压故障	13	显示室外温度
「1	逆变器直流低电压故障	14	显示外盘温度
「2	逆变器交流过电流故障	15	显示压机排气温度
「3	失步检出	16	显示运行电流
「4	欠相检出故障(速度推定脉动检出法)	17	内机保护显示
「5	欠相检出故障(电流不平衡检出法)	21	显示实际运行频率
「6	逆变器 IPM 故障(边沿、电平)	22	显示当前目标频率
「7	PFC_IPM 故障(边沿、电平)	23	目标频率“+”设置
「8	PFC 输入过电流检出故障	24	24- 目标频率“-”设置
E0	压机顶置保护	20	取消代码“21”～“24”的功能

续表

代码	代码含义（适用 2010 年后所有长虹变频空调器）	代码	代码含义（适用于 2013 年后所有长虹变频空调器）
E1	内机无法接收显示面板通讯		
E2	室外风扇电机故障		
E3	显示面板无法接收室内主板通讯		
」3	逆变器 PWM 初始化故障		
」4	PFC_PWM 逻辑设置故障		
」5	PFC_PWM 初始化故障		
」6	温度异常		
P2	过电流保护		
P3	制热除霜		
C1	无法读取 EEPROM 数据		
「9	直流电压检出异常		
」0	PFC 低电压（有效值）检出故障		
」1	AD Offset 异常检出故障		
」2	逆变器 PWM 逻辑设置故障		
」7	Shunt 电阻不平衡调整故障		
」8	通信断线检出		
」9	电机参数设置故障		
P1	压机排气温度保护		
P4	制热过载保护		
P5	制冷防冻结		
E4	室内直流电机故障		

注：1. 按下遥控器“空气清新”键 5s 进入代码模式，依次调节温度升 / 降键切换代码。

2. 符号代码识别读法“「”读作“倒 L”，“」”读作“J”。

格力部分机型空调器故障代码含义见表 25-6。

表25-6 格力部分机型空调器故障代码

显示代码	显示保护定义	故障提示灯	闪烁状态
C1	故障电弧保护	运行指示灯	灭 3s 闪烁 12 次
C2	漏电保护	运行指示灯	灭 3s 闪烁 13 次
C3	接错线保护	运行指示灯	灭 3s 闪烁 14 次
C4	无地线	运行指示灯	灭 3s 闪烁 15 次
C5	跳线帽故障保护	运行指示灯	灭 3s 闪烁 15 次
CP	防冷风保护		
DF	防冻结保护		
E0	整机交流电压下降降频	运行指示灯	灭 3s 闪烁 10 次
E1	系统高压保护	运行指示灯	灭 3s 闪烁 1 次
E2	室内侧防冻结保护	运行指示灯	灭 3s 闪烁 2 次
E3	系统低压保护	运行指示灯	灭 3s 闪烁 3 次
E4	压缩机排气保护	运行指示灯	灭 3s 闪烁 4 次
E5	低电压过电流保护	运行指示灯	灭 3s 闪烁 5 次

续表

显示代码	显示保护定义	故障提示灯	闪烁状态
E6	通讯故障	运行指示灯	灭 3s 闪烁 6 次
E7	模式冲突 / 逆缺相保护	运行指示灯	灭 3s 闪烁 7 次
E8	防高温保护 / 系统防高温保护	运行指示灯	灭 3s 闪烁 8 次
E9	防冷风保护	运行指示灯	灭 3s 闪烁 9 次
EF	外风机过载保护		
EP	壳定高温保护		
EE	存储芯片故障 / 室内 PCB 板故障	制热指示灯	灭 3s 闪烁 15 次
F0	收氟模式（系统缺氟或堵塞保护）	制冷指示灯	灭 3s 闪烁 10 次
F1	室内环境感温包开、短路	制冷指示灯	灭 3s 闪烁 1 次
F2	室内蒸发器感温包开、短路	制冷指示灯	灭 3s 闪烁 2 次
F3	室外环境感温包开、短路	制冷指示灯	灭 3s 闪烁 3 次
F4	室外冷凝器感温包开、短路	制冷指示灯	灭 3s 闪烁 4 次
F5	室外排气感温包开、短路	制冷指示灯	灭 3s 闪烁 5 次
F6	制冷过负荷降频	制冷指示灯	灭 3s 闪烁 6 次
F7	制冷回油	制冷指示灯	灭 3s 闪烁 7 次
F8	电流过大降频	制冷指示灯	灭 3s 闪烁 8 次
F9	排气过高降频	制冷指示灯	灭 3s 闪烁 9 次
FA	管温过高降频		
FE	室外过载感温包故障		
FH	防冻结降频		
FU	壳顶感温故障保护		
H1	室外机化霜	制热指示灯	灭 3s 闪烁 1 次
H2	静电除尘保护	制热指示灯	灭 3s 闪烁 2 次
H3	压缩机过载保护	制热指示灯	灭 3s 闪烁 3 次
H4	系统异常（防高温停机保护）	制热指示灯	灭 3s 闪烁 4 次
H5	模块保护	制热指示灯	灭 3s 闪烁 5 次
H6	无室内机 PG 电机反馈（风机堵转）	运行指示灯	灭 3s 闪烁 11 次
H7	同步失败（压缩机相电流过流）	制热指示灯	灭 3s 闪烁 7 次
H8	室内机水满保护	制热指示灯	灭 3s 闪烁 8 次
H9	电加热管故障	制热指示灯	灭 3s 闪烁 9 次
HC	PFC 过流保护	制热指示灯	灭 3s 闪烁 6 次
HE	压缩机退磁保护	制热指示灯	灭 3s 闪烁 14 次
Ld	缺相保护（压缩机三相不平衡保护）		
LE	压机堵转保护		
P2	最大制冷或制热		
P3	中间制冷或制热		
P5	驱动板检测压机过流		
P6	驱动板与主板通讯故障		
P7	散热器感温包故障	制热指示灯	灭 3s 闪烁 18 次

续表

显示代码	显示保护定义	故障提示灯	闪烁状态
P8	散热片温度过高	制热指示灯	灭 3s 闪烁 19 次
do	风机调速板通讯故障		
Eo	特殊功能板故障		
HF	WIFI 故障		
U4	压缩机反转		
no	定 / 变频显示板用错		
J6	主板与转接板通讯故障		
U2	压机缺相保护		
c6	无地线	运行指示灯	灭 3s 闪烁 16 次
c7	PTC 感温包故障 / 空调辅电温感器故障	制热指示灯	灭 3s 闪烁 9 次
CF	短路保护		
CH	换气部件与射频检测板配对成功或无线通信异常		
FJ	出风口 / 送风感温包故障		

美的部分机型空调器故障代码含义见表 25-7、表 25-8、表 25-9。

表25-7 美的KFR-26（33）GW/CBPY型变频空调器室内机的故障代码速查表

部件	故障代码	表示内容（含义）
室内机	E0	参数错误
	E1	室内外机通信故障
	E2	过零检测出错
	E3	风扇电机速度失控
	E4	熔断器熔断保护
	E5	室内温度传感器故障
	E6	室内盘管温度传感器故障
	P0	模块保护
	P1	电压过高或过低保护
	P2	压缩机顶部温度保护
室外机	指示灯指示（故障代码）	表示内容（含义）
	灭、灭、灭	正常运行
	亮、亮、亮	正常待机
	亮、灭、灭	电流保护
	闪、灭、灭	压缩机顶部温度传感器故障
	闪、闪、灭	室外温度传感器故障
	闪、灭、闪	室外盘管温度传感器故障
	亮、闪、亮	室外电压太高或太低
	灭、亮、灭	IPM 模块保护
	亮、亮、灭	压缩机顶部温度保护
	灭、灭、亮	2min 通信故障保护
	闪、闪、亮	压缩机驱动保护

注：指示灯依次为 LED4、LED3、LED2。

表25-8　美的KFR-26（32、35）GW/DY-P型空调器室内机的故障代码速查表

故障代码	表示内容（含义）
E1	通电时读取 EEPROM 参数出错
E2	过零检测出错
E3	风机速度失控
E4	四次电流保护
E5	室内温度传感器开路或短路
E6	室内盘管温度传感器开路或短路
E8	过滤网复位故障

表25-9　美的KFR-36GW/BPY型变频空调器室内机的故障代码速查表

指示灯指示（故障代码）	表示内容（含义）
灭、灭、亮、闪	模块保护
灭、亮、灭、闪	压缩机顶部温度保护
亮、灭、灭、闪	室外温度传感器开路或短路
灭、亮、亮、闪	制冷或制热时温度过低或过高
亮、灭、亮、闪	电压过高或过低保护
亮、亮、灭、闪	电流保护
亮、亮、亮、闪	室内温度传感器、室内盘管温度传感器开路或短路
灭、亮、闪、闪	室内蒸发器高温保护或低温保护
亮、灭、闪、闪	除湿模式下室内温度过低保护
亮、亮、闪、闪	风机速度失控
灭、闪、亮、闪	过零检测出错
亮、闪、灭、闪	温度熔断器熔断保护
闪、闪、闪、闪	室内机和室外机通信保护

注：指示灯依次为定时灯、化霜灯、自动灯和工作灯。

海尔部分机型空调器故障代码含义见表25-10、表25-11、表25-12。

表25-10　海尔KFR-50LW/BP型变频空调器室内机的故障代码速查表

部件	电源灯闪烁次数（故障代码）	表示内容（含义）
室内机	1次	室内温度传感器故障
	2次	室内管路温度传感器故障
	3次	室内盘管出口温度传感器故障
	4次	制热时，室内机管路温度传感器温度过高（> 72℃）保护
	5次	制冷时，室内机管路温度传感器温度过低（< 0℃）保护
	6次	瞬时停电时单片机复位
	7次	室内、外机间通信异常
	8次	室内风机故障
	9次	瞬时停电
	10次	过流保护

续表

部件	定时灯闪烁次数（故障代码）	表示内容（含义）
室外机	1次	功率模块故障
	2次	压缩机异常
	3次	CTR功率模块过热
	4次	压缩机过热保护
	5次	总电流过大
	6次	室外温度传感器故障
	7次	室外管路温度传感器故障
	8次	正常停机
	9次	压缩机吸、排气压力（高、低）过高
	10次	电源过/欠压保护
	11次	瞬时停机
	12次	制冷过载
	13次	化霜异常
	14次	电控板 E^2PROM故障
	15次	单片机复位

表25-11 海尔KVR—80W/D522B型壁挂式变频空调器室内机的故障代码速查表

部件	故障代码	（含义）	故障代码	表示内容（含义）
室内机	01	室内温度传感器故障	02	室内管路温度传感器TC1故障
	03	室内管路温度传感器TC2故障	04	室内双热源温度传感器故障
	05	室内EEPROM故障	06	室内机与室外机通讯故障
	07	室内机与线控器通讯故障	08	室内机排水故障
	09	室内地址重复故障	0A	集中控制地址重复故障
室外机	01	室外除霜温度传感器TE故障	02	室外温度传感器TA故障
	03	压缩机吸气口温度传感器TS故障	04	压缩机排气口温度传感器TD故障
	05	室外机盘管中部温度传感器TC故障	06	电源电流保护
	09	功率模块保护	10	控制基板EEPROM错误
	11	压缩机排气温度保护动作	13	高压压力开关动作
	14	低压压力开关动作	16	压缩机吸气温度保护动作
	19	低频时排保护动作	20	控制板与模块故障
	21	压缩机过电流故障	22	室外机通信故障
	23	IPM保护	24	IPM温度过高
	25	加速阶段过电流（硬件）	26	静态过电流
	27	减速阶段过电流	28	电压过低
	29	电压过高	30	加速阶段过电流（软件）
	31	过载保护	32	静态过电流（软件）
	33	减速阶段过电流（软件）	34	压缩机未连接
	35	与控制板通讯超时	36	切换失效
	37	脱调	38	芯片复位
	39	温度传感器故障或8～12Hz加速故障	40	电流回路检测

表25-12　海尔KF-23GW/H2型空调器室内机的故障代码速查表

故障代码	表示内容（含义）	故障代码	表示内容（含义）
E1	室内温度传感器故障	E9	高负荷保护
E2	室内管路温度传感器故障	E10	湿度传感器故障
E3	总电流过大	E11	步进电机故障
E4	EEPROM 故障	E12	高压静电器故障
E5	制冷结冰	E13	制热过载
E6	复位	E14	室内风扇电动机故障
E7	室内机与室外机通讯故障	E15	集中控制故障
E8	面板与室内机通讯故障	E16	高压静电集尘器故障

海信部分机型空调器故障代码含义见表25-13、表25-14、表25-15。

表25-13　海信KFR-25GW/06BP型空调器的故障代码速查表

部件	指示灯指示（故障代码）	表示内容（含义）
室内机	闪、灭、灭、亮	室内温度传感器异常
	闪、灭、亮、灭	室内管路温度传感器异常
	闪、亮、灭、灭	室内排水泵故障
	闪、亮、灭、亮	室内外通信异常
	闪、亮、亮、灭	室内与线控器通讯异常
	闪、亮、亮、亮	室内 E^2PROM 故障
	闪、灭、亮、亮	室内风扇电机运转异常
	灭、闪、灭、灭	室外管路传感器异常
	灭、闪、亮、灭	压缩机温度传感器异常
	灭、闪、灭、亮	室外变压器异常
	灭、闪、亮、亮	互感线圈异常
	亮、闪、灭、灭	IPM 模块保护（电流、温度）
	亮、闪、灭、亮	交流输入电压异常（过压、欠压保护）
	亮、闪、亮、灭	室外通信异常
	亮、灭、亮、亮	电流过载保护
	灭、灭、闪、灭	最大电流保护
	灭、灭、闪、亮	四通阀切换异常
	闪、亮、闪、灭	室外 E^2PROM 故障
	闪、亮、闪、亮	室外环境温度过低保护
	亮、灭、闪、灭	压缩机排气温度过高保护
	亮、灭、闪、亮	室外温度传感器异常
	亮、亮、闪、亮	压缩机壳体温度保护
	亮、亮、闪、亮	室内过零检测故障
室外机	闪、闪、闪	正常升降频，无任何限频
	灭、灭、亮	过流引起的降频或禁升频
	灭、亮、亮	制冷时防冻结或制热时防过载引起的降频或禁升频
	亮、灭、亮	压缩机排气温度过高引起的降频或禁升频

续表

部件	指示灯指示（故障代码）	表示内容（含义）
室外机	灭、亮、灭	电源电压过低引起的最高运行频率限制
	亮、亮、亮	定频运行
	灭、灭、灭	运行正常
	灭、灭、亮	室内温度传感器异常
	灭、亮、灭	管路温度传感器异常
	亮、灭、灭	压缩机温度传感器异常
	亮、灭、亮	室外管路温度传感器异常
	亮、亮、灭	室外环境温度传感器异常
	闪、亮、灭	CT 故障
	闪、灭、亮	室外机变压器故障
	灭、灭、闪	室内外通信异常
	灭、闪、灭	IPM 保护
	亮、闪、亮	最大电流保护
	亮、闪、灭	电流过载保护
	灭、闪、亮	压缩机排气温度过高
	亮、亮、闪	电源过压、欠压保护
	灭、亮、闪	压缩机壳体温度过高
	亮、亮、亮	室外机 E^2PROM 故障
	灭、闪、闪	室内机运转异常

注：1. 室内机四个指示灯依次为电源、定时、运行、高效。

2. 室外机三个指示灯依次为 LED1、LED2、LED3。

表25-14 海信KFR-26G/77ZBP型直流变频空调器的故障代码速查表

部件	故障代码	表示内容（含义）	故障代码	表示内容（含义）
室内机	1	室内温度传感器故障	5	通信异常
	2	管路温度传感器故障	7	出风温度传感器故障
	3	热交换器防冻结保护	8	室内风扇电机故障
	4	热交换器过热保护	13	室内机 E^2PROM 故障
室外机	1	室外温度传感器故障	8	电源过压、欠压保护
	2	室外管路温度传感器故障	9	压缩机启动失败
	3	压缩机排气温度传感器故障	10	制冷运行时热交换器温度过高保护
	4	无压缩机转子位置反馈信号	11	化霜状态
	5	通信异常	12	IPM 故障
	6	过流	13	室外机 E^2PROM 故障
	7	无负载	15	室外风扇电机故障

表25-15 海信KFR-28GW/ZBP直流变频空调器的故障代码速查表

部件	指示灯指示（故障代码）	表示内容（含义）
室内机	灭、亮、灭、灭	待机状态
	亮、灭、亮 / 灭、亮 / 灭	运行状态

续表

部件	指示灯指示（故障代码）	表示内容（含义）
室内机	亮、灭、亮、亮或灭	高效状态
	亮、灭、亮或灭、亮	定时状态
	亮、灭、灭、闪	化霜状态
	闪、亮、亮、亮	防冻结保护
	闪、灭、灭、灭	室外机环境温度过低保护
	亮、灭、闪、灭	睡眠状态
	亮、闪、灭、闪	排气温度过高保护
	亮、灭、闪、闪	防负载过重保护
	灭、闪、闪、闪	IPM 温度过高
	灭、闪、灭、灭	R22 泄漏
	灭、闪、灭、闪	室外机管路温度传感器故障
	灭、闪、亮、闪	排气口温度传感器故障
	灭、闪、闪、亮	AC 电压异常
	灭、闪、闪、灭	室外机电流传感器故障
	灭、闪、亮、亮	室外机过流故障
	灭、闪、亮、灭	室外机环境温度传感器故障
	灭、亮、闪、闪	通信异常
	灭、亮、亮、亮	室内机管路温度传感器故障
	灭、亮、闪、灭	室内温度传感器故障
	灭、亮、灭、闪	室内风扇电机故障
	灭、亮、闪、亮	室内机 E^2PROM 故障
	闪、亮、闪、亮	位置检测
	闪、闪、闪、闪	压缩机停转或启动异常
室外机	闪、灭、灭	压缩机排气温度传感器异常
	灭、闪、灭	室外管路温度传感器异常
	灭、灭、闪	室外环境温度传感器异常
	闪、闪、灭	CT 故障
	闪、灭、闪	制冷剂泄漏
	灭、闪、闪	通信异常
	闪、闪、闪	电流异常
	亮、亮、闪	电源电压异常
	灭、亮、亮	IPM 温度过高
	亮、灭、灭	3 min 启动保护
	灭、亮、灭	5 min 停止保护
	灭、灭、亮	制冷、制热转换保护
	亮、灭、亮	排气口温度保护
	亮、亮、亮	低温启动保护
	亮、闪、灭	制冷时防冻结保护，制热时过载保护
	亮、灭、闪	化霜保护

注：1. 室内机四个指示灯依次为运行、待机、高效、定时。
2. 室外机三个指示灯依次为 LED1（黄）、LED2（绿）、LED3（红）。

25.2 空调器通电无反应的检修案例

25.2.1 海尔 KFR-50LW/BP 型变频空调器整机不工作的故障检修

故障表现:

海尔 KFR-50LW/BP 变频空调器开机后，整机不工作，电源指示灯连续闪烁七次。

故障分析:

海尔 KFR-50LW/BP 变频空调器开机整机不能进入工作状态，而且指示灯有闪烁的故障表现，通过指示灯显示的表现，查找本型号变频空调器的相关资料，可圈定故障范围是发生在通信电路中，可能是通信电路部分出现了断路的故障。

图 25-10 为海尔 KFR-50LW/BP 变频空调器的室内机通信电路。

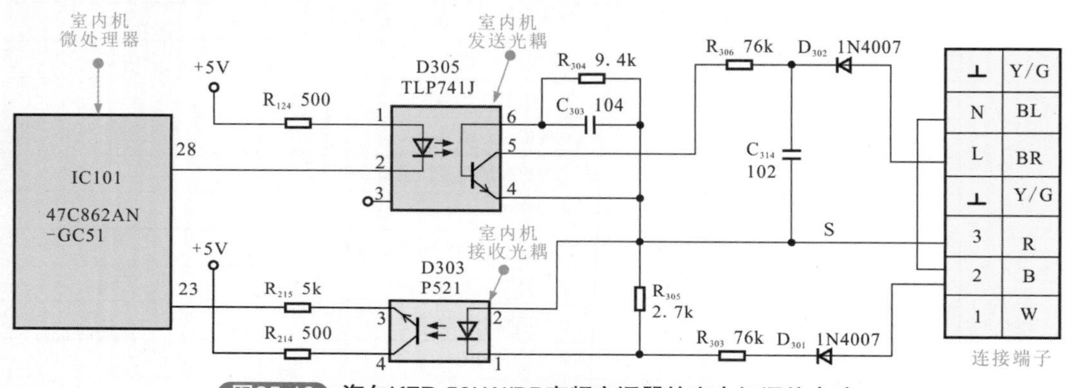

图25-10 海尔KFR-50LW/BP变频空调器的室内机通信电路

由上图可知，海尔KFR-50LW/BP变频空调器将通信电路的供电部分设置在室外机主板中，通过接线端子与室内机相连，该变频空调器中的双向信息采用交叉线路的方式进行传递。

当室内机微处理器的㉘脚发送的脉冲通信信号为高电平时，室内机发送光耦 D305 内的发光二极管发光，光敏晶体管导通。此时，由室外机的供电电压经接线端子的 L 端送入室内机发送光耦的⑤脚，由④脚输出并经 S 端送至室外机中形成供电回路。若检测 S 端与 L 端间的电压值正常，则表明室外机的发送信号时该通路正常。

接下来，应对室内机的发送信号部分以及回路部分进行检测，若该部分通道出现问题应对该通道中的关键部件进行检测。

故障检修:

根据以上检修分析，我们可以首先检测室外机的发送通道是否正常，如图 25-11 所示。

经检测，S 端与 L 端之间的电压在 0 ～ 107V 变化，表明室外机发送通道正常，接下来采用同样的方法检测室内机发送通道进行检测。即万用表黑表笔搭在接线端子中的 S 端，红表笔搭在接线端子N端，经检测S端与N端之间的电压值为0 V左右，并伴有小幅度的变化，表明室内机发送通道的回路出现了故障，接下来，先对主要部件进行检测，如室内机发送光耦，如图 25-12 所示。

经检测，室内机的发送光耦中的④脚与⑤脚间短路，以同型号的发送光耦进行更换后，开机运行，故障排除。

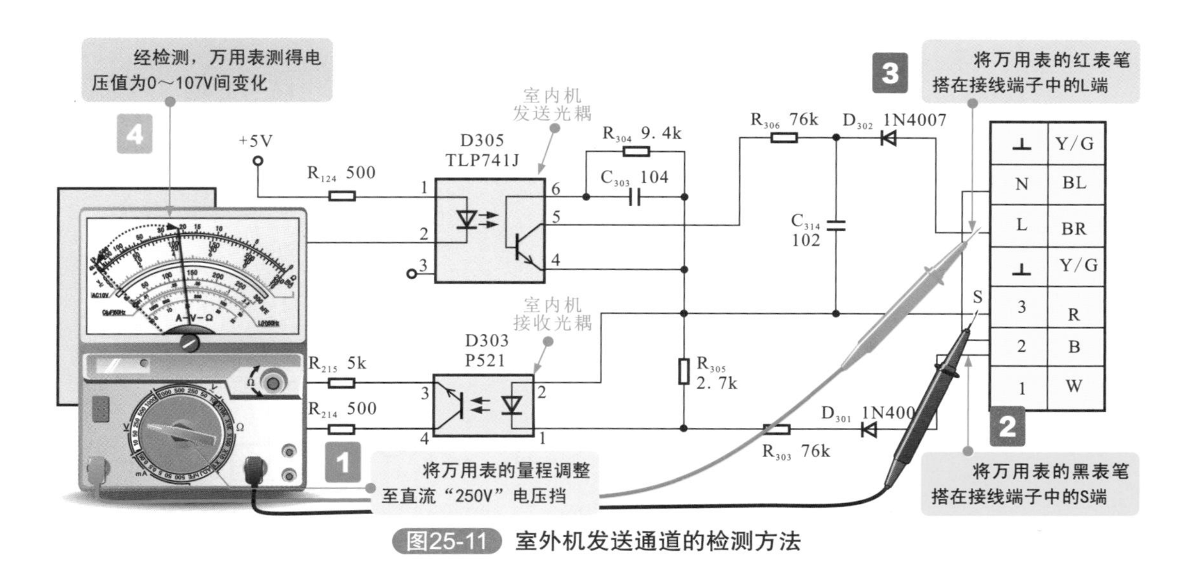

图25-11　室外机发送通道的检测方法

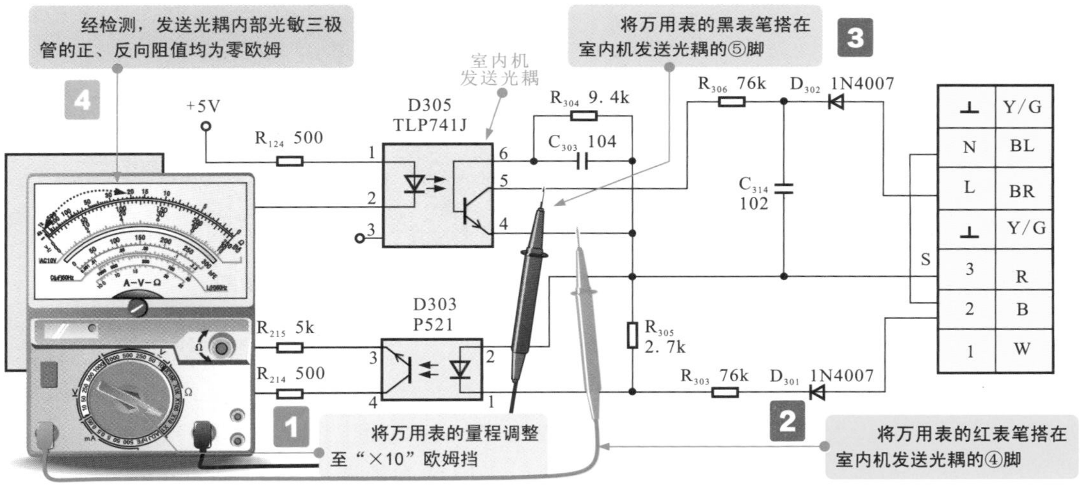

图25-12　室内机发送光耦的检测方法

【提示说明】

对变频空调器通信电路进行故障判别时，可以先从大方面入手，即先判断是室内机发送通道还是室外机发送通道的故障，若测出其中一路不通时，根据实际的检测数值及该回路中的电路结构，即可判断故障位置是室内机还是室外机，最后进一步检测该通道中的主要部件是否正常，并排除故障元器件。

25.2.2　空调器通电后整机不工作的故障检修

故障表现：

接通电源后空调器无反应，整机不工作；通电后，显示屏无显示，室外机不工作；使用操作按键或应急开关控制时，空调器均无反应，使用应急开关也不能强行开机；使用遥控器也不能控制空调器。

故障分析：

空调器整机不工作是常见故障之一，通常是由电源电路和控制电路引起的。判断故障最简单的方法就是将导风板扳到中间的位置，通电后观察导风板，如果导风板能自动关闭，则说明控制电路板直流 12V、5V 供电正常；如果导风板不动作，则说明空调器控制电路板 12V、5V 供电不正常，如图 25-13 所示。

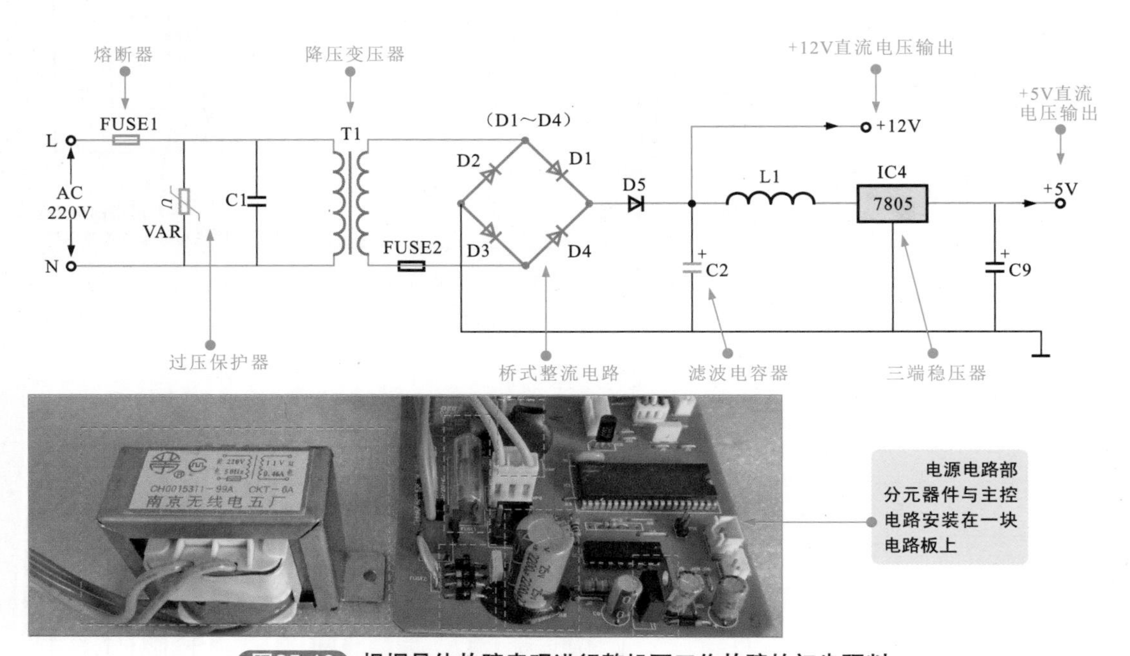

图25-13 根据具体故障表现进行整机不工作故障的初步预判

交流 220V 电源经熔断器 FUSE1、过压保护器 VAR 后为降压变压器初级绕组供电。

变压器降压后，由其次级绕组输出约 11V 的交流低压。该电压经桥式整流电路 D1 ～ D4、整流二极管 D5 和滤波电容 C2 变成约 12V 的直流电压。

12V 的直流电压分为两路。一路直接送往后级电路为需要 12V 电压的元器件供电，如继电器线圈、步进电动机等。另一路送入三端稳压器 IC4（7805）的输入端，稳压后输出 +5V 直流电压，为需要 5V 的元器件供电，如微处理器、遥控接收头、温度传感器、发光二极管等。

故障检修：

根据对故障的分析和初步判别，首先根据导风板的动作情况，将故障范围锁定在电源电路部分。

因此，检修该故障机时，应首先排除供电异常的情况，然后重点检测空调器的电源供电部分及电路中的主要电子元器件，检测并最终找到发生故障元器件，修复或更换，排除故障。

首先，取下室内机电源电路板，将罩在熔断器上面的保护罩取下，观察熔断器（保险丝）有无发黑或烧焦的情况。如图 25-14 所示，经查，熔断器良好。可以用万用表检测熔断器的阻值判断好坏，在正常情况下，阻值应为 0Ω。

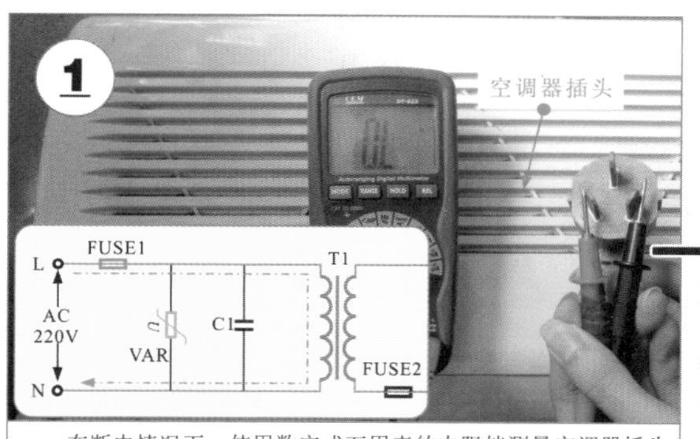

在断电情况下，使用数字式万用表的电阻挡测量空调器插头L、N端的阻值，在正常情况下，阻值应为1.4Ω左右，实测阻值为无穷大，说明保险丝和变压器初级绕组有开路。接下来需要重点检查保险丝和降压变压器的初级绕组。

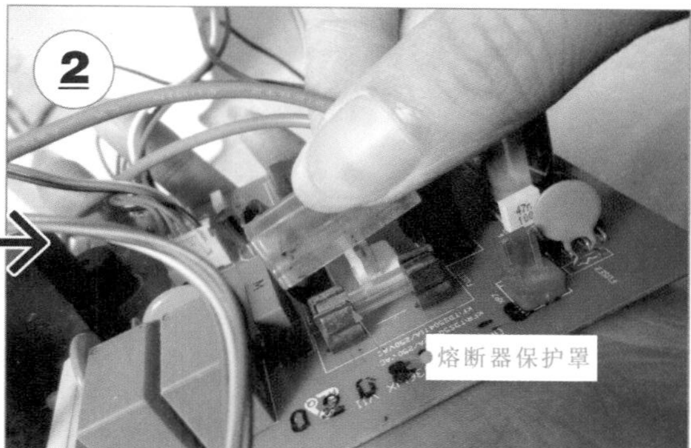

取下室内机外壳，抽出电路板，观察电路板中的保险丝有无发黑或烧焦情况。经检查，保险丝外观正常，内部熔丝没有熔断。

图25-14　熔断器的检查

【提示说明】

由于变压器初级绕组与交流220V电源并联，因此测量插头L、N端阻值相当于测量变压器初级绕组阻值，若测得的阻值为1.4Ω左右，则说明保险丝和变压器的初级绕组正常。

然后按图25-15所示对降压变压器进行检测。

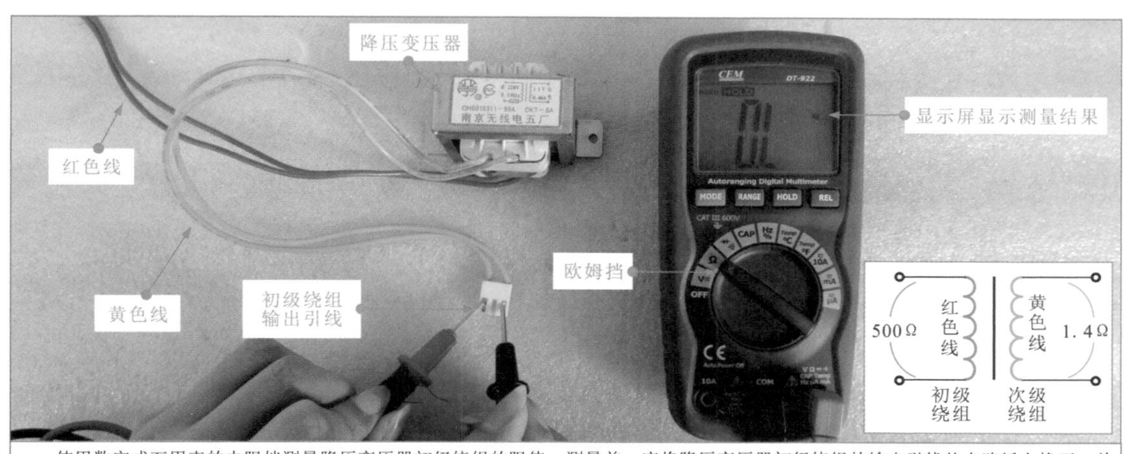

使用数字式万用表的电阻挡测量降压变压器初级绕组的阻值。测量前，应将降压变压器初级绕组的输出引线从电路板上拔下，单独测量。在正常情况下，降压变压器初级绕组的阻值应为1.4Ω左右。实测阻值为无穷大，则说明降压变压器损坏。

图25-15　降压变压器的检测方法

经过检测，降压变压器的初级绕组之间开路，说明降压变压器损坏，应寻找规格型号相同的降压变压器进行更换，如图25-16所示。

将损坏的降压变压器代换后，通电试机，空调器能正常开机，并且导风板能自动关闭，说明控制电路板直流5V电压正常，CPU已经工作，故障被排除。

【提示说明】

空调器整机不工作故障多为电控系统异常引起，大多表现为空调器通电不开机，不启动，无反应等。

常见空调器整机不工作有如下几种情况。

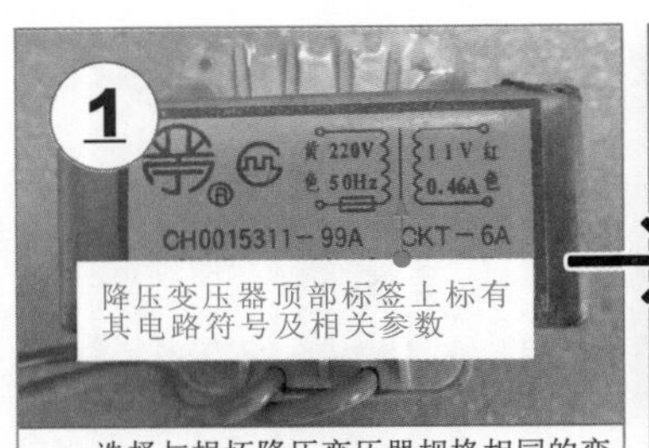

选择与损坏降压变压器规格相同的变压器(输入侧电压为交流220V，输出侧电压为交流11V，电流为0.46A)。

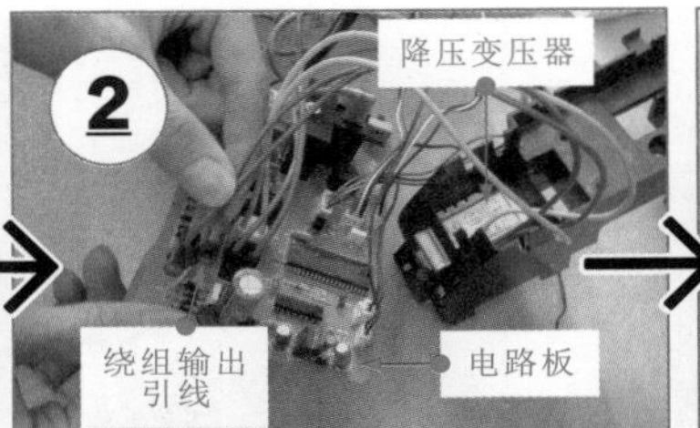

将新的降压变压器装回电路板支架槽内固定。将变压器初、次级绕组的输出引线插在电路板相应的接口上。

将重新安装连接好降压变压器的电路板装回电路板支架槽内，并回室内机中。接通电源，故障被排除。

图25-16 降压变压器的更换

- 电源电路降压变压器初级绕组开路，整机不工作。
- 电源电路降压变压器初级绕组串接的热敏电阻（PTC）开路，整机不工作。
- 电源电路压敏电阻器（过压保护器件）击穿损坏，整机不工作。
- 电源电路三端稳压器（常见有7805、7812）损坏，整机不工作。
- 电源电路桥式整流堆或四个二极管构成的桥式整流电路损坏，整机不工作。
- 控制电路微处理器电源供电端对地短路，整机不工作。
- 控制电路微处理器外接晶体损坏，整机不工作。
- 控制电路微处理器本身损坏，整机不工作。

25.3 空调器运行异常的检修案例

25.3.1 空调器室内机漏水的故障检修

故障表现：

空调器能开机，制冷、制热均正常，但室内机有漏水现象。

故障分析：

引起室内机漏水的原因较多，常见有室内机固定不平、排水管破裂、室内侧管道低于出墙孔、排水管被压扁、冷凝接水盘与排水管连接处渗水、接水盘破裂或脏堵、穿墙孔未封堵等。

如图25-17所示，空调器室内机靠近引出管一侧有水滴下，怀疑室内机排水异常，常见

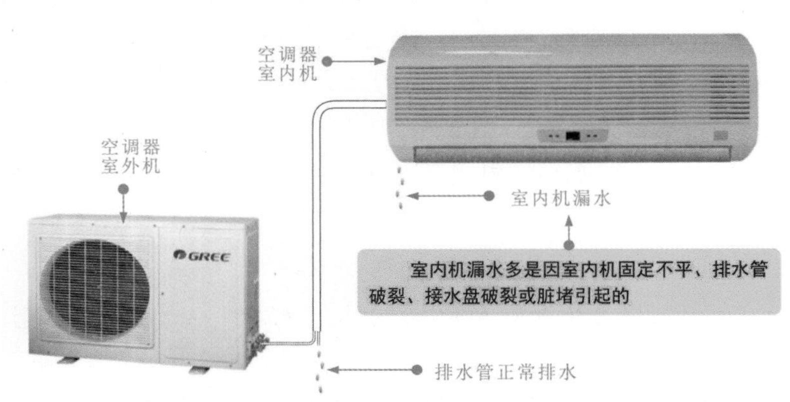

图25-17 根据具体故障表现进行室内机漏水故障的初步预判

的原因主要有室内机安装不平、室内侧排水管高度低于室外、排水管及接水盘安装不良等。

故障检修：

图 25-18 为室内机漏水故障的检修方法。

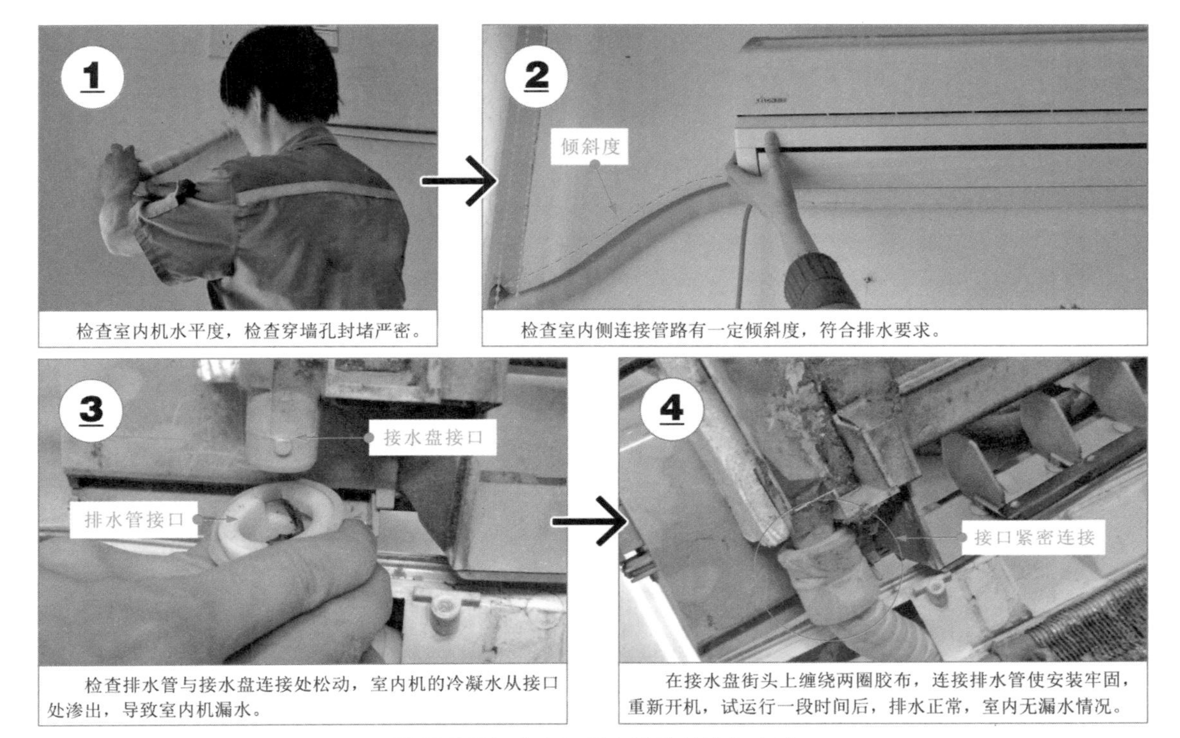

图25-18 室内机漏水故障的检修方法

25.3.2 空调器室外机运行 5min 后停机的故障检修

故障表现：

一台空调器制冷模式开机，正常启动，并开始整机运转，大约 5min 后，室外机停止工作，此时空调器停止制冷。

故障分析：

根据故障描述，故障机可开机启动，并进入工作状态，则表明基本的电源供电、遥控、室内机控制部分均正常。5min 后室外机停机，多为异常情况导致空调器的电路保护，因此排查该故障的主要入手点为找到引起空调器保护的原因。

在室外机停止工作时，通过观察室内机指示灯状态（电源灯闪、定时灯闪），并对照该机型故障代码表了解到，代码含义为防结冰保护，即 CPU 检测到室内机蒸发器温度过低，可能的原因有室内机过滤网或蒸发器脏堵导致蒸发器温度过低、室内机风扇电动机转速慢导致蒸发器温度过低、制冷系统故障导致蒸发器结冰、管路温度传感器故障导致 CPU 检测错误等。

故障检修：

根据故障分析注意排除可能引起故障的原因。首先打开室内机上盖检查室内机过滤网和蒸发器有无脏堵情况，如图 25-19 所示。

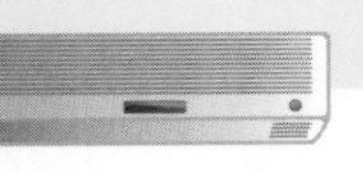

图25-19 检查室内机过滤器和蒸发器的清洁度

从图中可以看到，故障机室内机过滤网和蒸发器都十分清洁，无脏堵故障。接下来，将空调器电源插头拔下，待过几分钟后再插电（清除故障代码），重新开机，在5min内检测空调器运行压力为0.45MPa，且蒸发器出风温度凉爽，说明空调器制冷系统正常。

接下来，观察室内机转速也未发现异常，根据故障分析，可重点检测环境温度传感器和管路温度传感器部分，如图25-20所示。

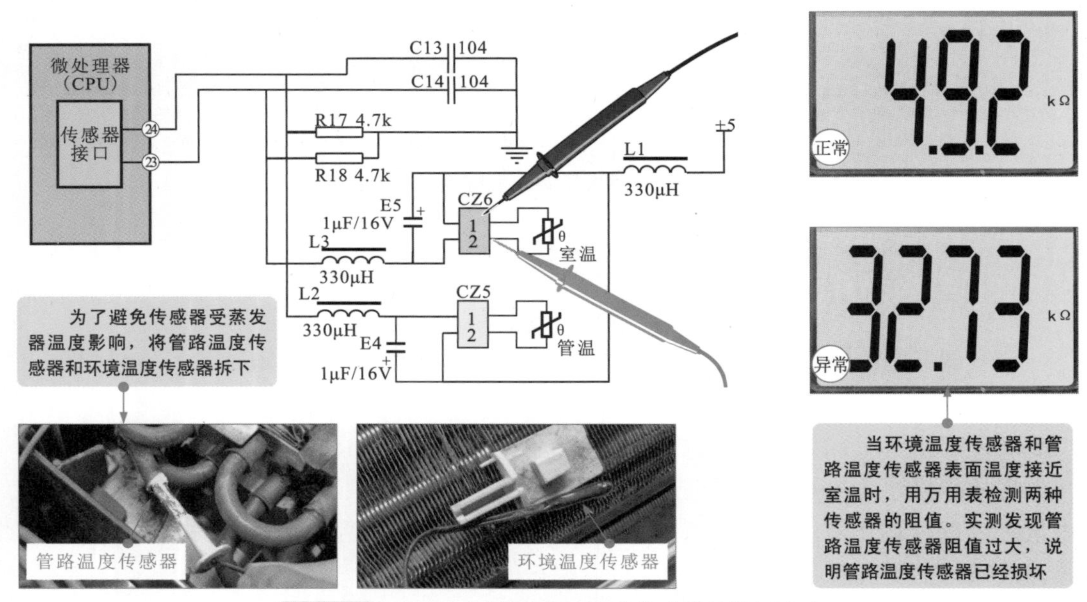

图25-20 故障空调器室内机温度传感器的检测方法

经实际检测发现，管路温度传感器阻值过大（正常应为5kΩ/25℃），将管路温度传感器更换后，通电开机，空调器运行一段时间后不再停机，故障排除。

【提示说明】

温度传感器阻值发生变化，将直接影响微处理器的检测结果，从而导致微处理器对检测结果的判断和输出指令。

例如，空调器在制冷模式下，为防止蒸发器温度过低，导致压缩机吸起管路吸入制冷剂温度过低，影响制冷效果，通常在空调器室内机中会设置蒸发器防结冰保护功能。微处理器根据蒸发器管路温度传感器以及安装在蒸发器表面的环境温度传感器进行检测判断。

若温度传感器阻值增大，微处理器检测后认为蒸发器温度过低，因此发出防结冰保护信号，使空调器保护停机。

若温度传感器阻值减小，微处理器检测后认为蒸发器温度一直未降低或降温幅度较小，也会出现空调器运行一段时间后停机的现象。这是因为，若空调器制冷系统出现制冷剂泄露时，会导致制冷效果差，若此时压缩机吸入的制冷剂温度过高，会导致压缩机内部损坏，因此在多数空调器控制电路中设有制冷剂不足保护功能。当温度传感器阻值减小明显时，微处理器将作出制冷机器不足保护指令，空调器也会保护停机。

空调器运行异常的故障比较多样，除上述案例中的漏水、运行一段时间后停机外，上电掉闸开机掉闸、运行一段时间后掉闸也是几种常见的空调器运行异常故障。

- 空调器上电掉闸是指空调器电源插头插在插座上后，控制该供电线路的断路器断开。这种故障一般表示线路中存在短路故障。

判断空调器是否存在漏电故障，可借助万用表或绝缘电阻表检测其电源线插头的N端与接地端之间的阻值。若实测阻值为无穷大，则说明空调器不漏电，应查供电线路部分；若实测有一个较小或接近零欧姆的阻值，则说明空调器存在短路故障。

判断空调器室内机还是室外机存在短路故障，可先将室内机与室外机之间的连接端子全部断开，再次检测电源线头的N端与接地端之间的阻值。若实测阻值为无穷大，则说明空调器室内机正常（空调器漏电情况大多发生在室外机部分）。

此时，借助万用表检测空调器室外机接线端子的N端子与地线之间的阻值，正常情况下，阻值应为无穷大。若实测有一定阻值或阻值接近零欧姆，则说明室外机存在短路故障，其中以压缩机绕组对地短路为比较常见的故障。

- 空调器开机掉闸是指空调器电源线插入电源插座后，使用遥控器开机，启动瞬间，断路器断开。这种情况一般为压缩机启动瞬间电流过大，导致断路器断电保护，常见的故障原因主要有：压缩机电容器无电容量或压缩机卡缸。

- 运行一段时间后是指空调器能够正常启动开机，运行一段时间后，断路器断开。这种故障一般有几种情况：断路器规格小于空调器运行所需、断路器损坏、空调器故障等。

25.4　空调器风机速度失控的检修案例

25.4.1　空调器室内风扇不转的故障检修

故障表现：

空调器工作时室内机风扇（即贯流风扇组件）不转（无风吹出）、导风板工作良好且室外机运行基本正常。

故障分析：

如图25-21所示，操作遥控开机，室内机、室外机均可启动，设定导风板摆动模式，发现故障机的导风板运行正常，室外机启动正常，但用手感受室内机出风口的出风温度时，发现出风口处无任何风吹出，怀疑室内机的贯流风扇未工作，不能将蒸发产生的冷、热量吹出。

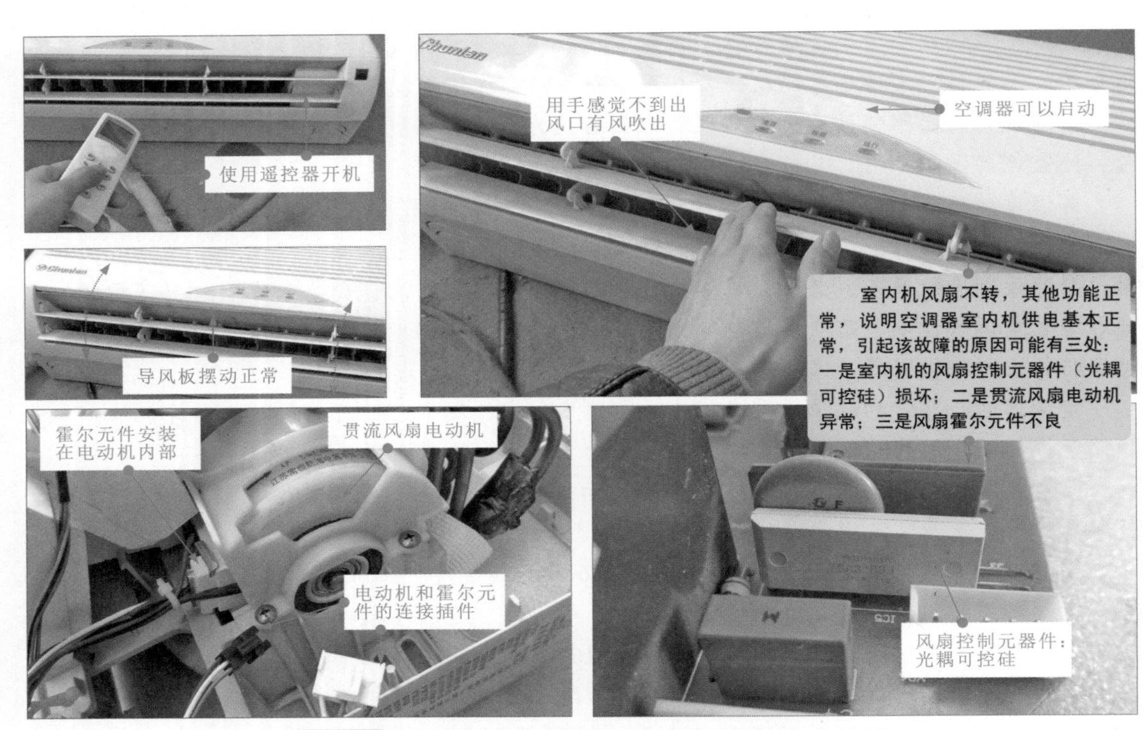

图25-21 根据具体故障表现进行不出风故障的初步预判

故障检修：

结合故障表现和对故障的初步分析推断，检修该空调器应重点围绕贯流风扇电动机极其相关的供电或控制部件，如供电电压、启动电容、电动机本身、电动机中的霍尔元件等，如图 25-22 所示。

经检测了解到，该空调器中的贯流风扇电动机绕组损坏，该类故障通常不可修复，一般可选用相同型号或规格参数相同的贯流风扇电动机进行代换，排除故障。

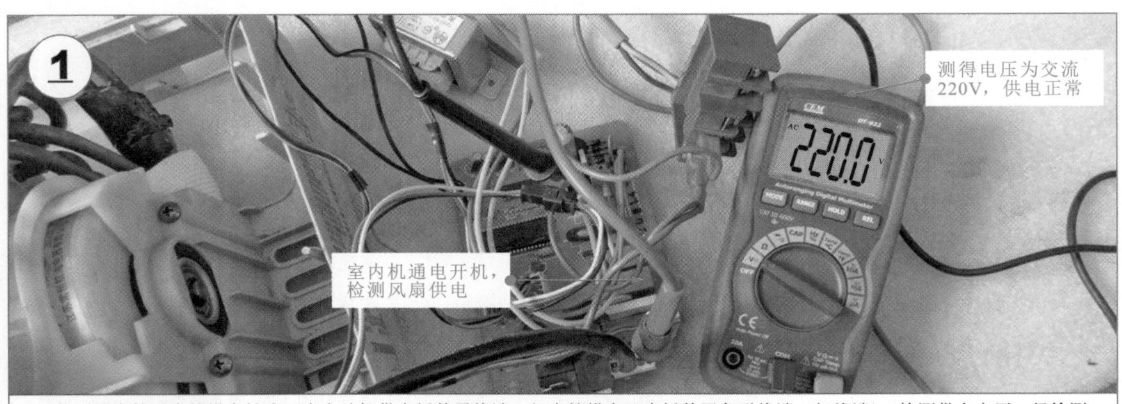

将万用表的黑表笔搭在轴流风扇电动机供电插件零线端，红表笔搭在风扇插件黑色引线端（相线端），检测供电电压。经检测，发现贯流风扇供电电压正常，然后查看风扇扇叶和转轴也正常，则应继续检测启动电动器。

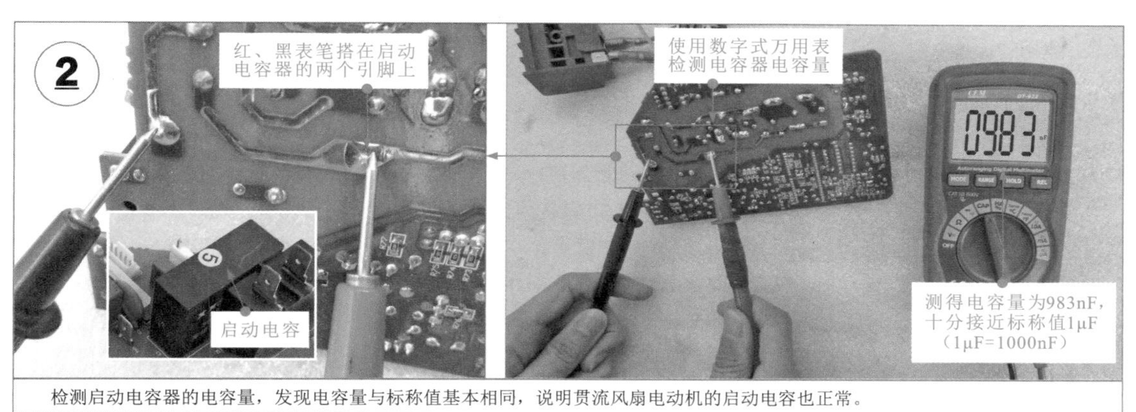

检测启动电容器的电容量，发现电容量与标称值基本相同，说明贯流风扇电动机的启动电容也正常。

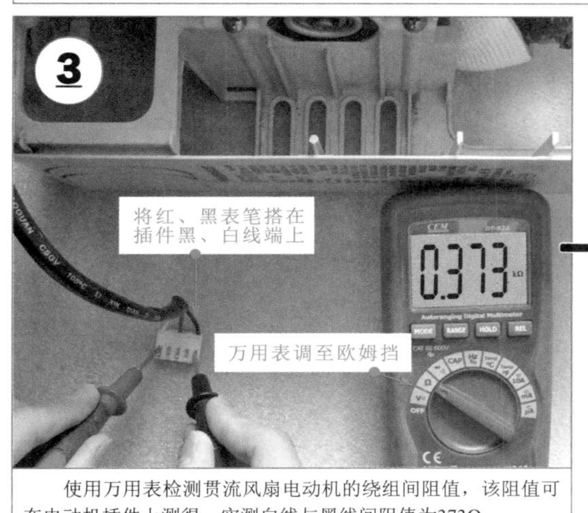

使用万用表检测贯流风扇电动机的绕组间阻值，该阻值可在电动机插件上测得，实测白线与黑线间阻值为373Ω。

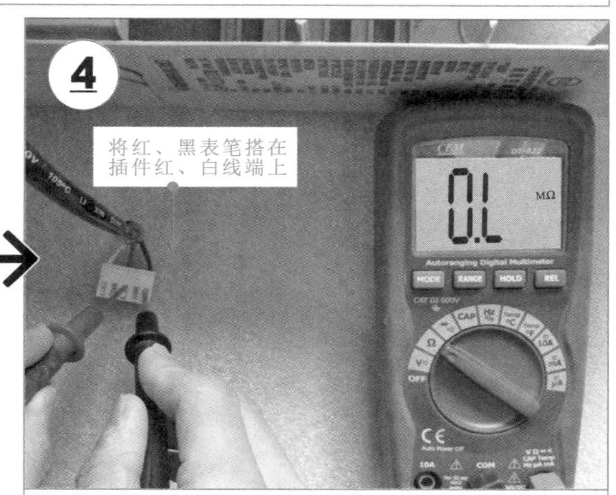

使用万用表检测贯流风扇电动机红线与黑线间阻值为无穷大，怀疑贯流风扇电动机内部绕组间开路故障。

图25-22 空调器室内风扇电动机不转的故障检修

25.4.2 空调器室外机风扇转速异常的故障检修

故障表现：

空调器工作时室外机风扇（即轴流风扇组件）转速缓慢，室内机能够实现制冷或制热，但制冷或制热效果不佳，均不能达到设定要求。

故障分析：

空调器能制冷或制热说明基本功能正常；但制冷或制热效果不佳，且反映室外机风扇转速缓慢，怀疑室外机风扇组件异常，应重点检查相关的电气部件，如启动电容、轴流风扇电动机等。

故障检修：

根据对故障的初步判断，怀疑室外机风扇组件存在异常，可重点检测轴流风扇启动电容和轴流风扇电动机，如图 25-23 所示，找到故障点，排除故障。

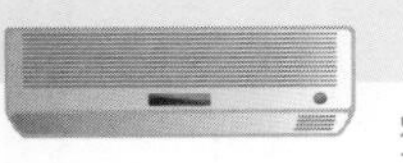

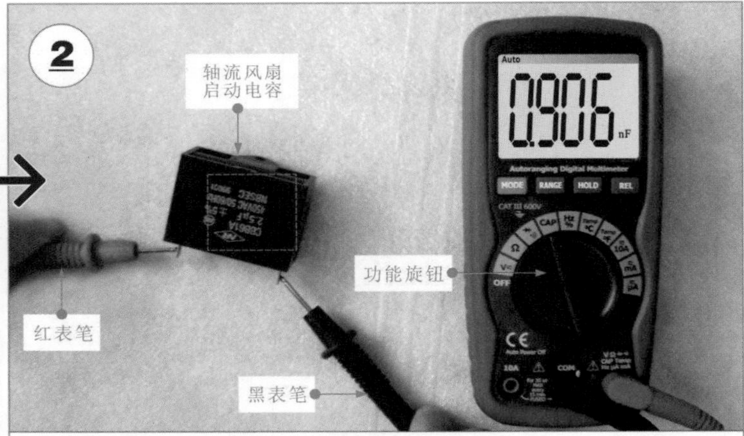

观察轴流风扇启动电容器的外壳有无明显烧焦、变形、碎裂、漏液等情况。

将万用表红、黑表笔分别搭接在轴流风扇启动电容器的两只引脚上测其电容量，观察万用表显示屏读数，与轴流风扇启动电容器标称容量相差较大，怀疑启动电容损坏。

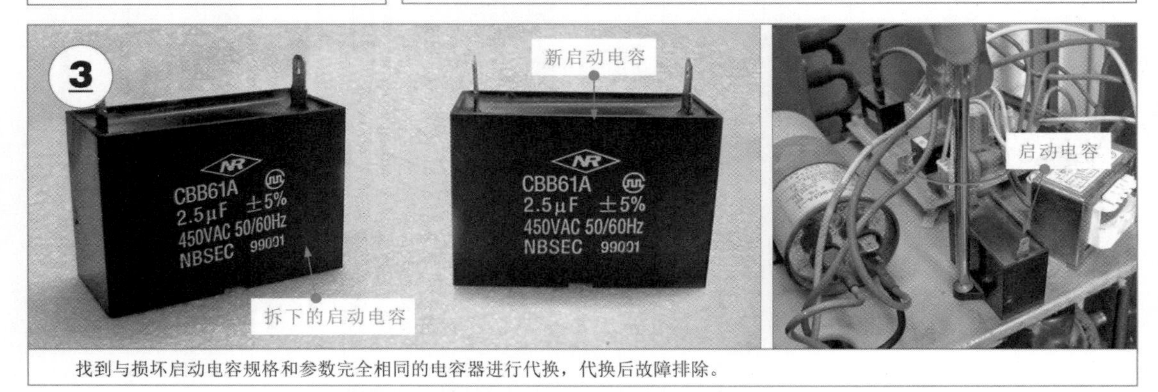

找到与损坏启动电容规格和参数完全相同的电容器进行代换，代换后故障排除。

图25-23 空调器室外机风扇转速异常的故障检修方法

【提示说明】

在上述故障检修过程中，若代换启动电容后，故障依旧，则应根据故障分析，继续监测轴流风扇电动机部分。通过检测电动机绕组阻值，判断绕组有无短路、断路故障。若电动机损坏，也需要寻找相同规格的电动机进行代换。

空调器风机包括室内机风机和室外风机。风机转速失常也将导致空调器工作不正常的故障。根据维修经验，常见的风机转速失常的情况主要有以下几种。

- 控制电路中反相器损坏，室外机风机不运转。
- 步进电动机线圈开路，导风板不摆动。
- 过零检测三极管损坏，室内风机不运转。
- 贯流风扇电动机绕组开路，室内机风机不运转。
- 室内外机接线异常，室外风机不运转。
- 轴流风扇电动机绕组开路，室外风机不运转。
- 轴流风扇电动机启动电容损坏，室外风机不运转。

25.5　空调器控制失常的检修案例

25.5.1　空调器遥控失灵的故障检修

故障表现：

用户反映空调器不能遥控开机，使用应急开关强行开机后，遥控器也不能控制空调器，但空调器的制冷、制热功能基本正常。

故障分析：

遥控器无法控制空调器的故障原因：一是遥控器损坏；二是室内机中的遥控接收电路异常。判断故障部位的最简单方法，就是使用同型号的遥控器进行测试来快速有效地判断和区分出故障部位，如图 25-24 所示。

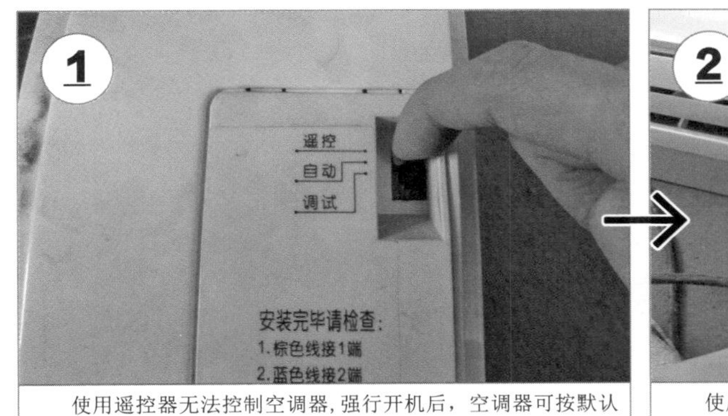

使用遥控器无法控制空调器，强行开机后，空调器可按默认模式正常工作。

使用新遥控器进行测试，若空调器无反应，则说明遥控接收电路异常；若空调器可被控制，则说明原遥控器有故障。

图25-24　根据具体故障表现进行不能遥控开机故障初步预判

故障检修：

根据制订的检修方案逐步检查关键检测点。经初步检查，发现使用新遥控器也不能控制空调器，说明室内机中的遥控接收电路存在故障，应重点检测遥控接收电路（电路本身及其基本供电条件）。首先检查遥控接收电路与控制电路之间的插件连接及元器件引脚焊接是否牢固。确认无误，如图 25-25 所示，对遥控接收器电路进行检测。

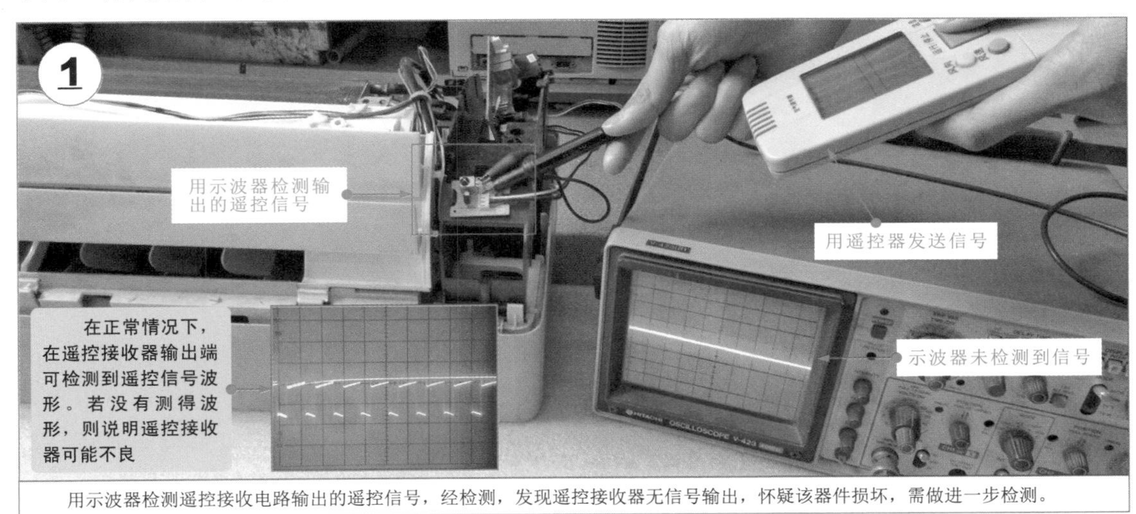

用示波器检测遥控接收电路输出的遥控信号，经检测，发现遥控接收器无信号输出，怀疑该器件损坏，需做进一步检测。

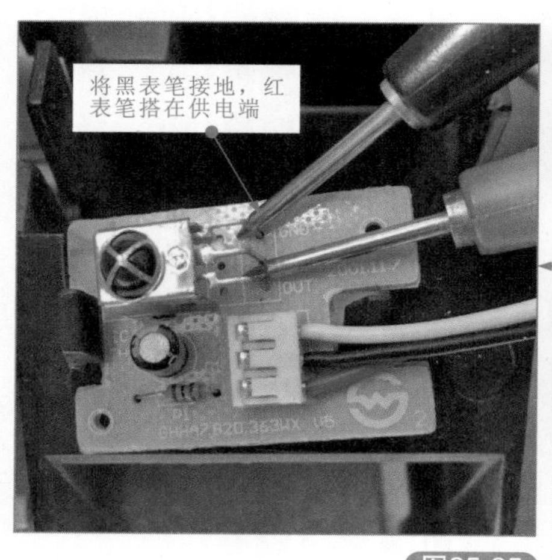

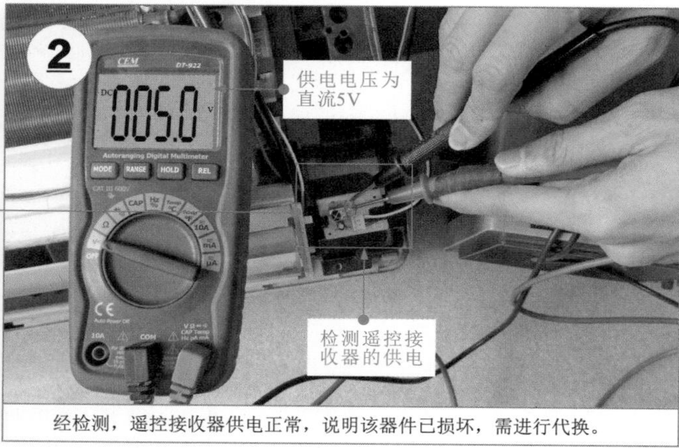

图25-25 空调器不能遥控开机的检修方法

经过检测发现遥控接收器供电正常，但无信号波形输出，说明该器件已损坏。将损坏的器件用同规格接收器代换，如图25-26所示。

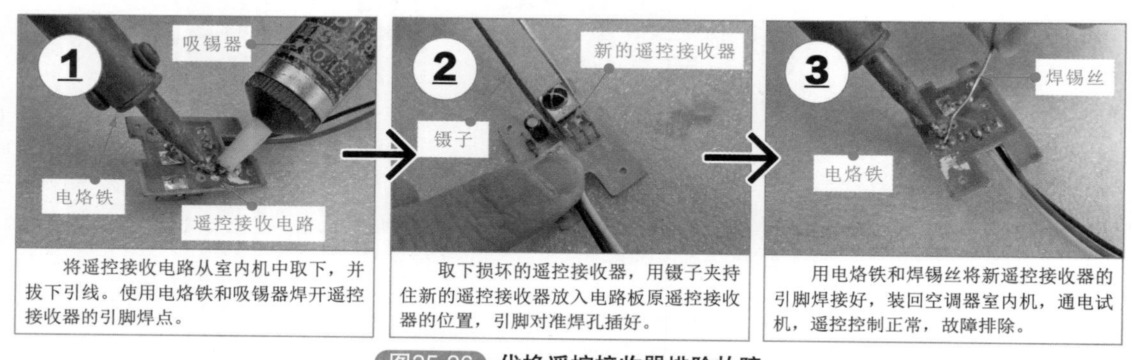

图25-26 代换遥控接收器排除故障

代换后通电试机，遥控器可进行控制，故障被排除。

25.5.2 空调器无法实现制冷到制热模式切换控制的故障检修

故障表现：

空调器在夏季使用时，开机制冷正常，在冬季时将空调器调成制热模式后，空调器无法切换成制热模式，依然吹出冷风。

故障分析：

将遥控器模式调整为制热模式，温度设置为29℃，遥控开机后，室外机运行，室内机一直没热风吹出。经观察，发现室内机蒸发器结霜，室外机二通截止阀也结霜，用手触摸室外机三通截止阀，发现三通截止阀冰凉，检测系统压力约为0.2MPa，说明目前空调器仍处于制冷模式（正常情况下，空调器在制热模式下系统压力应为0.4～0.45MPa，制冷模式下在0.2MPa左右，不超过0.3MPa）。

根据上述情况分析，在空调器中用于实现制冷、制热转换的主要部件为电磁四通阀。因此，在初步判断制冷剂无泄漏、制冷管路无堵塞、压缩机运转正常、温度传感器感应正常后，确定该类故障的原因多为电磁四通阀不换向故障所引起的，应重点对电磁四通进行检查，如图25-27所示。

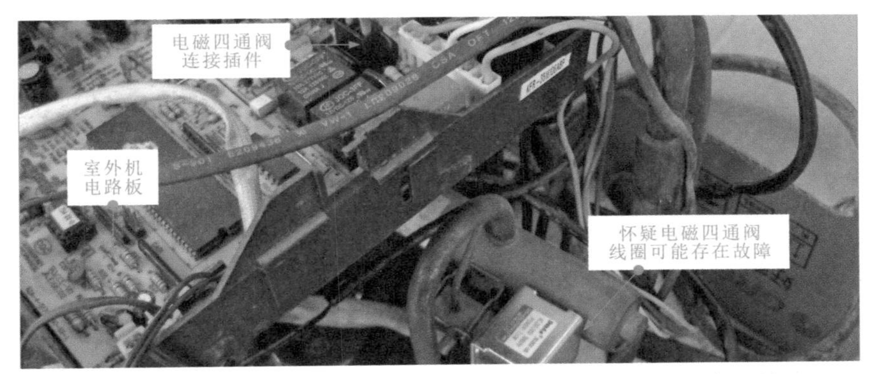

图25-27 根据具体故障表现进行无法切换制热故障的初步预判

故障检修：

根据故障的判别和诊断，重点对怀疑的电磁四通阀进行细致检查，包括制冷 / 制热切换时的声音情况、电磁四通阀阀体部分、电磁四通阀线圈的供电条件、电磁四通阀线圈本身等。若经检查电磁四通阀阀体损坏需要将其从管路上焊下重新焊接；若线圈损坏，可选择同规格的线圈进行代换，最终排除故障。具体检测如图 25-28 所示。

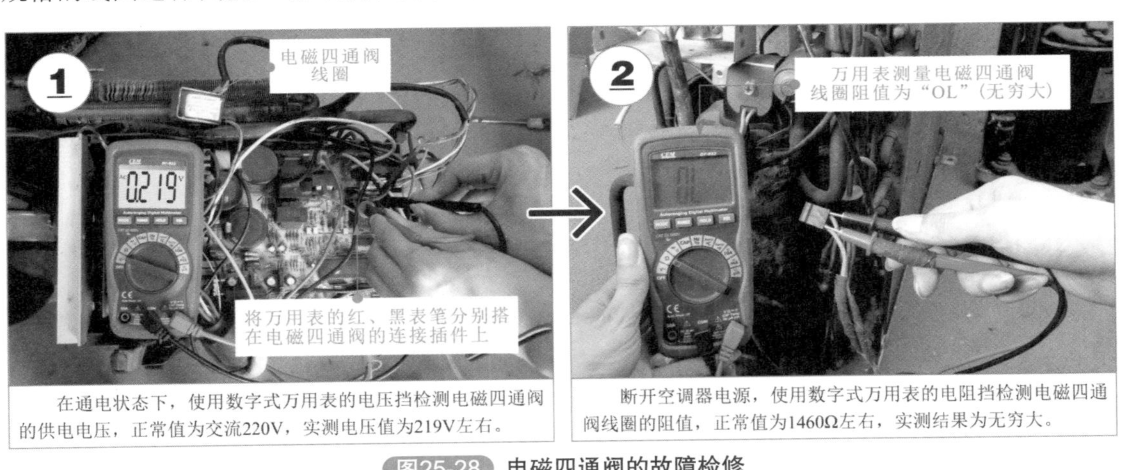

在通电状态下，使用数字式万用表的电压挡检测电磁四通阀的供电电压，正常值为交流220V，实测电压值为219V左右。

断开空调器电源，使用数字式万用表的电阻挡检测电磁四通阀线圈的阻值，正常值为1460Ω左右，实测结果为无穷大。

图25-28 电磁四通阀的故障检修

寻找同型号同规格的电磁四通阀线圈进行代换后，通电试机，故障排除。

25.6 空调器制冷或制热效果差的检修案例

25.6.1 空调器能开机，但不能制冷，室内机出风温度接近室温故障的检修（管路泄漏故障）

故障表现：

用户反映空调器能开机，但不能制冷，室内机吹出风温度接近室温。

故障分析：

上述情况属于完全不制冷故障。引起不制冷的故障原因有很多，也较复杂，通常制冷剂泄漏、制冷管路堵塞、变频压缩机不运转、温度传感器失灵、变频或控制电路有故障都会引起空调器不制冷。

故障检修：

空调器出现完全不制冷的故障时，首先要确定室内机出风口是否有风送出，然后排除外部电源供电的因素，最后再重点对制冷管路、室内温度传感器、变频压缩机等进行检查，如图 25-29 所示。

其中，可通过检测系统压力判断制冷管路有无异常。

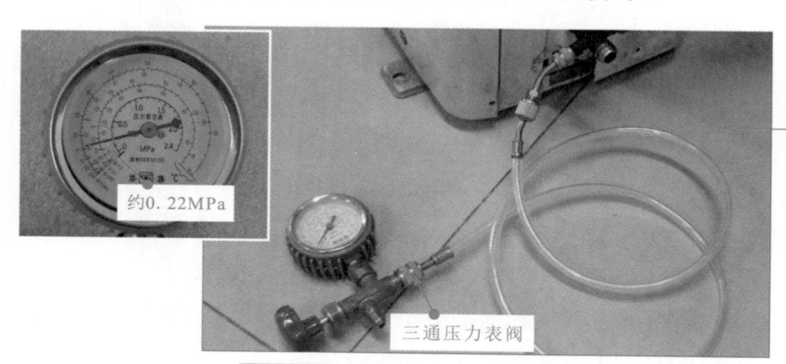

图25-29 根据具体故障表现进行不制冷故障的初步预判

根据对故障机的初步判断，怀疑空调器制冷管路有漏点。检修时，首先采用肥皂水检漏法，重点对空调器管路系统中易发生泄漏的部位进行一一排查，直到找到漏点，补焊后，再重新抽真空、充注制冷剂排除故障，如图 25-30 所示。

将肥皂水涂抹在二通截止阀和三通截止阀上，无气泡。

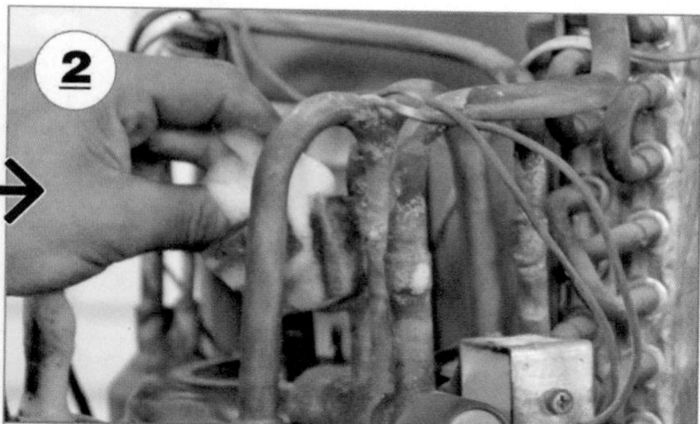

将肥皂水涂抹在检查压缩机排气管口时，有气泡，且管路附近有油迹。

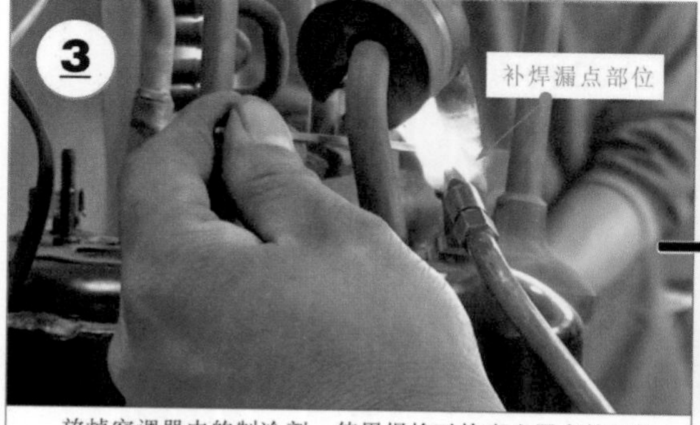

放掉空调器中的制冷剂，使用焊枪对检查出漏点的部位（压缩机排气管口焊接处）进行补焊。

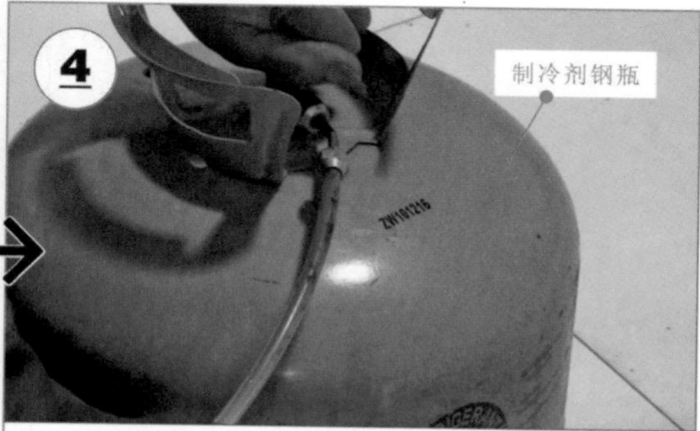

对空调器制冷管路进行抽真空操作，然后充注适量制冷剂，保压测试一段时间确认正常后，通电开始，故障排除。

图25-30 制冷管路泄漏引起不制冷故障的检修

【提示说明】

制冷管路中制冷剂存在泄漏的主要表现为吸、排气压力低而排气温度高，排气管路烫手，在毛细管出口处能听到比平时要大的断续的“吱吱”气流声，停机后系统内的平衡压力一般低于相同环境温度所对应的饱和压力。

制冷管路中制冷剂充注过多的主要表现为变频压缩机的吸、排气压力普遍高于正常压力值，冷凝器温度较高，变频压缩机电流增大，变频压缩机吸气管挂霜。

制冷管路中有空气的主要表现为吸、排气压力升高(不高于额定值)，变频压缩机出口至冷凝器进口处的温度明显升高，气体喷发声断续且明显增大。

制冷管路中有轻微堵塞表现为排气压力偏低，排气温度下降，被堵塞部位的温度比正常温度低。

制冷管路堵塞主要包含冰堵和脏堵。

冰堵的表现是变频空调器一会制冷一会不制冷。刚开始时一切正常，但持续一段时间后，堵塞处开始结霜，蒸发器温度下降，水分在毛细管狭窄处聚集，逐渐将管孔堵死，然后蒸发器处出现融霜，也听不到气流声，吸气压力呈真空状态。需要注意的是，这种现象是间断的，时好时坏。为了及早判断是否出现冰堵，可用热水对堵塞处加热，使堵塞处的冰体融化，片刻后，如听到突然喷出的气流声，吸气压力也随之上升，可证实是冰堵。

脏堵与冰堵的表现有相同之处，即吸气压力高，排气温度低，从蒸发器中听不到气流声。不同之处为，脏堵时经敲击堵塞处（一般为毛细管和干燥过滤器接口处），大部分可通过一些制冷剂，堵塞情况有好转，但采用加热方法时堵塞情况无任何变化，用热毛巾敷时也不能听到制冷剂流动声，且无周期变化，排除冰堵后即可认为脏堵所致。

25.6.2 空调器能启动，但制冷效果不佳，较长时间运行后，仍无法达到设定温度（蒸发器脏堵故障）

故障表现：

一台柜式空调器整机启动运转正常，但制冷效果不佳，较长时间运行后，仍无法达到设定温度。

故障分析：

上述情况也属于制冷效果不良故障，结合前述制冷不良故障的分析和检修，对这台空调器的检修，仍从观察故障表现入手，分析和判断故障原因。

如图25-31所示，检查空调器出风口风量明显偏小，观察室外机的二通截止阀结露，三通截止阀结霜，说明蒸发器过冷，也应重点检查室内机通风部分。

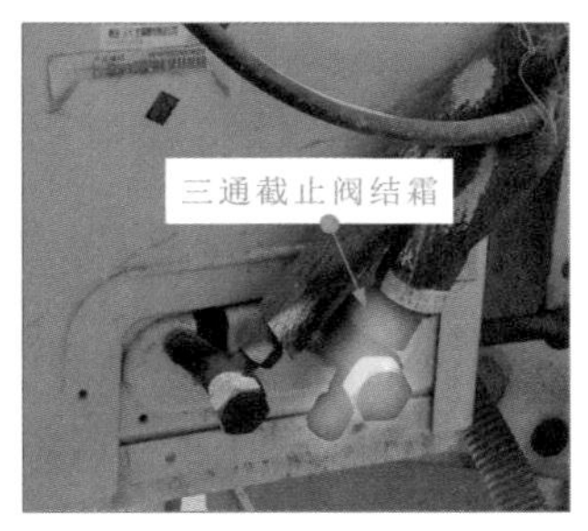

图25-31 根据柜式空调器的故障表现进行故障的初步预判

故障检修：

根据对故障的初步预判，首先检查过滤网有无脏堵、室内风扇电动机转速是否正常、蒸发器有无脏堵等情况，首先，拆开柜式空调器室内机的进风口挡板，发现过滤网严重脏堵，清洗干净后回装故障依旧；接着，通过操作遥控器设置风速为微、中、大三种模式，看到明显的风速变化，说明室内风扇电动机转速基本正常；接下来，取下柜式空调器室内机上盖，从上部观察蒸发器表明附着很多灰尘，怀疑蒸发器脏堵引起的制冷不良故障。

然后进一步对蒸发器进行检查。如图 25-32 所示，拆除空调器室内机蒸发器出口挡板，发现蒸发器脏污严重，对蒸发器进行清洁后故障排除。

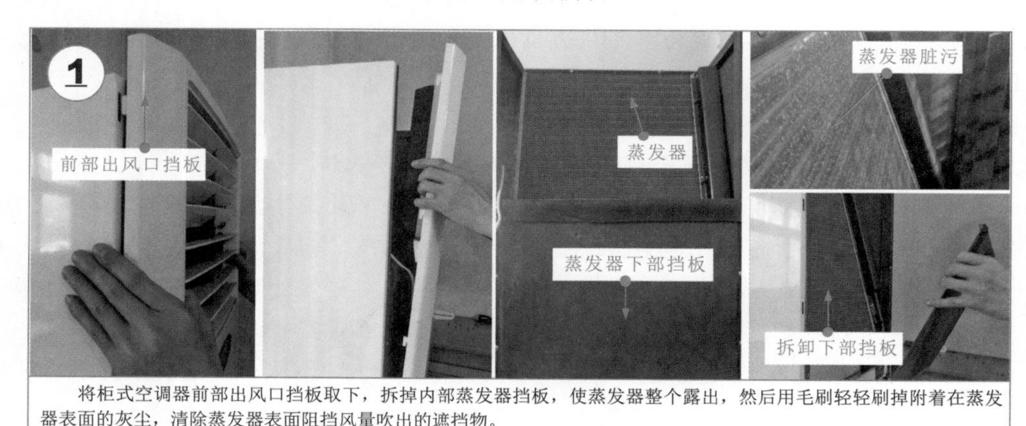

将柜式空调器前部出风口挡板取下，拆掉内部蒸发器挡板，使蒸发器整个露出，然后用毛刷轻轻刷掉附着在蒸发器表面的灰尘，清除蒸发器表面阻挡风量吹出的遮挡物。

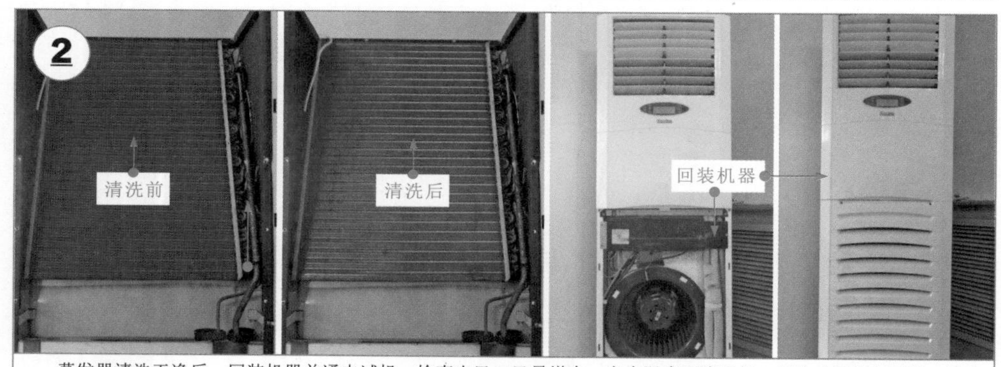

蒸发器清洗干净后，回装机器并通电试机，检查出风口风量增大，室内温度下降明显，制冷功能恢复正常，故障排除。

图25-32 蒸发器的故障排查

【提示说明】

在空调器中，若长时间不清洗过滤网，室内风扇电动机很容易将脏污吹到蒸发器背部，一段时间后很容易造成蒸发器脏堵，进而引起上述故障。因此，用户应定时清洗过滤网，清洗时注意不能用力过大，避免脏污或灰尘被刷入蒸发器翅片缝内，造成脏堵故障排查困难。

【提示说明】

如图 25-33 所示，空调器不制冷的故障原因较多，制冷剂泄漏，室内风扇电动机转速变慢（启动电容的电容量下降）等也会导致制冷不良。

如图 25-34 所示，空调器制热不良和完全不制热主要是指空调器在规定的工作条件下，室内温度不上升或上升不到设定的温度值，该类故障多出现在冬季制热模式下。

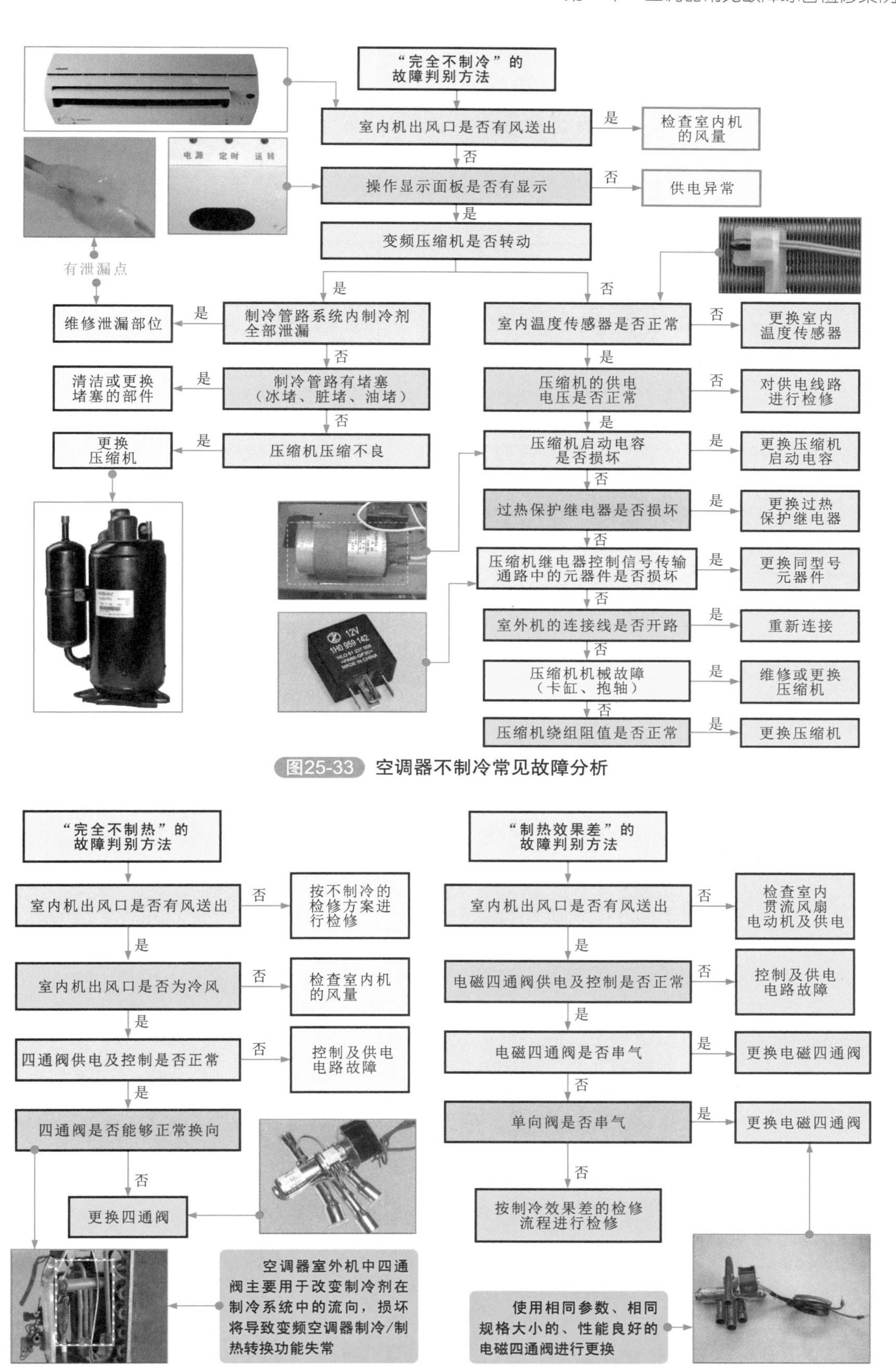
"完全不制冷"的故障判别方法
室内机出风口是否有风送出
是
检查室内机的风量
否
操作显示面板是否有显示
否
供电异常
是
变频压缩机是否转动
电源 定时 运转
有泄漏点
是
维修泄漏部位
是
制冷管路系统内制冷剂全部泄漏
否
清洁或更换堵塞的部件
是
制冷管路有堵塞（冰堵、脏堵、油堵）
否
更换压缩机
是
压缩机压缩不良
否
室内温度传感器是否正常
否
更换室内温度传感器
是
压缩机的供电电压是否正常
否
对供电线路进行检修
是
压缩机启动电容是否损坏
是
更换压缩机启动电容
否
过热保护继电器是否损坏
是
更换过热保护继电器
否
压缩机继电器控制信号传输通路中的元器件是否损坏
是
更换同型号元器件
否
室外机的连接线是否开路
是
重新连接
否
压缩机机械故障（卡缸、抱轴）
是
维修或更换压缩机
否
压缩机绕组阻值是否正常
是
更换压缩机
12V
1H0 959 142
MADE IN CHINA
图25-33 空调器不制冷常见故障分析
"完全不制热"的故障判别方法
室内机出风口是否有风送出
否
按不制冷的检修方案进行检修
是
室内机出风口是否为冷风
否
检查室内机的风量
是
四通阀供电及控制是否正常
否
控制及供电电路故障
是
四通阀是否能够正常换向
否
更换四通阀
空调器室外机中四通阀主要用于改变制冷剂在制冷系统中的流向，损坏将导致变频空调器制冷/制热转换功能失常
"制热效果差"的故障判别方法
室内机出风口是否有风送出
否
检查室内贯流风扇电动机及供电
是
电磁四通阀供电及控制是否正常
否
控制及供电电路故障
是
电磁四通阀是否串气
是
更换电磁四通阀
否
单向阀是否串气
是
更换电磁四通阀
否
按制冷效果差的检修流程进行检修
使用相同参数、相同规格大小的、性能良好的电磁四通阀进行更换
图25-34 空调器制热不良和完全不制热故障检修分析

空调器制冷或制热效果差的故障原因较多，制冷剂泄漏，室内风扇电动机转速变慢（启动电容的电容量下降）等也会导致制冷不良，如图 25-35 所示。

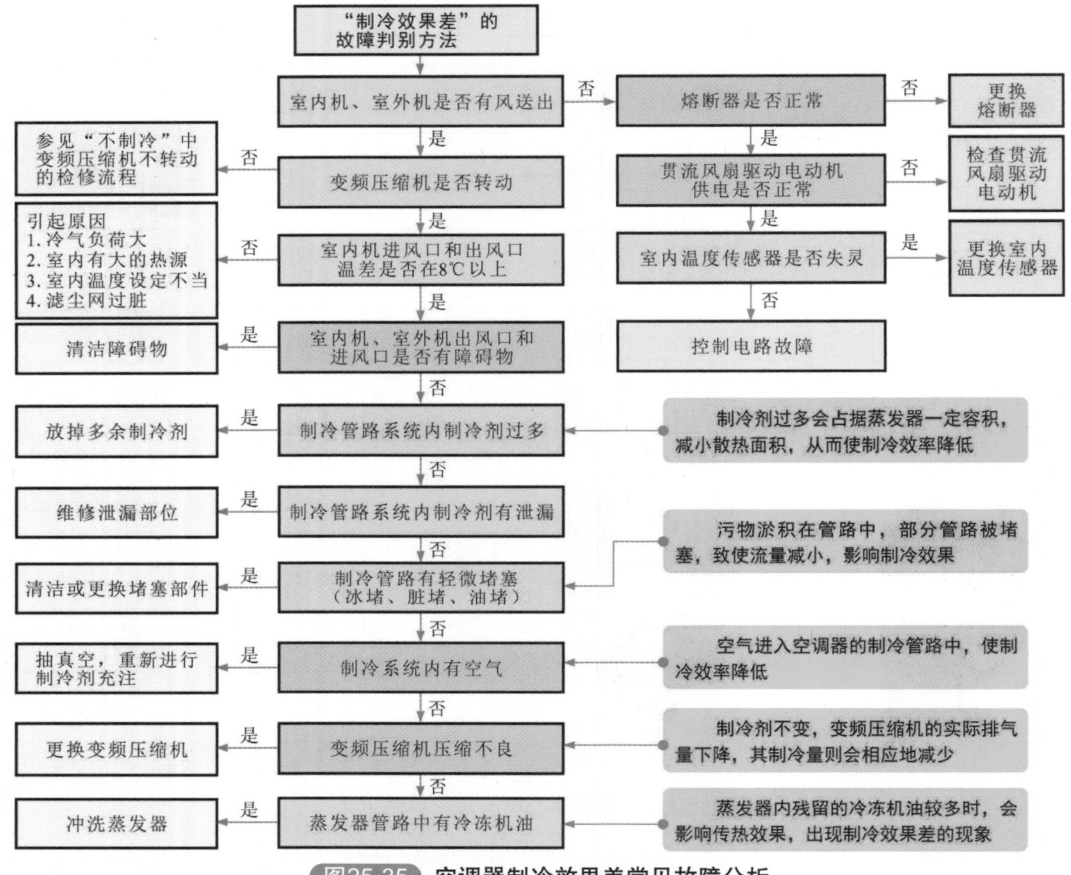

图25-35 空调器制冷效果差常见故障分析

根据实际维修过程中的归纳和记录，常见的导致制冷系统故障的原因如下。

- 室内机过滤网脏堵，制冷效果差。
- 蒸发器背面脏堵，制冷效果差。
- 冷凝器翅片脏堵，制冷效果差。
- 室内机安装位置上部预留空间不足，导致制冷效果差。
- 室外机安装位置前部预留空间不足，导致轴流风扇散热不良，空调器制热效果差。
- 室外机电磁四通阀线圈开路，空调器不制热。
- 室外机制冷管道漏氟，空调器不制冷。
- 冷凝器进气管漏氟，制冷效果差。
- 室内机液管（细管）连接纳子滑丝，空调器不制冷。
- 室内机气管（粗管）握扁，空调器不制冷。
- 压缩机窜气，空调器不制冷。
- 压缩机卡缸，空调器不制冷。
- 压缩机内部线圈开路，空调器不制冷。
- 空调器二通截止阀阀芯未打开，空调器不制冷。